L'Afrique à l'ère du savoir :
science, société et pouvoir

www.librairieharmattan.com
diffusion.harmattan@wanadoo.fr
harmattan1@wanadoo.fr

© L'Harmattan, 2006
ISBN : 2-296-01942-0
EAN : 9782296019423

Jean-Marc ÉLA

L'Afrique à l'ère du savoir : science, société et pouvoir

Préface de Hubert GÉRARD

L'Harmattan
5-7, rue de l'École-Polytechnique ; 75005 Paris
FRANCE

L'Harmattan Hongrie	**Espace L'Harmattan Kinshasa**	**L'Harmattan Italia**	**L'Harmattan Burkina Faso**
Könyvesbolt	Fac..des Sc. Sociales, Pol. et	Via Degli Artisti, 15	1200 logements villa 96
Kossuth L. u. 14-16	Adm. ; BP243, KIN XI	10124 Torino	12B2260
1053 Budapest	Université de Kinshasa – RDC	ITALIE	Ouagadougou 12

Etudes Africaines
Collection dirigée par Denis Pryen et François Manga Akoa

Déjà parus

Djibril Kassomba CAMARA, *Pour un tourisme guinéen de développement*, 2006
Pierre FANDIO, *La littérature camerounaise dans le champ social*, 2006.
Dominique BANGOURA, Emile FIDIECK A BIDIAS, *L'Union Africaine et les acteurs sociaux dans la gestion des crises et des conflits armés*, 2006.
Maya LEROY, *Gestion stratégique des écosystèmes du fleuve Sénégal*, 2006
Omer MASSOUMOU (dir.), *La marginalité en République du Congo*, 2006.
Gilchrist Anicet NZENGUET IGUEMBA, *Le Gabon : approche pluridisciplinaire*, 2006.
Innocent BIRUKA, *La protection de la femme et de l'enfant dans les conflits armés en Afrique*, 2006.
Alain BINDJOULI BINDJOULI, *L'Afrique noire face aux pièges de la mondialisation*, 2006.
Benedicta Tariere PERETU, *Les Africaines dans le développement, le rôle des femmes au Nigeria*, 2006.
Armand GOULOU, *Infrastructures de transport et de communication au Congo-Brazaville*, 2006.
Abraham Constant NDINGA MBO, *Savorgnan de Brazza, les frères Tréchot et les Ngala du Congo-Brazzaville (1878- 1960)*, 2006.
Alfred Yambangba SAWADOGO, *La polygamie en question*, 2006.
Mounir M. TOURÉ, *Introduction à la méthodologie de la recherche*, 2006.
Charles GUEBOGUO, *La question homosexuelle en Afrique*, 2006.
Pierre ALI NAPO, *Le chemin de fer pour le Nord-Togo*, 2006.
Université Catholique de l'Afrique Centrale, Faculté de théologie, *Le travail scientifique*, 2006.
Augustin RAMAZANI BISHWENDE, *Église-Famille de Dieu dans la mondialisation*, 2006.

*À la mémoire d'Alioune Diop,
fondateur de Présence Africaine*

À Dominique Ngbwa, mon frère

Du même auteur

- *La plume et la pioche*, Yaoundé, CLÉ, 1971
- *Le cri de l'homme africain*, Paris, L'Harmattan, 1980, trad. anglaise, néerlandaise et espagnole
- *De l'assistance à la libération. Les tâches actuelles de l'Église en milieu africain*, Paris, Centre Lebret, 1981, trad. allemande et anglaise
- *L'Afrique des villages*, Paris, Karthala, 1982
- *Voici le temps des héritiers. Églises d'Afrique et voies nouvelles*, en collaboration avec R. Luneau, Paris, Karthala, 1981, trad. italienne.
- *La ville en Afrique noire*, Paris, Karthala, 1983
- Ma foi d'Africain, Paris, Karthala, 1985, trad. allemande, anglaise et italienne
- *Fede et liberazione in Africa*, Assisi, Citadella Editrici, 1986, trad. espagnole
- *Ch. Anta Diop ou l'honneur de penser*, Paris, L'Harmattan, 1989
- *Quand l'État pénètre en brousse...Les ripostes paysannes à la crise*, Paris, Karthala, 1990
- *Le message de Jean-Baptiste. De la conversion à la réforme dans les Églises africaines*, Yaoundé, CLÉ, 1992
- *Afrique :L'Irruption des pauvres. Société contre ingérence, pouvoir et argent*, Paris, L'Harmattan, 1994
- *Restituer l'histoire aux sociétés africaines. Promouvoir les sciences sociales en Afrique noire*, Paris, L'Harmattan, 1994
- *Innovations sociales et renaissance de l'Afrique noire. Les défis du « monde d'en bas »*, Paris, L'Harmattan, 1998
- Les Églises face à la mondialisation. Quatre réflexions théologiques, Bruxelles, Commission Justice et Paix, 2000
- *Guide pédagogique de formation à la recherche pour le développement en Afrique*, Paris, L'Harmattan, 2000
- *Repenser la théologie africaine. Le Dieu qui libère, Paris, Karthala, 2003, trad. allemande.*
- *Fécondité et migrations africaines. Les nouveaux enjeux*, en collaboration avec Anne-Sidonie ZOA, Paris, L'Harmattan, 2006
- *Travail et entreprise en Afrique. Les conditions sociaux de la réussite économique*, Paris, Karthala 2006

« Ce travail a été réalisé grâce à une subvention du Centre de Recherche pour le Développement International, Ottawa, Canada ».

En collaboration :

- Fécondité, structures sociales et fonctions dynamiques de l'imaginaire en Afrique noire, dans H. Gérard et V. Piché, *La sociologie des populations,* Montréal, Les Presses de l'Université de Montréal, AUPELF-UREF, 1995.

- Culture, pouvoir et développement, dans C. Beauchamp (dir), *Démocratie, culture et développement en Afrique Noire,* Paris, L'Harmattan, 1997.

- L'avenir de l'Afrique :enjeux théoriques, stratégiques et politiques, in *L'avenir du développement,* Alternatives SUD, Paris, L'Harmattan, 1997.

- Population, Pauvreté et crises, dans F. Gendreau, *Crises, Pauvreté et changements démographiques dans les pays du Sud,* Paris, AUPELF-UREF, Éditions Estem, 1998.

- Économie politique des conflits en Afrique, J-M. Éla (éd.), *Afrique et Développement,* Vol. XXIV, Nos. 3 & 4, 1999.

- Le rôle du savoir dans le développement. Agriculteurs et éleveurs dans le Nord-Cameroun, in Lisbet Holtedahl et al. Le pouvoir du savoir. De l'Arctique aux Tropiques, Paris, Karthala, 1999.

* * *

Réinventer la science pour participer à la construction des sociétés où l'être humain peut s'épanouir dans toutes les dimensions de son existence, tel est le projet qui met à l'épreuve les nouvelles générations de chercheurs dans les pays africains. Au-delà des mythes et des préjugés qui dissimulent les processus complexes du développement des connaissances, cet ouvrage tente de fonder une autre manière de faire la science en examinant les enjeux auxquels l'Afrique est confrontée dans un système mondial marqué par la crise de la rationalité. Cette crise amène l'auteur à mettre à nu les tribus scientifiques en considérant leur activité comme une pratique sociale qui s'inscrit dans l'art du quotidien. Dans les sociétés africaines qui doivent apprendre à vivre dans un état de dissonance cognitive en soumettant les savoirs ancestraux à la confrontation, les nouveaux défis de la connaissance obligent à engager un débat fondateur sur les concepts et les paradigmes qui déterminent les grilles d'analyse et les cadres de référence en vue de créer une tradition de recherche enracinée dans les universités du continent noir. À cet égard, pour renouveler le regard sur l'Afrique, il s'agit de mettre en œuvre une science sans fétiche. Dans ce but, le chercheur africain doit s'approprier le monde sur le mode de la pensée à travers un processus de transgression et d'invention. Cette démarche s'impose à l'heure du Net où l'on risque trop souvent de confondre le savoir et l'information. En même temps, pour vérifier la capacité des Africains à peser sur les regards portés sur les questions du temps présent, cet essai décrypte les enjeux de savoir qui sont inséparables des enjeux de pouvoir. À l'ère des réseaux, ces enjeux nécessitent de créer des liens novateurs entre les chercheurs et d'ouvrir la science à la société afin de mettre la recherche au service du citoyen. En fin de compte, dans la mesure où l'innovation est la clé de l'avenir, il importe, selon l'auteur, de mettre les sciences en culture dans les sociétés africaines. Volontairement provocant et stimulant, cet ouvrage qui se réapproprie le projet auquel tenait Alioune Diop, fondateur de *Présence africaine*, est écrit selon une démarche pluridisciplinaire à partir d'une longue expérience de recherche et d'enseignement. À l'évidence, il témoigne d'un véritable esprit d'impertinence qui permet de mieux cerner les enjeux de l'Afrique à l'ère du savoir.

Préface

Etre invité par Jean-Marc Ela à préfacer son ouvrage est un honneur dont je lui suis très reconnaissant, il l'est d'autant plus quand celui-ci n'ambitionne pas moins que de « Réinventer la science pour construire en Afrique les sociétés où l'être humain peut s'épanouir dans la totalité et la profondeur des dimensions de son existence ».

Si, depuis plusieurs années déjà, je partage son projet de donner aux Africains leur vraie place, c'est-à-dire leur place spécifique, dans la production et la communication des connaissances scientifiques, je ne suis pas sûr de percevoir ni de comprendre entièrement tous les fondements, mécanismes et perspectives d'une telle entreprise, et d'être à même de rédiger un texte d'ouverture qui soit à la hauteur de celle-ci. En effet, je suis Européen, formé aux sciences sociales occidentales à une époque où l'on n'envisageait guère qu'il puisse en exister d'autres, et ce sont ces sciences, la démographie et la sociologie plus précisément, que j'ai travaillées, dans la recherche et l'enseignement, tout au long de ma vie académique aujourd'hui terminée. Certes, enseignant à plus d'étudiants africains qu'européens et étant confronté aux problèmes de population et de développement de ce continent, je ressentis le besoin de ce que j'appelais, de manière concise et imprécise, une science africaine qui était loin d'être une science au rabais mais plutôt une science où pourraient s'exprimer les spécificités africaines et qu'il m'était toutefois impossible d'inventer ni même de profiler. Les échanges de vues que j'eus, trop rarement d'ailleurs, avec Jean-Marc Ela à ce propos me raffermirent dans mes opinions tout en leur donnant plus de fondements épistémologiques et leur ouvrant des perspectives plus concrètes particulièrement quant à la personne qui pourrait s'en charger. En réalité, ce projet l'a accompagné tout au long de sa vie de recherche et d'enseignement et il nous en livre ici le résultat actuel avec un recul critique peu ordinaire et une argumentation des plus rigoureuses. C'est donc avec beaucoup d'admiration pour l'auteur et son projet, et de modestie quant à mon implication possible que je rédige ces quelques pages.

Jean-Marc Ela est particulièrement bien placé pour analyser de manière critique ce projet de faire de l'Afrique un acteur de premier plan dans la construction des savoirs humains et, en conséquence, pour dégager des perspectives solides en vue de le réaliser. D'une part, il connaît bien la science occidentale et, dans cet ouvrage notamment, il démontre être au fait des problèmes épistémologiques qu'elle pose. Ayant reçu sa formation universitaire en France, ce théologien et sociologue camerounais jouit d'une renommée internationale très enviable dont témoignent ses titres et fonctions académiques, son rôle de consultant pour des centres de recherche ou d'autres organismes internationaux ainsi que ses nombreuses publications dont certaines furent traduites en plusieurs langues. D'autre part, sa longue pratique du terrain rural et urbain au Cameroun, comme sociologue et comme prêtre, associée à son enseignement universitaire dans ce pays et dans des universités du Nord, l'a amené très tôt à s'interroger sur l'adéquation de la science, qu'il avait lui-même apprise, par rapport aux réalités vécues par les populations africaines et au développement auquel elles pouvaient prétendre.

A cette situation privilégiée pour aborder ce problème, ajoutons ce trait marquant de sa personnalité : une très grande liberté de pensée, de parole et d'action qui porta ombrage au pouvoir ou plutôt aux pouvoirs de son pays et le força à l'exil en 1995. Avec cette même liberté, Jean-Marc Ela n'hésite pas ici à affronter l'institution scientifique dominante pour en dénoncer les faiblesses, les prétentions excessives et l'impérialisme vaniteux, et ouvrir d'autres voies déjà solidement étayées et balisées en leurs débuts. Ce livre est le fruit de toute une vie de recherche, d'observation, d'écoute, de remise en question, de réflexion critique, d'action, d'enseignement, de contestation et d'engagement pour le mieux-être des Africains, surtout les plus pauvres d'entre eux. L'auteur appartient à cette espèce d'académiques, qui tend à se faire plus rare actuellement, pour laquelle la finalité de la recherche et de la science est le mieux-être des populations avant toute considération de carrière personnelle, il fait partie de ces « aventuriers de l'esprit » qu'il appelle de ses vœux (p. 57) et non de ces « gestionnaires avisés d'un plan de carrière » (*id.*) qui encombrent nos universités et ne visent qu'à se conformer à la mode scientifique du moment. Sa réaction est d'autant plus salutaire, tant pour le Nord que pour le Sud, en ces moments de globalisation ou de mondialisation dont l'objectif premier est la marchandisation de tout ce qui est rentable, y compris l'université, son enseignement et sa recherche[1].

En se mettant à son écoute, on peut se demander pourquoi l'indépendance scientifique n'est pas apparue aussi nécessaire et urgente que l'indépendance politique. Était-elle plus irréalisable ou plus impensable ? Pourtant il y eut des pionniers ou des prophètes qui la revendiquèrent et auxquels se réfère Jean-Marc Ela, mais pourquoi semblent-ils avoir crié si longtemps dans le désert ?

---

[1] A ce sujet, voir notamment l'excellente livraison d'*Alternatives Sud,* (X, 2003, n° 3, 167 p), consacrée aux points de vue des auteurs du Sud à propos de *L'offensive des marchés sur l'université.*

Sans doute l'institution scientifique, qui se réalise dans de multiples institutions concrètes tels les universités, les centres de recherche, les maisons d'édition d'ouvrages et de revues et leurs fameux *référents* les associations scientifiques et leurs congrès, les prix divers, etc., est d'une puissance peu commune. Paradoxalement telle une religion, elle se proclame une et universelle, socialise et contrôle étroitement ceux qui se rangent sous son drapeau et tout qui ne respecte pas ses normes est taxé d'idéologie, cette nouvelle hérésie. Comme telle, elle veille davantage à l'orthodoxie par rapport aux modèles dominants qu'à l'exploration de modèles contestataires ou à la découverte de modèles jusqu'alors inconnus.

Pourtant la science n'a rien d'une religion du Livre qui est donné au départ, dans sa totalité et de manière définitive, et qu'il faut comprendre, interpréter et communiquer, ce qui est l'apanage des prêtres et le fondement de leur pouvoir. La science n'est pas définie une fois pour toutes, ce qui permettrait de faire, sans risque d'erreur ou d'espace flou, la démarcation entre ce qui est et ce qui n'est pas scientifique. Elle n'existe qu'en train de se faire par ceux-là même qui sont chargés d'en valider l'authenticité. Dans la pratique, si pas toujours en théorie, la définition de la science évolue dans le temps et, à une même époque, peut varier selon les disciplines, voire les écoles au sein de l'une d'elles.

Jean Ladrière, scientifique et philosophe incontesté, que j'eus la chance d'avoir pour professeur à l'université, fut le premier à me faire prendre conscience de la difficulté à définir la science et à préciser les critères de scientificité et, en contrepartie, du vaste champ qui se trouve ainsi ouvert à la créativité et à la découverte, et dans lequel me paraît s'inscrire l'entreprise de Jean-Marc Ela. Même s'il souligne la difficulté à « parler de la science en toute généralité » étant donné « que le domaine de la connaissance scientifique se fragmente en sous-domaines dont chacun a sa spécificité et ses présuppositions propres »[2], il propose, « en première approximation »[3] de caractériser la science par « un mode de connaissance critique » dans une démarche « à la fois réflexive et prospective »[4]. Réflexive quand « la science exerce un contrôle vigilant sur ses propres démarches et met en oeuvre des critères précis de validation », prospective quand « elle élabore des méthodes qui lui permettent d'étendre de façon systématique le champ de son savoir. »[5]

---

[2] Jean Ladrière, « Sciences et discours rationnel », *Encyclopaedia universalis,* Paris, vol. 14, 1972, p. 755
[3] *Id.* p. 754 ; plus loin dans son texte, il distinguera et précisera trois types de sciences : formel pur, empirico-formel et herméneutique.
[4] *Id.*
[5] *Id.*

Ce n'est donc pas un juge quelconque extérieur, sorte de moraliste institutionnalisé ou d'épistémologue de service, qui établit les critères de scientificité et en vérifie le respect, mais bien les scientifiques eux-mêmes dans le cadre de ce que Jean Ladrière appelle « une intentionnalité opérante »[6] et qu'il définit comme « l'armature interne d'une démarche, des principes selon lesquels, peu à peu, et sans nécessairement s'en rendre compte de façon claire et expresse, cette démarche s'organise »[7]. Si elle a une fonction « régulatrice », cette intentionnalité « n'est jamais donnée à l'avance comme un principe entièrement élaboré, mais est elle-même toujours en voie de constitution »[8]. Elle constitue dès lors aussi une base solide à l'innovation et à la prospection de terres ou voies nouvelles. C'est au moment de crises, de remises en question particulières, de thèmes inédits d'étude, d'apparition d'une originalité de démarche par trop voyante et en marge de l'ordinaire que l'on s'interroge sur cette intentionnalité et qu'on l'explicite, ce qui n'est pas sans entraîner des oppositions et même des séparations parmi les tenants d'une même discipline.

Dans la perspective développée par Jean Ladrière et que j'ai à peine esquissée ici, les raisons de ce retard dans la réalisation de l'indépendance scientifique africaine n'apparaissent pas résider seulement dans l'institution scientifique, en tant que telle, mais aussi dans le chef des scientifiques eux-mêmes qui n'ont pas pris la mesure de l'importance d'une indépendance scientifique africaine et de leurs responsabilités personnelles dans l'entreprise. Si je n'ai pas à faire ici le procès des scientifiques africains, je peux m'interroger sur mon propre comportement en la matière et celui de mes collègues occidentaux. Dans nos recherches, enseignements et fonctions de gestion, avons-nous laissé l'espace à l'éclosion de ce désir d'indépendance scientifique chez les Africains, ou chez d'autres d'ailleurs, et ouvert des perspectives pour sa réalisation ? N'avons-nous pas trop souvent confondu rigueur scientifique et conformité à nos critères ou habitudes scientifiques ? Pourquoi n'avons-nous pas accordé plus d'importance aux scientifiques africains, pionniers et prophètes, auxquels se réfère Jean-Marc Ela ? D'autres questions pourraient être ajoutées mais elles n'auraient sans doute guère d'utilité dans le cadre de cette préface, celles-là mettent suffisamment en relief l'implication de chacun, Africain ou Européen, dans l'occultation d'un vaste champ dont les scientifiques auraient déjà dû avoir commencé l'exploration.

Telle qu'elle est proposée par Jean-Marc Ela, cette entreprise porte en soi des ferments révolutionnaires et ne sera pas sans conséquences pour la science

---

[6] Jean Ladrière, « Les sciences humaines et le problème de la scientificité », *Les Etudes philosophiques*, 1978, 2, p. 133.
[7] *Id.*
[8] *Id.*

elle-même, ses institutions et, plus généralement, pour la société. Qu'il me suffise d'en souligner brièvement et de mémoire quelques éléments. Amener l'Afrique à conquérir sa place spécifique dans la production et la communication des connaissances scientifiques, c'est mettre à mal l'hégémonie actuelle du Nord, inviter d'autres à faire de même mais s'ouvrir aussi sur une diversité insoupçonnée de questions, de démarches et de connaissances. Réhabiliter les savoirs populaires, comme le proposent déjà un certain nombre de projets de développement et des centres de recherche et d'action comme l'ENDA, et pour autant qu'on ne vise pas seulement à s'approprier tout ce qui est recyclable dans la science occidentale, c'est mettre en question le statut privilégié de la science dans la production de connaissances valides dans de nombreux domaines, s'interroger sur le mépris dans lequel furent tenus, à tort, les savoirs populaires occidentaux mais aussi acquérir de nouvelles connaissances auxquelles la science ne peut avoir accès. Réhabiliter les langues locales dans la production et la communication des connaissances scientifiques va à contre-courant de l'hégémonie de plus en plus affirmée et proclamée de l'anglais mais est sans aucun doute une condition importante pour que puissent s'exprimer les spécificités africaines et pour rapprocher du citoyen, la science et ses institutions, particulièrement l'université. Enfin, assigner comme première finalité de cette science à réinventer en Afrique, la construction de « sociétés où l'être humain peut s'épanouir dans la totalité et la profondeur des dimensions de son existence » (p. 350), c'est rendre les scientifiques redevables de leurs recherches à leur population et les amener à centrer leurs efforts non plus sur des priorités et des programmes établis au dehors mais bien sur les besoins et le mieux-être de leurs concitoyens. Chacun sait que cette priorité est vitale pour l'Afrique même si, à court terme, elle aura tendance à écarter quelque peu les scientifiques africains des aréopages de la science dominante. Il serait d'ailleurs urgent que cette finalité soit aussi réellement prioritaire pour la science en général, indépendamment du lieu où elle se réalise et de sa source de financement, et cesse d'être cet habit d'Arlequin camouflant ces finalités moins avouables qui sont celles du marché.

Dans une lecture critique[9] de son précédent ouvrage[10], je considérais celui-ci comme un « manifeste pour une nouvelle recherche, voire un nouveau paradigme au sens de T. S. Kuhn[11]. » Voici, ici, l'ouvrage fondationnel de cette nouvelle recherche ou nouveau paradigme. Il n'a certes pas réponse à toutes les

---

[9] Hubert Gérard, « Pour une appropriation africaine de la recherche scientifique et de la formation des chercheurs », *Recherches Sociologiques*, XXXV, 2004, 1, p. 145.
[10] Jean-Marc Ela, *Guide pédagogique de formation à la recherche pour le développement en Afrique*, Paris, L'Harmattan, Collection Etudes africaines, 2001, 84 p.
[11] T. S. Kuhn, *La structure des révolutions scientifiques*, (tr. de l'édition américaine de 1970), Paris, Flammarion, 1972, 247p.

questions qu'il suscite, pas plus qu'il n'ouvre toutes les voies nouvelles à explorer mais il pose les jalons de base et les légitimations scientifiques indispensables pour cette exploration, tout en ouvrant des pistes concrètes pour sa réalisation. Puissent les universités et les scientifiques africains mesurer l'importance et l'urgence de cette entreprise et s'y engager avec audace et esprit critique ! Puissent les autres universités et scientifiques suivre et épauler, à la demande et avec modestie cette nouvelle aventure de l'esprit humain !

Hubert Gérard
Professeur émérite de L'Université catholique de Louvain
(Louvain-la-Neuve)

AVANT-PROPOS

Les conditions de production des connaissances : histoire de vie et questionnements

Pour situer l'ouvrage qu'on va lire, je ne peux résister à la tentation de revenir sur ma rencontre avec Alioune Diop, fondateur de la revue *Présence africaine*. Pour ma génération, il était impensable de monter à Paris dans les années 60 sans faire le pèlerinage de la rue Descartes. En cette période de bouillonnement intellectuel et politique où les écrivains et artistes noirs se font entendre et interpellent les intellectuels d'Occident comme le montre la préface de Jean-Paul Sartre à l'ouvrage terrible de Franz Fanon - *Les Damnés de la terre* -, ce voyage était un véritable ressourcement. *Présence africaine* me reliait à l'Afrique, à ses aspirations, à ses problèmes et à ses enjeux. Or, par un étrange paradoxe, le rapport à la science était un sujet essentiel dans le mouvement d'idées qui s'est constitué autour d'Alioune Diop. Dès le premier numéro de cette revue culturelle du monde noir publié en 1947, celui que nous considérions comme le Socrate africain écrit : « Le développement du monde moderne ne permet à personne ni à aucune civilisation naturelle d'échapper à son emprise. Nous n'avons pas de choix. Nous nous engageons désormais dans une phase héroïque de l'histoire. Le salut n'est offert qu'à ceux qui croient en l'homme, en la valeur de l'action humaine et de la science (…). Nous autres, Africains, nous avons besoin de prendre goût à l'élaboration des idées, à l'évolution des techniques (…). Nous devons nous saisir des questions qui se posent sur le plan mondial et les penser avec tous, afin de nous retrouver un jour parmi les créateurs d'un ordre nouveau ». Dans ce but, face à la science, le penseur africain m'éveillait au doute, au questionnement et à l'impertinence devant la tyrannie du particulier.

Pour Alioune Diop, « personne, n'a le privilège d'avoir maîtrisé l'Histoire et le Progrès (…). Au lieu des quelques centaines de millions de cerveaux qui se chargent de penser, de diriger et de féconder le monde (…), on souhaite la transformation de ces hommes d'outre-mer en cerveaux et bras adaptés à la vie moderne et partageant la responsabilité de penser et d'améliorer le sort du gendre humain »[12]. Cette idée revient comme un leitmotiv et une véritable obsession. Elle s'impose d'autant plus qu'il existe une tradition qui inculque à l'Occident une sorte de soif d'hégémonie. En 1956, lors du premier Congrès des Écrivains et Artistes noirs que l'on a considéré comme « le Bandoung de la culture noire », Alioune Diop dénonce cette tradition à la Sorbonne dans la Salle Descartes : « Comment ne pas regretter que des hommes de culture, des plus éminents, en arrivent à énoncer innocemment, et sans trouble que l'Occident seul a la vocation de l'universel »[13]. Cette critique se fonde sur les impasses tragiques auxquelles l'Occident peut nous conduire. « *Quand je cherche l'homme dans la technique et le style de vie européens, je vois une succession de négations de l'homme, une avalanche de meurtres*[14] », nous apprend Fanon en 1963 dans *Les Damnés de la Terre*. Cet ouvrage qui a marqué ma génération est devenu mon bréviaire que je relis toujours. Après la colonisation, Staline, Hitler, Mussolini et les tueries de la deuxième guerre mondiale, pour les intellectuels africains, les masques sont tombés. Face à la banalisation de l'horreur, personne ne croit plus au mythe de la civilisation de l'Occident. À l'évidence, celui-ci connaît ses formes de barbarie. Bien plus, si l'on se souvient des tortures et des massacres coloniaux, des horreurs des travaux forcés et du temps de l'indigénat, il faut bien rompre avec le mensonge. Pour les Africains, l'Europe a les mains sales. Elle a voulu être une aventure de l'Esprit. En réalité, elle a été « incapable de faire triompher l'homme total ». Si Fanon n'est guère tendre envers la « jeune bourgeoisie qui s'ébroue dans la corruption et la jouissance » et s'avère « incapable de grandes idées, d'inventivité »[15], il nous révèle la tragédie de l'histoire à travers l'expansion européenne. Comme il le constate en des termes très durs, l'Europe « n'en finit pas de parler de l'homme tout en le massacrant partout où elle le rencontre, à tous les coins de ses propres rues, à tous les coins du monde[16] ». Bref, « pendant des siècles, les capitalistes se sont comportés comme de véritables criminels de guerre. Les déportations, les massacres, le travail forcé, l'esclavagisme ont été les principaux moyens utilisés pour augmenter ses réserves d'or et de diamants, ses richesses et pour établir sa puissance »[17]. On voit les choix qui s'imposent à une génération : « il faut faire peau neuve, développer une pensée neuve, tenter de mettre sur pied un homme neuf[18] ». Dans cette perspective, à *Présence africaine,* on est conscient du défi que constitue le poids de la tradition de la science occidentale. En 1963, je note ce texte fondamental : « nous avons hérité de l'Occident une dissociation

---

[12] *Présence africaine*, no 1, 1947, p. 9.
[13] *Présence africaine*, no spécial 809-10, 1956
[14] F. Fanon, *Les damnés de la terre*, Paris, Gallimard, 1961, 1991, pp. 372-373
[15] F. Fanon, op. cit, pp. 208 et 217.
[16] F. Fanon, op. cit. p. 371.
[17] F. Fanon, op. cit. p. 135.
[18] F. Fanon, op. cit. p. 376.

presque schizophrénique de l'esprit et de la matière, de la pensée et de l'étendue. Pendant des siècles, il a été possible aux hommes de culture de vivre et de penser au-dessus du peuple voué à la vocation de masse. La science était l'apanage d'une caste. Il n'est plus possible désormais, de s'en tenir à un tel dualisme. La montée irréversible des peuples du Tiers-monde exige une révolution dans l'expression même de la connaissance. Le savoir doit s'épanouir en culture, c'est-à-dire en termes de vie quotidienne, de richesse communautaire. Il doit être ouvert, c'est-à-dire appris en termes de savoir-faire »[19].

Pour le jeune étudiant africain que j'étais, ce défi remettait en cause tout mon univers intellectuel. On me parlait d'une « révolution dans l'expression même de la connaissance » dans un langage que je n'avais entendu nulle part dans l'Université française. Ni Georges Ganguilhem, ni Gaston Bachelard, ni Michel Foucault n'abordaient ce genre de problèmes. En revanche, Alioune Diop m'obligeait à procéder à des révisions radicales dans l'espace du savoir. Il allait jusqu'à jeter le soupçon sur le concept de tradition que Balandier utilisait dans la problématique de la tension entre « la tradition et la modernité »[20]. Le fondateur de *Présence africaine* écrit : « le dualisme « tradition-progrès » sous-tend, en fait, un conflit supposé entre l'irrationnel et le rationnel. Or la vie quotidienne est aussi peuplé d'irrationnel que de rationnel - dans la société moderne comme dans la société traditionnelle le raisonnement scientifique n'élimine pas chez le même esprit le raisonnement arbitraire »[21]. Je dois aussi souligner l'importance de l'approche contextuelle du rapport à la science que je découvre chez Alioune Diop : « Le texte et le contexte du savoir sont inséparables : la science occidentale ne doit-elle pas être située dans le temps et l'espace occidentaux ? Et la science africaine se développer à partir du contexte africain. Le non-Occidental n'est pas le non-savoir. On peut se poser deux questions entre autres : le savoir traditionnel est-il incompatible avec la démarche scientifique ? Dans la culture traditionnelle, n'y a-t-il pas des formes de transmission et d'approfondissement du savoir qui peuvent constituer un style africain de recherche scientifique » ?[22] Ces questions ne cesseront de me bousculer et de m'habiter. Elles me renvoient au deuxième Congrès mondial des Écrivains et Artistes noirs à Rome qui, en 1959, s'interroge sur la tâche et la responsabilité des différentes disciplines des sciences dans le contexte africain. Ces questions sont aussi présentes à la première rencontre de l'Association internationale des Africanistes à Dakar où, en 1966, l'on prend conscience du caractère étranger et fragmentaire de la recherche scientifique en Afrique.

---

[19] *Présence africaine*, no 46, 1963.
[20] G. Balandier, *Anthropologie politique*, Paris, PUF, 1965, pp. 186-217
[21] *Présence africaine*, no 55, 1965.
[22] *Présence africaine*, no 54, 1965.

Je me réapproprie ces questions d'autant plus qu'Alioune Diop nous invite à réfléchir sur la place de la science dans les transformations du continent noir. En effet, pour lui, l'Afrique a besoin de « se voir et s'apprécier elle-même à la lumière de la science et de la philosophie modernes. Dans les instances internationales scientifiques l'Afrique est quasi absente. Et pour cause. La connaissance scientifique de l'Afrique est plus qu'aux 9/10 détenue hors de l'Afrique »[23]. Dans ce contexte, il y a un double défi de l'Afrique à l'égard de la science. Le premier défi est celui du « traitement » de l'Afrique dans la science au cours de l'histoire dans la mesure où ce continent continue à se définir et à être perçu à travers les schémas de pensée de l'Occident. L'autre défi porte sur l'initiative et l'autorité africaines dans le domaine des sciences. À cet égard, pour le directeur de *Présence africaine*, « il n'est pas certain que la sécurité de nos pays soit d'en abandonner la connaissance scientifique à des étrangers (quelle que soit par ailleurs l'amitié de ceux-ci pour l'Afrique). Ne pas chercher à POSSEDER SCIENTIFIQUEMENT l'Afrique serait la meilleure formule pour laisser ruiner à jamais l'autorité africaine dans le monde »[24]. À travers ce texte fondateur, Alioune Diop m'a fait prendre conscience de l'enjeu que constitue le savoir de l'Afrique sur elle-même et par elle-même.

Face à cet enjeu crucial, jusqu'à la fin des mes études en 1969, je devais revoir tout l'édifice intellectuel qui s'était construit en moi. En effet, je portais une double mémoire qu'il me fallait articuler pour refaire l'unité de mon esprit. Cette mémoire s'est constituée à l'ombre de l'Université européenne et à partir du mouvement d'idées qui, pour ma génération, a surgi autour d'Alioune Diop et de *Présence africaine*. Dans ce sens, voici ce que j'ai retenu de ce « cénobite de la culture noire » dont parle Jacques Rabémanandjara[25] : « Ce que l'Occident appelle l'universalité de la science (...), n'indique souvent que le sens de son propre confort de vivre et de dominer. Le degré d'universalité qu'il se confère mesure le poids d'impérialisme qu'il est prêt - en toute bonne conscience- à jeter sur nos vies. L'impérialisme est en effet source de confort au détriment d'autrui ». Plus précisément, Alioune Diop remarque en 1964 : « Quant à la science, il est bien entendu qu'elle est universelle déjà, une fois pour toutes, ce qui veut dire qu'elle est occidentale par essence, l'esprit africain étant réfractaire à la rigueur du travail scientifique. Le fait est que la Science a développé la puissance technique de son efficacité selon les lignes de force de l'histoire occidentale et des difficultés qu'a pu rencontrer l'évolution de la civilisation occidentale. Les pôles de développement de la recherche, tout cela a son centre de direction et de rayonnement en Occident et dans le souci

---

[23] *Présence africaine*, no 53, 1965.
[24] *Présence africaine*, no 49, 1964.
[25] Cf. *Hommage à Alioune Diop, Fondateur de Présence Africaine*, Rome, Éditions des amis italiens de Présence africaine, pp. 17-36.

occidental. De là à proclamer que l'expérience scientifique amassée par l'Occident se confond avec l'universalité de la science, il n'y a qu'un pas, vite franchi »[26].

Ce texte m'obligera à examiner les dimensions socio-politiques et économiques des enjeux de la rationalité. Il inaugure le débat sur la recherche d'une autre manière de faire la science en restant ouvert à la diversité culturelle. Je pense ici à Nietzsche que cite l'éditorial de *Présence africaine* : « *Ce que nous voulons, ce n'est pas de connaître, c'est qu'on ne nous empêche pas de croire que nous connaissons déjà* ». Dans ce but, lorsqu'en revenant en Afrique, je choisis de vivre et de travailler chez les Kirdi du Nord-Cameroun, je suis préoccupé d'apprendre ce que savent les gens que je rencontre tous les jours. Dans les villages de montagne où je me rends chaque semaine, au cours des rencontres qui se tiennent souvent sous l'arbre ou la nuit, je discute avec les Anciens qui sont une bibliothèque vivante. Pendant près de quinze ans, ces vieux sages m'apprennent ce que n'ont pu m'apporter les docteurs en Sorbonne qui m'ont formé. En parcourant les rochers des Monts Mandara dans ces régions d'Afrique noire où André Gide a découvert « les plus beaux paysages du monde », je suis frappé par la richesse des savoirs produits par les générations d'hommes et de femmes qui ont édifié une véritable civilisation de la montagne à partir des cultures en terrasses construites selon des techniques que les agronomes modernes n'ont guère dépassées[27]. Je me souviens des faiseurs de pluie chez les Zulgo et les Mada. Le choc avec les savoirs des forgerons mafa me poussait à m'interroger sur la nécessité de réécrire l'histoire des techniques. En particulier, je mesurais l'importance des savoirs autour de l'eau, de la terre et du mil qui sont les réalités primordiales de l'univers kirdi. En lien avec ces éléments structurants que je devais prendre en compte dans le cadre de ce que j'avais appelé « L'École sans murs », j'avais tenté une expérience pédagogique visant à articuler cet héritage intellectuel et culturel avec les programmes d'enseignement primaire dans une école implantée en milieu rural. Les jeunes avaient collecté un grand nombre de récits et de contes qui servaient de textes oraux sur lesquels nous travaillions pour retrouver l'univers de pensée, le système des normes et de valeurs des sociétés kirdi. Cette expérience de terrain me renvoyait aussi à ma propre enfance chez « les Seigneurs de la forêt » dont parle Philippe Laburthe-Tolra. Je redécouvrais les ressources de l'oralité africaine. Car, au village, dès la tombée de la nuit, en jouant au clair de lune, nous avons appris à deviner l'univers à travers les proverbes et les énigmes.

---

[26] *Présence africaine*, no 49, 1964.
[27] Sur cette expérience, voir surtout J. M. Éla, *L'Afrique des villages*, Paris, Karthala, 1982

Ces expériences me servent de référence au moment où, en 1971, je participe au débat sur l'enseignement en Afrique dans mon premier livre « *La plume et la pioche* »[28]. Dans ce débat, en me recentrant sur la transmission des connaissances, je dois affronter la question de la hiérarchie des savoirs dans un système scolaire où, trop souvent, règne le prestige des études scientifiques. J'écris brutalement : « Ce n'est pas en rendant les Africains nuls en Lettres qu'on les rendra fort en Sciences, capables d'inventions et de découvertes (...). On ne travaille pas pour l'essor scientifique de l'Afrique en lésinant sur les crédits destinés à la recherche et aux laboratoires, tout en se lançant dans des dépenses de pure mégalomanie »[29]. En fait, dès mes premières années d'enseignement à l'Université de Yaoundé en 1986, je choisis d'abord d'introduire mes étudiants à la sociologie de la connaissance. Ensuite, en prenant la relève de Jean-Pierre Warnier qui donnait le cours d'histoire des sciences sociales, je retrouve le domaine spécifique auquel j'avais été initié par Georges Gusdorf au moment même où il rédigeait son œuvre monumentale sur *Les sciences humaines et la pensée occidentale*. Par ailleurs, les problèmes d'épistémologie et de méthodologie de la recherche en sciences sociales m'amènent à approfondir mes réflexions sur la production des savoirs. En 1994, je reviens sur ces problèmes dans un livre qui constitue une sorte de plaidoyer pour la promotion des sciences sociales en Afrique noire. J'ai écrit ce livre dans le cadre d'une réflexion sur la réforme et le rôle de l'Université dans le développement économique et social des pays africains. Dans cet ouvrage, une question me préoccupe : au-delà du regard archéologique, comment « promouvoir les sciences sociales en Afrique noire » ? En effet, je propose un projet de formation et une démarche de recherche permettant de montrer qu'en Afrique, « une société inédite se donne à voir à l'état naissant dans tous les domaines ». D'où la nécessité de s'ouvrir à ce qui est en train de se faire dans les lieux de la vie quotidienne où les acteurs divers reconstruisent leur subjectivité et obligent à revisiter les formes du visage du continent. Face aux demandes théoriques qui exigent l'apport des sciences de l'homme et leur décolonisation, l'émergence des communautés scientifiques m'apparaît comme un défi primordial que les universités africaines doivent relever. J'amorce aussi la réflexion sur « la créativité endogène » et la capacité scientifique des universités en Afrique[30].

Forcé à l'exil en août 1995 au Canada, je reviens sur ces sujets dont l'examen m'a permis de rédiger un petit *Guide pédagogique de formation à la recherche pour le développement en Afrique*. En fait, ce texte s'inscrit dans le

---

[28] Op. cit. Yaoundé, Clé, 1971, pp. 24-31.
[29] Op. cit. p. 30.
[30] J. M. Éla, *Restituer l'histoire aux sociétés africaines. Promouvoir les sciences sociales*, Paris, L'Harmattan, 1994, pp. 123-126, 131-136.

cadre des contributions apportées à *l'Atelier de Formation Francophone Rockefeller Foundation / Université du Québec à Montréal* où je suis intervenu de 1996 à 1999 sur le thème : « la recherche dans le contexte social et culturel africain ». A travers les enjeux de la conceptualisation de la recherche, j'ai pris conscience de l'urgence d'une mise en perspective de la production des connaissances. À partir de leurs projets de recherche académique, il me semblait important de confronter les jeunes chercheurs africains aux exigences d'une démarche de recherche qui s'interroge en profondeur sur ses grilles d'analyse et ses outils de travail en montrant que cet effort critique est un moment crucial du processus d'élaboration des connaissances visant à un niveau de scientificité et donnant sa véritable pertinence à toute intelligence du réel, notamment en sciences humaines et sociales où il faut considérer le poids de l'héritage conceptuel et théorique de l'Occident. Cette problématique s'est aussi imposée à mon attention lorsqu'au CODESRIA, à Dakar, sur la proposition d'Achille Mbembe, je suis appelé en 1997 à diriger l'Institut de la Gouvernance sur *L'Économie politique des conflits en Afrique*. Cette expérience constitue l'un des temps les plus riches et les plus marquants de ma vie d'enseignant.

Je devais relever trois défis importants :

• promouvoir une nouvelle intelligence de la conflictualité en Afrique par un effort de réappropriation critique des paradigmes qui sous-tendent l'économie politique contemporaine et les relations internationales au lendemain de la guerre froide.

• Sortir des ghettos disciplinaires en suscitant une dynamique de recherche dans un espace de rencontre afin de produire des savoirs lisibles et valables

• Contribuer à la formation et à l'émergence d'une expertise africaine en matière d'étude et de gestion des conflits.

Comme disait Georges Gusdorf, le retour à son passé « permet à la personnalité de passer à l'acte et de se choisir elle-même telle qu'elle se souhaitait depuis toujours »[31]. En effet, dans ce livre, mon effort de réflexion et d'analyse s'enracine dans une pratique où je fais route avec de nombreux acteurs dans une dynamique de recherche qui m'oblige à revenir sur les interrogations restées sans réponse en vue d'ouvrir de nouvelles pistes sur les conditions de possibilité des sciences dans les sociétés africaines.

À l'ère du savoir dont il faudra définir les défis et les enjeux pour l'Afrique[32], au-delà des certitudes et des déclarations qui s'apparentent à des

---

[31] G. Gusdorf, *Pourquoi des professeurs ?* Paris, Payot, 1963, p. 10.
[32] Sur les sociétés fondées sur les savoirs et les compétences, cf. Institut de la Méditerranée, *L'accréditation des compétences dans la société cognitive*, Éditions de l'Aube, 1998 ; Banque mondiale, *Construire les sociétés du savoir : nouveaux défis pour l'enseignement supérieur*,

professions de foi selon lesquelles « plusieurs problèmes les plus sérieux du continent ne peuvent être affrontés sans une masse critique de scientifiques africains »[33], il me semble utile de faire retour à ces acteurs en vue d'évaluer leurs capacités à jouer un rôle pour contribuer à changer le destin des millions d'êtres humains. Mais il ne suffit plus de reconnaître ce que la science peut faire pour l'Afrique. Il faut désormais poser un certain nombre de questions radicales qui, souvent, ne figurent pas toujours au programme des conférences et des forums où la science et la technologie apparaissent comme la clé du développement en Afrique et « un pari pour le 21e siècle »[34]. Précisons le sens de ces questions.

Si la science n'est le monopole d'aucun peuple, comment l'homme africain peut-il justifier sa prétention à devenir un producteur des savoirs scientifiques ? En outre, si l'on considère l'état d'esprit à l'œuvre au sein des sociétés africaines, que faire pour élargir les bases sociales et historiques de la science dans les processus de globalisation en cours ? Par ailleurs, si l'on renouvelle le débat sur les rapports entre l'Afrique et la science en prenant en compte la crise des milieux d'étude et de recherche, comment préparer les nouvelles générations africaines à participer à l'aventure humaine de l'intelligence en ce début du nouveau millénaire ? Plus radicalement, en reprenant le projet fondateur d'Alioune Diop, *ne faut-il pas réinventer la science ?* Dans les pays d'Afrique où le champ scientifique n'échappe pas à l'emprise des mutations économiques contemporaines, ces questions obligent à repenser le rapport au savoir à partir d'une nouvelle situation historique qui met les chercheurs africains devant les tâches et les responsabilités qu'il importe de redéfinir en se demandant si l'appropriation de l'initiative scientifique ne s'inscrit pas en profondeur dans la dynamique des rapports entre la science, la société et le pouvoir dans le monde de notre temps. En définitive, il s'agit d'examiner les enjeux spécifiques qui s'articulent autour de l'invention des sciences dans le contexte mondial où la décentralisation et l'émergence des lieux de production des connaissances ouvrent un nouveau champ d'investigation et d'analyse. Bref, à partir des défis spécifiques que pose l'irruption de l'Afrique dans l'espace du

---

Québec, Presses de l'Université Laval, 2003 ; *Conférence mondiale sur la science au XXIe siècle*, Budapest, juin 1999 ; G. Berthoud, « Mémoire et savoir à l'ère de l'information », *Revue européenne des sciences sociales*, t. 36, 1998, pp. 5-15 H. Tézenas du Montcel, « L'avenir appartient à l'immatériel dans l'entreprise », *Revue française de gestion*, no 100, septembre-octobre 1994 ; « La dynamique des savoirs », *Sciences Humaines,* Hors Série, no 24, mars/avril 1999.
[33]Cf. « Sauver l'Afrique par la science », http : //www. sciencepresse. qc. ca/archives/2000/mano 40601. html
[34] Table ronde sur le transfert de science et de technologie en Afrique, Unesco, Paris, 9 février 1999.

savoir, il est nécessaire, selon le vœu d'Alioune Diop, de « nous saisir des questions qui se posent au plan mondial et de les penser avec tous ».

Afin de construire la réflexion autour des questions qui me préoccupent dans cet ouvrage, je tente d'abord de mettre la science en contexte afin d'examiner les enjeux de la connaissance dans le cadre des rapports entre l'activité scientifique et les processus sociaux. Je m'interroge ensuite sur les sociétés africaines mises à l'épreuve de la science à partir des défis majeurs qui obligent les acteurs de la recherche à reconsidérer les conditions de production des savoirs en tenant compte de la crise actuelle des cadres d'intelligibilité élaborés par le savoir colonial. Enfin, en m'appuyant sur les éléments d'analyse qui invitent à réinventer une autre manière de voir le monde, je propose quelques jalons pour une culture des sciences dans les sociétés africaines.

Pour écrire ce livre, s'il m'a fallu reprendre les intuitions fondamentales et les thèmes enracinés dans une expérience de vie et de recherche, en me fixant un axe d'étude et un cadre de réflexion sur l'Afrique face aux enjeux de la science, j'ai dû me recentrer sur les aires problématiques où le débat sur la science est ouvert dans le monde contemporain. En particulier, j'ai été amené à suivre attentivement l'évolution des discours et des recherches sur le statut des sciences et leurs rapports avec la société. En vue de m'interroger sur la refondation de la science dans un contexte de crises et de mutations où se pose le problème des relations entre les savoirs théoriques et les savoirs d'action, je devais identifier les tendances qui se font jour dans un environnement institutionnel dont on ne peut ignorer les pressions et le poids des contraintes dans les choix et les orientations en matière de recherche. En outre, il a été nécessaire d'examiner les défis qu'une nouvelle génération de chercheurs africains doit relever pour repenser la science dans un contexte où la prétention de l'Occident à être l'instance souveraine de la raison risque en permanence de masquer les formes de violence de la rationalité dans notre histoire. Enfin, à partir des questions inédites qui surgissent autour des relations Nord/Sud, j'ai repris l'essentiel des préoccupations sur ce que signifie faire la recherche à l'ère des réseaux.

CHAPITRE I

Mythes de la science et crises de la rationalité

Face aux problèmes de fond que pose la production des connaissances dans le contexte africain, le chercheur indigène ne peut ignorer l'histoire et les théories, les modèles et les méthodes de la science auxquels il est confronté depuis sa formation. Il lui faut prendre position par rapport à l'héritage reçu au moment même où il doit s'efforcer d'avancer comme à tâtons sans savoir où il va en essayant de pénétrer toujours davantage dans un domaine complexe et difficile où, en dépit des discours d'école, il n'y a ni règles a priori ni codes établis. Car il est demandé à chacun de faire preuve d'imagination pour inventer sa propre voie. Cette exigence implique la violation d'un certain ordre de choses dans les manières de penser et de faire en vue de s'inscrire dans un champ d'initiatives qui portent la marque de son aventure scientifique. Pour mieux saisir les enjeux de l'intelligence qui s'imposent à l'Afrique dans la dynamique actuelle des savoirs, il convient de cerner les crises de la rationalité dans l'évolution historique. Dans ce but, il importe d'attirer l'attention sur les attitudes et les comportements, les mythes et les croyances par lesquels la société entoure la science alors qu'ils sont incompatibles avec les exigences et les contraintes de l'activité scientifique.

Situation de la science

À ce sujet, relevons d'abord un paradoxe : peut-être faut-il renoncer de demander à la science de définir ce qu'est la science. En effet, comme l'écrit Edgar Morin : « *La science ne contrôle pas sa propre structure de pensée. La connaissance scientifique est une connaissance qui ne se connaît pas. Cette science qui a développé des méthodologies si étonnantes et habiles pour appréhender tous les objets qui lui sont extérieurs, ne dispose d'aucune méthode pour se connaître et se penser elle-même. On peut même dire que le retour réflexif du sujet scientifique sur lui-même est scientifiquement impossible (...). Nul n'est plus désarmé que le scientifique pour penser la science. La question : « Qu'est-ce que la science? » est la seule qui n'ait encore aucune réponse scientifique »*[35]. Selon l'affirmation provocante de Heidegger, « la science ne pense pas. Elle ne pense pas, parce sa démarche et ses moyens auxiliaires sont tels qu'elle ne peut pas penser- nous voulons dire penser à la manière des penseurs. Que la science ne puisse pas penser, il ne faut voir là aucun défaut, mais un avantage. Seul cet avantage assure à la science un accès possible à des domaines d'objets répondant à ses modes de recherche ; seul il lui permet de s'y établir »[36]. Comme le précise Boutot, « les sciences sont dans l'incapacité de se penser elles-mêmes, de dire ce qu'elles sont, et même ce qu'elles font. Il arrive, certes, aux scientifiques de s'exprimer sur leurs disciplines, mais ils sont alors contraints d'abandonner les concepts et les méthodes qu'ils mettent en œuvre dans leurs laboratoires »[37]. Bref, la science est impuissante à se concevoir. Pour s'en rendre compte, rappelons cette anecdote instructive que rapporte Jean-François Portier : « En 1996, à l'occasion du Congrès annuel des professeurs de sciences des États-Unis, les organisateurs invitèrent le physicien Richard Feynman - qui venait d'être couronné du prix Nobel de physique - à donner une conférence sur le thème « Qu'est-ce que la science »? Embarrassé par la question, R. Feynman -reconnu unanimement comme un des scientifiques les plus doués et originaux du siècle- débuta son intervention en racontant une petite histoire : celle des milles pattes qui se retrouva incapable de marcher dès lors qu'un crapaud facétieux lui demanda comment il s'y prenait pour coordonner toutes ses pattes. « J'ai fait de la science toute ma vie, en sachant parfaitement ce que c'était. Mais quant à vous dire de quoi il s'agit et comment mettre un pied devant l'autre-ce pour quoi je suis ici-j'en suis incapable ». Malicieux, le physicien rajoutait : « Qui plus est, la comparaison avec le mille-pattes m'inquiète et j'ai peur qu'en rentrant chez moi tout à l'heure, je ne puisse plus faire de la recherche ». Feynman poursuivit donc sa conférence en racontant comment son père l'avait initié à la recherche en lui faisant découvrir la nature lors de longues promenades dans les bois. Il l'invitait à s'interroger sur les raisons pour lesquelles les oiseaux se grattaient les plumes avec le bec, ou pourquoi il fallait de l'eau et de la lumière aux plantes pour pousser... ». Ce jour-là, Feynman a sans doute eu raison de contourner la difficulté sans chercher à répondre directement à la question posée »[38].

Aborder de front cette question s'avère donc pour le moins risqué. Le concept de science soulève des interrogations radicales auxquelles les

---

[35] E. Morin, *Science avec conscience*, Paris, Seuil, 1990, p. 20
[36] M. Heidegger, *Essais et conférences*, Paris, Gallimard, 1958, p. 157.
[37] A. Boutot, « Science et philosophie », *Encyclopaedia Universalis, vol 20, 1990*
[38] J. F. Portier, « La production des sciences humaines », *Sciences humaines*, no 80, février 1998, p. 17.

définitions proposées par les dictionnaires ne permettent pas de répondre avec satisfaction[39]. *Le Petit Littré* définit ce concept : « connaissance qu'on a d'une chose (…). Ensemble, système de connaissances sur une matière ». Pour *Le Petit Robert*, le mot « science » veut dire : « connaissance approfondie ». On lit aussi : « ensemble de connaissances, d'études d'une valeur universelle, caractérisé par un objet et une méthode déterminée et fondée sur des relations objectives vérifiables ». Dans *Le Petit Larousse*, on trouve cette notion de la science : « ensemble cohérent de connaissances relatives à certaines catégories de faits, d'objets ou de phénomènes ». Enfin, le *Vocabulaire technique et critique de la philosophie* de Lalande considère la science comme « un ensemble de connaissances et de démarche ayant un degré suffisant d'unité, de généralité et susceptibles d'amener les hommes qui s'y consacrent à des conclusions concordantes qui ne résultent ni de conventions arbitraires, ni de goûts et des intérêts individuels qui leur sont communs, mais de relations objectives qu'on découvre graduellement et que l'on confirme par des méthodes de vérification définies »[40]. Comme on le remarque, les définitions du concept de science s'accordent sur un fait : une science est un savoir, c'est-à-dire un produit de l'esprit humain, un discours sur la réalité, fondé sur l'observation de la réalité, mais qui n'est pas la réalité elle-même. Selon le mot de Poincaré, « on fait de la science avec des faits, comme on fait une maison avec des pierres ; mais une accumulation de faits n'est pas plus une science qu'un tas de pierres n'est une maison ». La volonté de se soumettre aux faits oblige le chercheur à se libérer de ce que Durkheim appelle les « prénotions ». Car, la démarche scientifique exige la mise en œuvre d'une méthode spécifique et rigoureuse, adaptée au type d'objet étudié et destinée à garantir la validité des résultats. Dans cette quête d'objectivité, le développement d'une science suppose toujours la référence à la communauté scientifique qui permet le contrôle intersubjectif des connaissances. De ce point de vue, « les connaissances scientifiques ne se ramènent pas à une collection de lois, de théories ou de données empiriques indépendantes les unes des autres, mais elles constituent une structure, aux éléments plus ou moins solidaires selon les disciplines »[41]. En d'autres termes, un savoir scientifique est un savoir élaboré par une pluralité d'individus, susceptible d'être critiqué et contrôlé par d'autres chercheurs dans la perspective de la « falsifiabilité » dont parle Karl Popper[42]. En d'autres termes, une affirmation qui se veut scientifique doit s'appuyer sur une démonstration

---

[39] Sur les difficultés d'une interrogation sur la nature de la science, lire J. Grynpas, *La philosophie, sa vocation créatrice/sa position devant la science/ses principes avec l'homme et la société d'aujourd'hui*, Marabout université, 1967, pp. 67-90.
[40] Op. cit. p. 959.
[41] B. Matalon, *La construction de la science : De l'épistémologie à la sociologie de la connaissance scientifique*, Lausanne et Paris, Delachaux et Niestlé, 1996, p. 90.
[42] K. Popper, *La logique de la découverte scientifique*, Paris, Payot, 1984, pp. 76-91.

permettant à d'autres chercheurs de faire, s'ils le peuvent, la démonstration de sa fausseté. Ce qui importe pour une théorie, c'est de faire ses preuves. Dans ce but, il lui faut résister « à l'épreuve des tests »[43]. Par ailleurs, chaque discipline scientifique a son langage et construit des concepts appropriés pour la compréhension de la réalité. Émile Durkheim insiste sur l'importance de cette conceptualisation dans toute démarche de recherche : « Il ne s'agit pas seulement, écrit-il, de découvrir un moyen qui nous permette de retrouver assez sûrement les faits auxquels s'appliquent les mots de la langue courante et les idées qu'ils traduisent. Ce qu'il faut, c'est constituer de toutes pièces des concepts nouveaux appropriés aux besoins de la science et exprimés à l'aide d'une terminologie spéciale »[44].

Dans cet effort de clarification du discours scientifique qui vise à le distinguer du discours militant, ce qui me frappe, c'est la tentation de l'angélisme. Cette tentation consiste à affirmer la pureté absolue du discours scientifique en oubliant que le chercheur n'est jamais un pur esprit. Il s'agit, en effet, d'un être humain qui est toujours situé historiquement, socialement et intellectuellement. Il y a donc un conditionnement du savoir que l'on ne peut ignorer. En plus du contexte où le savoir s'élabore, il faut prendre en compte l'état de la discipline avec les modes intellectuelles et les méthodes mises à l'œuvre pour étudier la réalité à un moment précis de la recherche scientifique. Oublier l'existence de ces conditionnements, c'est tomber dans l'illusion de la science comme savoir désincarné. Aussi, le chercheur ne saurait faire l'économie d'une attitude lucide à l'égard des conditions de production de son savoir. On voit la complexité des questions que soulève le concept de « science » dont la compréhension exige toujours une réflexion critique et, en définitive, une véritable science de la science. Jean Ladrière écrit justement : « On peut se demander s'il est possible de dégager un critère général de scientificité susceptible de s'appliquer à toutes les disciplines auxquelles on reconnaît la qualité de « science »[45]. Sans négliger la tâche qui consiste à comprendre la constitution de la science et les caractéristiques spécifiques de celle-ci[46], l'on doit se garder de figer la dynamique du savoir scientifique dans les limites étroites. Définir la scientificité suppose toujours l'existence d'un paradigme à partir duquel le titre de science peut être décerné. Dans ce sens, décider ce qui a droit au titre de science exige d'instaurer une sorte de tribunal de la raison où l'on se réfère à des règles tacites, à des normes et à des modèles inavoués. Ce jugement porte, en fin de compte, sur le non-savoir. Ici se pose la

---

[43] K. Popper, op. cit. pp. 256 ss.
[44] E. Durkheim, *Les règles de la méthode sociologique*, Paris, PUF, 1986, p. 36.
[45] J. Ladrière, « Sciences et discours rationnel », *Encyclpaedia Universalis, op. cit.* p. 724.
[46] Sur ce sujet, cf. P. Bourdieu, *Science de la science et réflexivité.*, Paris, Raisons d'agir, 2001 ; *Méditations pascaliennes*, Paris, Seuil, 1997, pp. 137-141.

question fondamentale du « grand partage » qui sera examinée plus loin. Car, c'est bien au nom d'un système de savoirs qu'on décide de rejeter hors de la science ce qui ne l'est pas comme le montre l'opposition devenue classique entre les « littéraires » et les « scientifiques ». Devant cette tentation, la précaution d'Isabelle Stengers me paraît un préalable opportun : « Nous nous interdisons de juger a priori et en droit du « titre de science ». Nous savons que de ce titre est un enjeu, non un attribut »[47]. Avec raison, Stengers s'inscrit, arguments à l'appui, contre l'idée d'une épistémologie normative qui définirait, de droit, le scientifique et le non scientifique. Les mots « science » et « scientifique » sont utilisés de mille façons[48]. Dans ce cas, comment distinguer la science de ce qui ne l'est pas ? Où se situe la séparation entre la science et le dogme ? La science échappe-t-elle à la croyance et au mythe ?[49]

Ces questions sont incontournables. Comme le souligne encore Isabelle Stengers, « la définition de la « science » n'est jamais neutre, puisque depuis que la science moderne existe, le titre de science confère à celui qui se dit « scientifique » des droits et des devoirs. Toute définition, ici, exclut et inclut, justifie ou met en question, crée ou interdit un modèle. La quête d'un critère de démarcation cherche à qualifier positivement les prétendants légitimes au titre de science »[50]. Ainsi, *le statut même de la science est un véritable enjeu*. Car, la science se constitue contre un « obstacle » que Bachelard a défini comme un donné quasi anthropologique[51]. Bref, il y a toujours ce « contre » quoi la science se construit en contestant sa légitimité ou sa pertinence. Il importe de noter cette attitude faite d'audace : elle pousse le scientifique à la rupture et à la démarcation en situant la production des savoirs dans la dynamique d'une destruction créatrice[52]. Faire la science nécessite « un coup de force par lequel on décide de voir les choses d'une certaine façon »[53]. Pour prétendre innover dans le domaine de la connaissance, il faut justifier le risque que l'on prend d'oser négliger ce qui auparavant était admis par tout le monde. Plus le travail du deuil exigé par rapport au passé apparaît pénible et mutilant, plus le thème de la rupture est efficace[54]. En fait, comme Georges Gusdorf l'a bien montré, le concept de science ne se comprend qu'en référence à l'histoire de la pensée[55].

---

[47] I. Stengers, *D'une science à l'autre. Des concepts nomades*, Paris, Seuil, 1997, p. 11.
[48] Sur l'histoire du mot science, cf. F. A. Hayek, *Scientisme et sciences sociales*, Paris, Plon, 1953, chap. 1 ; F. Lurçat, *L'Autorité de la science*, Paris, Cerf, 1995.
[49] Sur les mythes de la connaissance scientifique, cf. « La science comme nouvelle Église universelle, in *Survivre*, no 9, août-septembre 1988.
[50] I. Stengers, *L'invention des sciences*, Paris, La Découverte, 1993, p. 34.
[51] G. Bachelard, *La Formation de l'esprit scientifique*, Paris, Vrin, 1975.
[52] A. Chalmers, *Qu'est ce que la science ?* Paris, La Découverte, 1987.
[53] G. Fourez, *La Construction des sciences*, Bruxelles, De Boeck, 1988, p. 50.
[54] I. Stengers, op. cit. p. 36.
[55] G. Gusdorf, *De l'histoire des sciences à l'histoire de la pensée*, Paris, Payot, 1966, pp. 9-18

D'où l'impossibilité de découvrir la nature de la science sans la resituer dans la tradition historique où elle s'enracine en sa singularité. Si l'on tient compte de cette tradition, il semble bien que tout remonte ici à « l'invention de la raison qui, selon François Chatetet, date du Ve siècle avant notre ère où elle est apparue à Athènes, en même temps que la démocratie »[56].

Remarquons la décision grave que prend Chatelet de procéder à l'approche historique de la raison à travers Platon et Aristote afin de saisir comment elle est passée de la philosophie et de la politique à la science. En suivant cette trajectoire, des peuples entiers, notamment ceux d'Afrique noire, risquent de se retrouver massivement dans une véritable préhistoire de la raison. En ce sens, ils appartiendraient à l'âge pré-scientifique de l'humanité. A cet égard, *il n'est pas évident que l'idée de science échappe réellement à l'ethnocentrisme*. Selon Lévi-Strauss, cet ethnocentrisme voit dans la diversité des cultures « une sorte de monstruosité ou de scandale »[57]. À l'évidence, la science dont on parle aujourd'hui est un fait de mémoire propre à la culture occidentale. Comme l'écrit Abraham Moles, « la science est le seul véritable triomphe de la pensée. Pourtant, la science n'est pas née tout armée du cerveau du physicien, elle est un processus avant d'être un achèvement, elle est un pénible effort pour recommencer à penser juste »[58]. A ce titre, le mot « science » témoigne d'une démarche de la pensée liée au « destin scientifique de l'Occident »[59]. Telle est, pour reprendre le mot de Pascal, « l'idée de derrière la tête » qui vient à l'esprit dans les pays du Nord quand on parle de la science.

Pour François Guéry, la réflexion sur la science « permet de rendre compte des lignes de force de notre condition historique d'hommes « occidentaux » aux yeux des philosophes actuels. La science est la différence spécifique, au sens aristotélicien, de nos sociétés ; elle nous définit donc et nous constitue dans notre spécificité »[60]. Dès lors, il faut revenir à l'Antiquité gréco-romaine pour découvrir la source et les fondements de la science moderne. Dans un livre publié par les *Éditions UNESCO*, Augusto Forti n'hésite pas à déclarer : « sans Démocrite, Aristote, Pythagore, Ptolémée, Archimède, Lucrèce, Vitruve et les autres, nous n'aurions jamais eu Newton, Kepler, Galilée ou Einstein (…). Pour de multiples raisons, un nombre incroyable de foisonnements d'observations, d'hypothèses, de théories et de découvertes s'épanouit en Grèce et en

---

[56] F. Chatelet, *L'histoire de la raison*, Paris, Seuil, 1992 ; cf. aussi « Du mythe à la pensée rationnelle », in *Philosophie païenne du VIe siècle avant J. C. au IIIe siècle après J. C.*, Paris, Hachette, 1972.
[57] Lévi-Strauss, *Race et histoire*, Paris, Gonthiers, 1961, p. 19.
[58] A. Moles, *Les sciences de l'imprécis* op. cit. p. 14.
[59] A. Moles, op. cit.
[60] F. Guéry, « Epistémologie », dans *La philosophie*, Paris, Les Dictionnaires Marabout Université, Savoir moderne, 1972, t. 1, p. 135.

Méditerranée, faisant de cette région le berceau de la pensée scientifique moderne »[61]. Selon Einstein, il n'y a aucun doute sur ce sujet : « Nous admirons la Grèce antique parce qu'elle a donné naissance à la science moderne. Là, pour la première fois, a été inventé ce chef d'œuvre de la pensée humaine, un système logique, c'est-à-dire tel que les propositions se déduisant les unes des autres avec une telle exactitude qu'aucune démonstration ne provoque le doute. C'est le système de la géométrie d'Euclide. Cette composition admirable de la raison humaine autorise l'esprit à prendre confiance en lui-même pour toute activité nouvelle »[62]. Pierre Rousseau écrit : « L'esprit scientifique s'éveille en Grèce ancienne. La raison s'émancipe en Ionie »[63] Joseph Needham déclare sans ambiguïté : « L'Europe n'a pas créé n'importe quelle science, mais la science mondiale »[64]. Fernand Braudel précise : « Et elle l'a créée presque toute seule »[65]. Écoutons aussi Husserl : il n'y a qu'une science qui est européenne. Et « la science a son origine dans la philosophie grecque »[66]. Pour le père de la phénoménologie, l'humanisme européen porte en lui une idée absolue. Seule l'Europe assume le destin de l'Esprit. Et l'humanité dont il est question chez Husserl, c'est celle qui est européenne. Selon Heidegger, la philosophie est grecque[67]. Jaspers définit l'apport de l'Europe au monde en trois mots : liberté, histoire, science. La part de l'Europe est si belle que ce raccourci saisissant ne comble un canton de l'humanité que pour mieux démunir les autres continents. On le voit : il y a une crise de la rationalité dans l'idée que l'on se fait de la raison et de la science. Cette crise est tapie au cœur de la raison occidentale qui, en se refermant sur elle-même, s'érige en raison universelle. En d'autres termes, la raison occidentale tend à devenir folle au moment même où, en étant une raison particulière, instrumentale et hégémonique, elle veut être maîtresse et guide de la rationalité humaine. Bref, comme le reconnaît Edgar Morin, « la raison universelle apparaît comme une rationalisation de l'ethnocentrisme occidental. L'universalité apparaît alors comme le camouflage idéologique d'une vision limitée et partielle du monde et d'une pratique conquérante, destructrice des cultures non-occidentales. La raison du XVIIIe siècle apparaît non seulement comme la force d'émancipation universelle, mais aussi comme principe justifiant l'asservissement opéré par une économie, une société, une

---

[61] A. Forti, « Science, philosophie et pouvoir dans l'Antiquité classique », in F. Mayor, A. Forti (dir), *Science et Pouvoir*, Paris, Éditions UNESCO, 1995, p. 1.
[62] Einstein, *Comment je vois le monde*, Paris, Flammarion, 1979, p. 130.
[63] P. Rousseau, *Histoire de la science*, Paris, Fayard, 1945, p. 83.
[64] Cité par F. Braudel, *Grammaire des civilisations*, Paris, Flammarion, 1993, p. 404.
[65] F. Braudel, op. cit.
[66] Husserl, *La crise des sciences européennes et la phénoménologie transcendantale*, Paris, Gallimard, 1976, p. 309.
[67] M. Heidegger, *Qu'est-ce que la métaphysique ?* Paris, Gallimard, 1953

civilisation sur les autres »⁶⁸. Ce processus conduit à l'instauration du modèle rationalisateur dominant qui occulte d'autres expressions de la rationalité.

De nombreux travaux rappellent que l'humanité n'a pas attendu l'Occident pour faire de la science. Il me suffit de rappeler l'œuvre incontournable de Cheikh Anta Diop sur l'apport de l'Égypte nègre à la science grecque⁶⁹. Par ailleurs, on oublie toujours qu'avant le XVIᵉ siècle, la science chinoise était en avance par rapport à celle des pays européens⁷⁰. Sans le papier et l'imprimerie importés de Chine, L'Europe aurait continué à recopier ses manuscrits à la main comme au Moyen Âge. Car, ce n'est pas Gutenberg qui a inventé le caractère d'imprimerie. Ce sont les Chinois. Dans de nombreux domaines, ils sont les précurseurs⁷¹. On doit à leur génie scientifique l'algèbre et les techniques de navigation, la boussole et le canon, la découverte de la circulation du sang et de la première loi du mouvement. Face à la science, il importe de rétablir la vérité, pour les uns comme pour les autres. À ce sujet, il faut ici évoquer d'autres apports à l'Europe comme ceux du monde arabe dans l'histoire des sciences depuis l'incendie de la Bibliothèque d'Alexandrie et tout le mouvement intellectuel et scientifique au Moyen-Âge, notamment, dans la péninsule ibérique et en particulier en Andalousie où la civilisation arabe a laissé des traces qui demeurent dans la vie quotidienne⁷². Selon Alain de Libera, professeur à l'École des Hautes Études, « c'est l'Islam d'Andalousie qui a transmis aux Latins non seulement la philosophie grecque, mais la philosophie et la science arabes, de la psychologie à l'optique en passant par l'ontologie et les sciences naturelles (…). L'Islam n'est pas un corps étranger à l'Europe. Elle lui doit quelque chose d'essentiel, ce qui se confond avec ce dont elle s'est arrogé l'exclusivité : la raison. Cela peut surprendre dans un monde qui a fait du « matin grec » (Heidegger) le point de départ de son roman familial (…). C'est par les traductions faites à Tolède du corpus scientifique arabe que l'Occident a acquis, dans les années 1150, une grande partie des savoirs qui ont permis ensuite à

---

⁶⁸ E. Morin, op. cit. p. 152.
⁶⁹ Sur ce sujet, lire, Ch. Anta Diop, Nations Nègres et culture, Présence Africaine, Paris, 1954 ; Civilisation ou barbarie. Anthropologie sans complaisance, Présence Africaine, Paris, 1981 ; lire aussi, Th. Obenga, L'Afrique dans l'antiquité, Paris, Présence Africaine, 1973 ; G. Biyogo, Aux sources égyptiennes du savoir, vol 1. Généalogie et enjeux de la pensée de Cheikh Anta Diop, Paris, Éds. HELIOPOLIS, 1998 ; J-Ph. Omontonde, L'origine negro-africaine du savoir grec, Paris, Éds. Menaibuc, 2001 ; voir aussi M. Bernal, Black Athena. Les racines afro-asiatiques de la civilisation classique, Paris, PUF, 1997 ; S. Sauneron, Les prêtres de l'Ancienne Égypte, Paris, Seuil, 1962.
⁷⁰ J. Needham, *La science chinoise et l'Occident*, Paris, 1973.
⁷¹ R. K. Temple, *Quand la Chine nous précédait*, Paris, Bordas, 1987 ; « Le génie scientifique de la Chine », *Le Courrier de l'UNESCO*, oct. 1988, pp. 4-6.
⁷² Sur les apports du monde arabe à l'Occident, cf. T. Fabre, *L'Héritage andalou dans la culture méditerranéenne*, éd. de l'Aube, 1995 ; N. Daniel, *Islam et Occident*, Paris, Cerf, 1993.

l'université médiévale d'exister ».⁷³ Un fait est certain : si l'algèbre n'est pas grecque d'origine, en astronomie, le ciel est riche des étoiles découvertes par les savants arabes : Altaïr, Aldebarran, Yhadumi, Mekbuda, El Nath, Algedi, Menkib, etc. En chimie, en médecine, comme en philosophie, on ne peut oublier le nom d'Averroès qui, au XIIe siècle, témoigne de l'héritage arabe en Occident. En fait, on redécouvre aujourd'hui « ce que la culture doit aux Arabes d'Espagne ». Jusqu'au XVIe siècle, l'enseignement de la médecine a été dispensée en arabe dans les plus grandes universités européennes : Padoue, Bologne, Montpellier, Salerme, la Sicile etc. Pour prendre en compte les apports de la science arabe à l'Europe, il suffit de relire l'ouvrage de Sigrid Hunke *Le soleil d'Allah brille sur l'Occident*⁷⁴. Dans ce sens, affirmer que la science de l'Occident est fille de la Grèce montre que la mémoire que l'on a de l'Occident est sélective. L'Occidental se reconnaît dans son héritage gréco-romain et judéo-chrétien. Que sait-il de l'apport musulman ? Tout juste a-t-il entendu parler d'Averroès. Mais Al Ghazali et Ibn Khaldoun ? On peut aujourd'hui faire un doctorat en philosophie sans connaître un seul penseur arabe. Or, dès le XIIe siècle, la tradition musulmane a marqué l'Europe. Dès lors, la conscience occidentale ne peut s'affirmer sur l'oubli et la négation de l'altérité mais en débloquant les mémoires sélectives. Précisément, les préjugés et les stéréotypes construits sur les pays du Sud au cours des années de mépris colonial ne cessent d'occulter la contribution des autres civilisations au développement scientifique et technologique de l'Occident. Pour justifier leur prétendue supériorité, les pays du Nord s'acharnent à construire les mythes de l'infériorité des peuples dominés. C'est ce qui explique que les savoirs scientifiques des sociétés non-occidentales soient ignorés ou niés. Affirmer que la science occidentale est le modèle universel de toute prétention de la connaissance à la scientificité est un avatar de l'esprit impérial. En dépit des témoignages incontestables, de nombreux auteurs continuent à penser comme Thomas S. Kuhn qui reprend l'hymne à la gloire de l'Occident : « toutes les civilisations que nous connaissons par la reconstruction historique ont possédé une technologie, un art, une religion, un système politique, des lois, etc, bien souvent aussi développés que les nôtres. Mais seules les civilisations qui sont filles de la Grèce hellénique ont possédé autre chose qu'une science rudimentaire. Toute la masse des connaissances scientifiques est le produit de l'Europe durant les quatre derniers siècles. Nul autre lieu, nulle autre époque n'ont permis l'existence de ces communautés très spéciales dont provient la productivité scientifique »⁷⁵. Il n'est pas nécessaire de multiplier aisément les citations similaires.

---

⁷³ A. de Libera, « Le don de l'Islam à l'Occident », *Le Nouvel Observateur*, novembre 1996, p. 34. Voir aussi F. Braudel, *Grammaire des civilisations*, Paris, Flammarion, 1993, pp. 112-113
⁷⁴ Paris, A. Michel, 1997.
⁷⁵ T. S. Kuhn, *La structure des révolutions scientifiques*, Paris, Flammarion, 1983, p. 229.

Remarquons le rôle central dévolu au savoir d'origine grecque. C'est au regard de ce savoir que l'ignorance où croupit le reste du monde le condamne à la déchéance. La supériorité que croit pouvoir s'arroger l'Occident sur les autres cultures est d'abord d'ordre intellectuel. Elle se fonde sur l'universalité de son savoir. L'idée que se fait l'Occident de lui-même en tant que lieu d'origine de la science entraîne celle d'une civilisation qui doit apporter ses lumières à tous les peuples dont le retard se manifeste notamment au niveau du savoir scientifique. Bref, compte tenu de son rôle dans l'histoire de la science, l'Occident est appelé à conduire la course du monde. Comme le souligne Issiaka-Prospère Lalèyê, « l'Occident a littéralement construit la notion de raison en projetant à l'horizon de la visée de l'intelligence dont il a, comme toutes les autres composantes de l'humanité, l'expérience multiforme, quotidienne, individuelle et collective, les principales valeurs intellectuelles constitutives de ses propres aspirations. Celles-ci étant socio-culturellement déterminées, l'Occident en est tout naturellement venu à se représenter sa raison comme La raison (…). Ce processus de création -construction de la raison par l'Occident, à partir de l'expérience faite par les occidentaux de l'utilisation individuelle et collective de l'intelligence est-il une voie obligée par laquelle toute autre composante de l'humanité doit nécessairement passer ? On peut se le demander »[76]. Pour l'Occident, la réponse affirmative à cette question ne fait l'objet d'aucun doute dans la mesure même où la raison dont il a l'expérience dans son histoire est un absolu et, en fin de compte, le seul regard à partir duquel il faut comprendre l'aventure humaine et juger tout ce qui se rapporte à l'être humain. Ainsi, les générations entières ont grandi en intériorisant cet a priori depuis la famille, l'école et l'université : *la science est le monopole ou l'attribut de l'Occident.* Cette représentation de la science s'inscrit dans les dynamiques de l'imaginaire à travers la prétention des croyances auxquelles résistent peu de penseurs, d'historiens des sciences ou d'auteurs de manuels destinés à l'enseignement dans les pays euro-américains. Ce n'est pas le lieu de soumettre à l'examen cet héritage d'idées. Ce qui me préoccupe dans cette étape de ma démarche, c'est la nécessité de reconsidérer les idées reçues sur la science afin d'examiner les questions cruciales qui obligent à redécouvrir ce qu'est la science en observant ce que font les hommes et les femmes qui la fabriquent. Cette réflexion doit se faire dans la mesure où trop de mythes de la science obscurcissent le sens de cette activité fondamentale de la culture humaine. Dans ce but, le chercheur africain qui se réapproprie le débat sur la production des connaissances doit rester à l'écoute des questions posées par la situation de la science dans le monde d'aujourd'hui. En vue de clarifier les données de ce débat fondateur, il est

---

[76] Issiaka-Prospère Lalèyê, « La raison, une invention de l'Occident ? », in Issiaka-Laléyê et al. (dir), *Organisations économiques et cultures africaines. De l'homo oeconomicus à l'homo situs*, Paris, L'Harmattan, 1996, p. 466.

instructif de prendre en compte les crises de la rationalité dans les bouleversements qui affectent la science dans l'histoire de la pensée occidentale. Cette histoire fournit un cadre approprié pour l'analyse des enjeux de la réinvention des sciences par les scientifiques en Afrique. Comme le rappelle Isabelle Stengers, « l'histoire des sciences met en scène des acteurs dont la singularité semble précisément être de viser à ce que le recul du temps ne puisse créer l'égalité (...). Les scientifiques innovants ne sont pas seulement soumis à une histoire qui définirait leurs degrés de liberté, ils prennent le risque de s'inscrire dans une histoire et de tenter de la transformer. L'histoire des sciences n'a pas pour acteurs des humains « au service de la vérité », si cette vérité doit se définir par des critères qui échappent à l'histoire, mais bien des humains au service de l'histoire, qui ont pour problème de transformer l'histoire, et de la transformer d'une manière telle que leurs collègues, mais aussi ceux qui, après eux, diront l'histoire, soient contraints de parler de leur invention comme d'une découverte » que d'autres auraient pu faire. La vérité, alors, est ce qui réussit à faire l'histoire selon cette contrainte »[77].

En revenant au lieu d'origine où s'élabore une nouvelle conception de la science au cours de la révolution de la raison qui s'opère à la fin de la Renaissance[78], je pense à « l'affaire Galilée » qui a marqué la symbolique et le destin de la science en Occident. A travers l'aventure du savant florentin, ce qui est en jeu, c'est la conquête de la liberté de pensée. Comme l'a montré Georges Canguilhem, *« la leçon de l'homme c'est d'avoir subordonné sa vie à la conscience qu'il avait du sens de son œuvre. En se faisant fort d'apporter des preuves si on lui en donnait le temps, Galilée avait conscience par idée claire du pouvoir de sa méthode, mais il assumait pour lui, dans son existence d'homme, une tâche infinie de mesure et de coordination d'expériences qui demande le temps de l'humanité comme sujet du savoir (...). On sait assez que c'est au XVIIe siècle que Galilée est devenu un symbole. Des historiens y cherchent la raison du sens qu'on a le plus souvent donné à l'affaire Galilée : la pensée libre persécutée par l'intolérance. En fait ce n'est pas seulement l'hostilité à la théologie et au cléricalisme qui sont en cause. Mais c'est aussi et surtout parce qu'on a alors le recul indispensable pour comprendre que la science de Newton, modèle de toute science à l'époque, accomplit la science de Galilée (...). Au XVIIIe siècle seulement on peut comprendre que la résistance de Galilée, homme, à l'invitation au compromis était l'emblème de la résistance de sa dynamique à la critique scientifique ».*[79]

---

[77] I. Stengers, *L'invention des sciences modernes*, Paris, La Découverte, 1993, pp. 50-51
[78] Voir à ce sujet, D. Lindberg et R. Westman (ed.), *Reappraisals of Scientific Revolution*, New York, Cambridge University Press, 1990.
[79] G. Canguilhem, op. cit. p. 49.

On doit se demander si la conquête de la liberté de penser dont Galilée est devenu le symbole est achevée. La question se pose si l'on considère les nouveaux risques de compromis des scientifiques dans les contextes qui, au-delà du conflit entre science et dogmes religieux, mettent en jeu les rapports entre le savoir et le pouvoir. À travers cette étude, il faudra s'interroger en permanence sur les capacités d'autonomie et de critique scientifique du chercheur africain dans les processus de production des connaissances. Quand on se réfère à l'affaire Galilée, tel est le fond du problème qui se pose avec l'avènement de la science moderne et, en même temps, de la pensée moderne. Pour clarifier les termes du débat sur les conditions d'émergence de cette science et de cette pensée, situons brièvement le contexte où s'ouvre l'ère nouvelle de la vie de l'intelligence. Si les idées de Galilée n'ont surgi de nulle part comme le rappelle la cosmologie de Copernic qui fut l'une des forces motrices de la Renaissance[80], on sait aussi qu'avec la diffusion des œuvres de la science grecque grâce à l'imprimerie, les travaux d'Archimède sont connus comme le montre l'enseignement des mathématiques dans les universités européennes durant le XVIe siècle. Par ailleurs, depuis qu'Aristote « est arrivé à l'Occident par le relais tardif des traductions, à Tolède et des commentaires d'Averroès »[81], le système du monde qu'il a développé résiste longtemps aux attaques de Copernic, de Kepler et de Galilée. De plus, dès le Moyen âge qui, en dépit des préjugés hérités du Siècle des Lumières, Roger Bacon, Albert le Grand, Guillaume d'Occam, Raymond Lulle et Robert Grosteste ouvrent la voie à la pensée expérimentale[82]. En outre, dès la Renaissance dont l'apport scientifique est marqué par l'œuvre du chanoine Copernic, de Léonard de Vinci, de Tycho Brahé et de Kepler[83], « Paracelse, professeur de médecine et de chimie à Bâle, en 1527, semble avoir été le premier médecin à posséder un laboratoire »[84]. Enfin, dans l'affaire Galilée, il faut noter un étrange paradoxe. Parlant des « cathédrales de la science », Jean-Marc Lévy-Leblond remarque : « l'Église avec ses lieux de culte majeurs, a rapidement offert à la science les premiers instruments géants, annonciateurs de la « Big Science » d'aujourd'hui. Comme l'écrit J. Heilbronn, « les historiens ont en général accordé plus

---

[80] Sur ce sujet, lire A. Koyré, *Études galiléennes*, Paris, 1940 ; *Études d'histoire de la pensée scientifique*, Paris, Gallimard, 1973, pp. 196-223 ; sur l'apport médiéval à la science moderne, en plus des travaux de P. Duhem, voir notamment A. Crombie, *Histoire des sciences de S. Augustin à Galilée*, Paris, 1959 ; cf. également R. Taton, *Histoire générale des sciences*, Paris, 1959, tome II.
[81] F. Braudel, op. cit. p. 406.
[82] Cf. P. Duhem, *Le système du monde*, Paris, 1913. Voir aussi A. C. Crombie, *Robert Grosteste and the Origins of Experimental Science, 1100-1700*, Oxford, Clarendon Press, 1953 ; *Augustine to Galiée*, London, Falcon Press, 1952.
[83] Sur cet apport, lire A. Koyré, *Études d'histoire de la pensée scientifique*, op. cit. pp. 50-60.
[84] P. Lecomte du Nouy, *Entre savoir et croire*, Paris, Éd. Gonthier, 1964, p. 89.

d'attention aux ennuis de Galilée qu'à la façon dont l'Église a tenté de se dégager de la position inconfortable dans laquelle elle s'était mise par son refus de l'héliocentrisme »[85]. C'est en effet dans ses cathédrales (où trouver d'aussi amples bâtiments ?) que furent bâtis, dès le XVIIe siècle, les héliomètres, ou « méridiennes », échelles graduées sur le pavement des nefs où le Soleil se projetait à midi par un petit trou dans la toiture en un point dépendant de sa hauteur dans le ciel, et donc de la date. Souvent construits et utilisés par de savants Jésuites, ces calendriers solaires perfectionnés permirent à la fois d'affiner les calendriers liturgiques et d'obtenir des données astronomiques précises sur la révolution annuelle de la Terre »[86]. Ces faits d'histoire suggèrent quelques réflexions.

Au cœur du débat sur la centralité de la Terre soulevé par les prises de position de Galilée dans le contexte culturel, philosophique et théologique du XVIIe siècle, la question qui se pose, à l'évidence, est celle de la latitude d'explorer, de rechercher et de publier, dans la totale liberté qu'exigent les études scientifiques. En d'autres termes, l'irruption d'une nouvelle manière d'affronter l'étude des phénomènes naturels impose une clarification d'ensemble des disciplines du savoir. Elle oblige à mieux délimiter leurs champs propres, leurs angles d'approche, leurs méthodes, ainsi que la portée de leurs résultats. Bref, compte tenu de l'émergence de la complexité dans les diverses sciences, il s'agit de prendre conscience du champ spécifique et des limites de ses propres compétences. Galilée invite les théologiens à s'interroger sur leurs propres critères de lecture de l'Écriture. Ainsi, se pose une question d'ordre épistémologique concernant l'herméneutique biblique. Pour le physicien qui s'appuie sur divers arguments imposés par la méthode expérimentale pour laquelle le Soleil seul peut avoir fonction de centre du monde, les théologiens doivent renoncer au sens littéral de l'Écriture et admettre que la diversité des disciplines du savoir appelle une diversité des méthodes de connaissance. Dès lors, la séparation entre l'Église et la science est nécessaire. Dans cette perspective, le cas Galilée constitue une sorte de paradigme et de mythe fondateur de la science moderne. Si la figure de celui qui fut condamné par le Saint-Office a marqué les esprits, c'est parce qu'elle est le symbole d'un homme de science confronté à la violence de ce qui, à travers les autorités religieuses de son temps, fut interprété comme l'obscurantisme dogmatique. *Par son refus de cet obscurantisme, Galilée est devenu le héros de la liberté de la pensée.* Aussi, face à l'imaginaire historique et culturel véhiculé par l'enseignement et les médias, la nouvelle science est associée à cette figure mythique. Pourtant, si

---

[85] J. L. Heilbronn, « Les Églises, instruments de science », *La Recherche*, no 307, pp. 78-83, mars 1998.

[86] J. M. Lévy-Leblond, « Les cathédrales de la science », in *Impasciences,* Paris, Bayard, 2000, p. 78.

cette dimension est enracinée dans les croyances, au regard de la science, les changements apportés par Galilée sont ailleurs. Ils sont liés à la méthode dont il se sert pour se défendre contre les théologiens qui, en un sens, sont restés fidèles à la démarche médiévale en brandissant l'argument de l'autorité de l'Écriture. Pour l'Inquisition, ce qui passe pour être le sens de la Révélation a remplacé l'autorité d'Aristote, le grand maître à penser auquel renvoyait la Scolastique comme argument suprême dans tout débat intellectuel. Devant la réalité, Galilée pense que ce type de critère est devenu archaïque. Il a perdu toute pertinence pour la science. Galilée se situe dans la perspective de son contemporain Sir Francis Bacon qui, en 1620, avec le *Novum Organum,* notamment au Livre I, ouvre une nouvelle voie aux sciences de la nature en accordant une place de choix à l'observation. Comme le reconnaît Whewell, « si nous devons choisir le héros de la révolution dans la méthode scientifique, il n'y a pas de doute que Francis Bacon doit occuper une place d'honneur »[87]. Galilée se rattache à cet acteur essentiel du renouveau scientifique dans le conflit fondateur qui oppose l'homme de science et le pouvoir religieux.

Si les géographes mathématiciens arabes furent les premiers à procéder à des observations astronomiques avec l'astrolabe dont on ne peut ignorer le rôle dans les grands voyages de découverte, Galilée construit en 1606 son propre télescope et l'utilise pour révéler une réalité cosmologique nouvelle grâce à l'observation des satellites de Jupiter et des phases de la lune. Au moment où l'on s'est mis à reconnaître la valeur à la méthode inductive, le travail de Galilée marque non seulement l'épanouissement de la technologie de la Renaissance mais le début de la science moderne. Galilée est une figure emblématique du nouveau modèle de « connaissance de la réalité qui vient de l'expérience et y renvoie ». Comme le remarque Einstein, « c'est ainsi que Galilée grâce à cette connaissance empirique, et surtout parce qu'il s'est violemment battu pour l'imposer, devint le père de la physique moderne et probablement de toutes les sciences de la nature en général »[88]. Enfin, pour Galilée, l'arithmétique constitue autant que la géométrie un modèle idéal pour la rationalité scientifique. « Avec Galilée, écrit François Chatelet, la science du réel n'est plus une science descriptive ; elle devient explicative, capable de se développer grâce à la mathématique »[89].

A ce sujet, dans le contexte culturel où, selon Braudel, le traité d'algèbre du monde arabe traduit en latin au XVIe siècle restera « le livre d'initiation de l'Occident »[90], il faut souligner l'importance du langage qui, aux yeux de

---

[87] Voir W. Whelwell, *The Philosophy of the Inductive Sciences Founded upon the History*, London, John W. Parker, t. 2, 1847, p. 230.
[88] Einstein, op. op. cit. p. 130.
[89] F. Chatelet, op. cit.
[90] F. Braudel, *Grammaire des civilisations*, op. cit. p. 113.

Galilée, s'impose désormais à la science. Tout se joue ici sur le regard qu'il faut porter désormais sur l'univers. Afin de comprendre les mutations de l'intelligence qui s'opèrent, revenons sur la métaphore familière du Livre qui plonge dans l'imaginaire culturel marqué par l'héritage judéo-chrétien et le néo-platonisme de la Renaissance. Pour la chrétienté triomphante qui voit tout avec les yeux illuminés de la foi biblique, le monde chante les merveilles de Dieu. Pour saint Bonaventure, remarque Étienne Gilson, l'historien de la pensée médiévale, « les choses sont à Dieu ce que les signes sont à l'expression qu'ils expérimentent ; elles constituent donc une sorte de langage, et l'univers tout entier n'est qu'un livre dans lequel se lit partout la Trinité »[91]. Bref, l'univers visible exprime Dieu. Comme l'écrit le Psalmiste, « Les cieux célèbrent la gloire de Dieu et le firmament annonce l'œuvre de ses mains »[92]. Montaigne connaît ce thème qui parcourt la pensée chrétienne comme on le voit dans le chapitre consacré à Raymond Sebond au Livre II de ses *Essais*. Galilée reprend l'idée traditionnelle du livre de l'univers, mais il en change radicalement la lecture. Il ne s'agit plus de contempler la splendeur de Dieu mais, d'une manière profane, de découvrir les formes et les mouvements de l'univers. Plus précisément, le monde n'est plus écrit avec des lettres ou des chiffres mais avec des concepts géométriques. Ce thème est enraciné dans le contexte néo-platonicien du XVIe siècle où s'amorce le processus de la mathématisation de la nature et, par conséquent de la science moderne[93]. Dans *l'Essayeur* (1623) où il esquisse une véritable théorie de la connaissance, Galilée écrit : « La philosophie est écrite dans cet immense livre qui se tient toujours ouvert sous nos yeux, je veux dire l'univers, mais on ne peut le comprendre si l'on ne s'applique d'abord à en comprendre la langue et à connaître les caractères avec lesquels il écrit. Il est écrit dans la langue mathématique et ses caractères sont des triangles, des cercles et autres figures géométriques, sans le moyen desquels il est humainement impossible d'en comprendre un mot. Sans eux, c'est une errance vaine dans un labyrinthe obscur »[94]. En relisant autrement le livre du monde, Galilée dénie toute réalité à la plupart des qualités sensibles. À cet égard, il importe de souligner l'enjeu de l'a priori galiléen sur lequel se fonde le type de science apparu à l'époque moderne comme le seul savoir. Comme le remarque Michel Henry, en prenant la place des autres savoirs et en les rejetant dans l'illusion et l'insignifiance, « la science galiléenne ne produit pas seulement un bouleversement sur le plan théorique, elle va façonner notre monde, délimitant

---

[91] E. Gilson, *La philosophie au Moyen Âge*, Paris, Payot, 1976, p. 442.
[92] *Psaume* 16, 2.
[93] Sur le néoplatonisme de la Renaissance, voir E. Cassirer, *Individu et Cosmos dans la philosophie de la Renaissance*, Paris, Minuit, 1983 ; sur les rapports entre Platon et Galilée, lire A Koyré, *Études d'histoire de la pensée scientifique*, op. cit. pp. 166-195.
[94] *L'Essayeur* de Galilée, trad. C. Chauviré, Annales littéraires de l'Université de Besançon, no 234, 1979, p. 141.

une nouvelle époque de l'histoire, (...). Écarter de la réalité des objets leurs qualités sensibles, c'est éliminer du même coup notre sensibilité, l'ensemble de nos impressions, de nos motions, de nos désirs et de nos passions, de nos pensées, bref notre subjectivité qui fait la substance de notre vie »[95]. Notons-le : la décision de comprendre, à la lumière de la connaissance géométrico-mathématique, un univers réduit à un ensemble objectif de phénomènes matériels, s'inscrit bien dans le système de pensée du XVIIe siècle.

Mais on sait surtout que, depuis Démocrite, seul existent les atomes et le vide, le chaud, le froid, la couleur n'étant que des conventions. En outre, sans reprendre ici le débat sur l'héritage de Platon et d'Aristote chez Galilée[96], on voit qu'à travers *le livre ouvert* écrit en langue mathématique, pour fonder le langage de la science moderne, il opère un véritable retour à l'Antiquité. En effet, comme le note Levinas, « Ce qui a permis (...) le grand progrès de la physique moderne, c'est que Galilée a aperçu dans la géométrie et la mathématique élaborées dans l'Antiquité, l'ontologie de la nature »[97]. Alexandre Koyré écrit aussi : Galilée a, « en quelque sorte, grandi à l'école d'Archimède (...). En effet, c'est (...) en se mettant constamment et résolument à l'école d'Archimède, en adhérant à la tradition de pensée qu'il représente (...) que Galilée arrive à (...) s'élever au niveau d'une physique mathématique, qui n'est autre chose qu'une dynamique archimédienne »[98]. Bref, « Plus qu'à Euclide, dit Maurice Clavelin, c'est Archimède, par son habileté à porter la méthode mathématique dans l'analyse des problèmes naturels, qui va décider sa vocation »[99]. En considérant le rôle central des mathématiques dans le projet de fondation de la science dans les Temps modernes, on situe ici le sens de ce qu'il est convenu d'appeler la « révolution galiléenne ». Georges Gusdorf a bien saisi l'ampleur des cette révolution lorsqu'il écrit au début de son grand traité sur *Les sciences humaines et la pensée occidentale* : « L'initiative de Copernic se déploie dans le seul horizon de l'astronomie ; celle de Galilée met au point un instrument de pensée qui bientôt prétendra étendre sa juridiction à la totalité du savoir. L'honorable chanoine de Frauenburg se contentait de spéculer, dans les formes traditionnelles, sur l'ordonnancement des planètes ; avec Galilée, la terre des hommes devient un monde intelligible, régi par les exigences souveraines de la raison mathématique, procédant par voie de démonstration"[100]. En parlant de l'héritage de l'Antiquité grecque dans la « révolution galiléenne », il importe de découvrir les acteurs de la science qui se cachent derrière le théorème de

---

[95] M. Henry, *La barbarie*, Paris, PUF, 1987, p. 1-2.
[96] A. Koyré, *Études d'Histoire de la pensée scientifique*, op. cit.
[97] E. Levinas, *Théorie de l'intuition dans la phénoménologie de Husserl*, Paris, Vrin, 1984, p. 167.
[98] A. Koyré, *Études galiléennes*, Paris, Hermann, 1966, p. 76.
[99] M. Clavelin, *La philosophie de Galilée*, Paris, Albin Michel, 1996, p. 126.
[100] G. Gusdorf, *La révolution galiléenne*, Paris, Payot, 1969, tome premier, p. 118.

Pythagore et les *Éléments de la Géométrie* d'Euclide[101]. Pour le moment, observons le processus de mathématisation du réel dans le modèle de la pensée visant à tout soumettre à l'ordre qui règne dans la géométrie et l'algèbre.

À cet égard, comment ne pas constater la fascination de ce modèle depuis le XVIIe siècle en Europe ? Plus rien n'échappe à la mathématique dans la reconstruction mécaniste de l'univers dont Newton reprend l'essentiel dans *les Principes mathématiques de la philosophie naturelle* publiés en 1687. « L'attraction universelle a d'abord été définie par Newton et Locke à force de calculs dont Galilée pressentant la chute des corps lourds avait esquissé le cheminement »[102]. En lisant le *Discours de la Méthode* de René Descartes, on retrouve, certes, d'abord, la volonté de s'affranchir de toute autorité afin de s'en tenir à la seule certitude qui s'impose à la raison. Pour le maître de la pensée moderne dont l'influence sur le mouvement des Lumières fut déterminante, l'autonomie de la pensée est une exigence primordiale de la vie de l'esprit. Mais, face à l'Index, l'auteur du traité scientifique *Le Monde ou le traité de la lumière*, reste prudent. En apprenant la condamnation de Galilée, il met son manuscrit de côté. Le livre ne sera publié qu'après sa mort. Mais comme Galilée, Descartes a un grand intérêt pour les mathématiques. En effet, il écrit : ces sciences « ont des inventions très subtiles et qui peuvent beaucoup servir, tant à contenter les curieux, qu'à faciliter les arts et diminuer le travail des hommes »[103]. Selon le philosophe nourri par l'enseignement des Jésuites et orienté vers les applications pratiques des mathématiques, c'est à celles-ci qu'il faut revenir pour fonder les disciplines qui contribuent à la formation de l'esprit : « Je me plaisais surtout aux mathématiques, à cause de la certitude et de l'évidence de leurs raisons ; mais je ne remarquais point encore leur vrai usage, et, pensant qu'elles ne servaient qu'aux arts mécaniques, je m'étonnais de ce que, leurs fondements étant si fermes et solides, on n'avait rien bâti dessus de plus relevé »[104]. En fait, dans sa recherche de « la vraie méthode pour parvenir à la connaissance de toute chose », c'est dans les mathématiques que Descartes trouve son modèle de référence : « Ces longues chaînes de raisons, toutes simples et faciles, dont les géomètres ont coutume de se servir, pour parvenir à leurs plus difficiles démonstrations, m'avaient donné l'occasion de m'imaginer

---

[101] Sur quelques ouvrages sur ces sujets abondamment étudiés, cf. J. Itard, *Les Livres arithmétiques d'Euclide*, Paris, 1961 ; J. Klein, *Greek Mathematical Thought and the Origin nof Algebra*, Cambridge, Massachussetts, M. I. T. Press, 1968 ; P. H., Michel, *De Pythagore à Euclide*, Paris, 1950 C. Mugler, *Platon et la recherche mathématique de son époque*, Strasbourg, 1948 ; P. Tannery, *La Géométrie grecque*, Paris, 1887 ; G. Milhaud, « *Aristote et les mathématiques* », Archiv. für Geschichte der Philosophie, NF IX, 1903, pp. 367-392. S. Bochner, *The Role of Mathematics in the Rise of Science*, New Yersey, Princeton University Press, 1966
[102] R. Mandrou, op. cit. p. 219.
[103] Descartes, *Discours de la méthode*, Paris, GF-Flammarion, 1992, p. 26.
[104] Descartes, op. cit. p. 28.

que toutes les choses, qui peuvent tomber sous la connaissance des hommes, s'entre-suivent en même façon »[105].

Pour Descartes, « entre tous ceux qui ont ci-devant recherché la vérité dans les sciences, il n'y a eu que les seuls mathématiciens qui ont pu trouver quelques démonstrations, c'est-à-dire quelques raisons certaines et évidentes »[106]. Dès lors, en sortant de toute forme de sujétion par la vertu du doute, il faut emprunter « tout le meilleur de l'analyse géométrique et de l'algèbre »[107] afin de lire le grand livre du monde[108]. Rappelons-le : les principales règles de la *méthode* visent à ouvrir la voie « pour bien conduire sa raison et chercher la vérité dans les sciences. Or, selon Descartes, s'il veut "faire un métier de la science »[109], l'esprit humain doit se mettre résolument à l'école des mathématiciens : « Car enfin la méthode qui enseigne à suivre le vrai ordre, et à dénombrer exactement toutes les circonstances de ce qu'on cherche, contient tout ce qui donne de la certitude aux règles d'arithmétique. Mais ce qui me contentait le plus de cette méthode était que, par elle, j'étais assuré d'user en tout de ma raison, sinon parfaitement, au moins le mieux qui fût en mon pouvoir »[110]. On voit ici le rôle crucial des mathématiques dans « l'usage entier de notre raison qui nous dispose à l'acquisition des sciences ». Les préceptes pédagogiques du *Discours de la méthode* sont issus de la pratique des mathématiques dont Descartes avait apprécié l'évidence dès ses années de formation. Leur clarté devient le modèle de toute connaissance et le fondement de toute démarche scientifique qui vise toujours à ce que « la raison s'accorde parfaitement à l'expérience ». Ces idées sont dans l'air du temps.

Selon Spinoza, un autre esprit libre de la deuxième moitié du XVIIe siècle, penser de manière honnête, c'est se soumettre à une approche de la réalité dont Euclide a donné le modèle. Spinoza reprend ce modèle dans son traité sur l'éthique démontrée par les principes mathématiques, composé de définitions dérivées de concepts géométriques et mathématiques. Tout en opposant « l'esprit de finesse » à « l'esprit géométrique » si répandu à l'époque, Pascal qui s'ouvre aux idées scientifiques nouvelles, doit affirmer qu'une pensée mathématique rigoureuse peut être utilisée pour décrire une expérience. En fait, dans son livre *De l'esprit géométrique*, ses intuitions sur la théorie des nombres indivisibles et les nouvelles approches de l'infinitésimal anticipent les théories modernes. En Angleterre, dans son *Essai philosophique concernant*

---

[105] Descartes, op. cit. p. 40.
[106] Descartes, op. cit. p. 40.
[107] Descartes, op. cit. p. 41.
[108] Descartes, op. cit. p. 29. On remarquera ici l'importance de ce thème du « livre du monde » dans la révolution de la raison au XVIIe siècle.
[109] Descartes, op. cit.
[110] Descartes, op. cit. p. 42.

l'entendement humain (1690), Locke témoigne de l'engouement pour les sciences capables de démonstration. Aussi, il veut ranger la morale parmi ces sciences, afin de lui appliquer « la même objectivité (…) et la même attention qu'on s'attache à suivre des raisonnements mathématiques ». À l'époque des Lumières, le modèle galiléen hante Kant en Allemagne : « Je soutiens que dans toute théorie particulière de la nature, écrit-il, il n'y a pas de science proprement dite qu'autant qu'il s'y trouve de mathématique »[111]. Au XXe siècle, Henri Poincaré pousse cette obsession à l'extrême. On se souvient de la place qu'il accorde aux mathématiques dans la formulation des hypothèses scientifiques. Selon une idée célèbre qui récapitule une longue tradition intellectuelle : « penser, c'est mesurer »[112]. En fait, calculer, compter, mesurer sont les maîtres mots de l'épistémè moderne. Dans cette perspective, tout se passe comme si la science était condamnée à répéter Galilée. Car, en dépit de sa forme de rigueur spécifique, chaque discipline doit s'efforcer de s'élever au niveau du modèle mathématique.

Précisément, ce qui pose problème, c'est l'impérialisme de ce modèle qui tend à soumettre toute intelligibilité au règne du quantitatif. Tel est, en effet, le fondement de la crise de la rationalité moderne dans le contexte où, depuis la révolution galiléenne, on assiste à l'emprise de la pensée scientifique à travers les exigences de la physique. En rendant compte du livre de Bachelard, *La Formation de l'esprit scientifique*, Benjamin Fondane écrit : « C'est une lutte pour la primauté qu'il s'agit, d'une conquête du pouvoir, la pensée scientifique ne souffre pas de partager le monde avec d'autres formes de penser, même cantonnées à leur activité propre (…). La pensée scientifique commence par demander le droit à l'existence ; elle se prétend une technique limitée, rivée à l'empirie, qui ne peut, de par son essence, empiéter sur les domaines du voisin, puisque sa méthode même lui interdit ces généralisations, ces jugements enveloppants qui sont le propre de cette pensée qui prononce des choses premières et dernières. Elle n'exige qu'une place au soleil, le droit à un corps enseignant, indépendant de celui de la faculté de théologie. Mais à peine rendue autonome, la persécutée devient persécutrice ; elle quitte l'obscure laboratoire pour s'immiscer inconsidérablement dans les affaires des autres ; elle se moque d'une tolérance qu'elle sollicitait à cor et à cri du temps où elle était sevrée ; une nouvelle Inquisition s'établit : le Tribunal de la Raison »[113]. Au moment où l'homme de science tend à se définir par son champ de compétence et, à la limite, par son appartenance à un laboratoire ou à un réseau de recherche compte tenu de l'institutionnalisation de l'activité scientifique, en refusant de

---

[111] Kant, *Premiers principes métaphysiques de la science de la nature*.
[112] Sur la formulation mathématique des hypothèses scientifiques, voir H. Poincaré, *La Science et l'hypothèse*, Paris, Edition Bélin, 2001.
[113] B. Fondane, *Le Lundi existentiel*, Éd. du Rocher, Monaco, 190, p. 103.

reconnaître ses limites, on dirait que la science perd le sens d'elle-même et se transforme en une sorte de néodogmatisme d'inspiration scientiste. Bref, elle devient déraisonnable. En cherchant à « étendre sa juridiction à la totalité du savoir, on peut se demander aujourd'hui, écrivait Gusdorf, si la raison scientifique n'est pas, plus qu'une autre, exposée à devenir folle »[114]. On peut le vérifier en observant les relations entre la science, les scientifiques et l'opinion publique.

Les nouveaux oracles des temps modernes

À ce propos, je dois souligner l'autorité dont jouit la science qui a conquis le droit de cité jusqu'au Vatican où, dans un esprit de repentance, l'Église de Rome a dû, sous le pontificat de Jean-Paul II, réexaminer l'affaire Galilée au seuil du nouveau millénaire[115]. Repousser l'obscurantisme, s'affranchir des vieux mythes, éliminer les peurs ancestrales, observer l'univers qui nous entoure avec un regard lucide, le dominer en le connaissant mieux, bref, prendre en main l'avenir de l'homme : la croyance établie veut que tout cela soit possible grâce aux progrès de la Science qui s'écrit, pour beaucoup, avec une majuscule pour bien marquer le respect, voire le culte qu'elle mérite. Car, dans l'esprit de ceux qui utilisent ce terme, la science est, par définition, ce qui ne peut être mis en doute. Il suffit de parer une affirmation du qualificatif « scientifique » pour que chacun se sente obliger de s'incliner. Du coup, on en revient, sous les apparences d'une démarche scientifique, à un argument d'autorité. Au Moyen-Âge, cet argument était le suivant : « Aristote l'a dit ». Aujourd'hui, au lieu du philosophe grec, ceux que l'on invoque, ce sont les lauréats des Prix Nobel ou de la médaille Fields. Les milieux éclairés parsèment leurs discours d'incantations à la « science moderne » ou aux « récentes découvertes de la biologie ». Le contenu de « ces découvertes », ainsi que les liens avec les arguments présentés, ne sont que rarement précisés. Ce qui importe, c'est d'argumenter toujours « au nom de la science » en sachant que tout ce qui vient d'elle ne peut qu'être largement partagé compte tenu du prestige de la méthode scientifique dans la société actuelle.

En fait, dans la mesure où ils revendiquent le monopole de la rationalité, les scientifiques sont l'objet d'une véritable vénération. Ils constituent une sorte d'oracles des temps modernes. Comme les experts de la Banque mondiale, ils

---

[114] G. Gusdorf, *De l'histoire des sciences à l'histoire de la pensée*, op. cit, p. 35.
[115] Sur l'examen de conscience de l'Église face à l'affaire Galilée, lire L. Accattoli, *Quand le pape demande pardon*, Paris, Albin Michel, 1997, pp. 143-155 ; voir surtout G. Minois, *L'Église et la science. Histoire d'un malentendu. 1. De saint Augustin à Galilée ; 2 : De Galilée à Jean-Paul II*, Paris, Fayard, 1991 ; P. Poupard (dir), *Galileo Galilei, 350 ans d'histoire*, 1633-1983, Tournay, 1983.

ont réponse à tout. On suppose qu'ils savent tout. Aussi, on ne se gêne pas de les consulter sur les sujets complexes qui échappent à leurs compétences. Georges Gusdorf écrit justement : « l'autorité reconnue aux savants est telle que l'on s'adresse à eux même lorsqu'il s'agit de questions qui ne les concernent pas plus que n'importe lequel de leurs contemporains. Les prises de positions morales et politiques d'un Langevin ou d'un Joliot-Curie comme celle d'un Einstein ou d'un Oppenheimer, sont censées avoir une valeur exemplaire comme si le fait d'être un bon calculateur ou un bon expérimentateur conférait une aptitude particulière à juger du devenir de la réalité humaine et ainsi à jouer le rôle dévolu jadis aux sages de la Grèce »[116]. Compte tenu de la spécialisation croissante des disciplines, à moins de se contenter de battre l'aile autour des grands problèmes, l'on doit aujourd'hui renoncer à la prétention à l'omniscience dans les secteurs de la connaissance qui ouvrent toujours de nouveaux champs d'exploration et de recherche. Face au culte de la science-fétiche, beaucoup d'hommes et de femmes ont du mal à imaginer que le véritable savant est celui qui sait qu'en réalité, il est censé ne savoir qu'un petit nombre de choses dans un domaine précis des connaissances. En cédant à la tentation de sortir de leur spécialité pour parler de tout en maître de vérité, les hommes de science risquent d'apparaître comme les grands prêtres d'une nouvelle Église universelle. Comme ils officient souvent dans les sanctuaires fermés dont les langages sont inaccessibles au commun des mortels, dès qu'ils ont parlé, tout est dit et il n'y a plus qu'à se taire. À cet égard, notons la situation paradoxale qui résulte d'un modèle de connaissance érigé en savoir souverain. Selon cette croyance, par sa volonté de rigueur et d'objectivité, le savoir scientifique constitue le seul savoir possible, le seul fondement d'un comportement rationnel dans toutes les sphères de l'expérience humaine. Comme l'écrit Luce Giard, « Les sciences exactes sont la seule source de scientificité. Elles règnent en maître sur notre vie intellectuelle. Pour être légitime et valorisé, tout savoir doit singer ce modèle d'intelligibilité. Ainsi s'installe un aveuglement collectif sur la pluralité des savoirs et des langues, sur la multiplicité des formes du rationnel, sur la fécondité d'une autre formalité du savoir. En lieu et place de ces pluriels, nous sommes limités au niveau supérieur à la référence de scientificité et au niveau inférieur à la rhétorique du chiffre et au jargon pseudo-rationnel qui seuls attestent et garantissent la prétention de *produire du vrai*, comme si tous nos énoncés devaient converger en un point oméga d'habitation de la vérité absolue, comme si vérité, cohérence et précision ne devaient pas s'interpréter et se pratiquer par des chemins divers de rationalité et à l'intérieur de sous-

---

[116] G. Gusdorf, op. cit. Lire aussi F. Lurçat, *L'Autorité de la science*, Paris, Cerf, 1995 ; M. De Ceccatty, « Sciences et mystifications », *Esprit*, janvier 1963, pp. 1-15.

systèmes différenciés du savoir »[117]. Ainsi, il existe un véritable fétichisme de la science qui s'impose notamment à travers les médias.

Pour le profane, les savants et la science relèvent de la magie. Cette confusion est créée, selon Jean-Marc Lévy-Leblond, par « la tentation totalitaire qui s'empare de chaque science à mesure qu'elle doit reconnaître ses limites (…). Que le grand public n'arrive plus à distinguer science et magie, rien alors d'étonnant. La science a longtemps fondé ses prétentions universelles sur son efficacité pratique »[118]. Dans cet esprit, il n'est pas rare que les scientifiques se prêtent à jouer à l'ésotérisme. L'élitisme de la science contemporaine justifie ce jeu. « L'expertise de quelques-uns empêchent la compétence de tous »[119]. Plus radicalement, la prétention de la Science à être la forme définitive du savoir rend compte des tentations qui guettent les scientifiques. Ils acceptent aisément d'être présentés comme « ceux qui savent » et apportent les réponses ultimes en oubliant que la science est un territoire qui se définit surtout par ses frontières et qu'aux frontières de la science, tout est question. On perçoit les germes d'une crise de la rationalité dans la relation des scientifiques avec la société. Car, si, comme on le montrera plus loin, il y a un abîme entre la science telle que le public la comprend et la science telle qu'elle se fait, l'on doit s'inquiéter de la confusion entre la science et la révélation lorsque les hommes de science refusent de rompre avec les mythes qu'ils ont créés sur leurs propres personnages et s'identifient tacitement à l'image que leur renvoient les gens ordinaires qui ont tendance à attribuer une sorte d'infaillibilité à toute déclaration venant des milieux scientifiques.

Je pense ici au mythe célèbre d'Einstein dont le cerveau est un objet de légende. Comme l'écrit Roland Barthes, « le cerveau d'Einstein est un objet mythique : paradoxalement, la plus grande intelligence forme l'image de la mécanique la mieux perfectionnée. Einstein lui-même a prêté un peu à la légende en léguant son cerveau, que deux hôpitaux se disputent comme s'il s'agissait d'une mécanique insolite que l'on va pouvoir enfin démonter. Une image le montre étendu, la tête hérissée de fils électriques : on enregistre les ondes de son cerveau, cependant qu'on lui demande de « penser à la relativité » (…). Ce que cette mécanique géniale était censée de produire, c'étaient des équations. Par la mythologie d'Einstein, le monde a retrouvé avec délice l'image d'un savoir formulé. Chose paradoxale, plus le génie de l'homme était matérialisé sous les espèces de son cerveau, et plus le produit de son invention rejoignait une condition magique, réincarnait la vieille image ésotérique d'une science tout enclose dans quelques lettres. Il y a un secret unique du monde, et

---

[117] Luce Giard, « L'institution culturelle et la science », *Esprit*, juin 1979.
[118] J. M. Lévy-Leblond, *L'esprit de sel,* Paris, Seuil, 1984, p. 126.
[119] J. M. Lévy-Leblond, op. cit. p. 127-128.

ce secret tient dans un mot, l'univers est un coffre-fort dont l'humanité cherche le chiffre : Einstein l'a presque trouvé, voilà le mythe d'Einstein ; on y retrouve tous les thèmes gnostiques : l'unité de la nature, la possibilité idéale d'une réduction fondamentale du monde, la puissance d'ouverture du mot, la lutte ancestrale d'un secret et d'une parole, l'idée que le savoir total ne peut se découvrir que d'un seul coup. L'équation historique E = mc2, par sa simplicité inattendue, accomplit presque la pure idée de la clef, nue, linéaire, d'un seul métal, ouvrant avec une facilité toute magique une porte sur laquelle on s'acharnait depuis des siècles. L'imagerie rend bien compte de cela : Einstein, photographié, se tient à côté d'un tableau noir couvert de signes mathématiques d'une complexité visible ; mais Einstein dessiné, c'est-à-dire entré dans la légende, la craie encore en main, vient d'écrire sur un tableau nu, sans préparation, la formule magique du monde »[120].

Ce qui me frappe dans ce mythe, c'est la tendance de l'opinion publique à se représenter les savants comme des surhommes doués d'une puissance diffuse. En les entourant de mystère, on se refuse à les dépouiller de tout caractère « surnaturel ». Dans cette perspective, la découverte même est d'essence magique. Bien plus, le savoir scientifique nous ramène aux antiques religions à mystères. Le mythe d'Einstein n'est pas né après la mort du savant. Il s'est formé au moment même où l'inventeur de la théorie de la relativité est entouré d'une aura sacrée qui fait du scientifique le révélateur suprême de tous les secrets du monde. Ce mythe impose un constat. Comme le remarque Jean-Jacques Salomon, « Il y a de l'extralucide dans l'image que le grand public et la grande presse se font de l'autorité du scientifique, comme si le vide provoqué par l'incompréhension du monde impénétrable de la science ne pouvait être comblé que par l'affirmation d'un élément de mystère ou de magie. Bien des lauréats de Prix Nobel ont pu s'étonner- et d'autres se complaire- de l'autorité qui leur est ainsi conférée aux yeux des profanes ou des journalistes et qui les transforme, du jour au lendemain, en machines à belles déclarations sur tout et n'importe quoi »[121].

Tel est le piège qui met la rationalité à l'épreuve dans un contexte social et culturel où les liens entre génie et thaumaturgie restent étroits. Pour illustrer les crises de la rationalité, rappelons les pages admirables que Merleau-Ponty a consacrées justement à Einstein : « Une science qui brouille les évidences du sens commun, et capable au même moment de changer le monde, suscite inévitablement une sorte de superstition, même chez les témoins les plus

---

[120] R. Barthes, *Mythologiques*, op. cit. pp. 85-87 ; lire aussi J. M. Lévy-Leblond, « L'arbre et la forêt : le mythe d'Einstein », in *L'esprit de sel. Science, Culture, Politique*, Paris, Seuil, 1984, pp. 162-165.
[121] J. J. Salomon, *Science et pouvoir*, Paris, Seuil, 1970, p. 282.

cultivés. Einstein proteste : il n'est pas un dieu, ces éloges démesurés ne s'adressent pas à lui, mais « à mon homonyme mythique qui me rend la vie singulièrement dure ». On ne le croit pas, ou plutôt sa simplicité agrandit encore sa légende : puisqu'il est si étonné de sa gloire, et qu'il y tient si peu, c'est que son génie n'est pas tout à fait à lui. Einstein est plutôt le lieu consacré, le tabernacle de quelque opération surnaturelle »[122]. C'est cette croyance qui rend compte de l'émergence du mythe du cerveau d'Einstein dont j'ai parlé. Elle explique le fait que « des médecins américains l'étendent sur un lit, ouvrent de détecteurs ce front noble, et commandent : « Pensez à la relativité », comme on commande « Faites a » ou « Comptez vingt et un, vingt-deux », et comme si la relativité était l'objet d'un sixième sens, d'une vision béatifique »[123] En dépit des apparences, face aux hommes de science, on retrouve le mythe de Delphes. Merleau-Ponty écrit encore : « il n'y a qu'un pas de là aux extravagances des journalistes qui consultent le génie sur les questions les plus étrangères à son domaine : après tout, puisque la science est thaumaturgie, pourquoi ne ferait-elle pas un miracle de plus ? Et puisque Einstein justement a montré qu'à grande distance un présent est contemporain d'un avenir, pourquoi ne pas lui poser les questions que l'on posait à la Pythie. Ces folies ne sont pas particulières au journalisme occidental (…). D'un bout du monde à l'autre qu'on l'exalte ou qu'on la réprime, l'œuvre « sauvagement spéculative » d'Einstein fait foisonner la déraison »[124].

Au-delà de cette figure légendaire, le rapport à la science impose un effort de vigilance critique et épistémologique. Car, parler de science peut dissimuler des croyances et des mythes dont la résurgence est un obstacle réel à l'éveil et à la formation de l'esprit scientifique. *Si la science moderne est née de l'hérésie comme nous le rappelle l'affaire Galilée, l'espoir d'émancipation porté par le projet scientifique se retourne contre elle-même dès lors qu'en se substituant à la Révélation, la science s'érige en lecture privilégiée et exclusive de la totalité du réel à partir du seul modèle d'inspiration mécaniste imposé par les sciences de la nature.* C'est cette dérive qu'illustre Ernest Renan dont l'admiration devant la science n'est pas sortie des ensorcellements de la croyance enfantine. La science, disait-il, est « la seule religion définitive »[125], on trouve en elle « une religion suave, tout aussi riche en délices que le culte le plus vénérable ». Pour Renan, l'avenir est à la Science. En fait, tout le catéchisme positiviste d'Auguste Comte est une affirmation triomphante qui consacre le dogmatisme scientiste.

---

[122] M. Merleau-Ponty, « Einstein et la crise de la raison », in *Éloge de la philosophie et autres essais*, Paris, Gallimard, 1960, p. 258.
[123] M. Merleau-Ponty, op. cit. p. 259.
[124] M. Merleau-Ponty, op. cit.
[125] E. Renan, *L'Avenir de la Science. Pensées de 1848, Œuvres complètes*, Paris, Calmann-Lévy, 1949.

On en retrouve l'héritage chaque fois qu'on évacue les problèmes que le développement des sciences oblige à poser. Georges Gusdorf remarque : « le rationalisme moderne se fonde sur la généralisation des méthodes de la physique et des mathématiques. La vérité, selon lui, doit répondre au signalement qui est le sien dans les sciences exactes. Les habitudes mentales qui se sont imposées en Occident depuis Galilée et Descartes ont fait oublier que l'histoire de la philosophie, depuis les origines jusqu'à la Renaissance, se développent en dehors du positivisme scientifique, lui-même rejeté, d'ailleurs, par la sagesse romantique. Les mathématiques et la physique sont des disciplines abstraites, qui se donnent pour tâche de mettre de l'ordre dans certains secteurs spécialisés de la connaissance ; mais les schémas abstraits auxquels elles parviennent en fin de compte ne sauraient valoir en dehors du domaine restreint où elles ont normalement leur juridiction »[126].

L'articulation du rationnel et de l'imaginaire

D'une manière plus subtile et clandestine, les postulats rationalistes se reproduisent lorsque la science entretient l'illusion d'avoir rompu pour toujours avec les attaches inhérentes à l'âge dit théologique de l'intelligence. Selon les dogmes de la religion positiviste, l'imagination et le mythe doivent disparaître de l'esprit dans toute démarche qui se veut scientifique. Il s'agit d'accumuler le savoir en évacuant toute référence au mystère. Bien avant l'avènement du positivisme, en renouant avec les préjugés d'Aristote, la tradition occidentale, depuis Descartes, tend à bannir du champ de l'activité scientifique l'imagination, « cette maîtresse d'erreur et de fausseté » dont parle Pascal dès les débuts de sa méditation sur la misère de l'homme. Citons quelques passages de ce texte célèbre : " cette superbe puissance, ennemie de la raison, qui se plaît à la contrôler et à la dominer, pour montrer combien elle peut tout en toutes choses, a établi dans l'homme une seconde nature (…). Jamais la raison ne surmonte entièrement l'imagination, alors que l'imagination démonte souvent tout à fait la raison de son siège »[127]. Si la science n'est pas un aspect isolé de la vie humaine, elle ne peut obéir au seul code de la méthode expérimentale élaboré par Claude Bernard[128]. L'image qui est donnée de la science présente au premier plan les exercices cérébraux de calculs mathématiques. Comme je l'ai rappelé, depuis Galilée, il n'y a de science que du mesurable. Cette exigence s'impose dans les laboratoires où, en définitive, tout ce qui relève de la science est une question de

---

[126] G. Gusdorf, *Pourquoi des professeurs ?* Op. cit. p. 19.
[127] Pascal, *Pensées,* Livre de Poche, 1962, pp. 65, 68
[128] Sur cette méthode, lire C. Bernard, *Introduction à l'étude de la médecine expérimentale*, Paris, Garnier-Flammarion, 1966.

méthode[129]. Or l'esprit rationnel n'a rien de désincarné. Jean Fourastié le rappelle opportunément quand il écrit : « l'esprit expérimental n'est pas naturel à l'homme ; son acquisition est difficile ; sa mise en œuvre encore plus. Il faut surtout prendre soin de ne pas confondre l'expérimental avec le rationnel »[130]. Au-delà des clichés et des stéréotypes véhiculés par la culture scolaire, il faut prendre en considération l'ensemble de la personnalité du chercheur dans toutes les dimensions de son existence. Dans ce sens, ce qui compte pour le scientifique, ce n'est pas seulement le contact avec le réel par l'observation, c'est aussi la capacité d'imaginer. Insistons sur la démarche de l'esprit « qui consiste à imaginer l'existence d'un lien jusqu'alors inaperçu entre certaines réalités observées »[131]. A ce propos, la démarche du savant ne peut se caractériser par les seules techniques d'observation et de mesure mises en œuvre pour obtenir des résultats. En réalité, il n'y a pas d'activité scientifique sans imagination. Précisément, l'hypothèse dont on reconnaît le rôle central dans la pensée scientifique en est le produit. On cite le cas exemplaire de Kepler qui « n'a formulé l'hypothèse de l'ellipse pour la trajectoire des planètes qu'après avoir cherché parmi les extravagantes figures des cinq polyèdres inscriptibles que lui proposait son imagination mystique »[132].

Commentant le travail de Kepler, Einstein écrit très bien : « Il me semble que la raison humaine soit tenue de construire tout d'abord, indépendamment du réel, les formes, avant de pouvoir en démontrer l'existence dans la nature. Il ressort étonnamment bien des travaux admirables auxquels Kepler a consacrés sa vie, que la connaissance ne peut pas dériver de l'expérience seule, mais qu'il lui faut la comparaison de ce que l'esprit humain a conçu avec ce qu'il a observé »[133]. Ainsi, dans le travail scientifique, il ne suffit pas de souligner la fécondité du fait polémique dont parle Bachelard. Il importe d'attirer l'attention sur « l'art de rechercher parmi les milliards de rêves que le cerveau humain engendre, ceux qui sont des descriptions valables du réel »[134]. Bien plus, comme je l'ai souligné, il faut réhabiliter l'imagination, cette faculté de l'invention qui fait la fierté du savant. Hans Selye, célèbre en 1936 par son concept de stress et directeur de l'Institut de médecine et de chirurgie expérimentale à l'Université de Montréal, écrit justement : « La plupart des découvertes généralement attribuées au hasard sont en fait dues à un prodigieux pouvoir d'imagination qui a permis la représentation immédiate de toutes sortes d'applications générales

---

[129] H. Poincaré, *Science et méthode*, Paris.
[130] J. Fourastié, *Les conditions de l'esprit scientifique*, Paris, Gallimard, Col. Idées, 1966, p. 249.
[131] J. Fourastié, op. cit. p. 136.
[132] J. Fourastié, op. cit. p. 138.
[133] A. Einstein, *Comment je vois le monde*, p. 179.
[134] J. Fourastié, op. cit. p. 140.

du phénomène fortuitement observé »[135]. Dans ce but, l'hypothèse, cette « structure fragile issue de notre cerveau (...), nous force d'imaginer des expériences originales ou des appareils inédits dans le but de révéler l'existence d'un fait jusque-là ignoré qui la consolidera, ou bien qui l'infirmera définitivement (...). L'imagination doit donc jouer un rôle important et en cela le travail scientifique s'apparente au travail créateur artistique »[136].

Pour le progrès des sciences, ce rapprochement met en lumière la nécessité d'accorder toute leur importance aux arts, à la musique ou au dessin en vue de la formation de l'esprit scientifique. Ce qui est en jeu ici, c'est cette puissance de l'imaginaire qu'un enseignement prétendument scientifique tend à étouffer en dressant les barrières artificielles et les cloisonnements étanches entre les arts, les lettres et les sciences comme le montrent les établissements de l'Université dont le modèle remonte à l'époque de Napoléon[137]. Dans ces conditions, l'esprit scientifique ne peut surgir que si l'être humain cesse de dépendre des « idées mères de l'humanité primitive »[138]. S'il faut bien revoir les mécanismes ancestraux qui déclenchent abusivement la croyance et l'adhésion à la « vérité », on doit reconnaître que l'imagination et le rêve sont une dimension indispensable de ce que Leprince-Ringuet appelle le « pôle scientifique » de l'être humain[139]. La science ne peut avancer sans la mise en valeur de cette dimension. Elle occupe une place centrale dans la formation de l'esprit scientifique. Qu'il suffise de noter l'importance pour l'enfant, quand on renonce à lui imposer des règles, de la liberté qui lui est laissée de trouver son propre style et d'affirmer sa personnalité à travers les dessins où il témoigne de sa capacité d'imaginer et de créer. L'inciter à mettre son potentiel à l'épreuve dans ce domaine, c'est préparer le terrain où se développe la capacité d'invention qui définit le génie scientifique. Car, « l'esprit scientifique n'exclut ni le rêve, ni l'imagination spontanée ; il les requiert au contraire. Il ne s'agit pas d'amputer l'homme mais de l'enrichir. Le « savant », ce n'est pas seulement Einstein, de Broglie et Newton, c'est aussi Réaumur, Faraday, Jean-Henri Favre »[140]. Autrement dit, « le cerveau a besoin de rêver comme le corps de respirer »[141]. S'il venait à perdre cette capacité de rêve, tout le dynamisme de la découverte serait brisé. Il faut sans doute ici revoir les portraits de l'homme de science idéal, celui d'un certain homme de laboratoire. Cet homme n'existe pas dans la

---

[135] Dr H. Selye, *Du rêve à la découverte*, Montréal, Les Éditions La Presse, 1973, p. 60.
[136] P. Lecomte du Nouy, *Entre savoir et croire*, Paris, Gonthier, 1964, pp. 107-108.
[137] Sur l'origine du cloisonnement entre les Facultés des Lettres et les Facultés des Sciences et des Grandes Écoles, lire G. Gusdorf, *L'Université en question*, Paris, Payot, 1964.
[138] G. Bachelard, *La Grande Métamorphose*, p. 148.
[139] Sur ce sujet, cf. L. Leprince-Ringuet, *Science et bonheur des hommes*, Paris, Flammarion, 1973, p 164.
[140] J. Fourastié, op. cit. pp. 170-171.
[141] J. Fourastié, op. cit p. 172.

vie réelle. Il importe d'insister sur cette banalité. Comme l'écrit Hans Selye, « L'idée que l'on peut se faire de la science à travers les manuels, l'image de l'homme de science telle qu'elle transparaît dans ses conférences ou sa biographie sont extrêmement éloignées de la réalité (...). Les hommes de science sont pleins d'imperfection pieusement éliminées de leur nécrologie et parfois même de leur biographie »[142]. Aussi, pour retrouver l'arbre que cache la forêt, il importe de redonner sa place à ce « pouvoir prodigieux d'imagination » qui, dans la vie de nombreux savants, est à l'origine de la plupart des découvertes. Selon Selye, « l'imagination est le pouvoir inconscient de mêler les faits en de nouvelles combinaisons, alors que l'intuition est le don de faire parvenir jusqu'au conscient des images-rêves utilisables »[143].

Dans cette perspective, l'histoire des sciences met en évidence les limites de l'héritage du rationalisme cartésien qui pénalise les puissances de l'imaginaire. Pour Gérald Holton[144], cette vision tient moins à la vérité historique qu'à une reconstruction idéale de l'aventure scientifique. A travers les exemples de Kepler ou de Newton, de nombreux chercheurs montrent que l'imagination joue un rôle fondamental dans les recherches scientifiques[145]. Bien plus, c'est l'émotion elle-même dont il faut reconsidérer le rôle dans le travail scientifique. Einstein écrit : « J'éprouve l'émotion la plus forte devant le mystère de la vie. Ce sentiment fonde le beau et le vrai, il suscite l'art et la science »[146]. On voit l'importance des éléments non rationnels dans l'activité scientifique. Ces éléments sont à l'origine de la motivation de l'homme de science à entreprendre son œuvre et à la poursuivre, de même qu'on les retrouve à la fin, dans les produits de son travail[147]. Prétendre que les savants sont enfermés dans la « cage de fer » de la rationalité est loin de correspondre à la réalité. L'homme n'est pas seulement *logos ou raison*, même lorsqu'il parle scientifiquement. Selon Einstein, « l'esprit scientifique, puissamment armé en sa méthode, n'existe pas sans la religiosité cosmique »[148]. En fait, en relisant la description du « Temple de la science », on découvre les motivations diverses qui conduisent à la pratique de la recherche scientifique : « le Temple de la Science se présente comme une construction à mille formes. Les hommes qui le fréquentent ainsi

---

[142] H. Selye, op. cit. pp. XIII-IX.
[143] H. Seyle, op. cit. p. 62.
[144] G. Holton, *L'imagination scientifique*, Paris, Gallimard, 1981.
[145] Sur ce sujet, lire Ilke Angela Maréchal (dir), *Sciences et imaginaire*, Paris, A. Michel, 1994 ; sur quelques exemples classiques de découverte laissant une large place à l'imagination, lire H. Selye, op. cit. pp. 60-76.
[146] Einstein, op. cit. p. 10.
[147] G. Holton, op. cit. pp. 13, 22.
[148] Einstein, op. cit. p. 19. Sur ce sujet, cf. M. Paty, « La religion cosmique d'Einstein », in « Le Dieu des savants », *Science et Avenir*, no 137, décembre 2003-janvier 2004, pp. 20-25.

que les motivations morales qui y conduisent se révèlent tous différents »[149]. À cet égard, on n'a pas besoin de la logique d'Aristote pour faire la science. C'est encore Einstein, l'apôtre de la rationalité, qui avertit de chercher en vain des « points logiques de l'expérience à la théorie mais de faire lorsque c'est nécessaire, le grand « bond » vers des principes fondamentaux. À ces lois élémentaires, aucun chemin logique ne mène, mais seulement l'intuition, appuyée sur un contact intime avec l'expérience ». Plus précisément, « Il n'y a pas de voie logique qui mène à la découverte de ces lois élémentaires. Il n'y a que la voie de l'intuition, renforcée par le sentiment d'un ordre existant derrière l'apparence ». Bref, les raisons qui poussent les scientifiques à embrasser les idées maîtresses « se situent entièrement au dehors de la sphère manifeste de la science »[150]. En d'autres termes, la science est une activité de l'homme comme les autres. En effet, « la science en tant que venant à l'être, en tant que dessein, est aussi subjective et psychologiquement conditionnée que n'importe quelle autre activité de l'homme »[151]. Il faut donc en prendre conscience pour restituer le développement de l'activité scientifique dans l'intégralité du psychisme humain. Dans ce sens, la pensée, en sa totalité, s'inscrit dans les fonctions dynamiques de l'imaginaire. « Par cette intégration de toute la psyché au sein d'une unique activité, il n'y a pas de coupure entre le rationnel et l'imaginaire, car le rationnel ne se révèle plus alors qu'une structure polarisante particulière du champ des images »[152]. Bien plus, « la science est le produit de l'imaginaire, elle est fille de l'imagination. Autant la science se découvre matrice de l'imaginaire, autant l'imaginaire est matrice aussi pour la science. Leur frontière délimitée s'effrite aux portes du rêve. Là, ils font œuvre commune »[153]. Le Prix Nobel belge de médecine, Christian de Duve, précisait naguère à la XXIIIe Biennale de poésie de Liège : « La science n'est pas un pur produit du cerveau gauche. Ou alors, elle n'est que calcul et compilation. La science authentique, celle qui crée, qui découvre, est nourrie par l'imagination et l'intuition. Le vrai scientifique rêve, et même parfois divague, autant que le poète et les autres artistes. Il échafaude des hypothèses, élabore des explications ; en toute liberté, allant parfois jusqu'à retenir ce que d'autres refusent d'envisager »[154]. Ainsi, *la science se découvre ancrée dans le fonctionnement de l'imaginaire*. Il s'agit ici de retrouver toute l'humanité de l'homme dans le scientifique. Comme le souligne Edgar Morin, « il nous faut tenter de concevoir le rôle inouï, disfonctionnel et fonctionnel, de l'irrationalité dans la rationalité. Il nous faut

---

[149] Einstein, op. cit. 121.
[150] G. Holton, op. cit. p. 441.
[151] G. Holton, op. cit.
[152] Ilke A, op. cit. p. 18.
[153] J. M. Lévy-Leblond, Ilke, op. cit. p. 86.
[154] C. Montpetit, « Scientifiques et poètes discutent de l'avenir de l'humanité », *Le Devoir*, 13 et 14 septembre 2003.

comprendre que, de même que le microphysicien utilise des notions logiquement contradictoires et complémentairement nécessaires pour comprendre les phénomènes qu'il observe, de même nous devons unir, pour comprendre l'homme, les notions contradictoires de notre entendement. Il nous faut lier l'homme imaginaire, l'homme mythologique, l'homme magique, l'homme rationnel en un visage à multiples faces où l'hominien se transforme définitivement en homme »[155]. Le témoignage des hommes de science le confirme, l'imaginaire n'est pas réservé aux poètes et aux artistes. Bien plus, selon Paul Feyerabend, la science est beaucoup plus proche du mythe que la philosophie des sciences n'est prête à l'admettre[156].

En fait, en revenant à la Grèce ancienne[157], on découvre une société et une culture où se sont développés les mythes et les sciences. Citons le cas de Pythagore où le mysticisme et les mathématiques sont liés[158]. Rappelons surtout, dans la civilisation occidentale, le rôle de Prométhée, ce personnage mythologique puni pour avoir dérobé le feu qui n'appartenait jusque-là qu'aux Dieux et l'avoir donné aux êtres humains. Ce fond mythique sert de référence à la vie intellectuelle et scientifique au long des siècles. De tout temps, le milieu grec fut imprégné de la gnose, un mouvement très répandu dans un monde qui aspirait à l'illumination, marqué par les cultes à mystère qui avaient adopté certains éléments de la piété orientale et égyptienne. Au Moyen Âge, c'est l'époque de la synthèse entre la foi et la raison. En même temps, on se souvient de la quête du Graal qui mobilise la chrétienté au moment où Aristote fait irruption dans l'Occident latin[159]. Que l'on pense aussi au mythe juif du Golem[160] qui représente la science dans la tradition médiévale. A l'époque de la Renaissance, l'utopie resurgit comme l'atteste l'œuvre de Thomas More et de Campanella. Or, depuis *la République* de Platon, tout au long de l'histoire, l'utopie, c'est « la raison dans l'imaginaire »[161]. Luce Giard parle justement d'une « voyageuse raison »[162]. En effet, rêve et démarche intellectuelle s'articulent dans tout projet d'instituer un monde différent. Par ailleurs, dès la

---

[155] E. Morin, *Le paradigme perdu : la nature humaine*, Paris, Seuil, 1973, p. 163.
[156] P. Feyerabend, *Contre la méthode. Esquisse d'une théorie anarchiste de la connaissance*, Paris, Seuil, 1979, p. 334.
[157] Sur ce point, lire G. E. R., Lloyd, *Magie, raison et expérience : origines et développement de la science grecque*, Paris, Flammarion, 1990 ; *Pour en finir avec les mentalités*, Paris, La Découverte, 1996 ; L. Robin, *La pensée grecque et les origines de l'esprit scientifique*, Paris, 1923. P. Veyne, *Les Grecs ont-ils cru à leurs mythes ?* Paris, Seuil, 1983.
[158] F. M. Cornford, « Mysticism and Science in Pythagorean Tradition », *Classical Quartely*, XVI, 1922, pp. 137-150 ; XVII, 1922, pp. 1-12.
[159] P. Boyer, « La quête du Graal », *Esprit*, juin 1967, p. 1004 ss.
[160] Sur ce mythe, cf. H. Collins et T. Pinch, *Tout ce que v vous devriez savoir sur la science*, Paris, Seuil, 1993, pp. 15-17.
[161] J. M. Dumault, « L'utopie ou la raison dans l'imaginaire », *Esprit*, avril 1974, p. 545 ss.
[162] *Esprit*, op. cit. p. 556 ss.

fin du Moyen Âge et durant tout le XVIe siècle, un vaste mouvement mystique traverse l'Europe du Sud au Nord comme le rappellent les grands mystiques espagnols, flamands ou allemands qui marquent les esprits de l'époque. Signalons aussi l'influence de la Kabbale et des Alchimistes[163]. À la Renaissance, la résurgence du mythe d'Orphée révèle l'esprit d'une époque où, avec la redécouverte des arts, des lettres et des sciences de l'Antiquité gréco-romaine s'ouvre l'ère des Lumières qui s'épanouit au XVIIIe siècle en Europe. Enfin, à l'époque du positivisme, notons l'importance du mythe de Faust et le rôle du rêve à l'âge romantique[164]. Au cœur de la modernité, avec la resacralisation de la nature sous la poussée écologique et mystique, les néo-paganismes contemporains se réapproprient le mythe de la Terre-Mère enraciné dans les vieilles croyances de l'Occident et des religions traditionnelles. On retrouve toujours les mêmes symboles de l'ambition humaine dans la recherche de la vérité et la révolte contre la tyrannie de la matière. Aujourd'hui, alors que la science règne en maître dans les sociétés contemporaines, les mythes n'ont guère disparu. Ils ressurgissent et se métamorphosent en s'adaptant à des contextes historiques et culturels différents et en prenant des significations nouvelles[165]. En Occident, précisément, on voit se développer à la fois les mythes et les sciences. Aussi, Patrick Trousson, peut écrire : « gardons cette vision large en alliant la lumière de la raison et la clarté du mythe »[166]

Dans cette perspective, l'hémorragie du symbolisme qui s'est produite sous l'influence du *cogito* cartésien ne saurait faire oublier la tradition platonicienne refoulée et dévalorisée par le triomphe de l'aristotélisme à l'âge d'or de la Scolastique au XIIIe siècle[167]. Bien avant Aristote, l'auteur du *Traité de l'âme* et de *l'Organon* pour lequel l'homme ne parvient à l'action authentique que par le contrôle de la raison[168], loin de se borner à l'exaltation des « évidences analytiques », la science se situe dans la jonction entre l'imaginaire et les processus rationnels. La pensée de Platon met en lumière cette jonction par le

---

[163] A. Koyré, *Mystiques, Spirituels et Alchimistes*, Paris, 1955.
[164] Cf. A. Béguin, *Le Rêve chez les romantiques allemands et la dans la pensée française moderne*, Marseille, Cahiers du Sud, 1937. Lire aussi du même auteur : *L'Âme romantique et le rêve*, Paris, José Corti, 1960 ; *Romantisme allemand*, 10/18.
[165] Sur ce sujet, voir Mircea Éliade, *Aspects du mythes*, op. cit ; pour des regards pluriels sur les nouveaux mythes, lire M. Sergé (dir), *Mythes, rites et symboles dans la société contemporaine*, Paris, L'Harmattan, 1997.
[166] P. Trousson, *Le recours de la science au mythe. Pour une nouvelle rationalité*, Paris, L'Harmattan, 1995, pp. 261, 266.
[167] Voir G. Durand, *Les structures anthropologiques de l'imaginaire*, Paris, PUF, 1963 ; *L'imagination symbolique*, Paris, PUF, 1966.
[168] Aristote, *De l'Âme*, 412a ; *La Politique*, I, 8 ; *Éthique à Nicomaque*, IV, liv. I à IV et IX ; H. Barreau, *Aristote et l'analyse du savoir*, Paris, Seghers, 1972.

recours au mythe pour voler au secours de la raison[169] Or, cette revalorisation du mythe n'est pas propre à la philosophie platonicienne. Il faut repenser le savoir scientifique lui-même à la lumière du rationalisme tel qu'il se réfléchit dans la clarté du mythe. En nous replongeant au cœur des mythes fondateurs de la tradition indo-européenne et des thèmes de prédilection des sciences physiques, Patrick Trousson a bien montré que la science et la mythologie ne sont pas aussi dissemblables que l'eau et le feu. Il existe bel et bien des similitudes entre les deux mondes. Dès lors, le recours au mythe pour secourir la pensée scientifique oblige de renoncer à tous les préjugés hérités du positivisme[170]. En fait, une autre histoire des sciences met en lumière le côté obscur et ténébreux de la vie des scientifiques dont les ouvrages classiques et les manuels scolaires ne parlent pas toujours.

Comme le révèlent les images répandues sur la science et les hommes de science, les représentations officielles, les biographies et les portraits conventionnels, les hommages publics et les oraisons funèbres, le puritanisme rationaliste a tendance à dissimuler la profondeur et la multiplicité des relations qui unissent le monde de la science à celui de la religion, pis à celui de la magie. On mesure l'efficacité de la censure exercée par ce puritanisme. En effet, en parlant de la révolution scientifique moderne, tout se passe comme s'il fallait dissimuler le fait que la science expérimentale a une dette envers les sciences dites « occultes ». Pourtant, de nombreux exemples sont là pour le confirmer. Parmi les plus célèbres, citons celui de Newton alchimiste dont parlent peu d'historiens des sciences. On retient le visage du savant qui a une vive conscience de ce qu'il doit à ses prédécesseurs comme il l'a dit dans une formule célèbre : « Nous nous tenons sur les épaules des géants ; c'est pourquoi nous pouvons voir plus loin ». On se souvient du jugement que Voltaire a imposé sur ce géant de la science « né dans un pays de liberté, mais dans un âge où toutes les impertinences scolastiques furent bannies du monde. La raison seule était cultivée et l'humanité ne pouvait être que son disciple ». Pierre Rousseau écrit dans un long chapitre sur « le siècle de Newton » : « Il n'y pas, dans l'histoire des hommes, de nom plus grand que celui de Newton, et il n'est pas d'œuvre humaine qui atteigne à la grandeur de son livre des *Principes*. Que ce chef-d'œuvre ait permis pour la première fois de pénétrer au plus profond de la nature, qu'il ait projeté une éclatante lumière sur le mécanisme qui meut les astres, c'est ce qui explique que son auteur ait été regardé comme ayant surpassé le genre humain »[171]. A travers la figure de celui que la légende

---

[169] Sur la place du mythe dans la pensée de Platon, voir les ouvrages classiques de P. M. Schul, *Essai sur la formation de la pensée grecque*, Paris, 1949 ; *La fabulation platonicienne*, Paris, PUF ; lire aussi. L. Robin, *La pensée grecque*, Paris, 1923

[170] P. Trousson, op. cit.

[171] P. Rousseau, op. cit. p. 252-253.

considère comme l'archétype du Grand Savant et le modèle de l'esprit typique des Lumières, bref, une sorte de Dieu le Père de la physique et de la cosmologie mathématique, rien ne laisse supposer que Newton ait rompu les liens entre la science et les croyances religieuses. On tend à retrouver aujourd'hui les origines magiques de la technoscience[172]. C'est un fait désormais connu : « Newton voulait retrouver le sens des mystérieuses révélations faites aux Babyloniens et il regardait l'univers comme un cryptogramme composé par le Tout-puissant »[173].

Ce phénomène n'est pas nouveau. Dans son ouvrage majeur, *History of Greek Philosophy*, William K. C. Guthrie écrit : « le pythagorisme renferme un fort élément de magie, un aspect primitif qui semble parfois difficile à réconcilier avec la profondeur intellectuelle qui n'en est pas moins certainement attestée »[174]. Newton, cet esprit sublime et ce génie profond auquel l'Angleterre rendit un hommage grandiose en organisant en 1727 des funérailles nationales qui suscitèrent la réflexion de Voltaire sur le statut social de l'homme de science, incarne cette ambivalence et ce paradoxe. Son cas exige que « nous revisitions la notion que nous nous faisons de la science »[175]. Comme le remarque Hervé Carrier, « Newton est loin d'être le type de l'empiriste rationaliste, comme plusieurs le prétendaient en affirmant que, dans toute sa production scientifique, à peine trente pages se référaient à des questions théologiques. Un examen plus attentif de ses manuscrits, rendus publics après 1936, a révélé la part considérable de ses écrits consacrés à la question de Dieu, à l'Écriture sainte, aux problèmes éthiques et spirituels. Grâce à des recherches récentes sur Newton et sur ses écrits manuscrits, nous découvrons un homme très différent du stéréotype présenté dans certains manuels. Nous constatons, par exemple, que non moins de mille pages de ses manuscrits sont consacrées à la religion. Newton, qui naquit le jour de Noël, se considérait comme choisi par Dieu pour une mission particulière. Les sciences naturelles, admettait-il, ne peuvent nous conduire directement à la Cause première et au Créateur, mais en rapprochent aussi près qu'il est possible en cette vie terrestre. Cette vision de la science, qui combine l'observation empirique et l'intuition spirituelle, n'a pas été perdue, et un grand nombre d'exemples peuvent être trouvés parmi les meilleurs représentants de la science moderne. L'image du scientifique comme

---

[172] Sur ce sujet, voir l'œuvre monumentale de L. Thorndike, *An History of magic experimental Science*, 8 vol. Columbia University Press, 1923-1958 ; vol. II, pp. 655-658.
[173] Cité par B. J. Dobbs, *Les fondements de l'alchimie de Newton*, 1981 Lire aussi M. Blay, « Le Dieu de Newton », in *Le Dieu des savants*, op. cit. p. 32-37.
[174] Cité par G. E. R. Lloyd, *Pour en finir avec les mentalités*, op. cit. p. 34.
[175] J. Fauver et al. *Let Newton be !* Oxford University Press, 1988, p. 7.

pur rationaliste, enfermé dans un univers moral étroit, a quelque chose de trompeur »[176].

Ainsi, la science est une activité beaucoup plus riche et plus ambiguë que nous ne pourrions le croire d'après ce qu'on nous raconte. En prenant en compte « les faces cachées de l'invention scientifique », il importe de rappeler qu'au-delà des alchimistes, maints exemples montrent que « d'Archimède à Einstein »[177], « les héritiers de Prométhée »[178] n'ont pas cessé de frôler avec les spéculations dont les normes s'apparentent à ce qu'on considère aujourd'hui comme la mystique et l'irrationnel. Einstein n'échappe pas à la règle. Notons le sens de la beauté et du mystère de la réalité chez cet homme de science qui affirme : « La plus belle et la plus profonde expérience que l'homme peut avoir est le sens du mystère. Cela constitue le fondement de la religion et de toute recherche profonde dans les arts et les sciences. Celui qui n'en pas l'expérience est, me semble-t-il, sinon mort, au moins aveugle »[179]. L'incroyant qui se dit profondément religieux explique le sens du mystère qui l'habite au coeur même de son activité scientifique : « Percevoir que, derrière ce qui peut être expérimenté, il y a quelque chose de caché, d'inaccessible à l'esprit - quelque chose dont la beauté et la subtilité ne nous atteignent qu'indirectement et comme un pâle reflet- c'est cela la religiosité. En ce sens, je suis religieux. Il me suffit de percevoir ces mystères avec étonnement et d'essayer, humblement, de formuler avec mon intelligence, une faible représentation de la structure sublime de la réalité »[180]. En fait, comme l'écrit Merleau-Ponty, « Einstein se réfère quelquefois au Dieu de Spinoza, mais le plus souvent, il décrit la rationalité comme un mystère et comme le thème d'une « religion cosmique »[181]. Le savant en témoigne lui-même : « Je soutiens que la religion cosmique est le mobile le plus puissant et le plus généreux de la recherche scientifique. Seul, celui qui peut évaluer les gigantesques efforts et, avant tout, la passion sans lesquels les créations intellectuelles scientifiques novatrices n'existeraient pas, peut évaluer la force du sentiment qui seul a créé un travail absolument détaché de la vie pratique. L'esprit scientifique, puissamment armé en sa méthode, n'existe pas sans la religiosité cosmique »[182]. Soulignons l'insistance sur ces dispositions fondamentales chez les vrais chercheurs. Pour Lecomte du Nouy,

---

[176] H. Carrier « Science », in *Lexique de la culture. Pour l'analyse culturelle et l'Inculturation*, Tournai, Desclée, 1992, pp. 295-296.
[177] P. Thuillier, *D'Archimède à Einstein. Les faces cachées de l'invention scientifique*, Paris, Fayard, 1988.
[178] J. René Roy, *Les héritiers de Prométhée*, Québec, Les Presses de l'Université Laval, 1998.
[179] Cité par H. Carrier, op. cit. p. 296.
[180] E. Cantore, *Scientific Man : The Humanistics Significance of Science*, New York, Institute for Scientific Humanism, 1977.
[181] M. Merleau-Ponty, op. cit. p. 256.
[182] Einstein, op. cit. p. 19.

« il faut un élément émotionnel sentimental, dans toute carrière créatrice. Chez le savant, elle ne s'extériorise pas. Elle existe cependant, puisque le savant doit posséder l'enthousiasme. C'est un signe de médiocrité que d'être dépourvu d'enthousiasme, disait Descartes, et Pasteur, exaltant le mot, légué par les Grecs : *entheos*, un Dieu créateur, écrivait que l'enthousiasme est à la recherche de la vérité matérielle ce que la foi est à la vérité spirituelle : on ne peut atteindre l'une ou l'autre qu'à condition d'être enthousiaste ou croyant »[183].

Nous ne devons donc pas nous faire trop d'illusions. La science dite « objective » n'est pas à l'abri des assauts de l'irrationnel. Renan se trompe quand il fait de la science une antithèse de la magie et réduit le magicien à cet être « dévoré par la superstition et livré sans retenu à toutes les assurances de la crédulité ». Revenons sur le cas de Newton : « ces grands succès n'ont été remportés malgré son acceptation des traditions magiques mais grâce à elles ». C'est ce qu'exprime Nietzsche dans *Le Gai Savoir* : « Croyez-vous donc que les sciences seraient nées, croyez-vous qu'elles auraient crû, s'il n'y avait pas eu auparavant ces magiciens, ces alchimistes, astrologues et sorciers qui durent d'abord, par l'appât des miracles et de promesses, créer la faim, la soif, le goût des puissances cachées, des formes défendues ? » Il faut bien se décider à réduire « l'opposition artificielle créée dans les esprits entre la pensée rationnelle et l'irrationnel »[184]. De nombreux historiens mettent en lumière la dette de la science expérimentale envers les sciences qu'on appelle occultes. Des physiciens et des biologistes ont repris à leur compte les ambitions scientifiques des magiciens. Selon Pierre Thuillier, philosophe et historien des sciences, cette revanche posthume des sorcières pourrait désigner un enjeu culturel de taille. Et cet enjeu, au sens fort du mot, a partie liée avec la poésie[185]. Il met en cause le mythe de la science « pure ». Comme l'observe Jean Fourastié, on voit s'introduire « au sein même de la démarche scientifique des éléments non scientifiques qui sont difficiles à surmonter »[186]. Bref, « la science qui se fait, qui est en train de se faire, présente des ambiguïtés que la science formée écarte souverainement ». Fourastié prend soin d'ajouter : le savant « lui-même, comme tous les autres hommes, doit souvent penser et décider même quand il s'agit de problèmes concrets, sans l'appui ou avec l'appui insuffisant du raisonnement expérimental. Ainsi existent, à la frontière du domaine scientifique, d'immenses régions ambiguës, où la méthode expérimentale ne peut être utilisée que

---

[183] P. Lecomte du Nouy, op. cit. p. 110.
[184] P. Thullier, *La revanche des sorcières. L'irrationnel et la pensée scientifique*, Paris, Éd. Belin, 1997. p. 5 ; voir aussi l'ouvrage éclairant du même auteur : *D'Archimède à Einstein. Les faces cachées de l'invention scientifique op. cit.*
[185] P. Thuillier, *La revanche des sorcières, op. cit.*
[186] J. Fourastié, op. cit. p. 193

partiellement et sporadiquement »[187]. Pour approfondir la réflexion sur ces « régions ambiguës », il nous faut tenter de redécouvrir la science en train de se faire.

---

[187] J. Fourastié, op. cit.

Chapitre II

Les tribus scientifiques mises à nu

En un sens, être un scientifique, c'est être admis par le groupe compétent qui est reconnu par les autres scientifiques et, finalement, par l'ensemble de la société. Car, les scientifiques forment une certaine communauté caractérisée par des normes internes de reconnaissance, d'acceptation ou de rejet. En particulier, il s'agit d'une communauté où, à partir d'une tradition critique qui s'universalise à travers la diffusion de la science dans le monde, l'on accepte les règles du jeu selon lesquelles tout doit être discuté et vérifié. Selon Karl Popper, pour s'affirmer dans le domaine de la science, il faut résister à la falsifiabilité[188]. Dans cette perspective, la communauté scientifique est un milieu social au sein duquel jouent des antagonismes. En posant la fécondité du débat contradictoire, l'on admet que les idées, les points de vue différents et les théories doivent être mis en jeu. C'est ce qui se vit à travers les échanges, les articles de revue, les colloques et les congrès. Ces indications situent le sujet qu'il me faut aborder pour tenter de saisir la science en acte. Précisons d'emblée l'enjeu des réflexions que suscite le regard sur les tribus scientifiques dont il convient de redécouvrir le vrai visage. En effet, il importe de comprendre la science en observant les hommes et les femmes mobilisés autour des activités de recherche qui constituent un des phénomènes sociaux dans une culture. Cette approche nécessite de poser les jalons d'une anthropologie des savoirs en faisant retour aux acteurs qui les produisent[189]. Plus précisément, il s'agit de s'intéresser à ce qui se passe au jour le jour à l'intérieur de la communauté scientifique et à la façon dont les connaissances y sont construites dans les interactions entre les chercheurs. Bref, il convient de prendre en compte le poids des acteurs sociaux et des sujets humains dans la production des savoirs. Par cette approche, on se décide à se comporter face à la science comme des ethnologues devant une culture étrangère. On ne peut taire ici la question fondamentale que pose cette

---

[188] K. Popper, *La logique de la découverte scientifique*, Paris, Payot, 1984.
[189] Sur quelques traits du visage des scientifiques, voir les entrevues menées par Laurent-Michel Vacher, *La Science par ceux qui la font*, Montréal, Liber, 1998.

recherche[190]. À l'évidence, c'est l'objectivité de la connaissance scientifique qui est au coeur du débat[191]. Il s'agit de la prétention de parler au nom de la science en prenant appui sur les phénomènes soumis à l'expérimentation. À la limite, c'est la valeur de la connaissance scientifique qui est en cause. Les fondements de la science doivent faire l'objet d'un examen dont il suffit de repérer quelques éléments dans ce moment de la réflexion. En ce qui concerne les critères de la scientificité, on entrevoit les ruptures et les révisions qui s'annoncent. Dans cette perspective, Gaston Bachelard donne cette définition devenue classique : « Le fait scientifique est conquis, construit et constaté. Conquis sur les préjugés, construit par la raison, constaté dans les faits ». En ce sens, trois actes caractérisent la démarche scientifique : la rupture avec les préjugés et les fausses évidences, la conceptualisation des outils de la recherche : concepts, modèles d'analyse et théories. La constatation implique la mise en œuvre d'un dispositif de recherche. En suivant ces moments de la démarche, produire des savoirs relève d'un processus qui paraît simple. Or les conditions d'accès à la connaissance scientifique sont plus complexes que ne le laissent supposer tous les guides pédagogiques et les études de philosophie des sciences.

Décrypter la banalité

Après la mise en perspective des rapports entre la science et l'imaginaire qui constituent la structure ou l'horizon de la démarche de recherche, il faut souligner ici la capacité heuristique et la fécondité de l'erreur dont le rôle peut surprendre dans une activité intellectuelle qui vise à découvrir les lois des phénomènes et à réduire les zones d'ignorance. La science qui se fait a plus de rapport avec le doute et l'ignorance qu'avec les évidences et les certitudes. En rupture avec la science déjà faite qui ne retient que les découvertes et ne célèbre que les progrès et les victoires, le savant doit compter avec les erreurs et les faux raisonnements dans son travail quotidien. Les scientifiques sont des êtres humains comme les autres. Reconnaître ce fait oblige à plus de modestie. Depuis Nicolas de Cues qui, au début de l'âge moderne, reprend le vieux thème néo-platonicien de la Docte Ignorance[192], le véritable homme de science, c'est celui qui éprouve le besoin d'apprendre toujours comme le vieux sage Solon. Car, il a conscience de ne pas être le détenteur de la vérité absolue et définitive.

---

[190] Sur ce sujet, voir B. Matalon, « La science observée », in *Nouveaux regards sur la science, Sciences Humaines*, no 67, décembre 1996, pp. 18-25. Lire surtout Nowtny Helga, Scott Peter et Gibbons Michael, *Repenser la science. Savoir société à l'ère de l'incertitude,* Paris, Belin, 2003.

[191] Concernant les critiques « post-modernes » sur ce sujet, voir K. Mellos, « Une science objective ? » in B. Gautier, De la problématique à la collecte des données. *Recherche sociale,* Sainte-Foy, Presses de l'Université du Québec, 1997.

[192] A. Koyré, *Études d'histoire de la pensée scientifique*, op. cit. p. 20.

Bien plus que beaucoup d'hommes et de femmes, il sait qu'il se trompe. Hans Selye, qui a observé avec attention et probité ce qui se passe en biologie, écrit à ce sujet : « Ce qui me frappe le plus, dans les erreurs commises par les hommes de science les plus éminents eux-mêmes, c'est leur naïveté. Il semble presque inconcevable que de grands penseurs, des hommes prodigieusement doués puissent tomber dans des pièges aussi simples. Rétrospectivement, une fois que l'erreur a été expliquée, l'intelligence la plus fruste la reconnaît aisément. Tous mes exemples, pourtant, sont réels. Ils sont tous été tirés de l'histoire de la biologie. Ce sont des fautes qui ont été véritablement commises par des hommes de science professionnels et pleins d'expérience »[193].

Ce qui m'intéresse ici, c'est le fait qu'en retrouvant le scientifique à l'œuvre, on est loin de l'image du messager de la vérité dont l'autorité indiscutable s'impose à tous les esprits. En réalité, le chercheur tâtonne et procède par essais et erreurs. Il n'est sûr de rien. Souvent, il lui faut recommencer la même expérience Car, il ne peut se contenter de voir une fois pour éviter que certains aspects du phénomène lui échappent. Répéter l'observation autant de fois que l'exigent les témoins les plus sceptiques jusqu'à la certitude que tous les facteurs présents dans le réel ont été reconnus, identifiés, décrits, mesurés, est une condition draconienne. Elle suppose que le chercheur s'interroge toujours dans cette dynamique de la recherche où, comme l'exprime bien Jean Fourastié, « l'ignorance savante est en quelque sorte le moteur de la découverte ; elle joue, dans l'édification de la science, un rôle si grand que l'on devrait en parler dans les classes. Ces faits sont tenus pour anecdotiques et négligeables. Les négliger n'en a pas moins de très graves inconvénients : scientifiques, parce que ce n'est que par les considérations des problèmes à résoudre que l'on peut comprendre et assimiler la méthode expérimentale ; sociaux et humains, parce que cette négligence devient le plus souvent silence dans les rapports entre les savants et le grand public, et présente alors la science avec une suffisance dans la certitude, qui révolte les hommes accablés par l'immensité de l'ignorance vulgaire »[194]. À ce sujet, il y a lieu de réécrire toute l'histoire des sciences. En effet, en observant la science telle qu'elle se fait, cette histoire n'est pas uniquement celle des succès et des victoires. Comme le rappelle justement Koyré, il faut tenir compte « aussi des échecs, des découvertes manquées, des erreurs commises, des tentatives qui n'ont pas abouti. J'irai même plus loin : pour l'historien de la pensée scientifique l'échec est souvent plus instructif encore que la réussite, car ce sont seulement ces ratages qui nous permettent de nous apercevoir de l'existence, et de la puissance, des résistances (intellectuelles) qu'il a fallu vaincre, des obstacles qu'il a fallu surmonter pour

---

[193] H. Selye, op. cit. p. 322.
[194] J. Fourastié, op. cit. pp. 43-44.

arriver à la clarté de la vérité découverte. Résistances et obstacles dont, grâce justement à la découverte en question, il nous est aujourd'hui extrêmement difficile, son impossible, de percevoir l'importance »[195]. Plus radicalement, en étudiant les sciences dans toute leur complexité concrète, on peut affirmer que *jusque dans le domaine des sciences dites exactes, le chercheur ne trône nulle part dans l'empire des lumières et des certitudes.* Il lui faut parfois vivre longtemps ce temps d'épreuve avec le réel où la science s'édifie sur la base d'interrogations sur l'ignorance et l'erreur dont la prise de conscience stimule la recherche et engendre la connaissance. Comme Bachelard l'a dit depuis longtemps, une vérité scientifique n'est qu'un long processus d'erreurs rectifiées. L'erreur fait donc partie de la démarche scientifique, elle lui est indispensable, car c'est sa critique qui permet d'avancer.

D'où la nécessité de distinguer, comme le propose François Jacob, entre la « science du jour » qui « met en jeu des raisonnements qui s'articulent comme des engrenages, des résultats qui ont la force des certitudes » (…) et la « science de nuit » qui est la science « en train de se faire ». Au contraire de la science froide, établie, admise et enseignée, la science de nuit « erre à l'aveugle. Elle hésite, trébuche, recule, transpire, se réveille en sursaut. Doutant de tout, elle se cherche, s'interroge, se reprend sans cesse. C'est une sorte d'atelier du possible où s'élabore ce qui deviendra demain le matériau de la science »[196]. Cette approche permet de redécouvrir les tribus scientifiques telles qu'elles fonctionnent dans le monde qui leur est propre. Pour comprendre ce groupe d'hommes et de femmes, il convient de le situer dans le contexte réel où nous les trouvons à l'œuvre dans un domaine stratégique de la vie en société. En un sens, *la science qui se fait invite à décrypter la banalité.* En suivant Collins et Pinch, posons ce principe de base qui doit orienter notre regard sur la production des sciences : « Il n'y a pas de logique de la découverte scientifique. Ou plutôt, s'il en existe, c'est celle de la vie de tous les jours »[197]. Ce choix d'analyse oblige à rompre avec le triomphalisme des discours dominants. Comme le remarque bien Fourastié, « les récits des savants sont loin de représenter la science en cours de formation, mais ce que l'on veut bien en dire après qu'elle est formée ; les savants y insistent plus sur ce qui est extraordinaire, spectaculaire, piquant ou anormal, que sur ce qui est usuel et banal, et que pourtant le travail quotidien est justement constitué par prépondérance de banal et d'usuel »[198]. Ce fait impose une véritable conversion épistémologique.

---

[195] A. Koyré, *Études newtoniennes*, Paris, Gallimard, 1968, p. 11.
[196] F. Jacob, *La Statue intérieure*, Paris, Odile Jacob, 1997
[197] H. Collins et T. Pinch, op. cit. p. 186.
[198] J. Fourastié, op. cit. pp. 127-128.

Tout ce que j'ai dit sur la science et l'imaginaire ou « l'ignorance savante » qui fait partie de la démarche scientifique normale et apparaît comme « l'antichambre de la découverte » appelle à mettre fin à l'exotisme en vue de procéder à la sociologie et à l'anthropologie de la science comme un champ spécifique de la sociologie et de l'anthropologie de la vie ordinaire. Claude Bernard écrit dans la conclusion de son ouvrage classique : « Quand des philosophes tels que Bacon ou d'autres, plus modernes, ont voulu entrer dans une systématisation générale des préceptes, pour la recherche scientifique, ils ont pu paraître séduisants aux personnes qui ne voient les sciences que de loin, mais de pareils ouvrages ne sont d'aucune utilité aux savants faits et, pour ceux qui veulent se livrer à la culture des sciences, ils les égarent par une fausse simplicité des choses, de plus, ils les gênent en chargeant l'esprit d'une foule de préceptes vagues et inapplicables, qu'il faut se hâter d'oublier si l'on veut entrer dans la science et devenir un véritable expérimentateur »[199]. Il est étonnant que ce texte capital n'ait pas toujours retenu l'attention des commentateurs focalisés sur la méthode expérimentale. Pourtant, il impose un renouvellement des questionnements sur le travail scientifique.

En effet, il nous apprend qu'au lieu de ne voir « la science que de loin », il faut réapprendre à la voir « de près » pour mieux la comprendre. Dans ce but, en rupture avec la vision par « le haut », il convient de découvrir la science « par le bas ». C'est bien à ce niveau que l'essentiel se joue. Là, il est possible de retrouver le non-dit des discours institutionnels qui censurent les choses dont on pense qu'elles sont indignes de la science et des scientifiques et, de ce fait, ne méritent pas d'être criées sur les toits. Or, ces objets indignes sont porteurs d'un sens qui met en lumière les vraies manières de faire la science. Ensuite, à travers ces objets qu'on cache, nous découvrons le visage réel des acteurs qui font la science dans les conditions dont on ne parle pas toujours sur les places publiques. Au-delà des règles et des préceptes établis, Claude Bernard exige de revenir sur les acteurs qui « fabriquent » la science en laissant s'exprimer leur génie propre. Il insiste justement sur cette liberté d'esprit que les règles ne sauraient étouffer. « Le maître doit laisser l'élève libre de se mouvoir à sa manière et suivant sa nature (…). La vraie méthode est celle qui contient l'esprit sans l'étouffer, et, en le laissant tant que possible en face de lui-même, qui le dirige, tout en respectant son originalité créatrice et sa spontanéité scientifique qui sont les qualités les plus précieuses »[200]. En d'autres termes, si le mouvement se prouve en marchant, il faut redécouvrir le statut du fait scientifique ainsi que les conditions de son élaboration « au hasard de la science » telle qu'elle se fait. C'est là qu'il est possible de saisir les ruses de l'intelligence à travers les

---

[199] C. Bernard, op. cit. p. 311.
[200] C. Bernard, op. cit. p. 312.

« trucs », les « tactiques », les « pratiques » et les « stratégies » qu'inventent les scientifiques. Pour repenser le rapport au savoir, il convient donc de prendre en compte « les arts de faire » que mettent en œuvre les producteurs de connaissance[201]. Ce défi nécessite de *saisir la banalité scientifique en observant « l'art du bricolage »*[202] *dont les chercheurs sont capables quand ils inventent leurs méthodes de découverte*. Cette démarche suppose que faire la science relève de la vie ordinaire. Elle semble utile pour renouveler l'analyse des enjeux de la connaissance qui me préoccupent. Face à la tentation de se rapporter aux « vérités scientifiques » comme à des dogmes en oubliant qu'avant d'être reconnues comme des vérités, elles ont fait l'objet de discussions, de débats, de confrontations ou de controverses, soulignons d'abord l'intérêt des études qui remettent la création scientifique en situation dans la société à un moment de son aventure culturelle et historique. L'on pense ici à l'œuvre de Koyré qui a renouvelé l'épistémologie en replaçant la découverte scientifique dans le contexte intellectuel qui l'a vu naître et en rappelant que la science n'est pas ce pur produit d'une raison anhistorique, comme a pu le faire croire un positivisme naïf[203]. « L'auteur des *Études newtoniennes* n'a qu'une passion : montrer que la connaissance scientifique et son développement ne sauraient être expliqués sans prendre en compte les structures profondes de la pensée qui déterminent les cadres de l'observation et de l'interprétation. Les structures de la pensée s'organisent en des configurations historiquement variables »[204]. En rupture avec la vision qui fait de la science une pure activité de connaissance qui n'obéirait qu'aux seuls critères épistémologiques, règles de validité et logiques de l'expérimentation, il faut aussi se remettre à l'écoute du quotidien de l'activité scientifique en considérant l'apport de Gérald Holton cité plus haut. Dans le contexte de découverte, il montre que le chercheur met en jeu ses options personnelles, son intuition expérimentale et théorique. Bref, au-delà de la « science publique », la « science privée », qui est affaire d'imagination, est, en réalité, un fait culturel total dans la mesure où elle se fait sur un répertoire relativement stable de « thèmes » qui informent une certaine image du monde. En d'autres termes, il convient de prendre en compte les déterminants psychologiques et sociaux du savoir lui-même[205].

---

[201] Pour la démarche proposée dans cette étude sur les acteurs de la science, voir M. de Certeau, *L'invention du quotidien*. Vol. I. *Arts de faire*, Paris, 10/18, 1980.

[202] J'utilise cette notion en pensant à la créativité des chercheurs à travers l'utilisation des procédés de tout genre pour fabriquer les connaissances scientifiques. Pour la discussion sur le « bricolage », voir C. Lévi-Strauss, *La pensée sauvage*, Paris, Plon, 1962 ; M. de Certeau op. cit. D. Cuche, *La notion de culture dans les sciences sociales*, Paris, La Découverte, 1996, pp. 72-74.

[203] Voir A. Koyré, *Études galiléennes*, Paris, 1940 ; *Du monde clos à l'univers infini*, Paris, 1957 ; *Études newtoniennes, op. cit.*

[204] M. Callon et B. Bruno, *La science telle qu'elle se fait*, Paris, La Découverte, 1991, p. 9.

[205] Voir G. Holton, *L'imagination scientifique, op. cit.*

L'espace du savoir

Pour Michel Foucault, cette mise en perspective de la science ne peut être radicale que si l'on la relie à l'instant d'origine où elle trouve son ancrage[206]. En se situant dans la tradition de Georges Ganguilhem dont l'œuvre s'attache à l'élaboration d'une réflexion sur les sciences inséparable de l'histoire comme le montre l'émergence du concept de réflexe[207], ce qui préoccupe l'auteur des *Mots et des choses*, c'est de mettre au jour l'*épistémè* propre à une époque et à partir duquel surgit le discours dans un champ spécifique du savoir[208]. « Dans toute société, dit Foucault, la production du discours est à la fois contrôlée, sélectionnée, organisée et redistribuée par un certain nombre de procédures qui ont pour rôle d'en conjurer les pouvoirs et les dangers, d'en maîtriser l'événement aléatoire, d'en esquiver la lourde, la redoutable matérialité »[209]. Le surgissement d'un thème ou d'une catégorie représente un « événement discursif structurant ». En fait, au-delà du discours lui-même en tant que pratique, ce qui importe, c'est l'instance du savoir qui rend possible toute science. Il s'agit ici d'un « espace » où, par un jeu interne aux rapports qui le constituent, une science forme son objet : « La science, écrit Foucault, sans s'identifier au savoir, mais sans l'effacer ni l'exclure, se localise en lui, structure certains de ses objets, systématise certaines de ses énonciations, formalise tels de ses concepts et de ses stratégies »[210]. Dès lors, ce qu'il faut définir, c'est l'espace du discours où, comme événement, tout énoncé apparaît. « Ce qu'il s'agirait de faire apparaître, c'est l'ensemble des conditions qui régissent, à un moment donné et dans une société déterminée, l'apparition des énoncés, leur conservation, les liens qui sont établis entre eux, la manière dont on les groupe ensembles statutaires, le rôle qu'ils exercent, le jeu des valeurs ou des sacralisations dont ils sont affectés, la façon dont ils sont investis dans les pratiques ou dans les conduites, les principes selon lesquels ils circulent, ils sont refoulés, ils sont oubliés, détruits ou réactivés. Bref, il s'agirait du discours dans le système de son institutionnalisation »[211].

On saisit le sens et l'objectif de l'archéologie du savoir. Pour Michel Foucault, « faire surgir la dimension du savoir comme dimension spécifique ce

---

[206] Sur l'archéologie et le savoir chez M. Foucault, lire D. Lecourt, op. cit. pp. 98-133 ; K. A. Marietti, *Michel Foucault. Archéologie et généalogie*, Paris, Le Livre de Poche, 1985. H. Dreyfus et P. Rabinow *Michel Foucault. Un parcours philosophique*, Paris, Gallimard, 1984 J. Rajchman, *Michel Foucault, La liberté de savoir*, Paris, PUF 1987.
[207] G. Canguilhem, *Formation du concept de réflexe*, Paris, PUF, 1955.
[208] M. Foucault, *Les mots et les choses*, Paris, Gallimard, 1966.
[209] M. Foucault, *L'ordre du discours*, Paris, Gallimard, 1971, pp. 10-11.
[210] M. Foucault, *L'Archéologie du savoir*, Paris, Gallimard, 1969, pp. 241-242.
[211] M. Foucault, « Réponse au Cercle d'épistémologie », *Cahiers pour l'Analyse*, 9, Généalogie des sciences, été 1968, p. 19.

n'est pas récuser les diverses analyses de la science, c'est déployer, le plus largement possible, l'espace où elles peuvent se loger ». Dans la mesure où, « c'est dans l'élément du savoir que se déterminent les conditions d'apparition d'une science, ou du moins d'un ensemble de discours qui accueillent ou revendiquent les modèles de scientificité »[212], on comprend l'enjeu central de l'archéologie de la connaissance scientifique : « rendre compte de l'émergence historique des formes et du système auquel elle obéit ». Il faut toujours revenir au « champ du savoir, avec l'ensemble des relations qui le traversent ». C'est là où « seuls des critères formels peuvent décider de la scientificité d'une science ». A travers l'exploration des conditions qui rendent possible et nécessaire l'introduction d'un discours, on est renvoyé, en fin de compte, à « des événements, épisodes, obstacles, dissensions, attentes, retards, facilitation qui ont pu marquer son destin collectif ». L'importance de cette archéologie réside dans le fait qu'elle nous fait redécouvrir « le savoir comme champ d'historicité où apparaissent les sciences ». Dans ce but, Foucault écrit : « Il faut accueillir chaque moment du discours dans son irruption d'événement (…). Il ne faut pas renvoyer le discours à la lointaine présence de l'origine ; il faut le traiter dans le jeu de son instance ». A ce sujet, des questions s'imposent impérativement : « Comment se fait-il que tel énoncé soit apparu et nul autre à sa place (…) ? Quelle est donc cette irrégulière existence, qui vient au jour dans ce qui se dit, - et nulle part ailleurs ? ». Insistons sur l'enjeu de cette apparition : en vue de saisir le discours scientifique « dans l'étroitesse et la singularité de son événement à déterminer les conditions de son existence, d'en fixer au plus juste ses limites, d'établir ses corrélations aux autres énoncés avec lesquels il peut être lié », Foucault propose de substituer au terme bachelardien de rupture, celui d'irruption d'une science. Pour lui, cette irruption se fait toujours dans l'espace du savoir où joue un système de règles, de valeurs, de pratiques et de rapports réglés dont l'existence matérielle constitue la base sur laquelle une connaissance scientifique s'instaure. Ce qu'il faut montrer, précisément, c'est « comment une science s'inscrit et fonctionne dans l'élément du savoir ». En tenant compte de « l'archive » qui, dans le sens que Foucault donne à ce concept, est « d'abord la loi de ce qui peut être dit, le système qui régit l'apparition des énoncés comme événements singuliers », on évite l'idéalisme pour qui la science tombe du ciel. En réalité, la science ne peut apparaître qu'à la faveur d'un jeu dans un processus de limitation. A partir de l'espace du savoir où elle fait irruption, on doit donc, selon Foucault, penser l'insertion d'une science dans une formation sociale. Telle est la pertinence de la question du lieu d'où l'on parle et l'intérêt de l'analyse de l'espace du discours. Mais on voit aussi les limites de cette analyse dans la mesure où, chez Foucault, l'archéologie du savoir s'inscrit dans la continuité des travaux qui s'élaborent sur la critique et l'effondrement du sujet.

---

[212] M. Foucault, « Réponse au Cercle d'épistémologie », op. cit.

« Ce qu'on pleure si fort, ce n'est point l'effacement de l'histoire, c'est la disparition de cette forme d'histoire qui était secrètement mais tout entière référée à l'activité synthétique du sujet »[213]. En fait, le discours scientifique n'intéresse pas non plus Foucault : son vrai problème, c'est celui de l'instance de ce discours, ses conditions de possibilité. En même temps que le sujet, l'objet du discours disparaît donc des enjeux de la réflexion sur la connaissance scientifique.

En ce qui me concerne, si je dois reconnaître la pertinence et la fécondité du concept d'*épistémè* sur lequel je reviendrai plus loin, une remarque critique s'impose à l'attention : *on ne comprend rien à la science si l'on se borne à ne penser que les lois qui régissent l'histoire différentielle des sciences*. En effet, renoncer à toute référence au sujet, c'est-à-dire à l'acteur du discours scientifique, c'est se condamner à perdre un vaste champ de relations et de pratiques, de stratégies et d'institutions en dehors desquelles les « événements discursifs » auxquels l'émergence de la science est liée sont dénués de toute signification. Si, comme le reconnaît Albert Jacquard, « la science est constitutive de la société comme la société est initiatrice et productrice de la science »[214], il faut « libérer » ce champ de relations pour montrer que la science, c'est d'abord des hommes et des femmes qui travaillent ensemble. Dans ce sens, l'espace du savoir, c'est aussi ce champ social où il convient de redécouvrir la science en acte. En d'autres termes, au-delà des structures de la pensée qui déterminent les cadres d'observation et d'analyse, il s'agit, comme l'indique Benjamin Matalon, de passer résolument « de l'épistémologie à la sociologie de la connaissance scientifique »[215]. En recherchant les processus de connaissance dans les processus de construction sociale, il importe d'aller jusqu'au bout de la démarche qui nécessite de prendre au sérieux toute l'épaisseur du quotidien en vue de comprendre en profondeur le travail scientifique. Je reviendrai bientôt sur ce sujet capital. Auparavant, il convient de reconnaître l'enjeu des attitudes et des comportements permettant de dévoiler « la face cachée de la science ». Dans cette perspective, ce qui mérite de retenir l'attention, ce sont, d'abord, une série « d'affaires » qui risquent d'apparaître comme des « faits divers » dont beaucoup suscitent des interrogations et des doutes sur les mœurs et l'univers authentique des scientifiques.

---

[213] M. Foucault, *Les mots et les choses*, op. cit.
[214] A. Jacquard, op. cit. p. 29-30
[215] B. Matalon, *La Construction de la science. De l'épistémologie à la sociologie de la connaissance*, Paris, Delachaux et Niestlé, 1996

Fraudes scientifiques, logiques d'institution et conformisme

Ici, une question préalable doit être posée : « Qui sont les savants, aujourd'hui ? Qui parle « au nom de la science » ? Des chercheurs intransigeants, motivés, passionnés par la recherche de la vérité, l'avancée du savoir- et ses conséquences toutes pratiques, mieux comprendre, mieux soigner, mieux guérir ? Ou les gestionnaires avisés de petits territoires soigneusement bornés où poussent plans de carrière, confusion entre intérêt public et intérêts privés, frileux avantages et respectabilité que rien ne doit venir entamer »[216] ? Cette question révèle la nature des problèmes réels que soulève l'irruption de la science dans l'espace du savoir dont l'analyse doit mettre en lumière l'ampleur des enjeux, des stratégies et des conflits à l'œuvre dans les rapports entre la science et la société. Les acteurs scientifiques sont au cœur de ces nœuds de relations. C'est en examinant leurs logiques d'action qu'on découvre mieux le visage de la science soigneusement masqué par les discours institués et les appareils officiels.

Entrons dans un laboratoire. Pour les chercheurs en sciences exactes, c'est leur table d'existence. Comme l'écrit Lecomte du Nouy, « le laboratoire, je ne puis me défendre d'une certaine émotion, en écrivant ce mot en tête de cette étude. C'est que pour moi, comme pour tous mes collègues, il évoque tant d'événements, d'émotions et d'espoir ! Le laboratoire, ce n'est pas seulement le cadre de notre vie matérielle, le lieu où s'est écoulée une grande partie de notre vie intellectuelle, et parfois même sentimentale, l'écrivain, l'artiste, le philosophe travaillent là où ils s'arrêtent et empruntent leur inspiration à l'univers tout entier. L'homme de science a besoin, pour produire, de « la paix sereine des laboratoires et des bibliothèques, suivant la belle expression de Pasteur. Il n'est heureux que là. C'est le refuge, le port aux eaux calmes où seules les rides concentriques et assagies témoignent des convulsions extérieures et du désordre stérile »[217]. En observant ce qui se joue dans ce lieu de vie et d'expérimentation, Gérard Bonnot remarque : « les lois scientifiques, sur le papier, sont toujours merveilleusement précises. Elles sont exprimées en formules mathématiques qui permettent de calculer les résultats d'une expérience avec autant de décimales qu'on veut. C'est forcé, sinon il n'y aurait ni prévision ni déterminisme. Mais il ne faut surtout pas croire que l'homme de science, quand il mesure un phénomène nouveau, arrive du premier coup à cette rigueur. Au contraire, les chiffres qu'il collecte sont toujours plus ou moins grossièrement approchés. Disparates. Parce qu'il se débat au milieu d'objets concrets. Des instruments de mesure qui ont leurs insuffisances, des montagnes

---

[216] P. Alfonsi, *Au nom de la science*, Paris, Barrault, 1989, p. 11
[217] P. Lecomte du Nouy, *Entre savoir et croire*, Paris, Gonthier, 1964, p. 86

qui ne sont pas exactement conformes au schéma théorique, des corps dont la pureté chimique laisse à désirer. Le cercle, qui est une idée mathématique, ne se retrouve jamais tout à fait dans un rond, même tracé au compas. On le sait depuis Platon. Or, au laboratoire, il n'y a que des ronds, pas de cercle »[218].

Dans le quotidien des laboratoires, on connaît « ces gestes infiniment répétés, ce contrôle de tous les instants qu'il faut exercer, autant sur le matériel que sur soi-même. L'obstination à traquer l'erreur et l'artefact. Mais aussi l'exaltation devant la découverte improbable, les vérifications qu'on renforce pour ne pas se faire duper, et l'évidence qui peu à peu s'impose de l'incroyable nouveauté que son propre travail a su faire surgir »[219]. Précisément, en considérant les processus d'innovation scientifique qui bousculent les habitudes de pensée, on doit mesurer les risques de la recherche sur les domaines où l'on voit que la science est bien autre chose qu'on nous en dit dans les livres. À ce sujet, remarquons les pratiques qui surprennent dans les milieux de travail où tous les résultats doivent être fondés sur des expériences de laboratoire. Ce n'est plus un secret pour personne : comme on le voit aux États-Unis, en Europe et au Japon, il existe aujourd'hui, un véritable problème de fraude scientifique qui remet en cause la capacité d'invention et d'exploration des chercheurs et la création du savoir à partir de l'émerveillement devant l'inattendu.

L'ampleur des fraudes témoigne de la profondeur de la crise de la rationalité dont j'ai parlé plus haut. Cette crise s'aggrave dans un système social, économique et culturel où, en fin de compte, les préoccupations scientifiques sont loin de dominer le monde de la recherche. Parmi les facteurs qui expliquent ce phénomène, il faut mentionner « la recherche des honneurs, des médailles et des prix. Faute de Nobel, les médias cherchent les « nobélisables » ou ceux qui se disent tels »[220] pour en dispenser les oracles. A l'inverse, l'usage politique des médias par les fervents de la course aux prix amène bien souvent la diffusion de résultats partiels, inappropriés, voire totalement erronés, avec des conséquences incalculables sur le contexte scientifique et intellectuel d'un pays. On ne peut donc s'étonner de la mise au jour, de plus en plus fréquente, de fraudes spectaculaires ». En Amérique du Nord, ce phénomène est lié au système de subvention où « la compétition pour ces appâts devient nécessairement féroce. Il faut être en vue, et pour cela, obtenir des crédits importants, donc publier beaucoup (et le premier) et voyager beaucoup (pour être connu, grâce aux congrès, dans la communauté scientifique). Or, la croissance exponentielle du nombre des publications ne

---

[218] G. Bonnot, *La vie, c'est autre chose. Les hommes malades de la science*, Paris, Denoël/Gonthier, 1976, p. 182.
[219] P. Alfonsi, op. cit. p. 42.
[220] A. Danchin, « Les fraudes scientifiques », in M. Blanc (dir), *L'État des sciences et des techniques*, Paris, La Découverte, 1983, p. 138.

peut se faire qu'aux dépens de la qualité du travail, au point même de rendre celui-ci impossible. On trouve là, malheureusement, la source la plus fréquente des fraudes simples ou spectaculaires qui ont marqué ces dernières années de la recherche scientifique. Car, on est conduit à publier trop vite un résultat insuffisamment établi »[221].

Dans un système social qui tend à n'accorder de valeur qu'à des experts, celui qui pensait se retrouver devant les détenteurs du savoir est confronté à des gens qui oublient la finalité de la recherche scientifique : chercher pour mieux comprendre. On peut assimiler ces chercheurs aux prêtres dont parle Voltaire : « notre crédulité fait toute leur science ». *Là où l'on cherche les aventuriers de l'esprit et les figures du savoir, on se heurte à des gestionnaires avisés d'un plan de carrière*. Si l'on ne peut ignorer les effets néfastes qui résultent des fraudes dont certains sont tentés de minimiser l'importance, c'est, à l'évidence, la science elle-même qui est en jeu dans un contexte où certains chercheurs s'apparentent à des truands, à des escrocs ou à des gangsters qui ne reculent devant aucun scrupule pour frauder. Rappelons les histoires de meurtres où des scientifiques sont impliqués. Jean-Marc Lévy-Leblond rapporte cet incident tragique : « au printemps 1996, un chercheur japonais de l'Université de Californie, Tsuno Saitoh, a été exécuté de sang froid par balles à la sortie de son laboratoire à San Diego. Il travaillait sur la maladie d'Alzheimer, domaine où sont fort prometteuses les perspectives du marché pharmaceutique ; son assassinat semble bien être lié à la lutte sans merci que se livrent en Californie certaines équipes scientifiques liées à des firmes de biotechnologie rivales, véritable guerre des laboratoires qui se traduit couramment par des vols de cahiers d'expériences et autres manœuvres d'espionnage »[222]. Ainsi, après la politique et l'industrie, c'est autour des hommes de science d'avoir maille à partir avec la justice. De prestigieux Prix Nobel n'échappent pas à ces scandales comme le rappelle, aux États-Unis, l'affaire David Baltimore convaincu de fraude devant la Commission du Congrès[223]. Dans les pays d'Occident, note Alfonsi, « certains de ceux qui sont chargés d'établir « la vérité », qui en sont les garants, sont surpris en flagrant délit de fraude, de tricherie. D'autres sont empêchés de poursuivre leurs recherches parce qu'elles mettent en cause de puissants intérêts industriels : ici, un antibiotique, non seulement inefficace, mais dangereux. Là, un produit d'agriculture qui, dès qu'il est chauffé, se transforme en puissant cancérigène qu'on retrouve dans les petits pots pour bébés. D'autres encore utilisent leur prestige et leur compétence à des fins toutes personnelles,

---

[221] A. Danchin, op. cit, p. 136.
[222] J. M. Lévy-Leblond, *Impasciences*, Paris, Fayard, 2000, p. 119.
[223] P. Alfonsi, op. cit. Lire aussi R. Lewin, « L'affaire Baltimore : de l'erreur à la fraude », *La Recherche*, no 23, 1992, pp. 256-260,

carriéristes ou financières. Bref, on croyait entrer dans les temples du savoir, et on découvre un monde féroce où, parfois, tous les coups semblent permis.

On comprend les enjeux et les défis de la publication des travaux scientifiques. Sur ce terrain souvent miné par l'arbitraire, l'arrogance et les coups bas des évaluateurs qui contrôlent les réseaux de diffusion des connaissances au sein des revues de renom ou des maisons d'éditions, la « délinquance » en col blanc est marquée par les formes de tricherie, de plagiats, de trucages des résultats et de fraudes qui prolifèrent. Dans les pays où, comme en Amérique du Nord, règne la dictature du « publier ou périr », notons la tentation de prendre des raccourcis pour rester sur le marché avec le souci de décrocher les bourses, les subventions et les moyens pour le laboratoire ou les enquêtes de terrain. C'est ce qu'indique la tendance à fractionner les travaux en plusieurs parties publiées dans des revues différentes pour avoir plus d'un titre à son actif. Cette tendance devient une sorte de règle à laquelle il faut se soumettre pour échapper aux mécanismes de contrôle social et, à la limite, à la répression qui règnent au sein des revues dont le difficile accès oblige la plupart des chercheurs à inventer des ruses stratégiques pour occuper le maximum de terrain[224]. S'il n'y a pas de découverte sans publication dans une revue scientifique reconnue au niveau international, il faut s'attendre à des affrontements inévitables avec les patrons qui occupent des positions de pouvoir dans les domaines où la concurrence s'exacerbe et où la soif de réputation, la quête de visibilité et d'honorabilité ou le culte du héros sont une véritable obsession[225]. Dans cet esprit, il n'est pas rare que certains patrons exigent de signer les travaux d'étudiants auxquels ils n'ont nullement participé. Au Québec où la recherche universitaire est confrontée à de graves enjeux éthiques qui mettent en cause « une culture de l'intégrité » et de l'honnêteté du travail intellectuel[226], Serve Larivée a dressé un répertoire de 187 fraudes scientifiques reconnues. En plus d'identifier les auteurs, le domaine de recherche et le type de fraude, il fournit des références précises sur chacun des cas signalés[227]. La nécessité pour les chercheurs de publier les résultats de leurs travaux suscite chez certains les comportements déviants qu'on n'imagine pas toujours dans les

---

[224] Sur ces enjeux, voir J. Law, « A propos des tactiques du contrôle social : les luttes pour la publication d'un article scientifique », *Social Science Information*, 22, 1983, pp. 237-251. Lire aussi C. Charles, « Produire et diffuser. Les arcanes de la reconnaissance », *Sciences Humaines*. Hors Série, juin –juillet 1998, pp. 30-35.
[225] Sur le besoin d'être approuvé, la soif de réputation et le culte du héros dans les milieux scientifiques, lire H. Seye, op. cit. p. 26-31.
[226] Sur ce sujet, J. C. Leclerc, « Étudiants et professeurs. L'ère de la suspicion », *Le Devoir*, 19 janvier 2004.
[227] S. Larivée, *La Science au-dessus de tout soupçon. Enquêtes sur les fraudes scientifiques*, Montréal, Éditions du Méridien, 1993.

milieux scientifiques[228]. Dans un article publié dans *Le Devoir*, Jean-Claude Leclerc écrit : « Combien de publications signées de sommités universitaires sont en partie le fruit de travaux d'étudiants, sans qu'il en soit fait mention expressément ? Pendant que le chercheur principal recueille renommée et subventions, les tâcherons à l'origine de ses découvertes peinent, eux, à percer dans un milieu devenu plus concurrentiel que l'industrie du fast-food »[229]. En découvrant les prétentions de chercheurs célèbres, on retrouve ici les actes de pillage des travaux d'autrui. Le phénomène semble courant. En 1995, André Beauchamp rapporte ce fait troublant : tel professeur « s'approprie d'autorité les recherches d'un étudiant immigrant, sans y avoir aucunement travaillé. Si l'étudiant se plaint, il perdra son emploi et devra donc retourner dans son pays (…). Pour comprendre cela, il faut savoir que la recherche devient un business et obéit de plus en plus aux lois du marché. Pour acquérir et maintenir sa crédibilité, un scientifique doit publier : « publish or perish ». Cette course en avant incite donc à co-signer des articles à plusieurs (pratique nécessaire pour les cas de véritable interdisciplinarité). Plus encore, la loi du marché incite maintenant à compter le nombre de fois où un auteur est cité : d'où la tentation de citer des amis qui vous citeront. La quantité devient alors la mesure de la qualité. Ainsi, le marché de la recherche exerce d'énormes pressions sur les universitaires. Les rationalisations aidant, la dérive s'installe. Il faut des codes rigoureux et une valeur morale à toute épreuve pour ne pas céder à la pression et épouser les valeurs marchandes[230]». Ce cas met en évidence les pratiques qui se banalisent dans les milieux universitaires et scientifiques. Peut-être ces pratiques se produisent-t-elles davantage dans certains domaines de la recherche. Dans un entretien de Martine Barrière avec David Sharp, rédacteur adjoint de la célèbre Revue *The Lancet*, l'on apprend que « la fraude est une pratique courante en sciences de la vie ».[231] Bien sûr, face à ces dérives, on veut rassurer l'opinion en affirmant que « des manquements à l'intégrité demeurent rares »[232]. Pourtant, des témoignages nombreux et constants prouvent que les filous de la science sont plus nombreux qu'on ne pense. Comme le note J. Godbout, « la science n'est pas pure »[233]. Car, elle est aussi faite de règlements de comptes, d'espionnage et de plagiats.

---

[228] Sur ce sujet, lire Y. Villedieu, « Les savants ont-ils perdu le nord » ? *L'actualité*, vol. 20, no 12, pp. 12-18 ; « Ça triche fort dans les milieux scientifiques », *La Presse*, 22 novembre 1993, p. B1.
[229] J. C. Leclerc., art. cit.
[230] A. Beauchamp, « *L'Université à l'heure du jugement* », *Relations*, janvier-février 1995, p. 5.
[231] M. Barrière, « La fraude : une pratique courante en sciences de la vie », *La Recherche*, no 196, février 1988, pp. 240-244.
[232] D. Baril, *Forum*, vol. 29, 1995, pp. 7.
[233] J. Godbout, « La science n'est pas pure », *L'Actualité*, 12, no 12, décembre 1987, p. 32.

Constatons le montage médiatique qui s'organise autour des résultats des recherches qui ne peuvent se passer de marketing et de publicité. Pour les chercheurs en quête de gloire scientifique, « le journaliste joue ici un rôle à part entière, déplaçant ou explicitant des enjeux à la fois techniques et culturels (...). Faire exister médiatiquement sa recherche est, pour un patron de laboratoire, un outil précieux dans les négociations avec les pouvoirs publics ou les interlocuteurs financiers »[234]. Dans cette perspective, publier un article scientifique s'inscrit dans un rapport de force. Pour un jeune chercheur, prendre ce risque, c'est heurter de front un vieux système de hiérarchies, de castes et de puissants intérêts financiers. En plus de la reconnaissance et de la promotion qui passent par la publication, c'est aussi l'irruption dans le monde du savoir par la nouveauté des résultats de sa recherche qui devient un facteur de déstabilisation sociale et scientifique. Une recherche novatrice ébranle le système des référents qui, souvent, s'accaparent le privilège de lire et de juger les travaux soumis à la publication alors qu'ils n'ont pas toujours le niveau scientifique requis pour cette évaluation comme le montrent les remarques qui masquent leur incompétence et leur conformisme. A travers ce système, tout se passe comme si les milieux scientifiques qui se complaisent à ne laisser passer que les travaux de faible qualité, se mobilisaient pour étouffer la vraie recherche. Sur de nombreux sujets de recherche, une grande partie de la littérature disponible n'apporte rien de pertinent. On ne peut éviter de s'interroger sur ce fait lorsqu'on apprend que « l'écrasante majorité des publications scientifiques apparaît, avec un recul de dix ou vingt ans, fautive, erronée, redondante » et que « rares sont les avancées effectives »[235].

Comment rendre compte de cette stagnation si l'on ne reconnaît pas que les logiques d'institution sont en conflit avec les logiques de recherche à travers le système des référents qui contrôlent l'innovation scientifique dans le secteur stratégique de la publication ? En observant les barrages divers et les processus d'exclusion des travaux gênants, il n'est pas évident que beaucoup évitent de confondre recherche et soumission à l'autorité. Au lieu de stimuler la recherche, l'institution tend à l'étouffer. L'expérience prouve que celui qui s'éloigne de la pensée dominante, s'il ne devient pas suspect, risque d'être rejeté ; puis broyé par les gardiens de l'orthodoxie régnante. Tel est le paradoxe. A l'ère où triomphe la science, on revient à la chasse aux sorcières dans la mesure où l'on n'accepte pas les idées qui contredisent les dogmes du moment. En dépit des apparences, l'espace du savoir n'est pas toujours ce lieu où s'articulent la rigueur nécessaire et l'audace indispensable. Il n'est pas facile de sortir des sentiers battus et d'accepter la libre confrontation des idées et des hypothèses. Le poids

---

[234] P. Alfonsi, p. 143.
[235] P. Alfonsi, p. 145.

du conformisme se fait aussi sentir dans les institutions chargées de la recherche scientifique. En d'autres termes, *dans le rapport à la science, il faut compter avec les mentalités, les habitudes et les modes d'organisation de la recherche où l'on retrouve les forces d'inertie à l'œuvre dans la vie en société.*

Ici, l'on doit s'attendre à rencontrer les formes de la résistance si l'on s'écarte des normes autour desquelles se construit le consensus. En fait, au moment où le financement de la recherche est lié à de puissants intérêts, il faut savoir si, sous couvert de rigueur, les institutions scientifiques ne constituent pas des forces d'immobilisme et ne favorisent pas le poids de la tradition. En observant comment les sciences basculent du temple dans la jungle, on en vient à se demander si, en définitive, elles ne perdent pas le sens de leur mission. A ce sujet, remarquons le culte du secret dans les milieux scientifiques où il ne devrait y avoir aucun mystère puisque tout doit pouvoir être explicité et reproduit. Alors que la science, qui est l'affaire de tous, exige un espace public de propositions, de débats et d'échanges critiques, on est frappé par la rétention de l'information et la loi du silence qui domine comme si l'univers de la recherche était fondé sur les principes de la Mafia. À l'évidence, dans un système de recherche où règnent les fraudes et le plagiat, de nombreux chercheurs vivent dans la hantise de se faire voler une idée et, parfois, un mot fétiche. Il leur faut faire preuve de vigilance en restant sur le qui-vive face à des collègues dont on doit se méfier dans la mesure où ils risquent de s'approprier des concepts ou des hypothèses inventés par les autres pour sortir de l'anonymat et se faire une réputation dans les secteurs de pointe où la concurrence est rude. L'espionnage scientifique donne à penser que la production des connaissances s'opère dans un climat de guerre froide d'autant plus féroce que le discrédit ou la mise à l'écart des domaines « non-rentables » amènent à valoriser les recherches qui attirent de l'argent.

Compte tenu des liens qui se tissent entre les milieux de recherche et les milieux d'affaires tournés vers les centres vitaux de la connaissance, les conflits d'intérêts débouchent souvent sur la falsification dans la recherche scientifique. Ainsi, à travers les scandales inédits, on découvre des méthodes, des pratiques et un état d'esprit qui constituent la toile de fond, le climat de méfiance et de luttes acharnées où, dans l'ombre, les hommes de science dissimulent les enjeux et les stratégies que l'analyse met en lumière en prenant acte des « affaires » telles que les fraudes ou le secret qui servent de révélateur de la crise systémique qui traverse le monde de la science dans les mutations de la société contemporaine. Mais si, comme l'explique Foucault, chaque époque a ses problèmes, sa vision du monde et son langage au sein d'une culture où, à un moment de son histoire, la science obéit à une logique secrète qui constitue l'esprit du temps, bref, son « discours », il semble important de reconsidérer la science en tenant compte des gens qui en font le métier. En ouvrant un pan du voile sur ce qu'il y a de malade au royaume de la recherche scientifique, nous entrevoyons la nécessité d'un questionnement radical sur l'autorité attribuée à des faits dits scientifiques lorsqu'ils s'inscrivent dans les pratiques douteuses, les jeux et les conflits d'intérêts auxquels n'échappent pas les chercheurs dans un contexte global où la production de discours savants semble faire partie intégrante des processus de formation et de rapports sociaux. En d'autres termes, si, comme je l'ai évoqué, l'espace du savoir n'est pas un temple mais une jungle, ne faut-il pas repenser la science à partir des enjeux de pouvoir auxquels elle semble liée ? Telle est la question fondamentale à laquelle l'anthropologie et la sociologie des sciences apportent des réponses qui permettent d'approfondir l'analyse de la crise actuelle de la rationalité dans les mutations contemporaines.

Le viol des frontières

Dans cette perspective, relevons l'impertinence de la question qui oblige à appliquer l'esprit du soupçon sur la l'activité scientifique considérée comme la principale autorité en matière de connaissance. On a longtemps présenté la science comme une démarche faite de rigueur, de désintéressement, d'objectivité et de transparence. Mais avec l'observation de la vie quotidienne des activités scientifiques, des remises question sont nécessaires. Ce questionnement ébranle les certitudes établies comme le montrent les nouvelles tendances de la recherche dont il faut tenir compte dans cette étape de la réflexion[236]. Pour l'homme de science, il y a une sorte de scandale qui consiste à soumettre le contenu de ses énoncés et de ses raisonnements au même traitement que les chercheurs en sciences sociales font subir à n'importe quel phénomène de la vie sociale. La pratique de l'histoire des sciences ne soulève aucune objection de principe, surtout lorsqu'elle se réduit à la biographie des vainqueurs et, de ce point de vue, raconte l'aventure héroïque des grands découvreurs et inventeurs. On admet aussi que le champ des motivations qui poussent à la recherche soit investi par les psychologues comme le rappellent les études de Maslaw[237].

Le développement de l'intelligence est un domaine des recherches comme le montrent les travaux de Piaget qui, tout en relevant de la Faculté des sciences, n'a cessé de se préoccuper de la psychologie de l'enfant et des problèmes de la connaissance. Bien plus, à partir de la dimension psychologique qui est centrale dans son œuvre, il propose un modèle original des processus du développement cognitif et s'oriente, en définitive, vers une épistémologie des sciences qui se

---
[236] Sur la remise en cause de la vision désincarnée de la production des sciences, cf. « Nouveaux regards sur la science », op. cit.
[237] A. Maslaw, *Psychology of Science*, Chicago, Gateway, 1969.

réduit à une véritable psychologie de la construction des savoirs[238]. Dans cette perspective, le rôle de l'affectivité dans la vie en laboratoire ne peut que se justifier. En effet, comme je l'ai rappelé, les scientifiques ne sont pas seulement des êtres humains dont l'intuition et l'imagination constituent des atouts précieux pour la découverte ; ils ont aussi des rêves et des désirs profonds dont témoigne, pour reprendre le mot de Darwin, « l'ambition de prendre une bonne place parmi les hommes de science ». Notons également cette capacité d'émerveillement grâce à laquelle de nombreux savants éprouvent la joie profonde de percer l'énigme de l'univers. A ce propos, le témoignage de Selye est éloquent : « L'expérience exaltante de la beauté, la majesté de ce qui est grand, l'émerveillement devant ce qui est mystérieux et même le sentiment de repos que l'on éprouve à jouer, à flâner, j'ai tout cela autour de moi, ici, au laboratoire. Toutes les fois que j'ai cherché ailleurs ce genre de satisfactions, j'ai été déçu. Devant le jugement de ma sensibilité, toute orientée dans un sens unique, aucune beauté de l'homme, aucun des tours de force qu'accomplit sa puissance ne peut rivaliser avec les créations de la Nature »[239]. Comme Selye l'affirme aussi, « nous adorons le sentiment d'avoir découvert, grâce à notre supériorité, une loi de la nature »[240]. Or pour être reconnu et accéder à la renommée rêvée, il faut non seulement travailler avec obstination et persévérance en assumant les exigences d'une vie d'ascète dans un laboratoire, mais il faut aussi être animé par une passion forte, un enthousiasme permanent et une foi profonde où la recherche scientifique puise son dynamisme. Tout se résume ici par « l'amour de la science » qui ne cesse de grandir dans les conditions intellectuelles et sociales où s'accroît la réputation du chercheur. Que cet univers de besoins et de désirs, de sentiments, de passions et d'émotions propres aux hommes de science soit soumis à l'étude ne soulève aucune objection dans les milieux scientifiques. Cette incursion dans la conscience ou l'inconscient des chercheurs n'ébranle nullement les croyances fondamentales qui sous-tendent les activités scientifiques animées par la quête d'une vérité « pure », exempte de tout ce qui peut l'altérer. Car, la recherche suppose toujours l'existence d'un monde de la science dont le besoin de l'exactitude exige de traquer et de bannir tout ce qui relève de l'opinion, des passions et des idéologies[241]. Qu'on relise à ce sujet l'œuvre de Bachelard consacrée à l'objectivation des connaissances. Dans un contexte de découverte, « lorsqu'on met sa blouse blanche et qu'on pénètre dans le laboratoire, on ferme la porte

---

[238] Sur ces liens entre l'épistémologie et la psychologie, lire J. Piaget, *L'Épistémologie génétique*, Paris, PUF, Que sais-je ? 1970.
[239] H. Selye, op. cit. p. 422.
[240] H. Selye, op. cit. p. 28.
[241] Sur ce sujet, lire l'article pionnier de P. Ricœur, « Science et Idéologie », *Revue Philosophique de Louvain*, 72, 1974, pp. 328-355 ; voir aussi l'ouvrage : *L'Idéologie et l'Utopie*, Paris, Seuil, 1997.

derrière soi en laissant à l'extérieur la passion et les intérêts, qui, parfois reviennent sous forme d'obstacles épistémologiques, mais dont on finit par triompher au prix d'une longue ascèse faite d'une lutte perpétuelle contre soi-même, qui permet de s'arracher finalement à tous ces résidus d'adhérences au monde et d'accéder enfin à la lumière de la raison »[242]. Autour d'un phénomène ou d'un processus, la science élabore des notions ou des concepts, des lois, des théories et des normes qui s'imposent d'office. Ces normes fondent et justifient la visée d'objectivité et d'universalité que porte tout projet scientifique[243]. Précisément, pour protéger la science de toute pollution par l'idéologie, il semble nécessaire d'enfermer la rationalité dans les îlots où aucun discours ne touche au dogme sacré de l'objectivité et de l'autonomie des « faits scientifiques ». Dès lors, l'idée d'une sociologie de la science paraît suspecte aux yeux des professionnels. Précisons le domaine propre à cette sociologie. Comme le fait comprendre Matalon, « il est certes important de connaître les conditions logiques qui devraient en principe faire qu'un argument puisse être reconnu comme une preuve convaincante. Mais il est tout aussi nécessaire de savoir si les pratiques effectives des chercheurs et le fonctionnement de la communauté permettent de satisfaire ces conditions, et plus largement de savoir ce qui est accepté comme étant argument convaincant par certains chercheurs à un moment donné, acceptation qui ne dépend peut-être pas uniquement de considération logique »[244].

Pour comprendre la science dans le contexte social où elle émerge, l'on ne peut négliger les leçons qui se dégagent du mouvement de critique radicale qui, depuis mai 68, a porté sur la science et permis de réviser les idées reçues sur les rapports entre la science et l'idéologie[245]. Comme le remarque Jean-Marc Lévy-Leblond, « de même que la science n'échappe pas à l'influence directe des conditions sociales, les scientifiques ne sont pas isolés du reste de la société, et ne constituent pas une collectivité idéale mue par le seul souci du progrès de la connaissance »[246]. Il n'est plus nécessaire d'insister sur l'enrôlement de la science dans le mode de production dominant. Depuis que le savoir est engrené dans le processus de marchandisation lié à l'économie de profit, le développement scientifique fait partie intégrante du système -monde qui s'impose à partir de l'expansion de l'Occident à l'échelle planétaire. Dans ce contexte, le choix des

---

[242] B. Latour, *Le métier de chercheur : regard d'un anthropologue*, Paris, INRA, 1995, p. 47.
[243] Sur les conditions nécessaires de l'objectivité qui constitue un problème d'épistémologie, lire Harold I. Brown, « L'objectivité de la connaissance dans les sciences et les humanités », *Diogène*, 1977, p. 97.
[244] B. Matalon, op. cit. p. 15.
[245] Sur ce sujet, cf. A. Jaubert et J. M. Lévy-Leblond (dir), *(Auto) critique de la science*, Paris, Seuil, 1973 ; R. Hilary et al, *L'idéologie de/dans la science*, Paris, Seuil, 1977.
[246] J. M. Lévy-Leblond, *L'esprit de sel*, op. cit. p. 202.

problèmes et des priorités de la recherche, la hiérarchie des valeurs fondée sur la reconnaissance, la pratique des disciplines scientifiques et la division qui s'est imposée entre ces disciplines montrent, dans leur apparente neutralité et universalité, le poids de l'idéologie dominante au niveau interne de la production scientifique. La science n'assure un développement de la rationalité que sur une base sociale délimitée. Pour en comprendre la nature, il faut la saisir comme une production inséparable des déterminations externes auxquelles elle est soumise dans l'ensemble du système social où elle s'insère.

Comme le rappelle la physique nucléaire depuis l'ère de l'atome qui a commencé dans la terreur d'Hiroshima et de Nagasaki, le rapport de l'homme à la nature est un rapport social. Dans ce sens, les sciences, y compris les sciences dites exactes, sont sociales[247]. Il faut ici réintroduire les acteurs par le biais des interactions entre les découvertes de la science et les conséquences de leur application. En tenant compte de l'impact des savoirs scientifiques dans la vie en société, ces savoirs ne peuvent plus devenir l'affaire des seuls producteurs de la science. Au cours de l'histoire, les scientifiques les plus célèbres ont été utilisés à des fins de propagande. Pendant la guerre froide, on se souvient du voyage d'Oppenheimer en Amérique latine en 1961, sous l'égide de l'Organisation des États américains. Il s'agissait de vanter les beautés de la science nucléaire et, en fait, de justifier la supériorité du capitalisme[248]. Il n'est pas évident que les chercheurs soient toujours conscients de leur rôle dans le renforcement des systèmes dominants. Comme le montre Georges Thill, rien ne permet plus de conclure à « l'insularité scientifique »[249]. Rappelons le débat sur le nucléaire[250]. En décidant de développer les recherches en énergie nucléaire plutôt qu'en énergie solaire, la société choisit de fonctionner selon un système de pouvoir militarisé. Dans ce sens, si l'on tient compte de la fonction sociale et économique de la science, une option pour un projet de recherche constitue un choix de société. Dès lors, la neutralité de la science doit être remise en question. Ici, l'esprit du soupçon s'impose face à la science dans les mutations de la pensée contemporaine. Comme le souligne Saunier-Séïte, « le mythe de la science neutre n'est plus. Nous avons tous une responsabilité collective devant le progrès scientifique, et nous devons trouver le moyen de l'exercer, sans nous dissimuler ni les difficultés ni le temps nécessaire. C'est notre devoir à tous, y

---

[247] Sur la pratique sociale de la physique et les frontières de la science, cf. J. M. Lévy-Lebond, « Mais ta physique » ? in H. Rose et al., op. cit. pp. 112-165.
[248] J. M. Lévy-Leblond/ A. Jaubert, op. cit. pp. 93-94
[249] G. Thill, « L'insularité scientifique », *Esprit, juin 1977.*
[250] Sur ce débat, voir *Impasciences*, no 2, été 1975 ; M. Damiani, « Nucléaire : les leçons ambiguës de l'Histoire », in P. Bauby et al. (dir), *Énergie et société*, Paris, PUBLISUD, 1995, pp. 219-238 ; C. Stoffaes, « Énergie nucléaire, économie, écologie », op. cit. pp. 239-256.

compris les savants »²⁵¹. Cette prise de conscience exige d'articuler les différents domaines du social dans la conception de la science. Car, à partir d'un groupe d'études et d'un laboratoire, d'un institut et d'un centre de recherche, la production des connaissances se fait dans un cadre, une organisation et selon une division du travail qui se distingue peu de ce qu'on observe dans d'autres milieux de travail. Qu'il suffise d'évoquer le statut et le rôle du « patron » ou du « directeur » dans une équipe de recherche et les problèmes de gestion que suppose cette équipe²⁵². Face à la pratique scientifique, on est confronté aux défis du management comme dans une entreprise²⁵³. Comme l'explique Bruno Latour, parmi les tâches que doit remplir le scientifique, il faut noter celles qui consiste à :

● mobiliser le monde (produire des données lisibles, manipulables) ;

● créer des collègues (produire des personnes capables de comprendre ce que l'on fait et ce que l'on dit) ;

● s'allier à des acteurs pluriels que l'on intéresse aux opérations précédentes (l'école, l'État, l'industrie...) ;

● « mettre en scène » l'activité scientifique par les relations publiques, la confiance, l'idéologie²⁵⁴.

À ce sujet, notons l'importance des réseaux sociaux qui se tissent autour des idées et des concepts scientifiques.

Vue l'importance accordée à l'institutionnalisation et à l'organisation des sciences, à la spécialisation accentuée des domaines, à l'établissement des protocoles de recherche et à la parcellisation des tâches, à la hiérarchisation de l'activité scientifique et à l'appartenance à des groupes de travail ou de réseaux scientifiques, on ne peut occulter le jeu des médiations qui obligent à prendre en compte les conditions sociales actuelles de la production scientifique. Dans la mesure où la science n'est plus ce savoir absolu, pur et neutre, il faut revenir au contexte social dans lequel les travaux de recherche nécessitent des investissements financiers et humains considérables et rappellent que la production scientifique n'est pas si éloignée de la vie quotidienne. Le scientifique en action n'est pas enfermé dans une tour d'ivoire. On ne peut donc comprendre ce qu'il fait sans étudier ses liens avec la société. Il faut ici retrouver cette banalité : « La pratique scientifique est une pratique sociale

---

²⁵¹ Cité par J. M. Lévy-Leblond, op. cit. p. 9.
²⁵² Sur ce sujet, lire B. Latour, « Le métier de directeur de recherche », *Culture Technique*, no 18, mars 1988.
²⁵³ Sur ces défis, voir D. Vinck (dir), *Gestion de la recherche. Nouveaux problème, nouveaux outils*, Bruxelles, De Boeck, 1991.
²⁵⁴ B. Latour, *Le Métier de chercheur. Regard d'un anthropologue*, op. cit.

parmi d'autres »[255]. En d'autres termes, la science, « c'est un ensemble d'activités humaines qu'il est extrêmement dangereux de couper des autres, et qui participe au même titre que la politique, à l'histoire de nos sociétés. Elle en porte donc tous les traits, les plus hideux comme les plus nobles »[256].

Dans ce sens, ce qui heurte et semble bien irriter les scientifiques, c'est la prétention de montrer que leurs pratiques elles-mêmes sont elles aussi, aux yeux des anthropologues et des sociologues, des objets d'étude comme les autres. Arrêtons-nous sur la nécessité de cet élargissement des horizons de réflexion et d'analyse. Les philosophes des sciences qui tendent à ignorer tout de la société où la science se fait sont les bienvenus dans les territoires de la connaissance. Leur présence n'inquiète personne. Ce qui fait problème, c'est la décision d'annexer au champ social la production des discours savants pour approfondir leur intelligence. En effet, cette décision apparaît comme un véritable viol des frontières. Or, pour tenter de comprendre ce qui se passe dans le monde de la science, il est nécessaire d'assumer l'autre regard qui dérange dans la mesure même où il met au jour « des choses que l'on cache et que l'on censure »[257]. Car, si l'on veut aller au-delà des analyses sur l'environnement social, culturel, institutionnel, technique, économique et politique de la création scientifique avec les valeurs et les normes auxquelles l'homme de science est sensé devoir se conformer comme Merton l'indique[258], il convient d'examiner dans quel sens la rationalité scientifique relève de l'art du quotidien. Tel est l'enjeu de la démarche qui, au lieu de ne s'intéresser qu'à la science achevée, celle qui, en fait, n'a que peu de rapport réel avec la recherche, découvre « comment se fabrique la science ». A ce sujet, une remarque s'impose. On ne peut plus se contenter des travaux des philosophes et des historiens des sciences qui considèrent le savoir scientifique en faisant appel aux seuls aspects sociaux et institutionnels ou en s'interrogeant sur l'évolution des contenus scientifiques comme le fait Kuhn[259]. Au-delà des approches qui se concentrent sur la structure logique du raisonnement et de la démonstration, on prend conscience des valeurs, des normes et des institutions qui régissent l'activité scientifique. Bien plus, depuis les années 70, des chercheurs comme Bloor[260], Collins[261], Callon et Latour[262] ont remis en cause la pertinence de maintenir une partition entre les

---

[255] J. M. Lévy-Leblond, *L'esprit de sel,* op. cit. p. 226.
[256] J. M. Lévy-Leblond, op. cit. p. 220.
[257] P. Bourdieu *Questions de sociologie*, Paris, Éd. De Minuit, 1984, p. 21.
[258] R. K. Merton, *The sociology of science, Chicago*, The University of Chicago Press, 1973.
[259] T. S. Kuhn, *La Structure des révolutions scientifiques*, Paris, Flammarion, 1983.
[260] D. Bloor, *Sociologie de la logique ou les limites de l'épistémologie*, Paris, Pandore, 1982.
[261] H. L. Collins, « Les sept sexes : étude sociologique de la détection des ondes gravitationnelles », in M. Callon et B. Latour, *La science telle qu'elle se fait*, Paris, La Découverte, 1991, pp. 262-296.
[262] B. Latour, *La science en action*, Paris, La Découverte, 1989.

approches internalistes et externalistes dans l'étude du savoir scientifique. En rupture avec l'épistémologie dominante, il s'agit de retrouver l'épaisseur historique et sociale des faits scientifiques en redécouvrant que ces faits, comme toute autre pratique humaine, ont une historicité propre.

Comme le souligne Bruno Latour, « La science ne se produit pas de façon plus scientifique que la technique de manière technique, que l'organisation de manière organisée ou l'économie de manière économique ». Selon la formulation de Michel Serres, « l'histoire des sciences court et fluctue sur un réseau multiple et complexe de chemins qui se chevauchent et s'entrecroisent en des nœuds, sommets ou carrefours, échangeurs où bifurquent deux ou plusieurs voies »[263]. Pour appréhender le savoir scientifique, il faut donc le saisir comme un mode de circulation et un processus de construction[264]. Dans cet objectif d'analyse sociale de la science qui impose une véritable révolution paradigmatique, pour reprendre l'expression de Kuhn, le retour à l'acteur est incontournable. Tel est le sens de la démarche qui redonne toute son importance au statut réel du producteur des connaissances. Comme objet d'étude, la science s'insère dans des réseaux d'associations d'êtres humains accédant au statut d'acteurs dont les énoncés se doivent d'être « historicisés »[265]. Elle apparaît comme un projet social d'acquisition de connaissances par un groupe de personnes qui mettent en commun leurs efforts dans le but de rendre compte du fonctionnement du monde tant naturel qu'humain et social.

Dans cette perspective, il s'agit de laisser la science toute faite pour aller vers la science en train de se faire. A partir des expériences d'immersion, à la manière des anthropologues qui se familiarisent avec les cultures exotiques pour mieux les comprendre de l'intérieur, des travaux de terrain permettent aujourd'hui de découvrir « la vie de laboratoire » où travaillent les scientifiques dans les conditions qui obligent à rompre avec un certain nombre de mythes de la science et de ses méthodes[266]. Sans revenir sur les tâtonnements, les hésitations et les incertitudes qui marquent « les pratiques scientifiques trop souvent décrites en invoquant des termes comme hypothèse, preuve et déduction »[267], ce qui frappe d'abord le sociologue de la banalité, c'est l'intérêt porté « aux échanges entre chercheurs, aux gestes de leur vie quotidienne ».

---

[263] M. Serres, *Éléments d'histoire des sciences*, Paris, Bordas, 1989.
[264] H. H. Collins, « The Sociology of scientific knowledge : Studies of contemporary science », *Annual Review of Sociology*, 9, 1983, pp. 265-285 ; Shapin, S, « History of science and its sociological reconstruction », *History of Science*, 20, 1982, pp. 157-211.
[265] M. Callon (dir), *La science et ses réseaux. Genèse et circulation des faits scientifiques*, Paris, La Découverte, 1989.
[266] Pour ce sujet, lire B. Latour, S. Woolgar, *La vie de laboratoire. La production des faits scientifiques*, Paris, La Découverte, 1996.
[267] B. Latour et S. Woolgar, op. cit. p. 149.

Plus précisément, rapportent Latour et Woolgar, « notre examen des activités quotidiennes du laboratoire nous a conduit à nous intéresser à la façon dont les gestes les plus insignifiants- en apparence- contribuent à la production sociale des faits ». En d'autres termes, pour comprendre la science en train de se faire, il faut ici, comme ailleurs, redonner sa valeur à la banalité. Dans ce sens, parmi les principaux éléments de la construction de l'activité scientifique, Latour et Woolgar accordent l'importance à ce qu'ils nomment le concept de circonstances : « Les circonstances (ce qui se trouve autour) ont généralement été considérées comme sans rapport avec la pratique de la science. Notre argument peut se résumer en une tentative pour montrer qu'elles lui sont liées (…). Nous allons jusqu'à affirmer que la science est entièrement le produit des circonstances ; qui plus est, c'est précisément par des pratiques spécifiques et localisées que la science paraît échapper à toutes les circonstances. Le chapitre 2 est une analyse des circonstances qui rendent possible l'existence d'objets stables en neuroendocrinologie (…). Nous avons également montré au chapitre 4 que les conversations de tous les jours font intervenir des circonstances locales ou idiosyncrasiques[268]. Au chapitre 5, enfin, nous utilisons la notion de position pour rendre compte du caractère circonstanciel des carrières ». L'intérêt de ce concept que la tradition philosophique tend à éliminer depuis Platon afin d'établir l'existence d'une « idée »[269], c'est d'abord, en un sens, de redonner sa place à l'insignifiance dans l'exercice de l'intelligence du réel. Pour repenser la science, il faut s'affranchir de l'héritage qui a évacué le concept de circonstance alors qu'il joue un rôle essentiel dans le développement de l'économie où tout moment est un enjeu pour les affaires. Reconstruire la science à partir de ce concept, qui est lié à celui de position ou du « juste moment », du « bon test », c'est aussi « replacer l'historicité dans la science »[270]. Cette dimension me paraît importante pour repenser la science.

En effet, elle rend compte de l'imprévisibilité dans la vie scientifique. En science, comme le dit Einstein, « il n'y a pas de voie logique qui mène à la découverte » des lois. Ici, le chercheur est entièrement pris par le jeu des possibles, plongé dans un état d'esprit où il doit rester à l'affût de l'inédit qui peut surgir dans n'importe quelle circonstance. Ainsi, « la notion de création de faits à partir des circonstances »[271] invite à observer le laboratoire comme le lieu où, au quotidien, le chercheur met à l'épreuve ses capacités de bricolage. En dépit du niveau de précision et de technicité des équipements matériels qui contribuent au progrès de la science, celle-ci relève d'un art où l'on doit compter avec les circonstances qui, à tout moment, constituent un défi à l'imagination

---

[268] B. Latour et al., op. cit. p. 255.
[269] Voir Platon, *Apologie de Socrate*.
[270] B. Latour et al. op. cit. p. 256.
[271] B. Latour et al. Op. cit. p. 275

scientifique. L'histoire des sciences met en évidence une série de circonstances et des événements fortuits qui ont conduit à telle ou telle découverte. En fait, « si la vie elle-même résulte du bricolage et du hasard, il devient superflu de penser que nous avons besoin de principes plus complexes pour rendre compte de la science. L'« événementialisation » de la science que pratiquent les historiens atteint le cœur de la construction des faits »[272].

Notons aussi les enjeux sociaux liés à la création d'un laboratoire où des processus de construction des savoirs sont à l'œuvre. En plus de son prestige qui dépend souvent de sa localisation dans une ville métropolitaine ou une région provinciale et de la réputation de son patron dans un système international de recherche où le Prix Nobel est un critère de référence, « un laboratoire est d'autant mieux doté qu'il est relié par davantage d'intérêts, à un contexte social et économique d'autant plus grand »[273]. Ce lieu de travail est loin d'être neutre. Il constitue un nœud de relations à partir de la science qui est dans la société où elle se fait. A cet égard, le choix des programmes de recherche et la capacité de :

● mobiliser les ressources de financement,

● créer et de fédérer des équipes de travail et des réseaux d'alliance qui constituent un noyau dur du dispositif de recherche,

● gérer les rapports entre les techniciens et des scientifiques,

● procéder à la « mise en scène » des résultats de la recherche à travers les médias dans le cadre des relations publiques en vue de faire découvrir la pertinence,

● maximiser le capital de crédibilité des connaissances nouvelles compte tenu de leur « attachement » et de leurs implications[274],

place inévitablement l'activité scientifique au centre des rapports de force. Dans ce sens, les chercheurs, « ce sont des stratèges, qui choisissent le moment opportun, s'engagent dans des collaborations riches de retombées, évaluent et saisissent des opportunités, et se précipitent dans une information fiable (…). Meilleures sont les qualités de politiciens et de stratèges, meilleure est la science qu'ils produisent »[275]. Comme le remarque encore Bruno Latour, « plus on est dans une activité scientifique et plus on est préoccupé par les problèmes

---

[272] B. Latour et al. op. cit. p. 272.
[273] B. Latour, *Le métier de chercheur*, op. cit. p. 19.
[274] Au sujet de la capacité des scientifiques d'investir de la crédibilité qu'ils ont accumulée grâce aux résultats de leurs recherche, afin d'obtenir davantage des crédits ou des équipements, voir la notion de cycle de crédibilité dont parlent Latour et Woolgar, op. cit.
[275] B. Latour et S. Woolgar, op. cit. p. 226.

de stratégie »[276]. Ces problèmes s'imposent dans un domaine où le consensus autour des énoncés scientifiques n'est pas établi d'avance. Précisément, de nombreuses études de terrain mettent en scène les acteurs qui, à partir des doutes, des controverses et des conflits d'interprétation, participent à l'élaboration des connaissances qui, une fois acceptées, font oublier les conditions de leur production laborieuse[277] Si l'on tient compte des espoirs qui, en tout genre, naissent avec chaque nouvelle découverte, on mesure les enjeux considérables qui, à travers les débats et les controverses, exposent au grand jour la partie souvent cachée du travail scientifique. On pense d'emblée à la prise des brevets et à la « fête scientifique » célébrée lors des conférences de presse qui font partie de la science dans un système social où la reconnaissance est une préoccupation majeure. Mais ce qu'il faut remarquer, c'est la crise de l'image d'Épinal que nous avons de la science elle-même. A l'évidence, cette image doit être révisée en tenant compte de la manière dont la science se fait. En science, on le sait depuis Bachelard, si les données existent, rien n'est tout fait. Au regard des anthropologues et les sociologues qui étudient la science en action, ce qu'on apprend aujourd'hui, comme le remarque justement Michaël Singleton, c'est qu'« on ne construit pas le réel à côté des rapports de force »[278]. L'un des apports essentiels de la recherche dans ce domaine de la culture, c'est la notion de négociation. « Dire que les connaissances sont négociées, c'est constater d'abord que leur production donne lieu à des discussions entre des acteurs (chercheurs ou autres) qui développent des points de vue différents et difficilement conciliables. C'est aussi soutenir que la solution, si solution il y a, ne peut sortir que de la discussion et qu'il n'existe aucune autre façon de clore le débat que de laisser les acteurs disputer entre eux. C'est enfin, et surtout, mettre au premier plan les deux notions de transformation et de compromis (...). Les connaissances sont négociées dans l'exacte mesure où elles résultent de compromis passés entre des groupes eux-mêmes en voie de modification qui s'efforcent de s'entendre tout en éprouvant la solidité relative de leurs arguments »[279].

Dans cette dynamique de la science en acte, il faut donc restituer l'espace du savoir dans un « champ agonistique » en sachant que les meilleurs peuvent se tromper. « Si les faits sont construits par des opérations conçues pour se passer des modalités attachées à un énoncé particulier », un constat est nécessaire : « la solidité de l'argument est toujours le point nodal de la controverse. Mais le

---

[276] B. Latour, *Le métier de chercheur*, op. cit.
[277] Sur ce sujet, lire les études de sociologie des connaissances scientifiques publiées par M. Callon et B. Latour, *La science telle qu'elle se fait*, op. cit.
[278] M. Singleton, *Amateurs de chiens à Dakar. Plaidoyer pour un interprétariat anthropologique*, Paris, L'Harmattan, 1998, p.
[279] M. Callon et B. Latour, op. cit, p. 30.

caractère construit de cette solidité signifie que l'agonistique joue nécessairement un rôle pour déterminer celui des arguments qui a la plus grande force de conviction »[280]. On voit l'importance de l'art de la négociation sur les contenus de connaissance dans les laboratoires ou les congrès internationaux où les chercheurs confrontent leurs résultats à ceux de leurs confrères. Cette confrontation permanente entre chercheurs est un garde-fou contre les emballements d'un instant. Elle montre aussi comment la science en train de se faire et en pleine controverse oblige à sortir du confort intellectuel où nous enferment les historiens qui arrivent toujours un peu tard après que les faits soient faits. A cet égard, le non-dit des discours sur la science établie, c'est que le travail scientifique n'est pas d'une pure réalité, une activité « détachée ». Comme je l'ai noté, on négocie toujours sa rationalité avec les autres et avec les choses. Non seulement les sciences ne tombent pas du ciel, mais elles sont, à leur manière, « une affaire de société ». Elles relèvent des processus de négociations qui amènent la communauté scientifique à accepter telle ou telle théorie. On voit dans quel sens la science est « un enjeu » comme le dit Isabelle Stengers dans le texte cité au début de cette étude. La science ne peut être définie, de droit, mais à partir d'un état de ou, mieux, d'un rapport de forces « où les scientifiques eux-mêmes réfléchissent, argumentent, définissent activement ce qu'est la science afin de faire accepter une proposition comme « scientifique » ou au contraire afin de lui refuser cette reconnaissance. Nous avons donc affaire à un champ mouvant, instable, travaillé par les acteurs qu'il est censé définir, sans cesse redéfini par les opérations qui s'y tentent, réussissent ou échouent. En ce sens, le concept science est directement partie prenante de l'activité subjective qui s'élabore. Il a pour première définition de ne point laisser d'impliquer et d'imposer une prise de position »[281].

Les analyses qui posent le problème central de la science à travers la problématique sociologique s'accordent sur ce fait : *la rationalité scientifique est une construction sociale*[282]. Aussi, parler de sciences, c'est insister sur le fait qu'elles sont liées à la complexité des historicités humaines dans un contexte où, en définitive, nous ne sortons jamais du langage quotidien[283]. Dès lors, à travers

---

[280] B. Latour et S. Woolgar, op. cit. pp. 251-253.
[281] I. Stenger, *D'une science à l'autre. Des concepts nomades*, op. cit. pp. 10-11.
[282] Consulter M. Callon et B. Latour, op. cit ; B. Latour et S. Woolgar, op. cit. B. *Latour, La science en action : introduction à la sociologie des sciences*, Paris, Gallimard, 1995 ; B. Matalon, *La construction de la science*, op. cit. ; G. Fourez, *La construction des sciences*, Bruxelles, De Boeck, 1988 ; A. Kremer-Marietti (dir), *Sociologie de la science*, Liège, Pierre Mardaga, 1998. H. Collings, T. Pinch, *Tout ce que v vous devriez savoir sur la science*, Paris, Seuil, 1994 ; J. P. Courtial (dir), *Science cognitive et sociologie des sciences*, Paris, PUF, 1994 ; lire aussi les Dossiers : « Nouveaux regards sur la science », op. cit. et « La Dynamique des savoirs », *Sciences Humaines, Hors-Série*, no 24, mars-avril 1999.
[283] Voir G. Fourez, op. cit.

ce qui se vit au laboratoire ou ce qui est en jeu dans les controverses scientifiques, *il faut bien reconnaître l'entrelacement du cognitif et du social dans les processus de production des faits scientifiques.* On le voit bien quand on observe la science qui se fait. On y retrouve toujours les processus complexes qui la lient à la société. Bruno Latour écrit : « Dans la science faite, la liaison avec le monde social, au sens large du terme, -les passions, les intérêts, les groupes sociaux- est très difficile à établir (...). Dès que vous quittez le champ de la science faite pour vous rapprocher du front de la recherche (...), les faits se trouvent au contraire pris dans un réseau de relations multiples qui les arriment étroitement au monde social au sens large ». En effet, « l'émergence d'un fait résulte d'un processus social de construction qui se déroule à l'intérieur de la communauté scientifique (...). Quoi que vous disiez, votre énoncé ne prendra le statut d'énoncé ; scientifique que si vos chers collègues le validant en le reprenant. Tant que cette validation n'a pas eu lieu, le statut de votre énoncé reste comme suspendu dans l'antichambre de la science, entre la fiction et la reconnaissance. Vous êtes de ce point de vue complètement dans la main du collectif ». Ainsi, nous sommes « aux antipodes du mythe du savant qui s'arrache au monde social et politique pour entrer en contact avec le monde objectif. Nous voyons apparaître (...) une autre faiblesse de ce modèle mythique : son incapacité à rendre compte de la façon dont les objets sont étudiés, reconstruits par les scientifiques reviennent dans le monde social, question évidemment centrale pour qui s'intéresse au sens et à la fonction de l'activité scientifique dans la société, à l'impact de la science sur le social et le politique. La création met en jeu des rapports sociaux, des relations, des situations de conflit ou de controverse entre les gens (...). On ne peut donc pas soutenir la fiction absurde de l'existence séparée d'un monde social et d'un monde scientifique : on a affaire à un collectif qui se modifie sans cesse, au sein duquel les scientifiques, même s'ils jouent un rôle particulier, ne sont pas absolument isolés ». Pour tout dire, « l'activité scientifique n'existe et n'a de sens que dans ces collectifs hétérogènes que nous constituons, à l'opposé du mythe selon lequel il y aurait la science d'un côté, la société et la politique de l'autre : nous n'avons jamais été modernes ». Cette situation oblige à redéfinir les tâches de la rationalité dont les dynamiques risquent d'être étouffées par le poids des modèles mythiques véhiculés par la science établie.

Pour une autre science

En rappelant que la sociologie du savoir scientifique n'est pas limitée à l'étude des seules conditions extrinsèques du phénomène comme le milieu socio-culturel des savants ou les filières de financement de la recherche, j'ai tenté de dégager les convergences des études qui démontrent le caractère foncièrement relatif et construit des faits dits scientifiques. Ces études s'attaquent à la prétendue innocence de la science elle-même. À l'évidence, comme je l'ai déjà souligné, cette relativisation énerve les scientifiques qui tentent de soustraire leur activité du champ de l'analyse des sociologues. Or, le réenchâssement des sciences dans la société n'est pas synonyme du « relativisme désenchanté » qui remet en cause la pertinence des résultats des travaux de recherche. Comme le rappelle Lévy-Leblond, « la soumission de la science, dans son organisation comme dans sa méthodologie, aux exigences et aux contingences sociales ne disqualifie pas pour autant la validité de ses résultats »[284]. *Il s'agit d'une mise en perspective et en contexte qui conduit à une approche démystifiante et salutaire.* Dire avec des penseurs comme Bloor que les sciences sont conditionnées historiquement, c'est dénier la prétention à séparer ce qui serait « purement » et objectivement scientifique » de ce qui fait partie intégrante des rapports que les humains ont entre eux en tant qu'ils doivent être considérés comme des acteurs sociaux intervenant dans les processus de négociation à travers lesquels se décide la « scientificité » des contenus de connaissance. Au lieu de percevoir ces contenus comme des éléments exogènes à la société, il faut les inscrire dans les procédures et les stratégies des acteurs sociaux. Comme l'écrit Georges Fourez, « le caractère relatif de l'objectivité des sciences n'enlève rien à son efficacité »[285]. Ce qu'on veut dire, c'est que la rationalité scientifique réside dans le relatif et le quotidien de l'histoire humaine. En examinant les conditions d'élaboration des sciences en action, la vraie question qui se pose est celle-ci : au moment où les scientifiques tendent à devenir les employés de ceux qui les financent, la raison ne risque-t-elle pas de n'être plus que l'ombre d'elle-même dans la mesure où elle est soumise à la tutelle des marchands ? Il faut bien le constater : si, comme l'annonçait Auguste Comte, les savants et les industriels sont les grands prêtres des sociétés modernes, les mythes de la science qui agissent en profondeur à travers l'extension et la spécialisation indéfinies des champs du savoir où « le rationalisme appliqué » est à l'œuvre, ne visent-ils pas à justifier le type d'organisation sociale qui tend à capturer le développement de la recherche scientifique afin de le soumettre aux lois de la jungle du marché mondialisé ? Le problème des rapports entre science et société oblige à redécouvrir les enjeux de l'articulation entre le rationnel et le réel dans un contexte où les ruses de l'économie dominante se dissimulent à travers les masques de l'objectivité scientifique. On le voit bien dans les pays où la physique et la chimie, la biologie et la génétique témoignent que le rapport de l'homme à la nature s'inscrit plus que jamais dans un rapport de forces. Dans la mesure où la science n'est pas isolée de la société et que les chercheurs ne sont guère enfermés dans

---

[284] J. M. Lévy-Leblond, *L'esprit de sel*, op. cit. p. 222.
[285] G. Fourez, op. cit. p. 143.

la cité idéale où ils ne travailleraient que dans le seul souci du progrès des connaissances, il faut s'interroger sur les conditions sociales qui influencent et contrôlent la production des savoirs. Bref, une question s'impose à la réflexion : *la science pour qui et pour quoi faire* ? Si l'on considère les enjeux socio-culturels de la science dans les mutations des sociétés modernes[286], cette question doit retenir l'attention dans un tournant de l'histoire où, en dépit des apparences, l'esprit critique tend à disparaître chez les professionnels de la science. Ortega y Gasset a décrit l'homme de science comme l'homme-masse typique de notre siècle[287]. Tel est le scandale de l'intelligence contemporaine.

Alors que la science ne peut éviter de se mettre en cause en se posant des questions radicales non seulement sur ses méthodes mais aussi sur la finalité de ses résultats, elle tend à s'abstenir de tout débat qui l'obligerait à se redéfinir et à repenser ses tâches au service de l'ensemble de la société. Comme le remarque François Lurçat, « La culture occidentale marginalise ses représentants les plus lucides ; elle refuse d'entendre ceux qui lui rappellent les conditions de sa survie »[288]. Le débat sur la science est devenu incontournable. Ce débat met des millions de vies humaines en jeu. Face aux désillusions du progrès et aux drames de notre temps, il n'est plus possible d'entonner l'hymne de la Science comme Renan pouvait le faire au XIXe siècle. Il nous faut retrouver une « nouvelle naïveté » dans un contexte où, à partir l'a priori galiléen et de l'objectivisme omniprésent la science moderne qui met l'humanité de l'homme hors jeu dans le processus de la c connaissance scientifique, s'opère une véritable crise de la vie et de la culture. Devant ces phénomènes d'autodestruction, Michel Henry écrit justement : « nous entrons dans la barbarie (...) Si la connaissance de plus en plus compréhensive de l'univers est incontestablement un bien, pourquoi va-t-elle de pair avec l'effondrement de toutes les autres valeurs, effondrement si grave qu'elle met en cause notre existence même. Car, c'est la vie même qui est atteinte, ce sont toutes les valeurs qui chancellent, non seulement l'esthétique mais aussi l'éthique, le sacré - et avec eux la possibilité de vivre chaque jour »[289]. Cet effondrement invite à choisir entre la vie et le suicide. En fait, « plus notre époque ignore les acquis de la science, plus elle écoute avec complaisance le discours idéologique de la science. Complaisance signifie le consentement à la mort : accepter sans protestation que soient niées l'humanité et la liberté, c'est s'abandonner aux

---

[286] Sur ce sujet, lire J. Ladrière, *Les enjeux de la rationalité. Le défi de la science et de la technique aux cultures*, Montréal, Liber, 2002 et « Sciences, Science et discours rationnel », in *Encyclopaedia Universalis*, vol. 14, Paris, 1968.
[287] J. Ortega y Gasset, *La Révolte des masses*, Paris, coll. Idées, Gallimard, 1961.
[288] F. Lurçat, *La science suicidaire. Athènes sans Jérusalem*, Paris, François-Xavier de Guibert, 1999, p. 280.
[289] M. Henry, *La barbarie*, op. cit. pp. 7-9.

déterminismes qui nous enserrent et commencent à nous broyer (...). Pour se ressaisir la culture occidentale devra retrouver tout ce qui, dans son histoire et dans ses sources, exalte et favorise le courage et la vie »[290]. En revenant à l'origine de la crise des sciences modernes Occident, il faut donc repenser le savoir au-delà de la rupture entre le monde de la vie et le monde de la science. Dans cette perspective, selon Michel Henry, il s'agit de « réinsérer le savoir dans le champ de la vie ». Ce qui est ici en jeu, c'est, *l'a priori* qui, depuis Galilée, constitue le socle et le pilier de la science et de la modernité elle-même. Car, « la décision galiléenne d'exclure la subjectivité de son thème de recherche n'est pas seulement d'ordre intellectuel : en elle, c'est la vie qui se tourne contre elle-même. Derrière la modification du savoir, comme sa cause ou son effet, se produit l'émergence des grands phénomènes de l'autodestruction, celle de la vie qui est identiquement celle de la culture »[291]. En Afrique où l'appel à la science se fait sentir comme on le verra plus loin, il nous faut prendre en compte les limites de la pensée géométrisante qui est à l'œuvre dans la rationalité scientifique dont l'expansion est liée à des logiques de destruction et de mort. Si l'on ne peut réfléchir sur le monde sans réfléchir sur soi-même, il importe de définir le type de science qu'il s'agit de promouvoir et de développer dans les sociétés africaines en sachant que la présence de l'être humain au milieu de l'univers est un défi à l'investigation. À cet égard, il n'est pas évident que la science de l'Occident soit un modèle à suivre. On le sait depuis Husserl : cette science est en crise. Or, la crise des sciences occidentales s'est aggravée dans le monde de ce temps : Michel Henry écrit : « voici devant nous ce qu'on a jamais vu : l'explosion scientifique et la ruine de l'homme. Voici la nouvelle barbarie dont il n'est pas sûr cette fois qu'elle puisse être surmontée »[292]. Notons aussi les aspects totalitaires de la société qui se construit sur la base de la rationalité pragmatique et utilitaire. Cette rationalité impose des normes de contrôle dans lesquels s'enferme l'homme unidimensionnel[293]. On saisit la gravité des défis qui s'ouvrent à l'horizon sur l'impact des rapports entre science et société.

Si l'examen de l'acte de produire des connaissances s'impose à la réflexion en Afrique, c'est parce que nous sommes confrontés à la science dominante dont nous ne devrions, en aucun cas, reproduire les déséquilibres ou les ruines dans les sociétés africaines où les nouvelles générations veulent refonder l'espoir. Il nous faut tirer les leçons de l'histoire de la crise actuelle des sciences afin de saisir l'enjeu des questions radicales que pose la participation du continent noir à ce qu'il est convenu d'appeler « la société du savoir ». Pour situer le débat sur ce sujet au niveau radical qui est proprement épistémologique, notons la

---

[290] F. Lurçat, op. cit. p. 281.
[291] M. Henry, op. cit. p. 5.
[292] M. Henry, op. cit. p. 10.
[293] H. Marcuse, op. cit.

distinction devenue courante entre les « sciences dures » et les « sciences molles ». Plus qu'une distinction, il s'agit, en fait, d'une opposition qui s'ouvre, comme le mot le suggère, sur un véritable conflit de modèles et de méthodes, de statuts et de valeurs. En un sens, on retrouve ici l'opposition entre les Sciences et les Lettres. Il faut revenir à la fascination et à l'autorité dont les savants sont l'objet. Ces attitudes s'enracinent dans l'organisation du système d'enseignement à tous les niveaux. De fait, « les disciplines littéraires sont frappés de suspicion et l'on s'efforce de canaliser les gros effectifs vers les cours d'étude où prédominent les mathématiques, la physique et l'acquisition des compétences techniques (…). La science exerce à travers le monde une sorte de magistrature »[294]. Dès lors, à partir de l'idée selon laquelle les sciences en laboratoire sont les sciences par excellence, il faut chercher à « durcir » les sciences de l'homme et de la société afin qu'elles accèdent à ce niveau de scientificité qui justifie le respect accordé aux énoncés scientifiques. En d'autres termes, dans la mesure même où les sciences exactes représentent un savoir plus rationnel et plus objectif que n'importe quel autre type de connaissance, pour devenir des sciences dignes de ce nom, les sciences molles doivent imiter les sciences dures[295]. Dans ce but, en cherchant à vaincre la résistance des « sujets » aux processus d'objectivation, le chercheur en sciences humaines et sociales doit importer dans son domaine d'étude l'indifférence et la maîtrise des choses inertes. Bref, il faut amener les acteurs humains à se figer dans la posture passive d'une chose.

A l'évidence, le vieux débat sur la scientificité des sciences humaines n'est pas clos[296] : « les sciences humaines sont-elles des sciences » ? S'interroge un numéro de la revue *Sciences Humaines*[297]. On voit resurgir la querelle des méthodes qui semblait oubliée depuis les années 60. En fait, le débat éclate avec l'émergence des sciences humaines. En effet, le conflit actuel entre les sciences dures et les sciences molles renouvelle les questionnements fondateurs et les discussions ouvertes par la crise de la rationalité au moment où l'on prend conscience de la nécessité d'élargir les territoires du savoir à la fin du XVIIIe siècle. On se souvient de la méthode que Durkheim impose à la sociologie :

---

[294] G. Gusdorf, *De l'histoire des sciences à l'histoire de la pensée*, op. cit. p. 9.

[295] Sur ce sujet, lire I. Stengers, *Cosmopolitiques*, Paris, La Découverte, 1996.

[296] Sur ce débat déjà ancien, lire C. Lévi-Strauss, « Critères scientifiques dans les sciences humaines », *Revue internationales des sciences sociales*, vol. XV, 1964, no 4, pp. 579-597 ; G. Glorello, «. Le système des savoirs », *Encyclopaedia Universalis*, t. II ; « Le statut épistémologique des sciences humaines », *Études philosophiques*, no 2, 1978 ; lire notamment J. Ladrière, « Les sciences humaines et le problème de la scientificité », dans *Études philosophiques*, op. cit.

[297] *Cf. Sciences Humaines*, no 80, février 1993. Sur ce débat, lire aussi G. Gusdorf, « Sciences humaines », *Encyclopaedia Universalis*, vol. 14, Paris, 1968 ; du même auteur : *Les Sciences de l'homme sont des sciences humaines*, Paris, Les Belles Lettres, 1967

« traiter les faits sociaux comme des choses ». Ce qui a changé, c'est le contexte dans lequel le débat resurgit. Au sein du système social où, comme je l'ai indiqué, la recherche scientifique se développe dans un climat de lutte et de concurrence, à l'image de l'ensemble des activités liées au modèle d'une économie de marché, il n'est plus nécessaire de revenir sur les liens entre la vie en laboratoire et les firmes industrielles. On ne peut non plus oublier le rôle de l'armée dont l'emprise s'étend dans les temples du savoir comme on le voit aux États-Unis et en Europe. Dans ce contexte, on assiste à la soumission des sciences à l'esprit du temps. En examinant le choix des programmes et des objectifs de recherche, on constate d'abord la tendance à s'inscrire dans les logiques de marché. Les objets d'étude dignes d'intérêt portent sur les secteurs de pointe qui rapportent. Sur cette base, on évalue ensuite tout rapport à la connaissance. Or les sciences dures obéissent à un modèle qui soumet la recherche scientifique à la tutelle et au contrôle des complexes militaro-industriels[298]. Leur crédibilité repose sur leur efficacité compte tenu de l'impact économique ou militaire de leurs résultats. Plus radicalement, la demande sociale adressée aux sciences ne cesse de se déplacer. En effet, on renonce de plus en plus à la compréhension. En revanche, on exige de plus en plus l'efficacité. Dans cette perspective, le besoin d'agir passe avant le désir de savoir. Dans le système de la recherche qui domine en Occident, comme l'écrit justement M. R. Sauvé, « l'utilitaire l'emporte de plus en plus sur l'avancement des connaissances »[299]. Ainsi, *il faut chercher pour produire et vendre*. Dès lors, seuls s'imposent les savoirs qui intéressent le marché. En d'autres termes, il ne suffit plus de transformer le monde. Parce que les méthodes des sciences exactes réussissent dans les champs d'application investis par les groupes d'intérêts, on tend à faire croire que la scientificité dépend de la capacité de la recherche à « se donner des sujets récalcitrants, capables de refuser les exigences du chercheur et de lui imposer de nouvelles obligations ». Bref, les sciences dures sont le domaine privilégié où la maîtrise des objets donne de bons résultats. Pour révolutionner les sciences humaines et sociales, il faut donc les soumettre à des procédures de rigueur[300].

Ainsi, leur valeur se mesure à leur aptitude à s'adapter à la procédure expérimentale des objets des sciences exactes. L'acharnement qui consiste à pousser les sciences molles à se redéfinir à partir de la « récalcitrance » de l'objet des sciences dures vient, en définitive, de ce qu'on imagine que toute

---

[298] Pour une étude de la question, lire J. M. Lévy-Leblond/ A. Jaubert. (*Auto*) *critique de la science*, Paris, Seuil, 1975, pp. 131-159 ; M. Blanc, op. cit. pp. 83-89.
[299] M. R. Sauvé, « L'utilitaire l'emporte de plus en plus sur l'avancement des connaissances », *Forum*, 3 avril 1995.
[300] Voir la recension du livre de Stengers par B. Latour, « Comment les sciences humaines peuvent-elles devenir enfin « dures » ? *Recherche*, no 31, septembre 1997. p. 88

démarche qui se veut scientifique, doit déboucher sur une production des connaissances utiles et efficaces. Cette vision est justifiée par le fait que beaucoup de technologies sont des applications de ce qu'on a réussi en laboratoire[301]. C'est sur cette croyance que s'écrit l'histoire générale des sciences. Cette histoire écarte d'emblée les sciences de l'homme et de la société. On retrouve cette exclusion dans la représentation que le public se fait de la science et des scientifiques, notamment à travers les livres de vulgarisation et les médias. Dans un ouvrage consacré à *L'année de la science*, Roger Cartini écrit : « J'ai d'abord limité le domaine de mes investigations, en me cantonnant sur la conquête des sciences dites dures (...). Cet annuaire ne concerne, en principe, que les sciences fondamentales, à savoir : l'astronomie, la physique - chimie, la biologie, les géosciences et les mathématiques (...). Enfin la médecine, qui est tellement liée à la biologie, a droit de cité dans cet ouvrage »[302]. Cette réduction du champ des savoirs est un phénomène courant. Il n'est pas évident que les journaux et la télévision traitent de la même manière les résultats de recherche en sciences humaines et en sciences de la nature. Comme William Evans l'a remarqué en comparant la couverture des sciences humaines et celle des sciences exactes dans le *New York Times*, le *Los Angeles Times* et les journaux (*ABC World News Tonight*, *CBS Evening News* et *NBC Nighty News*), « les journalistes comme le grand public accordent rarement aux spécialistes des sciences humaines le statut de scientifiques. Ils considèrent souvent que les sciences humaines sont moins utiles et moins valides que les sciences de la nature, et vont même parfois jusqu'à ravaler l'expertise en sciences humaines au rang de simple bon sens »[303]. Si les médias sont le miroir d'une société, ils construisent une hiérarchie de la valeur scientifique où les sciences humaines et sociales sont données comme inférieures aux sciences de la nature. D'où leur faible visibilité dans l'opinion publique. *L'image du savant demeure celle du chercheur en blouse blanche dans un laboratoire*[304]. Il s'agit d'un métier d'initiés, inaccessible au profane. Comme on peut le vérifier dans de nombreux journaux, l'astronomie, la physique, la chimie, la biologie et la médecine figurent souvent seules sur les pages d'information consacrées à la *Science*. À la limite, en qualifiant les spécialistes de la physique, de la biologie

---

[301] Voir B. Latour, « Give-Me a Laboratory and I Will Raise the World », in K. Knorr et M. Mulkay, (éd), *Science observed, New Perspectives in the Sociology of Science*, London, Sage, 1982.

[302] R. Cartini, *L'Année de la science*, Paris, Robert Laffont, 1990, p. XI.

[303] John R. Durant, Geoffroy A. Evans et Geoffroy P. Thomas, « The Public Understanding of Science », *Nature* 340 (6 juillet 1989), p. 11-14 ; lire aussi Hailu Yirga, Rick Seltzer et William Ellis, « Comparing Scientific Attitudes of Nature and Social Scientists », *Sociology and Social Research* 71 (avril 1987), pp. 249-252.

[304] Cf. « L'image du scientifique de 1888 à 1938 », in *Pour la recherche scientifique*, no 132, oct. 1988, pp. 26-27.

ou de la médecine de « scientifiques » et de « chercheurs », les journalistes leur accordent un statut particulier. Ils imaginent que dans le domaine de la production des connaissances, c'est en sciences exactes que les résultats de la recherche portent sur des *faits*[305]. En fin de compte, quand il s'agit de découvertes et de revues dites savantes, c'est à ces sciences que l'on pense[306].

Par delà les oppositions stériles entre « sciences dures et sciences humaines », il faut dévoiler les logiques cachées par la pauvreté des débats qui masquent les véritables enjeux idéologiques de la production des connaissances à l'ère du marché. Dès lors que l'on explicite les termes d'un « débat invisible », on revient au primat de la raison pragmatique et utilitaire jusque dans les trajectoires du quotidien. En fait, les statuts et les cultes, les prix et les crédits de recherche sont voués davantage aux scientifiques dont les compétences investissent les objets en laboratoire plutôt qu'aux chercheurs dont les travaux portent sur « les sujets » qui ne posent pas de questions à leurs observateurs et enquêteurs. Ces privilèges mettent en évidence l'autorité cognitive reconnue aux sciences de laboratoire. Selon la croyance établie, ces sciences sont les vraies sciences. Elles seules sont véritablement incorporées dans la vie des affaires. Elles contribuent à des avancées techniques réelles. Pour ces raisons, elles méritent tous les honneurs et tous les soins. Pour les groupes d'intérêts, elles ont un statut qui justifie les alliances stratégiques à établir entre « l'argent et le savoir ». L'opposition entre « sciences dures » et « sciences molles » renvoie à une hiérarchie des vérités qui repose sur le principe de l'inégalité de statuts entre les sciences de la nature et les sciences sociales dans l'ère du vide où les milieux universitaires sont submergés par la vague du postmodernisme qui déferle depuis les États-Unis. Devant cette situation, on doit noter la fragilité des bases du système discriminatoire du partage des savoirs. Comme le souligne Edgar Morin, « un scientifique des sciences exactes, comme individu, n'est pas plus intelligent ni plus rigoureux qu'un chercheur en sciences sociales. Ce dernier peut avoir éventuellement l'avantage d'une appréhension plus complexe de la réalité sociale que Nimbus ou Cosinus »[307]. La prétention des sciences de laboratoire à devenir les vraies sciences est un préjugé de l'héritage positiviste qui ne peut servir de critères d'évaluation des pratiques scientifiques dans le domaine humain et social. A la limite, si aucun chercheur ne vit dans un désert philosophique[308] et que les décisions concernant la structure de la recherche, la classification des disciplines et les choix de celles dont le développement est une priorité sont inséparables des choix de valeurs et de société, il faut bien

---

[305] B. Latour, *La Science en action*, Paris, La Découverte, 1987.
[306] Dans ce sens, lire P. Borton (éd), *Encyclopédie des sciences,* Bath, 2000.
[307] E. Morin, *Science sans conscience*, Paris, Fayard, 1982, p. 23.
[308] Lire à ce sujet J. Monod, *Le hasard et la nécessité. Essai sur la philosophie naturelle de la biologie moderne*, Paris, Seuil, 1970.

rappeler que l'efficacité n'est pas un critère scientifique comme le remarque justement Stanislav Andreski[309].

Notons l'impérialisme du modèle d'intelligibilité qui, à la suite de Galilée, consiste à étendre le discours quantitatif à la totalité du réel, y compris au domaine humain. Comme je l'ai rappelé, faire œuvre de science, c'est obéir à ce modèle. Ainsi, pour devenir un bon médecin, l'étudiant doit surtout briller en mathématiques. La maîtrise des règles de calcul ou des logarithmes importe plus que l'anthropologie ou la psychologie. On arrive à des dérives pédagogiques telles que dans un cours d'économie, l'essentiel de l'enseignement se réduit aux statistiques. On tend à oublier que *la vision de l'économie elle-même est une affaire culturelle*. Il suffit d'observer les difficultés de nombre de chefs d'entreprise sur le rapport au travail et au temps tel qu'il est vécu dans les pays du Tiers-Monde. Dans cette perspective, les limites de l'idéologie techniciste et économiste obligent les milieux d'affaires à s'ouvrir à la diversité culturelle[310]. Car, la rencontre des religions et des cultures est devenue un défi du management, notamment dans le processus des délocalisations en cours à l'ère de la globalisation. En fait, la recherche en sciences sociales n'échappe plus à la quantophrénie dont parle Sorokin[311]. Depuis des années, les méthodes quantitatives sont désormais tout aussi accessibles aux démographes, aux sociologues ou aux archéologues qu'aux physiciens En outre, l'anthropologue qui visite un laboratoire témoigne de la pertinence de la démarche de recherche en sciences sociales où l'enquête de terrain confronte le chercheur à la « récalcitrance » des données. En fait, comme on le voit en linguistique, discipline qui s'apparente aux sciences de la nature, le chercheur doit ici tenir compte de ce que dit son objet. Les sciences dites molles invitent ceux qui les pratiquent à s'éloigner de ce que ceux qu'ils observent disent au sujet d'eux-mêmes. On sait que Bourdieu a voulu purger la sociologie de toute familiarité préalable avec la société. En reprenant Bachelard, il disait que les « prénotions » de la connaissance commune de la société sont des obstacles pour les sociologues. A ce propos, les vraies questions se situent à d'autres niveaux. *Il se pose aujourd'hui un sérieux problème de renouvellement des approches du réel qui exige d'autres habitudes de travail scientifique.*

---

[309] S. Andreski, *Les sciences sociales, sorcellerie des temps modernes* ? Paris, PUF, 1975.
[310] Ph. D'Iribarne, *Culture et mondialisation. Gérer par-delà les frontières,* Paris, Seuil, 2000 ; voir aussi H. Panhuys et Hasan Zaoual (dir), *Diversité des cultures et mondialisation, au-delà du culturalisme et de l'économie*, Paris, L'Harmattan, 2000.
[311] P. Sorokin, *Tendances et déboires de la sociologie américaine*, Paris, Aubier, 1959, pp. 130-221 ; R. Boudon, *Les mathématiques en sociologie*, Paris, PUF, 1971 ; « Les mathématiques peuvent-elles donner une image réelle de la réalité sociale ? », *Sociologie et sociétés*, vol. 8, no 2, 1976, pp. 141-156.

Si l'on veut bien dépasser les vieilles querelles de prestige et de pouvoir, ne convient-il pas de mettre l'accent sur les échanges entre les sciences dont la nature exige plus de complémentarité dans la connaissance d'une réalité qui est loin d'être homogène ? En d'autres termes, au lieu de s'opposer, ne faut-il pas que les sciences renoncent aux exorcismes et aux excommunications pour multiplier les rencontres, les entrefaces et les communications en vue de s'enrichir les unes les autres ? On prend conscience de la nécessité de sortir des ghettos où s'enferment les tribus scientifiques afin de risquer l'interdisciplinarité qui est devenu un défi à la science si elle veut répondre aux demandes de connaissances. Il faut bien le constater : la science d'aujourd'hui éblouit ; mais elle rend aussi aveugle dans la mesure même où, en se spécialisant et en renonçant à reconnaître ses limites en raison de ses prétentions à incarner le savoir, elle ne donne qu'un point de vue de la réalité[312]. Comme le note Edgar Morin, « *il ne faut pas éliminer l'hypothèse d'un néo-obscurantisme généralisé, produit par le mouvement même des spécialisations, où le spécialiste lui-même devient ignare de tout ce qui ne concerne pas sa discipline, où le non-spécialiste renonce d'avance à toute possibilité de réfléchir sur le monde, la vie, la société, laissant ce soin aux scientifiques, lesquels n'en ont ni le temps ni les moyens conceptuels. Situation paradoxale que celle où le développement de la connaissance instaure la résignation à l'ignorance et où le développement de la science est, en même temps, celui de l'inconscience* »[313]. Or, en régnant en maître dans l'espace du savoir, la science tend à discréditer les autres modes de connaissance dont la prise en compte devrait lui permettre d'accéder à une vue d'ensemble du réel. A cet égard, la science de l'Occident n'a rien à nous apprendre sur les questions qui portent sur le sens de notre vie quotidienne. En effet, après s'être émancipée de la philosophie, cette science met délibérément ces questions hors de son champ d'investigation. À la limite, *tout se passe comme s'il fallait renoncer à penser pour se livrer à un modèle de recherche visant à ne produire que des outils d'action ou, plus précisément, des produits à vendre*. À l'ère du savoir où le pouvoir des experts est incontestable, je suis frappé par la tendance à se désintéresser, à fuir et à renoncer à tout effort de questionnement en profondeur et de réflexion critique dans les pays d'Occident où l'esprit croule sous le poids des choses et des recettes techniques très efficaces. Il s'agit ici de faire des choses. Essayer de voir loin et prendre le temps de penser en allant à la racine des problèmes, c'est perdre un temps précieux. Seule importe la dictature de l'immédiat. Cette mentalité domine notamment en Amérique du Nord où règne le pragmatisme anglo-saxon. Cet

---

[312] Sur le besoin d'interdisciplinarité qui ne cesse de se faire sentir au travers des développements actuels de la recherche scientifique, lire les études réunies sous la direction d'Eduardo Portella, *Entre Savoirs. L'interdisciplinarité en acte : enjeux, obstacles, résultats*, Toulouse, Érès, 1992.
[313] E. Morin, *Science avec conscience*, op. cit. p. 17.

état d'esprit est, sans doute, le fruit d'une éducation qui, en se bornant à apprendre à l'homme une spécialité en fait, comme dit Einstein, « un chien savant » plutôt qu'une « créature harmonieusement développée qui doit apprendre à comprendre les motivations des hommes, leurs chimères et leurs angoisses pour déterminer son rôle exact vis-à-vis des proches et de la communauté. Ainsi s'exprime et se forme d'abord toute culture. Quand je conseille ardemment « Les Humanités », c'est cette culture vivante que je recommande, et non pas un savoir desséché. Les excès du système de compétition et de spécialisation prématurée sous le fallacieux prétexte d'efficacité, assassinent l'esprit, interdisent toute vie culturelle et suppriment même les progrès dans les sciences d'avenir »[314]. On découvre une dimension du drame actuel de l'Occident. Ici, le progrès des connaissances se traduit par des savoirs en miettes. En dehors des domaines de sa spécialité, on se comporte comme un véritable analphabète. Bien plus, on voit s'imposer un type de savoir qui fait l'économie de la culture et de l'humanité de l'être humain. Car, si la marchandisation de la science doit investir tout le champ de la rationalité au moment même où les questions de vie ou de mort n'ont plus d'importance compte tenu de la rupture entre science, art, éthique, religion et philosophie, on peut se demander si le modèle de la science qui triomphe ne conduit pas au suicide. En tout état de cause, l'idée que la seule méthodologie de la science inspirée par la découverte fondatrice de Galilée est le modèle unique relève du dogmatisme. La tentative d'imposer des règles universelles empêche l'émergence des regards pluriels dans le monde de la connaissance. En un sens, la science est inconcevable sans « le dogmatisme massif » qui est lié au rationalisme moderne. Mais comme le remarque Feyerabend, « une science qui se targue de posséder la seule méthode correcte et les seuls résultats acceptables est une idéologie »[315]. On comprend l'enjeu d'une épistémologie anarchiste qui dévoile les ruses de l'histoire des sciences et remet en cause ce dogmatisme caché afin de renouveler le débat sur la raison[316]. Ce débat est au cœur des recherches qui tentent de s'ouvrir à la pluralité des approches. Depuis la crise des sciences en Occident[317], on éprouve le besoin de réinventer la rationalité en libérant le savoir du carcan imposé par le modèle galiléen. En effet, face à l'unité perdue par la fragmentation des savoirs et l'enfermement disciplinaire, on prend conscience de la nécessité de « recomposer le tout ».

Devant ce défi, il s'agit de retrouver une autre intelligibilité du réel en remettant en question le paradigme qui domine l'Occident depuis la disjonction établie par Descartes entre le sujet et l'objet, l'esprit et la matière. Cette requête

---

[314] Einstein, op. cit. p. 25.
[315] P. Feyerabend, op. cit. p. 348.
[316] P. Feyerabend, op. cit.
[317] Husserl, op. cit.

s'exprime à travers les préoccupations épistémologiques de Dilthey, de Marcel Mauss et de Georges Gusdorf. Elle est au centre de la réflexion d'Edgar Morin qui met en évidence la crise du « paradigme d'Occident »[318]. En fin de compte, ce qui est en jeu, c'est l'idée même de science. Dans ce sens, pour le chercheur en quête du « paradigme perdu », tant que la science élimine le sujet et que la dissociation du sujet et de l'objet se prolonge, « nous sommes encore dans l'ère des idées barbares et nous devrions établir des relations civilisées avec elles (...). Barbare est notre idée que le rationalisme c'est rationnel, que la science n'est que scientifique »[319]. Dans ce contexte, pour « civiliser l'idée, il faudrait souhaiter un champ de communications entre la sphère scientifique et les sphères épistémologique, philosophique et éthique jusqu'à présent disjoints »[320]. Telle est la tâche de l'épistémologie de la complexité[321]. Si la révolution scientifique d'aujourd'hui se joue autour des paradigmes, il s'agit donc de « sortir de la préhistoire de l'esprit humain afin de penser de façon radicalement complexe »[322].

À ce sujet, Leibniz a formulé en quelques mots les enjeux de la division du travail intellectuel : « Ceux qui se bornent à une seule recherche manquent souvent de faire des découvertes qu'un esprit plus étendu, qui peut joindre d'autres sciences à celle dont il s'agit, découvre sans peine. Mais comme un seul ne saurait bien travailler à tout, c'est l'intelligence mutuelle qui peut y suppléer »[323]. Dans cette perspective qui nécessite la mise en œuvre des formes d'interscience, il faut relever les limites d'un système de connaissance qui ne cherche à voir le monde qu'à partir des laboratoires. Se fier aveuglément au dynamisme des sciences de la nature se traduit par le repli sur le « monde des objets » qui conduit à l'oubli de l'être et de la valeur comme Heidegger l'a bien remarqué. De plus, au moment où l'on assiste à l'éclatement du savoir, à la parcellisation des tâches et à l'hyperspécialisation des sous-domaines à l'intérieur d'une même discipline, l'émergence des comités d'éthique montre que les enjeux de la connaissance scientifique se situent au niveau de la globalité. De ce point de vue, les approches sectorielles qui occultent délibérément ce niveau ne répondent plus aux nouvelles exigences de la production des connaissances. Devant la spécialisation des sciences, on revient à la quête de la

---

[318] E. Morin, *La méthode. 4. Les idées, leur habitat, leur vie, leurs mœurs, leur organisation*, Paris, Seuil, 1991, p. 234.
[319] E. Morin, op. cit. p. 246.
[320] E. Morin, op. cit. pp. 247-249
[321] Sur les principes, les enjeux et les difficultés de cette épistémologie, lire R. Fortin. *Comprendre la Complexité. Introduction à La Méthode d'Edgar Morin*, Paris. L'Harmattan, 2001.
[322] E. Morin, op. cit. p. 238.
[323] Cité par A. Caillé, *Guerre et paix entre les sciences. Disciplinarité, inter et transdisciplinarité*, Paris, La Découverte, 1997, p. 5.

totalité et de l'unicité de la connaissance dans la mesure où l'on prend conscience de l'étroitesse d'esprit des spécialistes modernes comme le rappelle le grand naturaliste Edward O. Wilson[324].

Dans cet esprit, le besoin se fait sentir de décloisonner les sciences, de les ouvrir à la diversité et à l'articulation des voies d'analyse et de découverte. Plus précisément, comme le préconise Edgar Morin, une réorganisation du savoir s'impose à partir du « paradigme de complexité » qui ouvre la voie d'une vraie révolution scientifique. A la limite, la conception de la science doit se transformer par une prise en compte des liens entre la science et les sagesses humaines. À l'heure où les théories scientifiques ne peuvent plus supporter la prétention d'un savoir omniscient, l'homme de science doit se poser le problème de son appartenance à un monde unique où des langages multiples et variés l'obligent à rester à l'écoute des autres. Pour servir la cause de l'intelligibilité humaine, il convient donc de retrouver le sens de la diversité des perspectives. Car, *la science qui se comporte comme si elle était seule, à l'exclusion de tout autre savoir et de toute référence au monde de la vie, n'est pas tout le logos et le logos n'est pas tout l'être humain*. Bachelard demande aux scientifiques de s'intéresser à toutes les choses étouffées qu'ils ont négligées à un premier temps de la recherche. Il plaide pour un rationalisme régional au nom d'un rationalisme intégrant[325]. En fait, ce dont on prend conscience, c'est que la science elle-même n'est pas la source unique du sens. *Face au nouveau scientisme qui nécessite une réflexion critique sur la science, on retrouve aujourd'hui la polymorphie de la raison*. Ainsi, Merleau-Ponty invite à ressaisir « l'unique manière d'exister », la « formule d'un unique comportement. Il n'est pas question de nier quelque explication que ce soit : il s'agit plutôt de « comprendre de toutes les façons à la fois (...). Car « toutes les vues sont vraies à condition qu'on ne les isole pas, qu'on aille jusqu'au fond de l'histoire et qu'on rejoigne l'unique noyau de signification existentielle qui s'explicite dans chaque perspective »[326]. Bref, il importe de repenser une science qui ne serait plus unique mais variable en la resituant dans le champ plus vaste des formes concrètes de la connaissance. Ce défi impose une véritable réforme de l'entendement. S'il faut bien en finir avec l'omniscience, écrivent Ilya Prigogine et Isabelle Stengers, il s'agit de « prendre toute la distance possible avec tout un ensemble d'opposition, celle entre apparence et réalité, avec la question de la science ou de la philosophie qui structure la pensée occidentale ». Cela exige « de modifier la portée de concepts, de faire glisser des problèmes dans un

---

[324] E. O. Wilson, *L'unicité du savoir. De la biologie à l'art, une même connaissance*, Paris, Laffont, 2000.
[325] G. Bachelard, op. cit. pp. 132-133.
[326] M. Merleau-Ponty, *Phénoménologie de la perception*, Paris, Gallimard, 1945, p. Avant-propos, pp. VII, XIII, XIV.

paysage nouveau, d'introduire des questions qui bouleversent la définition des disciplines, bref (...), d'inscrire dans la science l'urgence de préoccupations nouvelles que l'ouverture a pris les voies multiples et souvent retorses ». À l'évidence, la nouvelle science doit s'ouvrir « au dialogue avec la nature qui ne peut être dominée d'un seul coup d'œil théorique mais seulement explorée, avec un monde ouvert auquel nous appartenons, à la construction duquel nous participons »[327].

L'invention de la nouvelle science exige donc la fin des ghettos. Edgar Morin insiste justement sur ce défi : « Il s'agit bien plus que d'établir des relations diplomatiques et commerciales entre les disciplines, où chacune se confirme dans sa souveraineté. Il s'agit de mettre en question le principe de disciplines qui découpent au hachoir l'objet complexe, lequel est constitué essentiellement par les interrelations, les interactions, les interférences, les complémentarités, les oppositions entre éléments constitutifs dont chacun est prisonnier d'une discipline particulière. Pour qu'il y ait véritable interdisciplinarité, il faut des disciplines articulées et ouvertes sur les phénomènes complexes »[328]. Prigogine et Stengers précisent : « Aujourd'hui, les sciences dites « exactes » ont pour tâche de sortir des laboratoires où elles ont peu à peu appris la nécessité de résister à la fascination d'une quête de la vérité générale de la nature (...). Elles doivent redevenir enfin « sciences de la nature » confrontées à la richesse multiple qu'elles se sont longtemps donner le devoir d'oublier. Dès lors se posera pour elles le problème à propos duquel certains ont voulu asseoir la singularité des sciences humaines –que ce soit pour les élever ou pour les rabaisser-le dialogue nécessaire avec les savoirs préexistants au sujet des situations familières à chacun. Pas plus que les sciences de la société, les sciences de la nature ne pourront plus, alors, oublier l'enracinement social et historique que suppose la familiarité nécessaire à la modélisation théorique d'une situation concrète. Il importe donc plus que jamais de ne pas faire de cet enracinement un obstacle, de ne pas conclure de la relativité de nos connaissances à un quelconque relativisme désenchanté »[329].

On revient ici à Merleau-Ponty qui soulignait l'urgence de penser une vérité dans la situation. Dans ce sens, la science s'affirme comme une science humaine, science faite par des hommes pour des hommes. Comme on l'a vu, selon Prigogine et Stengers, cette science est « une science ouverte ». Au lieu de se limiter aux problèmes spécialisés de sa discipline, il s'agit pour le scientifique de « prendre l'initiative, de chercher dans les sciences des

---

[327] I. Prigogine et I. Stengers, *La Nouvelle Alliance. Métamorphoses de la science*, Paris, Gallimard, 1986, p. 363.
[328] E. Morin, Le paradigme perdu, op. cit. p. 227.
[329] I. Prigogine et I. Stengers, op. cit.

perspectives et des questions nouvelles ». Bref, il faut reconnaître « le caractère foncièrement ouvert de la science »[330]. Comme Edgar Morin, Prigogine et Stengers plaident « pour que la fécondité des communications entre philosophes et scientifiques cesse d'être niée par des cloisonnements ou détruite par un rapport d'affrontement (...). Nous pensons qu'il est question de la complémentarité de savoirs »[331]. Comme le rappelle Prigogine : « L'histoire de la matière est enchâssée dans l'histoire cosmologique, l'histoire de la vie dans celle de la « matière et finalement nos propres vies sont plongées dans l'histoire de la société »[332]. Cet entrelacement oblige à réaliser "La nouvelle alliance » entre les savoirs. Cette alliance appelle « les métamorphoses de la science"[333]. On voit ici la nécessité d'une autre critique de la raison. Octavio Paz écrit dans *La quête du présent* : « Kant fit la critique de la raison pure et de la raison pratique : nous avons besoin aujourd'hui d'un autre Kant qui entreprenne la critique scientifique. Le moment est propice, car dans la plupart des sciences, on discerne (...) un mouvement d'autoréflexion et d'autocritique (...). Le dialogue entre la science, la philosophie et la poésie pourrait devenir le prélude à la reconstruction de l'unité de la culture »[334]. En fait, à la différence de la position des Lumières, la science n'est plus un lieu de certitude, mais de savoir conjectural. Comme le reconnaît Ilya Progogine, « nous vivons la fin des certitudes »[335]. Bien plus, fait-il remarquer, « la certitude n'a jamais fait partie de notre vie. Pourquoi penser que la certitude est la condition même de la science ? L'incertitude est inhérente au comportement humain »[336]. Dès lors, la prétention d'avoir le dernier mot sur toutes choses relève du dogmatisme. En un sens, le véritable spécialiste est celui qui a conscience de ne savoir qu'un certain nombre de choses dans un domaine restreint. Croire que les sciences tiennent lieu de tout, c'est en faire une idole. En dehors des sciences dites exactes, il y a place pour de vastes espaces de créativité. Je pense notamment au rôle de l'art. Celui-ci constitue une dimension fondamentale de l'imaginaire qui a des attentes que ne sauraient combler les énoncés physico-chimiques. Comment ne pas citer ici une page célèbre de celui dont la réputation scientifique a été la plus répandue du XXe siècle ? Albert Einstein écrit, en effet : « un des mobiles les plus puissants qui poussent vers l'art et la science est le désir de s'évader de l'existence terre à terre avec son âpreté douloureuse et son vide désespérant d'échapper aux chaînes des désirs individuels éternellement changeants. Il pousse les êtres aux cordes sensibles hors de l'existence individuelle vers le

---

[330] I. Prigogine et I. Stengers, op. cit. p. p. 383.
[331] I. Prigogine et I. Stengers, op. cit. p. 385.
[332] I. Prigogine, *La Fin des certitudes,* Paris, Odile Jacob, 1999, p. 215.
[333] I. Prigogine et I. Stengers, op. cit.
[334] Cité par F. Lurçat, op. cit. p. 229.
[335] I. Prigogine, *La Fin des certitudes*, op. cit. p. 215.
[336] Cité par C. Du Brulle, « Ilya Prigogine, créateur et humaniste », *Le Soir,* 30 mai 2003

monde de la contemplation et de la connaissance objective. Ce mobile est comparable au désir ardent qui attire le citadin hors de son milieu bruyant et confus, vers les régions paisibles des hautes montagnes, où le regard glisse au loin à travers l'air calme et pur et caresse les lignes paisibles qui paraissent créées pour l'éternité. Mais à ce mobile s'en ajoute un autre, positif. L'homme cherche à se former, de quelque manière adéquate, une image du monde simple et claire, et à triompher ainsi du monde du vécu, en s'efforçant de le remplacer dans une certaine mesure par cette image »[337].

Soulignons aussi l'enjeu des questionnements philosophiques et éthiques longtemps étouffés par l'héritage positiviste. À ce sujet, Joseph Needham remarque : « Les systèmes de pense de la Chine et de l'Islam n'ont jamais séparé la science de l'éthique, alors que la révolution scientifique européenne, la « cause finale » d'Aristote et l'éthique furent balayées du savoir et les choses se firent menaçantes. (…). La science doit être vécue parallèlement avec la religion, la philosophie, l'histoire et l'esthétique. Elle serait inhumaine sans cela »[338]. De fait, on ne peut demander à la science seule de répondre à toutes les interrogations de l'être humain. Le refus d'admettre ses limites « nous remet en face de la crise de la raison », écrit Merleau-Ponty. Le savant ne consent pas à reconnaître d'autre raison que la raison physicienne et c'est à elle qu'il s'en remet comme du temps de la science classique Or cette raison physicienne, ainsi revêtue de dignité philosophique, abonde en paradoxes et se détruit. Ce n'est pas en réclamant pour la science un genre de vérité métaphysique ou absolue qu'on protégera les valeurs de la raison que la science classique nous a enseignées. Le monde, outre les névrosés, compte bon nombre de « rationalistes » qui sont un danger pour la raison vivante Et, au contraire, la vigueur de la raison est liée à la renaissance d'un sens philosophique qui, certes, justifie l'expression scientifique du monde, mais dans son ordre, à sa place dans le tout du monde humain »[339]. Ainsi, selon le mot de Gusdorf, « Le destin de la science ne se joue pas au niveau de la science, mais au niveau de la philosophie »[340]. Dans cet entrelacement de la culture avec la science, rien ne justifie la prétention démesurée d'une science qui se veut le seul savoir possible. Quand la raison s'affirme avec une telle prétention, elle devient déraisonnable. Précisément, « on peut se demander, écrivait déjà Georges Gusdorf en 1966, si la raison scientifique n'est pas, plus qu'une autre, exposée à devenir folle »[341]. Pour échapper à la dérive au niveau de la connaissance scientifique elle-même, il faut

---

[337] A. Einstein, op. cit. p. 139.
[338] J. Needham, « Les Chinois : des précurseurs de la science moderne », *Le Courrier de l'UNESCO*, oct. 1988, p. 8.
[339] M. Merleau-Ponty, op. cit. p. 263-264.
[340] G. Gusdorf, *Les origines des sciences humaines*, Paris, Payot, 1967, p. 500.
[341] G. Gusdorf, *De l'histoire des sciences à l'histoire de la pensée*, op. cit. p. 35.

aller jusqu'à reconnaître la place et la valeur de ce que Moles appelle « les sciences de l'imprécis ».

Enfin, pour comprendre la science telle qu'elle se fait, en plus d'admettre qu'elle est un produit culturel comme un autre, ce qui doit retenir l'attention, c'est la capacité de l'homme de science à se poser des questions. Albert Jacquard insiste justement sur cette attitude : « Les bonds en avant de la connaissance résultent moins de la découverte d'une réponse à une question posée depuis longtemps que de la formulation d'une nouvelle question ou, plus fréquemment, de la formulation nouvelle d'une question ancienne. Lorsque la réflexion des chercheurs tourne inutilement au fond d'une impasse, se heurtant sans fin à des paradoxes insurmontables ou à un amoncellement croissant de complications, l'issue est généralement fournie par celui qui pose le problème en termes nouveaux »[342]. En fait, il faut bien le souligner : « notre intellect n'a pas pour seule fonction de répondre à des questions : son activité la plus remarquable n'est- elle pas, au contraire, d'imaginer des questions ? Il ne s'agit plus alors de vérifier si ces questions sont « justes », mais de constater qu'elles sont pertinentes et qu'elles sont formulées de façon telle qu'on pourra éventuellement y répondre »[343]. Pour Leprince-Ringuet, « La remise en question est le fondement de la science (...). Il faut posséder une attitude critique, un esprit critique (...). Deux qualités doivent être acquises : cet esprit de remise en question et l'esprit d'accueil. On ne sait pas ce qui va se passer mais on l'accueille. Une fois observé un phénomène inattendu, on doit alors chercher toutes les possibilités d'explication : c'est là qu'intervient la remise en question. Voilà donc comment les choses se passent dans la réalité scientifique »[344]. Relevons l'importance de ces réflexions pour l'Afrique.

À partir des « traits profonds, mais non figés à jamais » des cultures où l'Africain est dominé par les relations sociales qui renforcent son équilibre, sa personnalité et son être[345], Cheikh Anta Diop a perçu le malaise créé par la crise de la raison qui résulte du développement vertigineux des sciences. Pour le scientifique africain, cette crise oblige à réhabiliter le rôle de la philosophie afin de réconcilier l'homme à lui-même en prenant en compte les rapports qu'il entretient avec la nature environnante. Dans cette perspective, Diop s'interroge sur les lueurs d'espoir permettant à l'être humain de répondre à l'angoisse métaphysique face à laquelle la science reste muette sinon indifférente. Selon le physicien africain, « L'homme est un animal métaphysique et il serait catastrophique qu'une manipulation génétique ou d'ordre chimique le privât de

---

[342] A. Jacquard, *Au péril de la science? Interrogations d'un généticien*, Paris, Seuil, 1982, p.107.
[343] A. Jacquard, op. cit. pp. 87-88
[344] Leprince-Ringuet, op. cit. pp. 46, 53, 54.
[345] C. A. Diop, *L'Unité culturelle de l'Afrique noire*, p. 458.

son inquiétude innée, cela équivaudrait à lui infliger une infirmité qui le ferait cesser d'être lui-même, un porteur d'un destin, fût-il tragique. Peut-être que la pleine utilisation des associations du milliard de neurones du cerveau reste la voie d'espérance d'une évolution qui ferait de lui un dieu sur terre, sans qu'il soit obligé de créer artificiellement un super-Homo sapiens qui mettrait en danger la survie de son créateur »[346]. Notons la reconnaissance du destin de l'homme et la nécessité de trouver des réponses satisfaisantes aux interrogations spécifiques que pose l'homme mis brusquement en face à lui-même. Après avoir exploré les phénomènes para-psychologiques, Cheikh Anta Diop entrevoit le dépassement de la raison scientifique : « La raison raisonnante, appuyée sur l'expérience de la micro-physique et de l'astrophysique, va accoucher d'une superlogique que ne gêneront plus les matériaux archéologiques de la pensée, hérités des phases antérieures de l'évolution, de l'esprit scientifique »[347]. Bref, « la nouvelle rationalité qui permettra d'avancer dans la connaissance du réel, devra être bâtie pas à pas, en ayant une conscience aigue de la difficulté et de la singularité du problème posé ».[348]

Ce qui m'intéresse dans cet effort de réflexion du chercheur africain, c'est la place qu'il accorde aux « matériaux archéologiques de la pensée ». Il s'agit de cette dimension des profondeurs de l'homme qui exige une nouvelle attitude scientifique. Cheikh Anta Diop parle de la « disponibilité logique ». Plus précisément, en abordant les problèmes relatifs à la crise de la science dans le domaine de la microphysique, il propose de recourir à une « superlogique ». En définitive, pour répondre aux problèmes posés par la crise de la physique, il plaide pour l'avènement d'une nouvelle philosophie. Car, « la philosophie classique, véhiculée par des hommes de lettres pures, est morte. Une nouvelle philosophie ne pourra naître de ses cendres que si l'homme de science moderne, qu'il soit physicien, mathématicien, biologiste, se mue en un « nouveau philosophe » : le scientifique a jusqu'ici, dans l'histoire de la pensée, presque toujours, le statut d'une brute, d'un technicien, inapte à dégager la portée philosophique de ses découvertes et inventions, cette tâche noble incombant toujours au philosophe classique »[349]. Selon Cheikh Anta Diop, le « nouveau philosophe intègrera dans sa pensée toutes les promesses qui pointent à peine à l'horizon scientifique, pour aider l'homme à se réconcilier avec lui-même »[350]. Dans cette perspective, « les philosophes africains devront participer à cette nouvelle théorie de la connaissance, la plus avancée et la plus passionnante de

---

[346] C. A. Diop, *Civilisation ou Barbarie,* op. cit.
[347] C. A. Diop, Civilisation ou barbarie, op. cit. p. 472-473.
[348] C. A. Diop, « Crise de la raison et perspective d'une nouvelle épistémologie en sciences exactes », in *Revue de philosophie*, Dakar, 1985.
[349] C. A. Diop, op. cit. p. 475-476
[350] C. A. Diop, op. cit. p. 476.

notre temps. C'est une première tâche positive. Toutes les conditions semblent réunies pour une révolution épistémologique sans précédent, pour un changement complet de notre paradigme de l'univers »[351]. Devant les bouleversements de la science, Cheikh Anta Diop insiste sur la nécessité d'un savoir qui ne peut se réduire à un « savoir-calcul », fondé sur la seule connaissance en laboratoire. À la limite, le scientifique ne saurait se borner au « statut d'une brute ». Il s'agit donc de remettre en cause les modes de production scientifique qui dominent dans un contexte où la spécialisation empêche de voir loin et en profondeur. Bref, Cheikh Anta Diop propose d'élargir l'horizon scientifique afin d'éviter d'identifier les sciences telles que nous les connaissons avec « la science (qui) ne pense pas » dont parle Heidegger. La science dont la promotion s'impose doit renoncer à l'idée que la créativité scientifique dépend d'un certain oubli ou du mépris des questions jugées stériles dans la mesure où elles détourneraient l'homme de science de sa discipline. Dans cet esprit, entre la science et la philosophie, c'est le gouffre. Pour reprendre le mot de Heidegger, « Il n'y a pas ici de pont ou lien. Il n'y a que le saut ». Selon l'auteur de *Civilisation ou barbarie*, il est possible à la fois de faire la science et de penser. Concilier ces deux activités dans la pratique des sciences est un défi qu'on doit relever pour sortir de la crise actuelle des sciences. Au-delà de l'Afrique, Cheikh Anta Diop soulève un problème fondamental que les philosophes, les mathématiciens, les physiciens, les chimistes et les biologistes doivent examiner en se rappelant que pour réconcilier l'homme avec lui-même, il faut aujourd'hui apprendre à penser « hors discipline ». Ce « nouvel esprit scientifique » exige de prendre conscience de la fécondité de la multiplicité des approches et des pratiques d'échanges frontaliers qui invitent à l'écoute réciproque dans la formulation et l'étude d'une question de recherche.

Comme je l'ai indiqué, l'Occident est loin d'avoir dit le dernier mot de la science telle qu'elle doit se faire aujourd'hui. En tenant compte des nouvelles exigences qui se font jour, une évidence apparaît : nous sommes tous au début de la nouvelle science qui s'impose dans une autre étape de la productions des savoirs. On ne peut éviter de poser la question de l'avenir de la science : Prigogine affirme avec force : « Je crois que nous sommes seulement au début de l'aventure. Nous assistons à l'émergence d'une science qui n'est plus limitée à des situations simplifiées, idéalisées, mais nous met en face de la complexité du monde. Nous sommes au point de départ d'une nouvelle rationalité. Nous ne sommes qu'au début de ce nouveau chapitre de notre dialogue avec la nature »[352]. Dans le même sens, Edgar Morin écrit : « il faut prendre au plus

---

[351] C. A. Diop, art. cit.
[352] I. Prigogine, *La Fin des certitudes*, op. cit. pp. 15-16

grand sérieux ce terme de naissance, et renverser la perspective contemporaine, qui, aussi bien pour la science, la conscience, la société ne voit que problèmes de maturation. La science n'en est pas à ses ultimes développements, elle en est à son recommencement »[353]. La réflexion qui s'articule autour d'une autre intelligibilité témoigne de la faillite du modèle d'hier. Ce modèle s'avère incapable de répondre aux demandes scientifiques d'aujourd'hui. Un regard attentif découvre que la science s'est appauvrie en Occident. D'où la nécessité de repartir avec le principe de penser autrement. Cela n'est possible que grâce à la critique et au dépassement de la raison close. Comme le remarque Edgar Morin, cette raison « rejette comme inassimilables des pans énormes de réalité (...). La poésie, l'art, qui peuvent être tolérés ou entretenus comme divertissement, ne sauraient avoir valeur de connaissance et de vérité, et se trouve rejeté, bien entendu, tout ce que nous nommons tragique, sublime, dérisoire, tout ce qui est amour, douleur, humour... Seule une raison ouverte peut et doit reconnaître l'irrationnel (...) et travailler avec l'irrationnel. La raison ouverte est, non pas refoulement, mais dialogue avec l'irrationnel. La raison ouverte peut et doit reconnaître l'a-rationnel (...). Elle peut et doit reconnaître également le sur-rationnel ». En insistant sur l'ouverture de la raison, Edgar Morin se réfère à Merleau-Ponty qui écrit : « La tâche est d'élargir notre raison pour la rendre capable de comprendre ce qui, en nous et dans les autres, précède et excède la raison »[354]. Telle est la condition de possibilité de la nouvelle science. Le chercheur africain doit participer à l'émergence de cette science dans la mesure même où il lui faire entendre la voix de l'Afrique dans le débat sur la science contemporaine. Pour intervenir dans ce débat, *il ne s'agit pas d'africaniser le savoir occidental. La bonne question qui se pose est celle qui porte sur la responsabilité et le rôle des chercheurs africains dans la réinvention de la science.* Dans ce but, en rupture avec la position du discours scientifique comme position de discours du maître, on prend conscience de la nécessité de remodeler le visage de la rationalité scientifique elle-même. Dès lors, le nouvel horizon des sciences est largement ouvert. Il faut donc quitter le terrain des discours institués pour revoir les idées reçues et s'ouvrir à l'inédit qui doit surgir à partir d'un nouveau commencement qui résulte de la révolution paradigmatique dont parle Edgar Morin. Bref, face à « la raison éclatée »[355], on éprouve le besoin d'une « nouvelle rationalité »[356] au moment où, en dépit des savoirs accumulés, la problématique de la science doit être autre.

---

[353] E. Morin, *Le paradigme perdu*, op. cit. p. 232.
[354] E. Morin, « Pour une raison ouverte », in *Science avec conscience*, op. cit. pp. 155-156.
[355] J. C. Shotte, *La Raison éclatée. Pour une dissection de la connaissance*, Bruxelles, De Boeck, 1997.
[356] P. Trousson, op. cit. Lire aussi Mohamed Taleb (dir), *Sciences et archétypes. Fragments pour un réenchantement du monde,* Paris, Dervy, 2002.

Il importe de souligner la pertinence des analyses qui obligent à repenser la science en prenant conscience des limites de la rationalité dominante et de la crise du paradigme d'Occident. Sans doute, ce défi est lié à l'histoire même de la science. En un sens, tout domaine de rationalité exige des états de crise. En effet, c'est en état de procès avec lui-même que ce domaine se développe toujours. Comme je l'ai indiqué au début de cette étude, dire que la rationalité est aujourd'hui en crise, c'est reconnaître une exigence de la rationalité elle-même. La rupture critique au sein de sa propre histoire lui est toujours salutaire. Bref, la crise a son origine dans la rationalité même. Ainsi, créer des liens entre les domaines de rationalité est une exigence de la science dans son développement historique. Un travail critique de la science sur elle-même s'impose pour que la rationalité puisse se dire de façon multiple. Il importe donc d'assumer la crise de la rationalité pour articuler les champs scientifiques dans un contexte où les préjugés du scientisme risquent de bloquer l'émergence du nouvel âge de la raison. Comme le rappelle Bachelard, « la science sans cesse prend un nouveau départ, une nouvelle orientation. La vue, la visée et la révision sont trois instances de l'acte cognitif »[357]. *Ce qui s'impose aujourd'hui à la science, c'est la refonte des structures de pensée qui ont marqué l'esprit scientifique depuis les temps modernes. Il s'agit, en fait, d'une autre révolution scientifique.* Dans la mesure où, selon le mot d'Alioune Diop, « le contexte occidental du développement scientifique et rationnel est devenu le texte même de ce développement »[358], les chercheurs africains doivent s'interroger sérieusement sur l'impact du savoir occidental dans leurs expériences de recherche scientifique. Il convient ici de résister à l'intimidation et à une sorte de terrorisme de la rationalité occidentale qui relève de l'imposture. Je pense à l'espèce de brevet de supériorité qu'on entend s'octroyer à soi-même lorsqu'on veut croire que pour accéder à la science, il n'y a qu'à suivre le maître sans jamais se poser la question de la crise de crédibilité du modèle que l'on cherche à diffuser et à imposer à l'échelle de la planète. À ce sujet, il convient d'attirer l'attention sur le piège dissimulé derrière l'affirmation selon laquelle la science est en voie de mondialisation. La reprise du concept magique de mondialisation appliquée à la science soulève des questions inévitables. Quand on pense à l'enjeu que constitue la notion de science elle-même, il faut préciser ces questions : en parlant de mondialisation de la science, de quelle science s'agit-il ? Qui fabrique cette science et à partir de quels paradigmes ? Que représente cette science par rapport aux attentes et aux défis de la nouvelle rationalité qui se cherche dans le contexte marqué par « la fin des certitudes » dont parle Prigogine ? Ces questions s'imposent à la réflexion si l'on considère les prétentions de la science officielle et dominante. Hubert Gérard l'a bien

---

[357] G. Bachelard, *Le rationalisme appliqué*, op. cit. p. 124.
[358] « Pour une pédagogie africaine », *Présence africaine*, no 55, 1965, p. 5

remarqué : « Quand ils parlent de mondialisation, les scientifiques, peut-être davantage encore s'ils sont académiques, ne peuvent s'empêcher de penser à la mondialisation de leurs savoirs, ou encore à l'universalité de la science. Sans doute ne s'agit-il pas de la même chose. On peut mondialiser ou universaliser un savoir, une science, sans pour autant prétendre que ce savoir est en soi universel ou, nullement l'apogée du savoir humain »[359]. On saisit l'un des enjeux de l'Afrique dans la mondialisation des connaissances. Selon Paul Feyerabend, « l'idée de raison et l'idée d'objectivité sont deux idées qui ont souvent été utilisées pour rendre intellectuellement acceptable l'expansion occidentale »[360]. Dans la mesure où l'humanité est en quête des savoirs de toutes les cultures, il faut s'interroger sur le modèle de mondialisation des savoirs à construire en faisant une place aux acteurs de la science situés dans les contextes culturels différents. En même temps, il convient de montrer les risques auxquels l'humanité s'expose lorsque la science qui tend à se globaliser, c'est une science en crise et, en fin de compte, les paradigmes dont la pertinence est remise en question dans l'espace de leur apparition. Les savants et les philosophes qui s'interrogent aujourd'hui sur la science en Occident montrent bien, comme je l'ai indiqué plus haut, que la manière dont la science se développe ne répond plus aux attentes de l'Occident lui-même. En d'autres termes, le débat sur l'impérialisme de la rationalité occidentale telle qu'elle se manifeste à l'ère de la mondialisation ne saurait continuer à s'exercer sur les pays occidentaux eux-mêmes[361]. Comme l'illustre le cas américain, *il s'agit, en fait, de la science d'une tribu guerrière, assoiffée de puissance et de puits d'or noir*[362]. La quête d'une « science ouverte », d'une « raison plus totale » ou d'une « complémentarité des savoirs » met en cause la pratique d'une rationalité particulière, dominante et tronquée. Rien ne justifie l'absurde prétention de cette science à s'identifier à « la raison universelle ». Au moment où l'Occident est hanté par les exigences d'une rationalité dont il s'est fait le devoir d'oublier depuis la séparation de la science et des grands systèmes philosophiques[363], une sorte de vigilance épistémologique s'impose à l'Afrique. On ne peut ici renoncer à imaginer un monde nouveau et meilleur. Dès lors, dans tout rapport au savoir, il s'agit de prendre en compte la négation de ce qui, à travers l'invasion des paradigmes d'Occident, donne sens et valeur à la vie. Le

---

[359] H. Gérard, Préface à l'ouvrage sous la direction de J. Delcourt et Ph. de Woot, *Les défis de la globalisation. Babel ou Pentecôte*, Louvain-La-Neuve, Presses universitaire de Louvain, 2001, p. 8.
[360] P. Feyrabend, *Adieu la raison*, Paris, Seuil, 1987, p. 11.
[361] Sur ce sujet, voir « Peut-on parler d'un impérialisme de la rationalité occidentale » ? A. Birou, P. M. Henry, *Pour un autre développement*, Paris, PUF, 1976, pp. 91-101.
[362] R. Tremblay, *Pourquoi Bush veut la guerre. Religion, politique et pétrole dans les conflits internationaux*, Montréal, Les Intouchables, 2002.
[363] N. Witkowski (dir). *Dictionnaire culturel des sciences*, Paris, Seuil, 2001.

scientifique africain doit veiller à construire une nouvelle cohérence. Dans ce but, des choix fondamentaux se posent au sujet de la nature de la science elle-même. Ces choix obligent à établir de nouveaux liens entre la science et le reste de la culture, en particulier la philosophie, l'éthique et l'art. Ils imposent une autre orientation à la pensée. Remarquons l'enjeu de ces choix : comme le souligne Prigogine, « il est question de la vocation de l'homme ou du destin de l'homme, d'affrontement où se joue le salut ou la perte de l'homme »[364]. Ce retour du scientifique à l'humain invite à la réflexion. Comme le rappelait Alioune Diop, « les hommes de science occidentale eux-mêmes, savent se remettre en question pour s'ouvrir à des horizons nouveaux de recherche et de reformulation »[365]. En dehors du chimiste belge que j'ai cité, toute l'œuvre d'Edgar Morin est là pour en témoigner. Pour le sociologue du contemporain qui évoque la double nature de l'être humain se tissant entre raison et folie, rationalité et irrationalité, on ne comprend pas la réalité humaine si l'on exclut le mythe, le religieux et le symbolique. Dans cette perspective, ce qui se cherche aujourd'hui, c'est une autre science, celle des multiplicités qui nécessitent, selon le chimiste Prigogine et la philosophe Stengers, « une Nouvelle Alliance » entre l'homme et la nature.

Ainsi, dans la mesure où la remise en cause est au cœur de la dynamique de la vie scientifique, l'accumulation des savoirs au cours de l'histoire ne saurait nous faire croire que la science est achevée. Il y a des questions inédites dont la formulation est un défi à la recherche. Si notre vérité se situe toujours dans notre histoire, là où, selon Michel de Certeau, nous sommes soumis au langage ordinaire, sans possibilité de survol ni de totalisation[366], il nous faut donc revenir à la vie quotidienne pour rejoindre le réel qui fait problème autour de nous. C'est ce réel dont il convient de maîtriser les données en ouvrant de nouveaux domaines à la science en train de se faire. Ce retour à notre quotidienneté exige de porter un regard critique sur la science dominante. Celle-ci est animée par la prétention d'être la science universelle alors qu'elle est en quête d'une nouvelle identité. Par ailleurs, la science qui triomphe aujourd'hui est au cœur d'un système qui, avec ses logiques de profit, tend à investir tous les espaces de la vie en société. Pour cette science, l'essentiel, l'efficacité ou l'aisance technologique passent avant les intérêts humains. Bien plus, cette science porte en elle un projet hégémonique d'exclusion dans la mesure où, au-delà de la nature, elle tend à dominer l'homme lui-même. À travers notre histoire, la science qui s'est développée en Occident est incorporée à un système d'inégalité,

---

[364] I. Prigogine et I. Stengers, op. cit. p. 367.
[365] « Pour une pédagogie africaine », art. cit.
[366] M. De Certeau, *L'Invention du quotidien*, Paris, U. G. E, 10/18, 1980, p. 80.

de domination et de contrôle des ressources de la planète³⁶⁷. Il faut insister sur ce fait : la science qui se croit seule au monde s'identifie à un projet de maîtrise de la nature et de conquête du monde. Ne l'oublions pas : le savant est une figure de la colonisation, au même titre que le médecin, le militaire, le commerçant et le missionnaire. Si l'on doit penser à Pasteur dont les découvertes ont sauvé des vies humaines, il faut aussi rappeler le rôle de l'Académie royale dans les conquêtes coloniales. Comme l'écrit Patrick Petitjean, « le système impérial européen, qui s'est généralisé à la fin du XIXᵉ siècle, a su incorporer sciences et techniques. C'est la science qui légitime la colonisation. L'européo-centrisme borne la vision du monde. Il façonne les activités scientifiques et les transferts de technique outre-mer. L'européo-centrisme détruit ou rend invisibles les savoirs locaux, considérés comme des croyances, puis comme des ethno-sciences. À ce titre, l'expansion scientifique européenne produit simultanément des connaissances et de l'ignorance »³⁶⁸.

En ce sens, depuis le XIXᵉ siècle, les sciences d'Europe sont les sciences des « vainqueurs ». À cet égard, elles sont chargées de la mémoire de la violence. Notons cette affirmation de Feyerabend : « La montée de la science moderne coïncide avec la suppression des sociétés non occidentales par les envahisseurs occidentaux. Ces sociétés ne sont pas seulement physiquement supprimées, elles perdent leur indépendance intellectuelle (…). Leurs individus les plus intelligents obtiennent un bonus supplémentaire : ils sont introduits dans les mystères du rationalisme occidental avec à son sommet la science occidentale »³⁶⁹. Bref, « la science moderne a écrasé ses adversaires sans les avoir convaincus. La science moderne a pris la relève par la force, non par le raisonnement (ceci est particulièrement vrai pour les anciennes c colonies où la science et la religion de l'amour du prochain furent introduites comme si cela allait de soi, sans consulter les habitants ni discuter avec eux »³⁷⁰. Les savoirs du Tiers monde sont dans une situation comparable à celle des « sociétés primitives » : ils subissent la même dévalorisation exigée par la science

---

[367] Sur ce sujet, lire J. Habermas, *La science et la technique comme "idéologie"*, Paris, Gallimard, 1973. 1973 ; concernant les rapports entre raison et violence dans l'histoire du continent africain, voir J. M. Éla, *Innovations sociales et renaissance de l'Afrique noire. Les défis du monde d'en-bas*, Paris, L'Harmattan, 1998, pp. 173-183.
[368] P. Petitjean, « Le triomphe du savant colonial », in « 1000 ans de Sciences. VIII-XIXe siècle. Les sciences d'Europe s'imposent au monde », *Les Cahiers de Science et Vie*, no 50 avril 1999, pp. 36-37. Pour une étude approfondie, lire aussi E. de Maronne, *Le Savant colonial*, Paris, Larose, 1930 ; P. Petitjean (eds), *Science and Empires. Historical Studies about Scientific Develdment and European Expansion*, BSPS. no 136, 1992 ; D. Lejeune, *Les Sociétés de géographie en France et l'expansion coloniale au XIXᵉ siècle*, Paris, Albin Michel, 1993 ; pour l'étude d'une figure concrète, lire B. Mouralis et A. Pirouy (dir), *Robert Delavignette, savant et politique (1897-1976)*, Paris, Karthala, 2003.
[369] P. Feyerabend, *Contre la méthode*, op. cit. p. 332.
[370] P. Feyerabend, op. cit. p. 333.

occidentale qui représente l'étalon permettant de juger les différents savoirs. De toutes manières, l'ambiguïté des sciences ne saurait échapper à l'attention. On se souvient des médecins nazis travaillant dans le cadre des sciences de mort[371]. Est-il certain que l'esprit d'Auschwitz a cessé de hanter les laboratoires dans les pays d'Occident où la référence à l'éthique tend à disparaître dans les milieux et les choix de recherche pour lesquels il suffit de s'investir à fond afin de produire des savoirs efficaces ? Comme le montre la militarisation de la recherche dans les universités américaines, la science actuelle est liée à des pouvoirs qui tuent[372]. Dans l'ensemble des champs d'observations et d'études, elle est soumise aux intérêts des bailleurs de fonds. En définitive, ce qu'on considère sous le nom de science tend à devenir une marchandise à vendre au profit des grands trusts qui inventent un nouvel art de gouverner les pauvres à l'ère de la mondialisation. Soulignons l'importance du débat sur la reconnaissance et la protection de la propriété intellectuelle[373]. Il faut aussi noter les discussions sur la valorisation des résultats de la recherche. Il s'agit toujours d'une problématique de l'activité scientifique marquée par les incitatifs à la commercialisation. Bref, *l'ordre marchand impose l'ordre scientifique*. Dans ces conditions, l'emprise de l'économique sur cet ordre est telle que tout effort d'analyse et de recherche doit conduire à des connaissances opératoires. La priorité de cet effort n'est alors reconnue qu'aux programmes à finalité économique et aux secteurs susceptibles de permettre aux entreprises de croître leur compétition. Ainsi, la science, c'est ce qui permet d'être compétitif sur le marché. En d'autres termes, la recherche joue un rôle stratégique dans la compétition internationale. Bref, tout le système de recherche obéit à une vision du monde où tout se réduit à l'économique. Aussi, la science se cantonne beaucoup plus dans le domaine du savoir-faire que l'élaboration du savoir. Il s'agit plus de permettre à l'homme d'agir que de répondre aux questions qu'il se pose dans la vie. En définitive, « la science se transforme en technoscience » et cesse d'être une aventure de l'esprit pour devenir une pure pratique »[374].

À l'heure où l'on s'interroge sur l'intégration de l'Afrique dans l'économie mondiale, il est urgent de s'affranchir du modèle de globalisation sauvage dont on ne peut ignorer les réactions violentes qui risquent de déstabiliser la planète. À vrai dire, *la souveraineté de la science et le triomphe de la technologie sont*

---

[371] B. Müller-Hill, *Science nazie, science de mort*, Paris, Odile Jacob, 1989.
[372] J. J. Salomon, *Le Scientifique et le Guerrier,* Paris, Belin, 2001.
[373] Voir l'article d'André Hade critiquant le *Plan d'action en gestion de la propriété intellectuelle dans les universités et les établissements affiliés* du ministère de la Recherche, de la Science et de la Technologie, *SPUQ-Info*, no 223, mars 2002, pp. 10-1 ; P. Lebuis, « Adoption de la Politique sur la reconnaissance et la protection de la propriété intellectuelle. Les efforts du SPUQ portent fruit », *SPUQ-Info,* no 232, septembre 2003, pp. 8-9.
[374] J. M. Lévy-Leblond, Communication aux Dialogues de l'A. S. T. S. sur Arts et Sciences, Paris, ASTS, 1997, p. 67.

au cœur même de l'idéologie totalitaire. Les guerres du pétrole ou du diamant le montrent bien. Dans cette perspective, s'il est bien vrai que le développement du continent africain passe par la recherche scientifique[375], ce développement ne peut être uniquement économique. Pour être humain et durable, il faut y réintroduire les dimensions sociales et culturelles que l'économie libérale et sauvage tient en médiocre estime dans la mesure où les problèmes de justice sociale et d'environnement n'ont pour elle aucune valeur. Dans le contexte actuel et mondial où le politique, le social, le culturel et la qualité de vie doivent trouver droit de cité au sein des nations à partir des espaces de vie à créer où il convient de construire les « Babels heureux », on voit le défi qui consiste à retrouver ce que prônait Adam Smith lui-même en rappelant que l'économie doit être la servante de la société. Ainsi, si tout ne peut être réduit à une problématique économique, il nous faut remettre en cause l'idée de science imposée par les multinationales qui n'ont qu'un seul objectif : faire des bénéfices. Le potentiel de recherche qui se soumet à cet objectif ne vise que l'acquisition des succès techniques de l'activité scientifique. Ce qui compte, c'est l'efficacité pratique. À l'évidence, cette vision du rapport au savoir résulte d'un projet de société qui veut globaliser le modèle de science dont l'efficacité repose sur sa capacité à ne pas penser, selon le mot surprenant de Heidegger cité plus haut.

Or, aucune société ne peut avancer en renonçant à tout questionnement critique. De plus, si l'on veut bien tenir compte des millions d'êtres humains vivant dans les situations de précarité liées au mal-développement que le modèle néolibéral exporte outre-frontières dans son processus d'expansion, il semble nécessaire d'arracher la science des limites étroites où on veut l'enfermer et de lui rendre sa capacité à s'ouvrir à des horizons plus vastes. En réalité, en rupture avec les idéologies réductrices, en science, l'on doit aujourd'hui explorer une réalité complexe qui associe de manière inextricable ce que l'on tend à opposer sus les registres de l'être et du devoir - être. En ce sens, développer une critique de la science permet à la science de reconquérir son autonomie et sa créativité. Dès lors, au-delà des alibis trompeurs et des dérives aliénantes, ne faut-il pas inventer une autre science, celle qui est à la fois modeste et ouverte à la vie totale des millions d'Africains qui sont les exclus du festin ? Cette question est incontournable dans les pays qui régressent et les sociétés qui souffrent. Devant cette situation, si la science est liée au processus de rationalisation qui fait partie intégrante de la modernité, comment repenser la production scientifique de telle manière qu'elle participe à un projet émancipateur et s'articule avec la vie, en réponse aux enjeux importants des nouvelles générations africaines confrontées aux effets pervers des politiques de

---

[375] J. M. Éla, *Guide pédagogique de formation à la recherche*, op. cit. p. 9.

libéralisation économique ? En procédant par approches successives, je voudrais ouvrir des pistes de réflexion en me laissant habiter par ces questions.

Chapitre III

Les sociétés africaines à l'épreuve de l'esprit scientifique

Dès le départ, je ne saurais masquer les difficultés que présente le projet de refonder les sciences dans le contexte africain. Pour saisir les enjeux de ce projet, une série de remarques préalables doit permettre d'évaluer les problèmes incontournables du rapport au savoir dans les sociétés africaines qui ont leur mentalité et leur historicité. À ce sujet, on peut se demander s'il existe dans ces sociétés des conditions favorables à l'émergence de l'esprit scientifique. Plus radicalement, en Afrique, ce qui est en jeu, ce sont les conditions anthropologiques de l'émergence de la pensée scientifique. Précisons le sens de ce questionnement. Il y a plus d'une trentaine d'années, Georges Balandier avait dirigé une étude sur « Les implications sociales du progrès scientifique et technique ». Selon cette étude, sans réformes sociales appropriées, les pays en développement ne peuvent maîtriser la science et la technique moderne. En fait, il faut souligner l'importance du contexte culturel qui a favorisé l'émergence des connaissances scientifiques à l'époque moderne : la Renaissance a coïncidé avec une période de réexamen des textes et des valeurs. Pensons aussi à la philosophie des Lumières qui fut propice à l'éclosion de la pensée scientifique sous l'influence du mouvement des Encyclopédistes. À ce sujet, la science s'accommode mal avec le dogmatisme. Car, elle recourt au doute et à l'analyse critique. En définitive, elle a besoin d'un espace de liberté. De plus, la science s'est imposée par la rupture avec toute vision mystique du monde et de l'existence. Dans ce sens, l'absence de séparation entre le profane et le sacré qui s'impose avec force est un frein au développement de la science. En considérant le rôle déterminant du contexte culturel dans ce développement, on comprend la question de Joseph Needham : « Pourquoi la Chine a-t-elle pu conquérir une telle avance sur les autres civilisations et pourquoi n'a-t-elle pas conservé cet avantage ? Tout cela résulte, croyons-nous, de différences structurelles entre ses systèmes économiques et sociaux et ceux de l'Occident »[376].

---

[376] J. Needham, art. cit. p. 7.

Prenons un autre cas exemplaire : jusqu'au XIIe siècle, les pays de l'islam furent à la pointe du progrès scientifique. Mais l'existence de certaines valeurs a mis en cause l'élan initial qui a subi un arrêt brutal. En suivant ces leçons de l'histoire, on voit la nécessité de prendre en compte le contexte culturel et social dans les objectifs de développement de la science[377]. Il doit exister une mentalité favorable à l'apparition de problématiques nouvelles et de thèmes nouveaux qui, c comme le souligne Gérard Holton, vont dominer et orienter une partie de l'action scientifique[378]. Il importe d'insister sur le poids de la mentalité dans l'effort qui vise à comprendre le réel et la société. Il s'agit de cet ensemble de croyances, d'habitudes, d'attitudes et de tournure d'esprit qui commandent la pensée et l'action d'une collectivité. On ne peut négliger leur rôle considérable dans l'essor des sciences. Le goût du risque, l'esprit d'aventure et le sens de l'initiative, enfin le désir de savoir, de comprendre et de voir sont liés à une sorte de compromis entre la science et la société. Au sein d'une culture donnée, l'existence de certaines valeurs et attitudes est un préalable nécessaire à l'exercice de la connaissance scientifique. Bref, la formation des savants et des inventeurs n'est possible que dans une société qui a su créer en son sein les meilleures structures sociales d'épanouissement favorables au développement des structures de la vie scientifique. En d'autres termes, un certain nombre de préalables sociaux sont indispensable au progrès des sciences. La maîtrise des connaissances nécessite donc une véritable révolution culturelle.

Cette exigence s'impose dans la mesure où, selon Robert K. Merton, il existe un ethos de la science analogue à l'esprit du capitalisme que Max Weber a découvert dans l'éthique protestante. Dans ce sens, il s'agirait d'une manière d'être, d'un mode de réflexion à l'égard de la réalité, d'un choix volontaire de vie et de valeur, d'une manière de penser et de sentir, bref, d'une marque d'appartenance qui se caractérise par des normes de comportements spécifiques. Pour Merton, l'activité scientifique est réglée par :

- L'universalisme, qui implique que les affirmations des chercheurs doivent être jugées en fonction des critères impersonnels, qui doivent s'imposer à tous.

- La norme de désintéressement, qui veut que le seul objectif du chercheur soit le progrès des connaissances, et non une satisfaction personnelle.

---

[377] Sur le thème des mentalités, cf le texte fondamental de. P. Thullier, « Mentalités et idéologies : un essai sur les aspects « culturels » du développement industriel, technique et scientifique », in *Incidence des rapports sociaux sur le développement scientifique et technique*, Séminaire de recherche CORDES, 1974-1975 ; lire aussi Y. Renouard, *Les Hommes d'affaires italiens du Moyen Âge*, Paris, A. Colin, 1972, p. 539.
[378] G. Holton, *Thematic Origins of Scientific Thought*, Harvard University Press, 1973.

- La mise en commun qui impose que toutes les connaissances soient publiques, partagées dans la mesure où elles intéressent toute la communauté.

- Enfin le scepticisme organisé qui justifie la critique et le droit de réfuter une affirmation.

Ces normes de comportement, associées à la démarche scientifique, situent la production des connaissances dans la dynamique du débat et de la controverse en vue de ne conserver comme acquis que ce qui a résisté à un examen critique approfondi, excluant tout dogmatisme[379]. Ces normes sont propres à l'institution scientifique. Elles la fondent comme sous-système autonome au sein de la société. En définitive, elles constituent la structure sociale de la science. Bref, l'éthos de la science est un ensemble de valeurs et de normes auxquelles l'homme de science doit se conformer[380].

Il est clair que cet état d'esprit présuppose une croyance préalable qu'Abraham Moles définit comme « l'axiome totalitaire de la méthode scientifique ». Il écrit en effet : « c'est un axiome quasi intuitif de notre société qu'il n'existe rien du monde extérieur qui ne puisse se connaître par la méthode scientifique : tout peut être objet de science. C'est en tout cas l'axiome qui sous-tend le rationalisme comme éthique de la pensée contemporaine, plus spécifiquement de la pensée occidentale qui a su imposer l'approche scientifique dans tous les domaines de notre connaissance. En fait, la civilisation occidentale -dont la localisation à l'Europe s'est effacée depuis longtemps, -considère que l'un de ses principaux apports à l'espèce humaine est le rationalisme scientifique avec son universalité, sa cohérence à tous les niveaux, son positivisme aussi, et sa méthode expérimentale »[381]. À cet axiome dont parle Moles, il faut sans doute ajouter un autre : la capacité de prendre la distance qui rend possible le travail de la pensée. Il s'agit de la mise à distance par rapport au monde sur lequel et dans lequel se produit le savoir. On est renvoyé ici à l'individu dont l'invention oblige à penser le scientifique comme sujet, c'est-à-dire source de ce qu'il fait ou devient. De plus, il convient de voir si le manque de liberté n'étouffe pas chez l'individu l'épanouissement de son esprit de curiosité et de son instinct créatif. À cet égard, on est confronté à la crise de la primauté de la solidarité, de la proximité et de la communion. Cette crise est inévitable si l'on veut échapper aux déterminations qui encadrent le travail scientifique. En effet, la figure du chercheur scientifique ne se fonde que sur la coupure et la distance entre le sujet et l'objet du savoir. En ce sens, l'effort vers la science exige l'affirmation d'individualités très fortes capables

---

[379] R. K. Merton, *The Sociology of Science*, University of Chicago Press, 1973.
[380] R. K. Merton, *The Normative Structure of Science*, 1942.
[381] A. Moles, op. cit. pp. 54-55.

de faire face aux pressions ou aux croyances collectives et de résister à des explications simplistes et superficielles. Einstein écrit justement : « le chercheur, en principe, ne se fonde sur aucune autorité dont les décisions ou communications pourraient prétendre à la vérité. D'où le violent paradoxe suivant. Un homme livre toute son énergie à des expériences objectives et il se transforme, dès qu'on l'envisage en sa fonction sociale, en un individualiste extrême qui, théoriquement du moins, ne se fierait qu'à son propre jugement. On pourrait presque dire que l'individualisme intellectuel et la recherche scientifique naissent ensemble historiquement et que depuis ils ne se séparent plus »[382]. Bref, l'émergence de la société de l'individu s'articule avec la formation de l'esprit scientifique. Celui-ci présuppose cette affirmation du moi et de son autonomie qui est loin d'apparaître comme une donnée immédiate dans les comportements de nombreux Africains. Catherine Coquery-Vidrovitch attire justement l'attention sur ces comportements en observant le langage des « chercheurs africains qui présentent oralement leurs travaux de thèse : « Nous pensons ceci, nous avons trouvé cela ». Cet effort du « je » que je demande à mes étudiants de recherche, j'ai souvent remarqué à quel point ils renâclent à le faire : « je » pense ceci, j'ai remarqué cela », et plus encore : « j'affirme que » : que dois-je corriger des expressions évitant au maximum toute prise revendiquée de responsabilité personnelle, du genre « nous pourrions peut-être en inférer que... ». C'est que dire *je*, ouvertement, définitivement, c'est s'affirmer comme individu contre, ou du moins face à une communauté, faite des confrères, des aînés, des ancêtres, de l'ensemble de tous ceux qui garantissent le consensus, qui rassurent l'individu en lui assurant qu'il n'exprime par sa bouche que ce qui est garanti par tous les autres »[383]. Dans la mesure où, face au *consensus,* dire *je* est un acte culturel qui engage le rapport entre l'individu et la société, on entrevoit l'épreuve à laquelle « la volonté de savoir »[384] soumet l'homme africain. Je revendrai sur ce sujet capital. Il faut encore approfondir la réflexion sur les défis préalables qui surgissent sur le chemin de la connaissance. Dans ce but, il importe d'étudier les voies d'une renaissance scientifique de l'Afrique en abordant sans détour la question des conditions de possibilité de la production des sciences dans les sociétés africaines dominées par une conception bioreligieuse de l'univers et de l'existence. Dans cette perspective, il convient de souligner le processus de déréalisation du monde qui est à l'origine de la science moderne.

---

[382] Einstein, op. cit. p. 187.
[383] C. Coquery-Vidrovitch, « Obstacles socio-culturels au développement » : quelques réflexions en guise d'introduction », *Bulletin de l'IFAN Ch. A. Diop, Spécial Cinquantenaire de l'IFAN*, T. 47, sér. B, no 2, 1996, 192.
[384] M. Foucault, *Histoire de la sexualité, t. I, La Volonté de savoir,* Paris, Gallimard, 1976.

Le monde de la science et le monde de la vie

Dans un passage bien connu des *Études newtoniennes*, Alexandre Koyré écrit : « Il y a quelque chose dont Newton doit être tenu responsable, ou pour mieux dire, pas seulement Newton mais la science moderne en général : c'est la division de notre monde en deux. J'ai dit que la science moderne avait renversé les barrières qui séparaient les Cieux de la Terre, qu'elle unit et unifia l'Univers. Cela est vrai. Mais je l'ai dit aussi, elle le fit en substituant à notre monde de qualités et de perceptions sensibles, monde dans lequel nous vivons, aimons et mourant, un autre monde : le monde de la quantité, de la géométrie réifié, monde dans lequel, bien qu'il y ait place pour toute chose, il n'y en a pas pour l'homme. Ainsi le monde de la science-le monde réel - s'éloigna et se sépara entièrement du monde de la vie, que la science a été incapable d'expliquer - même par une explication dissolvante qui en ferait une apparence « subjective ». En vérité, deux mondes sont tous les jours- et de plus en plus- unis par la praxis. Mais, pour la théorie, ils sont séparés par un abîme. Deux mondes : ce qui veut dire deux vérités. Ou pas de vérité du tout. C'est en cela que consiste la tragédie de l'esprit moderne, qui « résolut l'énigme de l'Univers » mais seulement pour la remplacer par une autre : l'énigme de lui-même »[385].

Il importe de saisir ici les conditions d'émergence des savoirs à l'instant même de leur constitution par la séparation du monde de la vie et du monde de la science. Plus précisément, il faut prendre acte des enjeux d'existence liés au passage à la science dans un système de pensée où, selon le mot de Schiller, « l'espace de Newton est le vide du cœur ». En effet, dès lors que la science oublie qu'elle est d'abord inquiétude et connaissance, souci de l'infini, c'est-à-dire qu'elle est profondément enracinée dans le monde de la vie et de ses interrogations, la démarche quantitative corrélative au développement de la science enferme l'homme dans sa subjectivité en le coupant des choses mêmes. Dès le XVIIe siècle, la réussite de la nouvelle science, incarnée par les *Principes mathématiques de philosophie naturelle* de Newton (1687), conduit à oublier la visée spéculative ancrée dans le monde de la vie au profit d'un régime ou d'une structure de pensée dans laquelle, pour reprendre les termes d'Alexandre Koyré, « il n'y a plus de place pour l'homme ». En Occident, la science moderne apparaît comme un processus historique profondément marqué par la négation de l'humain. On se souvient du projet fondamental de Lévi-Strauss que j'ai rappelé au début de cette étude : « Le but des sciences humaines n'est pas de constituer l'homme mais de le dissoudre »[386]. Autrement dit, pour le scientifique, l'homme n'est pas différent des choses. On retrouve la décision galiléenne de

---

[385] A. Koyré, *Études newtoniennes*, op. cit. pp. 42-43.
[386] C. Lévy-Strauss, *La Pensée sauvage*, Paris, Plon, 1962.

faire abstraction de la subjectivité. En fait, avec la rupture entre le monde de la science et le monde de la vie, l'homme est renvoyé à lui-même, au « silence éternel des espaces infinis » qui effraie tant Pascal. Bien plus, comme je l'ai montré plus haut, dès l'époque où naît la science moderne avec Galilée, Kepler et Newton, il n'y a plus de monde réel que celui où règne le discours quantitatif, décentré de l'être humain mais efficace et de caractère instrumental. Le travail de vérité de la science ne s'attache pas à la qualité sensible. *Faire de la science, c'est perdre le monde dont la richesse sollicite tous nos sens.* Hannah Arendt insiste sur les conséquences tragiques de cette perte du monde devenu étranger à l'être humain dans la mesure où le triomphe de la rationalité mathématique est perçu comme la défaite du sens commun. L'homme a appris « que ses sens n'étaient pas ajustés à l'univers, que son expérience quotidienne, loin de pouvoir constituer le modèle de la réception de la vérité et de l'acquisition du savoir, était une source constante d'erreur et d'illusion. « Désormais, l'homme, où qu'il aille, ne rencontre que lui-même (…). Dans cette situation d'aliénation du monde radicale, ni l'histoire ni la nature ne sont plus du tout concevable. Cette double disparition du monde a laissé derrière une société d'hommes qui, privés d'un monde commun qui les relierait et les séparerait en même temps, vivent dans une séparation et un isolement sans espoir ou bien sont pressés ensemble en une masse »[387]. Ainsi, l'aliénation est la condition fondamentale qui caractérise le drame de l'esprit moderne dans le processus où se constitue la science. Ici s'enracine profondément la « crise des sciences européennes » dont a parlé Husserl dans son dernier livre où il déplore la détresse spirituelle qui envahit l'Europe devant l'éclatement de la science en disciplines séparées qui, dans leur abstraction, n'ont plus rien à dire à l'humanité. Un des aspects essentiels des premières pages de cet ouvrage repose sur la constatation que la science a été réduite à la seule connaissance des faits. Cette situation conduit les praticiens de la science à n'attacher d'attention qu'à l'étude des faits en laissant tomber toutes les questions de sens inscrites dans le monde de la vie ordinaire. En effet, « le positivisme, pour ainsi dire, décapite la philosophie »[388]. C'est l'héritage de ce système dont on retrouve l'influence à travers la conception de la science qui, en discréditant le contact direct avec le réel, remet en question l'adhérence de l'homme au monde en vue de faire disparaître la métaphysique et le mysticisme du domaine scientifique. En dépit de la diversité des méthodes de recherche propres à chaque science, c'est bien cet esprit qui domine dans toute investigation scientifique.

---

[387] H. Arendt, « *Le concept d'histoire* », dans *La crise de la culture*, Paris, Gallimard, 1972, pp. 75 et 119-120.
[388] Husserl, op. cit. p. 14.

Depuis Platon et Aristote qui ont fixé durablement les rapports entre la science et l'opinion[389], l'esprit scientifique exige de rompre avec le monde où nous vivons. La pensée scientifique n'existe que par la mise à l'épreuve d'elle-même par elle-même face aux évidences du bon sens auxquelles elle ne peut s'accommoder[390]. En science, on ne connaît jamais que contre une connaissance antérieure, affirme Bachelard. La « philosophie du non » qui sous-tend « la psychanalyse de la connaissance objective » suppose le discrédit sur l'opinion. « L'opinion a en droit toujours tort. L'opinion pense mal ; elle ne pense pas ; elle traduit des besoins en connaissances. En désignant les objets par leur utilité, elle s'interdit de les connaître. On ne peut rien fonder sur l'opinion : il faut la détruire ». En d'autres termes, aucune place n'est faite au bon sens et à ses évidences. La « philosophie du non » repose sur la conviction que « c'est en terme d'obstacles qu'il faut poser le problème de la connaissance scientifique ». Dès lors, il faut renoncer à se confier aux leçons de la nature. « L'observation première est toujours un premier obstacle pour la culture scientifique »[391]. Bref, nul n'entre dans la science s'il n'a rompu avec les évidences premières. « L'objectivité scientifique n'est possible que si l'on a d'abord rompu avec l'objet immédiat, si l'on a refusé la séduction du premier choix, si l'on a arrêté et contredit les pensées qui naissent de la première observation. Toute objectivité dûment vérifiée dément le premier contact avec l'objet. Elle doit d'abord tout critiquer : la sensation, le sens commun, la pratique la plus constante, l'étymologie enfin, car le verbe qui est fait pour chanter et séduire rencontre rarement la pensée »[392]. Dans ce sens, connaître, c'est lutter contre soi-même. Cet acte s'inscrit dans le processus de négation et de rupture qui conduit Bachelard à concevoir la nécessité d'une « cité scientifique » établie « en marge de la cité sociale »[393].

Ainsi, pour la science, le monde ne consiste jamais dans la représentation que le sujet peut en avoir grâce à ses organes sensoriels, mais toujours dans le résultat de vérifications et de construction. En ce sens, le monde, c'est ma théorie. Rappelons le mot de Heidegger : « La science est la théorie du réel »[394]. Pour en prendre conscience, il faut souligner le caractère construit de toute connaissance scientifique. Pour Bachelard nourri des lectures de Bergson, il y a une évolution créatrice de l'intelligence, un élan vital, qui fait que le

---

[389] Voir H. Barreau, *Aristote et l'analyse du savoir*, Paris, Seghers, 1972 ; H. Joly, *Le renversement platonicien. Logos-épistémè, polis*, Paris, Vrin, 1974.
[390] Sur ce sujet, cf. les articles sur le thème : « Le bon sens et la science », *Sciences et Avenir*, octobre/novembre 2002.
[391] G. Bachelard, *La Formation de l'esprit scientifique*, Paris, Vrin, 1986.
[392] G. Bachelard, op. cit.
[393] G. Bachelard, *Le rationalisme appliqué*, Paris, PUF, 1975, pp. 22-24.
[394] Heidegger, *Essais et conférences*, op. cit. p. 51.

déroulement des productions rationnelles est perpétuellement création d'un nouveau savoir irréductible à ce dont il procède. Insister sur le caractère créateur, quasi démiurgique de l'activité scientifique, c'est en faire un travail. Dans ce mouvement créateur, il n'y a pas de continuité mais de discontinuité dans la mesure même où le progrès de la science est un progrès de rupture « entre connaissance commune et connaissance scientifique, entre expérience commune et technique scientifique ». A ce titre, l'histoire des sciences est un appel à abandonner la stérilité et à résister à toute tentation de l'immobilisme. Selon Bachelard, *la science est de nature polémique*. En fait, elle est marquée par des bouleversements qui, comme on l'a vu au cours des derniers siècles, ont secoué le monde de la recherche. Cela suffit pour justifier les efforts de rupture et de purification qui sous-tendent l'aventure scientifique. « Le physicien a été obligé, trois ou quatre fois depuis vingt ans, de reconstruire sa raison et, intellectuellement parlant, de se refaire une vie », écrit Bachelard dans *Le Nouvel Esprit scientifique*. Dans cette perspective, en nous délivrant toujours des contraintes du bon sens, la science nous restitue à l'infini des possibles. Contre tous les dogmatismes, telle est l'émancipation apportée par l'ère du nouvel esprit scientifique qui caractérise les mutations actuelles de l'intelligence. Pour Bachelard, avant de gagner sa liberté, l'esprit scientifique devrait passer par trois stades : « l'esprit concret, où il s'amuse des premières images du phénomène et s'appuie sur une littérature philosophique glorifiant la Nature, chantant curieusement à la fois l'unité du monde et sa riche diversité ; l'état concret-abstrait, où il adjoint à l'expérience physique des schémas géométriques et s'appuie sur une philosophie de la simplicité ; l'état abstrait, où il entreprend des informations volontairement soustraites à l'intuition de l'espace réel, volontairement détaché de l'expérience immédiate et même en polémique ouverte avec la réalité première, toujours impure, toujours informe »[395].

Dans cette vision qui s'inspire d'Auguste Comte[396], on découvre que l'esprit scientifique n'est pas inné. En réalité, il se trouve progressivement délesté du poids de l'expérience concrète. Et c'est l'accès à l'abstraction qui, en fin de compte, lui confère son véritable dynamisme. A cet égard, dans la mesure où rien n'est donné au titre de phénomène naturel, -car tout est construit- il faut accorder toute l'importance à la théorie qui précède toujours l'expérience. L'épistémologie bachelardienne est une sorte d'éloge de la connaissance abstraite dont il convient de souligner la place centrale dans tout projet d'élaboration et de construction des sciences. Il importe d'y insister. *Car l'esprit*

---

[395] G. Bachelard, *La Formation de l'esprit scientifique*, op. cit.
[396] Ouvrages de référence : *Catéchisme positiviste*, Paris, Garnier- *Discours sur l'ensemble du positivisme* Flammarion, 1969 ; *Cours de philosophie positive*, Paris, Anthropos, 1968, Paris, Union générale d'Editions, 1963 ; voir aussi J. Lacroix, *La Sociologie d'Auguste Comte*, Paris, PUF, 1961.

positif ne renonce pas à penser. Il ne se réduit pas au culte des faits. En d'autres termes, il y a, ici, place pour l'idée et la théorie qui sont une activité de l'intelligence. En fait, comme le rappelle Claude Bernard, « faire taire la raison est aussi dangereux pour les sciences expérimentales que les croyances de sentiment ou de foi qui, elles aussi, imposent le silence à la raison. En un mot, dans la méthode expérimentale comme partout, le seul critérium réel est la raison »[397].

Pour les travailleurs de la preuve dont le résultat des recherches doit être ratifié par la Cité scientifique selon les processus sociaux de construction des sciences dont j'ai parlé, la question de savoir comment la raison fonctionne est d'un intérêt mineur. Écoutons encore l'auteur de l'*introduction à l'étude de la méthode expérimentale* : « Pour trouver la vérité scientifique, il importe peu au fond de savoir comment notre esprit raisonne. Il n'y a que l'étude seule de la nature qui puisse donner au savant le sentiment vrai de la science ». Ce qui importe, c'est que « l'investigateur doit douter ». Pour Claude Bernard, « la seule règle unique et fondamentale de l'investigation scientifique se réduit au doute, ainsi que l'ont déjà proclamé d'ailleurs de grands philosophes ». En d'autres termes, à l'origine de la science, se trouve le souci de garder toujours sa liberté d'esprit. C'est ce qui oblige de douter, de fuir les idées fixes et de refuser la soumission à l'autorité. « En science, le grand précepte est de modifier et de changer ses idées à mesure que la science avance ». Dans cette dynamique de la recherche, « l'esprit vraiment scientifique devrait nous rendre modeste et bienveillants. Nous savons tous bien peu de chose en réalité, et nous sommes tous faillibles en face de difficultés immenses que nous offre l'investigation dans les phénomènes naturels. Le savant qui veut trouver la vérité doit conserver son esprit calme, et, si c'était possible, ne jamais avoir, comme dit Bacon, l'œil humecté par les passions humaines »[398]. Ces rudiments de l'éducation de base nous écartent de l'idée fausse de la science qui, en imposant la soumission à des règles et à des systèmes, tend à étouffer l'émergence d'un esprit libre et ouvert. Il faut donc bien s'entendre : comme le résume Claude Bernard, « La méthode expérimentale est la méthode scientifique qui proclame la liberté de l'esprit et de la pensée. Elle secoue non seulement le joug philosophique et théologique, mais elle n'admet pas non plus d'autorité scientifique personnelle. Ceci n'est point de l'orgueil et de la jactance ; l'expérimentateur, au contraire, fait acte d'humilité en niant l'autorité personnelle, car il doute aussi de ses propres connaissances, et il soumet l'autorité des hommes à celle de l'expérience et des lois de la nature »[399]. Dans ce sens, selon André Lalande, « l'esprit scientifique se définit le plus souvent,

---

[397] C. Bernard, *Introduction à l'étude de la médecine expérimentale*, p. 88.
[398] C. Bernard, op. cit. p. 72-73, 74
[399] C. Bernard, op. cit. p. 77.

en un sens général, favorable, de l'esprit d'ordre, de clarté, du besoin de vérification précise et contrôle »[400].

En fait, comme je l'ai suggéré plus haut, l'analyse de la science en acte ne permet pas de définir avec rigueur de ce qu'il est convenu d'appeler « l'esprit scientifique ». On ne peut figer cet esprit dans un concept ou une théorie pour affirmer qu'il est ceci ou cela. Car, tout se passe comme si l'homme de science avait tendance à ne se préoccuper d'aucune règle établie. Sa vraie méthode, c'est celle qu'il invente dans la pratique de la recherche qui, en définitive, est davantage un art que la soumission à des méthodes apprises. À ce sujet, pour comprendre l'avancée des sciences, on pense à cette « divagation » et à cette « randonnée » de l'âme dont parle Michel Serres. Il s'agit, précise Jean-Louis Le Moigne, de cette « liberté indifférenciée » des origines où l'esprit s'abstrait des contraintes qu'il se forge usuellement, et d'où peut naître, au risque des détours les plus hardis, la formulation d'une hypothèse nouvelle, ultérieurement démontrable. Ajoutons à cela un soupçon de goût du jeu pour faire bonne figure »[401]. Il n'existe aucune méthode pour aboutir à la découverte géniale. Dans ce domaine, le rôle de l'imagination et de la liberté de création est essentiel. Ainsi, « tout est bon », comme le proclame Feyerabend qui plaide pour une épistémologie anarchiste. Face aux exigences des philosophes soucieux de méthodologie de la recherche en sciences, Einstein rappelle que le scientifique en action est un « opportuniste épistémologique », faisant flèche de tout bois. Les règles de la méthode ne rendent pas compte de la science telle qu'elle se fait. Jean-Marc Lévy-Leblond le rappelle opportunément : « toutes les grandes découvertes sont « truquées » par l'intuition de leur auteur »[402].

En cherchant à comprendre comment les scientifiques travaillent, il faut donc renoncer à les enfermer dans les schémas préétablis dont ils s'écartent volontiers dans la mesure où, bien souvent, la logique, surtout dans les sciences de la nature, est rarement à la source des découvertes comme je l'ai déjà noté. En un sens, les règles de la méthode expérimentale sont de peu d'importance pour les grands hommes de science qui semblent se maintenir à la marge ou dans l'ignorance de la tradition logique. Comme l'écrit Selye, « quelque paradoxal que cela puisse sembler, la valeur pratique de la logique formelle, des lois de la pensée et de la méthode scientifique est extrêmement limitée dans la vie quotidienne et dans la science ». Le chercheur ne recourt que rarement aux conditions précises par lesquelles les livres définissent l'esprit ou la démarche scientifique. A s'en tenir aux idées reçues, la science, c'est d'abord un certain

---
[400] A. Lalande, *Vocabulaire technique et critique de la philosophie*.
[401] J. L. Le Moigne, « L'arbre ou l'archipel ? Sur la connaissance disciplinée », in *Guerre et paix entre les sciences*, op. cit. p. 189.
[402] J. M. Lévy-Leblond, *L'esprit de sel. Science, culture, politique*, Paris, Seuil, 1984, p. 209.

esprit, avec sa démarche, sa méthode, son attitude et son comportement face au monde qui nous entoure[403]. Dans un domaine où tout est construit, il importe de souligner le rôle de l'esprit dans sa capacité de reconstruire le réel. Plus précisément, à travers l'exercice de la rationalité qui constitue une dimension centrale de l'existence humaine, il s'agit d'une affaire de culture et de société. En effet, ce qui se dégage de la pratique de la science, c'est, incontestablement, une manière de penser qui s'inscrit dans les manières de vivre au sein d'une société. Il est clair qu'on retrouve dans la science des modes de la pensée mathématique, physique, biologique, médicale, politique ou économique dont on peut lire les manifestations à tous les niveaux du développement de l'intelligence comme le rappellent les travaux de Piaget sur « *la Genèse du nombre chez l'enfant* ». A cet égard, au-delà des règles conventionnelles et des logiques formelles, ce qui me paraît fondamental, c'est le sens de la question et la capacité d'invention qui animent la pensée scientifique dans la diversité des territoires humains. En effet, à partir du lieu où l'on s'interroge sur les questions concrètes qui surgissent dans la vie quotidienne, l'esprit scientifique se manifeste par une manière de voir et de dire le monde à un moment de l'histoire où se déploient les ressources de l'intelligence face à l'univers. A travers un regard et un langage appropriés, l'être humain invente des réponses pour répondre à la *libido sciendi*, c'est-à-dire à son désir et à son besoin de comprendre et de rendre compte de la réalité dont les questions éveillent sa capacité d'étonnement ou d'émerveillement, d'observation, de réflexion et d'imagination.

C'est pourquoi, comme on verra bientôt dans le cas de l'Afrique, s'il n'y a pas de sociétés sans savoirs qui s'élaborent dans l'axe des relations dynamiques entre la nature et la culture, sans m'arrêter ici sur le contenu ou la valeur de ces savoirs, il me suffit d'amorcer la réflexion qui s'impose lorsqu'on admet qu'au-delà des structures fondamentales ou des cadres de la pensée dont la formulation rappelle, en réalité, les catégories chères à l'idéalisme kantien, c'est dans la société elle-même, enracinée dans la pratique quotidienne que se situe l'instance ultime d'où la science fait irruption dans l'histoire d'une culture. Bref, en acceptant qu'à travers la rationalité de sa démarche, la science n'est jamais « pure » mais se trouve immergée dans une société et une histoire, on doit se demander si, en fin de compte, il n'y a pas lieu de revenir ici sur ce qui passe pour être Le Débat de la Raison et de la Société dans le contexte spécifique des cultures africaines. Pour situer l'enjeu de ce débat, il est utile de rappeler l'espace où il s'enracine quand on connaît le poids de l'Occident dans l'histoire des sciences comme je l'ai noté au début de cette étude. Lévi-Strauss n'hésite pas à écrire : « le critère de la connaissance scientifique n'est définissable que

---

[403] Sur ces caractéristiques, voir J. Fourastié, *Les conditions de l'esprit scientifique, op. cit.*

par référence à la science de l'Occident »[404]. Le sans gêne délibéré de ce type d'affirmation arrogante oblige de faire des mises au point nécessaires. Pour amorcer la réflexion sur ce sujet, il convient d'examiner attentivement les réactions et les attitudes des écrivains négro-africains face à la rationalité occidentale.

Le jeu de l'Irrationalité dans le grand Rire nègre

Dans cette perspective, on peut se demander si la majorité des Africains d'aujourd'hui s'est réellement éloignée de l'esprit de la Négritude en dépit des ruptures de façade. Précisons-le. Pour Senghor, « La Négritude, comme culture des peuples noirs, ne saurait être dépassée »[405]. De fait, elle est la manière de vivre en Nègre. Dès lors, le défi de la rationalité est au coeur des choix de valeur et des processus de réappropriation de l'identité africaine dans un contexte historique où la génération de Césaire et de Senghor a dû se redéfinir par rapport à l'image du Noir dans le regard de l'Occident. On se souvient des vers de l'auteur du *Cahier d'un retour au pays natal* :

> *« Ceux qui n'ont inventé ni la poudre ni la boussole*
>
> *Ceux qui n'ont jamais su dompter la vapeur ni L'électricité*
>
> *Ceux qui n'ont exploré ni les mers ni le ciel... »*[406]

A travers la non-technicité du Noir, c'est le rapport à la science qui est en cause. Pour le Négro-africain, l'essentiel est ailleurs :

> *« Ma négritude n'est ni une tour ni une cathédrale*
>
> *Elle plonge dans la chair rouge du sol*
>
> *Elle plonge dans la chair ardente du ciel*
>
> *Eia pour ceux qui n'ont jamais rien inventé*
>
> *Pour ceux qui n'ont jamais rien exploré*
>
> *Pour ceux qui n'ont jamais rien dompté*
>
> *Mais ils s'abandonnent, saisis, à l'essence de toute chose*
>
> *Ignorants des surfaces mais saisis par le mouvement de toute chose*

---

[404] C. Lévi-Strauss, *Anthropologie structurale deux,* Paris, Plon, 1993, p. 362
[405] L. S. Senghor, « De la Négritude. Psychologie du Négro-Africain », *Diogène*, no 37, janvier-mars 1962.
[406] A. Césaire, *Cahier d'un retour au pays natal*, Paris, Présence africaine, 1983, p 44

Insoucieux de dompter, mais jouant le jeu du monde
Véritablement les fils aînés du monde
Poreux à tous les souffles du monde
Aire fraternelle de tous les souffles du monde
Chair de la chair du monde palpitant du mouvement
Même du monde ! »[407]

Dans *Orphée Noir*, Sartre a parlé jadis de l'« érotisme mystique » qui constitue un des éléments les plus importants de la Négritude : « Les Noirs d'Afrique sont encore dans la période de la fécondité mythique et les poètes noirs de langue française ne s'amusent pas de ces mythes comme nous faisons de nos chansons : ils se laissent envoûter par eux pour qu'au terme de l'incantation la négritude magnifiquement évoquée surgisse »[408]. Précisément, le poète noir se croit capable de s'assimiler à n'importe quel élément de l'univers. Écoutons Césaire dans *Les Armes miraculeuses* :

« *J'éclate. Je suis le feu, je suis la mer.*
Le monde se défait. Mais je suis le Monde ».

Notons aussi la prolifération des symboles végétaux et sexuels, l'accouplement perpétuel des femmes et des hommes dans la poésie négro-africaine. Rabémananjara parle « du soleil amant qui féconde et fait l'amour avec les fleurs »[409].

Pour Césaire, le Noir vit dans un rapport de communion au monde. À l'inverse de l'esprit prométhéen qui caractérise l'Occident, ce qui importe, ce n'est pas de dompter le monde mais d'entrer dans une relation amoureuse avec lui, bref, de vivre dans une « aire fraternelle de tous les souffles du monde ». Le poète de la Négritude n'a plus honte de rien : « Donnez-moi la foi sauvage du sorcier »[410] écrit Césaire qui assume sa terre et son histoire, ses « cruautés cannibales », la mémoire du sang « qui a sa ceinture de cadavres », des crachats et des fouets : les humiliations de sa race, sa « laideur pahouine »: J'accepte...J'accepte...entièrement, sans réserve »[411]. En revanche, s'il refuse d'être un homme de haine, cet « homme d'ensemencement ne tolère aucune

---

[407] A. Césaire, op. cit. pp. 46-48.
[408] J. P. Sartre, « Orphée noir », in *Situations*, III, Paris, Gallimard, 1949, p. 254.
[409] J. Rabémananjara, « Pâques 48 », *in Antidote*, p. 41.
[410] A. Césaire, op. cit. p. 49
[411] A. Césaire, op. cit. p. 52

concession à l'égard de ce qui fait la fierté et la puissance de l'Occident et lui rappelle, à l'évidence, les raisons secrètes de sa défaite :

> « *Raison, je te sacre vent du soir.*
> *Bouche de l'ordre ton nom ?*
> *Il m'est corolle du fouet* ».

Cette image du fouet renvoie à l'histoire de la violence qui a marqué les rapports entre la science et la technique au cours des siècles d'exploration, de découverte et d'expansion de l'Occident hors de ses frontières. La Raison dont parle Césaire est la figure d'une civilisation de conquête et d'asservissement des peuples. On pense aussi aux pages de Fanon qui situe l'accumulation du capital dans un processus où « les riches cessent d'être des hommes respectables, ils ne sont plus que des bêtes carnassières, des chacals et des corbeaux qui se vautrent dans le sang du peuple »[412]. En ce temps où le poète rêve à la fin de ce long règne de la rationalité dominante et à un nouveau commencement du monde, on comprend sa réaction brutale face à l'aventure de la raison dans l'histoire :

> « *Parce que nous vous haïssons vous et votre raison, nous nous réclamons de la démence précoce de la folie flambante du cannibalisme tenace.*
>
> *Trésor, comptons :*
>
> *La folie qui se souvient*
>
> *La folie qui hurle*
>
> *La folie qui voit*
>
> *La folie qui se déchaîne*
>
> *Et vous savez le reste*
>
> *Que 2 et 2 font 5.*
>
> *Qui nous sommes ? Admirable question !* »[413]

Elle est au centre de ce long poème où la première démarche du poète noir est de « tuer en lui la lâcheté retrouvée », celle qui se manifesta le soir où, dans le tramway, il se désolidarisa « d'un nègre comique et laid ». Dès cet instant d'origine, il lui faudra voir sa race telle qu'elle est, en riant de ses « Anciennes imaginations puériles ». A travers ce grand rire cathartique et fondateur, déjà

---
[412] F. Fanon, op. cit. p. 233.
[413] A. Césaire, op. cit

« la négraille aux senteurs d'oignon frit retrouve dans son sang répandu le goût amer de la liberté ».

Césaire répond ici à l'« admirable question » de l'identité du Noir par l'hymne à la négritude qui se confond à un puissant mouvement de révolte (*la folie qui hurle*). À partir de la mémoire de la chasse aux esclaves (*la folie qui se souvient*), l'écrivain noir brouille les cartes, renverse la table des valeurs, désacralise les dogmes établis et s'attaque à toutes les règles de la pensée scientifique et mathématique en tournant le dos à la Raison pour réclamer la « *Folie qui voit* » comme la marque de son identité propre. La « folie » dont parle le poète, c'est, c'est la reprise à son compte des préjugés contre lesquels le Noir s'insurge. A travers « *la Folie qui se déchaîne* », s'exprime l'extase de la liberté. Cela oblige de dire à l'Occident que ses cartes sont truquées :

Je hais votre raison et je m'en moque (...).

Vous savez vous-mêmes que vos calculs sont faux.

Plus profondément, définir le Nègre par opposition au Blanc comme ceux qui n'ont jamais inventé, dompté, maîtrisé, exploré pourrait être interprété comme une exaltation de la non-technicité. En fait, ce que le poète demande, c'est de cesser de faire de la rationalité technique la seule vertu. Car, elle comporte des limites à dépasser. Il y a une autre attitude dans le monde que l'homme de la science et de la technique a besoin de découvrir et qui lui manque : c'est une expérience de vie qui, au lieu de reposer sur la violence et la domination, se définit par la sympathie avec l'autre et le monde lui-même. Les chantres de la négritude privilégient cette « attitude affective à l'égard du monde ». On se souvient du portrait célèbre de l'homme noir selon Senghor : « Considérons donc le Blanc en face de l'objet : en face du monde extérieur, de la nature, de l'Autre. Homme de volonté, guerrier, oiseau de proie, pur regard, le Blanc européen se distingue de l'objet. Il le tient à distance, il l'immobilise, il le fixe (…). Animé d'une volonté de puissance, il tue l'Autre et dans un mouvement centripète, il ben fait un moyen pour l'utiliser à des fins pratiques. Il l'assimile. Tel est le Blanc européen, tel il était avant la révolution scientifique du XXe siècle. Le Nègre est tout autre (…) d'abord dans sa couleur comme dans la nuit primordiale. Il ne voit pas l'objet, il le sent. C'est un pur champ sensoriel. C'est dans sa subjectivité, au tout des organes sensoriels qu'il découvre l'Autre (…). Voilà donc le Négro-Africain qui sympathise et s'identifie, qui meurt à soi pour renaître dans l'Autre. Il n'assimile pas. Il vit avec l'Autre en symbiose. Sujet et objet sont ici dialectiquement confronté dans l'acte même de la connaissance, qui est acte d'amour »[414]. En obéissant à ces lois et à ces « éléments constitutifs d'une civilisation d'inspiration négro-africaine », l'Afrique, c'est un monde à rebours, l'autre versant de la civilisation occidentale. Pour Senghor, le Noir discerne en lui les prédispositions dont il est doté et qui rendent compte de ses réactions devant le monde qui l'entoure. Sur ce point, une formule résume sa manière d'être : « l'émotion est nègre et la raison est hellène ». Quand l'Agrégé de Grammaire qui a une vaste culture s'aventure dans le domaine de l'épistémologie, c'est pour affirmer que la raison négro-africaine est synthétique, elle n'est pas antagoniste ; elle est « intuitive par participation » tandis que celle de l'Européen est « analytique par utilisation »[415]. Les arguments sur lesquels cette dissertation se construit s'appuient, en fait, sur la vision africaine de l'univers « composé de vases communicants, de forces vitales, solidaires, qui, émanent, toutes, de Dieu ». Dans cet univers perçu comme un ordre harmonieux où le visible et l'invisible sont en étroite symbiose, l'être humain fait partie des correspondances qui relient les forces cosmiques. Cette croyance rend compte de ce que Roger Bastide appelle « l'épistémologie analogique »[416]. Selon ce mode de pensée, le Négro-africain accepte la compatibilité des choses qui heurtent la raison analytique. La raison intuitive dont parle Senghor permet au Noir de raisonner analogiquement dans un contexte culturel où tout est signe et symbole. Ici, l'interaction vitale entre les choses et l'homme prédomine sur une conception intellectuelle et abstraite. On comprend donc l'opposition entre deux mondes, celui de l'Occident qui est régi par la science et la technique, et celui où vit l'homme africain qui est la terre primordiale du rythme où l'image et le symbole sont les modes privilégiés du langage[417].

C'est dans ce sens que Senghor analyse l'art nègre où l'on retrouve les traits de la Négritude : « étreinte, confusion amoureuse du Moi et du Toi »[418]. Il parle aussi de cette « chaleur de l'âme qui fait l'authenticité de l'homme » et constitue l'apport de l'Afrique à la civilisation de l'universel. On se situe toujours en marge du monde désenchanté qui se construit avec la raison froide. Chez Senghor, le monde réel où l'homme africain vit dans une intimité étroite avec la nature est amplement illustré par une sorte de « coïtion perpétuelle » de l'être humain et de la nature, atmosphère créée par des images sexuelles et

---

[414] Senghor, « Éléments constitutifs d'une civilisation d'inspiration négro-africaine », in *Liberté I. Négritude et Humanisme*, Paris, Seuil, 1964, pp 258-259.
[415] Senghor, op. cit.
[416] R. Bastide, « L'homme africain à travers sa religion traditionnelle », *Présence africaine*, no 40, 1962, p. 41.
[417] Senghor, op. cit.
[418] L. S. Senghor, « Négritude et Civilisation de l'Universel », *Présence africaine*, XLVI, 2e trimestre 1963, p. 12.

biologiques. « Pour les poètes noirs, écrit Sartre, la création est un énorme et perpétuel accouchement ; le monde est chair et fils de la chair, sur mer et dans le ciel, sur les dunes, sur les pierres, dans le vent, le Nègre retrouve la volupté de la peau humaine ; il se caresse au ventre du sable, aux cuisses du ciel, il est « chair de la chair du monde » ; il est poreux à tous les souffles (...). L'acte sexuel lui semble la célébration du mystère de l'être ». Senghor le dit lui-même :

« Sont nègres avant tous autres, les poèmes où chant le vent et l'eau où s'exprime l'âme paysanne du Nègre, qui, là-bas, en Afrique, célèbre, chaque année, le mariage mystique de la Terre et de l'Homme »[419]. Il n'est pas nécessaire d'insister sur ce thème dans l'univers négro-africain où la fécondité de la Terre-Femme et l'exaltation de la sexualité manifestent un sens religieux d'une portée indiscutable qui semble affecter toute la réalité. Senghor déclare :

> *« La Terre tendra ses seins durs pour frémir*
>
> *sous les caresses du Vainqueur ».*

Ou encore :

> *« La tornade rase ses seins et couche les graminées de son sexe »*[420].

En fait, comme on le voit dans la *Prière aux Masques*, pour Senghor, les Africains sont les hommes de la danse et du rythme qui sauvent un monde déshumanisé par la technique et la science :

> *« Car qui apprendrait le rythme au monde défunt*
>
> *Des machines et des canons ?*
>
> *Qui pousserait le cri de joie pour réveiller les morts*
>
> *Et orphelins à l'aurore ?*
>
> *Dites, qui rendrait la mémoire de vie à l'homme*
>
> *Aux espoirs éventrés ?*
>
> *Ils nous disent les hommes du coton du café de l'huile*
>
> *Ils nous disent les hommes de la mort*
>
> *Nous sommes les hommes de la danse*
>
> *Dont les pieds reprennent vigueur en frappant le sol dur »*[421].

---

[419] Senghor, *Liberté I*, op. cit. p. 119.
[420] Senghor, « L'homme et la bête », in *Éthiopiques*, p. 100.

Le rythme est ici la base de la vie authentique, la grille de toute interprétation de la communion de l'homme et de la nature. Il est regrettable, selon Senghor, que le monde occidental ait perdu cet élément primordial de la vie. A New York, le poète africain remarque qu'on ne trouve nulle part « un rire d'enfant en fleur », « un sein maternel ». Il n'y a que « Des jambes et des seins sans sueur ni odeur. Pas un mot tendre en l'absence de lèvres, rien que des coeurs artificiels payés en monnaie forte »[422].

Tout se passe comme si le monde de la raison froide et abstraite heurtait l'Africain dans ses aspirations profondes. Dans *l'Aventure ambiguë*, Cheikh Hamidou Kane oppose à la pensée technique de l'Occident, essentiellement tournée vers l'action, celle de l'Afrique, au travers de la mystique incarnée par le père de Samba Diallo, cet homme qui « ne vit pas mais il prie ». On voit s'établir ici un véritable conflit entre la raison et la foi. « L'Occident érige la science contre ce chaos envahissant, il l'érige comme une barricade »[423]. Pour l'écrivain noir ébranlé par le choc d'une société où « l'Occident est sur le point de se passer de l'homme pour produire le travail »[424], tout se passe comme si, avec « l'ère du travail frénétique »[425], la foi et la prière étaient en crise. « Peut-être est-ce le travail qui fait l'Occident de plus en plus athée... »[426]. Or, dans l'univers des choses et des biens où il s'enfonce, il n'est pas évident que Sisyphe soit heureux[427]. L'écrivain noir le constate : « L'homme n'a jamais été aussi malheureux qu'en ce moment où il accumule tant » (...). Il faut au bonheur de l'homme la présence et la garantie de Dieu »[428]. Chez Samba Diallo que sa « négritude tient à cœur »[429], la relation à la nature relève du sacré, de l'intouchable : « Tu ne t'es pas seulement exhaussée de la nature. Voici même que tu as tourné contre elle le glaive de ta pensée ; ton combat est pour l'asservir (...). Moi, je n'ai pas encore tranché le cordon ombilical qui me fait un avec elle. Je n'ose pas la combattre, étant elle-même. Jamais je n'ouvre le sein de la terre, cherchant ma nourriture, que préalablement je ne lui en demande pardon, en tremblant. Je n'abats point d'arbre, convoitant son corps, que je le supplie fraternellement. Je ne suis que le bout de l'être où bourgeonne la pensée »[430]. On saisit les choix dramatiques de celui qui est allé à l'école des Blancs pour

---

[421] Senghor, *Chants d'ombre*, pp. 23-24.
[422] Senghor, « À New York », *Éthiopiques*. p. 116.
[423] C. Hamidou Kane, *L'aventure ambiguë*, Paris, 10/18, p. 91
[424] Id. 113.
[425] Idem, p. 113.
[426] Idem, p. 108.
[427] Sur le bonheur de l'absurde, lire A. Camus, *Le Mythe de Sisyphe,* Paris, 1942.
[428] Idem, p. 114.
[429] Idem, p. 153.
[430] Idem.

« savoir comment l'on peut vaincre sans avoir raison »[431]. On ne peut l'ignorer : « L'Occident poursuit victorieusement son investissement du réel. Il n'y a aucune faille dans son avancée. Il n'est pas d'instant qui ne soit rempli de cette victoire ». Dans cette aventure qui s'ouvre dès « le matin de l'Occident en Afrique noire »[432], des questions existentielles se posent à l'Africain : comment être soi-même et vivre désormais « face à un Occident distinct, et appréciant d'une tête froide c e que je puis lui prendre et ce qu'il faut que je lui laisse en contrepartie. Je suis devenu les deux. Il n'y a pas une tête lucide entre deux termes d'un choix. Il y a une nature étrange en détresse de n'être pas deux »[433] ? Face au choc de la rationalité occidentale, tel est le défi qui met les sociétés africaines à l'épreuve.

Ce qui m'intéresse ici, c'est le retour de l'écrivain noir à une problématique selon laquelle deux cultures s'affrontent à partir de l'évaluation de la science dans les relations entre l'être humain et la nature : « l'évidence est une qualité de surface. Votre science est le triomphe de l'évidence, une prolifération de la surface. Elle fait de vous les maîtres de l'extérieur mais en même temps elle vous y exile, de plus en plus »[434]. Tout se passe donc comme si l'accès à la dimension de la profondeur devait se réaliser par une quête d'intériorité qui doit détourner du développement de la science et de la maîtrise de la nature. Quand on n'est pas d'Occident, le rapport à la raison scientifique ne semble pas aller de soi. Dans « Ce que l'homme noir apporte », Senghor écrit : « Le rythme agit sur ce qu'il y a de moins intellectuel en nous, despotiquement ». Dans ce contexte, dit Césaire, « l'on rit, et l'on chante, et les refrains fusent à perte de vue comme des cocotiers (...). Et ce n'est pas seulement les bouches, mais les mains, mais les pieds, mais les fesses, mais les sexes, et la créature tout entière qui se liquéfie en sons, voix et rythme »[435]. Dès lors, plus rien d'autre ne compte : « insoucieux de dompter », insiste le poète en parlant du Nègre. A la limite, précise-t-il, « A force de regarder les arbres je suis devenu un arbre »[436]. En opposant le monde africain à l'Occident, l'auteur de *l'Aventure ambiguë* écrit : « votre science vous a révélé un monde rond et parfait, au mouvement infini. Elle l'a reconquis sur le chaos. Mais je crois que, ainsi, elle vous a ouvert au désespoir. Pour nous, nous croyons encore à l'avènement de la vérité. Nous l'espérons. C'est donc cela, pensa Lacroix. La vérité qu'ils n'ont pas maintenant, qu'ils sont incapables de conquérir, ils l'espèrent pour la fin. Tout ce qu'ils veulent et qu'ils n'ont pas, au lieu de chercher à la conquérir, ils l'attendent à la

---

[431] Idem, p. 165.
[432] Idem, p. 59.
[433] Idem, p. 164.
[434] Idem, p. 90.
[435] A. Césaire, op. cit., p. 16.
[436] Id. p. 18.

fin. Quant à nous, chaque jour, nous conquérons un peu plus de vérité, grâce à la science. Nous n'attendons pas »[437].

À la limite, l'homme africain n'est réellement lui-même que s'il est enfermé dans le biologique, le vital ou le « croyable »[438]. Les écrivains noirs s'insurgent contre l'inhumanité ou l'insignifiance d'un monde replié sur lui-même et dénué de rythme. Au « cœur de la Négritude », il y a ce sang de rythme que le Noir a la mission messianique d'injecter dans la vie artificielle de l'Occident mécanisé. Aussi, « ceux qui savent la féminité de la lune au corps d'huile » doivent prendre conscience de l'apport qu'ils représentent pour la renaissance du monde. Bref, l'Afrique est un cœur de réserve. En examinant les structures de l'univers du Noir, on découvre le rythme et le symbole, le verbe, la participation mystique et la vie. Il s'agit, en un sens, du monde d'avant le *cogito*. En d'autres termes, ce qui est mis en valeur, relève du « monde primitif ».

Fanon a bien saisi le paradoxe de cette reprise du mythe de l'irrationalité du Noir comme fondement des valeurs que l'écrivain s'attache à exalter. On ne fait que dévoiler par un tour réflexif le « suc et la sève de la négritude » où l'on retrouve, en fin de compte, les traits essentiels de « l'homme sauvage » inventé par l'Occident : « puisque sur le plan de la raison, l'accord n'était pas possible, je me rejetais vers l'irrationalité. A la charge du Blanc d'être plus irrationnel que moi. J'avais, pour des besoins de la cause, adopté le processus régressif, mais il restait que c'était une arme étrangère ; ici je suis chez moi ; je suis bâti d'irrationnel ; je patauge dans l'irrationnel. Irrationnel jusqu'au cou. Je regrettais le Blanc à sa place. Ainsi, à mon irrationnel ou opposant le rationnel. A mon rationnel, « le véritable rationnel ». A tous les coups, je jouais perdant »[439]. Ce texte résume les ruses de la Négritude dont l'inventaire nous renvoie à l'image du Noir dans le regard de l'Occident. À cet égard, l'Afrique est une terre privilégiée d'investissements mythologiques et une réserve naturelle de fantasmes, un monde plongé dans les ténèbres et étranger à la raison[440].

Il faut ici relire Hegel :

« L'Africain ne pense pas, ne réfléchit pas, ne raisonne pas, s'il peut s'en passer. Il a une mémoire prodigieuse. Il a de grands talents d'observation et d'imitation beaucoup de facilité de parole. Mais les facultés de raisonnement et

---

[437] Ibid p. 88.
[438] Sur ce sujet, lire S. Adotevi, *Négritude et négrologues*, Paris, 10/18, 1972 ; M. Towa, *Léopold Sedar Senghor : Négritrude ou servitude*, Yaoundé, Clé, 1971 ; voir aussi J. Jahn, Muntu, *L'homme africain et la culture néo-africaine*, Paris, Seuil, 1958
[439] F. Fanon, *Peau noire, masques blancs*, Paris, Seuil, 1952, pp. 101, 108-109.
[440] Cf. W. B. Cohen, *Français et Africains. Les Noirs au regard des Blancs 1520-1880*, Paris, Gallimard, 1981, pp. 391-405 ; F. de Négroni, *Afrique fantasmes. Essais*, Paris, Plon, 1992. « Images du Noir dans la littérature occidentale », *Notre Librairie*, no 90, oct. -déc. 1985.

d'invention restent en sommeil. Il saisit les circonstances actuellement, s'y adapte et y pourvoit ; mais élaborer un plan sérieusement ou induire avec intelligence, c'est au-dessus de lui ».

Pour le philosophe allemand,

« *L'homme, en Afrique, c'est l'homme dans son immédiateté. Il n'en est qu'au premier stade, et est dominé par les passions. C'est un homme à l'état brut. Pour tout le temps pendant lequel il nous est donné d'observer l'homme africain, nous le voyons dans l'état de sauvagerie et de barbarie, et aujourd'hui encore il est resté là. Le nègre représente l'homme naturel dans toute sa barbarie et son absence de discipline. Pour le comprendre, nous devons abandonner toutes nos façons de voir européennes (...). Tout cela, en effet, manque à l'homme qui en est au stade de l'immédiateté : on ne peut rien trouver dans son caractère qui s'accorde à l'humain (...)* »[441].

D'où, Selon Hegel, l'incapacité des Africains à amorcer la marche vers le progrès.

« *Leur condition n'est susceptible d'aucun développement, d'aucune éducation. Tels nous les voyons aujourd'hui, tels ils ont toujours été. Dans l'immense énergie de l'arbitraire naturel qui les domine, le moment moral n'a aucun pouvoir précis. Celui qui veut connaître les manifestations épouvantables de la nature humaine peut les trouver en Afrique. Les plus anciens renseignements que nous avons sur cette partie du monde disent la même chose. Elle n'a donc pas, à proprement parler, une histoire. Là dessus, nous laissons l'Afrique pour n'en plus faire mention dans la suite. Car elle ne fait pas partie du monde historique, elle ne montre ni mouvement, ni développement. Ce que nous comprenons en somme sous le nom d'Afrique, c'est un monde anhistorique non-développé, entièrement prisonnier de l'esprit naturel et dont la place se trouve encore au seuil de l'histoire universelle* »[442].

Relevons la portée de cette affirmation très grave où s'enracine l'Afro-pessimismisme contemporain qui reprend tout le refoulé du discours colonial[443]. En un sens, Hegel fonde ce discours sur quand il écrit : l'Africain « ne pense pas, ne raisonne pas »[444]. Or, la conscience de soi qui permet à l'individu de se saisir lui-même et d'accéder à « son intériorité la plus profonde » par la pensée

---

[441] Hegel, *La raison dans l'histoire*, Paris, 10/18, 1965, p. 252.
[442] Hegel, op. cit. pp. 251-252, 269
[443] M. Pagès, « Images écrites d'Afrique », *Afrique contemporaine*, no 164, décembre 1992, pp. 245-253 ; M. Levallois, « Actualité de l'afro-pessimisme », *Afrique contemporaine*, no 179, 3e trimestre 1996, pp. 3-15.
[444] Hegel, op. cit. 206.

est une source de libération et le moteur de l'histoire où se déploie le dynamisme de l'Esprit[445].

Pour Hegel, le continent noir est une humanité en bas âge, en marge de la raison et de l'histoire. Bien plus, pour le penseur allemand, il faut venir en Afrique pour « connaître les manifestations les plus épouvantables de la nature humaine ». Nous saisissons ici l'ironie et les sarcasmes de Fanon qui rejette sur le visage du Blanc tout le mépris voué à ces Noirs plongés dans l'irrationalité. Insistons sur ce thème invariable de la pensée occidentale. Avant Hegel, Buffon, qui se réclame de son maître Aristote pour fonder l'histoire naturelle, ne sait pas très bien où situer l'homme africain parmi les êtres vivants. En fait, pour lui, les Noirs incarnent la dégénérescence de l'homme. Voltaire, Montesquieu, Hume et Kant croient tous à l'infériorité intellectuelle du Noir[446]. Dans l'article consacré au *Goût* dans son *Dictionnaire philosophique,* Voltaire précise : « il n'est pas donné à tous les peuples d'avoir une « société perfectionnée » susceptible de faire naître le goût » des choses de l'esprit. En effet, au siècle des Lumières, l'idée de progrès est à la mode[447]. Cet optimisme s'exprime dans le *Tableau historique de l'esprit humain* où Condorcet affirme la croyance à la perfectibilité indéfinie de l'homme. Dans le *Discours sur l'origine et les fondements de l'inégalité parmi les hommes*[448], Rousseau lui-même adhère à cette idée maîtresse du XVIIIe siècle[449].

Selon cette croyance, il n'y a rien à attendre des Africains. Tout un imaginaire négatif, accentué par la traite négrière et la colonisation, imprègne la représentation du Noir en Occident. Comme on l'on vu, pour Hegel, « les nègres sont des êtres ineptes dans l'absolu, incapables d'évoluer, juste bon au travail manuel ». C'est aussi l'idée qu'exprime Renan dans sa typologie des races : « une race de travailleurs de la terre, c'est le nègre ; soyez pour lui bon et humain, et tout sera dans l'ordre ; une race de maîtres et de soldats, c'est la race européenne ». Selon Gobineau, l'auteur de *l'Essai sur l'inégalité des races humaines* (1851),

« Le Nègre possède au plus haut degré la faculté sensuelle sans laquelle il n'y a pas d'art possible ; et, d'autre part, l'absence des aptitudes intellectuelles

---

[445] Id. p. 208
[446] Sur ce préjugé raciste, cf. C. Coquery-Vidrovich, « Le postulat de la supériorité blanche et de l'infériorité noire », in M. Ferro (dir), *Le Livre noir du colonialisme. XVIe siècle - XXIe siècle : de l'extermination à la repentance*, Paris, Robert, Laffont, 2003, pp. 863-917.
[447] Sur cette idée, lire Lévi-Strauss, *Race et histoire*, Paris, Gonthier, 1961, pp. 35-40.
[448] Voir Garnier-Flammarion, 1973, p. 171.
[449] Sur cette idée, on peut lire notamment : J. B. Bury, *The Idea of Progress, an Inquiry into its origins and Growth*, New York, Dover Publications, 1955 ; J. Delvaille, *Essai sur l'histoire de l'idée de progrès jusqu'à la fin du XVIIIe siècle*, Paris, Alcan, 1910 ; J. Passemore, *The perfectibility of man*, Londres, Duckworth, 1970

le rend complètement impropre à la culture de l'art, même à l'appréciation de ce que cette noble application de l'intelligence des humains peut produire d'élevé. Pour mettre ses facultés en valeur, il faut qu'il s'allie avec une race différemment douée »[450]. Des générations ont grandi avec ces idées sur les Africains : « La couleur noire, la couleur des ténèbres est vraiment le signe de leur dépravation »[451], ou encore : tout sentiment d'honneur et d'humanité est inconnu à ces barbares : nulles idées, nulles connaissances qui appartiennent à des hommes. S'ils n'avaient pas le don de la parole, ils n'auraient de l'homme que la forme (…). Point de raisonnement chez les Nègres, point d'esprit, point d'aptitude à aucune sorte d'étude abstraite. Une intelligence qui semble au dessous de celle qu'on a admiré dans l'éléphant est le guide unique de toutes leurs actions »[452] :

Cette image de l'Afrique s'est progressivement imposée à travers les stéréotypes et la force du mépris sur les peuples africains. Le poids de cette image est tel qu'on est allé jusqu'à nier toute culture aux sociétés africaines. Comment en serait-il autrement si, dès le départ, l'humanité du Noir n'est pas reconnue ? Dans son ouvrage sur *Les âges de l'intelligence,* Léon Brunschvicg place encore le Nègre à mi-chemin entre le Blanc et l'animal. Certes, face au monde africain, on trouve des savants de bonne foi. Dans la crise des Lumières au cours de la nuit coloniale, Volney (1757-1820), en voyant cette tête nègre (le Sphinx) dans tous ses traits », se souvient de ces Égyptiens qui « ont la peau noire et les cheveux crépus » comme le rapporte Hérodote[453]. Mais peu d'esprits accèdent à cette vision de l'Africain dans l'histoire. Les figures qui dominent témoignent d'un corpus d'idées et de représentations qui structurent l'imaginaire de l'Occident. D'une génération à l'autre, face aux sociétés prométhéennes où dominent la science et la technique, on retrouve toujours une vision an-historique et ethnologique de l'Afrique. Ce continent serait dépourvu de toute aptitude lui permettant d'accéder à la culture scientifique. L'homme d'Occident est le seul digne héritier de *l'homo sapiens*. En 1943, Maurice Briault, ancien missionnaire au Gabon, se fait remarquer par un livre sur le thème intitulé *Les sauvages d'Afrique* qui reprend les thèses de Gobineau[454].

Au lendemain de la deuxième guerre mondiale, Marcel Griaule remarque : « Une vieille plaisanterie court le monde (…). Elle se placerait aujourd'hui sur le plan scientifique. Elle consiste à dauber sur l'insuffisance intellectuelle des populations noires (…). D'autres esprits s'attaquent au cœur du problème. Au

---

[450] J. A. Gobineau, *Essai sur l'inégalité des races humaines,* livre II, chap. VII.
[451] Cité par J. Ki Zerbo, *Histoire de l'Afrique Noire,* op. cit. p. 10.
[452] Voir L. Sala-Molins, *Le Code noir ou le Calvaire de Canaan,* Paris, PUF, 1987, p. 55.
[453] Sur ce sujet, lire T. Obenga, *Cheikh Anta Diop, Volney et le Sphinx,* Paris, Présence africaine, 1996.
[454] M. Briault, *Les sauvages d'Afrique,* Paris, Payot, 1943.

cerveau, pourrait-on dire (...). Ces hommes n'ont pas de démarche logique de la pensée (...). Ils appréhendent les faits avec émotion »⁴⁵⁵. Jean-Paul Sartre l'avoue en toute honnêteté : « L'Afrique, pour beaucoup d'entre nous, n'est qu'une absence, et ce grand trou dans la carte du monde nous permet de conserver une bonne conscience »⁴⁵⁶. Dans un texte qui se veut une véritable profession de foi sur l'humanité du Noir, Georges Balandier ne mâche pas ses mots : « L'homme européen a tout d'abord parlé avec curiosité et mépris des sauvages (...). Le noir était une bête curieuse (...). On lui concède d'être né pour le rythme (...). Au fond, toutes ces variations du langage montrent l'incertitude devant ce qu'est le Noir, la méfiance à le classer parmi les hommes « comme nous » (...). Plus que les bons sentiments, c'est l'intelligence qui leur est contesté »⁴⁵⁷. Comme on le constate, « l'Africain noir (...) comme un îlot d'intuition et d'émotion, certes capable de raison. Mais structurellement davantage attiré vers le sentir que vers le penser »⁴⁵⁸. Ainsi, dans une étrange géographie humaine, Eugène Guernier écrit : « L'Europe est le continent de l'objectivité, l'Afrique, une terre de l'émotivité »⁴⁵⁹où la danse est le plus éloquent des langages. Et, précise Balandier dans son *Afrique ambiguë*, « il n'y a pas d'acte important qui ne possède dans le monde noir sa chorégraphique spécifique »⁴⁶⁰.

Bref, si « le pensant » est une caractéristique propre de l'Occidental, on admet que l'Africain est chez lui dans « le sentant ». Il s'agit là du domaine où, à défaut de la raison, l'instinct oriente la vie des indigènes d'Afrique. En organisant le monde sur la base de ces spécificités, on arrive à ces divisions entre les peuples et les activités humaines : la science est occidentale, et elle est la particularité de la race des maîtres qui, au cours de l'histoire, sont devenus maîtres et possesseurs de la nature tandis que l'art est la caractéristique propre de l'Africain qui est l'homme d'instinct bloqué dans son évolution. La coupure entre l'objectivité et l'émotivité renvoie, en définitive, à celle de la science et de l'art⁴⁶¹. L'arbitraire de cette coupure ne résiste pas à l'examen. Il suffit de renvoyer aux rapports entre la science et l'imaginaire dont j'ai parlé plus haut. Pour vérifier la fécondité de ces rapports, pensons surtout à Léonard de Vinci

---

[455] M. Griaule, « L'inconnue noire », *Présence africaine*, novembre-décembre, no 1, 1947, pp. 21-22.
[456] J. P. Sartre, « Présence noire », op. cit. p. 28.
[457] G. Balandier, « Le Noir est un homme », op. cit. pp. 31, 33, 35.
[458] D. Samb, « Réafricaniser l'Afrique pour affronter l'An 2000 », *L'Afrique à l'aube du XXIᵉ siècle*, Bulletin de IFAN t. XLVII, no 2, décembre 1996, p. 12.
[459] E. Guernier, *L'Apport de l'Afrique à la pensée humaine*, Paris, Payot, 1952, p. 72.
[460] G. Balandier, *Afrique ambiguë*, Paris, Plon, 1957, 105.
[461] Sur ce sujet, voir Iba Ndiaye Diadji, Art africain et science occidentale : convergences contradictoires pour une saisie du réel, http : // www. olats. org/africa/artsSciences/saisie/ reel. shtml 2004-01-20

qui était artiste et a fait des expériences scientifiques sur l'œil et les rayons lumineux[462]. De plus, sans oublier Pasteur, biologiste et peintre, rappelons qu'Einstein dans ses *Écrits sur l'art,* souligne que la science « s'élabore comme une œuvre d'art ». J'ai cité plus haut le témoignage du célèbre physicien sur le rôle de l'émotion dans son expérience scientifique. Ces liens obligent à rompre avec les préjugés qui font croire que l'Africain est Le prototype de l'Homme inférieur mais particulièrement doué d'intuition et de sensibilité. La vision senghorienne de la culture africaine et de son apport à l'humanité reprend ces clichés en se référant, notamment, aux travaux de Frobenius. À ce sujet, Cheikh Anta Diop remarque : « Il est fréquent que des Nègres d'une haute intellectualité restent victimes de cette aliénation au point de chercher de bonne foi à codifier ces idées nazies d'une prétendue dualité du Nègre sensible et émotif, créateur d'art, et du Blanc fait surtout de rationalité »[463]. En effet, précise l'auteur de *Nations nègres et culture*, « les poètes de la « négritude » n'avaient pas à l'époque les moyens scientifiques de réfuter ou de remettre en question de pareilles erreurs. La vérité scientifique était devenue depuis si longtemps blanche que, les écrits de Lévy-Bruhl aidant, toutes ces affirmations faites sous couleurs scientifiques devaient être acceptées comme telles par nos peuples soumis. La « négritude » accepta donc cette prétendue infériorité et l'assuma crânement à la face du monde. Césaire s'écria : « Ceux qui n'ont exploré ni les mers ni le ciel » et Senghor : « L'émotion est nègre et la raison hellène »[464].

Les préjugés sont rebelles et tenaces. Des mythes séculaires sur l'homme africain ont laissé dans l'inconscient collectif des images et des archétypes d'un être humain privé de la pensée qui, selon le mot de Pascal, fait la grandeur de l'homme. Aujourd'hui encore, certains s'interrogent : « *L'homo africanus* est-il rationnel »[465] ? Cette question est justifiée par les vieilles croyances sur cette humanité dont Hegel pense avoir donné une vision d'ensemble en faisant le tour des informations et des connaissances dont l'Europe savante dispose sur cette partie du monde. *On retrouve toujours les stéréotypes par lesquels l'Afrique est définie par la catégorie de l'absence, le manque et le déficit.* Autour des problématiques fondamentales de la pensée sur la raison, l'État, le droit, la religion, le développement et l'histoire, Hegel ouvre la voie en dressant le vaste catalogue de ce qui ne se trouve pas dans monde africain. A la racine de toutes les carences, il y a l'absence de la pensée qui, selon le dogme sacré, est le

---

[462] Sur l'œuvre scientifique de cet artiste de la Renaissance, voir l'essentiel dans A. Koyré, *Étude d'histoire de la pensée scientifique*, op. cit. pp. 99-116.
[463] C. A. Diop, *Antériorité des civilisations nègres : mythe ou vérité historique ?* Paris, Présence Africaine, 1967.
[464] C. A. Diop, *Civilisation ou barbarie*, op. cit. p. 279.
[465] P. Hugon, *L'Économie de l'Afrique*, Paris, La Découverte, 1993, pp. 54-61.

monopole de l'Occident depuis la Grèce où l'Oiseau de Minerve a pris sens sol. Écoutons Hegel : « C'est à l'Occident seulement que se lève la liberté ; la pensée y rentre en elle-même, devient pensée universelle et l'universel devient par suite l'essentiel (...). En Grèce se lève la liberté de la conscience de soi ; en Occident l'Esprit descend en lui-même. Dans la splendeur orientale l'individu s'efface ; il n'est qu'un reflet de la substance. En Occident, cette lumière devient la foudre de la pensée, elle tombe sur elle-même, s'étend de là et se crée ainsi son univers intérieur »[466]. Bref, au centre du vieux monde, « se trouve la Grèce, le point lumineux de l'histoire »[467]. Comme je l'ai rappelé plus haut, selon la croyance établie, c'est dans ce foyer culturel que se trouvent les véritables acteurs de la science, de la philosophie et de l'histoire. En ce sein unique, l'homme s'est accompli dans la plénitude et la manifestation suprême de l'Esprit. Pour Hegel, « Le dernier homme » s'est révélé dans cet avènement suprême de l'Esprit dans l'histoire. L'Occident seul a donné le pas au monde. À partir de l'État qui est « la base et le centre des côtés de la vie d'un peuple », l'Occident a développé « l'art, le droit, les mœurs, la religion, la science »[468]. On retrouve ici l'idée de raison et de science dont j'ai parlé plus haut. Il s'agit, en somme, de l'exceptionnalisme occidental qui conduit à la prétention d'examiner l'histoire humaine « avec le seul regard de l'Européen, de l'homme occidental »[469].

Comme le reconnaît Merleau-Ponty, ces vues *« nous viennent de Hegel (...). Quand on définit l'Occident par l'invention de la science, c'est toujours de lui qu'on s'inspire (...). Notre idée du savoir est si exigeante qu'elle met tout autre type de pensée dans l'alternative de se soumettre comme première esquisse du concept, ou de se disqualifier comme irrationnelle (...). L'Occident a inventé une idée de la vérité qui l'oblige et qui l'autorise à comprendre les autres cultures, et donc à les récupérer comme moment d'une vérité totale (...). Il y a quelque chose d'irremplaçable dans pensée occidentale : l'effort de concevoir, la rigueur du concept restent exemplaires, même s'ils n'épuisent jamais ce qui existe. Une culture se juge au degré de sa transparence, à la conscience qu'elle a d'elle-même et des autres. À cet égard, l'Occident reste un système de référence. C'est lui qui a inventé les moyens théoriques et pratiques d'une prise de conscience, qui a ouvert le chemin de la vérité »*[470].

En revanche, les croyances religieuses, centrées sur la magie et la sorcellerie limitent l'aptitude de l'Africain à développer une « conscience de quelque chose de supérieur ». En ce qui concerne la science, on comprend la

---

[466] Hegel, *Leçons*, op. cit. p. 23.
[467] Hegel, *La raison dans l'histoire,* op. cit. p. 243.
[468] F. Hegel, *Leçons sur la philosophie de l'histoire*, Paris, Vrin, 1998, p. 46-47.
[469] R. Garaudy, *Comment l'homme devient humain*, Paris, Éditions Jeune Afrique, 1979
[470] M. Merleau-Ponty, *Éloge de la philosophie et autres essais*, op. cit. pp. 159, 162-163, 164

difficulté de relier l'Afrique à l'histoire de la raison. Pierre Caxotte est catégorique : « Ces peuples n'ont rien donné à l'humanité et il faut bien que quelque chose en eux les en ait empêchés. Ils n'ont rien produit, ni Euclide, ni Aristote, ni Galilée, ni Lavoisier ni Pasteur »[471]. Bref, l'homme africain est un illustre inconnu dans l'histoire des sciences. En fait, on se demande comment il peut trouver une place égale à celle du Blanc dans un monde fondé sur la raison et la science. C'est ici que beaucoup reprennent le cours magistral donné par Hegel. Cette leçon est récitée par un certain nombre d'Africains qui reproduisent la voix de leurs maîtres comme ces perroquets que l'on capture dans les forêts vierges.

Dans un livre qui a fait quelques bruits, Etounga Manguélé reproduit les clichés de l'anthropologie évolutionniste qui est apparue comme un instrument du colonialisme[472] ; il parle de « l'enflure de l'irrationnel des sociétés cannibales et totalitaires »[473]. Axelle Kabou aussi est sortie du néant grâce au titre provocant d'un petit ouvrage qui réactualise les fantasmes de l'Occident sur l'Afrique. En répercutant les préjugés usés qui définissent l'homme africain par l'absence ou la faillite, elle entend « enfin toucher du doigt l'extrême indigence d'une pensée africaine qui, depuis les indépendances, fait feu de tout bois pour éviter de poser le problème fondamental de ses mentalités »[474]. Comme si elle n'avait jamais rien lu de la littérature esclavagiste et coloniale[475], elle imagine avoir découvert le Pérou quand elle prophétise : « L'Afrique du XXIe siècle sera rationnelle ou ne sera pas »[476]. Plus d'un demi siècle après les écrivains de la Négritude, le regard du maître hante l'imaginaire de beaucoup d'indigènes. Après le grand rire Nègre qui éclate dans un lyrisme violent à travers le cri de révolte de Césaire se réclamant, comme on l'a vu, « de la démence précoce et de la folie flambante du cannibalisme tenace » ; après la colère et l'ironie mordante de Fanon sur le mythe de l'Irrationalité du Nègre, il n'est pas nécessaire de reprendre les combats d'hier en vue de réhabiliter les valeurs maudites. Mais parce qu'il est ici question de définir l'espace mental où la science peut faire son apparition en Afrique noire, il est utile de rappeler l'archaïsme des cadres de

---

[471] Cité par J. Ki Zerbo, *Histoire de l'Afrique*, op. cit.
[472] Pour ce point de vue, cf. J. M. Éla, *Restituer l'histoire aux sociétés africaines*, op. cit.
[473] D. Étounga Manguélé, *L'Afrique a-t-elle besoin d'un ajustement culturel ?* Ivry-sur-Seine, Nouvelles Éditions du Sud, 1991, pp. 42-81.
[474] A. Kabou, *Et si l'Afrique refusait le développement ?* Paris, L'Harmattan, 1991, p. 131. Sur ces préjugés, voir aussi P. E. Elungu, *Tradition africaine et rationalité moderne*, Paris, L'Harmattan, 1986.
[475] Sur les clichés qui étaient dans l'air et les idées reçues dont Lévy-Bruhl s'est emparé dans ses travaux sur la mentalité primitive et le nègre à l'esprit simple et non-conceptuel, lire l'excellent ouvrage de L. Fanoudh-Siefer, *Le Mythe du nègre et de l'Afrique Noire dans la littérature française*, Paris, Klincksieck, 1968 ; voir aussi B. Cohen, op. cit. F. De Negroni, op. cit.
[476] A. Kabou, op. cit. p. 205.

pensée qui, comme au XIXe siècle, continuent à situer les sociétés africaines « au seuil de l'histoire universelle ».

De Levy-Bruhl à Lévi-Strauss : des mythes à revisiter

L'image de l'Afrique qui se dégage des préjugés qu'on vient de rappeler s'inscrit dans la vision exotique qui suppose l'opposition entre « eux et nous », « là-bas » et « ici ». Dans le contexte historique où s'enracine le regard ethnologique à l'époque coloniale, il s'agit d'une antithèse de type manichéen : l'Occident incarne à jamais les Lumières. En revanche, l'Afrique est le continent des Ténèbres. Cette image, associée au visage même des Nègres, est présente dans les réflexions de Hegel sur « *La Raison dans l'histoire* » : « L'Afrique, aussi loin que remonte l'histoire (…), c'est le pays de l'enfance qui, au-delà du jour de l'histoire consciente, est enveloppée dans la couleur noire de la nuit »[477]. Dans ces conditions, comment « l'esprit africain » peut-il s'accorder avec l'esprit scientifique ? Bref, *comment la science peut-elle surgir dans une société de sorciers, de devins et de magiciens ?* Il importe de préciser le cadre de référence qui permet de saisir la portée de ces interrogations. On retrouve ici l'importance du contexte culturel pour l'émergence de la pensée scientifique[478]. Comme le rappelle Georges Gusdorf en relisant Lévy-Bruhl, « l'avènement à la civilisation se caractérise par l'apparition de la pensée rationnelle dont la souveraineté est aujourd'hui reconnue. La mentalité primitive se situe donc dans une sorte de préhistoire de la raison, dont il s'agit de mettre en lumière, en toute objectivité, les aspects essentiels »[479]. Rien ne prouve que ces aspects se retrouvent en Afrique. À l'évidence, comme on l'a vu plus haut, personne, en Occident, ne conteste le sens de l'art chez les Négro-africains. La sensibilité émotive de ces gens rend compte de leur aptitude à la création artistique. On se souvient de la fascination des masques nègres dont la découverte a joué un rôle décisif dans la révolution cubiste en Europe comme le montre l'œuvre de Picasso. Par ailleurs, en dehors de la musique, de la danse et des arts plastiques, les dimensions de la culture africaine que de nombreux anthropologues ont le plus fait connaître à l'Occident depuis, surtout, les années 30, concernent principalement les croyances religieuses ou mystiques. Pensons à l'œuvre de Frobenius[480]. Pour l'auteur qui vise à donner une vision de l'Afrique « en profondeur » après les

---
[477] Hegel, op. cit. p. 247.
[478] Sur ce sujet, voir P. Thullier, *Science et société. Essai sur les dimensions culturelles de la science*, Paris, Fayard, 1988.
[479] G. Gusdorf, « L'ethnologie française de Lévy-Bruhl en Lévi-Strauss », in *Les sciences de l'homme sont les sciences humaines*, op. cit. p. 123
[480] Frobenius, *Mythe de l'Atlantide*, Paris, Payot, 1949 ; *Histoire de la civilisation africaine*, Paris, Gallimard, 1938.

multiples expériences de terrain dans de nombreux pays du continent, on est surpris de ne trouver aucune allusion à la science dans « la civilisation africaine ». *Tout est centré ici sur l'art, le jeu, l'émotion et la mystique.* De même, à travers les travaux de l'école de Griaule, l'exploration sur l'Afrique se mobilise autour de la puissance de la parole et du langage, de la religion et de la spiritualité, des représentations collectives et des systèmes de croyances.

A ce sujet, l'essentiel des études se concentre sur ces Africains dont Tempels a dit qu'ils privilégient l'idée de force sur celle de l'être[481]. En lisant le Père Trilles[482], Griaule[483], Zahan[484], Dieterlen[485], Calame-Griaule[486] ou Holas[487], on dirait qu'en Afrique noire, toute la vie tourne autour des mythes, des croyances, des rites et des symboles qui, dans la perspective de Mauss[488] en dehors de la parenté (lignage, clan, exogamie, inceste), de l'économie (le don et la dette) ou de la politique (chefferie, etc.), constituent le centre de gravité des recherches anthropologiques[489]. Plus précisément, toute la vie en société tend à basculer dans le champ d'une socio- anthropologie des religions où, en fait, la relation à l'invisible, les phénomènes de la magie et de la sorcellerie sont le terrain privilégié d'enquête des chercheurs[490]. Dans ce contexte où les activités de l'intelligence ne sont presque jamais prises en compte pour elle- mêmes dans l'axe des rapports entre l'homme et la nature, on constate peu d'intérêt et, à la limite, une conspiration du silence autour de ce qui relève du savoir considéré en lui-même.

Si l'on hésite à parler de science dans les sociétés indigènes, c'est parce qu'il semble à beaucoup d'observateurs que ces sociétés sont marquées par les modèles d'un système culturel où seule règne la pensée symbolique et religieuse[491]. A partir du mythe primordial qui appartient à la tradition sacrée[492],

---

[481] P. Tempels, *La philosophie bantoue*, Paris, Présence africaine, 1947.
[482] Le Père Trilles, *Les Pygmées de la forêt équatoriale*, Paris, 1932.
[483] M. Griaule, op. cit. *Dieu d'eau. Entretiens avec Ogotommêli*, Paris, 1948.
[484] D. Zahan, *Sociétés d'initiation Bambara*, Paris, La Hae, Mouton & Co, 1960 ; *Religion, pensée et spiritualité africaines*, Paris, Payot, 1970.
[485] M. Griaule et G. Dieterlen, *Le Renard pâle*, Paris, Institut d'Ethnologie, 1965
[486] G. Calame-Griaule, *Ethnologie et Langage*, Paris, 1967.
[487] B. Holas, *La pensée africaine. Textes choisis, 1949-1969*, Paris.
[488] Voir M. Mauss, *Sociologie et anthropologie*, Paris, PUF, 1985.
[489] Sur l'inventaire des principaux thèmes en question, lire J. Jahan, *Muntu. L'homme africain et la culture néo-africaine, op. cit.*
[490] Voir à ce sujet, R. Bureau, *L'Homme africain au milieu du gué*, Paris, Karthala, 1999.
[491] Sur le sens du symbolisme chez les Noirs, cf. R. Bastide, art. cit. Lire aussi M. Griaule, « Réflexions sur les symboles soudanais », *Cahiers Internationaux de Sociologie*, t. XIII, 1952, pp. 8-30.
[492] M. Eliade, *Aspects du mythe*, Paris, Gallimard, 1957 ; *Mythes, rêves et mystères*, Paris, Gallimard, 1957 ; *Le sacré et le profane*, Paris, Gallimard, 1965 ; *Traité d'histoire des religions*, Paris, Payot, 1964 ; G. Gusdorf, *Mythe et métaphysique, op. cit.*

on est confronté à des cultures où un monde mystique s'exprime en un langage difficile à saisir pour le non-initié dans les conditions qui rendent impensable la séparation entre le naturel et le surnaturel. Compte tenu de l'emprise du sacré dans la vie sociale, les phénomènes n'ont pas cours ou peu s'en faut. Car, les notions de profane et de sacré s'interpénètrent[493]. Ainsi, l'on est renvoyé à un système de croyances et de représentations où l'on voit mal comment parler de rationalité scientifique dans les sociétés africaines. En outre, si l'on compare ces sociétés au stade actuel de l'Occident hissé au sommet de l'évolution humaine par l'anthropologie du Siècle des Lumières[494], elles ne peuvent être que « pré-scientifiques ». Cet état se justifie d'autant plus qu'on associe la science et la logique dans l'aventure de la raison dans l'histoire. Précisément, l'invention de la « mentalité primitive » s'inscrit dans la mythologie du positivisme comme le rappelle la théorie des âges de l'intelligence qu'Auguste Comte résume dans son *Discours sur l'esprit positif.* Selon cet esprit, à la suite des auteurs aussi divers qu'E. B. Taylor, J. Frazer, E. Durkheim et M. Mauss, A. Van Gennep, F. Boas E. E. Pritchard, Freud et Lévi-Strauss, à force de parler de ces notions telles que l'animisme et le totémisme, la sorcellerie et la magie, on tend à écarter toute idée de science dans les sociétés africaines. L'image que les anthropologues donnent de ces sociétés n'incite guère à ouvrir un espace à cette idée. On regarde d'abord les Nuer à travers les yeux d'Evans-Pritchard dont la grille de lecture de la culture de tout un peuple reste dominée par le postulat ou le paradigme de la sorcellerie, des oracles et de la magie. *E*n parlant de l'esprit africain, les philosophes recourent aux observations recueillies par les voyageurs et les anthropologues pour déclarer que le Noir est étranger à la rationalité et à la science. Bien plus, il se caractérise par son inaptitude à la réflexion scientifique, compte tenu du fossé qui le sépare de l'Occident.

C'est ce que Lucien Lévy- Bruhl a longtemps enseigné dans ses livres. Pendant plus de trente ans, il a construit tout un système de pensée sur la « mentalité primitive » dont il faut reconnaître l'influence à l'époque coloniale[495]. Relevons ici la notion de « mentalité » qui revient dans l'histoire et l'anthropologie des sciences. Ce concept n'entre dans l'usage qu'à la fin du XIXe siècle. Il n'a d'abord qu'une valeur quasi normative parce que péjorative. Grâce à Lévy-Bruhl qui l'impose par le titre d'un ouvrage, *La Mentalité primitive* (1922), le concept de « mentalité » est devenu familier aux ethnologues et aux historiens qui reconstruisent l'esprit d'une époque comme le montrent Lucien

---

[493] B. Holas, op. cit.
[494] Voir J. M. Éla, *Restituer l'histoire aux sociétés africaines,* op. cit. p. 70-71 ; lire aussi M. Duchet, *Anthropologie et histoire au siècle des Lumières,* Paris, Flammarion, 1977.
[495] Sur l'influence des ouvrages de Lévy-Bruhl dans l'administration coloniale, lire J. Poirier, « La pensée de Lévy- Bruhl », *Revue philosophique,* 1957, no 4, pp. 510-529.

Febvre[496], Robert Mandrou ou Jacques Le Goff[497]. Dans le contexte de cette étude, l'on suppose toujours l'existence d'une mentalité autonome, étrangère et en marge ou en état de résistance et d'opposition au discours scientifique et à son élaboration. Il faut pratiquement se mettre en garde contre soi-même pour découvrir les habitudes mentales des primitifs. Comme le dit Hegel au sujet de « l'esprit africain » dans le texte cité plus haut, « pour le comprendre, nous devons abandonner toutes nos façons de voir européennes ». En Afrique, selon le philosophe, « il n'y a pas de subjectivité, mais seulement une masse de sujets qui se détruisent. Jusqu'ici on n'a guère prêté attention au caractère particulier de ce mode de conscience de soi dans lequel se manifeste l'Esprit »[498].

Pour Lévy-Bruhl, *l'homme primitif, c'est l'Autre par excellence*. En lui, on ne trouve pas les catégories de pensée propres à l'homme accompli. En effet, il ne suffit pas de reconnaître que chaque société a son outillage mental. Il s'agit de constater que les Africains n'ont rien de commun avec l'Occidental qui est la figure de « l'homme moderne », adulte et rationnel. Au contraire, les indigènes sont bien loin et tout à fait différents de lui par leurs manières de penser. Leur structure mentale est tout autre. Cette structure se caractérise par la loi de « participation », l'imperméabilité à l'expérience »[499]. En particulier, la science relevant exclusivement d'une mentalité logique qui caractérise l'Occident, « une attitude véritablement scientifique »[500] ne peut être reconnue à des « sociétés inférieures ». Dans ces sociétés, « les Primitifs emploient des mots spéciaux pour désigner les objets nombrés, mais n'ont pas de nombre. Les peuples arriérés ne se représentent pas du tout le nombre en tant que tel, mais seulement comme la juxtaposition des objets nombrés ». Bref, tous les aspects culturels d'une société non-européenne sont taxés de « sauvage », « primitif », « inférieur », « arriéré », « magique », « mystique ». Lévy-Bruhl tint longtemps la « pensée primitive » pour un phénomène mental « prélogique », une pensée qui ne soucie pas de contradiction et pour qui « les objets, les êtres, les phénomènes peuvent être d'une façon incompréhensible pour nous, à la fois eux-mêmes et autre chose qu'eux –mêmes ».

Dans cet esprit, de nombreuses informations sur les mythes et les symboles, les rêves, présages, pratiques divinatoires, les relations du naturel et du

---

[496] L. Febvre, « Histoire et psychologie », in *Encyclopédie française*, t. VIII ; *Combats pour l'histoire*, Paris, 1958 ; *Le Problème de l'incroyance au XVIᵉ siècle*, 1988.
[497] J. Le Goff, « Les mentalités : une histoire ambiguë », dans J. Le Goff et P. Nora (éd), *Faire de l'histoire*, vol III : *Nouveaux objets*, Paris, 1986.
[498] Hegel, op. cit. p. 251.
[499] Sur les « spécificités » de l'homme primitif dans l'œuvre de Lévy-Bruhl, cf. *La mentalité primitive*, Paris, PUF, 1922 ; *Le Surnaturel et la nature dans la mentalité primitive*, Paris, PUF, 1963 ; *L'âme primitive*, 1927 ; *L'expérience mystique et les symboles chez les primitifs, 1938.*
[500] C. Lévi-Strauss, *La Pensée sauvage*, Paris, Plon, 1962.

surnaturel et bien d'autres manifestations de la vie mentale sont placées sous la dénomination de « mentalité prélogique ou « mystique ». Lévy-Bruhl précise le sens de ces termes dans *Les Fonctions mentales des Sociétés inférieures* : « la mentalité des primitifs peut être dite *prélogique* à aussi juste titre *que mystique*. Ce sont là deux aspects d'une même propriété fondamentale, plutôt que deux caractères distincts. Cette mentalité, si l'on considère plus spécialement le contenu des représentations, sera dite mystique -et prélogique, si l'on en regarde plutôt les liaisons. *Prélogique* ne doit pas non plus faire entendre que cette mentalité constitue une sorte de stade antérieur, dans le temps, à l'apparition de la pensée logique. A-t-il jamais existé des groupes d'êtres humains ou préhumains, dont les représentations collectives n'aient pas encore obéi aux lois logiques ? Nous l'ignorons ; en tout cas, c'est fort peu vraisemblable. Du moins, la mentalité des sociétés de type inférieur, que j'appelle *prélogique*, faute d'un nom meilleur, ne présente pas du tout ce caractère. Elle n'est pas *antilogique* ; elle n'est pas non plus *alogique*. En l'appelant prélogique, je veux seulement dire qu'elle ne s'astreint pas avant tout, comme notre pensée, à s'abstenir de la contradiction. Elle obéit d'abord à la loi de participation. Ainsi orientée, elle ne se complaît pas gratuitement dans le contradictoire (ce qui la rendrait absurde pour nous), mais elle ne songe pas non plus à l'éviter. Elle y est le plus souvent indifférente. De là vient qu'elle est si difficile à suivre »[501].

Dans ce système qui écarte les gens d'Afrique de la logique, l'idée d'une « participation mystique » est propre à l'homme primitif. Précisément, comme je l'ai rappelé plus haut, Senghor reprend cette idée à son compte dans sa théorie de la raison intuitive. Pour Lévy-Bruhl, la « mentalité mystique » résulte du fait que le primitif n'est guère gêné par les incompatibilités qui déroutent l'esprit logique. En d'autres termes, il est indifférent au principe de non-contradiction qui caractérise cet esprit. A ce niveau s'établit la distance infranchissable qui sépare « le civilisé » et le « primitif ». Dans *La Mentalité primitive*, Lévy-Bruhl oppose « primitifs » et « civilisés » à partir d'une différence de logique : l'une non conceptuelle, mystique, fondée sur la loi de participation par ressemblance, contiguïté et contrastes, entre faits concrets et forces occultes et indifférente au principe de non-contradiction ; l'autre abstraite, ne renvoyant pas la causalité à quelque puissance surnaturelle[502]. Sur cette distance s'élabore tout le discours sur la rationalité qui est le fondement de la science. Or, celle-ci relève d'une mentalité logique à laquelle « les sociétés inférieures » n'ont pas accès. On sait qu'à la fin de sa vie, Lévy-Bruhl a renoncé à la théorie du prélogisme. Dans les *Carnets* publiés après sa mort, il se demande comment il a pu imaginer une

---

[501] L. Lévy-Bruhl, *Les fonctions mentales dans les sociétés inférieures*, Paris, PUF, 1951, pp. 78-79.
[502] Sur la loi de participation dans l'idée de la mentalité primitive chez Lévy-Bruhl, lire G. E. R. Lloyd, *Pour en finir avec les mentalités*, Paris, La Découverte, 1996, pp. 11-13.

hypothèse aussi mal fondée et il aboutit à cette conclusion : « la structure logique de l'esprit est la même chez tous les hommes »[503]. En d'autres termes, « rien ne différencie l'esprit des Africains de celui des Occidentaux »[504].

Après les rétractations courageuses de Lévy-Bruhl[505], l'effondrement du mythe de la « primitivité » et de l'irrationalité des indigènes n'exige-t- il pas aussi de réexaminer les conditions de possibilité de la science dans les sociétés africaines ? Dans ce but, il est utile de rappeler ce texte de Descartes qui n'a pas la prétention de diviser le genre humain entre les mentalités logiques et les mentalités pré-logiques. L'auteur du *Discours de la méthode* reconnaît, dès le départ, que « le bon sens est la chose du monde la mieux partagée ». Il précise que « la raison est naturellement égale en tous les hommes (...) ; la diversité de nos opinions ne vient pas de ce que les uns sont plus raisonnables que les autres, mais seulement de ce que nous conduisons nos pensées par diverses voies, et ne considérons pas les mêmes choses ». Qu'on note la modestie du philosophe du *cogito* qui tranche avec l'arrogance des experts sur les questions africaines : « Pour moi, je n'ai jamais présumé que mon esprit fût en rien plus parfait que ceux du commun ; même j'ai souvent souhaité d'avoir la pensée aussi prompte, ou l'imagination aussi nette, ou la mémoire aussi ample, aussi présente, que quelques autres »[506].

Ainsi, ni l'imagination ni la mémoire ne sont considérées comme les traits d'un esprit inférieur. Comme tous les témoignages cités plus haut l'ont montré, cela vaut pour l'émotion elle-même dans la mesure où, chez l'homme de science, sensibilité et raison sont inséparables. Renvoyons ici à la « religiosité cosmique » dont parle Einstein. A cet égard, face à la tentation permanente d'opposer l'affectif au rationnel, il faut revenir à Durkheim en vue d'élaborer le statut de la raison dans l'émergence de la pensée scientifique. En dépit d'une conception positiviste de la science à travers Littré qui l'a héritée d'Auguste Comte, celui que l'on considère comme l'un des pères de la sociologie en France n'a aucun mépris pour l'affectivité. Le sentiment de la solidarité n'est-il pas à ses yeux le ciment de toute la vie en société comme il le montre dans sa thèse de doctorat sur la division sociale du travail ? Durkheim accorde une place centrale aux émotions, réhabilite l'affect et permet de l'intégrer comme lieu de l'influence sociale. Le domaine des émotions ne peut donc être abandonné au règne de l'irrationnel, à l'arbitraire des pulsions et au caprice du désir. Il faut l'ouvrir à la totalité de l'expérience humaine en prenant en compte les croyances, les valeurs

---

[503] Les *Carnets posthumes de Lucien Lévy-Bruhl*, *Revue philosophique, no 137,* 1947, pp. 257-281.
[504] L. Lévy- Bruhl, op. cit.
[505] Lire à ce sujet les réflexions de Dr. Pelage, « La fin d'un mythe scientifique », *Présence africaine*, no 1, octobre-novembre 1947, pp. 158-161.
[506] Descartes, *Discours de la méthode,* Paris, GR -Flammarion, 1996, p. 23.

et les enjeux qui imposent des choix rationnels[507]. On ne peut réduire la raison à la seule raison calculatrice et instrumentale. En plus de la rationalité esthétique, il y a place aussi pour l'émotion dans la production scientifique. Dans ce sens, l'élargissement de la raison intéresse de façon privilégiée la science elle-même[508]. Ce renversement du primat du rationnel ouvre la voie à une anthropologie qui oblige à changer de regard sur les rapports entre la culture et la science dans le contexte africain. Durkheim et Mauss sont les précurseurs de l'anthropologie d'une forme spécifique de la rationalité. En effet, pour eux, au-delà des frontières établies par le rationalisme triomphant, il existe chez le « primitif » une pensée logique similaire sous certains aspects à la pensée scientifique : C'est ce que montre ce texte capital : « Les classifications primitives ne constituent donc pas des singularités exceptionnelles sans analogie avec celles qui sont en usage chez les peuples les plus cultivés ; elles semblent, au contraire, e rattacher sans solution de continuité aux premières classifications scientifiques. C'est qu'en effet, si profondément qu'elles soient différentes de ces dernières sous certains rapports, elles ne laissent pas cependant d'en avoir tous les caractères essentiels Tout d'abord, elles sont, tout comme les classifications des savants, des systèmes de notions hiérarchiques. De plus, ces systèmes, tout comme ceux des sciences, ont un but spéculatif Ils ont pour objet, non de faciliter l'action, mais de faire comprendre, de rendre intelligibles, les relations qui existent entre les êtres »[509].

Ces affirmations audacieuses marquent la rupture radicale avec une longue tradition intellectuelle en Occident. En un sens, elles mettent fin à l'exotisme. Car, elles obligent à reconnaître que les sociétés qui élaborent ces systèmes classificatoires sont comme les autres. En même temps, Durkheim et Mauss font entrer la rationalité dans les territoires de l'anthropologie sans qu'il soit nécessaire de recourir à des schémas de pensée dominés par les postulats évolutionnistes et positivistes. A la limite, il s'agit de renoncer à l'idéologie de la science *enfermée dans les limites de la rationalité occidentale. Telle est la rupture épistémologique opérée par Lévi-Strauss qui juge « puéril de vouloir hiérarchiser les cultures » et met en évidence l'absurdité qu'il y a à déclarer une culture supérieure à une autre »*[510]. Cette rupture apparaît d'abord au niveau sémantique et conceptuel. Lévy-Bruhl parlait de « mentalité » jusque dans ses *Carnets* où il reconnaît que les traces de la mentalité mystique sont présentes « dans tout esprit humain » même si elles sont plus marquées et plus facilement

---

[507] Sur ce sujet, voir R. Boudon, *Le juste et le vrai. Études sur l'objectivité des valeurs et de la connaissance*, Paris, 1995 ; S. Mesure (dir), *La Rationalité des valeurs*, Paris, PUF, 1998.
[508] E. Durkheim, *Les formes élémentaires de la vie religieuse*, Paris, 1912.
[509] Durkheim et Mauss, « De quelques formes primitives de classification. Contribution à l'étude de représentations collectives », *L'Année sociologique*, 6, 1903, p. 66.
[510] Lévi-Strauss, *Race et histoire*, op. cit. p. 70.

observable chez les « primitifs » que dans nos sociétés »[511]. *Avec Lévi-Strauss, on passe de la « mentalité » à la « pensée ». De plus, si le mot « sauvage »* revient dans son œuvre, il n'est plus synonyme de « primitif » et d'« inférieur ». L'anthropologue l'utilise dans le cadre de l'opposition entre « une bête sauvage et un animal domestique ». Au-delà du caractère « originel » et « élémentaire » que soulignaient Mauss et Durkheim dans les sociétés dites « primitives », Lévi-Strauss est préoccupé de savoir dans quelle mesure les sociétés que les occidentaux appellent « autres » sont dotées d'une « attitude véritablement scientifique ». Il s'agit, en fait, d'un changement de paradigme. L'enjeu est de taille. Comme l'auteur le suggère lui-même, *« la pensée sauvage » n'est pas la pensée des Sauvages.* En d'autres termes, l'homme d'Occident est appelé à se reconnaître dans ce qui est dit au sujet de cette pensée. En outre, le fait que l'anthropologue travaille sur les données de terrain situées en dehors de sa culture d'origine, met en relief l'universalité de la pensée sauvage. L'Autre n'est qu'un détour pour se retrouver soi-même. Ainsi, penser la différence suppose la reconnaissance d'un fond commun d'humanité à travers la diversité des sociétés et des cultures. Dès lors, ce que révèle la pensée sauvage nous concerne tous. Ce jeu du même et de l'autre, du « proche » et du « lointain » s'applique notamment dans un domaine où tous les mythes relatifs à la science dans les sociétés exotiques doivent être revisités. C'est ce suggère une relecture de l'auteur de *La pensée sauvage*. À partir de J. J. Rousseau en qui il se reconnaît[512], il y a chez Lévi-Strauss une volonté de s'éloigner du *cogito* rationnel afin de retrouver l'humanité souterraine. L'enjeu de cette démarche, c'est la remise en question du rationalisme occidental, avec son idée même de la science. Dans cette perspective, il lui faut descendre au sous-sol pour mettre au jour les universaux du langage humain. Bref, il s'agit de découvrir certaines structures fondamentales de l'esprit humain (…) dont nous croyons pouvoir établir l'universalité »[513]. Ce qui est en jeu dans cette exploration, c'est l'unité de l'homme. Comme l'écrit Jean-Pierre Fages, « tout au long de son œuvre, Lévi-Strauss ne cesse de réfuter le postulat idéologique en vertu un Lévy-Bruhl, entre autres, opposait à notre logique de civilisés la mentalité « prélogique » des peuples primitifs. Ce postulat correspond du reste à une opinion communément reçue en Occident. Dès le début de *La Pensée sauvage*, notre ethnologue remet en question de tels préjugés. En particulier, il reconnaît une logique- « la logique du sensible », à cette pensée : « Comme dans toutes les langues de métier, la prolifération conceptuelle correspond à une attention plus soutenue envers les propriétés du réel, à un intérêt mieux en éveil pour les distinctions

---

[511] L. Lévy-Bruhl, *Les Carnets*, op. cit. p. 131 ; cf. aussi p. 134, 164 s.
[512] Sur ce sujet, lire C. Lévi-Strauss, « Jean-Jacques Rousseau, fondateur des sciences de l'homme », in *Anthropologie structurale deux*, pp. 45-56.
[513] C. Lévi-Strauss, *Tristes tropiques*, Paris, *1955*, p. 188.

qu'on peut y introduire. Cet appétit de connaissance objective constitue un des aspects les plus négligés de la pensée de ceux nous nommons « primitifs ». S'il est rarement dirigé vers des réalités du même niveau que celles auxquelles s'attache la science moderne, il implique des démarches intellectuelles et des méthodes d'observation comparables. Dans les deux cas, l'univers est objet de pensée au moins autant que moyens de satisfaire ses besoins »[514]. À la limite, il faut changer de regard face à l'indigène en prenant en compte les savoirs et les savoirs-faire non-occidentaux. En effet, nous sommes confrontés à « des sociétés dotées d'un véritable esprit scientifique ». On assiste ici à une relecture d'Émile Durkheim et de Marcel Mauss. Mais Lévi-Strauss va plus loin. Il insiste sur l'efficacité des systèmes de classifications des primitifs et sur le fait qu'ils vont au-delà des besoins pratiques : « Les indigènes s'intéressent aussi aux plantes qui ne sont pas directement utiles, à cause des relations significatives qui les lient aux animaux et aux insectes », c'est-à-dire parce qu'elles s'ajustent à leurs systèmes théoriques »[515]. Bref, les classements et les rites magiques de « la pensée sauvage » peuvent représenter de véritables « anticipations » vis-à-vis de la science moderne : « sur la science elle-même et sur des méthodes ou ses résultats que la science n'assimilera que dans un stade avancé de son développement, s'il est vrai que l'homme s'est attaqué au plus difficile : la systématisation au niveau des données sensibles, auxquelles la science a longtemps tourné le dos et qu'elle commence seulement à réintégrer dans sa perspective » ; ainsi, la chimie moderne, pour rendre compte des saveurs et des odeurs, recourt à « cinq éléments » qu'elle combine de diverses façons : carbone, hydrogène, oxygène souffre et azote »[516]. La science moderne et la pensée sauvage ont une commune « exigence d'ordre ». Bien plus, Lévi Strauss affirme que « c'est la même logique qui est à l'œuvre dans la pensée mythique et dans la pensée scientifique et que l'homme a toujours bien pensé »[517]

Aussi, « au lieu d'opposer magie et science, il vaudrait mieux les mettre en parallèle, comme deux modes de connaissance inégaux quant aux résultats théoriques et pratiques mais non par le genre d'opérations mentales qu'elles supposent toutes deux et qui diffèrent moins en nature qu'en fonction des types de phénomènes auxquels elles s'appliquent ». Il importe donc de reconnaître en la magie un système cohérent de pensée, parallèle à celui de la science. « Ombre anticipant son corps, elle est, en un sens, complète comme lui, aussi achevée et cohérente (...). La pensée magique n'est pas un début, un commencement, une ébauche, la partie d'un tout non encore réalisé ; elle forme un système bien

---

[514] J. P. Fages, *Comprendre Lévi-Strauss*, Toulouse, Privat, 1972, p. 65.
[515] C. Lévi-Strauss, *La pensée sauvage*, Paris, Plon, 1962, pp. 8-9.
[516] C. Lévi-Strauss, op. cit. pp. 19-20.
[517] Ibid. p. 255. Sur ce sujet, cf. « Claude Lévi-Strauss : une anthropologie bonne à penser », *Esprit*, janvier 2004.

articulé ». Comme le disait déjà Mauss, « la magie fait fonction de science et tient la place des sciences à naître. Le caractère scientifique de la magie a été généralement aperçu et intentionnellement cultivé par les magiciens. L'effort vers la science dont nous parlons est naturellement plus visible dans ses formes supérieures qui supposent des connaissances acquises, une pratique raffinée et qui s'exercent dans les milieux où l'idée de science positive est déjà présente ».[518] Pour Lévi-Strauss, « la pensée magique aborde effectivement la réalité mais à partir de l'organisation et de la spéculation du monde sensible mais en termes de sensibles ». Nous sommes loin de Renan qui considère la science comme antidote de la magie. Dans un système où « chaque chose sacrée doit être à sa place » (…) au sein d'une classe »[519], l'univers lui-même doit être ordonné. Dès lors, magie et science moderne « représentent deux modes distincts de pensée scientifique, l'un et l'autre fonctionne, non pas certes de stades inégaux du développement de l'esprit humain, mais des niveaux stratégiques où la nature se laisse attaquer par la connaissance scientifique ». La science magique est plus ajustée au niveau de la perception et de l'imagination, plus « proche de l'intuition sensible » ; la science moderne en est plus éloignée, plus « décalée ».

La confrontation se resserre sur le mythe et la science. Ici encore, à partir d'une méthode d'analyse qui « refuse d'opposer le concret à l'abstrait, et de reconnaître au second une valeur privilégiée »[520], Lévi-Strauss s'éloigne de Lévy-Bruhl et à travers lui, d'une longue tradition qui considère le mythe comme une manifestation de la mentalité primitive. Son œuvre apparaît comme un effort pour réhabiliter le mythe et l'intégrer dans le système des connaissances. Au-delà des interprétations qui réfèrent le mythe aux seules profondeurs de l'immémorial où la société s'efforce d'annuler l'influence perturbatrice des facteurs historiques en mettant l'ancêtre hors de l'histoire, et en faisant de l'histoire une copie de l'ancêtre[521], l'anthropologue s'applique à souligner ce que, au plan cognitif, le mythe révèle quant aux structures profondes de la pensée. Car, tout ne se joue pas au niveau des rapports entre l'homme et le sacré où il conviendrait toujours de s'interroger à quelles divinités renvoie le mythe ou quelles contradictions une société tente de résoudre à partir de ces récits fondateurs qui légitiment les pouvoirs et les systèmes d'organisation sociale. Si l'on ne peut négliger de référer le mythe aux coutumes et techniques de la société qui l'a élaboré, il faut retrouver un mode de pensée

---

[518] M. Mauss, « Esquisse d'une théorie générale de la magie », in *Sociologie et anthropologie*, Paris, PUF, 1989, p. 56.
[519] Id, p. 17.
[520] C. Lévi-Strauss, *Anthropologie structurale deux*, p. 139.
[521] P. Ricœur, « Structure et herméneutique », *Esprit*, no 32, novembre 1963, p. 610

dont on doit reconnaître l'importance dans la mesure où, trop souvent, en dehors du *cogito*, tout ce qui relève du mythe est voué au mépris.

En examinant les mythes produits par les sociétés dites inférieures[522], Lévi-Strauss découvre, à la manière de Cassirer, une modalité d'application au réel des catégories de la pensée humaine. A travers l'image, il s'agit ici d'un mode de conceptualisation encore présent dans la pensée rationnelle. En d'autres termes, dans le *mutos*, il y a une part de *logos* identifié à la science moderne. Bien plus, s'il nous situe dans le hors-temps, le mythe est une sorte d'invariant culturel, un capital commun de l'humanité et un a priori de toute société. Dimension du « langage qui constitue le fait social par excellence »[523], le mythe est de l'ordre de la métaphore tandis que la science est de l'ordre de la métonymie. Mais la pensée mythique oeuvrant sur des signes permutables, « bien qu'engluée dans des images » peut être déjà génératrice, donc scientifique » ; « elle aussi travaille à coup d'analogies et de rapprochements, même si, comme dans les cas de bricolage, ses créations se ramènent toujours à un arrangement nouveau d'éléments »[524]. Le bricoleur représente la pensée sauvage, mythique ; l'ingénieur la pensée scientifique. Est-ce à dire que la pensée mythique est inapte à généraliser ? Lévi-Strauss ne le pense pas. Il reconnaît, au contraire, une certaine aptitude scientifique à la pensée mythique. En outre, pour lui, si le savant « fait des événements (changer le monde) au moyen des structures »[525], « comme le bricolage sur le plan technique, la réflexion mythique peut atteindre au plan intellectuel des résultats brillants et imprévus »[526]. En fait, le mythe lui-même est un système de classification posant des différences. Aussi, l'analyse des mythes est un défi majeur à l'anthropologie qui refuse de s'enfermer dans les problèmes du cogito. Une exigence s'impose au chercheur : « derrière l'idée que les hommes se font de leur société, pousser l'investigation au-delà des bornes de la conscience »[527]. Dans *Les Structures élémentaires de la parenté*, Lévi-Strauss parle des « structures logiques qu'élabore la pensée inconsciente »[528]. Il soutient l'idée d'une rationalité, d'une logique enfouie dans un inconscient. Dans ce but, l'analyse des mythes est incontournable. En effet, il s'agit de rejoindre la rationalité de l'imaginaire. Tel est l'enjeu de la démarche : à partir des mythes, « l'anthropologie collabore modestement à l'élaboration de cette logique du concret qui semble être un des soucis majeurs de la pensée moderne, et qui nous

---

[522]. C. Lévi-Strauss, *Mythologiques, t. 1 Le Cru et le Cuit, 1964. Histoire de Lynx, 1991*
[523] C. Lévi-Strauss, *Anthropologie* structurale deux, p. 84
[524] C. Lévi-Strauss, *La pensée sauvage*, p. 31
[525] C. Lévi-Strauss, op. cit. p. 33
[526] C. Lévi-Strauss, op. cit. p. 26
[527] C. Lévi-Strauss, *Anthropologie structurale deux*, p. 85.
[528] C. Lévi- Strauss, *Les structures élémentaires de la parenté.*, p. 327.

rapproche, plus qu'elle ne nous éloigne, de formes de pensée en apparence très étrangères à la notre »⁵²⁹.

Cette approche montre que « le champ de la pensée mythique est, lui aussi, fermement structuré »⁵³⁰. On saisit l'importance d'une telle entreprise. Il faut souligner cet apport capital : à l'opposé du XIXᵉ siècle, à travers la pensée sauvage, Lévi-Strauss tente de retrouver un système bien articulé auquel il donne tour à tour le nom de *logique du sensible* ou *de science du concret*. *Il parle d'une science incarnée, faite de concepts englués dans des images : « Le système d'idées n'apparaît qu'incarné »*⁵³¹. Dans une étude sur la structure des mythes, Lévi-Strauss écrit : « Peut-être découvrirons-nous un jour que la même logique est à l'œuvre dans la pensée mythique et dans la pensée scientifique, et que l'homme a toujours bien pensé⁵³². Pour l'anthropologue, grâce à un nouvel examen, les faits « témoignent en faveur d'une pensée rompue à tous les exercices de la spéculation ». On mesure le scandale de cette affirmation. De Lévy-Bruhl à Lévi-Strauss, une véritable mutation de l'intelligence s'est accomplie dans la reconnaissance des savoirs des autres.

« Pour transformer une herbe folle en plante cultivée, une bête sauvage en animal domestique (…), pour faire d'une argile instable, prompte à s'effriter, à se pulvériser ou à se fendre, une poterie solide et étanche (…); pour élaborer les techniques, souvent longues et complexes, permettant de cultiver sans terre ou bien sans eau, de changer des graines ou racines toxiques en aliments, ou bien encore d'utiliser cette toxicité pour la chasse, la guerre, le rituel, il a fallu, n'en doutons pas, une attitude d'esprit véritablement scientifique, une curiosité assidue et toujours en éveil, un appétit de connaître pour le plaisir de connaître, car une petite fraction seulement des observations et des expériences (…) pouvaient donner des résultats pratiques, et immédiatement utilisables »⁵³³.

Si les sociétés traditionnelles ont survécu au sein d'une nature souvent hostile, c'est grâce aux savoirs et aux savoir-faire accumulés au cours de l'histoire. Ces savoirs, les hommes ont cherché à en tirer parti pour leur alimentation, mais aussi pour leur santé, leur travail. À l'origine de ces savoirs, il faut retrouver une « attitude d'esprit véritablement scientifique ». Bien plus, selon Lévi-Strauss, le *minus habens* prélogique, évoqué par Lévy-Bruhl à ses débuts, fait place au « thésauriseur logique », au suprême logicien qui, « sans trêve, renoue les fils, relie inlassablement sur eux-mêmes tous les aspects du réel, que ceux-ci soient physiques, sociaux ou mentaux ». C'est à ce pionnier

---

[529] C. Lévi-Strauss, *Anthropologie structurale deux*. p. 83.
[530] C. Lévi-Strauss, op. cit. p. 223.
[531] C. Lévi-Strauss, *La pensée sauvage*, op. cit. p. 353, 349.
[532] C. Lévi-Strauss, *Anthropologie structurale*, Paris, Plon, 1958, p. 255.
[533] C. Lévi-Strauss, *La pensée sauvage*.

des techniques de l'information et de la cybernétique que Lévi-Strauss rend hommage en le restituant dans sa splendeur[534]. En effet, loin d'être en retard sur la logique véritable[535], le primitif se trouve bien plutôt en avance d'un âge mental sur les conceptions qui règnent en Occident. On voit le renversement des positions reçues sur une pensée prétendument « pré-logique » et pré-scientifique. En réalité, quand on prend soin de comprendre l'autre, on découvre en lui une « science du commun » qui s'avère indispensable à la culture humaine. Ainsi, les gens qu'on a longtemps pris pour des primitifs réservent bien des surprises à l'anthropologue de la science. Lévi-Strauss écrit : « les sociétés que nous appelons primitives ne sont pas moins riches en Pasteur et en Palissy que les autres »[536].

Les savoirs des gens de la brousse

Selon Robert Horton, tel est, précisément, l'événement qui oblige à changer le regard sur les Africains. Là où l'on continue à parler avec assurance d'animisme, de magie et de sorcellerie, il faut tout repenser en prenant en compte les efforts d'invention dont les sociétés africaines font preuve dans les situations où elles cherchent à comprendre les phénomènes naturels auxquels elles sont confrontées. En d'autres termes, on ne peut hésiter à employer le mot « science » à propos de ces sociétés. En dépit des apparences, elles sont autant concernées par les sciences que les autres par l'explication et la prédiction. Toute la recherche de Horton vise à retrouver « l'aspiration authentique qui se cache derrière une grande partie de la pensée religieuse africaine : c'est une tentative d'expliquer et d'influencer les mécanismes du monde quotidien en découvrant les principes constants qui sont sous-jacents au chaos apparent et au flux de l'expérience sensorielle ». Horton invite à considérer la pensée africaine traditionnelle « comme le résultat d'un processus de fabrication de « modèles » ; le processus est le même dans la pensée scientifique et pré-scientifique », si l'on entend par « pré-scientifique » la pensée qui cherche à pénétrer empiriquement le sens des réalités quotidiennes avant toute connaissance théorique de structure et de processus[537].

---

[534] Cf. Lévi-Strauss, op. cit. pp. 355, 357
[535] Sur ce sujet, lire M. Hebga, « Plaidoyer pour les Logiques de l'Afrique Noire », in *Aspects de la Culture Noire*, Recherche et Débats du Centre catholique des intellectuels français, Paris, Fayard, 1968.
[536] *La pensée sauvage*, p. 407.
[537] Pour l'exposé de ces idées, R. Horton, « La Pensée traditionnelle africaine et la Science occidentale », in *La pensée métisse. Croyances africaines et rationalité occidentale en questions*, Paris, PUF, 1990, pp. 45-124

À ce propos, Horton fait une comparaison : « Un chimiste à qui l'on demande une description approfondie d'une substance de son laboratoire peut difficilement s'empêcher de mentionner des caractéristiques comme le poids moléculaire ou la formule, ce qui est une référence à une théorie globale de la chimie que l'on considère comme sûre »[538] De même, un villageois africain qui essaie de décrire ce qu'est sa communauté peut difficilement éviter une référence implicite aux concepts religieux, qu'il considère également comme sûrs. A partir du cas des pêcheurs et des commerçants du Delta du Niger, il montre comment leur appréhension de la réalité a formé un modèle théorique du fonctionnement du monde kalabari accordé à l'observation et à la réflexion. Ce qui importe de relever ici, c'est la thèse essentielle que formule Horton quand il écrit : « toutes les cultures attribuent une importance plus ou moins égale aux finalités de l'explication, de la prédiction et du contrôle des événements. Le rendement cognitif élevé de la science moderne occidentale n'est rien d'autre que la rationalité universelle fonctionnement dans un contexte spécifique d'ordre technologique, économique et social »[539]. Autrement dit, les exploits réalisés par les « sciences dures » en Occident moderne ne sont pas le résultat d'une « rationalité supérieure ». Il faut y voir « la rationalité universelle fonctionnant dans un contexte spécifique »[540]. Il n'est pas nécessaire de revenir sur les discussions que cette thèse a provoquées[541].

Quelques réflexions me semblent pourtant utiles. Comme je l'ai affirmé au sujet du mythe, il faut éviter d'enfermer la pensée africaine dans l'univers des croyances en faisant croire que la « tradition africaine » ne comporte que les représentations collectives relatives aux divinités et aux esprits étudiées par les anthropologues. En d'autres termes, l'examen des discours religieux traditionnels ne doit pas nous éloigner des objectifs de la réflexion sur la pratique des sciences dans la vie des sociétés indigènes. La question est de savoir ce qui se fait en Afrique en matière de connaissances scientifiques au sens strict du terme. On peut redouter qu'en négligeant ce champ spécifique, le débat sur la pensée dite africaine s'enlise dans les spéculations abstraites. Plus précisément, en minimisant l'importance du champ « scientifique », on risque de se borner à discuter sur les relations entre ce qui serait une vision spiritualiste dans la tradition africaine et ce qui apparaît comme une « vision mécaniste » propre à l'Occident. Pour reconsidérer la question qui s'impose à l'examen, il faut rappeler que l'Occident aussi a ses croyances et ses traditions propres, y compris au niveau culturel, intellectuel ou symbolique comme le rappellent de nombreux mythes et rituels enracinés dans l'imaginaire social et historique. Il

---

[538] Cité par B. Davidson, *Les Africains. Introduction à l'histoire d'une culture*, Paris, Seuil, 1969.
[539] R. Horton, op. cit, p. 116.
[540] Id.
[541] Cf. *La pensée métisse*, op. cit.

suffit de penser à tout le système de croyances et de pratiques liées à l'Halloween réinvesti par les forces du marché en Amérique du Nord et en Europe. Je me demanderai plus loin s'il existe aujourd'hui, même dans les pays du Nord, des sociétés où la rationalité ne soit pas l'objet d'une conquête permanente. Si l'on veut éviter de retomber dans les préjugés du XIXe siècle, il faut renoncer à examiner « la tradition africaine » et « la pensée scientifique » à partir des oppositions commodes entre le naturel et le surnaturel, l'émotion et la rationalité, la science et le mythe, la pensée positive et la pensée mystique. Ces oppositions renvoient à l'ethnocentrisme conceptuel et théorique qui constitue, précisément, le véritable obstacle à une approche interculturelle des modes de pensée.

Au moment où les anthropologues s'intéressent à la science, la science des autres, celle qui, en particulier, s'élabore « hors d'Occident », reste un territoire à découvrir et à explorer. Dans cette perspective, les capacités cognitives des gens de la brousse sont un défi majeur à l'anthropologie. En effet, si ces gens ne sont pas seulement des bricoleurs mais des producteurs de savoirs et de savoir-faire, doit-on se contenter de les disculper de l'infériorité intellectuelle qu'on leur impute ? En d'autres termes, suffit-il de transformer l'esprit sauvage en un alter ego du scientifique comme le fait Lévi-Strauss ainsi que je l'ai rappelé ? Telle est, sans doute, l'une des questions que posent les affirmations de Horton qui, en dépit des révisions de ses études, revient sur l'existence d'un noyau de rationalité cognitive chez l'être humain. Je suis surpris par les réactions qu'a suscitées la thèse de Robert Horton plus de quarante ans après les travaux de Lévi-Strauss sur la pensée sauvage. En effet, depuis cet ouvrage, la question de l'universalité de la rationalité ne se pose plus. Revenir sur les préjugés de Lévy-Bruhl sur la mentalité primitive d'avant les *Carnets posthumes* publiés en 1947, c'est conforter le mythe de la supériorité culturelle de l'Occident. Les similitudes que Horton découvre entre les deux styles et modes de pensée de l'Afrique et de l'Occident s'inscrivent dans la reconnaissance de l'unité de l'homme que seule remettent en cause les groupes de pression qui recyclent les préjugés de Gobineau dans son *Essai sur l'inégalité des races humaines. Si les* anthropologues n'ont pas réussi à voir l'analogue africain de la pensée scientifique, c'est parce que pour beaucoup, non seulement les indigènes ont une autre mentalité mais on continue à penser que la notion de science leur est extérieure dans la mesure même où l'on croit qu'elle demeure le privilège ou l'attribut de l'Occident. Si l'on ne peut concevoir une société étrangère à la sphère scientifique, il faut rompre avec les *a priori* et les versions de l'anthropologie la plus dépassée pour mettre en évidence les capacités scientifiques et cognitives des hommes et des femmes d'Afrique. Dans ce but, une approche empirique permet d'éviter toute discrimination qui tend à occulter l'apport des indigènes à la production des connaissances scientifiques.

Contrairement à une vision répandue, *les sociétés africaines ne vivent pas que de symbolisme, de mythes, de rituels et de spiritualité*. On y trouve même un fond d'indifférence religieuse et d'incroyance[542]. Comme les autres, ces sociétés s'intéressent aussi aux biens matériels et les individus ont tout à fait des aptitudes pour observer la nature et percevoir l'intérêt qu'ils peuvent attendre de la connaissance du monde et de la vie. On s'en rend compte quand on décide de renouveler le regard sur ces sociétés dans l'horizon de l'ethnoscience qui est devenue un nouveau champ de l'anthropologie depuis les travaux de Boas, de Radcliffe-brown ou de Mauss[543].

L'étude des savoirs de la brousse est un domaine immense et inexploité. On trouve ici une conscience développée de ce qui est prévisible grâce à l'observation. C'est tout ce domaine que Lévi-Strauss appelle la « science du concret ». Il s'agit des savoirs tacites que l'on doit bien se garder de sous-estimer. Dans le contexte africain où « la façon dont je catégorise, classifie et nomme l'univers est fonction de tout un ensemble culturel qui me permet de communiquer avec mes proches »[544], on observe tout l'effort scientifique qui consiste à définir des catégories efficaces pour construire le réel dont nous parlons. Il faut ici un travail d'imagination pour faire progresser notre connaissance de l'univers en créant un certain ordre et en mettant en évidence certains rapports entre les phénomènes tels que nous les percevons autour de nous.

J'ai indiqué plus haut l'importance que Durkheim, Mauss et Lévi-Strauss accordent aux systèmes de classification pour remettre en question les frontières entre ceux qu'on nomme les « primitifs » et les « civilisés ». Qu'il suffise aussi d'évoquer les études d'E. E. Pritchard sur les taxonomies des Nuer. Lebeuf a également fait connaître le système classificatoire des Fali[545]. Rappelons les recherches sur les noms d'animaux chez les Haussa[546]. Au Cameroun, en étudiant les motifs d'*Abbia*, Engelbert Mveng a découvert « un véritable manuel de sciences naturelles chez les Beti. La faune y est représentée par 64 espèces connues et cataloguées ; les oiseaux par 43 espèces, les poissons par 23 espèces,

---

[542] Sur les formes de l'incroyance dans les traditions africaines, lire E. Messi Metogo, *Dieu peut-il mourir en Afrique ? Essai sur l'indifférence religieuse et l'incroyance en Afrique*, Paris, Karthala, 1997.
[543] R. Scheps (dir), *La science sauvage. Des savoirs populaires aux ethnosciences,* Paris, Seuil, 1993.
[544] A. Jacquard. op. cit. p. 77.
[545] A. Lebeuf, « Le système classificatoire Fali », in M. Fortes et G. Dieterlen (ed), *African Systems of Thought*, Oxford, 1965.
[546] J. P. Penel, « Réflexion épistémologique sur les noms d'animaux chez les « Haussa », in P. Hountondji (dir), *Les Savoirs endogènes*, op. cit. pp. 159-176.

et les insectes par 27 espèces. J'ai interrogé la littérature orale sur les mêmes thèmes. Mon informateur, qui est un aveugle, m'a fourni de mémoire la liste de

- 83 espèces d'oiseaux
- 46 espèces de poissons
- 21 espèces de serpents
- 59 espèces d'insectes
- 27 espèces de plantes cultivées
- 55 espèces de plantes sauvages
- 117 essences végétales
- 55 espèces d'animaux sauvages

Chaque espèce est accompagnée d'une notice descriptive étonnamment précise Nous sommes là en face d'une connaissance objective de la nature qui n'a rien de mythique »[547].

Remarquons l'esprit scientifique qui se révèle à travers l'attention des Africains pour leur milieu. Leur classification et leur nomenclature des phénomènes en sont une illustration éclatante. Lévi-Strauss souligne que de nombreuses classifications connues « ne sont pas seulement méthodiques et fondées sur une connaissance théorique soigneusement construite. Elles sont parfois aussi comparables, d'un point de vue fomel, à celles qui sont encore en usage en zoologie et en botanique »[548]. Ainsi, « Les Dogons (...) classent les plantes qu'ils connaissent en vingt-deux familles principales, dont quelques-unes se subdivisent en onze sous-familles : les critères de classification auraient probablement surpris Linné. Les Karimojong peuvent distinguer aussi précisément qu'un observateur professionnel extérieur, les caractéristiques topographiques qui signalent un point d'eau potable. Ils en font une « nomenclature » que le berger applique aux portions connues du territoire où s'étendent les pâturages répertoriés et qui détermine en partie son plan de migration pour l'année et d'une année à l'autre »[549]. Ce qui s'offre ici à l'observation, c'est un vaste système de savoirs sur la faune et la flore permettant d'examiner les savoirs que les gens de la brousse élaborent sur leur milieu environnant. On mesure l'ampleur des connaissances objectives qui ne sauraient se réduire à un système de croyances religieuses. Bien plus, en renonçant à absolutiser l'écriture afin de redonner toute son importance à la tradition orale,

---

[547] E. Mveng, *L'Afrique dans l'Église. Paroles d'un croyant,* Paris, L'Harmattan, 1985, p. 38.
[548] C. Lévi-Strauss, *La pensée sauvage,* op. cit.
[549] B. Davidson, *Les Africains, op. cit.* p. 101.

il faut bien faire sauter « le barrage des mythes » dont parle J. Ki Zerbo[550] pour reconnaître la valeur des savoirs et des techniques dont l'Afrique est le lieu d'invention.

À ce sujet, là où Lévy-Bruhl estime que les langues des sociétés inférieures sont inaptes au raisonnement logique, une réflexion plus poussée met en évidence la capacité d'abstraction des langues africaines à travers les systèmes numéraux utilisés dans la pratique quotidienne[551]. Remarquons aussi la place de la pensée mathématique dans les traditions africaines. Il importe d'insister sur l'imbrication de cette pensée dans le contexte social et culturel où l'on découvre qu'on fait les mathématiques ailleurs qu'à l'école et à l'université. En examinant les motifs des corbeilles fabriquées par les vanniers dont la plupart sont les femmes, Paulus Gerdes a mis en lumière le potentiel géométrique dans l'artisanat mozambicain. Comme il le confie, « mon expérience de recherche m'a appris que les sona représentent un champ très fertile pour d'autres explorations mathématiques. J'ai été conduit successivement à l'analyse des courbes en miroir, des motifs lunda et la symétrie lunda, des motifs kiki et des différents nouveaux types de structures algébriques comme les matrices cycliques périodiques et les matrices cylindre, hélice et échiquier »[552]. On sait que Paulus Gerdes est depuis 1986 le président de la Commission de l'Union Mathématique sur l'Histoire des Mathématiques en Afrique. Par ailleurs, il a reçu des prix comme Géométrie en Afrique. Ses recherches, parmi tant d'autres, montrent bien que les Occidentaux ne sont pas allés « mettre » de la mathématique dans le travail des artisans qui ne savent ni lire ni écrire. En Afrique centrale, rappelons les figures complexes chez les Bushoong dont Marcia Ascher a étudié la capacité à tenir un raisonnement mathématique[553]. Il faut, enfin, attirer l'attention sur les formes de la raison graphique dans les sociétés africaines[554]. Cette raison se déploie dans les moments de loisir où la maîtrise du calcul mental se vérifie à travers les jeux stratégiques[555]. Tel est le cas de l'*Awélé* qui, selon Charles Béart, est « le jeu le plus simple et en même temps le plus intelligent, celui qui ne laisse strictement aucune place au hasard »[556]. F. Pingaud et J. Retschitzki s'accordent pour reconnaître la richesse,

---

[550] J. Ki Zerbo, *Histoire de l'Afrique noire, d'hier à demain op. cit.* p. 10.
[551] T. Obenga, *L'Afrique dans l'Antiquité*, op. cit. ; lire aussi T. Yaovi Tchitchi, « Numérations traditionnelles et arithmétique moderne », P. Hountondji, op. cit. pp. 109-132.
[552] P. Gerdes, « Pensée mathématique et exploration géométrique en Afrique et ailleurs », *Diogène*, 202, avril-juin 2003, p. 139.
[553] M. Ascher, *Nombres, formes et jeux dans les sociétés traditionnelles*, Paris, Seuil, 1998. Sur ce livre, lire D. Legu, « Comptes et légendes », *Libération*, 20 octobre 1998.
[554] Sur ce sujet, cf. J. Goody, *La Raison graphique. La domestication de la pensée sauvage*, Paris, Minuit, 1979.
[555] M. Ascher, op. cit.
[556] C. Béart, *Jeux et jouets de l'Ouest Africain*, Dakar, IFAN, 1955.

la complexité et la modernité de ce jeu qui constitue une situation mathématiquement intéressante à étudier et dont les applications pédagogiques sont très riches[557]. On retrouve la même capacité à se maîtriser, à compter, à anticiper et à prévoir les coups à venir dans un jeu stratégique comme le Songo chez les Fang du Cameroun et du Gabon[558]. Comme l'explique Théodore Tsala, « Le damier des Ewondo consiste en deux bouts jumelés et creusés en quatorze cas dans lesquelles on joue avec les cailloux ou graine de certains arbres. Chaque case doit contenir cinq graines au commencement du jeu »[559]. Les mécanismes semblables existent dans les méthodes d'apprentissage des mathématiques au Mozambique[560]. Signalons aussi les modèles mathématiques que Randane Sadi étudie dans les procédés divinatoires[561]. Au Bénin, au-delà de son contenu mystique et des croyances qu'il génère, le *Fa* inscrit l'évaluation des chances dans l'étude des processus aléatoires et le calcul des probabilités à partir de la position des objets spécifiques jetés au hasard sur une surface plane[562]. On peut ici procéder à une réflexion mathématique à partir d'une pratique sociale. Comme je l'ai déjà noté, les données du système numéraire mettent en lumière la capacité d'effectuer les opérations arithmétiques comme l'indique l'étude de Mfika Mubumbila sur les Zimbabwéens précoloniaux. En outre, les figures géométriques de ces populations donnent aussi une idée de leur aptitude à l'abstraction[563]. En Côte d'Ivoire, en étudiant les poids à peser l'or à travers les figurines qui constituent un véritable langage mathématique chez les Akan, Georges Niangoran-Bouah écrit : « la présence de ces poids marque la fin d'un mythe. Ils apportent la preuve concrète et irréfutable de l'existence d'un esprit scientifique chez le Nègre. En effet, les inscriptions, aujourd'hui cryptogrammiques qui figurent sur cette catégorie de poids, sont des chiffres qui indiquent leur valeur pondérale. Ce sont des additions, des produits de facteurs, des multiplications de *Takou ou Ba*. Une série de poids n'est jamais le résultat d'un même type d'opération. Après une série de multiplications vient une série d'additions et ainsi de suite. D'une manière générale, nous constatons que le

---

[557] F. Pingaud, *Awélé*, Éditions l'Impensé Radical, 1988 ; J. Retschitzki, *Stratégies des joueurs d'Awélé*, Paris, L'Harmattan, 1990.

[558] B. Mve Ondo, *L'Owani et le Songa ; deux jeux de calcul africains*, Libreville, CCF St-Exupéry/Sépia, 1990.

[559] Th. Tsala, *Dictionnaire Ewondo-Français*, Lyon, E. Vitte, sd, p. 586.

[560] Voir les travaux de P. Gerdes, *Une tradition géométrique en Afrique. Les dessins sur le sable*, Paris, L'Harmattan, 1995, 3 volumes ; *Femmes et Géométrie en Afrique australe*, Paris, L'Harmattan, 1996.

[561] Ramdane Sadi, « Un objet mathématique : la géomancie », in *Voyages ethnologiques*, Cahiers Jussieu/1, Université de Paris VII, 10/18, 1976, pp. 293-322.

[562] Cf. P. Hountondji, op. cit.

[563] Mfika Mubumbila, *Sciences et traditions africaines. Le message du Grand Zimbabwe*, Paris, L'Harmattan, 1992. Lire aussi le chapitre IX : « système opératoire négro-africain » dans T. Obenga, *L'Afrique dans l'Antiquité*, Paris, Présence africaine, 1973, p. 333-353.

système de compte akan ignore le zéro. Toutes les séries de poids sont une application fidèle de la table de multiplication dite de Pythagore jusqu'au cinquième ou sixième nombre selon les séries. Dans les temps les plus reculés de l'histoire du monde, des Nègres s'étaient livrés et familiarisés avec des calculs et des opérations aussi complexes que nos équations algébriques d'aujourd'hui. Ces Nègres là étaient savants et scientifiques. Ces exercices de calcul compliqués n'ont pas seulement existé chez les Akan en Côte d'Ivoire. Des vestiges de ce genre d'activités scientifiques existent également dans l'Ouest de la Côte d'Ivoire et au Liberia chez les groupements ethniques d'origine Dan »[564]. Ces faits détruisent le mythe des Nègres qui n'ont rien inventé. Il reste à percer de nombreux secrets pour découvrir la contribution de l'Afrique traditionnelle à la science. L'ethnomathématique ébranle les idées reçues sur les « sauvages » à « l'intelligence réduite, dépourvus de raisonnement formel ou logique ». Comme l'écrit Marcia Ascher, « nous sommes peu informés des réflexions mathématiques de ceux qui, dans ces cultures (autres qu'occidentales), ont un penchant particulier pour des idées mathématiques »[565]. En d'autres termes, un travail de recherche reste à faire pour libérer les espaces du savoir des préjugés liés à la théorie de l'évolution du XIXe siècle. Ces préjugés empêchent de découvrir les savoirs en construction dans le vécu quotidien des indigènes d'Afrique noire.

En effet, la curiosité scientifique pousse les Africains à tout observer. Obenga signale les connaissances astronomiques chez les Bantous[566]. Marcel Griaule apporte aussi ce témoignage de valeur : « Les Africains avec lesquels nous avons travaillé dans la région du Haut-Niger possèdent des systèmes astronomiques et des calendriers, des méthodes de calculs et une connaissance anatomique et physiologique développée, de même qu'une pharmacopée systématique »[567]. Ainsi, tout ne se réduit pas aux masques et aux mythes sur le Nommo que retient l'opinion fascinée par les travaux de l'anthropologue des Dogons. Grâce aux diverses études menées par de nombreux chercheurs étrangers et nationaux sur la flore africaine, le domaine de la médecine et de la pharmacopée est maintenant largement connu. L'art de guérir par les plantes dont l'inventaire exhaustif est nécessaire ouvre la voie aux analyses sur la science traditionnelle en Afrique noire[568]. À travers les enquêtes

---

[564] G. Niangoran-Bouha, « Poids à peser l'or », *Présence africaine*, 2e trimestre 1963, pp. 209-210, 212
[565] M. Ascher, op. cit.
[566] T. Obenga, « Note sur la connaissance astronomique bantu », *Muntu*, 6, 1987, pp. 63-78.
[567] M. Griaule, *Dieu d'eau*, Paris, 1948 ; du même auteur, lire : « Le Savoir des Dogons », in *Journal des Africanistes*, 22, 27-42, 1952.
[568] Cf. F. Ekodo-Nkoulou Essama, « La médecine par les plantes en Afrique noire », *Présence africaine*, no spécial XXVII-XXVIII, t. II, 1959, pp. 252-262.

ethnobotaniques, on retrouve les principes de la médecine selon la tradition dans un contexte où les plantes médicinales représentent le seul arsenal thérapeutique à la disposition des guérisseurs qui soignent dans certains cas plus de 90 % de la population. Notons les capacités thérapeutiques des tradipraticiens qui, à travers les processus de guérison par la palabre, la musique et la danse, procèdent au désenvoûtement et à la réintégration comme le rappelle le rituel du N'Doep au Sénégal[569]. Dans le domaine de l'agriculture, la faillite des politiques d'intervention en milieu rural a obligé de nombreux organismes de développement à redécouvrir les logiques et les rationalités paysannes délaissées depuis le temps colonial. D'où le regain d'intérêt pour les savoirs locaux qui s'articulent avec les manières de faire et les techniques populaires profondément enracinées dans les cultures du terroir.

En effet, les savoirs paysans sont des savoirs en acte. Comme le rappelle Georges Dupré, « dans leur existence concrète, au sein des sociétés qui les produisent et qui les mettent en œuvre, ces savoirs ne sont pas séparés du faire. Et peut-être, et sans que cela soit péjoratif, vaut-il mieux parler de savoir-faire ou de savoirs pratiques »[570]. Ce qui importe de remarquer, c'est ce lien entre *l'homo sapiens* et *l'homo faber* dans le contexte africain où, comme ailleurs, selon Leroi-Gourhan, « la théorie est la mère de la pratique. La théorie seule fait surgir et développe l'esprit d'invention »[571]. Insistons sur ce fait : face à la diversité et à la richesse des savoirs indigènes, on est tenté de se demander si ces savoirs sont des sciences véritables. L'héritage du rationalisme porte à leur donner une signification péjorative : les savoirs populaires seraient « empiriques ». Une question vient ici à l'esprit : existe-t-il jamais une science qui ne soit pas empirique, si, par ce terme, on entend une connaissance des phénomènes par l'observation ? Mais l'homme n'est pas un pur réceptacle passif devant la nature. On a vu que processus classificatoires et théorisation sont liés. La pertinence scientifique de ces procédures n'est pas mise en doute par de nombreux observateurs et chercheurs. Lévi-Strauss écrit justement : « Certes, les propriétés accessibles à la pensée sauvage ne sont pas les mêmes que celles qui retiennent l'attention des savants. Selon chaque cas, le monde physique est abordé par des bouts opposés : l'un suprêmement concret, l'autre suprêmement abstrait ; et, soit sous l'angle des qualités sensibles, soit sous celui des propriétés formelles Ces cheminements (…) ont, indépendamment l'un de l'autre (…), induit à deux savoirs distincts, bien qu'également positifs : celui dont une théorie sensible a fourni la base et qui continue de pourvoir à nos besoins essentiels par le moyen de ces arts de la civilisation : agriculture, élevage, poterie, tissage, conservation et préparation des aliments, etc., dont l'époque

---

[569] M. C. et E. Ortigues, *Œdipe africain*, Paris, 1966.
[570] G. Dupré (dir), *Savoirs paysans*, Paris, Karthala, 1985, p. 18.
[571] A. Leroi-Gourhan, *Le Geste et la Parole. La matière et le rythme,* Paris, A. Michel, 1965.

néolithique marque l'épanouissement, et celui qui se situe d'emblée sur le plan de l'intelligible et dont la science contemporaine est issue. Il aura fallu attendre jusqu'au milieu de ce siècle pour que des chemins longtemps séparés se croisent »[572].

En fait, à partir de l'outil qui prolonge la main de l'homme, on est toujours confronté à un univers de significations inséparables d'un système du monde dans la mesure où les savoir-faire inventés par les Africains s'inscrivent dans l'ensemble des rapports sociaux à un moment de l'évolution de la société. Bref, « les savoirs locaux n'ont pas d'existence en dehors des rapports sociaux où ils sont pris et de la stratification sociale où ils sont mis en œuvre. De ce point de vue, les savoirs paysans sont justifiables de l'approche des savoirs de n'importe quel groupe social »[573]. Dès lors, il faut revenir à des situations d'ensemble qui permettent à un savoir quelconque d'être conçu et mis en œuvre dans le contexte spécifique de la vie d'une société où il fait son apparition. Dans ce sens, la redécouverte des savoirs endogènes fait partie intégrante des dynamiques sociales et historiques. Car, elle s'effectue à un moment où l'on s'interroge sur la pertinence et l'efficacité des savoirs venus d'ailleurs[574]. Un fait est certain : comme le remarque Dupré, « les pratiques et les savoirs locaux ont été réhabilités en devenant des objets de recherche »[575]. L'importance de ces recherches pose problème : l'inventaire des savoirs ancestraux oblige à reconsidérer ce qu'il est convenu d'appeler « la tradition africaine ».

En redécouvrant la capacité de l'homme africain à faire face aux défis de son environnement à travers les savoirs et les savoir-faire élaborés au cours de l'histoire comme le rappellent les pratiques liées à la médecine, à l'agriculture, à l'élevage et à l'alimentation, à l'architecture, à l'industrie du fer ou du bronze, à l'art ou à la gestion des terroirs, il faut bien réviser tous les discours sur les rapports entre les sciences et les sociétés africaines. En effet, les peuples d'Afrique ont une tradition scientifique et technologique qui leur a permis de s'adapter à leur environnement. Comme le souligne Bouguerra, « les savoirs scientifiques et technologiques des pays du Sud ont longtemps été ignorés et même niés. La colonisation s'est traduite par une vaste entreprise de discréditation de ces connaissances. Cela était nécessaire, d'un point de vue idéologique, pour légitimer la domination économique et politique imposée par les colonisateurs. Il fallait refuser les c compétences même si, étant sur place, on était bien obligé de les voir. Les pays colonisateurs se sentaient dans l'obligation morale, pour justifier leur autorité, de faire état de l'infériorité

---

[572] C. Lévi-Strauss, *La pensée sauvage*, op. cit.
[573] G. Dupré, op. cit. p. 22.
[574] Sur ces questions, voir J. M. Éla, *Innovations sociales et renaissance de l'Afrique Noire*, le chap 5. "Savoirs endogènes, risques technologiques et sociétés", pp. 173-229
[575] G. Dupré (dir), op. cit.

technique et culturelle des peuples dominés. (...). Cette idée simple a eu des effets extrêmement préjudiciables. Elle s'est traduite par un mépris des connaissances des colonisés et une glorification excessive de celles des colonisateurs »[576]. En réalité, remarque justement Joseph Ki Zerbo, « il y a des réserves de rationalité, de principes logiques dans nos pays africains qui, dans différentes sciences, devront être exploités pour donner de nouvelles dimensions à ces disciplines. (...). Si nous disions que tout doit être repris à zéro, c'est comme si nous acceptions un « un apartheid de l'esprit »[577]. Aussi, l'on doit noter l'insignifiance des débats où l'on invite les Africains à s'affranchir du « mythe » pour se soumettre aux exigences de la « rationalité » comme le propose Elungu dont le credo ne diffère pas de celui d'Etunga Manguele et de Kabou et qui semble tout ignorer des travaux contemporains sur le savoirs endogènes. En effet, selon le philosophe congolais, pour agir sur les phénomènes, l'africain doit rompre l'harmonie mystique : « l'Occident nous enseigne la connaissance scientifique et l'activité technique. Bref, « les sciences et l'esprit nous sont venus de l'Occident (...). Nous convertir à cet esprit, adopter le rationalisme ouvert comme principe de vie (...) nous paraît être la condition sine qua non de notre survie »[578]. En clair, « hors de la rationalité occidentale, pas de salut ». Il n'est pas de nécessaire s'arrêter sur ces mythes et préjugés à l'ère où triomphe un culturalisme naïf qui réactualise les représentations sur les obstacles internes à l'émergence d'une Afrique nouvelle. Je ne reviendrai pas non plus sur l'efficacité douteuse des savoirs occidentaux appliqués au contexte africain. À partir du présupposé selon lequel l'Occident a le monopole de la modernité, il a semblé que le transfert des techniques et des savoirs des pays du Nord allait changer les conditions de vie des populations indigènes. Les stéréotypes construits sur ces populations ont occulté les contributions de ces dernières à la production des savoirs qui sont une source d'enrichissement pour l'ensemble de la culture humaine et l'organisation de la vie quotidienne. En prenant le risque de tarir cette source et de dévaloriser les savoirs locaux, les « développeurs » qui ont cru apporter les solutions aux problèmes des sociétés africaines avaient conscience d'être en présence d'un Sud « sous-développé » en oubliant que le Nord lui-même était touché par le mal-développement. En Afrique, la faillite du développement au cours des dernières décennies met en lumière les limites des stratégies d'intervention et des opérations de modernisation dont les sciences occidentales ont été le support principal et le champ d'application. Dans la mesure où les solutions

---

[576] Cité dans *Savoirs du Sud. Connaissances scientifiques et pratiques sociales : ce que nous devons aux pays du Sud*, Dossier coordonné par le Réseau Réciprocité des Relations Nord-Sud, Paris, Éd. Charles Léopold Mayer, 1999, p. 21.
[577] *Le Courrier de l'UNESCO*, février 1992, p. 8-13.
[578] Idem. p. 181.

dites scientifiques véhiculent des choix de société et des normes implicites, il faut être bien naïf pour croire à l'existence d'une rationalité pure et que la solution aux problèmes humains et sociaux n'est possible que si, en se dressant contre « le culte de la vie », l'homme africain, pour être moderne, doit se soumettre aux seules exigences de la « vie de la raison ».

En Afrique noire, compte tenu de l'échec du modèle occidental du développement, certains se demandent s'il ne faut pas revenir à la tradition. Gérard Buakasa rappelle cette maxime africaine : « Si tu ne sais plus où tu vas, retourne là d'où tu viens ». En d'autres termes, « dans l'examen de la question « que faire pour l'avenir avec quoi et comment, alors que jusqu'ici l'approche classique est celle de la théorie du passage de la tradition à la modernité, il va être question d'une approche inverse, qui consiste à quitter le lieu de parole situé dans la modernité et à rejoindre celui de la tradition (...). La tradition est comme le moment de l'enfance, c'est-à-dire d'avant la raison. Trouver un accord avec elle, la connaître, c'est comme le temps zéro, celui du commencement ; c'est connaître l'origine, le lieu du départ de la vie (...). Elle est requise, réclamée, demandée comme condition pour faire le présent (...). Il est inutile d'idéaliser la tradition ; celle-ci n'est pas si paradisiaque qu'on pourrait le croire ; elle a aussi ses problèmes. De plus, certains jeunes commencent à s'en éloigner (...). Néanmoins, penser avec la tradition ou compter sur elle n'est pas tout gratuit ni une marque de déficit intellectuel ni même un signe de nostalgie pour un passé précolonial surestimé (...). La tradition, comme culture, est un lieu de passage obligé de la population dans ses mouvements formels et informels, dans ses aspirations et expressions politiques et sociales, et dans son expérience pour un monde meilleur »[579]. En masquant les contraintes institutionnelles de l'ordre mondial[580], on veut apprendre aux indigènes que leur « développement » passe par le triomphe de la raison contre les croyances et les habitudes de pensée ancrées dans une tradition religieuse et mythique. Si l'on ne doit pas négliger les mécanismes endogènes de blocage qu'on situe mieux aujourd'hui au niveau des enjeux de pouvoir au sein des structures et des stratégies de l'État prébendal et des réseaux mafieux[581], les progrès technologiques ne sauraient nous aveugler sur les impasses de la rationalité calculatrice et utilitaire. Cette rationalité n'ouvre pas magiquement la voie du bien-être pour tous comme le démontre toute la problématique actuelle

---

[579] G. Buakasa, *Réinventer l'Afrique*, Paris, L'Harmattan, 1996, pp. 148-153.
[580] Sur ce sujet, *Afrique. L'Irruption des pauvres. Société contre ingérence, pouvoir et argent*, Paris, L'Harmattan, 1994.
[581] J. M. Éla, *L'Afrique des villages*, Paris, Karthala, 1982 ; *Quand l'État pénètre en brousse*, Paris, Karthala 1990 ; J. F. Bayart, *L'État en Afrique. La Politique du ventre*, Paris, Fayard, 1989 ; *La criminalisation de l'État en Afrique*, S. Smith et A. Glasser, *Ces messieurs Afrique, Le Paris-village du continent noir*, Paris, Calmann-Lévy, 1992.

de la pauvreté et de l'exclusion dans un tournant de l'histoire où la crise du sens et l'ampleur des fractures génératrices de frustrations et de conflits sont au cœur des débats éthico- politiques et des mouvements sociaux dans les pays du Nord.

Or, si les paysans africains sont aussi, à leur manière, des chercheurs qui témoignent de leur capacité à produire des savoirs et à donner des réponses appropriées aux problèmes de leur environnement, ne faut-il pas revenir au cœur de la brousse pour découvrir ces sciences du concret que de nombreux savants de laboratoire ignorent ? On ne peut plus se permettre de renvoyer l'Afrique à l'école de la rationalité occidentale comme si des hommes et des femmes n'avaient jamais pensé dans cette partie du monde. Comme le constate Goudjinou P. Metinhoue, « *le drame des Africains est qu'ils ignorent superbement l'œuvre accomplie par les générations précédentes, et s'imaginent que l'Afrique n'a rien apporté à l'humanité dans le domaine des sciences et des techniques. Il est temps de remédier à cet état de choses* »[582]. On commence à prendre conscience des valeurs de la médecine traditionnelle. Cet exemple pose la question d'ensemble d'une nouvelle attitude à l'égard de l'héritage scientifique des sociétés africaines. En prenant le poids de cet héritage en compte, il convient de penser autrement le destin de l'Afrique à partir des savoirs à l'œuvre dans la pratique quotidienne des acteurs locaux.

Pour comprendre l'intérêt que représentent ces savoirs dans le processus actuel de production des connaissances, il importe de rappeler qu'en dépit des apparences, *le progrès des sciences ne se réalise pas que par la rupture comme le veut Bachelard. Il obéit à une logique de réappropriation et d'approfondissement.* L'émergence de la science moderne suppose la redécouverte de l'Antiquité. On a vu les rapports entre Galilée et l'héritage de la science grecque. L'Occident n'a pas tourné le dos à son passé. Pour reprendre un mot célèbre, il s'est appuyé sur les épaules des géants. Feyerabend écrit justement : « L'astronomie moderne a commencé avec la tentative de Copernic pour adapter les idées anciennes de Philoloas aux nécessités des prédictions astronomiques. Tandis que l'astronomie tirait profit du pythagorisme et de l'amour des cercles chez Platon, la médecine tirait profit de la science des plantes, de la psychologie, de la métaphysique, et de la physiologie des sorcières, sages-femmes, charlatans et marchands de drogues ambulants (…). Des innovateurs comme Paracelse firent progresser la médecine en reprenant des idées anciennes. Partout la science s'enrichit à l'aide de méthodes et de résultats non scientifiques. Ce processus ne se restreint pas aux débuts de l'histoire de la science moderne. Il n'est pas simplement une conséquence de l'état primitif des sciences aux XVIe et XVIIe siècles. Même aujourd'hui, la

---

[582] Goudjinou P. Metinhoue, « L'étude des techniques et des savoir-faire traditionnels » : questions de méthode », in P. Hountondji, op. cit. p. 55.

science peut tirer profit, et le fait, de ce qu'on lui ajoute des ingrédients non scientifiques. Séparer la science de la non-science est non seulement artificiel mais aussi nuisible à l'avancement de la connaissance »[583]. En fait, « en tout temps, l'homme a abordé son environnement avec des sens grands ouverts et une intelligence fertile ; de tout temps il a fait d'incroyables découvertes ; à toutes les époques, ses idées nous permettent d'apprendre »[584].

En Afrique, il importe de reconnaître un déjà là de la science enraciné dans la société et l'histoire. En ce sens, les savoirs endogènes constituent une base de travail et de réflexion ; ils imposent un système de référence de toutes les révolutions scientifiques Dès lors, le vrai problème qui se pose est celui-ci : comment réactualiser cette mémoire des origines dans les sociétés actuelles ? Si cette question s'impose, c'est parce qu'il faut prendre en compte les pratiques sociales qui exigent d'aborder ces sociétés sans complaisance. A ce sujet, indiquons les conditions primordiales qui rendent possible le retour à la science dans le contexte actuel des sociétés africaines.

Accepter de vivre dans un état de « dissonance cognitive »

Il s'agit d'abord de *passer d'une culture du consensus à une culture du débat critique et contradictoire*. Sans cette mutation radicale de la vie de l'intelligence, aucune remise en question ne peut être tolérée. Car, si la science naît des problèmes, elle ne peut se développer sans l'impertinence du regard qui désacralise les dogmes et soumet toute affirmation au principe de la vérification. Dans le contexte africain, ce qui est ici en cause, c'est le pouvoir de l'Âge[585] dans le système des savoirs. Plus radicalement, il s'agit de la tradition initiatique qui commande le rapport au savoir dans les cultures traditionnelles où la science est l'objet d'une communication et d'une transmission par un maître qui contrôle l'accès à l'intelligence des secrets du monde. A ce niveau, comme dans d'autres domaines de l'activité humaine, la capacité de connaître s'éveille et s'acquiert par la « manducation des pouvoirs »[586]. À la limite, le « pouvoir de connaître », c'est celui dont les détenteurs ont le privilège à la fois redouté et recherché de voir ce qui se trame dans le monde de l'Invisible. Dans cet esprit, le savoir véritable relève des religions à mystères. Il n'est ouvert qu'à ceux qui acceptent de séjourner dans les « bosquets initiatiques ». Par ailleurs, la vénération des Anciens, compte tenu de leur proximité avec le monde des Ancêtres, risque de paralyser l'émancipation de l'esprit. En Afrique noire, on

---

[583] P. Feyrabend, op. cit. pp. 345-346.
[584] P. Feyerabend, op. cit. p. 347.
[585] Voir M. Abélès et C. Collard, *Âge, pouvoir et société en Afrique noire*, Paris, Karthala, 1985.
[586] Sur ce sujet, lire E. Mveng, *L'Afrique dans l'Église. Paroles d'un croyant* op. cit, pp. 19 ss.

n'accepte pas de rompre impunément avec « ceux qui savent » et, surtout, ceux qui « voient dans la nuit ». Or, la science a besoin d'un espace public de liberté où la discussion permet la confrontation des points de vue. En définitive, ce qui est ici en cause, *c'est l'usage public et critique de la raison*. Dans ce but, on retrouve la question de l'individu que j'ai posée plus haut. Car, face à la quête de la vérité du réel, il n'y a ni Aînés ni Cadets, ni hommes ni femmes. Dans cette perspective, en Afrique noire, *l'émergence de l'esprit scientifique passe par l'instauration de l'autonomie du sujet et de la pensée dans un contexte social et culturel où le respect de l'autorité ne peut servir de norme de référence pour la vie intellectuelle*. En dehors du politique, il convient d'entrer dans l'ère du pluralisme dans le champ scientifique ou philosophique. A ce propos, nous pouvons tirer des leçons des sociétés où, au milieu des légendes, des mythes et des croyances, des interdits et des tabous, des institutions et des lois, l'invention d'une tradition du débat critique a favorisé la promotion de l'esprit scientifique.

En effet, la Grèce aussi avait ses devins et ses sorciers, ses mythes, ses rites et ses croyances. Les sciences surgissent à l'époque hellénistique profondément marquée par la puissance de l'Irrationnel qui exerce à la fois une force de séduction et de crainte au sein d'une société dont l'ouverture offre à l'homme la possibilité de tout soumettre à la critique rationnelle y compris les traditions religieuses et les institutions politiques. L'élargissement des horizons géographiques qui résultent des conquêtes d'Alexandre s'accompagne de l'élargissement de l'horizon mental et culturel. On le voit à Athènes où, parmi les hommes qui dominent et marquent la vie intellectuelle, tous n'étaient pas d'origine athénienne. C'est le cas, précisément, d'Aristote le stagirite, de son disciple Théophraste et de Zénon d'Élée. Dans cette société ouverte dont les modes de vie traditionnels sont bousculés et transformés par une culture cosmopolite, les acteurs de la vie intellectuelle travaillent pour l'émancipation de la raison en adjurant l'homme de penser en termes mortels comme dit Aristote. En vivant à ce niveau de l'expérience, le devoir s'impose à l'être humain d'abattre tous les murs et d'affirmer sa liberté. Cela explique, sans doute, le scepticisme à l'égard des croyances dominantes et la nécessité d'un questionnement radical qui oblige à se servir des traditions au lieu d'en être les esclaves[587]. Il en résulte un vaste processus de démystification qui conditionne l'émergence d'un système des connaissances fondées sur de nouveaux critères de références. Dans cette perspective, en examinant la manière dont la science se greffe sur le reste de la société et de sa culture, Lloyd invite à prendre en compte l'incidence des pratiques juridiques des cités-État. En effet, à partir des tribunaux et des assemblées qui accordent la place au débat public et

---

[587] Sur la critique de la magie et des croyances traditionnelles dans la société grecque, lire G. E. R. Lloyd, *Origines et développement de la science grecque*, 1990, pp. 25-70.

contradictoire où s'appliquent les règles de la rhétorique, la conception et la pratique de l'argumentation, de la preuve et de la démonstration ont eu « des répercussions profondes dans de nombreuses branches de la pensée grecque-la logique, les mathématiques, les sciences naturelles, la philosophie et la médecine par exemple »[588]. Dans une société où l'on croit à la magie et aux oracles tandis que les mythes et les dieux exercent une forte emprise dans l'imaginaire, la volonté d'observer avec un œil critique, d'évaluer les témoignages, de « prouver » et de « démontrer » révèle les conditions dans lesquelles les sciences émergent au sein d'un système social et culturel où la gestion des antagonismes dans la vie intellectuelle donne naissance à l'esprit scientifique[589]. Il importe d'insister sur cet événement quand on considère l'ampleur des données relatives à la magie et à la religion dans le monde gréco-latin comme le rappellent les enquêtes de Frazer[590]. En Afrique noire où l'on retrouve les phénomènes similaires[591], on voit la nécessité d'un nouvel esprit face à l'ensemble des croyances qui marquent en profondeur les individus et les groupes humains. En considérant les mutations socio-politiques en cours dans les pays africains, *la formation de cet esprit exige la capacité d'assumer ce qu'on peut ici appeler l'état de « dissonance cognitive » en vue d'adopter des styles de vie et des comportements agonistiques dans un contexte socio-culturel où, en dehors de l'argument social et politique, les divergences et les controverses créent un espace de conflit favorable au débat critique dans le domaine du savoir.* Ce défi appelle à renoncer à l'intolérance à l'égard des contradictions afin d'accepter la normativité et la légitimité des désaccords. Dans ce but, il faut bien assumer l'existence des écoles de pensée rivale et d'adversaires intellectuels dont l'affrontement ne peut que stimuler le renouvellement du savoir scientifique ou de la pensée philosophique.

Dès lors, si aucune société n'a cessé de relire ses traditions intellectuelles comme on le voit en Occident où les penseurs de la Grèce, du Moyen âge et des temps modernes n'ont jamais été jetés dans les poubelles de l'histoire mais sont

---

[588] G. E. R. Lloyd, *Pour en finir avec les mentalités*, Paris, La Découverte, 1993, p. 119.
[589] Voir G. E. R. Lloyd, *Orgines et développement de la science grecque*, Paris, Flammarion, 1990 ; lire aussi P. Veyne, *Les Grecs ont-ils cru à leurs mythes ?* Paris, Seuil, 1983.
[590] J. Frazer, *Le Rameau d'or*, Paris, Laffont, 1984 ; lire aussi J. P. Vernant, *Mythe et pensée chez les Grecs*, Paris, Maspero, 1965 ; on peut relire aussi le cycle des contes de la tortue en lien avec la métis des Grecs ou l'art de la ruse qui s'exerce sur des plans très divers mais surtout à des fins pratiques ; voir sur ce sujet M. Detienne et J. P. Vernant, *Les ruses de l'Intelligence. La métis des Grecs*, Paris, Flammarion, 1974.
[591] Sur ce sujet, lire notamment P. Geschiere, *Sorcellerie et politique en Afrique*, Paris, Karthala, 1995 ; R. Bureau, *L'homme africain au milieu du gué*, Paris, Karthala, 1999 ; voir aussi M. Woronoff, *Structures parallèles de l'initiation des jeunes gens en Afrique noire et dans la tradition grecque*, Abidjan-Dakar, N. E. A., 1978 ; P. Levêque, « Religions africaines et religions grecque : pour une analyse comparative des idéologies religieuses », in *Afrique Noire et Monde Méditerranéen dans l'Antiquité*, Abidjan-Dakar, N. E. A., 1978.

l'objet d'une relecture toujours vivante et ouverte, nous ne pouvons nous satisfaire des savoirs traditionnels qui ne sont l'œuvre de personne dans la mesure même où ils constituent des savoirs anonymes. En Afrique noire, pour passer du « On » au « Je » dans le domaine des connaissances, il faut bien accepter cette crise du pouvoir de l'âge qui tend à briser le dynamisme des individualités et de la créativité. Dans cette perspective, au-delà de la dérision politique et de la pratique de la plaisanterie dans le cadre des relations de parenté ou de la rhétorique propre à la palabre coutumière, il importe d'ouvrir une ère nouvelle où, au lieu de reproduire la tradition, les sociétés africaines doivent assumer les remises en question et les innovations théoriques sans lesquelles elles se condamnent à répéter leur passé. Tout savoir qui oriente la vie des sociétés en devenir doit faire ses preuves face aux problèmes du monde où nous vivons. Dans le cas contraire, il doit être délégitimé et remplacé. L'avenir réserve l'accès au savoir vrai et efficace. Il oblige donc à prendre en compte les limites ou les échecs des savoirs d'hier. On voit la nécessité de sortir la science ancestrale de la situation d'involution dans laquelle elle demeure. La défiance à l'égard de cette science n'est pas synonyme du rejet de la tradition en bloc mais elle exprime une volonté d'aller plus loin, de provoquer l'essor d'une science vivante, sa progression et son épanouissement. A l'évidence, une société ne peut pas vivre sans mémoire. Mais il faut bien le reconnaître : le savoir traditionnel ne saurait avoir le dernier mot sur toutes choses. Dans un roman qui se lit comme le livre de la promotion de la rencontre du savoir ancestral et de la connaissance moderne, Emmanuel Dongala écrit justement : « Les ancêtres ne peuvent pas avoir tout connu. J'ai envie de tout bousculer, de réinventer le monde. Est-il mauvais d'ajouter d'autres connaissances à celles laissées par les aïeux ? Qu'ils soient notre inspiration, d'accord, mais le monde change, tout change »[592]. Notons l'importance de cet effort de ressourcement et d'ouverture. Il faut aujourd'hui « retrouver, comme au premier matin du monde, l'éclat primitif du feu des origines »[593]. En même temps, dans et par la recherche, il s'agit de « réinventer la création du monde ».

Aussi, les savoirs traditionnels doivent être réévalués en prenant conscience des enjeux africains qui nécessitent l'élargissement des champs empiriques. Il faut ici apprendre à voir du nouveau et à s'interroger sur les nouveaux champs de production et d'application des connaissances. Comme les scientifiques et les penseurs grecs face à leurs dieux et à leurs mythes[594], le chercheur africain est parfois obligé d'assumer le risque de passer pour un impie en soumettant à la critique les systèmes de croyances du terroir afin d'ouvrir un nouvel horizon de

---

[592] E. Dongala, *Le Feu des origines*, Paris, A. Michel, 1987.
[593] E. Dongala, op. cit. p. 324.
[594] Sur les mythes et les Grecs, voir surtout les travaux de Dodds, Lloyd, J. P. Vernant et P. Veyne.

questions et de connaissances. Au-delà des acquis hérités des Ancêtres, il s'agit pour l'Afrique d'aujourd'hui de s'inscrire dans les dynamiques de rupture et de vivre dans un état d'esprit et une situation d'inconfort qui suscite l'émulation et la compétition. En définitive, devant les défis de notre temps, *il faut passer du conflit à la confrontation des savoirs.* Car, au sein des sociétés africaines elles-mêmes, se pose un problème de rencontre des rationalités. Emmanuel Dongala met en lumière cette rencontre qui invite à des débats et à des échanges porteurs d'avenir pour l'histoire du savoir en Afrique : « Lukenki était vraiment intrigué. Où ce vieillard avait-il entendu parler de mercure, le vif-argent des alchimistes, le prince des sucs, et surtout par quelles coïncidences inattendues lui accordait-il autant d'importance que les alchimistes du monde entier depuis le début des temps ? Ce n'est qu'alors que l'intelligence de Mankunku le frappa. Il avait discuté pendant des heures avec cet homme et, à aucun moment, son esprit enfermé dans son préjugé qui confondait intelligence et instruction académique ne s'était rendu compte qu'il discutait avec un savant, même si l'homme n'avait jamais été à l'école. Il commençait à comprendre ce qui les séparait profondément, ce qu'il y avait de fondamentalement différent dans leurs approches du monde. Lui Bunseki Lukeni avait une approche scientifique du monde vers la connaissance, le vieux une sapience holistique. Leurs racines se nourrissaient de sources différentes : le vieux, profondément enraciné dans une culture, une civilisation millénaire dont il se sentait l'héritier et le dépositaire ; le jeune, récipiendaire d'une science presque totalement élaborée pour l'essentiel ailleurs, même si elle plongeait ses racines originelles dans les terres d'Égypte et de Nubie, une science qui avait prouvé son efficience universelle et dont aucune civilisation ne pouvait plus se passer (…). Comment s'approprier ou, plutôt se réapproprier cette gnose africaine, d'autant plus que le monde de Mankunku et tout ce monde qu'il impliquait reculait de plus en plus à l'horizon comme un paysage s'éloigne de plus en plus rapidement au fur et à mesure que le train prend de la vitesse »[595] ? Tel est le défi qui peut donner un nouvel élan à la « science déjà là » dans les sociétés africaines. Comme je l'ai noté, dans un aucun domaine de la recherche, l'on ne part pas du néant. Il y a toujours quelque chose d'essentiel que l'Afrique porte avec elle. Je pense à l'ensemble des « savoirs endogènes » : c'est une flamme qui peut illuminer les chemins du progrès. Car les Africains ne sauraient s'arrêter au savoir ancestral. Ils ont besoin de s'ouvrir à l'inédit qui les bouscule et remet en question l'héritage des Anciens en vue d'une adaptation aux situations nouvelles. A cet égard, les sciences occidentales sont, à leur manière, des ethno-sciences. En effet, elles sont liées aux conditionnements socio-culturels d'une rationalité qui traduit une vision différente du monde. En situant le choc des savoirs dans cet horizon de l'affrontement des sociétés et des cultures, on entrevoit les remises en question

---

[595] E. Dongala, op. cit. pp. 305-307.

fécondes auxquelles s'expose la hiérarchie des systèmes traditionnels et modernes de connaissance. En Afrique et en Occident, la reconquête de l'esprit scientifique est un défi des temps présents.

S'affranchir de la tyrannie de l'Irrationnel

Pour l'Africain, en plus de la science profane centrée sur les phénomènes visibles de la nature comme l'attestent les savoirs endogènes dont j'ai parlé, il existe un mode de connaissance supérieure qui donne accès aux forces de l'invisible à l'oeuvre dans l'univers. A cet égard, la science véritable tend à se réduire aux para-sciences compte tenu de l'emprise des phénomènes paranormaux qui embrassent toutes les situations de l'homme sans exception et renvoient à « tout le monde de l'occulte » qui pose des questions à la recherche comme le montrent les travaux de M. Hebga[596]. Dans le quotidien, si l'on observe chez de nombreux africains une coexistence de la science, des croyances et des pratiques ancestrales[597], en matière de savoir, tout se passe comme s'il fallait accorder plus de confiance et d'efficacité au discours qui concerne le « monde de la nuit »[598]. C'est ce qui arrive en cas de maladie. On l'a remarqué depuis longtemps : en Afrique noire, on ne meurt pas, on est victime de quelqu'un d'autre qui, en dernière analyse, est le véritable acteur de la mort d'autrui. D'où le rôle primordial de la « connaissance extraordinaire » qui fait appel aux spécialistes de l'invisible parmi lesquels les devins occupent une grande place[599]. En effet, ils appartiennent à la catégorie des gens qui « voient dans la Nuit »[600]. Les pratiques occultes sont un véritable phénomène social. Prophètes, envoûtement, exorcismes, sorcellerie : analphabètes et diplômés de lycées et d'universités, petits commerçants et élites politiques se passionnent pour l'inexplicable. On retrouve des intellectuels et des dirigeants politiques

---

[596] M. Hebga, *Sorcellerie, chimère dangereuse ?* Abidjan, INADES, 1979 ; *Afrique de la raison. Afrique de la foi*, Paris, Karthala, 1995 : « Phénomènes paranormaux et rationalité », pp. 94-114. Sur les tentatives d'un discours africain qui se veut rationnel sur les phénomènes anormaux, lire surtout la thèse de l'auteur *La rationalité d'un discours africain sur les phénomènes paranormaux*, Paris, L'Harmattan, 1998.
[597] Sur cette coexistence, lire les analyses de L. Monnier sur le roman de Tchicaya U Tam'Si, *Ces fruits si doux de l'arbre*, « Tichacaya et la confiance en la vie », in *La pensée métisse*, op. cit. pp. 253-264.
[598] Sur ces croyances, lire E. De Rosny, *Les yeux de ma chèvre*, Paris, Plon, 1981.
[599] Voir D. Paulme, « Oracles grecs et devins africains », *Revue d'histoire des religions*, 159, 1965, pp. 147-157 ; C. Monteil, « La divination chez les Noirs d'Afrique occidentale française », *Bulletin du Comité d'études historiques de l'Afrique occidentale française* 14 (1-2), 1931, pp. 72-136. Pour une étude de cas, lire J. F. Vincent, *Divination et Possession chez les Mofu montagnards du Nord-Cameroun »*, in *Jouurnal de la Société des Africanistes*. XLI, I, 1971
[600] Sur cette relation à l'invisible, lire P. Laburthe-Tolra, *Initiations et sociétés secrètes au Cameroun*, Paris, Karthala, 1985, p. 119.

dans des cercles ésotériques et initiatiques qui prolifèrent et redonnent au mysticisme toute sa place dans la vie urbaine et l'espace du politique. En un sens, le paranormal s'est emparé de toutes les catégories sociales. C'est ici, à la vérité, que l'esprit scientifique est mis à l'épreuve des sociétés africaines. Comme je l'ai indiqué, cette crise n'est pas propre à l'Afrique.

En Occident, à l'heure des triomphes de la science, on assiste à « la montée de l'irrationnel »[601]. Selon Françoise Bonardel, philosophe et spécialiste de la pensée ésotérique, le mot irrationnel sert à désigner ce qui est spontané, inquiète ou frise l'insensé, de sorte qu'il « parait condamné à n'être qu'un fourre-tout : le dépotoir de tous les laissés-pour compte de la rationalité dont le seul dénominateur commun serait une force d'opposition et de négation »[602]. En référence au règne de la raison qui s'est imposé depuis la philosophie des Lumières, il s'agit ici de considérer l'amalgame de diverses irrationalités qui entrent en rupture avec les paradigmes dominants et prolifèrent à travers les croyances et les religiosités de tout genre. Dans ce sens, Jean Vernette écrit un ouvrage au titre significatif : *« L'irrationnel est parmi nous »*[603]. En effet, rien ne prouve que toutes les personnes participent à la vision mécaniste du monde. Ainsi, les sites internet les plus consultés sont envahis par le sexe et la voyance[604]. Il n'est pas nécessaire d'insister ici sur l'emprise de l'astrologie, l'expansion des religions à la carte et les spiritualités sur mesure que les gens en quête de sens se fabriquent. Face à l'immense vide qui s'ouvre devant lui, l'être humain devient un chercheur de sens. Dans ce but, il lui faut retrouver cette part du sacré qui, en fait, le distingue de l'animalité. Les mouvements mystiques et ésotériques sont en vogue au cœur des grandes métropoles tant en Europe qu'en Amérique du Nord[605]. Les rayons de livres religieux attirent une importante clientèle dans les grandes librairies. Dans la crise actuelles des repères, notons le rejet des valeurs qui ont construit la modernité : les Lumières et la science[606]. Plus précisément, la revanche de l'irrationnel met en évidence la folie d'une science qui prétend avoir réponse à

---

[601] *Sur ce p*hénomène, lire P. Oiras, « Fascinations pour un nouveau mysticisme », *Le Monde diplomatique*, août 1997 ; I. Ramonet, *Géopolitique du chaos*, Paris, Galilée, 1997, pp. 83-94.
[602] F. Bonardel, *L'Irrationnel*, Paris, PUF, Que sais-je ? 1996.
[603] J. Vernette, *L'Irrationnel est parmi nous. Magie, Divination, Envoûtement et Paranormal*, Paris, Salvator, 2003 ; cf. aussi « Sectes, le défi de l'irrationnel », *Le Monde. Dossiers & Documents*, décembre 1997.
[604] Voir « Le boom de la voyance. Les Français ont-ils perdu la boule » ? *L'Evénement du jeudi*, 19 mars 1998.
[605] B. Borghino, *Clientèle européenne pour marabouts d'Afrique Noire*, Paris, L'Harmattan, 1994 ; Massaër Diallo, *Les marabouts de Paris. Un regard Noir. Les Français vus par les Africains.*, Paris, Éd. Autrement, 1984.
[606] Sur cette situation, lire le plaidoyer d'Étienne Barrilier, *Contre le nouvel obscurantisme. Éloge du progrès*, Paris, éd. Zoé, 2001.

tout, qui ne tolère d'autre vérité que la sienne[607]. Or, pour combler l'immense béance creusée par l'érosion du sens et l'impérialisme de la rationalité pragmatique, des milliers d'hommes et de femmes se ruent vers le religieux. Notons la place du sacré, des mythes, des symboles et de l'imaginaire dans le vécu des gens. Pensons à la nébuleuse du Nouvel Age[608], à la prolifération de l'astrologie ou à la fascination des religions et des sagesses orientales. Bref, on assiste au « réenchantement du monde » en Occident[609]. Beaucoup d'Européens et de Nord- Américains reviennent aux vieilles croyances aux esprits, à la sorcellerie et à la pensée magique par lesquelles on a longtemps caractérisé les sociétés dites « archaïques » et « primitives »[610]. La promotion de la pensée rationnelle se heurte ici à des croyances profondément enracinées dans une société où beaucoup d'hommes et de femmes doivent se donner des normes de vie nouvelles. Dans les groupes sociaux qui passent de la campagne à la ville, on trouve une paradoxale montée du sacré, du mystérieux et de l'ésotérique. Pour ces groupes qui, comme bien d'autres, cherchent à se nourrir d'un nouvel imaginaire de croyances, les offres du marché religieux sont abondantes. À Montréal, comme on le découvre dans les petites annonces des journaux de quartier, tel « Grand médium voyant Africain » propose des réponses à tous vos problèmes : Amour, Fidélité, Réussite en affaires, Protection ». En France, notons le succès des marabouts africains qui, comme le révèlent Béatrice Borghino et Masseër Diallo, trouvent leur clientèle à Paris où ils sont en concurrence avec les médiums et les devins blancs. En dépit des discours de propagande sur les « sociétés du savoir », c'est l'ère de la grande confusion. L'horoscope triomphe aussi bien dans les journaux que sur le Net[611]. « La rationalité scientifique est incapable de s'imposer à un grand nombre de ceux-là

---

[607] Sur la crise du rationalisme, voir G. Bonnot, op. cit. pp. 203 ss.

[608] Sur l'invasion conjointe de l'ésotérisme, de l'irrationnel et des pratiques hétéroclites, cf. J. Gritti, « L'ésotérisme contemporain », *Encyclopaedia Universalis*, Paris, 1988 ; M. Ferguson, *Les enfants du Verseau. Pour un nouveau paradigme*, Paris, Calmann-Lévy, 1981 ; J. Vernette, *Le Nouvel Âge. À l'aube du Verseau*, Paris, Téqui, 1990 ; *Le Nouvel Âge*, Paris, PUF, Que sais-je ? 1992. E. Simon, »Une exportation du New Age en Afrique » ? *Cahiers d'Études africaines*, XLIII (4), 172, 2003, pp. 3-898.

[609] Sur la fin des grands récits, cf. J. F. Lyotard, *La condition post-moderne*. Paris, Minuit, 1988. Concernant l'ultramodernité et la prolifération du religieux, voir J. Zylberberg et P. Côté, « Le réenchantement du monde. Le cas du pentecôtisme catholique », *Recherches sociographiques*, vol. XVIII, no 2, 1987, pp. 129-144 ; P. Berger, *Le réenchantement du monde*, Paris, Fayard, 2001. H. Cox, *Le Retour de Dieu Voyage en pays pentecôtiste, Paris, D*esclée, 1995 ; F. Lenoir, *Les métamorphoses de Dieu, Les nouvelles spiritualités occidentales*, Paris, Plon, 2003. P. Piras, « De la série « The X-Filles à la vogue New Age. Fascination pour un nouveau mysticisme », *Le Monde diplomatique*, août 1997.

[610] J. Dion, « Les charlatans de l'irrationnel », *Marianne*, 11 au 17 novembre 2002, pp. 54-60. Voir surtout J. Vernette, *Occultisme, magie et envoûtements*, Mulhouse, Salvator, 1986 ; du même auteur : *Le XXIe siècle sera mystique ou ne sera pas*, Paris, PUF, 2002.

[611] J. Caballé, « Internet, chaudron magique », *Marianne*, art. cit. pp. 61-63.

qui en sont les détenteurs »⁶¹². On a pu lire naguère : « La bataille contre l'Irrationnel est loin d'être terminée puisque l'Université française n'a pas hésité à attribuer le titre de « Docteur » à Élisabeth Thessier qui affirme que l'astrologie est une science »⁶¹³. Notons ce phénomène lourd de conséquences : une enquête récente de Serge Lavalée révèle que les lieux privilégiés de diffusion de la culture scientifique (les librairies, les bibliothèques, la télévision et Internet) « encouragent le sous-développement intellectuel en offrant une gamme astronomique de produits pseudo-scientifiques plus ou moins nocifs pour l'intelligence »⁶¹⁴. Bien plus, il existe en Occident une « faim d'irrationnel » qui alimente un vaste marché en expansion comme le montre Véronique Meutay lorsqu'elle écrit : « L'irrationnel : un business en plein boom »⁶¹⁵. Dans ces pays du Nord que l'on croit dominés par la science et l'esprit critique, on parle désormais de la « trahison des Lumières ». En effet, « devant tant de signes accumulés, on s'interroge sur la solidité de l'empire de la raison. On a envie de brosser un tableau apocalyptique, l'irrationalisme déferlant sur le monde comme un raz de marée, emportant les dernières positions encore tenues par la culture scientifique »⁶¹⁶.

Ce phénomène n'est pas nouveau. Il a des racines profondes en Occident. En effet, comme on l'a souligné, la culture grecque, traditionnellement associée au triomphe de la rationalité, est confrontée en permanence aux forces obscures et irrationnelles. Dodds l'a bien montré : les hommes qui ont créé le premier rationalisme dans la Grèce ancienne furent conscients de la puissance, de la splendeur et du péril de l'Irrationnel⁶¹⁷. Depuis l'Antiquité, cette tension demeure à travers les mutations temporelles. La sorcellerie et la magie n'ont pas disparu avec l'avènement de la civilisation scientifique et technique. Ni l'esprit positif ni la culture laïque n'ont évacué ces vieilles croyances et pratiques. Elles sont présentes au Moyen-âge, à l'époque de la Renaissance, du scientisme triomphant et dans le monde d'aujourd'hui.

Par les détours inattendus, comme je l'ai noté, on reconnaît en Occident les formes de mentalité longtemps attribuée aux primitifs. Georges Gusdorf l'a bien souligné : la notion fondamentale de « participation mystique » rendue célèbre

---

[612] J. M. Lévy-Leblond, « L'horoscope et l'ordinateur : l'activité irrationaliste de la science contemporaine », in *L'esprit de sel*, op. cit. p. 126 ; lire aussi *Impasciences*, op. cit. pp. 19, 31, 43, 55, 59, 90, 93.
[613] T. Bricmont et D. Johnstone, « L'astrologie, la sauce et la science », *Le Monde diplomatique*, août 2001, p. 22.
[614] Voir Baril David, « Médias, Pseudo-sciences et sous-développement intellectuel », *Forum*, 3 novembre 2002.
[615] *L'Événement du jeudi*, 19 mars 1998.
[616] G. Bonnot, op. cit. p. 207.
[617] E. R. Dodds, *Les Grecs et l'Irrationnel*, Paris, Flammarion, 1977.

par Lévy-Bruhl pour caractériser « l'âme primitive », n'est pas étrangère à la culture occidentale. Censurée par l'épistémologie orthodoxe, elle se retrouve dans le « savoir romantique de la nature » réévalué par l'un des meilleurs spécialistes de l'histoire des sciences humaines[618]. En définitive, si l'on considère les façons de penser, rien n'oblige à sacraliser la raison ethnocidaire de l'Occident. Au -delà des univers cognitifs appauvris par les excès de l'intellectualisme desséchant et du rationalisme étriqué, ce qui se cherche, comme je l'ai montré plus haut, c'est une « pensée d'ensemble » ou une « pensée des multiplicités »[619] qui rétablit l'équilibre entre l'ordre scientifique et l'ordre symbolique. En fait, la marche de l'humanité n'obéit pas à la loi rêvée par le positivisme pour le progrès de l'intelligence. Relisons cette page lumineuse de l'ouvrage célèbre consacré à *L'histoire de l'idée de nature* où Robert Lenoble écrit : « On parle couramment de l'évolution des idées comme d'un passage, lentement acquis au cours du temps, d'une pensée « pré-logique » à la pensée « logique », d'un « état préscientifique » à un « état scientifique ». Cette manière de voir recèle cependant une double illusion. D'abord elle établit dans l'histoire des coupures non seulement artificielles mais trompeuses. Elle ne tient pas compte de ce fait, pourtant essentiel, que toutes les époques se sont définies comme « logiques » et « scientifiques » par rapport à leurs devancières « prélogiques » et « préscientifiques ». Elle substitue donc la fausse solution d'un étagement chronologique des formes mentales au seul problème réel : celui de la croissance interne du « logique » et du « scientifique ». De plus, en nous donnant ainsi le droit de prendre nous-mêmes à notre tour toute l'attitude satisfaisante des Anciens, nous faisons de « notre science » et de « notre logique » le type définitif du savoir »[620].

Ces réflexions nécessitent quelques remarques qui orientent les analyses sur les rapports entre la science et la société. Comme on vient de le voir, « l'esprit scientifique ne progresse pas toujours de façon continue et dans une seule ligne. Il connaît des stagnations, parfois des reculs. Des conflits de tendances, souvent durables, y entraînent des oscillations »[621].

Le succès des sciences occultes exige de parler de « la science de l'Occident » avec plus de modestie. Plus radicalement, dans une société où l'individu se trouve renvoyé à lui-même et cherche des réponses à ce qui le touche en profondeur, il convient de réévaluer la place de la rationalité scientifique. En effet, l'ensemble des réalités qui font penser à un retour à l'irrationalité pose la question fondamentale d'une autre intelligibilité de la

---

[618] G. Gusdorf, *Le Savoir romantique de la nature*, Paris, Payot, 1985.
[619] M. Serres, *Genèse*, Paris, Grasset, 1982, p. 173.
[620] R. Lenoble, *Histoire de l'idée de nature*, Paris, A. Michel, 1969, p. 39.
[621] R. Russo, *Histoire de la pensée scientifique*, Paris, La Colombe, 1951, p. 10.

totalité du réel dans un contexte socio-culturel qui met en cause les postulats mécanistes et rationalistes d'un déterminisme strict. En d'autres termes, il faut se demander s'il n'y a pas lieu d'adopter une attitude scientifique nouvelle face à l'inconnu qui exige de trouver des raisons de vivre. Dès lors, ce qui impose des nouvelles recherches et un autre type de savoir, c'est ce monde de la vie dont se désintéresse la science positiviste par principe et par méthode. Il convient ici de prendre en compte la situation épistémologique de notre temps pour redécouvrir le défi que la ruée vers l'âme pose aux diverses entreprises du savoir. Comme le note Georges Gusdorf, « l'univers des sciences est un univers plat et chiffré, un monde de vérités, d'où les valeurs seraient absentes. Vue d'un bureau d'études, la réalité humaine apparaît dépouillée de ses caractères fondamentaux, abstraite et fantomatique (...). Dans le domaine humain, la vérité sans valeur n'est qu'un fantôme de vérité, une vérité morte. C'est pourquoi, loin d'être un substitut de la culture, et de rendre la culture littéraire inutile, les sciences exactes, élément indispensable dans l'équipement de notre univers, appellent au contraire, à titre de contre-poison, un surplus d'humanités »[622]. Tout le problème est là.

En effet, en dépit du rationalisme triomphant, tout se passe si comme les parasciences cherchaient à combler un vide. L'immense vague de l'irrationnel qui déferle au royaume des Lumières oblige à s'interroger sur le modèle des sciences qui se développent en Europe et en Amérique du Nord. À la limite, dans un contexte où l'on redécouvre l'espace intérieur et où le sens du sacré se joue sur le registre de l'immanence, ne faut-il pas repenser la relation de l'être humain à l'univers en assumant les structures de l'imaginaire ? Dans ces conditions, ne convient-il pas de refonder la rationalité elle-même en s'efforçant de renouveler les rapports de la science, de la philosophie et de la religion comme l'ont tenté les milieux scientifiques de physiciens, d'astronomes cosmologistes et de biologistes à Princeton[623] ? Rappelons ce texte qui figure en exergue du Message du fameux colloque international « Science et Culture » organisé par l'UNESCO avec le concours de l'Université des Nations Unies à Tokyo (1995). Au cours de ce colloque, fut proclamée la rupture définitive avec le scientisme et l'avènement d'un ordre nouveau : « Seuls ceux qui voient l'invisible sont capables de faire l'impossible ».[624] Ainsi, pour la première fois, une assemblée de scientifiques et de philosophes venus de dix pays proclament la fin de la conception déterministe et mécaniste de la nature héritée du XIXe siècle. Cette approche refuse l'idée d'un progrès aveugle, lié à une vision matérialiste de la civilisation. Elle exclut la séparation du sujet et l'objet et

---

[622] G. Gusdorf, *Pourquoi des professeurs ?* Op. cit. p. 232
[623] Sur ce sujet, lire l'ouvrage déconcertant de R. Ruyer, *La Gnose de Princeton. Des savants à la recherche d'une religion*, Paris, Fayard, 1974.
[624] Voir M. Randon, *La Mutation du futur*, Paris, A. Michel, 1996.

propose une vision holistique du réel, un réel exprimant à fois l'unité et la diversité, le visible et l'invisible. Devant cette appréhension globale de la réalité, que peut nous apprendre aujourd'hui la science de l'Occident ?

Pour répondre à cette question, un constat s'impose : l'Afrique tend à devenir une nouvelle terre de mission des nouveaux mysticismes et des mouvements ésotériques qui sont loin de promouvoir l'émergence de la rationalité scientifique et critique. Dans ce grand marché du sacré, à partir des États-unis et de l'Europe, les pays du Nord déversent les nouveaux produits de l'industrie de l'âme à travers la prolifération du divin. À l'ère de la trahison des Lumières où l'esprit scientifique risque de sombrer sous le poids des croyances ésotériques en expansion, il faut réinventer ce qu'est la science. À l'évidence, l'esprit scientifique n'est inné dans aucune société humaine. Mais il est toujours soumis en toutes circonstances à l'effort incessant de reconquête et d'appropriation critique. En ce sens, la société actuelle, au Nord comme au Sud, est mise au défi de se redéfinir pour choisir en permanence entre la raison ou la déraison, la civilisation ou la barbarie, la liberté ou la servitude. Relever ce défi est une tâche urgente. « Le sommeil de la raison engendre des monstres ». A l'heure où la science est attaquée de toutes parts et où l'irrationalisme fleurit en vouant toutes les figures des Lumières aux gémonies, les formes nouvelles de l'obscurantisme qui connaissent une diffusion sans précédent comme le rappelle la revanche des sorciers et des voyants obligent à revenir à la science pour affronter la tyrannie de l'Irrationnel dont on ne peut dissimuler l'impact dans la montée de l'intolérance à travers les replis identitaires et les conservatismes sociaux, les intégrismes divers, les mouvements d'extrême droite et les fascismes rampants. En dépit de la « dictature de la raison » qui triomphe avec le règne des experts, tout se passe comme si « Les Bâtards de Voltaire » avaient perdu la vertu du doute[625]. Dans ce contexte, on redécouvre le devoir de la rationalité questionnante et critique. Cette rationalité s'impose dans un contexte où l'antiscience elle-même n'est pas au-dessus de tout soupçon. En effet, elle véhicule des tendances charlatanesques comme un occultisme syncrétique fort répandu de nos jours. Ces composantes correspondent à un rétrécissement de la notion de connaissance dans le positivisme scientifique lui-même. L'antiscience dévoile ainsi les limites épistémologiques mais aussi les responsabilités éthiques de la science[626].

En Afrique, face aux défis du présent, nous ne saurions nous abandonner aux puissances de l'irrationnel. En effet, il y a tout un monde à découvrir autour

---

[625] Sur ce sujet, voir le livre décapant de J. Saul, *Les bâtards de Voltaire. La dictature de la raison en Occident*, Paris, Payot, 1992.
[626] *Science et antiscience*, par le Secrétariat international des Questions scientifiques, Paris, Le Centurion, 1981.

de nous, dans le domaine naturel et social. De plus, dans les pays où l'on veut tout attendre de l'extérieur non seulement les capitaux mais aussi les technologies et les savoirs, il faut bien redécouvrir la responsabilité des Africains dans un domaine stratégique que l'on ne peut confier indéfiniment aux autres sous peine de démission historique. Pour rompre avec la mentalité d'éternels assistés, il importe de revenir à la racine et de poser les conditions humaines, sociales et intellectuelles qui exigent d'acquérir l'esprit d'invention et de découverte afin de permettre aux Africains de devenir, à leur manière, maîtres et possesseurs de la nature. Car, participer au projet d'un monde qui répond à nos rêves et à nos aspirations est une tâche essentielle de libération du continent africain. D'où la nécessité de rendre les nouvelles générations disponibles à la recherche des solutions inédites face aux problèmes de développement durable qui imposent d'enraciner dans nos sociétés un potentiel de connaissances scientifiques. C'est là une condition primordiale pour domestiquer la modernité en Afrique. La science est incontournable. Elle doit être réhabilitée. En effet, la pensée rationnelle est seule capable de lutter contre les fanatismes, la coalition des intérêts occultes et l'avancée d'une sorte d'impérialisme habillé des oripeaux des mouvements ésotériques ou des rêveries planétaires d'un mysticisme et d'un spiritualisme de pacotille qui déferlent sur l'Afrique depuis l'Amérique du Nord et l'Europe. Il nous faut alors démasquer les forces obscures pour résister à tous les dogmatismes hideux qui refusent la nécessité de développer l'attitude de l'esprit qui se caractérise par son aptitude à bousculer les certitudes et les croyances établies. Il s'agit ici de retrouver le sens de l'étonnement et la capacité d'interrogation sur les explications admises et les solutions usuelles. En mettant en valeur le potentiel de connaissance et de rationalité que porte tout être humain, il convient de découvrir les nouvelles réalités qui sont un défi à la recherche. Selon le mot de Popper, la science est une « quête sans fin », une recherche jamais terminée. Or il n'y a pas de révolutions des connaissances sans remise en question. Aussi, pour faire face au défi que constitue pour l'Afrique l'entrée dans le temps du monde, il importe de repenser la science. Pour cela, il faut la nettoyer de ses scories afin de la délivrer des excès et des déviations du rationalisme occidental. Car c'est à ces excès et à ces déviations que ripostent, sans doute, la tyrannie de l'occulte et le triomphe de l'irrationnel dont l'expansion est un obstacle majeur à l'émergence d'une rationalité ouverte et critique. Dès lors, on saisit l'enjeu qui s'impose aux sociétés africaines : pour réactualiser le paradigme de l'Égypte nègre qui fut un haut lieu des savoirs scientifiques, il faut restaurer ce que j'ai appelé « l'honneur de penser ». Dans ce but, il importe d'assumer l'héritage de Cheikh Anta Diop en vue de prendre les risques épistémologiques qui mettent à l'épreuve les nouvelles sociétés africaines dans l'aventure scientifique. Dans la préface à l'ouvrage d'Obenga sur *l'Afrique dans l'Antiquité*, l'auteur de *Nations nègres et culture* écrit sans complaisance : « le chercheur africain n'a pas le droit de faire l'économie d'une formation technique suffisante qui lui donne l'accès aux débats scientifiques les plus élevés de notre temps, où se scelle l'avenir culturel de son pays. Aucune arrogance ou désinvolture pseudo-révolutionnaire, aucun gauchisme, rien ne saurait le dispenser de cet effort. Tout le reste n'est que complexe, paresse, incapacité : l'observateur averti ne s'y trompe pas. En effet, on doit dire aux générations qui s'ouvrent à la recherche : armez-vous de la science jusqu'aux dents et allez arracher, sans ménagement, des mains des « usurpateurs » le bien culturel de l'Afrique dont nous avons été si longtemps frustrés »[627].

---
[627] Cheikh Anta Diop, Préface, in T. Obenga, *L'Afrique dans l'Antiquité*, op. cit. p. IX.

CHAPITRE IV

Les nouveaux défis de la recherche dans les universités africaines

Pour approfondir les analyses qui précèdent, soulignons d'emblée l'importance de la recherche scientifique qui constitue l'un des « enjeux de l'avenir »[628]. En effet, la science, c'est ce qui permet à un pays de peser dans le jeu des nations. En 1974, Cheikh Anta Diop écrit dans *Notes africaines* : « On peut dire que chaque pays a le poids des cerveaux de ses chercheurs et cadres scientifiques. L'Afrique doit opter pour une politique de développement scientifique et intellectuel et y mettre de prix. Le développement intellectuel est le moyen le plus sûr de faire cesser le chantage, les brimades, les humiliations. L'Afrique peut redevenir un centre d'initiatives et de décisions scientifiques. Au lieu de croire qu'elle est condamnée à rester l'appendice, le champ d'expansion économique des pays développés »[629]. Ainsi, renforcer les capacités de recherche dans les pays africains, c'est leur donner les moyens de devenir plus autonomes en limitant leur dépendance à l'égard des pays du Nord. Dès lors, tout dépend des ressources à investir dans la recherche et à transférer vers la société et l'économie les résultats des laboratoires et des travaux de terrain. À cet égard, la création d'une université est un atout pour l'avenir de la science dans un pays. En rigueur, se doter d'une université répond à la volonté de créer des foyers de recherche. C'est là que doit se former le potentiel de chercheurs dont ce pays a besoin. La recherche scientifique est un élément fondamental d'une stratégie qui vise à transformer la société et à la préparer à se situer face aux défis auxquelles elle est confrontée. À partir de la production des connaissances, il faut donc faire des choix porteurs en ayant le regard sur l'avenir. Dans cette perspective, l'Afrique ne peut satisfaire son avenir au profit de la gestion du quotidien. Elle a besoin de produire et de valoriser les connaissances scientifiques utiles à ses besoins et de celles qui lui permettent de

---

[628] P. Papon, *Pour une prospective de la science. Recherche et technologie : les enjeux de l'avenir*, Paris, Seghers, 1983.
[629] C. A. Diop, « Perspectives de la recherche scientifique en Afrique », *Notes Africaine*, oct. 1974.

réduire sa dépendance, d'assurer sa liberté, son autonomie et les bases de son développement économique et social. Créer la capacité collective de prendre des paris scientifiques et de favoriser la maîtrise des savoirs clés est un défi que tout pays est condamné à relever. Rappelons cette banalité : « nous vivons à l'âge de la Science. Le monde d'aujourd'hui est façonné dans tous les domaines par d'innombrables techniques issues des découvertes scientifiques »[630]. Dans le contexte africain, il faut prendre conscience de ce défi de notre temps : « le potentiel d'une nation à s'adapter au monde moderne est fonction de ses capacités d'innovation, elles-mêmes assises sur sa recherche scientifique qui constitue la pierre angulaire de toutes ses technologies »[631]. L'un des motifs qui m'a poussé à rédiger cet ouvrage est, précisément, la nécessité de porter à l'attention des nouvelles générations africaines les enjeux spécifiques qui sont liés au développement de la recherche dans les universités. Dans le monde qui vient, ces enjeux sont clairs. Depuis des années, on ne cesse d'affirmer le rôle moteur de la science dans les pays du Sud. D'innombrables conférences, articles et documents ont été consacrés à ce sujet[632]. En réponse à la Déclaration de Kilimandjaro (1987) qui lance un cri d'alarme sur « l'émergence de nouveaux problèmes d'une gravité exceptionnelle » auxquels le continent est confronté, la Deuxième conférence des ministres chargés de l'application de la science et de la technologie au développement en Afrique - conférence réunie à Arusha, en Tanzanie, sous l'égide de l'UNESCO, déclare : « Le seul moyen d'améliorer les conditions de vie des populations africaines est d'assurer le développement de leurs capacités scientifiques et technologiques dans l'unité et la solidarité ». Lors de la réunion qui eut lieu à Monrovia en 1979, les chefs d'État de l'OUA s'étaient engagés « à mettre la science et la technique au service du développement en renforçant la capacité autonome des pays africains dans ce domaine ». Peu avant cette déclaration, fut créée à Dakar, l'Association africaine pour l'avancement des sciences et des techniques. Notons aussi les Congrès des hommes de science qui visent à sensibiliser les chercheurs africains sur la situation de la science dans le continent. De plus, il convient de mentionner la création de l'Académie africaine des sciences basée à Nairobi. Compte tenu de l'échec des politiques de transfert de technologie, le Plan d'Action de Lagos, en 1980, appelle les États africains à investir suffisamment pour la promotion de la science et de la technologie. Parmi les textes récents,

---

[630] V. Kourganoff, *La Recherche scientifique*, Paris, PUF, Que sais-je ? 1965, p. 5.
[631] P. Deheuvels, *La Recherche scientifique*, Paris, PUF, Que sais-je ? 1990, p. 4
[632] Cf. « Science et technique au service des pays en voie de développement », in *Documentation française*, 1965 ; Ch. Cooper, *La science et les pays en voie de développement, Problèmes de politique scientifique*, Paris, 1968 ; G. Massiah, « Le progrès scientifique et technique et le tiers-monde », *Esprit*, juillet 1970, pp. 216 ss ; *Sciences et technique au service du développement*, Nations Unies, New York, 1971.

citons le rapport de l'UNESCO sur la Science au XXIe siècle[633]. L'organisme des Nations Unies réaffirme « la nécessité de promouvoir, de créer et diffuser les connaissances par la recherche pour aider les sociétés à assurer le développement culturel, économique et social ». Il estime que dans une société fondée sur le savoir, « la recherche doit désormais être considérée comme une composante essentielle du développement culturel, social et économique ». Plus que dans le passé, on doit donc reconnaître que le développement des pays du Sud dépend de l'apparition d'une aptitude endogène au développement de la science. À ce sujet, le Rapport du Séminaire International de l'UNESCO sur le thème : « Approches prospectives et stratégies novatrices en faveur du développement de l'Afrique au XXIe siècle » accorde « à l'enseignement supérieur toute son importance : ce secteur est vital pour le développement des sciences et des technologies »[634]. Les choix d'avenir s'opèrent désormais autour du savoir. Comme le rappelle l'OCDE, « nos économies et sociétés du 21e siècle sont de plus en plus « fondées sur le savoir ». Certains diraient même propulsées par le savoir, laissant derrière elles les anciens modèles industriels ». La Banque mondiale insiste sur ce fait qui tend à devenir un véritable credo qui s'impose à toutes les nations : le savoir apparaît aujourd'hui comme le moteur principal du développement économique[635]. Je reviendrai sur cette doctrine qui constitue l'horizon des nouveaux défis de la recherche dans les universités africaines. Dans l'environnement mondial en mutation, une évidence s'impose à l'attention : on ne conçoit plus la vie d'un pays sans chercheurs ni laboratoires. Les relations entre la Science et la société sont devenues le visa d'entrée dans le nouveau siècle. Dans ce but, l'idée d'université dépend étroitement de l'idée que l'on se fait de la science et de la valeur qu'on lui reconnaît dans les structures de l'enseignement. Au sein de ces structures, soulignons le rôle des acteurs de la recherche. Il s'agit des hommes et des femmes qui font la science dans les différents domaines de production des connaissances. Dans ce but, il convient d'accorder une attention privilégiée au monde des chercheurs au moment où l'on redécouvre le rôle majeur ce qu'il est convenu d'appeler « les travailleurs du savoir »[636]. Plus que jamais, pour construire un modèle d'économie fondé sur l'investissement en connaissance, il faudra se tourner vers des professions intellectuelles et contribuer à former une nouvelle génération de

---

[633] UNESCO, *Science for the Twenty-First Century. A New Commitment*. Final report of the World Conference on Sciene, Paris, 2000.
[634] Cf. Séminaire International « Approches prospectives et stratégies novatrices en faveur du développement de l'Afrique au XXIe siècle », UNESCO, Paris 8-9 novembre 2001, p. 13-14.
[635] Banque mondiale, *Construire les sociétés du savoir : nouveaux défis pour l'enseignement supérieur*, op. cit., pp. 5, 7, 17, 27, 29, 31, 35
[636] Sur ce sujet, lire le dossier : « Les travailleurs du savoir », *Sciences Humaines*, no 157, février 2005, pp. 28-49 ; voir aussi J. P. Bouchez, *Les Nouveaux Travailleurs du savoir*, éd. d'Organisation, 2004.

scientifiques autour des métiers de la recherche. La notion de recherche, qui comprend celle de la recherche fondamentale et de la recherche appliquée, renvoie à une dimension importante du travail intellectuel. Elle suppose un « service » dont l'activité principale est de produire des connaissances scientifiques. Les travaux à entreprendre dans les différents champs d'études visent à accroître ces connaissances et à résoudre un certain nombre de problèmes.

Dans cette perspective, précisons les questions posées par les conditions de la production des savoirs dans le contexte africain. Pour rester fidèle aux objectifs de cette étude, il faut d'abord insister sur ce qui fait l'originalité de la science. S'il est difficile de minimiser l'interdépendance de la science et de la technologie[637] comme on peut l'observer dans le processus de recherche où les techniques expérimentales jouent un rôle primordial et permettent à la science de progresser, notamment en améliorant ses instruments de mesures ou en explorant de nouveaux champs, il convient de souligner un enjeu majeur : *la science se développe suivant sa propre dynamique interne*. Comme je l'ai montré plus haut, la production scientifique ne se résume pas à la seule interprétation des faits observés, elle est, en réalité, une production de concepts. Dans ce sens, il suffit de renvoyer à la révolution scientifique qui, selon Thomas Kuhn, s'opère par la construction d'un nouveau paradigme, un nouveau modèle et, à la limite, une nouvelle sensibilité. Cette approche est particulièrement pertinente dans un contexte où l'on prend conscience de la capacité d'innover à l'ère du savoir. En effet, la production d'une idée nouvelle, née de la recherche et offrant des possibilités d'exploitation économique, constitue le point de départ essentiel de l'innovation. D'où la nécessité d'une équipe d'acteurs de la science qui, au sein d'une société, témoignent de cette capacité d'allier étroitement les compétences et l'imagination dans les domaines de la recherche. En Afrique noire où, souvent, l'on attend des innovations de l'extérieur, à travers les transferts de technologie, on ne peut avancer réellement sans un potentiel endogène de compréhension scientifique permettant de choisir la technologie la meilleure et la mieux adaptée aux besoins locaux. Ce type de connaissance ne s'acquiert que là où un pays possède une assez grande capacité de recherche dans les lieux de production des sciences. C'est pourquoi, il importe de revenir sur l'aptitude à produire de l'innovation au niveau précis des savoirs dont certains peuvent devenir des outils de travail et d'action.

---

[637] Sur ce sujet, cf. P. Papon, « Science et technique. Les enjeux d'une interdépendance », in M. Meulders et al. (dir), *Pourquoi la Science ?* op. cit. pp. 159-164.

La perception de la science

J'ai proposé ailleurs des pistes de réflexion et d'analyse pour reconsidérer le chercheur en Afrique comme un acteur du changement social[638]. En prenant en compte les défis de l'Afrique dans le nouveau siècle, ce qui me préoccupe ici, *c'est le rôle de la science comme l'élément essentiel et le pôle d'activité le plus déterminant dans le projet africain de la modernité*. Il faut définir les choix et les démarches de la science au cœur de ce projet global. À cet égard, dans toute stratégie de recherche, s'il faut bien contextualiser les méthodes d'analyse et de réflexion en s'adaptant aux conditions du terrain, c'est bien un véritable savoir qu'il faut tenter de produire. Pour atteindre cet objectif, *il s'agit, bien évidemment, d'éviter de faire une science au rabais*. Une telle science ne peut servir à personne en l'Afrique. Rappelons-le : autour de la connaissance scientifique, ce qui est en jeu, c'est l'axe majeur d'un projet de libération. Mais, comme je l'ai souligné plus haut, en considérant les dérives de la rationalité dominante, il importe de repenser les principes de la science pour tenter de faire la science autrement. En ce qui me concerne, tout se joue autour de cet « autrement ». En restant à l'écoute des questions qui viennent des villages et des villes du continent africain, il faut reconsidérer le travail scientifique vis-à-vis des problématiques permettant de resituer la recherche dans une dynamique globale de transformation sociale des conditions de vie des millions d'êtres humains. Pour assumer les tâches de la recherche dans l'enseignement supérieur au XXIe siècle, notons l'importance que l'UNESCO accorde à « la connaissance des questions sociales fondamentales, en particulier celles qui ont trait à l'élimination de la pauvreté ».

À ce sujet, en Afrique, le savoir est une des clés pour sortir de la pauvreté. Or, je dois relever ce phénomène troublant et provocant : en un sens, *la science est loin d'être au centre des préoccupations actuelles des sociétés africaines. Si l'on examine la représentation de la science dans ces sociétés, il faut s'attendre à des surprises dans les différents milieux et les institutions académiques*. Ainsi, il n'est pas évident que la majorité des jeunes des lycées et des universités rêvent de devenir des scientifiques. Dans l'ensemble des universités africaines, relevons la sous-représentation des femmes dans les disciplines scientifiques et techniques[639]. La majorité des étudiantes ont tendance à se concentrer dans les Facultés des Lettres et de Droit. Bien plus, dans la tourmente qui frappe le continent noir, peut-être les nouvelles générations doutent-elles de l'utilité

---

[638] J. M. Éla, *Guide pédagogique de formation à la recherche pour le développement en Afrique*, op. cit.
[639] N'Dri T. Assié-Lumumba, *L'Enseignement supérieur en Afrique Francophone : Évaluation du potentiel des universités classiques et des alternatives pour le développement*, Washington, WC. 1993, pp. 28-29.

même de la science. Elles se demandent à quoi elle sert et si elle n'est pas un luxe face aux urgences de survie au quotidien. Dans les universités qui souffrent gravement de toute perspective d'avenir pour les étudiants dans la mesure où elles tendent à produire des diplômés chômeurs, la question que ces étudiants se posent n'est pas : « comment apprendre ? » mais de plus en plus : « pourquoi apprendre ? Ce sont nos enfants qui feront la science » : ce témoignage d'un jeune universitaire africain révèle le désarroi des meilleurs produits de l'enseignement supérieur contraints d'investir leur dynamisme intellectuel dans la recherche du pain au détriment de la recherche scientifique dans les domaines de spécialisation et de compétence où, précisément, beaucoup ont été formés dans les meilleures universités occidentales. En examinant les profils d'orientation et les choix de carrière, on constate que les filières de formation privilégiées se rapportent aujourd'hui aux études qui préparent à la gestion des affaires, à l'informatique, au commerce ou à la pharmacie. Ce phénomène se vérifie notamment chez les jeunes africains qui vont étudier dans les pays du Nord. Au Canada, quand on considère l'octroi des bourses de l'ACDI dont l'Afrique est, sans doute, le continent qui a le plus bénéficié au début de la décennie 1990, dans les domaines spécialisés, on trouve d'abord l'industrie, ensuite, l'administration et les services publics, l'informatique, l'éducation, les ressources renouvelables et l'économie. Si l'on privilégie l'industrie et les affaires, en revanche, la santé, le droit, les sciences sociales et, surtout, les sciences exactes retiennent peu l'attention[640]. En fait, sur les campus africains, alors que les Lettres, les sciences économiques et juridiques attirent toujours la majorité des étudiants, les sciences pures, en général, ne constituent guère un domaine prioritaire de formation. Selon une étude réalisée en 1982 par l'UNESCO, le pourcentage d'étudiants inscrits en science et en technologie pour une moyenne de dix pays est passé de 18%, 76 en 1970 à 28% en 1980. Ces effectifs ne sont guère élevés aujourd'hui. L'insuffisance du nombre des diplômés des disciplines scientifiques est un fait chronique dans de nombreuses universités africaines. Au Cameroun, selon le VIe Plan, « l'effectif des étudiants qui obtiennent leurs licences dans les disciplines scientifiques est très faible par rapport à celui des étudiants licenciés en droit et en lettres. En 1983/1984, sur 1057 licenciés, 16, 7% des diplômés étaient issus de la Faculté des Sciences, 83, 3% des Facultés de Droit et Sciences humaines. Autrement dit, les études scientifiques, une des bases fondamentales des métiers industriels, sont peu développées »[641]. La situation n'a pas beaucoup changé. En 1998/99, un étudiant sur quatre (25, 4%) est inscrit à la faculté des lettres et sciences humaines (FALSH). Presque le même nombre (23, 9%) est inscrit à la faculté des sciences

---

[640] Sur les étudiants africains boursiers de l'ACDI en 1990, *voir ACDI, Rapport 1990-1991*, Hull, 1992.
[641] *VIe Plan quinquennal de développement économique, social et culturel 1986-1991*, p. 224

juridiques et politiques (FSJP). Viennent ensuite la faculté des sciences (FSC) avec 21, 2% et la faculté des sciences économiques et de gestion (FSEG) avec 12, 3%. Ces quatre facultés représentent un effectif total de 82, 8% dans les six universités d'État. En dépit de la crise de l'État qui fut longtemps le grand employeur, la mentalité qui pousse à s'asseoir dans un bureau et à travailler comme fonctionnaire n'a pas tout à fait disparu dans l'esprit des générations actuelles. En fait, au sein des écoles fermées au milieu du travail et à la vie quotidienne, face au capital symbolique, aux avantages matériels et sociaux ou aux positions de pouvoir dont peuvent jouir dans l'imaginaire social un haut responsable d'une administration publique, un député, un officier de l'armée et un membre du gouvernement, rien ne prouve qu'en Afrique noire, un homme ou une femme de science soit l'objet d'une attention spéciale, d'une considération quelconque et d'une reconnaissance sociale. Notons le peu de prestige conféré aux carrières scientifiques dans une Afrique où les populations et les élites sous-évaluent la science. On se heurte ici à un problème de visibilité interne des chercheurs et des scientifiques africains. Dans les pays du continent, que sait-on des résultats de recherche de ces travailleurs intellectuels ? Et, d'abord, qui sont ces gens ? Qui est informé de ce qu'ils font ? Dans quels domaines ? Qui fait appel à eux ? Dans quels secteurs d'activité ? Si l'on entend parler des écrivains ou des cinéastes, que sait-on des mathématiciens, des chimistes ou des physiciens, des anthropologues et des historiens? Peut-être a-t-on une image approximative des sociologues ou des économistes à travers les débats où certains interviennent à la télévision dans certains pays africains. Mais qu'en est-il des autres chercheurs ? Au-delà des laboratoires et des campus, il faut bien reconnaître que l'image de la science et de la recherche pose un problème fondamental en Afrique bien plus qu'ailleurs. À l'évidence, cette image est bien floue, voire effacée. Pour le grand public, les scientifiques ne brillent pas par leur existence et leur activité. Ce qui paraît plus grave, c'est que tout donne l'impression qu'on peut parfaitement s'en passer dans la mesure même où l'on ne sait pas très bien ce qu'ils représentent. À la limite, si l'on les considère comme dangereux, on n'hésite pas à les supprimer physiquement ou socialement en créant les conditions qui détruisent leurs capacités de recherche[642]. Des biologistes passionnés de recherche en laboratoire, des historiens ou des sociologues réputés et connus pour une honnêteté et une indépendance de pensée sans faille sont forcés à l'exil. Or, que l'Afrique se vide ses cerveaux ne semble guère troubler de nombreux dirigeants.

Ces situations et attitudes invitent à s'interroger sur la gestion des compétences et la perception de la science chez les leaders africains. À ce sujet,

---

[642] A ce sujet, on pense, au Cameroun, à l'assassinat d'Engelbert Mveng, l'une des figures emblématiques de l'Afrique scientifique.

je me souviens de la colère et de l'indignation des chercheurs africains en sciences sociales réunis à l'occasion de la 9ᵉ Assemblée du CODESRIA à Dakar, du 14 au 18 décembre 1998. Dans une motion de solidarité avec les chercheurs de l'Institut national d'études et de recherche, ils écrivent : « ayant appris avec consternation que la destruction de l'Institut National d'Études et de Recherches, particulièrement de la Bibliothèque Nationale et des Archives Nationales dont il est dépositaire, fait partie des conséquences néfastes du conflit en Guinée-Bissau, nous exhortons tous les chercheurs africains en sciences (...) à attirer l'attention des gouvernements africains sur la nécessité de protéger les Institutions culturelles et de recherche en cas de conflits armés, conformément à la Convention de la Haye du 14 mai 1954 »[643]. Dans les pays où les « feymen », qui sont de véritables escrocs, imposent de nouveaux modèles de référence aux jeunes, considérons les mesures qui frappent les institutions de recherche dont il convient de reconnaître le rôle dans la construction de l'Afrique. Au Cameroun, sous le régime Biya, je pense à la décision grave que se permet de prendre l'État de priver tout un pays d'un institut de recherche en sciences humaines au moment où, depuis la crise économique et l'ajustement structurel, l'irruption du social est un défi scientifique et politique. Dans un tournant de l'histoire où le gouvernement est censé se préoccuper des questions relatives au développement de la science, rien n'atteste ici la volonté de doter les universités d'une véritable capacité de formation et de recherche. Voici un signe qui ne trompe pas : « créé en 1974, le Conseil de l'Enseignement supérieur et de la Recherche scientifique et technique a tenu deux sessions en vingt-sept ans d'existence »[644]. Comme cet exemple le montre bien, *penser l'avenir scientifique de leur pays et la contribution de la science aux grands problèmes du développement est le dernier souci des gouvernements africains*. Rien n'indique ici que la recherche soit une priorité pour les pays qui se réapproprient le discours sur l'éradication de la pauvreté[645]. Au Gabon où il faut bien apprendre à vivre sans le pétrole, un chercheur s'indigne : « Les dirigeants africains ne font pas grand cas des scientifiques africains, qui n'ont souvent qu'un poids marginal dans les stratégies et les politiques de développement. On préfère faire appel à des compétences extérieures très coûteuses plutôt que de nous solliciter ». Un de ses collègues va plus loin : « Les politiques africains nous considèrent comme une menace, à cause de nos connaissances. Notre savoir doit être mis au service du pays. Nous, chercheurs des sciences humaines ou des sciences exactes, sommes

---

[643] Motion de solidarité avec les chercheurs de l'Institut National d'Études et de Recherche (INEP), Dakar, le 18 décembre 1998, L'Assemblée Générale.
[644] F. M. Affa'a, T. Des Lierres, op. cit. p. 275.
[645] A. Ruellan, « Une priorité pour les pays du Tiers-Monde : la recherche scientifique, facteur de développement », *Le Monde diplomatique*, août 1988.

les plus à même d'apporter des solutions aux problèmes de développement de l'Afrique »[646]. La nécessité d'intégrer les sciences comme facteur de l'innovation n'est pas admise dans les pays du continent où des compétences endogènes sont méconnues.

À cet égard, le cas de la Côte d'Ivoire est particulièrement éclairant. Dans ce pays dont on disait à l'époque d'Houphouêt-Boigny qu'il « doit sa prospérité à l'agriculture », c'est dans ce secteur que l'État colonial a concentré ses centres de recherche. Notons l'importance des Instituts de recherche pour les huiles et oléagineux, le cacao, le café, le caoutchouc et autres plantes stimulantes. Compte tenu de l'obligation de l'Europe d'importer des tonnes d'huile, de coton, de café et de cacao, et d'immense potentiel africain en ce qui concerne ce type de productions, il fallait étudier et rénover les palmeraies naturelles et des fibres textiles. Précisément, en France, à travers les instituts spécialisés dans les différentes formes d'une économie d'exploitation, les gouvernements n'ont pas perdu de vue la nécessité de la recherche fondamentale exclusivement conçue pour l'exploitation maximale des pays d'Afrique. Il s'agit, en général, d'instituts rattachés aux organismes français de recherche en agronomie tropicale. On en retrouve les structures équivalentes dans chaque région selon les modalités d'implantation et les programmes de recherche dont les activités ont continué dans le cadre d'accords de coopération avec les nouveaux États africains. Précisément, « après son indépendance, la Côte d'Ivoire hérita de ces centres. Les gouvernements ivoiriens, appâtés par des gains immédiats tirés de l'exportation des matières premières trouvèrent commode de rien changer aux habitudes. Ils accordèrent toute leur faveur exclusivement à la recherche agricole, prenant ainsi le relais des colons. Aucune recherche dans aucune discipline n'eut grâce à leurs yeux. Et la conception coloniale de la recherche qui voudrait qu'un certain domaine de Recherche soit un luxe pour l'Afrique fut adoptée par nos gouvernants. Pour eux, les autres démarches trop discursives et sans rendement immédiat étaient une perte de temps. Même l'avènement accidentel en 1971 du ministère de la Recherche en tant qu'entité à part entière, ne changera pas le comportement des gouvernants. Les réformes furent de façade. Cependant, contre leur gré et sous la pression de nouveaux scientifiques formés dans des disciplines autres qu'agricoles, quelques autres structures furent créées. Mais la recherche dans ces autres disciplines demeure embryonnaire avec des résultats mitigés, faute de volonté politique. La recherche dans les sciences sociales, philosophiques et dans les sciences humaines en général, a été longtemps soupçonnée de mener à la subversion et de constituer un réservoir de contestation du régime en place. Quant aux sciences « exactes », les mathématiques, la chimie et la physique, leurs

---

[646] *L'Autre Afrique*, no 103 du 24 novembre 1999, p. 62.

démarches discursives les ont fait ranger dans le domaine des sciences réservées aux ventres déjà pleins et déclarées luxes pour pays développés. Le constat nous oblige à affirmer que la Recherche est le parent pauvre parmi tous les autres secteurs d'activités du pays (...). La Recherche à l'université est quasi inexistante faute de moyens »[647]. Au pays du cacao et du café qui, depuis l'empire colonial, doit nourrir tous les jours les gens du Nord, ce constat montre que si les paysans sont indispensables, on n'a que faire des producteurs de connaissance. Accorder une place à la recherche et attirer l'attention sur la science comme l'une des valeurs fondamentales d'une société ne font pas partie des ambitions légitimes des régimes au pouvoir. Le cas ivoirien n'est pas unique en Afrique noire. Avec la formation des gouvernements dont la plupart des membres sont issus des milieux universitaires, on aurait pu croire que la promotion de l'intelligence et les meilleures conditions de production des connaissances seraient une priorité. C'est le temps des illusions. Ambroise Kom en témoigne : « Globalement, il ne fait pas bon d'être un enseignant d'université au Cameroun, car cette carrière a perdu tout son sens. Le professeur est d'abord un chercheur, ce que nous ne sommes plus parce que préoccupés par des questions triviales, des questions de survie quotidienne. Nous sommes des instituteurs qui répètent de jour en jour des choses consignées ça et là »[648]. Compte tenu du processus de prolétarisation des campus, il n'y a aucune contribution possible à l'avancement des connaissances là où « beaucoup d'enseignants arrêtent au mieux leur bibliographie à la date à laquelle ils ont terminé leurs études »[649]. Les conditions de pénurie sont un obstacle à toute activité scientifique. À l'Université « mère du Cameroun », en évaluant la situation du Centre de biotechnologie de la Faculté des sciences, un constat accablant s'impose : « les équipements et les installations sont vétustes, les variations de tension du réseau et les fréquentes coupures d'eau abîment certains appareils et affectent gravement l'expérimentation ; le Centre manque d'espace » et « n'a pas d'outil de télécommunication ». Dans la Bibliothèque centrale, « le fonds documentaire n'a pas eu de nouvelle dotation depuis 1990, le budget y afférent ayant toujours eu un caractère fictif. L'initiative de faire de la Bibliothèque Centrale un point de chute SYED n'a pas abouti du fait de l'absence d'une ligne téléphonique ». En Faculté des Arts, des Lettres et des Sciences Humaines où « la recherche est quasi-inexistante », compte tenu du « manque de crédit de recherche » et « surtout du fait de la « démobilisation en grand nombre des enseignants recyclés dans d'autres créneaux », on retrouve le

---

[647] Cf. « De la nécessité de repenser et de refonder la recherche en Côte d'Ivoire », *La Voie*, no 1578, mardi 1er Avril 1997.
[648] Cité par F. X. Eya, « Cameroun. Quand l'université clochardise l'enseignant », *ANB-BIA* supplément, no 398, 15/10/2000.
[649] N'Dri T. Assié-Lumumba, op. cit. p. 51.

même état de misère matérielle : « l'outil informatique n'est encore une réalité en FALSH » ; on note aussi « l'absence de connexion de la FALSH au réseau internet »[650]. À partir des campus, on peut saisir la tragédie d'un pays où, depuis 1982, Paul Biya enfonce le Cameroun dans la misère et le désarroi.

Dans l'ensemble du continent, la violation des libertés intellectuelles et académiques met en lumière le sort que les pouvoirs répressifs réservent aux témoins des *Afriques indociles*[651]. Il suffit d'évoquer certaines figures parmi les exilés du savoir originaires des pays où, au lieu de protéger les cerveaux, on fait tout pour les éliminer sous le seul prétexte qu'ils dérangent les élites mercenaires. Ces élites cherchent à se perpétuer dans les sites de prébendes et de pillage en contrôlant les différentes allées du pouvoir à travers les réseaux mystiques auxquels appartiennent les différents membres de la classe politique. De toute évidence, un artiste et une vedette sportive ont souvent plus poids symbolique et de valeur aux yeux des populations qui en font leurs héros ou leurs idoles. Rappelons le sacre d'une équipe de football après une victoire au niveau continental ou mondial. Pour quelques buts marqués au cours d'une compétition internationale, on décrète une journée fériée, chômée et payée dans toute l'étendue du territoire. On se souvient du défilé triomphal de la ville de Dakar lors de la Coupe du monde de Paris où le Sénégal a battu l'équipe de France. A travers les rues de la capitale, le Chef de l'État, Abdoulaye Wade était monté sur le toit d'un camion en roulant le drapeau sénégalais sur lui au milieu d'une foule en fête. Si de nombreux citoyens peuvent à peine citer le nom d'un ou deux savants que compte un pays ou une région d'Afrique noire, il n'est pas certain que beaucoup d'hommes et de femmes qui bénéficient pourtant d'un important potentiel de formation et de connaissance dans leurs champs disciplinaires soient habités par la volonté d'exceller dans le travail scientifique et d'en faire leur raison d'être. Bien plus, alors que tout incite les savants à jouer leur rôle dans la lutte contre la pauvreté, on tend vers la marginalisation des scientifiques en Afrique[652].

En fait, quand on observe les gens vivre au quotidien, ce qui frappe, surtout, c'est la musique qui, en un sens, constitue l'ambiance dans laquelle la société baigne comme on peut le vérifier dans les quartiers populaires des villes du continent. A ce sujet, Henri Lopez pose une question fondamentale dans *Tribaliques* : « L'Afrique, à force de rire et de chanter s'était laissée surprendre par les peuples plus austères qu'elle en avait été déportée et asservie. Je songeais

---

[650] Voir « Politique de la Recherche et de la Coopération à l'Université de Yaoundé I. État des lieux et prospective », http : // www. unet. c m/uy1/research/reiopo. html
[651] Sur l'état des violations des droits humains dans les universités africaines, lire *Les libertés intellectuelles en Afrique*, CODESRIA, Dakar, 1995.
[652] Sur cette marginalisation des scientifiques, lire Larbi Bouguerra, *La Recherche contre le Tiers-Monde. Multinationales et illusions du développement*, Paris, PUF, 1993, pp. 17-24.

aussi que chaque soir que nous dansions à Poto-Poto, des savants, des stratèges, des militaires s'entraînaient au sud de notre continent pour nous asservir. Que ferions-nous le jour où ils se présenteraient à nos frontières ? Les désarmerions-nous par le charme de nos voix et de nos mélodies ? Notre musique les arrêterait-elle et entreraient-ils dans la danse avec nous pour savourer le rythme d'une conga bien sentie »[653] ? Dans un monde dur et féroce où le savoir est la clé du pouvoir et la véritable richesse des nations, cette question est plus que jamais actuelle. Elle montre l'absence totale d'un consensus social sur la nécessité de construire l'Afrique sur des principes fondés sur un nouveau savoir défini par une démarche, un projet et des initiatives à visée sociale. La science n'apparaît pas encore comme le socle social de toute société suffisamment audacieuse pour se lancer dans un processus d'innovation. En dépit des apparences, les discours institués ne permettent pas d'ouvrir une période d'engouement pour la science et les scientifiques. Depuis la fin des années 80, l'opinion publique est marquée par la tendance à penser que *les problèmes des États africains proviennent d'une mauvaise gestion.* Comme le rappelle la problématique de la gouvernance, tout irait mieux avec la lutte contre la corruption. Le rôle que joue la science n'apparaît pas évident dans les pays où la pauvreté et la faim sont endémiques. En effet, les efforts vers l'exploration des rapports entre science et changement ne sont pas au centre des débats sociaux et politiques. À la limite, la science, considérée comme une activité nationale qui doit être répandue dans l'ensemble du pays pour que les progrès induits répondent aux besoins de la société ne s'impose pas à l'opinion publique. On le voit bien examinant le statut de ceux qui sont appelés à faire la science.

La crise d'identité des chercheurs africains

Si l'Afrique ne peut se prévaloir d'être le continent du rythme et de l'émotivité exaltée par les écrivains de la Négritude, le rapport à la science doit revenir au cœur de toute réflexion sur l'entrée du continent noir dans le nouveau siècle. Ce rapport s'inscrit, en profondeur, dans la perspective de la Renaissance africaine dont Cheikh Anta Diop a pris conscience dans un contexte historique où il révèle les préoccupations qui mettent à l'épreuve les capacités de découverte et d'invention sans lesquelles les Africains sont condamnés à vivre à la marge de la société-monde en gestation[654]. Car, la démonstration triomphante de l'antériorité des civilisations africaines dans l'Égypte ancienne n'a de sens que si les acteurs africains de la recherche participent efficacement à la science dans le temps présent. Le défi fondamental

---

[653] H. Lopès, *Tribaliques,* Yaoundé, CLÉ.
[654] Sur ce sujet, cf. J. M. Éla, *Cheikh Anta Diop ou l'honneur de penser,* op. cit. pp. 120-126.

est celui de la visibilité de l'Afrique dans le monde du savoir. Dans ce but, ce qui est en cause, c'est l'amorce d'un vaste processus de décentrement des lieux de production des connaissances. Telle est la perspective où se pose la question de l'émergence d'une nouvelle génération de chercheurs africains.

Promouvoir le développement de la science en Afrique est un défi et un enjeu du troisième millénaire. Au-delà des discours rituels sur la nécessité de cette promotion dont la Conférence de Lagos a fait l'une des priorité du continent dans les années 80, une question fondamentale doit être soumise à l'examen : *comment la recherche peut-elle devenir une passion dans les universités africaines ?* Pour comprendre l'importance de cette question, considérons les mutations radicales qui modifient l'environnement de l'activité scientifique dans l'enseignement supérieur en Afrique. Sans reprendre les analyses des facteurs de blocage de l'initiative scientifique[655], il suffit de renvoyer aux études qui, dans les universités à bout de souffle[656], font l'état des lieux des problèmes classiques et institutionnels auxquels les pays africains sont confrontés en matière de ressources disponibles, d'équipements et de financement, de production, de diffusion des résultats des travaux et de statut des chercheurs[657], il importe de renouveler le regard sur les nouveaux enjeux de la recherche dont l'examen doit permettre l'élaboration d'un projet scientifique pertinent pour l'Afrique.

À cet égard, il ne suffit pas de souligner le nombre limité de chercheurs dans les pays d'Afrique noire où « la croissance de l'enseignement de troisième cycle a été très lente ». On doit noter la faible proportion des femmes qui étudient les sciences et se consacrent à des activités scientifiques[658]. Plus

---

[655] Kotto Essome, « Débloquer l'invention, la découverte, l'initiative scientifique : d'une recherche prénewtonnienne aux penseurs de la coopération », *Présence africaine*, 2ᵉ trimestre 1987, pp. 11-23. Lire aussi le Dossier sur l'état et les problèmes du développement de la science et de la technologie dans les pays africains : « Pour une renaissance scientifique de l'Afrique », *Le Courrier de l'UNESCO*, 41, mars 1988, pp. 18-26

[656] Voir P. J. M. Tedga, *Enseignement supérieur en Afrique Noire Francophone : la catastrophe ?* Paris, L'Harmattan, 1988 ; N'Dri Thérèse Assié-Lumumba, *L'Enseignement Supérieur en Afrique Francophone, op. cit.* M. Affa'a, T. Des Lierres, op. cit. J. M. Éla, « Apprendre à apprendre dans une université en crise », in *Enseignement supérieur : Stratégies d'enseignement appropriées*, Actes du Colloque de l'AIPU-UQAH du 9 au 11 août 1995, pp. 15-21.

[657] Cf. J. Gaillard et R. Waast, « La recherche scientifique en Afrique », *Afrique contemporaine*, no 148, 4/88 ; J. Gaillard, « Les chercheurs des pays en développement », *La Recherche*, vol. 18, no 860-870, p. 864 ; pour une étude de cas, cf. A. Kom, *Éducation et démocratie en Afrique. Le temps des illusions*, Paris, L'Harmattan, 1994, pp. 117-200. *La misère intellectuelle au Cameroun* par Le Forum des Universitaires Chrétiens, Centre Catholique Universitaire, Yaoundé, 1997 ; Lebeau & Ogunsanya (eds), *The Dilemma of Post Colonial Universities*, Ibadan, IFRA/ABB, pp. 169-207.

[658] Banque mondiale, *Construire les sociétés du savoir*, op. cit. pp. 90, 97 ; voir surtout R. Waast, *Les sciences en Afrique*, Paris, IRD.

radicalement, il faut insister sur la crise d'identité des chercheurs dans les universités africaines qui doivent s'ajuster aux contraintes imposées par le catéchisme économique de la Banque mondiale[659]. Observons les stratégies des enseignants pour tenter de survivre. Ces stratégies s'élaborent dans un contexte socio- politique où les dirigeants africains ne peuvent prouver par le bilan de leur gestion des affaires du pays qu'ils accordent une importance réelle à la science et aux scientifiques dans les enjeux de notre temps. La question qui se pose à ce niveau est d'abord celle de *la perception de ce que le travail scientifique* représente pour l'ensemble d'une société à un moment de son histoire. Dans ce sens, si l'on considère la recherche universitaire comme une institution inhérente à l'enseignement supérieur, la production des connaissances relève d'une volonté politique. Cette activité suppose que la science est un bien public, et, en fait, un capital humain dont le rôle doit être reconnu pour l'avenir d'un pays. Or, en Afrique noire, mettre de l'argent pour équiper un laboratoire est une absurdité pour de nombreux chefs d'État qui ont bien d'autres préoccupations dans un contexte social de frustrations. Pour ces dirigeants, le pouvoir dont ils ont le monopole est souvent issu des élections truquées. De ce fait, il manque d'assise et de crédibilité populaires et se trouve contesté. Aussi, il cherche d'abord, en permanence, les moyens de sa protection, de sa reproduction et de sa longévité. Bref, les priorités sont ailleurs que dans la recherche et l'activité scientifique au sein d'une société en devenir. C'est dans ce sens qu'il faut bien comprendre les situations de précarité et de pénurie dans les institutions universitaires et les difficiles conditions de travail des enseignants et des chercheurs dans de nombreux pays d'Afrique.

À l'évidence, les contraintes de l'ajustement structurel ne sauraient servir d'alibi pour expliquer l'absence des infrastructures de recherche dans les universités africaines. Bien avant la crise économique qui s'est aggravée dans les années 80, les budgets de guerre ou de répression et ceux de la Présidence de la République ont toujours été supérieurs aux ressources consacrées à l'enseignement supérieur et à la recherche en Afrique noire. IL existe ici une tradition de sous-financement des activités scientifiques[660]. En effet, les dépenses publiques en faveur de l'enseignement supérieur se situent entre 15 et 20%[661]. En d'autres termes, ce qui préoccupe l'État en Afrique, ce n'est pas d'investir dans la science mais dans sa propre sécurité face aux dangers qui menacent les maîtres du pouvoir. *En observant le matériel vétuste d'un laboratoire, l'état des bibliothèques et les conditions de travail des enseignants et des chercheurs, on découvre des choix politiques au sein des campus.* Ces choix ont des incidences durables sur l'avenir des ressources humaines dont

---

[659] Sur ce sujet, J M. Éla, « Ajuster ou refaire l'Université » ? op. cit.
[660] Voir le cas du Cameroun, F. M. Affa'a, op. cit. pp. 238-242, 250-251.
[661] Cf. Banque mondiale, *Construire les sociétés du savoir*, op. cit. p. 258-263.

dispose l'institution universitaire pour devenir non seulement un lieu de transmission des connaissances mais aussi un véritable four où cuit le pain intellectuel dont une société a besoin pour se nourrir. C'est ce que l'on peut attendre des laboratoires et des centres d'études, des chaires ou des observatoires, des groupes de recherche et des équipes de travail constituées au tour des blocs thématiques et des problématiques de recherche. Il importe de relever la gravité de la crise de la recherche au moment même où l'université en Afrique doit se repenser en profondeur afin de relever les défis du continent en se laissant interroger par les problèmes spécifiques de la région où elle est implantée. Face à la crise qui oblige à s'interroger sur les nouvelles stratégies d'apprentissage, d'éveil et de formation des compétences, il s'agit, en effet, de refaire l'Université en Afrique. Dans ce but, il faut redéfinir son rôle et sa mission en s'ouvrant davantage aux questions posées par le sort des hommes et des femmes dans la région où s'enracinent les pratiques de formation et de recherche propres à l'enseignement supérieur. En ce sens, l'avenir de l'université africaine est lié à sa capacité de coller aux réalités d'un milieu ou d'une région pour en devenir l'un des facteurs privilégiés de mutation, de promotion et de rayonnement économique, social et culturel. Ce défi suppose une articulation étroite de l'université et de la société dans une étape décisive de son histoire en Afrique. L'université africaine a besoin de s'examiner dans un monde o ù sa mission, sa crédibilité et son autonomie sont mises en cause par les mutations radicales. Il lui faut refonder ses rapports avec la science et la société en renonçant à s'enfermer dans sa tour d'ivoire. Elle doit repenser ses stratégies d'apprentissage et ses pratiques de recherche en s'ouvrant aux questions fondamentales des populations locales afin de relever les défis de la mondialisation des connaissances dans le contexte africain.

Dans cette perspective, si le savoir traverse les frontières, peut-être doit-on créer des universités à vocation régionale en s'efforçant de régionaliser la recherche afin de promouvoir l'émergence d'une culture de la régionalisation qui se concrétise autour des programmes d'échanges, de formation et de groupes de travail. Au-delà d'un panafricanisme sentimental, les universités doivent observer ce qui se fait ailleurs dans les pays où l'on s'oriente vers des expériences communes d'enseignement et de recherche à l'échelle d'une région ou d'un continent. Ces défis s'imposent dans les pays pauvres où l'ampleur des pénuries matérielles oblige les enseignants et les étudiants à s'enfermer dans la tyrannie du court terme pour tenter de survivre[662]. Comme Maxime Dahoun le

---

[662] Sur les stratégies de ruse face à la précarité dans les universités africaines, lire l'enquête de D. Desjeux, S. Alami, S. Taponier, « Les nouvelles stratégies des chercheurs africains : comment s'adapter à la gestion de la précarité ? », *Sociétés africaines et diaspora*, décembre 1997, no 8, pp. 7-20.

relève au Bénin, « le paysage de la science et de la recherche en sciences sociales reste dominé par le vide. On déplore :

- l'absence de culture scientifique. IL n'y a pas une véritable culture scientifique car d'une part les hommes politiques ne prennent pas leurs responsabilités en ce qui concerne la recherche scientifique, d'autre part, les chercheurs eux-mêmes et les intellectuels en général n'ont aucune identité intellectuelle. Ils n'apparaissent pas avec leurs résultats dans les débats scientifiques et l'absence de discours contradictoire au sein de la communauté scientifique d'un pays est un mauvais signe quant à l'avenir de la recherche dans ce pays,
- l'absence de documents,
- l'absence d'équipes et de réseaux de recherche (…). Les chercheurs préfèrent travailler individuellement »[663].

Ce sombre paysage n'est pas propre au Bénin. Dans les pays d'Afrique, soulignons l'isolement qui marque la vie des scientifiques : chercheurs et professeurs se sentent coupés du reste du monde. L'absence de crédits de voyage ne facilite pas la participation des scientifiques à des colloques sur les domaines sur lesquels ils travaillent. Peu d'universités peuvent prétendre avoir surmonté les problèmes que pose la faible insertion des chercheurs africains dans le débat scientifique international. Cette situation se traduit par l'absence de théorisation pertinente de la recherche sur laquelle je reviendrai bientôt. Repliés sur eux-mêmes, sans savoir comment évoluent leurs disciplines de référence dans un monde où tout va très vite, de nombreux chercheurs risquent de vivre en marge des courants de pensée et des débats qui suscitent des idées nouvelles. Il faut bien le noter : *les scientifiques seuls ou en équipe ne sont pas créatifs s'ils ne sont pas affrontés au défi d'avoir à débattre de leurs connaissances avec d'autres chercheurs pour qui l'invention scientifique fait partie de leur vie et s'identifie avec leur avenir.* En Afrique noire, on peut s'étonner qu'en dépit d'un nombre important de docteurs dans les sciences de la nature et des sciences sociales, il ne soit pas toujours possible de trouver en milieu universitaire un esprit susceptible d'animer la vie de véritables communautés scientifiques. En fait, c'est l'émergence de ces communautés qui constitue le défi primordial dans les universités où il est essentiel de se préoccuper de la formation des équipes de recherche[664].

---

[663] M. Dahoun, « Quelques problèmes de la recherche en sciences sociales au Bénin », *Sociétés africaines et diaspora*, Paris, L'Harmattan, no 8, 1998, pp. 32-33.
[664] Sur la difficile émergence des communautés scientifiques, cf. J. Gaillard et R. Waast, « La recherche scientifique en Afrique », *art. cit.*

En effet, *s'il ne suffit pas d'obtenir un diplôme universitaire pour faire partie de l'intelligentsia,* il importe de créer les conditions d'insertion sociale de la science et de promotion d'un groupe d'hommes et de femmes qui se distinguent par leur rapport à la vie scientifique compte tenu de leur activité et de leur production dans ce domaine stratégique. Plus précisément, il s'agit de travailler à l'émergence de chercheurs et d'enseignants pour lesquels une vie peut être consacrée à un travail dans un domaine qui les intéresse : la science, avec le souci de faire comprendre que *dans le monde d'aujourd'hui, celui qui a le savoir a une avance sur les autres.* En ce sens, le chercheur qui veut devenir un producteur de connaissances doit poursuivre ses rêves et saisir sa chance dans toutes les circonstances et les situations de sa vie. Bref, face à l'agriculture, à l'élevage ou à l'artisanat, au commerce et aux transports, à l'administration, à la politique, à la diplomatie et à l'armée, l'université doit devenir un lieu spécial où prend naissance un groupe social ayant une identité et un statut propres permettant de reconnaître, dans un pays africain comme ailleurs dans le monde, l'existence d'un noyau scientifique par sa capacité à se reproduire et à se perpétuer à travers son activité. Ce noyau est formé de figures travaillées en profondeur par un *éthos* qui les pousse à devenir des acteurs dont la référence est la science, sa production, son avancement et sa diffusion à l'échelle nationale et internationale. Face à l'Inde ou à certains pays d'Amérique latine, c'est l'émergence de ce type d'acteurs qui fait problème en Afrique noire malgré l'explosion des institutions d'enseignement supérieur depuis les indépendances des années 60. Au Sud du Sahara, notamment, pour prendre la place sur la scène de la science, on voit la nécessité d'un système de la recherche où se déploie un potentiel intellectuel dont la gestion doit assurer la reproduction dans différentes disciplines scientifiques.

C'est ici qu'il convient de mesurer la gravité des problèmes de la recherche en Afrique où tend à se créer une sorte de prolétariat de diplômés du supérieur au sein des universités. Sans négliger la condition des chargés de cours, pour un certain nombre de professeurs, en tenant compte des revenus des enseignants et des chercheurs dans les pays africains, il faut le bien le reconnaître : si l'on a une famille à nourrir, il vaut mieux renoncer à perdre son temps à faire la recherche. En effet, en comparant sa vie à celle de ses anciens condisciples qui s'enrichissent dans le gouvernement sans rien faire, rien ne stimule un enseignant à investir ses capacités d'activité scientifique. Survie oblige. D'où le risque d'asphyxie de la recherche universitaire. En l'absence de vision, de prise de conscience et de volonté politique autour de l'enjeu des rapports entre l'université et la science, on assiste à une sorte de démotivation et de démobilisation des hommes et des femmes dont les capacités de recherche sont freinées par un environnement qui les condamne à la clochardisation. « Demi-salaire, demi travail », disait-on naguère dans le campus d'Abidjan, en Côte d'Ivoire. Au Cameroun, relevons le cas tragique de ces diplômés de l'enseignement supérieur qui se prennent pour des « intellectuels » au moment même où ils renoncent au devoir de penser pour se prostituer par les motions de soutien qui, comme à l'époque du parti unique, les réduisent au rôle banal de griots d'un régime corrompu. À l'heure où, dans le monde, s'opère une prise de conscience de l'importance de la culture scientifique, ce régime a manifesté le plus grand mépris pour la promotion de l'intelligence. Comme je l'ai noté au sujet de l'état de l'université, le successeur d'Ahmadou Ahidjo a constamment affiché son insouciance pour le monde du savoir en plongeant les institutions de l'enseignement supérieur et de la recherche scientifique dans un état d'agonie après avoir ruiné l'économie d'un pays[665] qui avait tous les atouts pour devenir une des nations émergeantes du continent africain. Parmi les signataires des motions qui militent pour la perpétuation d'un mandat dictatorial et la reproduction du naufrage du Cameroun, on trouve des gens qui se font remarquer par leur improductivité scientifique. Je pense à ces inamovibles chefs d'établissement nommés par décret. Les plus médiocres se résignent à rester dans une institution où des jeunes docteurs et des enseignants de rang magistral vivent dans l'attente angoissée d'être « appelés à d'autres fonctions ». Car, dans de nombreux pays d'Afrique, l'Université devient un lieu de transit pour les enseignants en quête de promotion dans les appareils de l'État. À cet égard, il faut noter cette forme de migration interne des enseignants-chercheurs. Au Bénin, ce phénomène a pris le nom « d'exode universitaire ». Il désigne « la migration des universitaires en direction des ministères ou de fonctions plus lucratives. La métaphore ne manque pas de sens car la proportion des universitaires qui ont abandonné leurs étudiants pour des postes ministériels oscille entre 30 et 35 % du nombre total des ministres de chaque gouvernement Soglo. Ces nouveaux politiciens contribuent à cet exode, non seulement en abandonnant leurs propres enseignements, mais également en débauchant leurs collègues, qu'ils nomment directeurs de cabinet, conseillers, directeurs de sociétés d'État ou simplement proches collaborateurs »[666].

En fait, les classes dirigeantes ont tendance à puiser dans les réserves académiques les éléments qu'elles intègrent dans les réseaux mafieux et les mécanismes d'appropriation de la rente étatique à travers le processus de redistribution par un système de sélection et de cooptation soigneusement mis en place. Pour se mettre à l'abri de la contestation des milieux universitaires qui n'échappent plus à la galère, on prend soin de fermer les bouches qui mangent. « *Des chercheurs ont certes été formés dans diverses disciplines. Malheureusement, nombreux sont ceux qui à défaut de moyens, se tournent les*

---

[665] Sur ce sujet, lire G. Courade (dir), *Le Désarroi camerounais,* Paris, Karthala, 2000 ; J. Noël Aerts et al. *L'Économie camerounaise. Un espoir évanoui,* Paris, Karthala, 2000
[666] M. Dahoun, art. cit. p. 29.

pousses ou se délaissent tenter par des fonctions administratives qui les éloignent des laboratoires »[667]. En général, tout en s'accrochant à l'université dont le degré d'affiliation demeure un critère de fiabilité symbolique, les « débrouillards » s'organisent pour gérer la pénurie à travers des stratégies diverses. À ce sujet, la situation qui prévaut depuis des années à l'Université de Kinshasa est tragique[668]. Gérard Buakasa écrit : « *prenons le cas d'un professeur : déjà professeur titulaire à l'université, il sera en même temps professeur à temps partiel dans plusieurs autres Ecoles supérieures et conseiller à la Présidence de la République ou simplement dans un cabinet ministériel ; parfois aussi chercheur impliqué dans plusieurs projets, ainsi que membre ou consultant de plusieurs commissions, ou encore exploitant de commerce (...). Toutes ces occupations professionnelles et sociales auxquelles notre professeur vaque en dehors de son emploi principal de professeur s'appellent des « extra-muros ». Le professeur est, dans ces conditions, surchargé, surmené ; ses activités académiques négligées ; car il n'a plus le temps ni la disponibilité d'esprit pour la recherche et l'enseignement (...). En plus, il n'a pas de fonds de recherche ; et l'infrastructure de la recherche et de l'enseignement se détériore. Ainsi, même s'il en a le temps et l'argent, l'enseignant ne peut plus faire des recherches* pour *renouveler ou éprouver ses connaissances. Et puis, il a bien le sentiment que la recherche est inutile, car la société est devenue indifférente ou se moque des gens qui lisent ou cherchent. Pourquoi faire? Lui dira-t-on, car après tout, le pays a beaucoup de cadres mais ceux-ci paraissent incapables de résoudre les problèmes qui se posent* »[669]. Cette situation se retrouve dans la majorité des pays d'Afrique noire

Pour tenter de survivre en faisant valoir la formation reçue, des universitaires s'offrent de plus en plus aux organismes extérieurs qui les transforment en consultants locaux. Dans une université digne de ce nom où tout enseignant qui se prend au sérieux, est, par sa mission même d'enseignement, un acteur de la production des connaissances par la mise en valeur de son potentiel de recherche scientifique et ses publications, on voit où conduit le pillage des ressources publiques dans les États d'Afrique : *les intérêts privés internationaux monopolisent désormais les cerveaux indigènes pour faire des enquêtes au profit des organismes américains ou européens*. Si le financement des programmes de recherche vient de l'étranger, on sait aussi que les questionnaires d'enquête et la méthodologie de recherche sont conçus et imposés par les experts qui se contentent de confier la coordination des équipes de terrain à des enseignants africains réduits à la pure fonction d'exécutants.

---

[667] Cf. *La Voie*, art. cit.
[668] Lire Ilunga Kabongo, « La problématique de la recherche scientifique en société bloquée : le fond du problème », *Zaïre –Afrique*, no 145, mai 1980, pp. 275-288.
[669] G. Buakasa, *Réinventer l'Afrique. op. cit.* pp. 76-77.

Bref, il s'agit d'un vrai travail de nègre soumis aux contraintes intellectuelles et pratiques de son employeur temporaire. À la limite, ce qui est grave, c'est la tendance à faire des chercheurs africains des informateurs attitrés au service de l'Occident. Car, les résultats des enquêtes de terrain appartiennent d'office à l'organisme qui étranger se réserve d'en étudier les modalités d'application dans les stratégies d'intervention dont les objectifs sont élaborés en dehors de toute participation des populations locales. C'est ce qui arrive en Afrique quand l'État organise le gâchis de ses ressources humaines dans les universités qui, en se transformant en une fabrique de diplômés chômeurs, ne prennent pas les dispositions nécessaires pour créer les conditions favorables à la recherche scientifique.

À l'ère du savoir où la recherche relève de la volonté politique et devient un problème de gouvernement, il faut se rendre compte de la perversité des dérives que cette incurie provoque dans les universités africaines. La fin des salaires permanents et élevés accule les enseignants, à tout moment, à mettre « l'imagination au service de la conjoncture ». En particulier, le chercheur africain *doit apprendre à se vendre et à devenir indispensable en prouvant qu'il maîtrise bien les méthodologies d'enquête à appliquer au terrain africain. C'est ce qui lui permet de se faire connaître dans le marché de la consultation.* On le voit bien à l'heure où les institutions de Bretton Woods imposent un cadre normatif et conceptuel de recherche où, en plus du Sida et des questions du genre, il faut s'attendre à retrouver les thèmes de la pauvreté, de la gouvernance, de la décentralisation ou de la corruption. Par sa capacité de ruse, le chercheur africain peut se positionner dans les créneaux porteurs qui intéressent les organismes mondiaux à la recherche d'enquêteurs dont la reconnaissance « scientifique » se construit bâtie sur la seule production des résultats correspondant aux critères d'évaluation des bénéficiaires des données de terrain collectées au niveau national ou régional. Ainsi naît une génération de chercheurs grâce au passage miraculeux dans un organisme international de prestige offrant des opportunités de petits ou de gros financements. Pour exister comme chercheur, il faut donc s'insérer dans les réseaux de relations institutionnelles afin de figurer toujours sur la liste des consultants du Sud dont la demande est importante.

Ce qu'on peut retenir de l'analyse de cette crise de l'identité des chercheurs africains, c'est la tendance à se passer de l'université. S'ils figurent toujours sur la liste du personnel enseignant, c'est, en un sens, comme un fantôme qui hante le campus de manière informelle et épisodique. En effet, quand « ils ne travaillent pas simplement pour des laboratoires étrangers » comme cela arrive dans certains pays africains[670], l'essentiel de leurs capacités de « recherche » et

---

[670] Cf. F. M. Affa'a et T. Des Lierres, op. cit. p. 247

d'expertise se déploie et se négocie en dehors de l'institution unique et prestigieuse qui pourrait devenir un temple du savoir grâce au dynamisme de ses enseignants à travers leurs activités scientifiques. Plus précisément, en développant le sens de la pluriactivité, l'enseignant-chercheur considère l'université comme le lieu d'acquisition d'un salaire d'appoint permettant de boucler ses fins du mois. Dès lors, engagé pour les enquêtes de terrain dont il n'est pas évident qu'elles alimentent son enseignement, il peut tirer son épingle du jeu en sachant qu'il trouve ailleurs d'autres opportunités de survie. Au cœur de la crise de l'enseignement supérieur, on mesure l'ampleur des défis de la recherche dans un tournant de l'histoire où les générations de la précarité sont obligées de déserter les champs de production des savoirs pour se borner à fournir des informations empiriques à des organismes extérieurs afin de survivre. On doit souligner les incidences de ces pratiques qui risquent d'empêcher l'acquisition des habitudes de recherche scientifique. Je pense surtout à la difficulté de s'entraîner à une démarche de théorisation, notamment, en sciences sociales où, dans chaque discipline, on ne peut échapper à une approche critique qui, comme je vais le démontrer plus loin, oblige à soumettre à l'examen les concepts et les paradigmes auxquels on recourt. Cet examen qui invite à une refonte épistémologique des savoirs et à une reformulation de ses bases gnoséologiques est sans intérêt pour les chercheurs-enquêteurs travaillant pour les organismes étrangers. On le voit bien pour les enquêtes de la Banque mondiale qui oblige à penser selon ses propres cadres conceptuels. Précisément, la population nouvelle de chercheurs proches du terrain et portés vers l'observation directe et la démarche empirique, risque de manquer de bases théoriques construites en toute liberté d'esprit. En ce sens, les contraintes actuelles obligent de nombreux universitaires à vivre dans ce système de carences. Il est difficile de concilier un enseignement et une recherche de qualité quand on vit dans la galère quotidienne[671]. Cette galère dessine un profil scientifique peu stimulant. Des efforts de recherche d'un petit nombre de scientifiques qui, souvent, travaillent dans le plus grand isolement et le dénuement, sont dilués dans les tâches administratives ou les pressions politiques. Les chercheurs qui gardent le courage d'exercer une activité scientifique dévalorisée dans leur société restent dispersés et plongés dans l'anonymat comme s'ils vivaient à l'étranger. Dans ces conditions, se faire un nom dans la communauté scientifique internationale est un enjeu majeur. En fait, on cherche aujourd'hui sur la carte des universités africaines les « établissements-phare » et les « pôles d'excellence » qui planifient leur entrée dans le nouveau monde du savoir. Pensons à ces universités où l'on termine une

---

[671] Sur la condition enseignante et le salaire en Afrique, voir R. Waast, *Les Science en Afrique* ; pour les études de cas, cf. Lebeau & Ogunsanya eds, *The Dilemma of Post Colonial Universities*, Ibadan, IFRA/ABB, 2000.

année académique sans organiser un seul colloque, voire une conférence ou une table-ronde. Dans de nombreux établissements d'enseignement supérieur d'Afrique, les revues de certaines Facultés ont cessé de paraître depuis les années 80. Dans un système universitaire où la surcharge des cours absorbe l'essentiel du temps de travail destiné en priorité à délivrer les diplômes aux étudiants dont les effectifs ne cessent d'augmenter[672], notons la faible production scientifique qui caractérise de nombreux établissements d'enseignement supérieur en Afrique noire. Des enquêtes le confirment : « les charges d'enseignement sont généralement lourdes chez les répondants et leurs conditions de recherche ne font que se dégrader »[673]. Certes, il faut bien le reconnaître : dans ce « désert scientifique », des voix percutantes se font entendre. Je reviendrai sur la pertinence des travaux scientifiques produits dans ces universités en crise. Mais, en suivant les tendances qui dominent dans l'évolution actuelle des pays d'Afrique, on doit bien observer ce phénomène lourd de conséquences : l'excellence dans la recherche risque de ne plus être considérée comme une priorité au nom des objectifs scientifiques de l'université. Bien plus, la notion de chercheur tend à se perdre dans la pratique universitaire Considérons la situation dramatique des chercheurs qui ont été formés et qui se retrouvent sans moyens de travail : « l'enseignant-consultant » doit inventer des stratégies pour gérer la précarité. Dans ces conditions, les chercheurs désertent les laboratoires pour exercer des petits métiers. La gravité de la situation ne fait pas l'ombre d'un doute.

Comme je l'ai noté plus haut, dans le cadre des programmes de recherche soutenus par les organismes extérieurs, le choix de thèmes et les méthodes d'approche sont imposés aux chercheurs africains. En effet, les organismes étrangers et leurs experts en gardent la responsabilité. Souvent, l'expertise dite locale doit suivre un véritable stage d'initiation pour entreprendre ou superviser efficacement les enquêtes de terrain selon les règles établies par les experts étrangers. Dans ces conditions, le scientifique africain ne peut acquérir de l'envergure. En fait, il vit en marge de sa communauté d'appartenance, en perdant l'habitude d'évoluer avec des gens imprégnés de valeurs et d'exigence scientifiques. On comprend l'absence de débats intellectuels et scientifiques dans de nombreuses universités en Afrique. Les projets d'étude imposés de l'extérieur ne rencontrent pas la stimulation engendrée par la compétition et le partage des recherches à partir des thématiques endogènes. Ainsi, un personnel

---

[672] Sur ce sujet, lire A. Delafin et Assou Massou, « Les Facs africaines sont-elles fréquentables » ? *Jeune Afrique Économie*, no 147, septembre 1991.
[673] F. M. Affa'a et T. Des Lierres, « Quelques données sur les conditions de travail de l'enseignant-chercheur d'Afrique Noire », *Enseigner à l'Université*, Actes du Congrès de l'Association internationale de pédagogie universitaire, Université du Québec à Hull, 1993, p. 269.

universitaire de qualité se perd sur place. Les coûts intellectuels de ce gâchis sont énormes. Ici se pose le défi de l'exode des compétences. *Des scientifiques ignorés et mal utilisés dans leurs universités vont chercher le refuge et la consécration ailleurs.* Selon la Banque mondiale, « on évalue à environ 30 000 le nombre d'Africains titulaires d'un doctorat qui vivent hors d'Afrique »[674]. Parmi les causes de départ, en plus de l'insécurité de la plupart des intellectuels dans les territoires d'origine, de l'insignifiance des salaires et de la difficulté de trouver un travail conforme à la formation reçue, il faut insister sur la peur de sombrer dans la médiocrité dans un contexte anticulturel et politique qui, en Afrique, privilégie les carrières publiques, le fonctionnariat, au détriment de la recherche fondamentale, de la diffusion des idées et des débats scientifiques[675]. Dans les pays où les élites au pouvoir sous-évaluent la science, n'en recueillant que des sous-produits techniques sous forme de gadgets, de mercédès et de pajero, de villas ou de palais de marbre, les sujets les plus doués se font recruter à l'étranger dans les carrières scientifiques dévaluées dans leurs pays d'origine. À ce sujet, il faut renoncer au mythe des pays du Nord envahis par « toute la misère du monde »[676]. Comme on le voit en Europe, au Canada et aux États-Unis, il n'est plus nécessaire de rappeler l'exode des cerveaux qui constitue une perte pour de nombreux pays africains. En dehors de l'insécurité qui fait redouter la répression pour des raisons politiques, il est clair que la difficulté d'exercer dans un travail conforme à leur vocation et la peur de sombrer dans la médiocrité sont un facteur de départ. Au moment où les structures d'une recherche africaine s'avèrent inaptes à couvrir les besoins réels de l'Afrique en matière de connaissances, les mutations en cours dans les processus de mondialisation ne risquent-t-elles pas d'étouffer les possibilités de découverte et d'invention scientifique dans le contexte du naufrage des universités africaines ?

De l'imprimé à l'écran : atouts ou mise en conditions ?

Telle est la question que l'ère du Net pose à la recherche en Afrique. A l'évidence, cette question oblige à réévaluer les conditions de production des connaissances. Dans ce sens, un certain nombre de facteurs amène à ouvrir le débat autour de ce nouvel enjeu de la recherche dans le monde de ce temps. Ce

---

[674] *Construire les sociétés du savoir*, op. cit. p. 49
[675] Kotto Essomé, art. cit. p. 17.
[676] Sur la destruction de ce mythe, lire une étude de François Héran visant à « dissiper quelques confusions » sur un thème passionnel, dans *Populations et sociétés*, janvier 2004 ; voir aussi C. Rollet, « Les démographes pourfendent quelques idées reçues sur l'immigration », *Le Monde*, 5 février 2004.

débat exige de penser les NTC pour éviter de les subir en Afrique[677]. Dans ce but, il importe d'abord de résister aux stratégies de marketing en vue de définir ce que le titre d'un ouvrage appelle « la place de la communication dans les enjeux de l'autonomie »[678]. En effet, selon la propagande qui est à l'ordre du jour, après la croyance au progrès, nous entrons dans l'idéologie de la communication[679]. La révolution qui s'opère dans ce domaine tend à créer une culture de masse à partir de l'internet qui apparaît comme un véritable fétiche et la superstition du monde d'aujourd'hui[680]. À l'ère du virtuel où les milieux d'affaires relancent l'économie à l'échelle planétaire, tout se passe comme si, en fait, la société de l'information devait se réduire à la société de l'Internet. Pour les experts, celui-ci donnerait accès aux « réserves mondiales du savoir »[681]. Il faut bien le reconnaître : en attendant les laboratoires virtuels, le chercheur trouve sur le Net les formes de structurations sociales de l'activité scientifique : un ensemble de données formatées, des publications, des journaux et des revues, des forums de discussion ou des réseaux de recherche, des lieux privilégiés de diffusion des informations, d'échange et de dialogue entre les chercheurs[682]. De plus, on souligne la quantité du savoir, les riches possibilités de l'édition électronique, l'ampleur des champs d'observation et l'augmentation du nombre de chercheurs dont on a un accès rapide à travers les sites, les répertoires, les fichiers et les banques de données. Bref, personne ne peut ignorer les trésors d'Internet où se constitue la mémoire des sociétés contemporaines. Les innovations technologiques affectent l'information scientifique. Il s'agit d'une véritable rupture avec la tradition qui remonte à la Bibliothèque d'Alexandrie. *Le Choc d'internet* dont parle Philippe Breton invite à se départir d'une histoire de la culture, d'une formation et d'une pratique de travail liées au papier. La réalité est, sans doute, plus complexe. En nous rappelant les mythes et les mirages des télévisions éducatives qui devaient permettre de scolariser tous les enfants, d'éradiquer l'analphabétisme et de moderniser l'agriculture, un devoir de vigilance critique s'impose.

---

[677] Pour des indications utiles, cf. Y. Mignot-Lefebvre (dir), « Technologie de communication et d'information au Sud : la mondialisation forcée », *Revue Tiers-Monde*, t. XXXV, no 138, avril-juin 1994.

[678] Y. Mignot-Lefebvre, Paris, L'Harmattan, 2003.

[679] Sur ce sujet, lire P. Breton, S. Proulx, *L'explosion de la communication. La naissance d'une nouvelle idéologie*, Paris, La Découverte, 2000

[680] Pour l'essentiel, sur ces questions, lire « Révolution dans la communication », *Manière de voir* 46, Le Monde diplomatique, juillet-août 1999.

[681] Banque mondiale, *Construire les sociétés du savoir*, op. cit. p. 58.

[682] Sur cette question, lire P. Flichy, « Internet ou la communication scientifique idéale », *Réseaux*, no 97, 1999 ; J. de la Véga, E. Brezin et J. M. Salaun, *La Communication scientifique à l'épreuve de l'Internet*, Presses de l'Enssib, 2000 ; G. Varet, *Comment savoir ? La Science et son information à l'heure d'Internet*, Paris, PUF, 2000.

Les enjeux socio-économiques et politiques de grande importance obligent à mettre à nu les mécanismes de restructuration des sociétés contemporaines à travers l'informatique qui constitue une technologie de pouvoir entre les mains des groupes financiers. Car, derrière l'ordinateur qui fascine[683], on retrouve de puissants lobbies en compétition. Dans le nouveau contexte de production et de diffusion de l'information, le quotidien s'inscrit dans un collectif « hommes/ machines »[684] dont il convient de mesurer l'emprise dans les mutations par lesquelles le monde de l'enseignement supérieur et de la recherche est mis en demeure de passer du tableau noir et de l'imprimé à l'écran. Comme le rappelle l'émergence des campus virtuels où dominent les grandes firmes américaines, les géants de l'informatique ne se contentent pas de vendre des micro-ordinateurs en Afrique. Ils y vendent aussi des logiciels et des gestionnaires de bases des données. Le commerce du matériel informatique est particulièrement dynamique au sein du continent[685]. À l'heure où s'expérimentent les nouvelles techniques d'apprentissage grâce à l'enseignement assisté par ordinateur, il s'agit de s'approprier d'autres modes de transmission des connaissances dont le contenu est déterminé par les instruments de communication qui obligent à changer de rythme et de temps. Ainsi, le « temps réel » n'est plus celui de la parole directe entre le maître et l'élève. Il faut entrer dans le « temps virtuel », celui de l'écran, de la réaction immédiate et de l'interaction entre l'être humain et la machine, à travers des outils de création où, si la mémoire existe toujours, il n'est plus nécessaire de faire le détour de l'écriture et de l'histoire pour apprendre à converser avec les générations passées ou les grands témoins de la culture contemporaine : le grand réservoir des savoirs est constitué par des fichiers donnant accès à des systèmes d'information qui exigent de vivre dans l'immédiat. Face à ce miracle technologique, des défis majeurs se posent au chercheur africain dans l'économie de la connaissance[686].

À l'évidence, avec ses millions de consommateurs potentiels, l'Afrique est un marché d'avenir pour l'empire IBM, pour Microsoft ou pour Fujitsu. Dans ces conditions, l'Internet pourrait devenir un instrument de formation et un atout dans les universités qui n'ont pas acquis de nouvelles revues et publications depuis plus de dix ans. L'accès à l'immense bibliothèque virtuelle peut servir à la documentation et à la recherche des milliers d'étudiants et d'enseignants. Dans les bibliothèques universitaires où, à Dakar ou à Yaoundé, l'on trouve souvent un ou deux exemplaires d'un livre pour 1000 étudiants, il est évident

---
[683] Voir A. Moles, « La gadgétisation par les puces », op. cit. p. 21 ss.
[684] P. Lévy, *La machine- Univers. Création cognitive et culture informatique*, Paris.
[685] Lire le dossier « Le marché de l'informatique au sud du Sahara », *JAE* du 5 au 18 octobre 1998.
[686] Sur ce sujet, cf. D. Foray, *L'économie de la connaissance*, Paris, Repères, La Découverte, 2000.

que l'Internet favorise l'accès à l'information scientifique. Il constitue même une ressource stratégique. À ce titre, on prédit tout le bien que l'Afrique pourrait tirer de l'économie du savoir grâce au NTC : des arguments ne manquent pas pour voir en Internet une planche de salut et « une chance pour l'Afrique »[687]. Pour de nombreux jeunes africains très impressionnés, Internet est une sorte de sésame à tous les problèmes dits de développement. C'est ce que prophétisent les experts qui s'inquiètent des conséquences de la fracture numérique entre le Nord et le Sud. Au moment où la consultation d'Internet est devenue un réflexe « à l'échelle mondiale », cette fracture « opère une coupure entre les pays industrialisés et les pays en développement en fonction de leur capacité à utiliser, adapter, produire et diffuser le savoir. Les pays d'Afrique subsaharienne dans leur ensemble compte un internaute pour 5000 habitants ; en Europe et en Amérique du Nord, la proportion est de 1'internaute pour 6 habitants »[688].

De plus, il faut se garder de céder trop vite au mythe qui fait croire au rôle de grand égalisateur joué par l'Internet[689]. Celui-ci est loin d'être géré comme un bien commun. Le monde de la « toile » n'échappe pas aux règles du libre-échange. Les sites d'information sérieuse sont de plus en plus payants. Dans ce contexte, l'accessibilité mondiale à une connaissance universelle demeure une utopie. Breton écrit : « il y avait un espoir de démocratisation. Mais on sait que l'accès à Internet a ajouté une inégalité aux inégalités qui existent déjà. Donc la promesse de démocratisation et d'accès aux savoirs ne s'est en grande partie jamais réalisée »[690]. En fait, pour la majorité des citadins, l'obstacle principal demeure le coût de la connexion téléphonique qui est près de 10 dollars l'heure. En outre, l'économie de l'information n'est pas fondée sur la gratuité. Bref, la démocratie cognitive qu'annoncent les prophètes de la pensée universelle n'est pas pour demain dans une mondialisation porteuse de nouvelles formes d'exclusion[691]. Le prix de l'ordinateur n'est pas accessible à de nombreux

---

[687] J. Bonjawo, *Internet. Une chance pour l'Afrique*, Paris, Karthala, 2002 ; F. Ossama, *Les nouvelles technologies de l'information. Enjeux pour l'Afrique subsaharienne*, Paris, L'Harmattan, 2001.

[688] Banque mondiale, op. cit. p. 45.

[689] Sur cette utopie, lire Ricardo Gomez, « Démocratie électronique. Internet pourrait contribuer à l'équité sociale, à la démocratie et au développement », *Le Devoir*, 20 juillet 2000. Voir surtout F. Hervieu-Wane, « Internet sauvera –t-il l'Afrique ? » *Manière de voir*, no 41, septembre 1998, pp. 83-85.

[690] Cité par Ulysse Bergeron, « Les malheurs d'un succès de masse », *Le Devoir*, 14 et 15 juin 2003.

[691] Sur le nouveau prophétisme qui annonce l'émergence d'une Pensée universelle dont on trouve l'anticipation dans la théorie teilhardienne de la noosphère, lire J. F. Dortier, « Vers une intelligence collective ? », *Sciences Humaines*, avril-mai 2001, Hors série no 321, pp. 22-26 ; voir surtout les réflexions du philosophe Pierre Lévy, *L'Intelligence collective. Pour une*

enseignants voués à une sorte de clochardisation programmée⁶⁹². À l'université de Yaoundé où les conditions de dénuement et de délabrement des bibliothèques et des laboratoires se sont aggravées depuis la fin des années 90, on apprend en 2000 qu'à la Faculté des sciences « l'accès à Internet est limité à trente minutes par jour et par enseignant. Encore faut-il obtenir un compte d'accès aux machines du Centre de calcul de l'université la mieux équipée du pays. La démocratisation de l'usage d'Internet semble se faire plus rapidement dans les cybercafés des quartiers que dans les universités »⁶⁹³. Si les milieux d'affaires cherchent de nouveaux clients sur Internet, les chercheurs africains ne peuvent pas travailler à l'aise dans les cybercafés qui prospèrent dans les grandes villes d'Afrique noire. En fait, on ne doit pas confondre l'information et la science. La recherche exige l'accès au terrain ou la vie en laboratoire. Elle exige aussi la reconnaissance du droit à la mobilité. Depuis Ulysse, science et voyage ont tissé des liens qui rendent leurs cheminements inséparables⁶⁹⁴. Comme on le verra bientôt, la recherche contemporaine nécessite l'intégration dans une équipe qui peut se constituer avec des chercheurs du Nord. Cette dynamique des relations scientifiques implique des déplacements coûteux. La bibliothèque virtuelle ne règle pas tous les problèmes de documentation. S'il est possible de se cultiver sur le Net, on ne doit pas oublier cette évidence : près de 90 % des sites de la Toile ont une vocation commerciale clairement affichée. Au moment où l'Internet est surévalué, il n'est pas certain que les contenus qu'il véhicule permettent de renforcer les capacités en matière de recherche scientifique et de partage des biens culturels. L'e-commerce n'ouvre pas nécessairement les portes de l'univers de la science. Pour les firmes qui investissent dans l'informatique, diffuser les connaissances n'est pas une priorité : à la place de la télévision, il s'agit de créer une machine numérique pour en faire un puissant réseau de publicité en vue de façonner le grand public et de faire naître une nouvelle société de consommateurs. Bref, l'objectif est de relancer l'économie de marché dans un système mondial où les frontières conceptuelles doivent sauter.

Que l'on observe la structure du langage qui véhicule les messages sur la Toile. Ce langage relève nettement des stratégies et des procédés du marketing. Pour ceux qui investissent le cyberespace, l'Internet tend à devenir un moyen pour se vendre. Cet objectif impose un certain style dans la communication des idées. L'impératif commercial agit sur le lecteur qui n'a pas le temps de

---

anthropologie du cyberspace, Paris, La Découverte, 1994 ; *World Philosophie*, Paris, Odile Jacob, 2000.
[692] Sur les freins au développement d'internet en Afrique, cf. A. Cheneau-Loquay (dir), *Enjeux des technologies de communication en Afrique. Du téléphone à Internet*, Paris, Karthala, 2000.
[693] F. M. Affa'a, op. cit. p. 239
[694] Sur ce sujet, C. Halary, *Les exilés du savoir*, Paris, L'Harmattan, 1994.

s'arrêter pour se pénétrer du sens du texte virtuel. Cet impératif réduit donc les capacités d'analyse et de réflexion de nombreuses personnes. Comme le rapporte Marc Laimé, « le lecteur lit rarement une page du Web mot à mot (…). Survoler un document impose l'emploi d'un vocabulaire simple, dénué de tout mot technique ou complexe. Le déchiffrage du texte doit être rapide, limpide (…). Le lecteur prend 25% de temps en plus pour lire sur un écran par rapport à une lecture sur papier. Si l'on tient compte, en plus, de son désir de « survoler » plutôt que de lire, il faudra alors réduire les textes papier d'environ 50% avant de les réécrire. La qualité de l'information est réduite à l'essentiel »[695]. L'annonceur ne se préoccupe donc pas de développer le contenu de l'information. Il lui suffit de procéder à la « mise en scène » et à la « réactualisation » de son texte sur le site. Des questions plus radicales doivent être prises en compte. En effet, en visitant les tribus informatiques, il faut s'interroger sur l'origine et la pertinence des savoirs accumulés par les ordinateurs. Là se trouve le fond du problème. En suivant les leçons des experts sur l'impact de la révolution de l'information et de la communication, pour tirer les Africains de l'abîme, il faudrait renforcer « les capacités permettant d'accéder aux réserves existantes du savoir mondial et d'adapter ce savoir aux besoins locaux »[696]. L'utilisation de l'Internet joue ce rôle. Notons l'idée du « savoir mondial » dont on ne dit jamais où, comment, par qui et au profit de quels intérêts ce savoir est produit. Ce qu'il convient aussi de souligner, c'est la confusion de l'information et du savoir. On peut se demander si les grandes firmes qui investissement dans la révolution informatique ne jouent pas sur cette confusion pour renforcer le système économique où tout est destiné à devenir une marchandise. Si l'on se souvient du rôle des revues savantes qui, grâce à leurs comités de lecture, d'évaluation, de contrôle et de gestion de la production intellectuelle des pairs, veillent à l'intégrité de la démarche scientifique des chercheurs, il n'est pas évident qu'on trouve sur le Net les critères de sélection auxquels se réfèrent les éditeurs de revues qui diffusent les résultats de la recherche dans les différents domaines de la science. On sait que des revues prestigieuses refusent jusqu'à 90% des articles qui leur sont proposés. Dans ce sens, en tenant compte de l'enjeu que représente l'idée de science comme je l'ai montré au début de cette étude, on peut être noyé sur Internet dans un océan d'articles ou de textes hétéroclites à travers la prolifération d'informations publiées sans vérification préalable[697]. Insistons sur les mirages qui donnent à penser que l'adoption des nouvelles TIC ouvre magiquement les voies d'accès

---

[695] M. Laimé, « Nouveaux barbares de l'information en ligne », *Manières de voir* 46, *Le Monde diplomatique*, Juillet-août 1999.
[696] Banque mondiale, *Construire les sociétés du savoir*, op. cit. 9.
[697] Sur ce sujet, lire J. O. Hamilton et H. Dawley, « Les revues scientifiques mises en péril par l'Inforoute », *Courrier International*, 24 au 30 août 1995,

« aux réserves existantes du savoir mondial »[698]. Le Rapport de la Banque mondiale revient sur cette idée : « les nouvelles technologies fournissent un accès exceptionnel au savoir existant ». Dans ce sens, « le manque d'accès au savoir mondial et à l'environnement académique mondial constitue un problème croissant ». Devant ce problème, le défi à relever, c'est d'améliorer et de généraliser les « technologies de l'information et des capacités de communication pour réduire le fossé numérique ». Bref, les pays en développement doivent se battre pour s'adapter à ces nouvelles réalités. Or, si la force du cyberespace réside dans sa capacité d'offrir un lieu d'expression à de grands esprits, on ne doit pas oublier que n'importe qui peut aujourd'hui dire n'importe quoi sur Internet. Dès lors, le chercheur qui navigue doit faire preuve de vigilance. Car, face au Net, il est confronté à une mine de renseignements qui, s'ils sont illimités, ne sauraient être tenus pour infaillibles a priori. Il s'agit donc de s'interroger sur la valeur des informations dont la validité n'est pas établie d'avance. Dans ces conditions, pour éviter l'abrutissement, on a besoin de savoir ce qu'on cherche dans le flot d'informations offertes sur l'écran. Pour atteindre ce but, une mise en contexte du contenu est nécessaire afin de vérifier la crédibilité des sources des documents vendus aux internautes. En considérant le poids des forces exogènes dans l'empire des médias et l'isolement de l'Afrique dans la « géopolitique d'Internet »[699] qui pousse le continent vers « la mondialisation forcée »[700], il faut apprendre à distinguer ce qui relève de l'information, de la promotion et de la propagande. En tenant compte du public cible auquel on s'adresse et du style du discours qu'on tient, il importe de veiller à la valeur de l'information qu'on trouve sur Internet. Bref, si l'on considère que le savoir n'est pas donné mais construit dans la mesure même où la science est toujours un projet social d'acquisition de connaissance, *Internet est un lieu privilégié pour exercer la critique des sources.*

Après les discours empreints de grandiloquence, voire de mysticisme, la fascination et la séduction que suscite le nouveau fétiche, vient un temps de pose et de recul critique. Des esprits lucides commencent à se poser cette question : « faut-il vouer un culte à Internet »[701] ? Des penseurs de divers

---

[698] Banque mondiale, op. cit.
[699] Y. Mignot-Lefebvre, « Géopolitique d'Internet », in *Actes du Séminaire Écrit, Image et nouvelles technologies 1999-2000* », Paris, Université de Paris VII, 2001.
[700] « Technologies de la communication et d'information au Sud : la mondialisation forcée », op.cit.
[701] Sur ce débat, lire les interviews croisées de deux défricheurs des tendances d'Internet, P. Breton et P. Lévy, *Le Monde*, 29 novembre 2000. P. Breton, *Le Culte de l'Internet*, Paris, La Découverte, 2000.

horizons s'interrogent : « dictature des temps numériques »[702] ? Ce débat nous concerne en Afrique.

On ne peut ici masquer les stratégies de propagation de la nouvelle croyance qui annonce le basculement des activités humaines dans le monde virtuel en transformant le rapport à l'espace et au temps et en mettant en cause les fondements sociaux de la communication humaine. Or, il faut en prendre conscience : pour refonder son expansion à l'ère du marché mondialisé, l'Occident se prépare à mettre toute société à l'heure d'Internet. On sait que la Banque mondiale a fait de l'essor de la société de l'information un des nouveaux axes prioritaires. C'est dans cet horizon que s'inscrit le projet d'implantation des universités virtuelles sur le continent africain. Dans ce contexte, il ne s'agit pas de bouder tout ce qui peut permettre aux Africains de participer à cette société de l'information devenue un enjeu pour l'avenir. Des idées, des images et des textes circulent par millions sur Internet. Toute tentative de dresser des frontières électroniques est illusoire. En un sens, pour faire partie du monde de ce temps, il faut être connecté à ce nouveau médium qui peut ouvrir les mentalités et les sociétés à des instruments de connaissance. Bien plus, à l'heure où le monde tend à devenir un grand village, les scientifiques africains doivent promouvoir une recherche de qualité et investir le cyberspace. À l'évidence, *Internet est un puissant outil permettant de mondialiser les savoirs produits à partir du continent noir*. Comme le montre Pierre Lévy, il met en place une nouvelle forme d'intelligence collective[703]. À ce sujet, la Banque mondiale incite à « la révolution de l'information qui offre à l'Afrique une opportunité dramatique de bondir dans le futur, de rompre des décennies de stagnation et de déclin. L'Afrique doit rapidement saisir cette chance. Si les pays africains ne parviennent pas à tirer avantage de la révolution de l'information et à surfer la grande vague du changement technologique, ils seront submergés par elle. Dans ce cas, ils risquent d'être encore plus marginalisés et économiquement stagnants dans le futur qu'aujourd'hui »[704]. Pour ne pas se laisser distancer davantage encore, le continent noir doit donc utiliser les possibilités offertes par les NTC sans se fermer les yeux sur les risques dont la conscience doit nous habiter dans le domaine stratégique du rapport à l'information et à la connaissance Notons l'enjeu qui se dessine autour du contrôle des usages techniques. Si ce contrôle est bien un aspect des luttes sociales, il convient de s'interroger sur les conditions à créer pour que l'usage de l'outil informatique serve au progrès et à la libération des individus et des

---

[702] *Le Devoir*, 29 avril 2002.
[703] P. Lévy, *L'intelligence collective. Pour une anthropologie du cyberespace*, Paris, La Découverte, 1994 ; du même auteur, « Pour l'intelligence collective. Cyberespace et démocratie », *Le Monde diplomatique*, octobre 1995.
[704] Banque *mondiale, Rapport sur le développement d'Internet*, mars 1995.

peuples en Afrique⁷⁰⁵ Car, si Internet peut devenir un terreau de luttes pour la cause de ce continent. Il faut se demander s'il ne risque pas d'accélérer la dépossession des nouvelles générations.

A ce propos, les apôtres de l'enseignement supérieur à l'heure des inforoutes ne sauraient nous masquer les problèmes que soulève le contenu des connaissances élaborées par les puissants cerveaux qui pensent le monde africain et son avenir depuis les États-Unis et l'Europe. Dans la mesure où Mamadou et Bineta sont devenus grands, il est légitime de savoir si l'on ne tend pas à ramener les Africains à l'époque où les programmes de formation et les manuels pédagogiques venaient des métropoles coloniales. Bien sûr, comme au temps des empires, on trouve toujours des serviteurs dociles qui collaborent à l'entreprise de destruction de leurs maîtres. J'ai montré les limites de l'expertise des chercheurs-consultants qui jouent le rôle de figurants dans la conceptualisation des programmes de recherche financés de l'extérieur. Au-delà de la connexion des universités africaines à l'Internet, l'enjeu essentiel réside aujourd'hui dans la production des contenus d'enseignement dans un contexte où l'on ne peut oublier l'importance des langues africaines dans la transmission des connaissances⁷⁰⁶. Rappelons l'effort de Cheikh Anta Diop qui a traduit le principe de la relativité en wolof. En traduisant les principes du *De Natura Rerum* de Lucrèce en mbosi et les quatre premières *Règles* de Descartes en kikongo, Obenga a montré l'aptitude des langues bantous à exprimer une vision du monde matérialiste et les idées abstraites⁷⁰⁷. Dès lors, si le Wolof, le Bambara et le Dioula, le Bassa, le Duala et l'Ewondo, le Fulfulde, le Yoruba et le Haoussa, le Swahili ou le Zoulou peuvent aussi devenir des langues scientifiques et pas seulement celles des conteurs et des chanteurs, on doit s'interroger sur la capacité des nouveaux outils de création à s'imposer comme véhicules de culture dans un contexte mondial où l'on redécouvre la nécessité de promouvoir la diversité culturelle pour empêcher les peuples et les cultures d'étouffer et de s'effondrer sous le poids d'un modèle unique. Dans ces conditions, l'avenir de l'imaginaire des peuples africains est en cause. Comme le remarque la Banque mondiale, « le plus grand problème que pose la connectivité Internet en Afrique n'est pas l'accès mais le contenu. Selon une étude récente, l'Afrique ne produit que 0, 4% du contenu mondial. Et, mise à

---

⁷⁰⁵ Samir Amin, « De l'outil à l'usage : les batailles pour le contrôle des autoroutes de l'information », A propos de l'idéologie dominante de notre époque. La communication comme idéologie », Rencontre L'Afrique et les Nouvelles Technologies de l'Information, Genève, 17-18 octobre 1996.
⁷⁰⁶ Sur la place de ces langues dans l'enseignement en Afrique, voir les recommandations du 2e Pré- Colloque du Festival de Lagos, « Civilisation noire et Éducation », *Présence africaine*, no 92, 1974, p. 64 ; sur la nécessité de développer les langues nationales, lire aussi C. C. Diop, *Nations nègres et culture*, op. cit. pp. 405-413.
⁷⁰⁷ T. Obenga, *L'Afrique dans l'Antiquité*, op. cit. pp. 350-353.

part l'Afrique du Sud, le continent produit en contenu la proportion dérisoire de 0, 02%. Il est difficile de classer le contenu relatif à l'Afrique par domaine. Mais une forte proportion peut être qualifiée d'information commerciale-activités, produits et services de certains établissements, et nouvelles. L'information scientifique et technologique sur l'Afrique est quasi inexistante »[708].

Dans ce contexte, les serveurs qui se créent depuis l'Hexagone, la Grande Bretagne ou les États-Unis et sont destinés principalement à l'utilisation des chercheurs et des membres des instituts scientifiques des régions du Sud, posent la question centrale la production des connaissances à partir de l'Afrique elle-même. Cette question est d'autant grave qu'au-delà des sciences de la nature, de nombreux sites Web sont consacrés à la philosophie et aux sciences humaines. À cet égard, il existe plusieurs banques données sur l'Afrique à Paris. Ainsi, Ibiscus dispose des données sur l'agro-industrie, l'économie générale, la démographie, la politique, etc. En dépit de l'installation de centres régionaux équipés en micro-ordinateurs régulièrement alimentés en disquettes, le fameux « flux-transfrontières des données » se fait, pour l'essentiel, à sens unique. Cela pose le problème central du contrôle de l'information, la quasi totalité des données disponibles étant collectées sur l'Afrique mais traitées en Occident. En tenant compte de la sélection de ces données selon les critères qui restent à élucider, on voit l'enjeu que constitue l'information scientifique au moment où des programmes ambitieux pour le transfert d'informations sur la santé, l'éducation, la recherche, l'économie, la culture ou même la vie pratique sont mis en route. Les jeunes africains sont incités pour s'ouvrir aux nouveaux horizons de la connaissance offerts par le réseau Internet.

Or, il faut bien s'arrêter sur le contenu et la valeur de l'in formation sur Internet pour les scientifiques qui se mobilisent autour des axes et des problématiques spécifiques de recherche définis à partir de l'écoute des réalités africaines en vue du bien-être des populations locales. À ce sujet, un constat s'impose : *Internet est devenu le symbole d'une liberté absolue d'expression.* Comme le souligne Philippe Breton, « la loi qui régit Internet, c'est la Constitution américaine. Les Américains ont fait le choix d'une constitution qui autorise la libre circulation de toutes les idées même les propos haineux »[709]. À l'évidence, il y a du tout sur le Net. Félice Dassetto remarque justement : « sur le Web, tout se passe actuellement comme si les bibliothèques universitaires contenaient en même temps et de manière indifférenciée des romans roses, des

---

[708] Banque mondiale, *L'Afrique peut-elle revendiquer sa place dans le 21ᵉ siècle ?* Washington, 2000, p. 186.
[709] Cité par U. Bergeron, « Les malheurs d'un grand succès de masse », *Le Devoir*, 14 et 15 juin 2003.

séries noires, de même que des livres d'astrologie, ainsi que *Point de vue, Play Boy*, etc. ... »[710]. Écoutons aussi Hervé Fisher : « le réseau Internet reflète la société réelle, c'est-à-dire qu'on y trouve virtuellement ce qu'on retrouve dans la société : l'utopie, le rêve, la délinquance, le crime, la poésie, le savoir, le commerce, la propagande, la religion, la politique...et Big Brother »[711]. Dans ces conditions, une question primordiale se pose notamment au chercheur africain : comment choisir le meilleur du Net[712] ? *Sur la Toile, la quantité n'est pas un gage de qualité.* On peut tourner les pages des encyclopédies fameuses. Selon les discours de propagande, « le savoir est à la portée d'un clic » à partir d'un bon moteur de recherche. De fait, on trouve des revues de physique sur Internet. Il arrive aussi que les chercheurs y publient des articles avant de les diffuser dans les revues savantes. En outre, par la rapidité de l'information ou la collaboration à distance, Internet peut contribuer à réaliser la découverte des avancées de la science. Mais comment s'assurer que ce qui tient lieu de « savoir » sur le Net procède d'un processus d'évaluation par les pairs au sein de la communauté scientifique ?

Par ailleurs, si l'on examine le contenu des revues scientifiques américaines et européennes qui diffusent les résultats de travaux de laboratoire[713], il n'est pas évident que le chercheur africain travaillant sur les problèmes qui intéressent les gens de la brousse y trouvent son compte. En général, *les revues dites de renommée internationale portent sur les problèmes et les débats occidentaux.* Bien sûr, de nombreux sites concernant l'Afrique sont consacrés à l'histoire, à la politique, aux droits de l'homme et aux conflits, aux universités et aux medias, etc. ...Pour le chercheur exigeant, ces informations relèvent souvent de la vulgarisation. Plus radicalement, je suis curieux d'apprendre sur Internet comment de nombreux centres de recherche médicale du Nord s'intéressent avec passion aux maladies de la misère auxquelles les enfants africains sont confrontés dans les villages de forêt, de savane ou dans les zones d'habitat précaire des métropoles en expansion. Quant aux sociologues et aux anthropologues africains, on peut s'interroger sur l'intérêt des informations ou des revues diffusées sur le Net dans le cadre des recherches pour lesquelles l'accès au terrain est un défi primordial. En ce qui concerne les ouvrages de la bibliothèque virtuelle, je reste sceptique sur leur valeur pour la recherche sur les problématiques africaines actuelles. Pour le chercheur africain, se connecter sur

---

[710] F. Dassetto, « La planète universitaire et la nouvelle modernité. Quelques questions », in J. Delcourt et P. de Woot, op. cit. p. 554.
[711] Cité par Ulysse Bergeron, « Les malheurs d'un grand succès de masse », *Le Devoir, 14* et 15 juin 2003.
[712] *Le Monde*, 19 mai 2000 ; lire aussi « Le meilleur du Net », Supplément au *Monde*, art. cit.
[713] E. Renehan, Scientific *american. Guide to science internet. An internet travel guide*, New York, Ibooks, 2000.

Internet, c'est généralement consulter des documents en provenance d'Europe et d'Amérique du Nord. Bien plus, si les langues africaines doivent être perçues comme fondements des identités culturelles qui sont un enjeu de taille à l'heure de la diversité culturelle, le patrimoine africain risque de sombrer dans la jungle numérique. Cette jungle tend à devenir la vitrine des pays du Nord comme le rappelle l'anglais qui, sur la toile, occupe le premier rang et reste très loin devant toutes les autres.

À cet égard, Internet accentue le processus d'expansion des savoirs d'Occident amorcé depuis le XIXe siècle[714]. Dans l'empire des médias qui se concentre dans les pays industrialisés, on voit se développer sur Internet une littérature grise dont la production n'obéit guère aux objectifs, aux normes et aux règles de la recherche scientifique. Bien entendu, si l'on veut être informé sur le Sida et les thématiques générales de la dette et de la pauvreté, de la corruption et de la gouvernance, de la sécurité alimentaire, de la société civile et du développement durable ou du planning familial chères à la Banque mondiale et à d'autres bailleurs de fonds, il faut bien reconnaître que les chercheurs africains sont bien servis par l'Internet. La quantité d'informations disponibles est indiscutable. Qu'en -est-il de la qualité ? En d'autres mots, les données auxquelles l'internet donne accès sont-elles fiables et crédibles ? S'il doit s'en contenter, le chercheur africain ne risque-t- il pas de se retrouver avec des débris de recherche ? De plus, comment vérifier que les données brutes qu'on lit sur l'écran ne sont pas truquées ?

En examinant les pratiques et les stratégies de ceux qui parlent aujourd'hui « au nom de la science », j'ai montré qu'on ne peut pas exclure les principes de la mafia dans l'expansion actuelle des NTC. Il existe désormais des « cybergansters »[715]. Au niveau de la recherche scientifique, on commence à s'en rendre compte à l'heure où la société mondiale de l'information semble placée sous la tutelle de l'anglo-américain. À cet égard, il convient de relire Doris Kearns qui, dans son livre *The Fitzgerals and the Kennedys*, met en lumière des actes de plagiat dans l'Amérique surmédiatisée :

« *Les études démontrent que le plagiat augmente sur les campus. Même des historiens réputés sont parfois mis en cause (...). L'Amérique du Nord possède désormais une base technologique qui absorbe la culture, les idées, les mots plus vite qu'on ne peut les produire (...). Il n'y a pas suffisamment de nouvelles idées pour remplir toutes les heures de diffusion. La ressource non renouvelable d'expression culturelle subit une coupe à blanc (...). Quand vous*

---

[714] Sur cette expansion, lire « XIXe siècle. Les sciences d'Europe s'imposent au monde », *Les Cahiers de Science et Vie*, no 50, avril 1999.

[715] J. Y. Viollier, « Comment se faire détrousser au coin d'un sit Internet », *Le Canard enchaîné*, 10 mars 1999.

avez épuisé les nouvelles idées, vous devez les recycler. Ce que nous voyons, avec toute cette culture d'imitation et de plagiat, c'est l'équivalent des boîtes bleues de recyclage au bord de la rue (...). Les imitations, notamment dans les médias, sont la conséquence inévitable de la course effrénée aux profits (...). Les gens ont une envie irrésistible de copier toute chose qui réussit (...). Les gens ne s'essaient pas à la nouveauté. Ils préfèrent l'idée prudente et lucrative, et s'efforcent de ressusciter des concepts poussiéreux plutôt que d'expérimenter (...). Maintenant, avec Internet, le plagiat est devenu plus facile, et le seuil entre adapter et tricher se brouille chaque jour. Les sites Web dédiés à la production de dissertations pour étudiants contribuent à l'épidémie de plagiat qui sévit actuellement sur les campus (...). Le copiage des sources Internet constitue une forme de plagiat (...). Par ailleurs, le copiage et la diffusion de renseignements sur le Net ont rendu plus abstraite la notion de « propriété intellectuelle ». Il est tellement facile de déplacer de l'informatique numérique- un clic de la souris- qu'il est plus difficile de faire respecter l'idée que c'est mal de prendre le texte d'un autre et de le présenter comme le vôtre »[716].

Au Québec, on s'interroge : « Les universités se font-elles rouler? » En effet, « *la triche intellectuelle est de plus en plus fréquente sur les campus (...). Les universités ne raffolent pas d'étaler au grand jour pour ce genre de problématique qui remet en question l'intégrité des diplômes (...). Les outils se raffinent pour la triche et nous ne pouvons pas tout contrôler (...). On se rend compte que les étudiants (...) n'ont pas tous saisi que copier des extraits sans citer la source n'est pas tolérable dans un travail universitaire. La prise de conscience n'est pas faite (...). Les résultats, parfois troublants, démontrent que sur la majorité des campus universitaires que quelque 75% des étudiants avouent s'être adonnés à une forme ou une autre de tricherie* »[717]. Ainsi, « *Internet a révolutionné les habitudes des étudiants qui ne se contentent plus de copier des passages dénichés dans des livres. Ils ont accès à des milliards de pages d'information sur le Web. Ils pillent allègrement cette gigantesque banque de données en se disant qu'il y a peu de risques que le professeur les démasque et leur colle un zéro pour cause de plagiat. Avec Internet, les cas de plagiat ont explosé* »[718].

Ces pratiques répandues en Amérique du Nord révèlent les tendances qui doivent nous faire réfléchir en Afrique. Ce qui me paraît grave, c'est qu'avec internet, on voit naître une tradition du pillage intellectuel et du plagiat qui risque de détruire cette culture de l'imagination qui, selon Jean Guitton, exige

---

[716] « La pensée originale existe- t- elle toujours en Amérique du Nord ? », d'après USA Today, *La Presse, 15* mars 2002, B6
[717] M. Andrée Chouinard, « Les universités se font-elles rouler » ? *Le Devoir*, 27-28 mars 2004.
[718] M. Ouimet, « Plagiat. Com », *La Presse*, 3 avril 2004.

d'avoir « un cerveau riche et inventif ». Car, « *la pensée ne se sépare pas d'un procès qu'on entretient avec soi-même, et d'une sorte de contradiction intérieure que l'on suscite toujours (...). Penser implique qu'on aille au devant des obstacles, qu'on se propose des difficultés, qu'on se jette volontairement dans l'embarras et dans le doute. Loger chez soi l'adversaire, lui donner toute licence pour contredire, c'est, dans l'ordre des pensées, l'analogue du courage. Celui qui néglige de le faire, on pourrait croire qu'il a peur. La pensée qui a traverse la contradiction est une pensée éprouvée (...). La supposition de la pensée contraire est la nourriture de la pensée* »[719]. Au lieu de copier et de plagier, c'est ce sens du paradoxe et de l'ironie qui se perd. En d'autres termes, on n'accepte pas de reconnaître qu'en matière de connaissance, on se heurte toujours à une difficulté. Bien plus, on a besoin d'un obstacle. Il faut donc volontiers se susciter un adversaire pour mobiliser ses ressources afin d'inventer des répliques et des ripostes en imposant une forme à ses idées. Bref, dès le départ, il y a, comme le rappelle la formule de St. Thomas, *sed contre est* qui oblige à chercher ce qu'on peut opposer à une affirmation qui, à travers un débat, peut prétendre à un savoir scientifique. En un sens, cette tradition exige trop d'efforts intellectuels. Or, *les dynamismes de la pensée semblent épuisés dans les sociétés occidentales.* Dans ce contexte, l'émergence des nouveaux courants d'idées se fait attendre.

En 1988, Achille Mbembe m'écrivait ces lignes à l'époque où il enseignait à l'Université Columbia au Département d'Histoire :

« *Nous voulons mettre en œuvre un certain nombre de disciplines qui intéressent beaucoup d'étudiant (e) s désireux de s'intéresser à l'Afrique, mais qui, pour le moment, sont tenus par des profs conservateurs (...). En effet, nous avons ici un ensemble d'anciens du « Peace Corps » qui ont généralement fait deux ans d'Afrique et qui reviennent, désireux d'approfondir leurs connaissances. Or, les programmes qu'ils ont en science po sont lamentablement éculés sur le plan idéologique (...). On espère ainsi, petit à petit, concilier connaissance et engagement, tout en minant sérieusement les idéologies de la Banque mondiale et du FMI dans ces domaines-là* »[720].

Ce témoignage de l'auteur des *Afriques indociles* met en lumière l'état de fatigue et de médiocrité intellectuelle de nombreux centres de formation en Amérique du Nord où les jeunes africains s'attendent à trouver un enseignement supérieur de qualité. Au-delà des questions relatives à l'Afrique autour desquelles les universités se réapproprient les cadres conceptuels et normatifs des institutions de Bretton Woods, il convient de noter la crise globale de la rationalité dans la situation actuelle de l'Occident : *à l'évidence, l'on produit*

---

[719] J. Guitton, *Nouvel art de penser*, Paris, Aubier, pp. 41, 119-121
[720] A. Mbembe, *Lettre* du 29 novembre 1988.

des recettes techniques très efficaces. Mais la capacité de penser en profondeur tend à disparaître dans les systèmes de l'enseignement et de la recherche. Comme on peut l'observer au Québec, c'est la notion même d'enseignant qui est en cause. Peu de professeurs d'université trouvent réellement le temps pour préparer un cours. Bien plus, la course aux subventions ne laisse pas le temps d'enseigner. Selon Simone Landry, « *si le modèle de professeur que l'on nous présente dès notre entrée à l'Université est le modèle productiviste, où la recherche, subventionnée ou commanditée, est centrale et l'enseignement marginal, où la rentabilité financière est le barème de toutes les activités, alors l'on s'adaptera à ce modèle et l'on contribuera à la production marchande* »[721]. *Dans les universités où produire et publier sont mis au premier rang, une dissociation s'opère entre l'enseignement et la recherche. Bien plus, l'enseignement ne compte pas pour l'avancement dans la carrière.* Denis Bertrand rapporte ces données d'enquête : *« Si 45% des professeurs soutiennent que, dans leur conception de leur travail,* « *l'enseignement est plus important que la recherche, 80% affirment que, pour la progression de leur carrière,* « *la recherche est plus importante que l'enseignement* »[722].

Or, il s'agit moins d'enseignement que d'apprentissage[723]. Car, dans le virage pédagogique que l'on observe ici, tout le système d'accès au savoir repose sur l'étudiant lui-même qui doit procéder à son auto-formation. Il lui faut donc construire son propre savoir. Nous sommes en présence d'un système éducatif manifestement fondé sur l'individualisme nord-américain. Dans ce contexte socio-culturel, l'enseignant ne dispense pas véritablement un cours qui lui aurait exigé un effort d'investissement intellectuel et d'invention. Il lui faut jouer plutôt le rôle d'encadreur et d'animateur d'un groupe d'étudiants ou d'un atelier de travail. Pensons au recours des supports pédagogiques qui reproduisent le modèle de communication audio-visuelle. En réalité, durant une session consacrée à un sujet du programme, l'ingéniosité du titulaire d'un cours consiste surtout dans l'art de choisir des textes pertinents d'ouvrages dont les auteurs sont généralement étrangers aux universités locales. On imagine toujours que l'enseignement supérieur dispensé dans les pays du Nord est un enseignement de qualité et de haut niveau. On ne doit pas oublier ce fait incontestable : sous la pression du marché, *l'université tend à renoncer à être un lieu de réflexion et de culture.* Pour les enseignants qui vivent dans un état de stress au travail dont le taux est très élevé, le temps de consacrer à la tâche

---

[721] *Université*, vol. 7, no 2, p. 28.

[722] D. Bertrand, « Le travail des professeurs dans les universités québécoises. Il faut revaloriser la tâche d'enseignement plutôt que l'augmenter », *Le Devoir,* 17 février 2004.

[723] Sur les problèmes d'apprentissage en milieu universitaire, lire les contributions publiées dans : *Enseignement supérieur : Stratégies d'enseignement appropriées*, Actes du Colloque de l'AIPU-UQAH du 9 au 11 août 1995.

d'enseignement est une ressource rare. Comme le remarque Marc R. Blais, « un professeur stressé est un professeur surchargé donc peu enclin à donner de son précieux temps pour répondre à un questionnaire »[724]. Il faut le redire ici pour exorciser les nouveaux mythes véhiculés par la propagande : dans les systèmes universitaires du Nord où « l'urgence de publier » pousse à produire toujours plus d'articles pour ne pas être mis hors jeu et obtenir des subventions plus élevées, de vastes champs de recherche sur les sujets importants pour alimenter les esprits restent en jachère. En un sens, plus on fabrique des savoirs utiles et efficaces pour agir et pour vendre, plus des pans de nuit s'étendent dans l'univers de la pensée. Mais pour garder le contrôle des mirages du progrès des connaissances, *l'Occident se mobilise pour recycler ses vieux paradigmes en transformant l'Afrique en une sorte de poubelle des idées usées. Or, une question s'impose :* si les concepts scientifiques voyagent[725], faut-il que leur voie ne soit qu'à sens unique ? On peut admettre l'idée d'une science mondialisée. Mais après la fin du tiers-monde, c'est, en fait, le Centre, désigné aujourd'hui par le Nord qui tend à créer et à imposer les conditions de sa mondialité. L'idée de science relève de cette logique. Comme le remarque Yves Gingras, « on ne doit pas oublier qu'elle ne sera réalisable qu'avec la mondialisation des conditions de production des savoirs, conditions qui, de nos jours, sont inséparablement matérielles et intellectuelles »[726]. Dans l'environnement actuel des universités africaines, la dépendance scientifique se profile à l'horizon. C'est là un défi majeur pour la recherche africaine. Ce défi est accentué par Internet qui crée une société en puissance où les capacités de voir le monde et de penser les choses subissent l'emprise des savoirs venus d'ailleurs et, souvent, désuets. Au moment où les meilleurs enseignants-chercheurs sont tentés de s'expatrier, on ne peut redonner un nouveau souffle à l'enseignement et à la recherche en Afrique en misant sur les informations discutables, les forums de discussions et les échanges virtuels à travers un outil qui, en fin de compte, tend à devenir un puissant instrument de contrôle social et de mise en condition de la vie de l'esprit dans le processus d'expansion du marché où, à partir de l'Amérique du Nord et de l'Europe, les savoirs sont aussi des objets à vendre. En fait, les chercheurs ne produisent pas ces savoirs avec la souris en main. Autrement dit, il ne suffit pas de « cliquer » et de « naviguer » pour faire la science. La recherche est une activité complexe. Elle suppose des choix théoriques et méthodologiques qui méritent une réflexion critique. Que l'on pense à l'élaboration de la problématique et au défi de la conceptualisation qui nécessite la maîtrise des démarches préalables.

---

[724] *Le Devoir*, 14 juin 1994.
[725] Cf. I. Stengers, *Les concepts nomades, op. cit.*
[726] Y. Gingras, « Brahé ? D'accord. Gates ? Plus tard », *Le Devoir*, 2 juillet 2000.

L'informatique est un outil magique qui ne doit pas nous amener à confondre le médium et la science. Dans l'environnement social et culturel où les gens vivent dans l'immédiat et ne supportent pas de passer de longues heures pour interroger ou analyser dans un effort continu les réalités et penser en vue de comprendre en profondeur les problèmes qui exigent de lourds investissements intellectuels, *magasiner des miettes d'idées sur l'internet correspond à des réflexes et à des modes de vie des sociétés de consommation. Dans ces sociétés, il ne s'agit plus* d'apprendre à penser par soi-même mais d'acquérir de nouvelles habitudes sous l'emprise des messages diffusés à travers une sorte de télévision commerciale en réseau. Bref, par l'illusion d'accès au savoir universel, il faut vivre sous l'emprise des États puissants qui, dans leur rêve de domination, tendent à imprégner les façons de penser, de sentir et de réagir propres à l'Occident. Internet est un instrument à usage mondial qui, en fait, est le reflet et le véhicule des valeurs du Nord qui crée les nouvelles conditions de sa mondialisation à un moment où ces valeurs sont contestées. Il importe de cerner les effets de la violence technologique qui risque de faire perdre l'identité aux peuples africains condamnés par les médias de masse à s'asseoir sur la natte des autres. En effet, comme le cas des États-Unis le démontre bien, la domination économique ne peut se concevoir sans la domination conceptuelle et idéologique. Le Net joue ici le rôle d'appareil puissant et efficace au service du processus d'américanisation du monde[727]. Dans ces conditions, en l'absence de toute perspective sur le long temps des sociétés, *investir sur les NTC est un raccourci propice dont on célèbre d'autant plus l'utilité et l'efficacité que les experts ont renoncé depuis longtemps à parler de « développement » au sujet de l'université comme à propos de l'ensemble des pays du Sud*. Or les découvertes et les inventions scientifiques se font toujours dans une vie de laboratoire qui a besoin des équipes de travail, des ressources financières et des équipements efficaces. Les recherches à effectuer en laboratoire ou sur le terrain peuvent durer des années, sans aboutir à des résultats immédiats. Dès lors, le problème fondamental du chercheur africain n'est pas d'abord d'accéder aux savoirs qui existent ailleurs mais de devenir un acteur de la production des connaissances à partir des phénomènes qui suscitent l'étonnement et les questions auxquels il doit répondre dans un lieu de travail permettant de vérifier sa capacité d'imagination et d'invention scientifique. Comme tous les manuels l'enseignent aux étudiants de maîtrise et de doctorat, *la recherche documentaire n'est qu'une étape de la recherche*[728]. Au-delà des sites

---

[727] Sur cette analyse, cf. A. Mattelart, *Multinationales et systèmes de communication, les appareils idéologiques de l'impérialisme*, Paris, Anthropos, 1976.
[728] Sur cette étape, lire M. Beaud, *L'Art de la thèse*, Paris, La Découverte, 1996, pp. 46-59 ; R. Quivy et L. Van Campenhoudt, *Manuel de recherche en sciences sociales*, Paris, Dunod, 1995, pp. 42-62.

internet, nous devons nous interroger sur le statut de la recherche dans la dynamique intellectuelle et scientifique au sein des universités africaines qui méritent une attention et des moyens spécifiques. Dans ce sens, il convient d'approfondir la réflexion sur la crise de la recherche en examinant les orientations que les bailleurs de fonds imposent aux pays d'Afrique.

La recherche fondamentale en question

Il s'agit ici de savoir ce qu'on veut faire de l'université. Cette question s'impose à l'heure où, en examinant la portée des discours dominants, cette institution risque de devenir, comme en Amérique du Nord, notamment, une entreprise au service des compagnies multinationales en expansion. Ces orientations se dessinent dans le contexte actuel où la construction des « sociétés du savoir » est au centre des réflexions sur l'enseignement supérieur. Il importe de découvrir les enjeux de ces approches qui se concentrent sur « le savoir » au moment même où les mythes et les mirages de la mondialisation sont remis en question par les nouveaux mouvements sociaux de contestation. Dans ces conditions, une remarque est nécessaire : tout se passe si comme l'idée d'une « société du savoir » était innocente et devait faire l'unanimité à l'échelle de la planète. En réalité, qui peut s'opposer réellement à la construction d'une société où le savoir est remis à sa place d'honneur dans un système mondial qui se caractérise par des inégalités en matière de recherche scientifique ? L'accès au savoir est un enjeu vital pour les nouvelles générations africaines. Affirmer que « le savoir est devenu le facteur le plus important du développement économique »[729], c'est réactualiser une idée maîtresse qui n'a cessé d'être exprimée dans les pays du Sud. Mais, récupérée et relayée par les institutions de Bretton Woods qui, depuis la fin du tiers-monde, s'approprient le magistère doctrinal sur les problèmes des pays en développement, cette idée ne résiste pas à l'épreuve du soupçon. Arrêtons-nous sur la relation de l'université et la société avec la science qui est une dimension importante de la culture humaine. Une certaine hiérarchie de savoirs semble implicite dans le discours à la mode. Selon cette hiérarchie, il y a des savoirs utiles, c'est-à-dire les savoirs producteurs de richesse alors qu'on a tendance à ignorer les autres savoirs. Cela n'est pas sans effet sur la manière de concevoir l'enseignement et la recherche. De plus, les offres de ressources sont attribuées à certains savoirs et pas à d'autres. Car, le savoir, non les ressources naturelles, serait le fondement de la nouvelle économie. Dans cette perspective, « construire les sociétés du savoir » masque l'idéologie néolibérale à l'âge des nouvelles technologies de la communication. Pour s'en rendre compte, rappelons le credo de la Banque

---

[729] Banque mondiale, *Construire les sociétés du savoir*, op. cit. p. 36.

mondiale dans sa mission messianique à l'égard des pauvres. Face à la crise que traverse l'université en Afrique, les programmes d'ajustement structurel sont, pour les experts de Bretton Woods, « le chemin à suivre » si les pays africains veulent renverser les tendances actuelles « en vue d'amorcer le redressement des institutions »[730]. Bref, l'accès à l'enseignement supérieur doit s'inscrire dans l'ordre marchand. Car, aucun espace de la vie en société ne saurait échapper aux lois de l'économie de marché en cette « fin de l'histoire ». En d'autres termes, le rapport au savoir doit basculer dans la jungle globale où les plus forts éliminent les plus faibles. Précisément, la Banque mondiale souligne « la montée des forces du marché dans l'enseignement supérieur »[731]. L'enjeu ici, c'est, la crise de la science dans les universités dont on reconnaît le rôle dans la capacité à produire le savoir en Afrique[732]. Au moment où les programmes d'ajustement structurel obligent l'État à vendre les bijoux de famille comme le montre le cas des entreprises stratégiques, l'avenir de la recherche universitaire s'impose à l'examen dans la perspective de la privatisation.

Cet examen est exigé par l'évaluation des chercheurs africains travaillant dans les universités dont le système de carences les accule à investir dans les petits métiers pour survivre comme je l'ai montré. On doit prendre en compte les problèmes de la vie quotidienne pour créer un environnement favorable à l'émergence et à l'épanouissement de l'esprit scientifique. J'ai rappelé au début de cette étude que la science, c'est que ce que font des êtres humains en tant qu'acteurs sociaux. De manière plus spécifique, on doit savoir quelle recherche le privé est prêt à soutenir dans un contexte où, en réalité, les entreprises étrangères auxquelles une grande partie du patrimoine public a été bradée à travers les opérations de privatisation au cours des années 90, ont, comme priorité, les impératifs de rentabilité à court terme. Dans ce but, toutes les recherches qui nécessitent les investissements pour le long terme sont écartées d'office. La Banque mondiale déplore l'évolution récente des institutions d'enseignement supérieur en Afrique : « Au niveau universitaire, les études religieuses et les besoins de la fonction publique ont amené à développer le secteur des Lettres et des Sciences sociales au détriment de ceux des sciences naturelles, des technologies, du commerce et des affaires ainsi que de la recherche »[733]. Pour les bailleurs de fonds qui pensent que « les institutions de

---

[730] I. Seralgeldin, Foreword, W, Saint, *Universities in Africa : stratégies for stabilization and revitalisation*, Washington, 1992.
[731] Banque mondiale, *Construire les sociétés du savoir*, op. cit. p. 116. Sur ce sujet, lire les textes publiés par *Alternatives Sud* : *L'offensive des marchés sur l'université. Points de vue du Sud*, Paris, L'Harmattan, 2004.
[732] Sur ce sujet, cf. J. M. Éla, « Refaire ou ajuster l'université africaine » ? Préface à l'ouvrage de F. M. Affa'a, T. Des Lierres, op. cit. pp. 5-12.
[733] Banque mondiale, *L'Afrique peut-elle revendiquer sa place dans le 21 e siècle ?* op. cit., p. 127.

recherche devraient faire intervenir le secteur privé dans leur gestion », on voit les priorités qui s'imposent à la recherche[734].

Afin de dévoiler les ruses de la raison libérale, notons le flou sémantique entretenu autour du concept de « savoir » dont on se garde toujours de préciser le sens en considérant les champs ou les systèmes, les degrés et la complexité qui le caractérisent[735]. On veut aujourd'hui « construire les sociétés du savoir » comme si, depuis les siècles, l'humanité avait vécu dans « les sociétés de l'ignorance ». De plus, sans jamais souligner l'importance des « savoirs endogènes » que les systèmes d'enseignement ne peuvent ignorer en Afrique subsaharienne, la Banque mondiale tient désormais à montrer que les Africains ne doivent pas se contenter de l'éducation de base : « le présent rapport décrit comment l'enseignement supérieur contribue au renforcement de la capacité d'un pays à s'insérer dans une économie mondiale de plus en plus axée sur le savoir »[736]. Ce message revient sans cesse : « L'enseignement supérieur est nécessaire à la création, à la diffusion et à l'application du savoir et au renforcement des capacités techniques et professionnelles »[737]. Bref, « l'enseignement supérieur a un impact directeur sur la productivité nationale qui détermine en grande partie les niveaux de vie et la capacité d'un pays à soutenir la concurrence dans l'économie mondiale »[738]. En définitive, « la capacité d'un pays à tirer profit de l'économie fondée sur le savoir dépend ainsi de sa promptitude à adapter sa capacité à produire et à partager le savoir »[739]. Dans cette perspective, « l'investissement dans l'enseignement supérieur est un pilier important des stratégies de développement qui mettent l'accent sur la construction des économies et de sociétés démocratiques fondées sur le savoir »[740]. Citons aussi ce texte : « Les pays en développement et les pays en transition doivent atteindre une plus grande productivité économique s'ils veulent être en mesure de soutenir la concurrence dans l'économie mondiale. Selon le Rapport sur le développement dans le monde 1998/1999, « l'on ne saurait souligner assez la nécessité pour les pays en développement d'accroître leur capacité à utiliser le savoir »[741]. Retenons l'insistance sur ce rôle de l'enseignement supérieur dans la dynamique de l'économie du savoir. La mise en valeur de ce rôle marque une nouvelle orientation des programmes des bailleurs de fonds. En se concentrant sur les « nouveaux défis de l'enseignement

---

[734] Banque mondiale, *L'Afrique subsaharienne. De la crise à une croissance durable*, Washington, 1989.
[735] Voir l'ouvrage classique de J. Maritain, *Les degrés du savoir*, Paris, 1932.
[736] Banque mondiale, op. cit. p. 7
[737] Banque mondiale, op. cit. p. 8.
[738] Banque mondiale, op. cit.
[739] Banque mondiale, op. cit. p. 44.
[740] Banque mondiale, op. cit. 172.
[741] Banque mondiale, op. cit. p. 42.

supérieur », la Banque mondiale « propose un cadre conceptuel pour son intervention future »[742] dans ce domaine stratégique. À l'évidence, elle a redécouvert « le rôle de l'enseignement supérieur dans le renforcement des capacités en vue de promouvoir l'atteinte des autres objectifs de développement des Nations Unies pour le millénaire »[743]. Aussi, peut-on lire : « la capacité d'une société à produire, sélectionner, adapter, commercialiser et utiliser le savoir est essentielle à une croissance économique durable et à l'amélioration des niveaux de vie ».

Si « le Rapport sur le développement dans le monde 1998/1999 a renchéri en déclarant que « les économies contemporaines les plus avancées sur le plan technologique sont véritablement axées sur le savoir »[744], dans le Rapport sur les « Indicateurs du développement dans le monde 2002 », l'accès à l'enseignement supérieur ne figure pas parmi les 8 objectifs du développement du millénaire. Or, en Afrique, c'est dans le savoir que se trouve l'une des clés pour sortir de la pauvreté. Bien plus, le savoir est une condition du développement durable. Précisément, il faut se demander si le modèle de savoir sur lequel on veut aujourd'hui construire les sociétés n'est pas fondé sur les logiques d'exclusion des plus démunis. En effet, dans l'expansion d'une économie axée sur le savoir, il est sans cesse question d'accroître les capacités des pays en développement à faire face à la compétition. Autrement dit, au moment où la Banque mondiale doit bien reconnaître « l'importance de l'enseignement supérieur pour le développement économique et social d'un pays », après l'État, elle reconceptualise le rôle de l'Université dans le but d'appliquer son catéchisme sur les conditions de production du savoir dans la perspective de la croissance économique qui, en réalité, loin de conduire à la réduction de la pauvreté, laisse la majorité des populations au bord de la route. En effet, la stratégie de développement axé sur le savoir est pensée en fonction des intérêts privés. Si la Banque mondiale tente de justifier l'intervention de l'État dans les « nouveaux défis pour l'enseignement supérieur » alors qu'elle n'a cessé de limiter son rôle dans le cadre des politiques d'ajustement structurel, elle reste fidèle à ses croyances qui visent à promouvoir le secteur privé. Aussi, *en dépit de la rhétorique de la réduction de la pauvreté, elle veut imposer le modèle de l'enseignement supérieur qui exige de promouvoir et de valoriser, au nom de la productivité, le type de formation et de recherche répondant aux seuls impératifs de la concurrence.* Il s'agit, en fait, du modèle américain où le secteur privé est dominant : « Sur les 20 premières universités des États-Unis, seules deux, à savoir l'Université de Californie à Berkeley et l'Université du

---

[742] Banque mondiale, op. cit. 34.
[743] Banque mondiale, op. cit. p. 191.
[744] Banque mondiale, op. cit. p. 36-37.

Michigan, sont des universités d'État »⁷⁴⁵. Ce modèle prône la soumission de la recherche universitaire aux impératifs du marché. Prenons le cas du Canada où une priorité absolue domine : développer l'innovation en donnant à la communauté scientifique les moyens de travail à travers les salaires compétitifs et les projets d'infrastructure afin d'endiguer la fuite des cerveaux. Cette stratégie est mise en place par la Fondation canadienne de l'innovation (FCI). Dans un environnement international où l'on prend conscience que la connaissance est le moteur de l'économie, il s'agit de transformer les idées en opportunité d'affaires. Dans cette perspective, pour créer de la richesse nationale, le chercheur est appelé à devenir un véritable entrepreneur qui doit sortir de son laboratoire pour trouver des partenariats. De fait, biologistes, chimistes et physiciens sont au service des projets de recherche où il est difficile de déconnecter le savoir du marché. En permanence, les scientifiques sont soumis aux pressions socio-économiques du secteur privé⁷⁴⁶.

C'est, sans doute, ce modèle que les bailleurs de fonds proposent aux pays d'Afrique. « À l'instar de ce qui se fait dans les pays de l'OCDE tels que l'Australie et les États-Unis d'Amérique », le défi qui « consiste à soutenir le développement axé sur le savoir » oblige à investir « dans les domaines stratégiques de la formation et de la recherche de pointe ». Les millions d'hommes et de femmes qui veulent se comprendre et comprendre le monde dans lequel ils vivent ne sont pas une priorité. En d'autres termes, à l'ère des turbulences où, en un sens, dans les pays de la misère, « les grands problèmes sont la rue »⁷⁴⁷, produire et transmettre les savoirs sur l'univers social ne constitue pas un enjeu majeur pour les bailleurs de fonds. Certes, l'on reconnaît la nécessité de promouvoir « des cours de sciences humaines de bonne qualité pour la transmission des cultures et valeurs locales »⁷⁴⁸. En outre, « au regard des ravages que fait le VIn /Sida dans les communautés, les institutions et les ressources locales, la Banque mondiale doit contribuer à promouvoir le rôle essentiel de leadership que les institutions d'enseignement supérieur peuvent jouer dans la compréhension de l'impact de cette maladie, par le biais de la collecte des données et de la recherche et en faisant en sorte que les communautés soient sensibilisées aux risques et aux choix thérapeutiques »⁷⁴⁹. Ce souci humanitaire ne saurait nous tromper. Pour la Banque mondiale, les défis de l'enseignement supérieur et de la recherche sont tout autres. Citons ce texte fondamental des institutions de Bretton Woods : « pour renforcer leur compétitivité et protéger leurs intérêts nationaux dans les domaines essentiels,

---

[745] Banque mondiale, op. cit. p. 124-125.
[746] Voir J. M. Blais, « Recherche : le modèle canadien », *L'Express*, 28/3/2002, pp. 28-29.
[747] R. Quilliot, *La mer et les prisons*, p. 34.
[748] Banque mondiale, op. cit, p. 184.
[749] Id. p. 199.

les pays à faible revenu doivent songer à concentrer leurs efforts sur le développement stratégique de quelques disciplines ciblées et à élever leur qualité à des niveaux internationaux. Les disciplines doivent être sélectionnées en fonction de leur pertinence directe par rapport au potentiel de croissance économique du pays et s'intégrer dans une approche coordonnée et multisectorielle du développement d'un système d'innovations. Des travaux récents portant sur les déterminants de la capacité nationale d'innovation soulignent l'importance de la spécialisation dans les disciplines et les domaines compatibles avec les opportunités d'innovation émergentes dans l'environnement local »[750]. Le message est clair. Observons la domestication du savoir par les forces du marché qui déterminent les orientations et les programmes de l'enseignement supérieur. Selon la Banque mondiale, un certain nombre de disciplines devraient être supprimées des programmes de l'enseignement supérieur. Il faut les remplacer par celles dont le marché a besoin.

« En ce qui concerne la structure organisationnelle, il est nécessaire de configurer différemment les disciplines traditionnelles pour faire face à l'émergence de nouvelles branches scientifiques et technologiques, à la transition vers un mode de production du savoir axé sur la résolution de problèmes plutôt que la démarche classique axée sur les disciplines, et à la fusion entre la recherche fondamentale et la recherche appliquée. Parmi les nouvelles disciplines les plus importantes se trouvent la biologie moléculaire et la biotechnologie, les sciences des matériaux, la micro-électricité, les systèmes d'information, la robotique, les systèmes intelligents et la neuro-science, et enfin les sciences et les technologies de l'environnement. Les nouveaux modes de création du savoir impliquent non seulement une reconfiguration des départements selon une carte institutionnelle différente mais aussi, ce qui est plus important, la réorganisation de la recherche et de la formation autour de la recherche de solutions à des problèmes complexes plutôt qu'autour de pratiques analytiques des disciplines académiques classiques »[751].

On retrouve ici le credo libéral en matière d'enseignement supérieur. Selon ce credo, les réalités humaines et sociales ne sont pas un enjeu essentiel en matière de connaissance. Certes, aucun système s'enseignement supérieur ne peut les ignorer. La Banque mondiale doit bien le reconnaître : « en ce XXIe siècle, tout système éducatif digne d'intérêt ne doit pas seulement promouvoir tous les aspects du potentiel intellectuel humain. Il ne doit pas simplement mettre l'accent sur l'accès au savoir mondial dans le domaine de la science et de la gestion, mais également promouvoir la richesse des cultures et des valeurs

---

[750] Id. p. 183.
[751] Banque mondiale, op. cit. p. 77.

locales, en s'appuyant sur les disciplines séculaires et éternellement précieuses des humanités et des sciences sociales, à savoir la philosophie, les arts et les lettres »[752]. Mais cette reconnaissance ne doit pas faire oublier les nouveaux défis de l'enseignement supérieur dans les mutations économiques de notre temps. Dans le texte cité plus haut, la Banque mondiale recommande de procéder à la « sélection » des disciplines dans les programmes d'enseignement en fonction des impératifs de la croissance et de la compétition. En effet, il faut relever « parmi les changements les plus saillants, le rôle croissant du savoir comme moteur du développement économique »[753]. Dans ces conditions, les sciences humaines sont davantage perçues comme un instrument d'action. « Des recherches judicieuses menées en sciences ont permis de beaucoup apprendre sur les processus d'innovation ; ces acquis peuvent être utilisés dans le choix des politiques et pratiques qui rendent plus rentable l'investissement dans la promotion des ressources humaines »[754]. Bien plus, compte tenu de la montée des forces du marché, de nombreuses disciplines des humanités et des sciences sociales risquent de disparaître dans les systèmes et les stratégies de l'enseignement supérieur. Celui-ci a d'autres défis à relever pour contribuer au « renforcement de la capacité d'un pays à s'intégrer dans une économie mondiale de plus en plus axée sur le savoir »[755].

Ainsi, en réexaminant ses politiques dans l'enseignement supérieur, la Banque mondiale veut apporter son soutien actif aux efforts de réforme des universités où il ne sert à rien de dépenser de l'argent pour comprendre l'homme et la société. En tirant « les leçons de l'expérience », le plus important pour les bailleurs de fonds, c'est ce qui contribue à inventer des solutions aux « problèmes complexes » auxquels le marché doit faire face. Bref, il faut s'impliquer dans la production du savoir qui répond aux attentes des firmes multinationales. Dans ce but, « les établissements d'enseignement supérieur doivent pouvoir réagir rapidement en élaborant de nouveaux programmes en reconfigurant ceux qui existent déjà et en supprimant les programmes obsolètes »[756]. En définitive, les universités sont invitées à faire leur examen critique et à se renouveler en profondeur sous la pression des forces du marché. Telle est l'option fondamentale qui sous-tend l'Initiative pour le millénaire dans le domaine de la science (IMS). Avec l'expansion du libéralisme sauvage dans les pays africains, on ne peut ignorer le poids des modèles d'une économie soumise à la dictature de l'immédiat. Dans cette perspective, des questions préalables sont inévitables : dans le partenariat à établir entre l'université et les

---

[752] Banque mondiale, op. cit. p. 68.
[753] Banque mondiale, op. cit. 31.
[754] Banque mondiale, op. cit. p. 60.
[755] Banque mondiale, op. cit.
[756] Banque mondiale, op. cit. p. 77-78.

milieux d'affaires, qui va subventionner les recherches en Afrique ? Pour quelles raisons et en fonction de quels buts ? En outre, quels sont les motifs qui sont à l'origine des décisions à prendre dans les recherches à promouvoir au sein de l'Université ? L'accent doit également porter sur les chercheurs eux-mêmes. Je ne reviendrai pas ici sur les réseaux scientifiques dans lesquels ils peuvent s'insérer. Il faut examiner la nature de la société des savoirs que l'on veut construire en se posant la question fondamentale : quels savoirs et pour qui[757] ? Cette question exige de mettre en évidence les limites des choix que veut promouvoir la Banque mondiale dans l'enseignement supérieur en se bornant à l'a priori galiléen. À ce propos, il suffit de rappeler la redécouverte du facteur humain dans les affaires. Dans cette perspective, l'ethnographie elle-même retrouve sa place dans le monde actuel. En effet, pour comprendre la complexité de l'acte de consommation, des objectifs de recherche font appel à des groupes de discussion axés sur l'observation participante. Cette démarche invite à inscrire l'ethnographie dans une approche stratégique[758]. En d'autres termes, valoriser les connaissances scientifiques sur l'homme et la société revêt une importance cruciale qui oblige à développer les savoirs que la techno-science tend à marginaliser. En fait, il y a des problématiques telles que celles de la pauvreté et de l'exclusion, de l'environnement, de la citoyenneté, des jeunes et du statut de la femme, qui renvoient à des choix de valeurs et de société. Ces choix sont un défi à l'enseignement supérieur et à la recherche scientifique. Ils rappellent que des savoirs spécifiques doivent se développer pour soutenir et éclairer des politiques efficaces et des programmes qui articulent l'économique et le social. Dès lors, des interrogations radicales s'imposent sur l'avenir de l'université si le message de la Banque mondiale est suivi par les pays d'Afrique. En effet, ce message conduit tout droit au « naufrage de l'Université » dont parle Michel Freitag. À partir des sciences qui ne parlent jamais de l'homme sinon en tant qu'atomes, molécules, neurones, processus biologiques et physiologiques, etc, il s'agit de livrer l'enseignement supérieur à l'impérialisme galiléen qui se traduit à l'intérieur de l'université, par le refoulement progressif des disciplines littéraires au profit des disciplines techniques et scientifiques. À l'ère du marché, on reprend le projet du positivisme qui condamne à mort un certain nombre de disciplines comme la philosophie. Bref, les experts de Bretton Woods veulent imposer « une université qui fait l'économie de la culture »[759]. Selon ces experts, tout se réduit à l'économique. À partir de cette croyance, l'on propose une vision étriquée de l'enseignement supérieur dont la seule mission se réduit à produire et à propager

---

[757] C. Gagnon, « La société des savoirs : quels savoirs et pour qui » ? *Le Devoir*, 7 juin 2004.
[758] F. Perreault, « L'ethnographie au service de la recherche marketing », *La Presse*, Montréal, 2 novembre 2004.
[759] M. Henry, op. cit. p. 221.

les savoirs qui répondent aux stratégies des entreprises en compétition sur le marché mondial. Or, l'université suppose l'ouverture à l'universalité et à la totalité des savoirs accumulés. Cette idée d'université est absente de la vision de la Banque mondiale. Pour elle, la pertinence de l'enseignement supérieur est « étroitement liée à la manière dont le savoir est utilisé dans la production »[760]. En d'autres termes, cet enseignement est un des éléments les plus déterminants de l'ensemble des facteurs complexes qui définissent le FPT (facteur de productivité totale) d'un pays donné »[761]. Bref, la science, c'est ce qui sert à être plus compétitif. Tout ce qui permet de produire et de diffuser des idées et d'avoir une culture n'a pas d'intérêt. Ce qui a du prix, ce sont les connaissances et les techniques de pointe. À travers l'enseignement et la recherche, on doit mobiliser la capacité d'expertise scientifique en focalisant la recherche sur le court terme. En donnant la priorité à la recherche à finalité pratique, et aux domaines susceptibles de contribuer à croître la compétitivité des entreprises, l'université assume la responsabilité de faire des chercheurs une force d'expertise capable de fournir les données scientifiques sur lesquelles reposent les choix d'affaires. Ainsi, il ne s'agit pas de penser les objectifs de l'enseignement supérieur et de la recherche scientifique en fonction des priorités des populations locales dans les processus actuels de changement.

L'exclusion de ces priorités est la conséquence de l'emprise de l'économique sur le système de l'enseignement supérieur où les stratégies de la recherche doivent obéir aux impératifs et aux logiques des entreprises. Ces stratégies s'inscrivent dans les logiques d'un modèle instrumental de production et d'utilisation des savoirs. Selon ce modèle, non seulement les chercheurs qui travaillent dans la physique pure risquent d'être en chômage, mais ce tout ce qui ne nécessite pas le recours à des savoirs pour les experts, les décideurs et les managers perd toute valeur. Il s'agit, en particulier, des savoirs issus des sciences sociales dont les effets tangibles dans les enjeux concurrentiels ne sont pas évidents. Si l'enseignement supérieur doit être défini en fonction du rôle stratégique du savoir dans la compétition internationale, tous les champs d'analyse qui visent à fournir non seulement des solutions pratiques mais des cadres d'interprétation, de référence et de signification n'ont plus de place dans les systèmes de recherche. En devenant une capacité de maîtrise technique, le savoir à produire exige d'évacuer des espaces de recherche les questions théoriques. Bref, le modèle de recherche que la Banque mondiale veut promouvoir dans les pays en développement tend à bannir tout savoir à caractère réflexif et critique. À la limite, ce modèle prépare les conditions d'émergence de l'*homo-sapiens faber*. Or, ce type d'homme est en crise comme

---

[760] Banque mondiale, op. cit. p. 39
[761] Banque mondiale, op. cit. p. 39.

le révèle le pourrissement actuel des mythes et des paradigmes de l'Occident[762]. Il faut ici ressaisir l'enjeu du débat sur la faillite du développement de l'Afrique en prenant au sérieux le déficit de pertinence et de crédibilité de ces mythes et paradigmes dans leur prétention à l'universalité. Cette crise de sens a surgi dans les pays dits développés comme le montrent les publications de François Partant, de Serge Latouche ou de Wolgang Sachs[763]. Tel est le contexte réel dans lequel, en récitant le catéchisme de la Banque mondiale sur « les nouveaux défis pour l'enseignement supérieur », l'on veut former en Afrique le type d'homme qui, en fait, se réduit au dispositif de la production et de la consommation. On le sait : face au temps qui court, il est devenu difficile à ce type d'homme de s'arrêter pour faire retour sur lui-même afin de se concentrer et de tenter de penser en profondeur les problèmes auxquels il est confronté. Comme l'a bien souligné Jacques Ellul, « la tragédie intellectuelle et culturelle du monde moderne, c'est que nous sommes dans un milieu (technicien) qui ne permet plus la réflexion »[764]. Aussi, dans les sujets de recherche, il importe de mettre l'accent sur la dimension humaine et sociale des problèmes. Pour l'UNESCO, il s'agit de « faire progresser les connaissances par la recherche dans les domaines scientifiques » ; dans ce but, « un équilibre judicieux devrait être trouvé entre recherche fondamentale et recherche ciblée ». Bref, « la recherche doit être encouragée dans toutes les disciplines y compris les sciences sociales et humaines »[765]. Dès lors, l'idée que l'université soit asservie aux impératifs du marché fait frémir. *On se bornerait à former de bons petits techniciens et statisticiens, englués dans le présent, incapables de comprendre ce qu'ils font et de penser le futur, aveugles qu'avant eux, on pensait aussi.* Ce problème est manifeste dans les sciences dites dures qui renoncent à se poser les questions auxquelles les citoyens sont confrontés. Parmi ces questions, il faut mettre l'accent sur celles qui imposent des choix de société. À cet égard, je dois rappeler la nécessité du savoir critique dans tout système d'enseignement et de recherche. Il me semble que c'est le moteur de l'évolution sociale. Que l'on se réfère aux transformations suscitées par les penseurs du siècle des Lumières en Occident. Sans les outils nécessaires à son analyse, le progrès, qu'il soit économique ou technique, est aveugle et insensé. Or, toute société s'expose en

---

[762] E. Morin, « Le développement de la crise du développement », in C. Mendès (dir), *Le mythe du développement*, Paris, Seuil, 1977, p. 216.
[763] J. M. Éla, *Innovations sociales et renaissances de l'Afrique noire*, op. cit, p, 31. F. Partant, *La Fin du développement : naissance d'une alternative*, Paris, La découverte, 1983 ; S. Latouche, *Faut-il refuser le développement ?* Paris, PUF, 1986 *; L'occidentalisation du monde*, Paris, La Découverte, 1991. W. Sachs, G. Esteva, *Des ruines du développement*, Montréal, Écosociété, 1996. Sur ce débat, cf. J. M. Harribey (dir), *Le développement a-t-il un avenir ? Pour une société solidaire et économe*, Paris, Mille et une nuits, 2004.
[764] J. Ellul, *Le Bluff technocratique*, Paris, Hachette, 1988, p. 179.
[765] UNESCO, *La conférence mondiale sur l'enseignement supérieur au XXIe siècle*, octobre 1998.

permanence à des questions qui ne sont pas purement technologiques et économiques mais d'ordre pratique, existentiel et normatif. L'Université ne peut ignorer ces questions. Aussi, elle doit redéfinir ses tâches d'enseignement et de recherche en se rappelant que si le « savoir-faire » est une condition nécessaire de développement économique et social, le « devoir-faire » renvoie au « savoir-être » qui, en définitive, exige de réhabiliter les questions du sens, des valeurs et de la normativité dans les disciplines de formation et de production des connaissances. Il faut garder à l'esprit les défis de la nouvelle rationalité qui se cherche dans la crise actuelle de la science. Pour surmonter cette crise, j'ai insisté sur la nécessité et la fécondité des recherches qui visent à rompre avec l'héritage de la science classique afin de retrouver « une vision unitaire où notre description de l'univers et notre expérience existentielle converge à nouveau »[766]. Dans ce sens, on éprouve le besoin d'établir « une nouvelle alliance de la science et de la culture » pour répondre aux nouvelles demandes sociales, intellectuelles et scientifiques de notre temps. Car, l'université ne peut se limiter à produire les savoirs au profit des seuls milieux d'affaires. Relevons l'importance des sciences de l'éducation dans les dynamiques de l'enseignement et de la recherche. Soulignons aussi les enjeux scientifiques qui s'imposent à la recherche à partir des questions posées par l'environnement dont on prend conscience en vue des alternatives à un développement mortifère. Ces questions renvoient au débat radical sur la nature des économies mises à l'épreuve de la société et de l'écologie. Dans cette perspective, il devient urgent de définir les principes permettant de respecter la place de l'être humain dans la création des richesses[767]. Par un étrange paradoxe, face à la course à la compétitivité, se découvre la pertinence de la démarche qui invite à réinsérer le savoir dans le monde de la vie. Poser la question du lien entre la croissance économique et l'environnement, c'est réintroduire l'éthique au cœur de l'économie[768]. Ce qui oblige aussi à élargir le champ du savoir, ce sont les connaissances dont la production est nécessaire à la gestion des affaires publiques. Ainsi, il nous faut réorganiser les systèmes d'enseignement et de recherche en assumant l'existence humaine dans sa totalité avec l'ensemble des questions qu'elle pose à la recherche scientifique. Devant la complexité du réel qui exige de nouvelles voies d'approche, on retrouve l'enjeu de la nouvelle rationalité dont j'ai parlé. Cette rationalité répond au rêve qui, selon Popper, se réalise par « une image du monde où il y a place pour les phénomènes

---

[766] Ilya Prigogine, « Une nouvelle alliance entre la science et la culture », *Le Courrier de l'UNESCO*, mai 1988, pp. 9-13.
[767] J. Jacobs, *La nature des économies*, Montréal, Boréal, 2001.
[768] A. Sens, *Éthique et économie*, Paris, PUF, 1993 ; du même auteur : *Un nouveau modèle économique. Développement, justice, liberté*, Paris, Odile Jacob, 1999 ; *Repenser l'inégalité*, Paris, Seuil, 1992.

biologiques, la liberté de l'homme et la raison »[769]. On ne peut donc juger les connaissances selon leurs effets du seul point de vue utilitaire et pragmatique. En effet, le *savoir n'est pas d'abord instrument. Il relève de l'ordre de la valeur et de la vérité.* Dans ce sens, au nom de la société elle-même, au lieu de se concentrer sur les seules connaissances permettant de « renforcer la compétitivité » des milieux d'affaires, l'université doit se préoccuper de produire les savoirs dont les gens ordinaires ont besoin. Justement, dans leur totalité, ces savoirs portent sur les manières d'habiter le monde et non seulement sur les instruments de mise en valeur des ressources naturelles. En d'autres termes, face au modèle du savoir en fonction duquel la Banque mondiale propose de définir les « nouveaux défis de l'enseignement supérieur », un constat s'impose : au-delà de la vision de l'université qui sous-tend ce modèle, une crise de société est instituée. Elle germe dans l'esprit même de l'enseignement. Elle est aussi inscrite dans les structures de la recherche et les mentalités. En fin de compte, ce qui est en cause, c'est un choix de modèle d'université comme service public, lieu autonome de réflexion et de débat dont il importe d'évaluer le bilan social en considérant les relations entre l'université et son environnement.

En tenant compte des échecs des programmes d'ajustement structurel qui n'ont pas entraîné les changements attendus, on entrevoit l'impact des orientations que les experts donnent en matière d'enseignement et de recherche sans jamais soupçonner les déséquilibres du système d'enseignement et de recherche qui condamne l'université à investir son potentiel scientifique pour ne produire que les savoirs à finalité économique et commerciale. En plus des effets négatifs de la parcellisation accrue des connaissances qui entretiennent un véritable obscurantisme, ce système de production des savoirs crée l'illusion de la science alors qu'il installe la société dans un système d'ignorance où les réalités et les questions fondamentales de l'existence humaine sont écartées des champs d'analyse. Car, ces réalités et ces questions ne peuvent être honorées que par une stratégie globale d'enseignement et de recherche qui articule étroitement les sciences de la nature et les sciences sociales. À cet égard, l'implosion de l'Occident où l'on assiste au triomphe de la raison utilitaire doit nous donner à réfléchir sur les enjeux de la recherche qui se profilent à l'horizon. Pour revenir à Bergson, le monde construit par la science et la technique attend toujours « un supplément d'âme ». Comme Heidegger l'a montré, ce monde oublie l'être. Dans les pays du Nord où la solitude secrète l'ennui et l'angoisse de la mort, l'Occident risque de proposer à l'Afrique un prêt à penser pour forcer les gens à se conformer aux logiques d'une société sans repères. Dans ce contexte où les paradigmes des pays du Nord sont saturés,

---

[769] Cité par Ilya Prigogine, art. cit. p. 10.

il importe de s'interroger sur la prise de responsabilité de l'université face aux enjeux de la vie et de la survie collective dans les pays africains. À partir du champ des possibles, il s'agit ici de voir comment une nouvelle culture scientifique peut naître dans une institution au sein de laquelle l'usage de la raison doit se faire de manière libre et critique. L'université est née, en fait, de l'exigence de soumettre à l'examen toute vérité qui veut s'imposer autoritairement comme un dogme[770]. Face à la dérive productiviste qui asservit les activités universitaires à la résolution des questions purement techniques à partir des savoirs reconnus au titre de leur utilité instrumentale, il nous faut donc repenser l'enseignement supérieur et la recherche scientifique en tenant compte des attentes plus grandes qui s'expriment au niveau des valeurs fondamentales d'une nouvelle civilisation à construire en rupture avec les modèles qui s'avèrent incapables de faire le bonheur de l'humanité. Une question commence à se poser : « Et si l'Afrique refusait le marché »[771] ? Cette question invite à définir autrement les « nouveaux défis pour l'enseignement supérieur ». Dans cette perspective, par-delà le savoir-faire technocratique, l'avenir de l'université est lié à la reconnaissance institutionnelle de la légitimité des sciences sociales et à la manière dont ces sciences vont assumer leurs responsabilités dans un système d'enseignement et de recherche visant à assurer l'équilibre entre les savoirs théoriques et les savoirs d'action.

Bien plus, c'est l'activité scientifique elle-même qu'il nous faut réévaluer. En Europe et en Amérique du Nord, l'accroissement des connaissances n'intéresse pas les lobbies qui investissent dans la recherche. Si la recherche à finalité économique devient la seule priorité de l'activité scientifique, ne risque-t-on pas d'assister à la disparition de la recherche « libre », celle que les chercheurs mènent sur des thèmes choisis sans subir les pressions et les contraintes du pouvoir de la finance? Or, cette recherche répond au besoin des millions d'êtres humains d'avoir des connaissances sur le monde et la vie. Elle souligne l'enjeu culturel de la science dans la vie d'une société. Au sein de l'université elle-même, il faut poser la question de l'autonomie de la recherche dans un système où la science tend à devenir une véritable marchandise. Que va devenir la liberté de penser qui est inhérente à la démarche scientifique ? Il convient de le souligner : cette liberté est une exigence d'une société démocratique. En ce qui concerne les résultats de la recherche, on ne peut éviter aussi la question de la propriété intellectuelle. Le chercheur doit-il être dépossédé des fruits de son travail par les groupes d'intérêts qui le financent ? En définitive, de qui est-il l'employé ? Des firmes qui attendent des savoirs applicables dans l'économie et le commerce ? Ou de l'université qui l'a recruté

---

[770] Voir Entretiens avec Michel Freitag, « Les savoirs scientifiques entre transcendance et instrumentalisation », *Anthropologie et sociétés*, Vol. 20, 1996, pp. 167-186.
[771] Titre de l'ouvrage collectif publié par le Centre Tricontinental, Paris, L'Harmattan, 2001

mais n'a pas les moyens de porter toute la vie en laboratoire ? On peut multiplier ces questions qui mettent à nu la crise de l'université à l'ère du marché. Ces questions sont à l'ordre du jour dans les pays du Nord[772]. Nous ne pouvons y échapper dans le cadre des politiques d'ajustement structurel qui ont préparé la voie à la privatisation du secteur public en Afrique. Il nous faut donc suivre attentivement le débat sur les rapports entre le savoir et l'argent[773]. Ce qui caractérise les tendances qui se font jour, c'est l'orientation des activités de recherche en fonction des besoins de l'économie de profit. C'est aussi la réduction de l'autonomie dont disposent les chercheurs universitaires. En outre, en laissant l'université se transformer en école supérieure de métiers et en fondant la culture de la recherche sur le modèle de l'entreprise, non seulement on tend à encourager la recherche utilitaire au détriment de la recherche fondamentale, mais on remet en cause la liberté de penser et la fonction critique de la recherche elle-même. À la limite, l'irruption des critères d'efficacité, de rentabilité et de rendement dans l'enseignement supérieur soumet l'institution universitaire à la tyrannie de l'instant. En effet, les bailleurs de fonds répugnent à investir d'importantes sommes d'argent dans les tâches d'analyse qui ne produisent pas des résultats à court terme[774]. A ce niveau, une inquiétude surgit à propos de l'idée que l'on se fait de la recherche scientifique.

Dans la perspective de la privatisation de l'enseignement supérieur, il faut se demander si l'on ne prépare pas le triomphe du nouvel obscurantisme qui, comme je l'ai montré ailleurs, consiste à considérer les sciences humaines et sociales comme un luxe inutile dont les pays confrontés à la pauvreté peuvent se passer pour promouvoir des expériences en laboratoire en vue des applications immédiates, pratiques et rentables sur le marché[775]. Dans ce but, les thèmes de recherche privilégiés sont ceux qui correspondent aux objectifs visés par les firmes portées par l'utilitaire. Si les représentants de l'industrie doivent décider des objets de recherche et la marche à suivre, la recherche fondamentale devient une pure folie. L'université n'est plus qu'une entreprise dont le but essentiel est de produire des connaissances dont le marché a besoin. Quel intérêt celui-ci trouve-t-il aux études sur les femmes et l'environnement ou à la recherche sur les mouvements sociaux, à la linguistique et à l'archéologie, à la littérature et à l'histoire ou aux sciences des religions africaines ? Dans le processus de

---

[772] Sur ce sujet, cf. *La Recherche universitaire et les Partenariats. Les Actes du Colloque*, Université, vol. 8, no 2, Fédération québécoise des Professeures et Professeurs d'Université, mai 1999.
[773] P. Mulazzi, *L'argent et le savoir. Enquête sur la recherche universitaire*, Montréal, Ed. Hurtubise HMH, 1998.
[774] Sur ces dérives au Québec, lire Christine Piette, *Où va l'Université. ? Le travail professoral : miroir d'une évolution*, Montréal, Hurtibise, 1999, pp. 123-135.
[775] Voir J. M. Éla, *Restituer l'histoire aux sociétés africaines. Promouvoir les sciences sociales*, op. cit. pp. 7-11.

marchandisation de l'éducation, de nombreuses disciplines risquent de disparaître dans l'espace du savoir en Afrique. Aussi, à partir des problèmes de fond que soulève le financement privé, un débat doit s'ouvrir sur la pluralité et la convergence des savoirs dans la recherche universitaire.

Je pense d'abord à la nécessité de veiller à l'équilibre entre la formation et la recherche dans tout système de l'enseignement supérieur. Cela implique le souci de préparer la relève par l'éveil, la promotion et l'intégration des jeunes chercheurs dans les réseaux scientifiques. L'émergence de ces jeunes chercheurs est un signe de vitalité d'une université soucieuse de son avenir. Mais face aux défis et aux tendances que je viens d'indiquer, il faut repenser l'université elle-même en redonnant sa place à la recherche fondamentale dont l'avenir est menacé par les choix de société qui ne prennent pas en considération ce que l'on peut appeler les sciences de l'inutile. Refuser le droit à l'existence et au développement de ces sciences dans une université, c'est priver les millions d'êtres humains des connaissances de base dont ils ont besoin dans la mesure où leur vie ne peut être soumise à la dictature de l'instant. *Si le savoir est devenu central dans le développement des sociétés, l'éclipse de la recherche fondamentale signifierait une trahison de la vocation universitaire de la recherche et, à moyen terme, la stérilité de la recherche appliquée elle-même.* Il importe donc de trouver les règles et les moyens destinés à assurer l'avenir de la recherche fondamentale. La nécessité de cette recherche doit être reconnue dans le contexte précis où l'on peut redouter que l'accès à l'internet continue à appauvrir l'Afrique avec des idées vieillies et diffusées par les sociétés en désarroi où il semble bien que l'intelligence soit en panne. Les sociétés africaines sont confrontées à des questions radicales qui résultent des mutations en cours. Les réponses à ces questions ne tombent pas du ciel. Les formes larvées de censure dans les domaines où la recherche universitaire doit exercer une fonction critique ne peuvent qu'entraver l'effort d'auto-compréhension des sociétés qui s'interrogent sur ce qu'elles doivent changer en elles-mêmes, à travers leurs institutions, leurs modèles culturels, leurs mœurs et leurs mentalités pour sortir des impasses actuelles. Soyons clairs : *à l'heure de la pensée unique, le milieu universitaire, plus que jamais, a besoin d'exercer les tâches critiques de l'intelligence.* Dans ce but, il faut se demander si la distinction de la recherche dite fondamentale d'avec la science appliquée ou la recherche/ développement ne masque pas une idéologie subtile. Cette distinction renvoie à la séparation des pratiques scientifiques et à l'image courante de la science qui se confond avec la recherche de ce qui est utile à l'économie. Dans ce sens, le plus important, pour les pays pauvres, c'est la recherche qui aboutit à des découvertes et des inventions. Le désir de savoir devrait donc se réaliser par le développement des sciences de la nature permettant d'aboutir à des résultats pratiques. Ainsi, le privilège conféré à un savoir extensif justifie la division hiérarchique du travail scientifique. Cette division repose, en fin de compte, sur la séparation entre la théorie et l'action. Dans cet esprit, on se représente toujours la recherche fondamentale comme un passe-temps inutile et, en fait, un luxe pour les pays confrontés à des problèmes urgents qui exigent des solutions immédiates et pratiques. Derrière la discrimination des disciplines de recherche, on retrouve un véritable phénomène de rejet de tout ce qui rappelle la métaphysique. La dévalorisation de la recherche fondamentale et la sur-évaluation de la recherche appliquée dissimulent un vieux fond de positivisme à l'intérieur de l'institution scientifique. Plus précisément, il s'agit de choix théoriques ou idéologiques qui, en définitive, justifient la méfiance à l'égard des efforts d'analyse et de réflexion visant à démasquer le contrôle de la science elle-même par les groupes d'intérêts pour lesquels toute remise en question du *statu quo* porte atteinte à la domination liée à la science. En fait, s'il suffit d'orienter la recherche vers les seuls secteurs de pointe de la vie économique, il n'est pas certain que la recherche commanditée par les milieux d'affaires prenne en compte les problèmes réels de la majorité des populations. On mesure ici tous les risques d'exclusion de nombreux champs d'étude dans la problématique des « nouveaux défis pour l'enseignement supérieur » définis en fonction des seuls intérêts privés.

En Afrique, depuis la colonisation, un important travail de recherche a été mené par plusieurs centres nationaux sur l'agriculture d'exportation au profit des intérêts étrangers. Ce travail a marginalisé les réalités africaines au moment même où les paysans étaient confrontés aux défis autres que ceux des produits tropicaux dont les consommateurs européens avaient besoin. Bien plus, l'ensemble des savoirs qui fondaient les pratiques quotidiennes des indigènes a fait l'objet d'un mépris souverain. Avec le retour en force du secteur privé, toute tentative d'exploiter avec succès le potentiel des ressources africaines pose un problème de transfert des savoirs et des stocks technico-scientifiques dont s'est doté le Nord. Aujourd'hui, comme hier, les investisseurs étrangers mettent en valeur ce potentiel scientifique et technologique. Ils ne tiennent aucun compte de la « science déjà là » que redécouvrent les anthropologues comme je l'ai indiqué plus haut. Si elle veut exploiter tout son fond de rationalité, l'Afrique doit se préoccuper d'examiner son propre stock de connaissances et d'y choisir celles qui peuvent être améliorées et appliquées et celles qui doivent s'articuler avec les savoirs venus d'ailleurs. L'étude de ces ressources scientifiques endogènes et de leurs potentialités en ce qui concerne la promotion du développement socio-économique d'une région fait partie intégrante des tâches de la recherche dans les universités africaines. Ici, le champ intellectuel reste encore vierge. De toute évidence, les programmes de recherche élaborés à partir des choix économiques correspondant aux concepts et aux théories en honneur dans les pays du Nord ne visent qu'à condamner l'Afrique à n'être qu'une réserve de savoirs préscientifiques. Si les gens ne rejettent pas en bloc leurs savoirs et savoir-faire comme le prouve le cas de la médecine traditionnelle, une réappropriation de ce patrimoine culturel et scientifique est un défi à la recherche en Afrique. L'université est le lieu privilégié pour relever ce défi. En dépassant le niveau de l'ethno-science comme le propose Paulin Hountondji, il s'agit d'inscrire ces savoirs dans la dynamique d'une recherche vivante afin de rompre les chaînes de dépendance de l'Afrique à l'égard d'une science au service du marché[776]. Plus radicalement encore, si l'on prend conscience de la crise de pertinence de l'Africanisme[777], les chercheurs africains doivent répondre à des demandes intellectuelles inédites. Pour aller au fond des choses, c'est l'Afrique elle-même qu'il s'agit de repenser dans sa totalité et sa complexité.

Jalons pour une épistémologie de la transgression

Dans ce but, il convient de reconsidérer l'identité intellectuelle du chercheur africain et sa capacité à s'affranchir des champs discursifs définis par l'Occident. Il n'est pas évident que ce défi soit une préoccupation inscrite dans les procédures de recherche en Afrique. Tout se passe comme s'il fallait s'installer dans le confort des idées reçues et l'univers mental construit par les Européens et les Américains. Dans les processus de la production des savoirs, on mesure ici le poids de l'héritage d'aliénation culturelle dont parle Alioune Diop quand il écrit : « *tandis que la capacité d'imagination et d'initiative du peuple a été réduite à sa plus simple expression par l'assujettissement colonial, consciemment ou inconsciemment la formation de l'élite intellectuelle a été faite selon les perspective d'aliénation culturelle définitive. Dans les esprits ainsi aliénés la remise en question du savoir occidental est devenue impensable : nous voulons bien admettre qu'au niveau des valeurs irrationnelles l'apport occidental soit remis en question, mais nous tenons pour définitive la rationalité atteinte par le progrès. En réalité, submergés par les données, nous ne sommes plus assez lucides pour saisir les processus. À nos yeux, le contexte occidental du développement scientifique et rationnel est devenu le texte même de ce développement ; en d'autres termes, le progrès brut ne se distingue pas du progrès réel. La formulation du savoir est confondue avec le savoir en soi. Chez l'homme d'Occident, cette confusion est légitime car son type de langage sera*

---

[776] P. Hountondji, op. cit. Sur cette question, lire aussi R. Devish, « Les universités en Afrique noire et les savoirs endogènes », *Bull. Séanc. Acad. r. Sci. Outre-Mer*, 45 (1999-3), p. 261-293.
[777] J. P. Daloz, « Misère (s) de l'Africanisme », *Politique africaine*, no 70, juin 1998, pp. 105-117.

toujours le support du contenu de son savoir. Elle ne pourrait l'être pour nous, même si nous décidons d'adopter définitivement le langage occidental »[778].

En fait, dans plusieurs milieux de réflexion et de recherche, pour être admis dans la cité des savants, il faut s'inféoder à l'espace discursif de l'Occident. Fatou Sow a bien observé ce réflexe chez de nombreux chercheurs africains : « *La recherche du Nord a ses chasses gardées sur lesquelles elle exerce son regard anthropologique. Lorsque nous, Africaines et Africains, voulons des références sur nous-mêmes, c'est au Nord que nous allons les chercher. Cette même recherche peut vous démettre de votre statut scientifique si vous n'utilisez pas le discours et les outils de recherche dominants* »[779]. Notons le risque d'adopter un profil servile et de faire acte suivisme par rapport à la recherche occidentale. Dans cette perspective, si les thèmes d'étude et les faits d'observation sont sur le terrain africain, le regard que l'on porte pour les comprendre doit venir de l'Occident. Dès lors, il faut s'interroger sur l'apport original dans le rapport de l'homme africain à la science. En définitive, on doit se demander si la formation reçue prépare réellement le chercheur africain à un travail d'émancipation intellectuelle grâce à une remise en question des présupposés théoriques de cette formation. Dans ce sens, si l'on veut rester un acteur moulé dans l'univers mental occidental, l'inventivité scientifique à partir de l'Afrique est en cause. Les conditions de cette inventivité exigent donc une réflexion radicale et critique dont il faut poser ici quelques jalons. À ce sujet, trois constats méritent de retenir l'attention. D'abord, j'ai montré plus haut dans quel sens le contexte culturel et social dicte une vision particulière de ce qu'est la science. Ensuite, les théories qui caractérisent les sciences trouvent toujours leur origine dans ce contexte. Enfin, il faut insister sur le fait que l'un des grands enjeux de la recherche en sciences sociales est l'émergence des écoles de pensée. En effet, au sein des universités africaines, *on ne peut admettre l'existence de Facultés des sciences humaines où ne se développent pas de véritables courants de pensée à partir des défis de la société*. Face à ces défis, toutes les disciplines sont mises à l'épreuve. En effet, dans l'organisation actuelle de la production des connaissances, chaque discipline est un lieu privilégié de savoir où se forgent les instruments de la connaissance. C'est pourquoi, les questions spécifiques se posent aux chercheurs africains s'ils ne veulent pas se contenter de maîtriser les paradigmes, les théories et les disciplines enseignés dans les programmes d'enseignement en Europe et en Amérique du Nord. En fin de compte, ce qui est en jeu, c'est la façon de comprendre le monde et le sujet africain aujourd'hui. En ce sens, la crise de

---

[778] « Pour une pédagogie africaine », *Présence africaine*, no 55, 1965, p. 5.
[779] Fatou Sow, « La recherche féministe et les défis de l'Afrique du XXIe siècle », in H. Dagenais (dir), *Pluralité et convergences*, Montréal, Éditions de Remue-ménage, 1999, p. 431.

l'Afrique est d'abord une crise du regard[780]. Elle met en cause l'ordre du savoir qui s'est construit à travers le destin des sociétés africaines dans l'imaginaire de l'Occident. Pour que le continent noir redevienne un lieu de production des connaissances, n'est-il pas urgent, dans les démarches de recherche, de s'interroger sur la pertinence des concepts et des théories élaborés dans le contexte euro-américain ? À la limite, comment reprendre à notre compte et appliquer à l'Afrique et aux Africains les disciplines de recherche qui, avec leurs concepts et leurs théories, sont nées en Occident en vue de répondre aux défis de l'intelligence dans le contexte historique de l'expansion des Lumières et des perturbations de la révolution industrielle ? Bref, *au-delà des mythes et des stéréotypes, comment repenser scientifiquement l'Afrique?* Ces questions nous situent au cœur des enjeux de cet ouvrage dans un contexte où, face aux mécanismes de mise en tutelle, nous ne saurions oublier que l'Afrique demeure « le siège d'une lutte sourde mais violente pour la conquête des esprits et la formation de nouvelles structures mentales favorables à telle ou telle pénétration idéologique »[781].

Afin de répondre aux attentes qui justifient sa raison d'être, la recherche en sciences sociales, notamment, doit obéir à certaines conditions préalables. Dès le départ, il s'agit de respecter l'image que toute science se donne d'elle-même : celle d'un savoir objectif chargé de dissiper les préjugés et les illusions en dévoilant la vérité[782]. Dans cette perspective, le défi à relever par le chercheur est d'abord celui de l'objectivation qui consiste à rendre intelligible son objet d'étude. En Afrique, les conditions de cette objectivation ne sont pas acquises ; elles dépendent du processus de reconquête qui s'inscrit dans l'instauration de l'esprit scientifique. Au-delà des exigences requises pour la formation à la recherche, il nous faut prendre conscience de notre statut spécifique par rapport à notre objet d'étude dans un contexte où il convient de nous redéfinir par rapport à un certain nombre de contraintes intellectuelles. À cet égard, il importe de saisir l'enjeu qui consiste à investir l'Afrique dans le champ scientifique. L'insertion de la recherche dans ce champ ne peut s'opérer sans heurts ni tensions. Il faut ici faire émerger les travaux sur les sociétés africaines comme domaine du savoir au sein d'une nouvelle histoire de la raison. Car, il ne s'agit plus, comme hier, de ne s'assigner d'autres finalités à la rechercher que de contribuer à la justification du colonialisme par des études de terrain. En rupture avec la recherche coloniale, *il faut désormais ouvrir le terrain à des savants*. Dès lors, le passage de l'Africanisme à la science met en cause les fondements du savoir impérial. Ce passage pose la question de l'autonomie du chercheur comme sujet pensant, en rupture avec la tradition africaniste. *En effet,*

---
[780] Sur cette crise, cf. J. M. Éla, *Restituer l'histoire aux sociétés africaines*, op. cit. pp. 17-25.
[781] « Pour une pédagogie africaine », op. cit.
[782] I. Stengers, *Sciences et pouvoirs. Faut-il en avoir peur ?* Bruxelles, Labor, 1997

selon cette tradition, les Africains apportent une collaboration à l'élaboration d'un savoir à leur sujet. En gros, c'est l'Afrique qui tient les fils de la connaissance africaniste (...). Élevé au rang de détenteur de savoir, l'indigène sera donc convié à instruire la recherche occidentale »[783]. Bref, sur le terrain, l'Occident seul dispose de l'outillage théorique et méthodologique nécessaire à la production d'une véritable science. Dans ce contexte, *l'irruption des Africains dans le champ scientifique pose la question fondamentale du sujet, de l'initiative et de la créativité dans l'ordre du discours scientifique. Selon Hampaté Bâ,* « *désormais, il appartient aux Africains de parler de l'Afrique aux Étrangers, et non aux Étrangers, si savants soient-ils, de parler de l'Afrique aux Africains. Trop souvent, en effet, on nous prête des intentions qui ne sont pas les nôtres, on interprète nos coutumes et nos traditions en fonction d'une logique qui, sans cesser d'être logique, n'en est pas une chez nous* »[784]. En matière de recherche, comme dans d'autres domaines, l'Afrique se trouve à la croisée des chemins. Il lui faut trouver de nouvelles voies de la science. Cette exigence pose un problème fondamental de méthode. En ce qui me concerne, tout en reconnaissant les limites ou l'arrogance des discours qui se disent savants alors qu'ils masquent des préjugés racistes, on ne peut imposer à l'Étranger de se taire sur l'Afrique sans oublier qu'il s'agit là d'un objet unique qui s'offre à des regards pluriels dans la mesure même où la science a une ouverture qui dépasse les frontières et constitue une œuvre qui se construit dans une démarche exigeante de confrontation. Dans cette démarche, l'on accepte de se mettre en question en détruisant toute velléité hégémonique. La science est un lieu et, en fait, exige un « nous » au sein duquel, précisément, il y a à reconsidérer son point de vue, à le discuter et à l'examiner avant d'y adhérer. Dans ce sens, la science implique l'émergence des « sujets » autour des « objets » communs. Je reviendrai bientôt sur les exigences d'un nouveau récit sur la science au sujet de l'Afrique. S'il faut reconnaître aux Africains la nécessité de la reprise de l'initiative leur permettant de parler aux Africains, il me semble aussi important qu'ils doivent prendre la parole pour parler aux autres. Car, ***d'Afrique aussi doivent surgir les savoirs dont le monde d'aujourd'hui a besoin***. Dès lors, le vrai problème qui se pose à la recherche africaine est d'éviter l'insignifiance des discours qui n'apprennent rien à personne. Précisément, le défi du regard de l'autre, dans de nombreux cas, ce fut, souvent l'absence de pertinence des études qui, compte tenu de leur ethnocentrisme théorique, ont fait de la connaissance de l'objet africain la voix d'un sujet incapable de s'affranchir de l'idolâtrie de soi et des pressions de sa culture pour assumer le choc des réalités

---

[783] Kusum Aggarwal, *Amadou Hampaté Bâ et l'africanisme. De la recherche anthropologique à l'exercice de la fonction auctoriale*, Paris, L'Harmattan, 1999, p. 93,
[784] A. H. Bâ, *Aspects de la civilisation africaine*, Paris, Présence africaine, 1972, pp. 31-32.

dont la rencontre bouleversante provoque l'étonnement et ouvre la voie à la découverte.

En fait, s'il faut admettre le droit de regard qui s'impose aux Africains sur l'Afrique, ce droit pose la question du statut du regard qu'on porte sur l'étranger comme sur soi-même. En effet, le « point de vue » de l'indigène sur sa société n'est pas juste parce que c'est l'indigène qui parle de lui-même. S'il veut échapper à l'insignifiance, il doit respecter un certain nombre d'exigences propres à toute démarche scientifique. Or, rien ne justifie le droit de l'indigène ou son aptitude à parler avec autorité et compétence en tant qu'indigène. En Afrique aussi, on entend les discours qui se veulent scientifiques alors qu'ils théorisent les préjugés de clans ou de lobbies mafieux et en sont une sorte d'auto-glorification. Si le chercheur africain n'est pas à l'abri de la tentation de l'ethnocentrisme, comment étudier objectivement les réalités du milieu qui l'a vu naître ? Plus radicalement, compte tenu de cette appartenance, comment avoir accès au terrain et faire oeuvre de science sans être l'otage de son milieu d'origine ou des groupes de pression auxquels on est lié étroitement ? Ces questions ne sauraient être sous-estimées dans l'Afrique de la recherche. Elles sont imposées par la démarche d'analyse qui vise à montrer comment le sexe, la condition sociale, la culture et le contexte économique affectent la production de la science et des pratiques scientifiques. Les passions politiques définissent souvent l'environnement social de la recherche de terrain. À cet égard, la science du politique ne peut « se mettre debout » afin d'exercer ses tâches fondamentales sans se poser la question de cette autonomie de pensée qui fait défaut à de nombreuses disciplines des sciences sociales au sud du Sahara. Notons aussi le cas de la sociologie sur laquelle le contrôle étatique s'exerce de façon permanente dans les universités africaines.

Depuis mai 68 en Afrique francophone, cette discipline a été placée sous haute surveillance. Senghor l'a bannie de l'Université de Dakar pour l'exiler à Saint-Louis. À Yaoundé, avec l'histoire et la philosophie, la sociologie fut rejetée à la périphérie de l'université dans les salles de cours construites en matériaux provisoires. Malgré le passage au pluralisme politique, l'État veille toujours sur cette science. Dans les milieux universitaires, l'anthropologie demeure une sorte de paria parmi les sciences sociales en raison de son passé colonial[785]. Dans ce contexte, il faut repenser l'anthropologie afin d'éviter de réduire les usages de cette discipline à la fonction idéologique qu'elle a jouée à un moment de son histoire dans les relations entre l'Afrique et l'Occident[786].

---

[785] Voir l'atelier intitulé « Anthropologie en Afrique : Passé, Présent et Visions nouvelles », *Bulletin du CODESRIA,* numéro 3, 1992.
[786] Sur cette question, lire S. Falk Moore, *Anthropology and Africa,* University Press of Virginia, 1994 ; sur ce livre, lire les remarques d'Archie Mafeje dans le *Bulletin du CODESRIA* no 2, 1996, pp. 2-12 et la réponse de S. Falk Moore dans le no 3, 1997, pp. 12-15.

Cette discipline doit procéder à son auto-critique en tenant compte des mutations internes des sociétés africaines. En fait, l'avenir des études anthropologiques tend à faire l'objet de nouvelles préoccupations. Arrachée à son passé colonial, l'anthropologie a cessé depuis longtemps d'être définie comme la science des sociétés primitives. Elle a été rapatriée en Occident où, au-delà des croyances, des mythes, des symboles et des rites, elle investit l'actuel et le contemporain en découvrant de nouveaux territoires à explorer dans les campagnes et les mondes urbains, le sport, l'imaginaire et le politique, les manières de manger et de voyager, les affaires, le travail et l'entreprise, les sciences, les techniques et la modernité, la santé et la population, l'éducation et la culture, etc.[787]

Le chercheur africain doit se questionner face à ce travail immense. Si nous ne devons pas rester à l'écart d'une science qui connaît une nouvelle vitalité dans ses lieux d'origine, il importe de savoir si nous pouvons continuer à considérer cette discipline comme un domaine tabou. Ne devons-nous pas mettre à l'épreuve notre capacité à participer aux débats en cours afin de contribuer à l'intelligence du fait humain dans les bouleversements du monde ? Au sein des mutations en cours, il est désormais question de recapturer l'anthropologie pour comprendre le présent dans sa totalité[788]. A partir des travaux qui relisent les auteurs classiques, il nous faut procéder à une réévaluation globale et critique des discours qui s'accrochent à des concepts tels que « l'ethnie » et la « tradition » en ignorant les changements politiques et économiques qui modifient les cadres d'analyse. En d'autres termes, au lieu de s'enfermer dans les paradigmes anthropologiques du XIXe siècle, il s'agit pour l'Afrique, au nom de l'anthropologie vivante, de remettre en question les catégories véhiculées par les travaux de recherche, les documents, les écrits, les émissions ou les reportages qui reposent sur les catégories inaptes à analyser l'ensemble des réalités africaines actuelles dans leurs dynamiques symboliques et leurs configurations démographiques, politiques, économiques et internationales. Dans les sociétés africaines, il n'y a pas d'égalité à travers le prisme de la pauvreté et de la misère. Comme le révèlent les enfants de la rue et d'autres catégories sociales qui tentent de survivre en fouillant les poubelles[789], il y a aussi les exclus du festin en Afrique. Bien plus, si la solidarité clanique tend à devenir un mythe avec l'avènement de l'Afrique des individus[790], les élites

---
[787] Sur le rapatriement de l'anthropologie dans les sociétés qui l'ont vu naître, lire les réflexions de J. L. Jamard, « Ce que pensent les anthropologies françaises…Ou prudence : de quoi parlent-elles, et comment ? » *Anthropologie et sociétés,* op. cit. pp. 199-216.
[788] Sur cette requête, cf. R. G. Fox (ed), *Recapturing Antrhroplogy-Working in the Present,* School of American Research Press, 1991.
[789] Voir A. S. Zoa, *Les Ordures à Yaoundé,* Paris, L'Harmattan, 1995.
[790] A. Marie (éd), *L'Afrique des individus,* Paris, Karthala, 1997.

s'organisent pour contrôler les positions de pouvoir et les réseaux d'accumulation en renforçant les mécanismes de pauvreté et d'exclusion. À cet égard, l'analyse du politique reste un champ en friche. Il lui faut découvrir les cultures spécifiques de gestion du pouvoir et de la société dans la mesure où ni le tribalisme d'État, ni la coercition et la violence brute ne suffisent à rendre compte de l'étrange longévité des dictatures tropicales.

C'est aussi le rôle de l'histoire qu'il convient de reconsidérer à l'ère où les approches libérales de la « crise africaine » s'attaquent à la mémoire d'un continent comme le rappelle le débat sur le temps colonial dans les milieux de recherche où le révisionnisme est un choix d'analyse[791]. En France où Catherine Coquery-Vidrovitch reconnaît qu'elle a « peu appris sur l'Afrique de la part des historiens français de l'Afrique » en dépit du long passé colonial d'un pays qui s'est créé un vaste empire dans les « territoires d'Outre-mer »[792], ce révisionnisme s'exprime à travers les relectures du temps des colonies[793]. On en vient aujourd'hui à faire croire aux indigènes que leur véritable âge d'or se confond avec la vie de forçat dans les camps de travail obligatoire à l'époque des comptoirs et des grandes concessions. Pour Bernard Lugan, tout ce que Catherine Coquery-Vidrovitch a écrit sur le pillage de l'Afrique équatoriale n'est que pures hypothèses fantaisistes[794]. Il faut y lire une idéologie destinée à donner mauvaise conscience à l'homme blanc pour avoir assumé le fardeau de conduire les races inférieures à la Civilisation. On a pu justifier ce laxisme à l'époque où triomphaient les mythes tiers-mondistes. Mais ces mythes ont égaré les historiens. Car, ils ont abouti à la falsification et à la désinformation, non à la science. Pour le thuriféraire de l'Afrique du Sud blanche, même l'UNESCO

---

[791] Au sujet des controverses révisionnistes sur le temps des colonies, lire C. Coquery-Vidrovich, « Les débats actuels en histoire de la décolonisation », *Revue Tiers-Monde*, t. XXVIII, no 112, 1987, pp. 777-791.

[792] C. Coquery-Vidrovitch, « Réflexions comparées sur l'historiographie africaniste de langue française et anglaise », *Politique africaine*, no 66, juin 1997 p. 91 ; sur les tribulations des étudiants africains en histoire africaine dans les universités françaises, lire aussi Ch. Didier Gondola, « La crise de la formation en histoire africaine en France, vue par les étudiants africains », *Politique africaine*, no 65, mars 1997, pp. 133-139 ; au sujet de l'historiographie africaniste de langue française, cf. Bogumil Jewsiewickl, « Les historiens francophones de l'Afrique noire », in D. Ray et al. *Into the 80's. The Proceedings of the Canadian Association of African Studies*, 1981. Un point de vue contrasté : M. Michel, « Défense et illustration de l'historiographie française de l'Afrique noire (circa 1960-circa 1995), « *RFHOM*, t. 84 (1997), no 314, pp. 83-92.

[793] Sur l'offensive de la droite et de l'extrême droite en historiographie africaniste, consulter B. Lugan, qui se dit spécialiste du passé du continent noir et se donne comme mission de remettre en question de nombreux tabous depuis la découverte de Lucy et les travaux de Yves Coppens sur l'apparition de l'homme en Afrique et le rôle de ce continent dans l'Antiquité jusqu'aux mythes tiers-mondiste de l'oppression coloniale : *Afrique, l'histoire à l'endroit*, Paris, Perrin, 1989.

[794] Sur cette période de l'histoire africaine, pour l'essentiel, lire. C. Coquery-Vidrovitch, « Le pillage de l'Afrique équatoriale », *L'Histoire*, no 3, pp. 43-52.

n'y a pas échappé avec sa monumentale *Histoire de l'Afrique*. Cet ouvrage a été édité par l'organisme des Nations Unies avec la collaboration d'éminents chercheurs qui ont reconnu que les traditions orales sont aussi des documents à partir desquels l'histoire s'écrit[795]. Selon le Professeur Lugan que les experts des Nations Unies ont oublié de consulter pour cette entreprise internationale, ces traditions réhabilitées depuis 1960 par Vansina[796] relèvent « souvent de l'irrationnel ou de l'inconscient collectif ». Aussi, pour faire œuvre de science, il faut éviter d'effacer des mémoires « les plaies de l'Afrique précoloniale » qui n'est sortie de son isolement que grâce « à des non- Africains » ; il faut aussi arrêter de falsifier le temps colonial lui-même comme le font les universitaires tiers-mondistes qui cultivent « avec insistance le mythe de l'oppression coloniale ». Bref, pour Lugan, il convient de renoncer à parler des massacres coloniaux, des travaux forcés et des tortures qui ont marqué l'imaginaire des sociétés dominées[797].

Notons l'importance de ce débat au moment où, comme le montre la Shoa[798], la mémoire apparaît comme la matrice de l'histoire de l'individu et des sociétés[799]. À ce sujet, tout est à revoir en ce qui concerne l'Afrique qui a son passé d'holocauste et de génocides. Il importe de réécrire les savoirs sur les réalités de ce continent au moment où l'on tend à effacer tout relent de tiers-mondisme pour éviter de provoquer la crise ou le malheur de la conscience de l'Occident[800]. Dans cet esprit, une autre sociologie de la situation coloniale devrait rompre avec les schémas qui ont conduit aux sociologies des mutations provoquées par les traumatismes de l'histoire[801], les perturbations et les

---

[795] Sur le rôle des sources orales dans l'écriture de l'histoire africaine, voir C. H. Perrot (éd), *Le passé de l'Afrique par l'oralité*, Paris, Documentation française, 1993.

[796] J. Vansina, *De la tradition orale*, Tervuren, 1961

[797] Elikia M'bokolo, « Les massacres coloniaux », in M. Ferro (dir), *Le Livre noir du colonialisme XVIe-XXIe siècles. De l'extermination à la repentance*, Paris, Robert Laffont, 2003. Sur les témoignages pertinents de ces événements traumatiques, lire A. Gide, *Voyage au Congo* ; A. Londres, *Terre d'ébène*, Paris, 1929 ; G. Donnat, *Afin que nul n'oublie*, Paris, L'Harmattan, 1986 ; la préface de J. P. Sartre à l'ouvrage de F. Fanon, *Les Damnés de la terre, op. cit.*

[798] Sur le travail de mémoire et les usages des traumatismes de cet événement, N. G. Finkestein, *L'Industrie de l'holocauste. Réflexions sur l'exploitation de la souffrance des Juifs*, Paris, La Fabrique, 2001 ; P. Novick, *L'Holocauste dans la vie américaine*, Paris, Gallimard, 2001.

[799] Sur ce sujet, lire « Autour de la mémoire », *Le Débat*, no 112, 2002.

[800] Voir le Colloque du « Club de l'Horloge », *Jeune Afrique*, 9 septembre 1987.

[801] Sur ce sujet, lire G. Balandier, *Sociologie actuelle de l'Afrique noire, Paris*, PUF, 1982 ; *Sens et puissance. Les dynamiques sociales*, Paris, PUF, 1971 ; pour une illustration de destruction et de désordre, voir G. Dupré, *Les Naissances d'une société. Espace et historicité chez les Beembé du Congo*, Paris, ORSTOM, 1985. Concernant l'impact démographique des brutalités de la violence coloniale en Afrique centrale, consulter surtout Dennis. D. Cordeil, « Où sont tous les enfants ? La faible fécondité en Centrafrique, 1890-1960 », Dennis D. Cordeil, D. Gauvreau, R. Gervais, C. Le Bourdais, *Population, reproduction, sociétés. Perspectives et enjeux de démographie sociale*, Montréal, Les Presses de l'Université de Montréal, 1993, pp. 257-282. ;lire

déséquilibres socio-culturels, les désordres et les chocs violents ayant créé « la Crise du Muntu » qui, selon Fabien Eboussi Boulaga, résulte de la « défaite totale »[802]. Enfin, il faut trouver une autre explication pour comprendre les formes d'inventivité religieuse exprimées par les mouvements religieux des peuples opprimés. En voulant libérer le métier d'historien de tout carcan idéologique, Lugan oublie de citer les travaux et les sources qui l'autorisent à écrire, sans aucune référence : « Les recherches universitaires ont montré que l'Europe n'a pas brisé l'équilibre de sociétés paradisiaques. Le credo normalisé par les historiens officiels et par l'UNESCO puis popularisé par les médias n'a pas de valeur scientifique. Il repose sur une suite d'a -priori idéologiques et sur la mise en évidence d'exemples particuliers transformés en loi générale »[803]. Ainsi, pour le révisionnisme africaniste, la souffrance historique de l'homme africain est une invention tiers-mondiste.

L'objectif visé par cette nouvelle forme de terrorisme intellectuel est clair : *anesthésier tout potentiel critique dans la nouvelle intelligentsia africaine. En effet, l'amné*sie organisée autour des horreurs de l'esclavage, du temps des colonies et de l'indigénat contribue à préparer l'émergence d'une génération de jeunes et d'adultes qui ne peuvent qu'être des collaborateurs dociles dans la mesure où ils sont coupés de l'histoire des luttes et des résistances dont on retrouve les traces dans la mémoire d'indiscipline qu'on veut étouffer au sein des sociétés confrontées aux habits neufs de la domination. Plus précisément, il faut aujourd'hui créer pour les jeunes africains un cadre de référence et un état d'esprit permettant de prendre la distance par rapport à une tradition critique et de s'éloigner des ancêtres de l'avenir représentés par les figures de Nkrumah, de Lumumba, de Cabral, de Césaire, de Fanon ou de C. A. Diop dont on ne souhaite pas la réinvention dans la formation d'une nouvelle génération d'intellectuels africains. Dès lors, toute la charge du radicalisme de leur vision de l'Afrique et de leur pensée doit être amortie dans les milieux universitaires par « les fictions du postcolonial »[804] qui s'accordent avec les croyances et les rituels de célébration du libéralisme économique et du triomphe du narcissisme euro-américain. « Le Postcolonial « est privilégié précisément parce qu'il

---

également les travaux du géographe G. Sautter, *De l'Atlantique au Fleuve Congo : une géographie du sous-peuplement,* 2 tomes, Paris, La Haye, 1966. Sur les conséquences cette violence sur la mobilité des populations paysannes fuyant les travaux forcés et d'autres contraintes administratives, J. M. Éla, *L'Afrique des villages,* Paris, Karthala, 1982, pp. 22-34.

[802] F. Éboussi, *La crise du Muntu. Authenticité et philosophie,* Paris, Présence africaine, 1977.

[803] B. Lugan, op. cit. pp. 16-17, 28.

[804] Sur les questions pertinentes que posent les tendances actuelles et les cadres d'analyse sur les différents « Post » dans la recherche africaine, lire P. Tiyambe Zeleza, « Les fictions du Postcolonial », *Bulletin du CODESRIA,* numéro 2, 1997 ; voir aussi T. K. Biaya, « Dérive épistémologique et écriture de l'Histoire de l'Afrique contemporaine », *Politique africaine,* no 60, décembre 1995, pp. 110-114.

semble être une distance sûre du ventre de la bête aux États-Unis »⁸⁰⁵. En observant les sites de production de cette théorie depuis les années 80, un phénomène apparaît : « quand elle s'est révélée comme « théorie », elle a conféré à ces intellectuels une respectabilité académique (...). Pour être plus clair, la théorie postcoloniale est conçue pour éviter de donner un sens à la crise actuelle et à la longue, pour envelopper les origines des intellectuels postcoloniaux dans un capitalisme global dans lequel ils ne seront pas autant des victimes que des bénéficiaires »⁸⁰⁶. Pour être crédible et applaudi dans les différents cercles d'initiés, les intellectuels indigènes doivent oublier comment « l'Europe sous-développa l'Afrique ». Leur silence et leur esprit de modération sur les savoirs qui font mal et les discours qui dérangent, les autorisent à s'asseoir à la table des grands. Après leur admission au festin des nouveaux maîtres du monde, les élites mercenaires, intellectuelles et politiques, sont mieux préparées pour devenir les fossoyeurs de la mémoire collective. À sa manière, l'Occident fabrique les intellectuels du ventre dans les pays d'Afrique. On revient aujourd'hui à cet « indigénat d'élites » dont parle J. P. Sartre dans sa préface sur *Les Damnés de la terre*. On voit pourquoi l'histoire est l'objet d'une surveillance étroite dans les « États-théologiens » qui se croient porteurs d'une vérité infaillible. Plus que jamais, cette science est un enjeu dans les pays où des forces sociales cherchent à contrôler le passé pour confisquer le pouvoir. Dans ces conditions, la mémoire que l'on fabrique est celle qui légitime la culture dominante. On s'en rend compte en étudiant le silence systématique organisé sur les pans d'histoire de nombreux pays du continent. Tel dirigeant africain, comme on constate au Cameroun, évite de prononcer jusqu'au nom des acteurs qui ont structuré l'imaginaire culturel et politique d'une génération⁸⁰⁷.

À l'évidence, l'histoire africaine ne se résume pas dans l'épisode colonial. On ne peut se concentrer sur cet épisode en occultant de vastes domaines de la vie des sociétés africaines dans leur destin historique. L'ouverture à d'autres territoires de l'histoire s'impose aux générations d'universitaires africains qui prennent conscience de la nécessité et de l'urgence d'écrire l'histoire de l'Afrique dans le monde de notre temps. Je pense notamment à l'art et à la religion, au travail et à la famille, à la santé et à la population. En créant une dynamique qui lui est propre à partir des débats au sein de la discipline, le chercheur africain qui exerce le métier d'historien ouvre l'Afrique à l'avenir de la science dans un champ stratégique. Car, le défi fondamental est celui de voir la fabrication des savoirs historiques échapper de plus en plus aux Africains et de se faire en

---

⁸⁰⁵ P. Tiyambe Zeleza, art. cit. p. 20.
⁸⁰⁶ Cité par Tiyambe Zeleza, art. cit. p. 20.
⁸⁰⁷ Sur ce sujet, lire Wang Sonné, « Pourquoi les noms des grandes figures historiques des années 50 sont-ils tabous dans la bouche du Président Paul Biya » ? *Afrique et Développement*, no 2, 1997.

Europe sans doute encore, mais surtout en Amérique du Nord, notamment aux États-Unis dans le contexte où, précisément, s'élaborent les théories de la postcolonie. Or, depuis la confrontation de Montréal en 1969, les études africaines souffrent d'une crise de pertinence aux États-unis[808]. On le voit à travers la permanence des mythes qui témoignent de l'ignorance de l'Afrique en dépit des innombrables centres d'études africaines dans les universités américaines[809]. Ces mythes obligent à se poser les questions sur la capacité des recherches africanistes à contribuer au progrès des connaissances sur les réalités et les problèmes du continent noir dans la société américaine. Curtin écrit : « The knowledge of the general public is another matter. It seems safe to concede that African studies in the universities has made very little difference in the public's knowledge about Africa. It is even doubtful whether we have made any marked progress among the mass of undergraduates »[810]. Cette situation incite le chercheur africain à faire preuve de plus d'audace pour produire les connaissances dont le monde a besoin pour comprendre ce qui se vit en Afrique. Ce défi exige le renouvellement des approches comme le suggère le retour en force de l'anthropologie qui ne saurait demeurer l'affaire des chercheurs africanistes dans un cadre d'analyse qu'il faut purger de tout révisionnisme. Plus clairement, nous ne saurions déserter les champs de recherche où les sciences humaines et sociales tendent à démontrer l'universalité des regards du seul point de vue de l'Occident. À cet égard, il serait grave que l'anthropologie ou l'histoire de l'Afrique deviennent le monopole des universitaires d'Europe et des États-Unis au moment où le processus de privatisation de l'Université imposée par la Banque mondiale tend à aggraver la marginalisation des chercheurs africains.

De nombreuses disciplines souffrent d'une crise d'identité en ces temps où tout ce qui n'obéit pas aux lois du marché doit être banni des champs de recherche. Pour survivre, les sciences sociales risquent de devenir les servantes et les instruments de la reproduction des appareils de l'État et des mécanismes du marché en expansion. Dans les pays africains où les bailleurs de fonds exercent une sorte de magistère intellectuel et doctrinal dans les domaines du

---

[808] Voir D. Wilhem, « The Crisis in area programs : A time for innovation », *African Studies Review*, volume XIV, no 2, septembre 1971, pp. 171-178 ; Marshall H. Segall « Research by expatriates in Africa can it be « relevant » ? *African Studies Review*, vol. XIII, no 1, avril 1970, pp. 35-41. Lire aussi le témoignage de Stanley Diamond sur les études africaines qui, aux États-Unis, sont « un moyen d'arriver ou tout simplement une mode » (…), ne garantissant en aucune manière l'application de l'intelligence générale aux problèmes du sous-continent », cité par J. Copans, *Anthropologie et impérialisme*, p. 163.

[809] Voir E. P. Hicks and K. Beyer, « Images of Africa », *Journal of Negro Education*, XXXIX, 2, 170, pp. 158-166 ; D. Hummond and A. Jablow, *The Myth of Africa*, New York, The Library of Science, 1977.

[810] P. D. Curtin, « African Studies : a personal Assessment », *African Studies Review*, vol. XIV, no 3, décembre 1971, p. 364.

politique, les réformes économiques, la reconceptualisation du rôle de l'État, l'enseignement, la santé et les politiques de population, etc. en inculquant les schémas de la pensée unique, comment les sciences sociales peuvent-t-elles devenir des sciences ? Bref, comment ouvrir les sciences sociales à l'Afrique de maintenant telle qu'elle se donne à voir au quotidien ? La réponse à ces questions renvoie à l'environnement concret où la pratique de la recherche nous impose un réexamen du statut scientifique du chercheur dans le contexte particulier de l'Afrique contemporaine. Cette tâche s'impose dans la mesure même où *tout savoir doit accepter de s'interroger sur ses fondements, ses cadres de référence et son socle, ses instruments d'observation et d'analyse*. Ce défi doit être porté par chaque discipline qui, dans l'organisation des connaissances, est une instance créatrice de savoir et de champs discursifs. À l'heure où les tendances dominantes de la recherche appellent à s'affranchir des dogmes de l'école de la dépendance[811] pour « recentrer » l'Afrique elle-même, il faut se demander si les théories établies justifient le risque de renouveler les disciplines des sciences sociales afin de comprendre le monde de signification permettant aux sociétés africaines de tenir ensemble. En d'autres termes, comment construire le discours scientifique sur ces sociétés en rupture avec les schémas d'analyse et les fantasmes qui habitent l'imaginaire occidental à travers les catégories de l'ethnicité dont la résurgence trahit l'état d'appauvrissement et d'improductivité intellectuelle où les cercles africanistes se trouvent par rapport aux défis lancés par les mutations actuelles des sociétés africaines[812] ?

Pour tenter de répondre à cette question, considérons l'historicité des concepts, des théories et des paradigmes auxquels les sciences sociales recourent pour comprendre les phénomènes qu'elles étudient. À cet égard, il convient de le souligner : tout paradigme fait référence à une société et une culture. Les activités scientifiques n'échappent pas à l'impact des modèles culturels dans la recherche d'une instrumentation appropriée aux objets d'étude. Bref, les outils d'analyse s'inscrivent dans les mutations de l'intelligence au sein d'une société dans son évolution historique. Il faut donc prendre en compte cette « facticité » de la raison avec le souci de retrouver le non-dit, fond sur lequel les recherches et les conceptions scientifiques se détachent en se donnant leur statut propre. Dans la mesure où les sciences ne peuvent être dissociées d'une référence aux mouvements et aux situations dont elles portent la marque dans les postulats de leurs discours et les conditionnements de leurs pratiques, on mesure l'importance de l'attitude qui nécessite de développer la culture du soupçon imposée par l'éthos de classe dont parle Bourdieu. Pour inventer des

---

[811] J. F. Bayart, *L'État en Afrique*, p. 30 Lire aussi B. Jewsiewicki, « African Historical Studies : Academic Knowledge as « Usuable Past » and Radical Scholarship », *African Studies Review*, vol. 32, no 3, 1989, pp. 1-76.
[812] J. F. Bayart, op. cit. pp. 19-61

procédures nouvelles qui permettent à des expériences inédites de trouver une place dans une histoire d'un autre type, il faut s'interroger sur les présupposés qui rendent possibles les discours scientifiques. Sous des formalités diverses, cette démarche s'impose à la réflexion épistémologique contemporaine.

J'ai rappelé plus haut l'idée d'*épistémè* qui fut l'intuition fondamentale de Michel Foucault. Edgar Morin a repris cette idée en montrant comment le paradigme gouverne, dans son ensemble, la pensée d'une époque ou d'une culture. Il ne s'agit plus d'une matrice scientifique mais d'une matrice épistémique, voire culturelle qui, comme telle couvre toute l'activité intellectuelle ou cognitive. Selon Edgar Morin, « *Le paradigme contient, pour tout discours s'effectuant sous son empire, les concepts fondamentaux ou les catégories maîtresses de l'intelligibilité en même temps que le type de relations d'attraction/répulsion (...) entre ces concepts ou catégories. Ainsi, « le paradigme est à la fois sous-cogitant et sur-cogitant. Au niveau paradigmatique, l'esprit du sujet n'a aucune souveraineté, de même que la théorie n'a aucune autonomie (...). Le paradigme opère en quelque sorte le contrôle logiciel de la logique dans les propositions, discours, théories (...). En bref, le paradigme institue les relations primordiales qui constituent les axiomes, déterminent les concepts, commandent les discours et/ou les théories. Il en organise l'organisation et il en génère la génération ou la régénération (...). Un grand paradigme détermine, via théories et idéologies, une mentalité, un mindscape, une vision du monde* »[813].

On comprend ici l'enjeu de la question des règles par lesquelles et à travers lesquelles nous produisons les savoirs. Il s'agit des « idées » propres à une société et à une culture. Le paradigme qui oriente, gouverne et « conditionne » l'activité cognitive porte la marque d'une civilisation. Il pose la question fondamentale de savoir si l'on peut penser ou voir le monde autrement. Car, dès le choix radical d'une grille paradigmatique, le chercheur africain est confronté au défi majeur « des révolutions scientifiques ». Il faut donc s'interroger toujours sur la capacité « révolutionnaire » des concepts, des modèles et des théories qui renseignent en profondeur sur nos manières de concevoir le monde. L'enjeu est de taille. Il s'agit d'inventer des lunettes implicites à travers lesquelles les scientifiques parviennent à percevoir et à comprendre le réel dans leur domaine ainsi qu'à formuler les réponses aux problèmes auxquels ils sont confrontés. Dans cette culture de la recherche qui doit naître en Afrique, la référence à l'historicité des cadres théoriques d'analyse me parait capitale. Les sciences sociales se sont développées à l'intérieur des traditions précises. À ce propos, il faut retrouver le poids des notions fondamentales qui, dans chaque discipline, ont été construites par de nombreux auteurs au cours de l'histoire

---

[813] E. Morin, *La Méthode* IV, pp. 216-217, 318.

pour analyser la diversité des situations sociales. À partir des concepts-clés, c'est un point de vue sur la réalité humaine qui s'incorpore la tradition d'une discipline. C'est ce qu'indique l'évolution des théories sociologiques. En fait, comme le rappelle Thomas Kuhn, un paradigme est une manière de voir le monde qui s'impose à une société au travers d'une discipline scientifique à un moment de l'histoire de la science et de la pensée[814]. La question du sujet du savoir est au centre du débat qui nous fait découvrir la fécondité de la réflexion qui définit la place du savoir par un lieu propre. Interroger ce lieu, c'est retrouver le temps où tels concepts ou théories se sont formés à partir d'un état précis des questions qui répondent à des situations contingentes d'une société. Il importe de mesurer la distance historique et culturelle qui nous sépare de ce temps auquel sont liées les concepts et les théories dont nous faisons référence dans nos efforts d'analyse. Cela nous amène à vérifier si le statut du sujet qui a produit les discours est indifférent ou non par rapport à la prétention de ces discours à l'objectivité et à l'universalité. Cette question ne relève pas de la chicane : l'un des apports majeurs des études du genre à l'épistémologie contemporaine, c'est l'explicitation de ce qui a été occulté par l'impact des relations de sujet à sujet dans la mise en oeuvre des techniques en apparence neutres. Tous les déguisements de positions établies sous le masque d'une science universelle doivent donc être mis à nu. En effet, ce que l'on considère comme la « science universelle » n'est qu'un ensemble de connaissances particulières des pays du Nord.

Or, si les concepts et les paradigmes ne sont pas innocents, ils ne sont pas non plus tombés du ciel. Ils sont toujours situés dans une histoire des sciences comme l'a rappelé Georges Ganguilhem dont Foucault a reconnu l'influence dans les débats théoriques de notre temps[815]. La portée de ce sujet ne peut être saisie pleinement que si l'on mesure la force et le pouvoir des idées ou des systèmes de croyances qui président à la production des connaissances. Insistons sur l'importance de ces repères et leur place dans le marché des concepts où l'on retrouve une manière de penser et de réagir dont l'impact est perceptible dans les processus de la recherche en sciences sociales. Un fait déterminant justifie la réflexion sur ces processus. En examinant les tendances des travaux des jeunes chercheurs dans les universités africaines, on est frappé par la pertinence des thèmes de recherche qui ont une prise directe avec les réalités. « Le souci de l'immédiat ou de l'empirique s'accompagne de la rareté à l'égard de la littérature et de la philosophie, deux disciplines qui offrent aussi et

---

[814] Th. Kuhn, *La structure des révolutions scientifiques,* op. cit.
[815] Voir M. Foucault, *Dits et Écrits,* t. IV. Sur l'intérêt pour l'histoire des sciences dans la réflexion sur les sciences, cf. J. F. Braunstein, « Bachelard, Ganguilhem, Foucault. Le « style français » en épistémologie », in P. Wagner (dir), *Les philosophes et la science,* Paris, Gallimard, 2002, pp. 920-963

de manière pertinente des clés de compréhension et d'interprétation du monde social. En outre, la richesse des thèmes de recherche est en déphasage avec la pauvreté théorique »[816]. À côté des travaux des étudiants et des jeunes chercheurs africains, on observe une sorte d'insouciance et d'indifférence à l'égard de toute préoccupation en matière de théorisation des démarches de recherche sur l'Afrique. Cette situation reproduit la tradition descriptive héritée de l'ethnologie coloniale[817]. Pour renverser cette tendance, il faut repenser les nouvelles conditions de production des connaissances en instituant une tradition théorique et critique dans les démarches de recherche scientifique en Afrique. À cet égard, si personne ne parle de nulle part, il convient de définir le lieu à partir duquel le chercheur construit son objet d'étude. À la suite de Foucault et de Morin, j'ai souligné l'importance de se situer par rapport à l'espace du discours travaillé par le poids des paradigmes qui sont le produit d'une histoire à un moment de l'aventure de l'intelligence au sein des sociétés occidentales. Bref, c'est tout « l'ordre du discours »[818] qui fonde les savoirs sur l'Afrique qu'il faut soumettre à l'examen. Dans cette perspective, on saisit difficilement l'esprit qui oriente et anime la démarche d'une recherche, si on ne met pas en lumière « l'impensé du discours » qui commande et structure tout effort d'investigation et d'interprétation de la réalité humaine et sociale. Dans les disciplines de recherche où, depuis la colonisation, l'intelligence du fait africain est prise en charge par ce qu'il est convenu d'appeler les « africanismes », nous ne pouvons dissimuler l'emprise des concepts, des théories et des grilles de lecture qui portent la marque des débats intellectuels, méthodologiques et idéologiques surgis à l'extérieur des territoires occupés et placés sous le contrôle des historiens, des anthropologues, des politologues ou des économistes profondément enracinés dans leur univers culturel au moment même où ils s'efforcent de faire de l'Afrique un objet d'étude. Le regard sur l'autre n'est « éloigné » qu'en apparence[819]. Au nom de l'objectivité et de l'universalité de la science, on croit parler des sociétés exotiques. En fait, on se décrit soi-même. Dès lors, toute tentative visant l'appropriation des sciences sociales et leur prétention à la scientificité amènent à préciser le lieu d'où nous regardons l'Afrique. Comme le souligne Emmanuel Dongagala dans un article qui pose des questions pertinentes, en Afrique, les sciences sociales, sont confrontées au défi majeur qui consiste à « *offrir des nouveaux paradigmes qui nous serviront de cadres ou de grilles de lecture qui nous permettront d'avoir un regard autonome sur nos sociétés. Cela nous aidera à dégager notre horizon bouché*

---

[816] *Voir 9e Assemblée générale. Rapport du Secrétaire Exécutif,* CODESRIA, 14-18 décembre 1998, p. 85.
[817] Sur ces problèmes, voir J. M. Éla, *Guide pédagogique de formation à la recherche pour le développement en Afrique, op. cit.* pp. 16-17, 49-51.
[818] M. Foucault, *L'Ordre du discours,* op. cit
[819] C. Lévi-Strauss, *Le regard éloigné,* Paris, Plon, 1983.

par tous les rebuts hétéroclites hérités de la colonisation et nous guidera dans l'élaboration des stratégies opérationnelles et de nouvelles praxis »[820]

Face à ce défi qui situe l'enjeu de la production des connaissances au cœur du débat épistémologique, dans toute pratique de recherche, il importe d'identifier ce que Foucault appelle « l'instance du savoir » dont j'ai parlé au début de cette étude. Il faut ici prendre en compte les apports de l'archéologie du savoir sur l'Afrique depuis le temps colonial. En effet, le chercheur africain intervient toujours sur un terrain délimité par un corpus d'idées, de concepts et de théories dont les conditions d'apparition sont liées à un « faisceau de rapports » et à un ensemble de règles et de pratique inscrites dans l'histoire de la pensée occidentale. Le regard sur l'Afrique n'échappe pas à l'axe pratique discursive-savoir-science »[821] qu'une archéologie appropriée doit mettre en lumière. Comme le remarque J. Michel Berthelot, « chaque discipline représente un maquis d'écoles, de courants, d'approches, de paradigmes, de terminologies »[822]. Le praticien de la recherche ne saurait donc ignorer l'espace où le discours sur l'Afrique s'enracine. Il doit cerner les présupposés théoriques et conceptuels sur lesquels reposent les démarches propres à son domaine de recherche. Certes, les études africaines apparaissent d'ordinaire comme un fourre-tout. Elles ne relèvent d'aucune discipline particulière dans le domaine des sciences sociales. Bien plus, en dehors de rares spécialistes d'une région ou d'un pays, ces études entretiennent peu d'échanges scientifiques avec les milieux de recherche des pays du Nord qui, dans leurs grandes institutions d'enseignement et de recherche scientifique, accordent une place insignifiante aux analyses centrées sur l'Afrique. La recherche outre-mer tend à se développer en marge des débats scientifiques animés dans les institutions universitaires Cette recherche est plus orientée, plus pratique. Elle manifeste peu d'intérêt pour les enjeux théoriques de la production des connaissances scientifiques. En fait, l'africaniste se définit d'abord comme un homme ou une femme de terrain fasciné par les objets d'étude éloignés des questionnements de la société d'origine. De ce point de vue, les problématiques paradigmatiques qui préoccupent les milieux de recherche académiques sont loin des questions principales qui l'habitent. Bref, l'on tend à se garder de tout effort de réflexion critique et de théorisation. Alors qu'on ne peut ignorer les pièges de la sémantique, c'est à peine si de nombreux chercheurs se donnent la peine de se poser des questions élémentaires sur les notions dont ils se servent. Ils évitent soigneusement de justifier le choix de leur méthode, de discuter et de douter de l'efficacité de leur démarche, de préciser les conditions ou les difficultés de leur

---

[820] E. Dongala, « Dégager l'horizon : la science, les sciences humaines et l'Afrique », *Mots Pluriels*, no 24, juin 2003.
[821] M. Foucault, op. cit. p. 239
[822] J. M. Berthelot, « Le devoir d'inventaire », *Sciences humaines,* No 80, février 1998, p. 23

travail de terrain. Or, malgré sa volonté de coller aux aspérités du terrain, le chercheur africaniste traîne avec lui le poids d'un héritage de concepts et de théories dont l'influence s'exerce d'autant plus que le chercheur applique, sans examen, les schémas de la pensée dominante aux réalités qu'il observe sur les terrains africains. En dehors de rares moments où le débat a surgi sur le mode de production africain et la formation des classes[823], la recherche africaniste ne semble pas avoir une tradition théorique digne de ce nom. Le continent africain demeure le lieu d'application des règles et des schémas de pensée forgés ailleurs. Naguère, Marx régnait en maître dans l'analyse des problèmes africains. Notons le retour à Weber dans les analyses sur l'État patrimonial en Afrique subsaharienne. Dans une époque marquée par la crise des grands récits d'hier, les orphelins des philosophies globalisantes sont désorientés. Ici aussi, la fin de la guerre froide laisse un grand vide. Certains tentent de s'accrocher à Foucault dont les concepts exercent une sorte de fascination et d'hégémonie dans les études politiques comme le rappelle le thème de la « gouvernementalité ». Chez d'autres, on risque de voir se reproduire les cadres structuro-fonctionnalistes élaborés dans les centres de réflexion et de recherche reliés à l'aventure intellectuelle des sociétés nord-américaines. En se lançant à l'assaut des écoles historiques qui ont surgi à travers les manières successives d'écrire l'histoire africaine, Vansina observe les dérives et les manipulations auxquelles l'Afrique et les sociétés africaines sont livrées à travers la prise en possession de leur champ historique par le marxisme et son éviction par les structuralistes. Ce champ est aujourd'hui investi par le postmodernisme qui fait fureur en Amérique du Nord[824]. Le cas de l'histoire illustre la manière dont se construit le discours sur l'Afrique et au sujet de l'Afrique. Comme Mudimbe l'a montré dans un livre majeur, il s'agit d'un vaste processus d' « invention de l'Afrique » à partir du regard de l'Occident[825]. En un sens, l'Afrique apparaît comme une entreprise de production inhérente à la modernité européenne et américaine. Les textes, les voix, les idées, les questions, les mots et les objets produits à son sujet renvoient à l'ordre du discours où l'on reconnaît les mythes et les fantasmes, les représentations et les modes de pensée propres aux sociétés occidentales. Rien ne prouve que l'idée de l'Afrique qui se dégage de cet effort de production sociale et culturelle marque la rupture avec la raison coloniale qui n'a cessé de penser l'indigène à partir des conditions historiques et sociales précises. Rappelons le cas de l'économie qui est peut-être l'une des sciences sociales les plus enracinées dans les trajectoires de l'Occident.

---

[823] Au sujet des discussions sur les bourgeoisies nationales, cf. J. Copans, « Le débat de l'expérience kenyane », *Le Monde diplomatique*, novembre 1981.
[824] Jan Vansina, *Living with Africa*, Madison, The University of Wisconsin Press, 1993 ; sur la nouvelle « boîte à outils » offerte par le post-modernisme comme modèle et instrument d'analyse en sciences sociales, lire Y. Boisvert, *L'Analyse post-moderniste*, Paris. L'Harmattan, 1997.
[825] Mudimbe, V. Y. *The Invention of Africa*, Bloomington, Indiana University Press, 1998

Devant la réactivation des dynamiques de la rationalité dominante à travers l'héritage africaniste, s'impose à la recherche africaine la nécessité de faire entendre les voix et les paroles muettes, étouffées au bénéfice de l'écriture de l'Afrique à partir des lieux dont nous devons reconnaître les limites si nous voulons enfin écouter l'indigène lui-même. En dépit de la reconnaissance des figures de l'africanisme dont les travaux retiennent l'attention de la communauté scientifique, les Africains qui sont, comme ailleurs, historiens, sociologues, anthropologues, politistes, démographes voire économistes, doivent s'imposer la mission de repenser le savoir sur l'Afrique. Pour les chercheurs africains, porter un regard neuf sur ce continent à partir de l'intérieur, sur leur terrain propre, ne va pas de soi. Toute construction de nouveaux systèmes de compréhension de notre réalité nous situe dans le contexte d'émergence d'une science- monde. Dans ce contexte, il s'agit d'abord, pour chaque scientifique, de se définir par rapport à une discipline de référence et de recherche. Cela exige de rompre avec l'africanisme qui, en réalité, ne s'identifie à aucune discipline scientifique et tend à promouvoir des spécialistes de la non spécialité. Bien plus, il faut changer de regard en refusant le postulat du « caractère spécifiquement africain » dont parlait Hegel dans un contexte où les sociétés autres sont supposées être d'une nature différente des sociétés dites « civilisées ». À l'ère des bricolages et des métissages où les sociétés hybrides s'inventent, il nous faut forger de nouveaux cadres d'intelligibilité de la réalité africaine dans un continent qui bouge et qui change. Face aux générations africaines en situation de précarité et d'exclusion, de migration et d'exil, d'errance ou de diaspora où, pour beaucoup, ce qui importe d'abord, c'est de construire leur subjectivité, de se battre sur le marché de l'emploi et de bricoler un espace pour vivre, il importe de redécouvrir une autre Afrique en gestation dans un monde en mouvement. Dans cette perspective, pour produire des connaissances pertinentes, nous devons constater l'épuisement des paradigmes africanistes qui transforment le chercheur en expert des sociétés inertes et repliées sur elles--mêmes, sans appartenance à un champ spécifique de production scientifique. Si toute recherche sur l'Afrique doit s'inscrire dans le cadre d'une discipline considérée comme lieu du savoir dans l'organisation actuelle des connaissances, le défi à relever pour repenser le continent africain exige une sorte de révolution scientifique dans les structures, les conceptions et les pratiques de la recherche. Car, l'appropriation du savoir exige un véritable renversement des discours dogmatisés. Dans cette perspective, réinstaller l'Afrique dans le territoire de la science exige l'instauration d'une épistémologie de la transgression qui je définis par les trois types de démarche qui suivent :

1. *Le processus de « déconstruction » et de « réfutabilité »*[826] du corpus d'idées, du stock d'images et de représentations dont l'Afrique et les Africains ont fait l'objet au cours de leur long séjour dans l'espace mental de l'Occident. Dès lors, si l'on accorde toute l'importance à cette démarche radicale à laquelle nous invite K. Popper, rien de ce qui a été dit sur l'Afrique ne peut être considéré comme une vérité infaillible et irrévocable. Tout énoncé, pour être scientifique, doit être soumis à une épreuve de révision critique. En effet, à chaque étape de la démarche de la recherche, nous prenons le risque de refonder chaque discipline des sciences sociales en vérifiant la capacité heuristique des outils intellectuels forgés dans les univers culturels euro-américains La reprise des outils pour rendre compté des réalités africaines exige un effort de contextualisation qui soumet les présupposés de chaque discipline à un sorte d'expérimentation cruciale. En effet, dans tout ce qui est dit sur l'Afrique, le chercheur doit se poser ces questions préalables : Qui parle ? Pour qui ? Pourquoi ? À partir de quel espace ou de quel lieu le discours sur l'Afrique se constitue ? Sur quoi ce discours est-il fondé ? Quelle en est la légitimité scientifique ? Quelle est sa pertinence par rapport à la réalité africaine ? Selon quel droit et selon quelles normes ce discours mérite d'être pris au sérieux et reçu comme une contribution efficace à la production des connaissances sur l'Afrique et au sujet des Africains ? Si aucune théorie scientifique n'est définitivement établie et n'a, en fait, qu'un statut hypothétique et précaire, ces questions élémentaires constituent l'environnement de la recherche pour les hommes et les femmes qui, dans le domaine de la connaissance, ne sont pas des perroquets voués à répéter les paradigmes dont l'existence n'épuise pas les potentialités productives de l'intelligence humaine. Ainsi, il ne suffit pas au chercheur africain de se prémunir contre ses « préjugés » ou ses « sentiments ». Il lui faut intégrer la critique de sa propre situation intellectuelle compte tenu de la nécessité d'ouvrir le débat sur les idées directrices, les concepts et les théories qui renvoient à d'autres sociétés et d'autres cultures. Renoncer à ce débat, c'est enfermer le chercheur dans l'empirisme naïf que dévoilent de nombreuses monographies où des raffinements techniques parfois très poussées réussissent à masquer l'absence d'une véritable position du problème de recherche et la discussion sur l'adéquation de l'outillage conceptuel à son objet d'étude. Il y a, ici, me semble-t-il, un travail spécifique à faire : s'expliquer en permanence avec la capacité heuristique des concepts et des théories qui proviennent des contextes culturels et sociaux différents. Bref, il s'agit de procéder à un travail

---

[826] K. Popper, *La logique de la découverte scientifique*, op. cit.

critique de purification à l'égard du socle épistémologique de chaque discipline dans la perspective de l'herméneutique du soupçon. À ce sujet, la notion bachelardienne *d'obstacle épistémologique* devrait être redéfinie dans un nouveau système de connaissance. Cette notion ne peut se réduire, comme le pense Bachelard, à un fond d'imagination, de rêves que la raison scientifique corrige inlassablement sans jamais le barrer radicalement. En ce qui concerne les conditions de production des connaissances dans le contexte africain, le fond du problème, c'est la confrontation de la multiplicité des théories et de la polyvalence des concepts avec les nouveaux champs de recherche. En ce sens, le chercheur africain ne peut éviter une attitude « polémique » face à l'univers mental dans lequel où il vit. La mise en évidence des concepts opératoires suppose une critique des fondements spécifiques à nos disciplines. L'on ne peut s'évader des tâches proprement épistémologiques pour tenter d'innover dans le domaine du savoir. Ces tâches situent le chercheur au niveau spécifique où se pose le défi de l'invention scientifique. Comme l'écrit Jean Cavaillès, « l'un des problèmes essentiels de la doctrine de la science, est que le progrès ne soit pas augmentation de volume par juxtaposition, l'antérieur subsistant avec le nouveau, mais une révision perpétuelle des contenus par approfondissement et rature »[827]. Dès lors, penser l'Afrique en dehors de la bibliothèque coloniale et néo-coloniale[828] c'est, pour reprendre le mot de Kant, « oser faire usage de son propre jugement » en remettant en cause le regard de l'autre qui tend à se confondre avec le regard du maître[829]. Ainsi, mises à l'épreuve de l'Afrique, les sciences sociales sont filles de la culture de l'impertinence qui naît de la rupture ou du débat avec les paradigmes dominants sur lesquels nous devons, dans toutes les démarches de recherche, porter le doute et l'interrogation. Peut-être devons-nous assumer ici le risque d'exorciser « l'odeur du père » par une éthique de la transgression qui nous oblige d'écouter l'indigène sans passer par la voix de son maître. Radicalisons ce point de vue. Au moment où règne l'afro-pessimisme qui apparaît comme un avatar de la pensée raciste, on comprend l'urgence de s'émanciper du discours du maître. L'Afrique ne saurait demeurer un prétexte à des querelles d'école et un banc d'essai conceptuel pour des *épistémè*s forgés ailleurs. C'est bien ici qu'il ne faut en aucun cas démordre de la croyance en la réfutabilité de toutes les hypothèses

---

[827] J. Cavaillès, *Sur la doctrine et la théorie de la science*, p. 78.
[828] V. Y. Mudimbé, op. cit.
[829] J. P. Ela, *Restituer l'histoire aux sociétés africaines,* op. cit.

scientifiques. En effet, toutes les théories scientifiques sont à construire et à reconstruire sans cesse.

2. *L'état de « surveillance intellectuelle de soi ».* Cette attitude que préconise Bachelard[830] définit le climat général où sont appelés à travailler les praticiens des sciences sociales en Afrique. Il s'agit ici, dans tout effort de rationalité questionnante, d'exercer une sorte de vigilance permanente et de garder la distance critique qui met l'intelligence du chercheur en éveil. Comme les travaux récents le suggèrent, la tradition africaniste, malgré les tentatives de renouvellement et de réadaptation, risque d'enfermer les études de terrain dans une problématique de recherche où tous les phénomènes du continent sont perçus au travers des sociétés segmentaires où les structures de parenté sont au centre des réalités sociales. Ainsi, *l'homo politicus* est reconsidéré à partir de l'État à la lumière des affirmations des ethnologues qui ont tendance à définir les Africains sur la base des identités ethniques ou tribales. J. F. Bayart écrit justement : « Comprendre que les sociétés africaines sont « comme les autres », penser leur banalité et singulièrement, leur banalité politique : voilà ce qu'un siècle d'africanisme n'a guère facilité en dépit de la masse considérable de connaissance qu'il a engrangées (…). Quant à l'ailleurs et à l'autrement du pouvoir et de l'État, l'opinion publique occidentale est gorgée de stéréotypes. Souvent, ceux-ci exhalent un racisme que l'on aimerait d'antan. Toujours, ils trahissent une paresse à saisir les ressorts historiques de sociétés perçues comme exotiques »[831]. La reproduction de ce regard nous oblige donc à traquer les figures de l'Afrique telles qu'elles se révèlent dans les marges des textes de l'Occident où la raison impériale est toujours à l'oeuvre. En fait, face aux sociétés autres, c'est le risque d'ethnocentrisme conceptuel et théorique qu'il faut dévoiler à travers les masques du discours africaniste. En définitive, si l'on tient compte du poids de l'héritage du savoir colonial, il s'agit de « sortir du XIXe siècle »[832] pour repenser l'Afrique en remettant en cause les fondements du savoir sur ce continent. Tel est l'enjeu majeur qui, selon Gunnar Myrdal, définit « le nœud logique de toute science ». Ce nœud provient de ce fait que dans tous ses efforts, elle doit assumer un *a priori,* mais (que), pour satisfaire ses ambitions, elle doit constamment trouver à cet a priori une assise empirique (…). Il nous faut des théories nouvelles qui, malgré leur nécessaire abstraction,

---

[830] G. Bachelard, *Le rationalisme appliqué*, Paris, P. U. F., 1949, pp. 65-81
[831] J. F. Bayart, op. cit. 19.
[832] I. Wallerstein, *Impenser la science sociale. Pour sortir du XIXe siècle*, Paris, PUF, 1991.

soient plus réalistes au sens où elles pourraient mieux adhérer aux faits (...) Dans toute notre recherche, nous devons absolument nous libérer des choix partiaux et inadéquats, et des approches théoriques sans pertinence que dans notre tradition universitaire nous portons comme un fardeau »[833]. Pour relever ce défi, la reconceptualisation de la recherche exige de réhabiliter la polémique au sens bachelardien du terme. Car, trop d'obstacles encombrent les voies de la connaissance de l'Afrique compte tenu de la persistance des préjugés à l'égard des Africains depuis le passé esclavagiste et colonial qui reste au tréfonds de l'inconscient culturel qui resurgit dans la construction de l'image de l'Afrique dans le regard de l'Occident[834]. La confrontation avec ce regard est un moment crucial de la réécriture de l'Afrique à partir de la déchirure radicale qui remet en question les savoirs dominants et désacralise les discours institués. En guise de préface à l'ouvrage de Th. Obenga, Ch. Anta Diop écrit : « Aujourd'hui pour l'Africain francophone, l'incompatibilité est radicale entre sa carrière universitaire et sa carrière scientifique si celle-ci doit être féconde : à la croisée des chemins il doit opter. Ainsi se pose le problème de la recherche africaine ». Cette recherche doit être située dans un processus de créativité. Dans ce but, notons d'abord l'événement que représente l'irruption de l'africain dans le champ scientifique à l'intérieur duquel il n'est plus réduit à la condition d'informateur mais de créateur du savoir. Je dois ensuite insister sur une question de méthode ou de voie de la science qui s'impose à la réflexion sur la construction des connaissances dans le contexte africain. En effet, si l'analyse des facteurs de blocage de l'invention, de la découverte et de l'initiative scientifique en Afrique ne peut se borner à l'examen des conditions matérielles, financières et politiques de la production des savoirs, il y a lieu de remettre au cœur des débats les enjeux épistémologiques concernant les conditions de possibilité de la science dans un contexte spécifique où, ce qui est en cause, c'est l'insertion du chercheur africain au sein d'une pratique amorcée par la recherche occidentale. On ne peut

---

[833] Cité par Wallerstein, op. cit. p. 119.
[834] Sur la fascination répulsive de l'Afrique dans l'imaginaire occidental, lire J. L. Amselle, « L'Afrique : un parc à thème », *Les Temps modernes*, no 620-621, août-novembre 2002, pp. 46-60. Sur l'iconographie et le problème de la connaissance du Noir au cours des âges, cf. l'ouvrage collectif : *L'image du Noir dans l'art occidental*, Paris, 1976 ; concernant les relations entre l'impérialisme et l'image de l'indigène, lire W. B. Cohen, *Français et Africains. Les Noirs dans le regard des Blancs*, 1530-1880, Paris, Gallimard, 1982 ; voir aussi les travaux remarquables de Pascal Blanchard et al., *Culture coloniale. La France conquise par son Empire 1870-1931*, Paris, Éd. Autrement, 2002 ; P. Blanchard et N. Bancel, *De l'indigène à l'immigré*, Paris, La Découverte, 1998.

repenser le rapport de l'Afrique à la science comme si l'africanisme n'existait pas. Dans cette perspective, la recherche est une exigence à l'égard de soi-même. Elle s'opère dans un champ discursif structuré dans lequel, d'une manière ou d'une autre, et quel que soit son objet d'étude, le chercheur africain est toujours confronté au discours que l'Occident a produit au sujet de l'Afrique au cours des siècles. Aussi, prendre en charge la recherche consacrée à l'Afrique exige de repérer les axes déterminants pour le surgissement d'une parole et d'une rationalité dans le champ du savoir de l'Occident fasciné par une altérité indéchiffrable. Bref, nous sommes amenés à interroger les conditions de l'émergence d'un savoir africain sur l'Afrique en prenant en compte l'idée d'Afrique qu'un travail de mémoire contribue à actualiser à travers les trajectoires des africanistes. Or, dans cette idée, la part du fantasme l'emporte sur la part du réel. Comme le reconnaît Georges Balandier, « chacun construit son image de l'Afrique, selon ses préférences ou ses illusions plus que selon les réalités »[835]. C'est ce que Mudimbe a montré dans son ouvrage *The Invention of Africa*. La « gnose » africaniste est une figure du savoir occidental sans grand rapport avec les réalités africaines. Confronté à cette « invention de l'Afrique » qui se dissimule à travers les études sur le continent, une sorte de doute critique s'impose à l'esprit. Dès lors, le défi que doit relever l'épistémologie de la transgression consiste à articuler *dissidence et recherche scientifique*. Dans cette perspective, la reconquête de l'initiative scientifique ne peut se faire sans une véritable décolonisation des connaissances et des esprits. Pour comprendre cet enjeu, il faut revenir au point d'origine où s'élabore une problématique de recherche. Selon Bachelard, « une problématique se constitue au sein d'une science en cours, et jamais à partir du vide intellectuel ou devant l'inconnu. À partir d'un doute radical aucune science ne pourrait commencer. Aussi ne commence-t-elle jamais, mais recommence toujours. *Le Nouvel esprit scientifique* parlait de « pensée anxieuse ». *Le rationalisme appliqué* parle de « cette raison risquée, sans cesse réformée, toujours auto-polémique »[836]. En suivant cette démarche, on voit que la recherche en Afrique se situe au cœur d'une confrontation des rationalités. Le chercheur africain ne peut faire fi des connaissances qui l'ont pré cédé dans son champ d'étude. Mais il lui faut prendre conscience de la précarité d'un savoir européo-centrique dont l'éclosion reste subordonnée au pouvoir colonial et néocolonial. Par ailleurs, la prétention de ce savoir à l'hégémonie ne saurait être occultée. Dans ce

---

[835] G. Balandier, *Afrique ambiguë*, Paris, 10/18, 1957, p. 292.
[836] G. Canguilhem, op. cit. p. 204.

contexte, face à un problème de recherche, il faut, dit Popper, « essayer de découvrir ce que d'autres ont pensé et dit à propos de ce problème, pourquoi ils s'y sont attaqués, comment ils l'ont formulé, comment ils ont tenté de le résoudre »[837]. Or, les instruments de travail et d'analyse que le chercheur africain s'octroie sont porteurs de signification scientifique. À ce titre, ils renvoient aux présupposés qui informent une approche et contribuent à orienter une activité scientifique.

C'est ici que l'effort de déconstruction doit être étendu à ses propres construits. En effet, il n'y a pas de censure dans le domaine de la science. Les thèmes et les problématiques scientifiques sont autant à construire qu'à déconstruire. Dans ce sens, *le savoir s'élabore sur fond de conflit, dans un mouvement de remise en question*. C'est par cette voie et par la proposition de nouvelles hypothèses que s'alimente la science. Selon Bachelard, le progrès de la connaissance scientifique se réalise contre les « obstacles » que sont les connaissances antérieures, le sens commun ou la pensée métaphysique. En reprenant cette idée dans un livre célèbre publié sur *Le métier de sociologue*, Bourdieu et Passeron disent que les « prénotions » de la connaissance commune de la société sont des obstacles pour les sociologues. Kuhn soutient que la science avance de deux manières bien différentes : par l'extension à de nouveaux objets d'un modèle établi (« paradigme ») ou par le changement de paradigme, soit une révolution scientifique qui survient quand un phénomène résiste à son explication par un modèle antérieur. Ainsi, quel que soit le champ de recherche, le savoir se produit au sein d'une perspective de rupture créatrice susceptible de libérer l'esprit du carcan des systèmes de pensée imposés par « ceux qui savent » et tiennent à garder le monopole dans le marché mondial de la connaissance. Face à ce monopole, ce qui est en jeu, c'est la capacité épistémologique de l'Afrique. Il s'agit ici de l'aptitude à développer une réflexion et une production scientifique dont le centre et le point d'origine sont l'Afrique et les Africains. Si l'on se refuse de traîner à la remorque des autres et de répercuter la voix de son maître, le degré de familiarité avec le savoir qùi vient d'ailleurs nécessite un effort de démarcation et de distanciation vis-à-vis des modèles théoriques qui s'affirment comme allant de soi. Il faut le redire : la rupture épistémologique est une condition d'émergence d'un nouveau discours scientifique en Afrique. C'est pourquoi, il est nécessaire de porter une attention critique sur les paradigmes qui contrôlent et orientent l'investigation des chercheurs africains. Le progrès de la science passe par la réfutation des paradigmes dominants. À cet égard, Cheikh Anta Diop apparaît comme le fondateur de la science africaine moderne. À travers son œuvre, ce qui retient l'attention, c'est le sens du débat chez cet homme de science qui pousse

---

[837] K. Popper, op. cit. p. 13.

l'audace à prendre le contre-pied théorique d'un milieu solidement établi dans l'enceinte de l'université occidentale. Au-delà du décloisonnement de la démarche qui le sort des ghettos disciplinaires où chacun vénère son fétiche, l'auteur de *Nations nègres et culture ébranle le ciel tranquille de l'establishment intellectuel en secouant des systèmes qui manquent de base réelle (et) « ne s'expliquent que par la passion qui ronge leurs auteurs, laquelle transparaît sous les apparences d'objectivité et de sérénité »*[838]. *La démonstration de l'africanité de la civilisation de l'Égypte ancienne et de l'aptitude des langues africaines à supporter la pensée scientifique illustre l'épistémologie de la transgression qui pose les véritables fondements et les conditions pour le développement de la recherche en Afrique, notamment dans le domaine des sciences sociales.*

3. *Le défi de l'innovation théorique.* Cette épistémologie s'impose si les chercheurs africains veulent résister à la tentation du mimétisme conceptuel et à « l'empire de l'empirisme »[839] qui est un héritage de l'anthropologie coloniale. Selon cet héritage, pour comprendre les sociétés africaines, il suffirait de coller à la pratique du terrain en privilégiant les phénomènes exceptionnels dont on décrit les particularismes à l'intérieur de la société et de l'État, sans aucune référence aux réalités massives du continent qui sont prises dans la toile d'araignée du capitalisme mondial en pleine expansion. En fait, l'un des traits de l'africanisme est le renoncement à tout ce qui fait la démarche scientifique : la recherche de la généralisation et des lois. On peut citer de rares exceptions qui tentent d'élever le niveau de réflexion théorique et d'indiquer clairement les présupposés et les cadres conceptuels auxquels ils se réfèrent dans leurs champs d'analyse sur l'Afrique[840]. Cet effort est loin d'être facultatif. En effet, il répond à des exigences élémentaires de méthodologie de la recherche[841]. Pourtant, quand il

---

[838] C. A. Diop, *Nations nègres et culture*, op. cit.
[839] A. Morice, « L'empire de l'empirisme », dans I. Deblé et Ph. Hugon (dir), *Vivre et survivre dans les villes africaines*, Paris, PUF, 1982, p. 257 ss.
[840] Voir les travaux de J. F. Bayart, qui, outre la sociologie « dynamiste » de Balandier et « la théorie de l'action » de Giddens, renvoie aux réflexions de Castoriadis sur l'imaginaire et se réfère explicitement à Foucault dans la problématique de l'énonciation et de la gouvernementalité. Notons aussi les références à Deleuze et Guattari (L'État rhizome), à F. Braudel (le terroir, la longue durée), à Gramsci (le bloc historique, la question hégémonique) et à Bourdieu (le champ du pensable politiquement). Cf. *L'État en Afrique*, op. cit.
[841] Sur les problèmes de conceptualisation, je renvoie à *mon Guide de formation à la recherche pour le développement en Afrique*, op. cit. ;sur ce sujet, lire aussi. H. Gérard, « *Théories et théorisation* », in *L'explication en sciences sociales*, Chaire Quetelet 87, Louvain-La-Neuve, 1989, pp. 467-481 ; L. Van Campenhoudt et al., *Manuel de recherche en sciences sociales*, Paris, Dunod, 1988.

s'agit des travaux sur les réalités africaines, ces précautions semblent inutiles à de nombreux auteurs d'ouvrages qui se veulent savants. Beaucoup préfèrent renoncer délibérément à des démarches jugées encombrantes comme s'il n'était pas nécessaire de se poser les questions gênantes sur l'utilisation des concepts et des méthodes d'analyse appliqués aux phénomènes africains. Or si l'on doit se méfier des prêts-à-penser, la recherche sur l'Afrique peut-elle se passer des questionnements épistémologiques et théoriques préalables ? Pour répondre à cette question, il faut briser le miroir et revoir l'importance de la théorisation dans les démarches de recherche dans le contexte africain. Cet effort paraît plus urgent que jamais. Car, il faut bien constater le déficit de pertinence de la majorité des discours sur le continent noir. En dépit des apparences, ces discours restent ancrés dans l'ère de « l'Afrique tribale » imposée par l'anthropologie de la parenté. On réinvente le postulat de « l'homme noir » irréductible à l'universel. Bref, on se situe toujours dans la perspective de l'occidentalisation de l'État, de la société et de l'économie. Le regard sur l'Afrique en terme d'inachèvement, de faillite, de manque, voire de pathologie relève des écritures occidentales des réalités africaines à travers un ensemble de prénotions construites par le discours colonial dont la résurgence vise à « garder l'Afrique en dépendance, ou du moins, à la considérer comme inférieure »[842]. On reconnaît ici le visage de l'Afrique dans l'imaginaire de l'Occident. D'où l'accent sur les « spécificités africaines » qui nous ramènent aux schémas d'analyse sur « l'âme noire ». Malgré tous les efforts pour repenser les rapports des sociétés africaines à l'histoire dans le contexte de l'économie politique de la colonisation, le continent noir reste enfermé dans une sorte de présent ethnologique. En définitive, l'Afrique demeure le continent du manque et de l'absence. Découvrir ce que l'Afrique est et non seulement ce qu'elle n'est pas est le défi majeur de la recherche. Pour relever ce défi, il faut inscrire l'Afrique dans les débats scientifiques ouverts par les projets totalitaires du marché en pleine expansion.

Cette tâche interpelle les universités africaines. Elles doivent se questionner en vue d'acquérir une nouvelle vision d'elles-mêmes en repensant les conditions de formation et de recherche compte tenu des évolutions sociales et scientifiques. En effet, face à la médiocrité des outils d'analyse et des modèles théoriques qui résultent d'une littérature dite « scientifique » et s'avèrent inaptes à saisir les réalités rebelles à ces schémas conceptuels, il faut s'interroger sur le savoir à produire et à transmettre en Afrique. La réflexion sur ce savoir doit se

---

[842] C. Coquery-Vidrovich, art. cit.

faire là où l'expertise se trouve, c'est-à-dire dans les départements et les Facultés afin d'assurer la qualité des innovations dans les façons de faire la recherche et les modèles de développement de la science. Il ne suffit plus de revoir les modes de livraison ou d'offre de connaissances. Il faut se rendre compte que les gens ont aujourd'hui de multiples points de contacts avec les informations scientifiques, que ce soit par le biais de la télévision et de la radio, des journaux et de l'Internet. L'université doit réexaminer son rapport spécifique à la science en devenant un lieu critique de production des savoirs dans les équipes de travail où l'on accorde une importance accrue à la multidisciplinarité pour résoudre les problématiques de recherche. Il oblige d'inventer des nouveaux outils d'analyse et de compréhension de la réalité quotidienne. En considérant les conditions d'accès au terrain, les concepts, les théories et les démarches autour desquels les sciences sociales se fabriquent et se déploient, j'ai tenté de cerner les questions fondamentales auquel doit répondre le projet de produire les connaissances sur les sociétés africaines. Ce que l'on amorce ici, c'est toute une éthique de la connaissance pour l'Afrique dans un tournant de l'histoire où les savoirs d'hier sont devenus caducs. Il faut bien s'en rendre compte : « À l'extérieur, l'africanisme académique est en voie d'essoufflement »[843]. On saisit l'ampleur des défis des chercheurs africains qui doivent produire des savoirs pertinents sur leur continent. Aucun discours scientifique digne de ce nom ne doit se borner à reproduire les images et les clichés où les idéologies prennent le masque de références savantes en conférant une sorte de « priorité ontologique » à l'ethnicité pour rendre compte de l'ensemble des phénomènes de la vie quotidienne au moment même où les dynamiques internes et les mouvements sociaux qui travaillent l'Afrique en profondeur ouvrent de nouvelles perspectives d'analyse sur les sociétés africaines. Nous ne pouvons écarter l'hypothèse de la reconstitution et de la restructuration de ces sociétés par les forces qui les habitent et les acteurs méconnus qui les orientent. Ce travail des sociétés africaines sur elles-mêmes n'est pas seulement une réaction brutale à la crise de la raison autoritaire qui a longtemps bloqué l'émergence des dynamismes internes et la créativité des acteurs porteurs d'avenir. Il s'agit aussi des formes de résistance et de subversion, de recompositions et de « ripostes » à la « violence de l'argent » qui se manifeste à travers les réformes libérales qui imposent à l'Afrique de s'ajuster au processus de mondialisation du capital.

Si l'on tient compte des réserves de croissance que représente le continent noir, l'Afrique apparaît comme l'Eldorado du XXIe siècle[844]. À ce titre, elle est au coeur des enjeux de la globalisation[845]. Devant ce défi majeur, nous mesurons la perversité des discours qui créent la « diversion » en réduisant les problèmes

---
[843] CODESRIA, *Priorités stratégiques, op. cit. p. 4.*
[844] I. Ramonet, « Continent d'avenir », in *Afrique en renaissance*, Manière de voir mai-juin, 2000.
[845] J. M. Ela, *Innovations sociales et renaissance de l'Afrique Noire*, pp. 375-384

africains à la question dite « ethnique » et au « retard des mentalités ». Au moment où les rêves des années 60 se sont effondrés, le retour en force du culturalisme apparaît comme un avatar du libéralisme. Cet avatar masque les enjeux de pouvoir et les stratégies des acteurs impliqués dans la reconduction des dynamiques de violence et les mécanismes d'assujettissement des millions d'Africains. Il nous faut désembastiller et décloisonner les discours sur l'Afrique en ouvrant les perspectives de recherche sur les rapports de force dont il faut saisir les effets en procédant à l'analyse de l'impact de la mondialisation dans la vie quotidienne au sein des sociétés africaines. Bien plus, en rupture avec les dérives culturalistes et néo-libérales, il importe de sortir des sentiers battus de l'africanisme afin de démarginaliser l'Afrique dans les débats scientifiques de notre temps. Aucune approche novatrice ne peut se fonder sur la seule catégorie de la différence qui, en fait, réduit les objets des études africaines en « objets exotiques ». Nous ne pouvons passer sous silence les processus planétaires dans lesquels les acteurs africains sont insérés, de gré ou de force, à partir des défis auxquels ils doivent répondre dans le contexte réel et historique où ils se débattent au cœur du quotidien. Penser la banalité de l'Afrique ne saurait nous soustraire à notre appartenance à la nouvelle étape de l'histoire humaine qui impose de revoir les positions que nous occupons dans les dynamiques contemporaines.

S'il faut construire de nouvelles grilles d'analyse pour rendre compréhensible notre positivité dans les processus actuels, c'est parce que la recherche sur les sociétés africaines part d'une situation générale où, non seulement la connaissance de ces sociétés est insuffisante, voire nettement médiocre en dehors de quelques exceptions. De plus, cette recherche est confrontée au poids des traditions nationales ou continentales qui ont forgé des instruments d'analyse mal adaptés aux réalités dont ils doivent traiter. Ces instruments d'enquête et d'interprétation sont tirés de l'observation des réalités euro-américaines. Par ailleurs, ils sont associés à un système épistémique tel que la science sociale occidentale l'a établi comme le rappellent le concept de « tradition » et la résurgence du paradigme de « l'ethnicité » dont nous prenons conscience de la pauvreté pour comprendre les chocs traumatiques de l'histoire du présent en Afrique. Comment ne pas se méfier d'une clé qui ouvre toutes les portes ? C'est le cas des prêts à penser et des concepts « passe-partout » que l'on sort dès qu'on veut expliquer les faits africains : trajectoires du politique, guerres et conflits, crise économique, etc. ... Pour ressaisir la capacité d'action des Africains dans les différents terrains où les effets de ces chocs suscitent des ripostes, il s'agit de traquer toutes les idées reçues qui tendent à placer l'Afrique sous la catégorie de « l'anormal » à travers les schémas intellectuels, les pièges de l'exotisme et de l'ethnocentrisme incapables de reconnaître que les Africains sont les acteurs et d'insérer leurs dynamiques internes dans l'aventure de l'humanité de notre temps Dans ce contexte, la recherche doit s'interdire d'ignorer ce qui arrive aux hommes et aux femmes sur lesquels portent les enquêtes et les projets d'étude de terrain. Car aucune science n'est neutre, elle opprime ou elle libère. Dès lors, il nous faut avoir le courage de tirer les leçons des applications des sciences sociales à l'Afrique. Depuis l'essor des études africaines à la fin de la deuxième guerre mondiale, l'indigène n'a pas toujours été l'objet de connaissance de l'Occident en vue de l'amélioration des ses conditions d'existence. Le savoir sur l'Afrique naît dans le contexte de « la mise en valeur des colonies ». En dépit de la création des sociétés savantes, cet objectif fondamental oriente les pratiques de recherche vers des finalités plus pratiques. Les études africaines sont une invention de l'Occident, une partie de son patrimoine, un moyen de son expansion et de sa puissance[846]. À ce sujet, Marcel Griaule, conseiller de l'Union française, précise le but des travaux d'ethnographie : « Cette discipline est nécessaire à une politique éthique, à un gouvernement correct désireux de décision scientifique, à une exploitation rationnelle et profitable des peuples en présence. L'ethnographie permet la pénétration systématique de la pensée des hommes comme la définition de leurs besoins matériels et moraux »[847]. Ainsi, la colonisation justifie l'ethnographie. Selon Griaule, « La science est auxiliaire éventuelle de la colonisation, et il ne s'agit pas seulement de science technique, mais de science humaine, de science africaine »[848]. Comme on le voit en Amérique du Nord et en Europe, comment comprendre que l'africanisme n'ait pas réussi à changer l'image du continent et des Africains en dépit des efforts déployés dans les différents domaines de la recherche en sciences sociales[849] ? Comment expliquer l'enlisement où se trouvent tant de sociétés africaines malgré la création des instituts de recherche, des observatoires d'analyse, des centres d'études, l'ampleur des programmes de recherche subventionnée, le développement des innombrables missions des consultants et des experts, l'organisation interminable des enquêtes qui ont coûté des milliards de dollars dont ont bénéficié des générations d'africanistes ? En fin compte, quels sont les objectifs et les priorités des études africaines en Occident ?

L'évaluation de l'état de la recherche africaniste est inséparable de l'examen critique du rôle du savoir et de la production des connaissances dans

---

[846] Sur ce sujet, cf. *Le mal de voir. Ethnologie et orientalisme : politique et épistémologie, critique et autocritique*, Paris, 10\18, 1976 ; A. Pirou et E, Sibeud (dir), *L'Africanisme en questions*, Paris, Centre d'Études Africaines. École des Hautes Études en Sciences Sociales, 1997, pp. 81-83, Cahiers Jussieu no 2, Université de Paris VII,
[847] Cité par Kusum Aggarwal, op. cit, p. 96
[848] Kusum Aggarwal, op. cit. p. 124.
[849] Voir C. L. Miller, *Blak Darkness : African Discourse in French*, Chicago, University of Chicago Press, 1985.

les processus de changement social. Dans les pays du continent où conseiller l'Afrique est devenu une industrie à laquelle participent les chercheurs, la refondation des sciences sociales ne doit pas se contenter de faire du continent un espace scientifique, un laboratoire des recherches pluridisciplinaires et d'élaboration théorique. En passant du regard colonial sur l'Afrique au regard indigène qui s'abstient de réciter les paradigmes liés aux perceptions de l'Occident sur les réalités africaines, la recherche en sciences sociales ne saurait se confondre avec l'art pour l'art. Face à la montée de l'insignifiance et au conformisme généralisé où « les chiens de garde » du libéralisme soumettent les hommes et les femmes de notre temps à la résignation et au fatalisme, la quête d'une « nouvelle radicalité » est une urgence de la pratique actuelle des études sur l'homme et la société. Il nous faut non seulement accéder à la vérité sur nous-mêmes en réexaminant sans complaisance notre situation au sein des rapports de force en présence dans le monde contemporain. Mais, tout en réfléchissant sur les nouveaux paradigmes qui émergent dans le contexte où nous nous trouvons, il s'agit d'inventer des réponses aux questions que le temps nous pose à l'heure du grand marché où s'organise le bal des vampires. Comment réinventer le politique et exercer toutes les dimensions de la citoyenneté ? Bref, comment habiter le monde autrement dans le contexte africain ? L'envergure de ces questions ne doit pas nous faire douter des « gisements de sens » dont l'Afrique est chargée.

C'est sur l'inventivité des sociétés africaines et leur capacité d'initiative et de créativité que nous devons prendre appui pour rendre aux sciences sociales leur destin historique. Ces sciences sont nées d'un processus d'émancipation de l'homme. Dès leur origine, elles sont vouées par leur projet fondateur aux tâches de reconstruction de la société. Dans le contexte nouveau où une économie barbare prospère sur les ruines de la société[850], les sciences sociales doivent déployer leur potentiel critique. La production des connaissances dans le contexte africain doit permettre de réactiver cette dimension capitale de la pratique de la recherche. Dans cette perspective, l'on retrouve, comme l'écrivait Henri Lefebvre, « l'unité de la théorie et de la pratique » jusque là voilée ou inexprimée dans la pensée comme dans l'action »[851], notamment dans les études africanistes. Dans ce sens, réécrire l'Afrique exige de concilier ce qui peut paraître l'inconciliable en participant à l'élaboration des alternatives crédibles par lesquelles nous devons refuser les nouvelles formes de fondamentalisme économique qui, à travers la fable libérale, cherchent à s'imposer comme une

---

[850] B. Perret et G. Roustang, *L'Économie contre la Société*, Paris, Seuil, 1993. Lire aussi H. P. Martin et H. Schumann, *Le Piège de la mondialisation. L'agression contre la démocratie et la prospérité*, Paris, Actes Sud, 1997
[851] H. Lefebvre « Science et action », in *Pour connaître la pensée de Marx*, Paris, Bordas, 1966, p. 48.

croyance inévitable en capturant toutes les forces de l'intelligence. Afin de sortir des sentiers battus de l'Africanisme, il s'agit de libérer ces forces pour ouvrir de nouveaux domaines de recherche. Bref, la finalité des savoirs sur l'Afrique doit être redéfinie. Dans ce but, il convient de rappeler l'enjeu culturel de la recherche scientifique dans les sociétés contemporaines. Cet enjeu « est évidemment très important, mais il a rarement pris, à lui seul, une dimension politique susceptible de faire reconnaître par les pouvoirs publics la priorité de la recherche scientifique. L'activité scientifique désintéressée, c'est-à-dire la recherche fondamentale, doit donc être protégée, développée (...). Le rayonnement d'un pays est aussi celui de sa culture, et donc de son potentiel scientifique, qui lui permet d'être producteur de « connaissances » ; de plus, la reconnaissance internationale du niveau de la qualité de la production scientifique d'un pays n'est jamais une donnée négligeable. Ce potentiel, en particulier celui des universités, est aussi un moyen de formation de cadres de haut niveau par la recherche. Ce fut la politique de l'Allemagne, dès le XIXe siècle. On prête d'ailleurs ce mot au chancelier Bismarck : « la nation qui a les écoles tient l'avenir »[852]. En Afrique, notamment, cet avenir se joue autour de la recherche dans les universités où s'expérimentent des nouvelles manières de faire la science et d'assurer le progrès des connaissances. L'importance des enjeux culturels doit accélérer l'intégration de la recherche scientifique dans les processus de décision au sein des gouvernements. On voit ici le rôle de la prospective de la science qui nécessite de procéder à l'évaluation des connaissances et des contraintes pesant sur l'ensemble des disciplines. Il faut aussi identifier les paradigmes et les concepts susceptibles de faire émerger des ruptures permettant des avancées décisives sur les chemins du savoir. Soulignons enfin la nécessité de l'évaluation permanente des travaux par les pairs à travers les processus de confrontation d'idées et les décisions qui orientent le cours de la science. L'avenir de la recherche dépend des objectifs définis et des étapes à prévoir pour atteindre ces objectifs avec des moyens requis. Pour rompre avec les pratiques en cours, il semble important de reconstruire les champs de recherche en tenant compte des mutations de l'Afrique et de ses interrogations sociales. Dans ce but, il convient de se réapproprier cet objet d'étude qu'est l'Afrique. Comme le remarque Achille Mbembe, « il n'y a jamais eu de discours sur l'Afrique autour d'elle-même, par elle-même et pour elle-même »[853]. Dans les temps qui viennent, il va falloir revisiter l'Afrique telle qu'elle tente d'assumer les défis auxquels elle est aujourd'hui confrontée. Dès lors, ce qui s'impose à la recherche, c'est cette élucidation de l'être au monde de l'Afrique en ce début du nouveau siècle. Le défi de la recherche actuelle, c'est cette Afrique qui innove et invente sans cesse

---

[852] E. Schatzman, « Le statut de la science », *Encyclopaedia Universalis*, vol. 20, 1990.
[853] « La réponse d'Achille Mbembe, art. cit. p. 11.

dans le contexte d'une conjoncture mondiale. Pour assumer les tâches de la raison dans ce contexte, *il importe de discerner les enjeux, d'éclairer les débats de fond qui émergent, d'expliquer les genèses, d'ouvrir des perspectives inédites et d'oser se risquer dans le partage avec d'autres disciplines de recherche.* Sortir des territoires biaisés de l'Africanisme, c'est s'inscrire dans une contemporanéité complexe afin de mettre en exergue l'historicité des sociétés africaines et de dire l'Afrique comme expérience de notre temps.

Dans cette perspective, je pense à la nécessité de :

● Redécouvrir la diversité et la richesse du fait politique africain dans l'histoire face à l'impasse des études africanistes qui, autour de l'État postcolonial, recyclent les images négatives et misérabilistes du continent noir en occultant délibérément les nouveaux rapports de force, le renouvellement des systèmes d'inégalité, de domination et d'exclusion, les bricolages et la complexité des nouvelles dynamiques sociales, des symboliques et des imaginaires culturels ou politiques qui s'inventent dans les structures du quotidien.

● Mettre en lumière les modalités de création des identités plurielles, les espaces d'investissement de sens et des cultures inédites, les pratiques, les codes et les langages des acteurs multiples qui surgissent à partir des processus de construction des sociétés en gestation.

● Analyser les enjeux de l'Afrique face à la globalisation et les impacts de ce processus dans les trajectoires de la vie quotidienne des Africains.

● Explorer les traits du nouveau visage d'une civilisation de la femme africaine dont la créativité et les capacités de pouvoir mettent en question les structures familiales et sociales, économiques et politiques.

● Identifier et examiner les problèmes liés à l'implication des sociétés postcoloniales dans la recherche des alternatives nécessaires à l'émergence d'un autre monde au cœur des déséquilibres et des mécanismes du système économique international.

● Mettre en relief les visions, les valeurs et les idéaux, les buts et les aspirations autour desquels se mobilisent différents groupes et segments de la population à travers les projets et les mouvements sociaux, les logiques et les stratégies qui, au-delà des chiffres froids, sous-tendent et orientent les sociétés et les économies réelles de l'Afrique contemporaine.

La mise en œuvre de ces perspectives d'analyse et de recherche exige des changements de paradigmes et invite à plus d'invention et d'imagination. Ce défi s'impose à tous les champs du savoir. Osons penser les réalités africaines autrement et désenclavons le regard sur le continent noir par un libre examen des rapports de force qui risquent de le laisser en bordure du monde. Les questions que se posent les Africains et les tentatives de réponses qu'ils leur donnent ont une importance pour d'autres êtres humains. À partir de ces questions et de ces réponses, il faut avoir l'audace de sortir des ghettos et d'affronter, à bras le corps, le défi de la globalisation en inventant des savoirs qui trouvent leur légitimité et leur audience en dehors des géographies de l'autochtonie. En se mobilisant de façon créative autour de ce défi, il est clair que les Africains peuvent intervenir de façon plus active dans les affaires du monde. Cette tâche n'a de sens que si nous nous décidons de refonder les sciences pour réinventer l'Afrique dans le jeu du monde et ouvrir les voies de l'Afro-renaissance. Tel est le défi majeur qui interpelle la nouvelle génération des chercheurs africains. La tâche est immense et les chemins à prendre semés d'embûches. Au-delà des enjeux conceptuels et théoriques que je viens d'examiner, il convient de découvrir les contraintes sociales et politiques dont le poids ne peut être négligé dans le cadre de cette étude.

Chapitre V

Vers une économie politique de la connaissance

Pour élargir l'horizon de la réflexion sur les relations entre les sciences et les sociétés en Afrique, je dois préciser le sens des questions qu'il faut aborder ici et la pertinence des défis à relever face au projet de participer à la vie scientifique à l'ère de la mondialisation. Forme spécifique du savoir, la science a ses acteurs et ses producteurs, ses institutions et ses réseaux, ses rites et ses temples, ses revues et ses publications. Elle crée ses mythes comme celui d'Einstein. Elle vénère ses martyrs depuis Archimède, mort de la main d'un légionnaire romain, à la prise de sa ville de Syracuse qu'il avait défendue par de formidables machines de guerres issues de son savoir. La science, enfin, a ses récompenses et ses prix, ses mécènes et ses fondations[854]. Et, bien sûr, comme je l'ai indiqué, elle a son esprit, ses principes et ses méthodes, ses théories et ses paradigmes. Pour comprendre ce phénomène de société et de culture dont le développement nécessite des investissements matériels et financiers importants, il a semblé jusqu'ici, dans les milieux d'analyse, qu'il fallait privilégier la science qui se produit en laboratoire afin d'en faire un objet d'investigation anthropologique et sociologique. Tout se passe, en fait, comme si, en parlant de la science et des scientifiques, on devait accorder une place secondaire et un statut inférieur aux connaissances qui se produisent sur l'humain et le social. Or, le besoin de ces connaissances se fait sentir dans le monde des affaires qui accorde un rôle crucial à la motivation, à la négociation, à la communication, à l'écoute et à l'inconscient, au social et au mental dans les relations de travail et la gestion des ressources humaines[855].

J'ai montré les limites des préjugés scientistes et positivistes qui se reproduisent à travers le débat sur le caractère scientifique des sciences humaines et sociales et leur valeur dans le système des connaissances. Si je

---

[854] Pour se faire une idée de ces sujets, cf. P. Deheuvels, op. cit. pp. 112-122.
[855] Sur le recours aux sciences humaines dans la gestion des affaires, lire : « À quoi servent les sciences humaines » ? *Sciences Humaines*. Hors Série, no 25, juin/juillet 1999. J. F. Chanlat, *Sciences sociales et management*, Paris, Eska, 1998 ;

reviens sur ce sujet, c'est parce que les mutations actuelles de l'économie obligent à reconsidérer l'importance de ce que Moles appelait « les sciences de l'imprécis ». Il s'agit, en fait, des sciences de l'immatériel qui dévoilent l'ampleur et l'actualité des champs de recherche et d'action. En effet, en observant la mobilisation des milieux d'affaires autour des nouveaux créneaux qui créent des emplois, il faut comprendre qu'en dehors des secteurs de l'économie conventionnelle liés à la « révolution industrielle », le capital investit aujourd'hui dans les domaines comme l'image, le désir et l'imaginaire, le temps du loisir et du divertissement, le sexe et l'amour, le corps et la mort dans un contexte intellectuel et scientifique où, à l'évidence, les savoirs construits dans les laboratoires de physique et de chimie ne jouent aucun rôle. Observons l'industrie de la mort en Amérique du Nord. Elle nécessite un puissant effort de publicité pour les entreprises funéraires qui ont détrôné les Églises et tentent d'inventer de nouveaux rituels. Dans ce contexte, la mort elle-même est une marchandise[856]. Pour qu'elle soit gérée selon les lois du marché, les entreprises funéraires doivent se tourner vers des spécialistes en marketing dans un système social et culturel où l'exploration des nouveaux mythes, des symboles et des rituels des sociétés contemporaines et leur incidence dans les logiques de marché imposent l'intervention et l'expertise des sciences humaines et sociales. Rappelons aussi l'efficacité des processus de persuasion qui, à l'insu de nombreux acteurs, visent à créer les besoins et les désirs en conditionnant les individus à travers les mécanismes de la publicité qui explorent les facteurs inconscients et subconscients des consommateurs. Pour vendre, il faut découvrir des « ressorts à déclencher l'action » à partir de l'inconscient. Comme le montre Vance Passkard dans une enquête approfondie sur la singulière puissance des méthodes scientifiques mises à la disposition des firmes commerciales, « les publicitaires deviennent des gens des profondeurs »[857]. Notons aussi ce phénomène en apparence très banal : « la rapidité des processus de production et de codification de la nouvelle connaissance et les coûts faibles et décroissants du stockage de la connaissance codifiée donnent au problème de l'attention une nouvelle acuité. Plus que jamais, c'est l'attention et non plus l'information qui devient la ressource rare. Filtrage et sélection de l'information deviennent des fonctions importantes. L'abondance engendre également un problème de localisation de la connaissance pertinente pour l'entreprise »[858]. Bref, « les activités de recherche et de connaissance codifiées ainsi que celles de filtrage et

---

[856]. St-Onge, *L'Industrie de la mort*, Québec, Éditions Nota bene, 2001.
[857] V. Packard, *La persuasion clandestine*, Paris, Calmann-Lévy, 1958, p. 27 ; lire aussi, R. Barthes, « publicité de la profondeur », in *Mythologies*, Paris, Seuil, 1957, pp. 77-79.
[858] D. Foray, op. cit. p. 99

de sélection deviennent des activités d'importance économique grandissante pour les performances de l'économie fondée sur la connaissance »[859].

Dès lors que l'immatériel est un lieu d'affaires, l'imaginaire et le symbolique sont un champ de recherche dont les résultats trouvent leur application dans les secteurs d'une économie dont le fondement n'est plus la maîtrise des lois de la nature mais le fonctionnement de l'univers social. En un sens, au-delà du discours technocratique, la nouvelle économie réhabilite les domaines de recherche en rupture avec la vision mécaniste du monde propre à l'Occident moderne. Plus précisément, en recentrant les affaires autour de l'immatériel, cette économie met en crise l'hégémonie du modèle d'intelligibilité qui, depuis la révolution galiléenne, se fonde sur la géométrisation de la nature et de la science. Face aux impératifs de l'économie du savoir, on voit la nécessité d'une science plus ouverte qui prend en charge la complexité et la pluralité des regards comme je l'ai rappelé plus haut. *Ce qui s'impose aujourd'hui à l'attention, c'est l'enjeu économique que constituent les capacités cognitives de l'être humain.* Ces capacités mettent à l'épreuve les forces d'invention et d'innovation. En d'autres termes, par-delà les ressources agricoles et forestières, pétrolières et minières, on redécouvre les puissances de l'imaginaire dans le monde des affaires. C'est ce que révèlent les industries culturelles dans un système économique et social où le capital financier investit le regard et le désir à partir des images cinématographiques qui révèlent les capacités de production et de création. En dépit des rapports de force qui tendent à contrôler le champ de la recherche au profit des puissants lobbies engagés dans les biotechnologies, les industries de la guerre à travers l'enrôlement de la physique, de la chimie et de la biologie dans l'armement, c'est vers les jeux-vidéo et le multimédia que se concentre la nouvelle économie. Pensons, en particulier, à l'empire des médias. Ce qui fait ici problème, c'est le savoir lui-même comme source de richesse. Bien plus, l'on tend à considérer la connaissance comme un bien économique dont la production et la gestion sont un enjeu stratégique. Dans cette perspective, l'économie de la connaissance a fait de la recherche un objectif central des stratégies industrielles. Cette économie conduit au développement d'un « tertiaire scientifique »[860]. Bref, la montée en puissance de l'économie de la connaissance s'accompagne de la prise de conscience du rôle moteur et de la diversification des acteurs de la recherche et de leurs relations. Cette mutation invite à prendre en compte l'importance du capital humain et à redécouvrir les chercheurs comme les acteurs émergents de la nouvelle économie. Plus

---

[859] D. Foray, op. cit. p. 100.
[860] D. Foray, op. cit.

radicalement, il nous faut resituer les capacités de connaissance au cœur des relations entre le Nord et le Sud.

Dans la mesure où de nouveaux secteurs s'ouvrent à l'économie en rupture avec les modèles et les structures liés à la traditionnelle division internationale du travail entre les pays industriels et les pays producteurs de matières premières, il convient de renouveler le débat sur la science en s'interrogeant sur les conditions de visibilité de l'Afrique dans le monde du savoir. Dans cette perspective, nous devons mesurer l'ampleur des enjeux géopolitiques qui s'imposent à l'analyse. Compte tenu des inégalités en matière de connaissance, ces enjeux obligent à poser les questions nouvelles sur la manière de faire la science autrement en créant des liens novateurs et alternatifs susceptibles d'introduire des changements dans la pensée et d'élargir les bases permettant à l'Afrique de participer à la science-monde au moment où la société elle-même ne peut rester indifférente aux questions soulevées par les choix et les conséquences de la recherche scientifique. En d'autres termes, si l'on ne peut accepter le partage du monde entre les pays producteurs et les pays consommateurs de connaissances, il importe de redécouvrir la nature réelle et la dimension des problèmes qui se posent autour du financement de la recherche en Afrique. Bref, il faut se demander comment affronter les inégalités entre le Nord et le Sud afin de créer les conditions véritables d'émergence des « savoirs hors d'Occident ». Ce défi nous fait prendre conscience de l'importance des décisions qui dépendent de l'exercice du pouvoir dans sa relation avec la science et la société. Car, le discours sur la science ne peut se limiter à l'examen des processus complexes par lesquels les chercheurs bâtissent leurs résultats et construisent la réalité en référence à un contexte social et culturel particulier où s'enracinent les compromis et les controverses, les textes et les concepts qui contribuent à la construction des faits scientifiques. Au-delà de la vie en laboratoire qui ouvre aux anthropologues et aux sociologues de nouveaux objets d'étude, il semble important de retrouver l'articulation du savoir, de la société et du pouvoir. Cette optique impose des analyses prospectives et stratégiques des problèmes de la science dans une société qui bascule dans l'économie de la connaissance. Il importe ici de résister à la tentation de la séparation et du cloisonnement entre les disciplines. En effet, si les processus cognitifs relèvent de la « production » dans le cadre des stratégies de négociation des chercheurs à partir de l'intelligence qui, comme matière grise, est une ressource stratégique, on peut se demander dans quelle mesure la production de la connaissance s'inscrit dans l'espace du politique. Afin de répondre à cette question, sans négliger les relations souvent difficiles entre les scientifiques et ceux qui gouvernent dans un système total où, en dehors des fondations privées, les scientifiques dépendent de l'État tandis que l'État lui-même ne peut se passer des hommes d'analyse et de réflexion comme conseiller, expert ou stratège, il convient de reconsidérer le rapport au savoir en examinant les questions qui surgissent entre la science, l'État et la société.

Fabriquer la science dans une économie de comptoir ?

Dans ce sens, en restant à l'écoute de l'Afrique où une nouvelle génération de chercheurs se prépare à prendre l'initiative de la recherche dans les champs d'étude longtemps investis par les chercheurs du Nord, on doit renouveler l'analyse des enjeux que présente le déplacement du centre de gravité de la production des connaissances vers de nouveaux territoires de la recherche et de l'invention. En d'autres termes, si la science n'est pas seulement manipulation des forces naturelles sous l'horizon des décisions politiques comme le montre Jean-Jacques Salomon à travers l'expérience occidentale[861], c'est le statut de l'Afrique comme sujet de la science qui fait problème dans le système mondial. Dans ce système, il faut vérifier dans quel sens l'accès à la science doit être considéré comme un enjeu de pouvoir compte tendu des stratégies de contrôle de cette activité qui met entre les mains des pays du Nord cet outil puissant qu'est la science. Faut-il rappeler : comme le souligne Evry Schatzman, « la science et la technologie représentent aujourd'hui un enjeu économique et social au sens large. L'appropriation des connaissances scientifiques et techniques et leur intégration dans les processus de production sont devenus une arme dans la compétition internationale. En effet, la recherche, source d'innovations, permet de mettre sur le marché des produits nouveaux d'importance pour l'intérêt public. Le troisième enjeu des politiques de la science est stratégique, au sens où il faut considérer que la maîtrise des domaines de la recherche est vitale pour assurer à une nation des outils de son indépendance (…). Le dernier enjeu de la recherche est militaire. Il concerne pour un État moderne tout ce qui touche, de près ou de loin, à sa défense »[862]. Dans ce contexte, la volonté de puissance qui transforme les rapports entre la connaissance et l'action à l'échelle planétaire, oblige de savoir si, dans un vaste espace de décisions et de contrôle, les pays riches ne tendent pas à passer par la science pour étendre leur emprise y compris jusqu'au niveau des systèmes conceptuels et des cadres théoriques à partir desquels la connaissance scientifique se construit. Tel est le thème de la réflexion de l'étape de cet ouvrage.

Précisons l'importance de ce thème. Si la connaissance elle-même est un pouvoir, les questions posées par sa production doivent être reliées à celles de sa diffusion, de son partage et de sa gestion au niveau local et global. À cet égard, les problèmes du savoir sont inséparables des choix de société. En les resituant

---

[861] J. J. Salomon, op. cit.
[862] E. Schatzman, « Le statut de la science », op. cit, pp. 719-721.

dans les relations entre le Nord et le Sud, on mesure l'ampleur des enjeux de la science dans un système économique dominé par les grandes puissances. Dans ce contexte, la question de l'accès à la science et du décentrement des lieux de production des connaissances pose un enjeu politique. Cet enjeu permet d'articuler l'épistémologie de la transgression que j'ai esquissée et la sociologie de la connaissance qui rappelle que la science n'est pas un système autonome dans l'ensemble social. Il aide aussi à dépasser la problématique qui, depuis l'affaire Oppenheimer, s'est imposée dans les situations où l'on se demande si les scientifiques peuvent être étrangers à l'usage que le pouvoir fait de leur savoir. Par ailleurs, en considérant le rapport de l'État à la science, la question est de savoir qui, en Afrique, décide de quel type de science il faut faire et quelle orientation donner à la recherche elle-même. Cette question doit mettre en évidence l'implication de la recherche dans les dynamiques de démocratisation en cours. Il s'agit également de s'interroger sur les critères de visibilité de la production scientifique de l'Afrique et les conditions de réception de cette production dans la communauté scientifique internationale.

Afin de construire la réflexion sur les questions que je viens de définir, il convient de préciser le cadre de référence qui éclaire les analyses des tentatives de réponse à ces questions. En effet, comme Foucault le souligne justement, « le travail d'analyse ne peut se faire sans une conceptualisation des problèmes traités. Et cette conceptualisation implique une pensée critique- une vérification constante (…). Il nous faut connaître les conditions historiques qui motivent tel ou tel type de conceptualisation. Il nous faut avoir une conscience historique de la situation dans laquelle nous vivons ». A ce sujet, je suis tenté d'examiner les enjeux du savoir en prenant en compte les travaux de Marcuse[863] et de Habermas[864] qui mettent à nu les mécanismes de domination masqués par la rationalité technologique. Dans ce sens, il faudrait appréhender la science comme idéologie en considérant l'emprise des pouvoirs qui la contrôlent et l'utilisent. S'il n'a pas perdu sa pertinence, ce schéma théorique me paraît pourtant étroit et limité ; il n'intègre pas les dynamiques complexes qui agissent dans le type de rapports sociaux qui me préoccupent. En particulier, il ne peut servir pour comprendre l'ampleur des questions que soulève le décentrement des lieux de production des connaissances.

Dans ce but, l'on doit se situer dans l'axe des relations entre le local et le global. On retrouve ici l'ambiguïté des discours sur l'internationalisation de la science. En effet, malgré les déclarations généreuses sur la coopération scientifique, les chercheurs ne sont pas des esprits désincarnés. D'abord, chaque société a ses traditions scientifiques qui lui sont propres. Enracinées dans

---

[863] H. Marcuse, *L'homme unidimensionnel*, Paris, Éd. de Minuit, 1968, p. 201.
[864] J. Habermas, *La science et la technique comme idéologie*, Paris Denoël-Gonthier, 1968.

l'histoire, ces traditions sont indissociables de la langue qui leur sert de moyen d'expression. Et, à ce titre, science, société et langue sont inséparables. Faire la science dans une langue bantoue ou soudanaise est un défi qui renvoie à un affrontement des cultures dans le contexte où vit l'Afrique depuis les premiers matins de la colonisation.[865] D'évidence, en science, bien plus qu'ailleurs, nous sommes confrontés à « l'Odeur du Père » décrite par Mudimbe. Rappelons le critère de la scientificité dont j'ai discuté les fondements à partir des prétentions qui font de la science l'invention ou le monopole de l'Occident et la marque distinctive de sa culture et de sa civilisation. De plus, si l'on admet que la rationalité est toujours située, l'objectivité et l'universalité de la science, qui devraient réunir les chercheurs du Nord et du Sud, et, singulièrement, d'Afrique noire dans une communauté d'esprit où l'on se réfère à des procédures semblables, ne sont pas à l'abri des conflits de pouvoir auxquels n'échappent pas les milieux scientifiques. En considérant la place centrale des sciences sociales dans la dynamique des savoirs, au sujet de l'Afrique et des Africains, on est confronté au regard de l'Autre. A ce niveau, on peut se demander si le rapport au savoir ne s'insère pas dans une sorte « d'économie d'assiégés ». Il s'agit ici des mécanismes de contrôle qui soumettent les ressources du continent à la violence du marché. En un sens, l'Afrique est revenue à l'époque des comptoirs et des grandes concessions. Elle demeure une source d'accumulation pour les firmes multinationales qui se ruent sur les forêts, les mines et les puits de pétroles à l'ère de l'économie de marché mondialisé. Dans ce contexte, pour comprendre l'enjeu de connaissance que constitue ce continent pour l'intelligence contemporaine, il faut restituer cet enjeu dans les dynamiques socio-historiques afin de saisir les heurts et les tensions à travers lesquels la science s'invente dans les systèmes économiques et politiques qui remettent en question les relations entre les chercheurs indigènes et les africanistes du Nord. Nous devons reprendre l'analyse de ces relations à l'heure où l'utilitarisme qui envahit l'Afrique à travers les modèles de privatisation étend son influence sur les dispositifs et les politiques de la recherche et risque de briser toute volonté de pensée critique. Il faut mesurer l'emprise de ces modèles sur l'ensemble des choix de société qui affectent le rapport à la science dans un contexte où, comme on le voit dans les pays de l'OCDE depuis 1980, les universités doivent axer leur recherche sur les problèmes d'intérêt pratique et à court terme. Si l'Afrique ne peut confier à d'autres la responsabilité de penser les problèmes liés à son existence, elle ne saurait non plus briller par son absence dans les lieux du savoir où s'élaborent des théories scientifiques. Dès lors, le débat sur le statut de la science écartelée entre le « positif » et le « normatif » s'impose à

---

[865] T. Dakayi, « Les langues africaines et la pensée scientifique », in *Les langues africaines, facteur de développement. Actes du séminaire pour l'enseignement des langues africaines,* Douala, Collège Libermann, 1979.

l'analyse à l'ère du marché. En effet, l'intégrité même de la science est en cause, ainsi que sa capacité à refuser dans son domaine tout autre magistère qu'elle-même. La science qui a conquis sa liberté depuis Galilée ne saurait devenir prisonnière d'aucun pouvoir. À ce sujet, il faut redouter que l'Afrique soit prise en otage par la pensée unique. Dans ce contexte, face au nouveau procès que les logiques marchandes et les impératifs de profit immédiat soumettent la science, il s'agit de savoir s'il n'y de science qu'hérétique et rebelle à l'époque de l'économie triomphante. On voit les dimensions complexes des enjeux théoriques qui nécessitent de forger les cadres d'intelligibilité de cette économie politique de la connaissance qu'il faut tenter de fonder à partir du contexte africain. Il semble important de se laisser travailler par les nouveaux problèmes que les mutations du monde posent à l'idée de science. C'est ici que l'on sent peser le poids des « besoins conceptuels » pour penser la situation actuelle de la science. Il est clair que cette situation renvoie à la question par excellence du sujet, du pouvoir et de la vérité.

Foucault s'est borné à examiner cette question dans les limites étroites de la culture occidentale ancrée dans l'*Aufklärung*. Dans ce but, le « sujet » qui est au centre de sa réflexion, c'est, en fait, « l'individu » dont l'invention ou l'avènement sont enracinés dans les trajectoires d'une histoire singulière à partir de la tension entre l'individu et l'État[866]. Ce que Foucault n'a pas entendu, contrairement à Jean-Paul Sartre qui est resté en permanence à l'écoute des « damnés de la terre »[867], ces sont les murmures du monde qui surgissent, justement, des profondeurs et de la révolte, de la colère et de la rage des individus et des sociétés auxquels le statut de sujet a été longtemps refusé dans leur relation avec l'Occident. Pour reconceptualiser l'idée de sujet et celle de la science, il faut prendre conscience de l'historicité de ces individus et de ces sociétés. Il faut aussi revenir à la science elle-même comme lieu de mémoire où la capacité de pouvoir des sujets se déploie à travers la diversité des sociétés et des cultures.

En ce qui me concerne, si l'on veut élargir l'horizon des enjeux de la recherche en les resituant dans l'axe des rapports entre le Nord et le Sud, l'idée de science s'inscrit dans les relations sociales et les dynamiques historiques. On ne peut échapper ici aux relations de pouvoir qui sont des relations de conflits. En fait, comme les sociologues des sciences le retrouvent aujourd'hui, la production des connaissances scientifiques s'opère dans un contexte « agonistique ». Il convient d'articuler cette logique de la subjectivité et des

---

[866] M. Foucault, « Le pouvoir, comment s'exerce-t-il ? », in H. Dreyfus et P. Rabinow, *Michel Foucault. Un parcours philosophique*, Paris, Gallimard, 1984, pp. 308-321.
[867] Sur le tiersmondisme sartrien, lire Noureddine Lamouchi, *Jean-Paul Sartre et le tiers monde. Rhétorique d'un discours anticolonialiste*, Paris, L'Harmattan, 1996.

rapports de forces dans la trame de la délocalisation du centre de la science et de l'émergence des scientifiques des pays du Sud comme producteurs des savoirs. Si les sciences sont toujours en quête de vérité comme Popper l'estime avec beaucoup de philosophes, la « compétition » entre différentes théories situe le rapport au vrai dans un processus de résistance aux tentatives de « falsification ». La problématique poppérienne pose la question de la science dans l'ordre de l'« acceptabilité » de propositions plutôt que l'ordre de l'« applicabilité » de concepts. Cette problématique éclaire le caractère conflictuel de la recherche scientifique. Sans doute, la question du rapport à la vérité se pose autrement si, comme aujourd'hui, la « science », c'est ce qui fonctionne efficacement et « marche » selon les exigences de la rationalité technocratique et pragmatique. Ce qui importe dans ce cas, ce n'est plus nécessairement la recherche du vrai mais une recherche pratique visant, par un langage théorique, à la maîtrise du monde et à la conquête des marchés. Là où la science est pouvoir, en ce sens que les scientifiques verraient une sorte d'insanité dans le fait de remettre en question une proposition éprouvée et vérifiée, on en vient à penser que ce qui est intéressant à travers la science, c'est ce qui offre une possibilité de réalisation pratique et de transformation. On n'abandonne pas la théorie, mais elle devient l'instrument d'une pratique. Et c'est à ce niveau que se pose la question primordiale : qui définit la science et décide de son orientation dans une société ? Nous retrouvons aussi la question des conditions de possibilité des « sciences hors d'Occident », principalement à partir de l'Afrique. Comment celle-ci peut-elle devenir un lieu de la science lorsque les sciences établies dans le Nord ont leur poids dans l'espace de la science en acte à travers les concepts, les règles et les procédures de recherche et de productions des savoirs ? Bref, *comment le chercheur africain peut-il devenir sujet de la science dans un système international où l'Occident tend à contrôler le monopole des connaissances ?* Cette question est liée à celle des rapports de pouvoir qui nous situe dans la problématique de la subjectivité, de la science et de l'historicité des sociétés. Tel est le cadre où se situe le défi de la conceptualisation des problèmes qui me préoccupent ici.

En me référant au paradigme de l'acteur qui constitue aujourd'hui un phénomène majeur en sciences sociales[868], il s'agit de prendre en compte les jeux d'intérêt et les relations de pouvoir vécues au sein des relations stratégiques dans un secteur très sensible de la culture telle qu'elle s'implique dans les systèmes institutionnels, idéologiques et économiques où, en fait, la science est la « force de frappe » des sociétés montantes. N'accède pas à la science qui veut. Ce passage pose une question de pouvoir. En parlant d'économie politique de la

---

[868] A. Touraine, *Le retour de l'acteur*, Paris, Fayard, 1984 ; M. Crozier et E. Friedberg, *L'Acteur et le Système*, Paris, Seuil, 1977.

connaissance, je pense à l'examen critique du système complexe de rapports conflictuels qui surgissent dans les lieux du savoir étroitement liés au système de production, aux positions de pouvoir, aux stratégies d'accumulation et de contrôle des richesses. Or plus que jamais, ce système est soumis à l'éthos qui a marqué l'esprit de l'Occident depuis la Renaissance et se trouve à une phase aiguë de modernisation et d'expansion à l'échelle de la planète. En ce qui me concerne, tel est, en réalité, le sens de la dite mondialisation. Après la guerre froide, le Centre se mobilise pour créer les conditions de sa mondialité.

Dans cette perspective, le choix des questions, les objectifs de recherche et les retombées des résultats sont souvent le reflet des enjeux et des préoccupations ou des attentes d'un pays ou d'une époque. Redisons-le : les chercheurs ne travaillent pas en vase clos. Leurs activités scientifiques répondent à des demandes théoriques et sociales précises. Elles s'insèrent dans l'évolution historique, intellectuelle et idéologique, économique et politique des sociétés. En un sens, la science est fille de son temps. À un moment de son histoire, une société est mise en demeure de produire les connaissances dont elle a besoin afin de répondre aux questions que le temps lui pose à partir des situations concrètes et précises. À cet égard, une sociologie de l'Africanisme permettrait de vérifier cette articulation des logiques de savoir et des logiques de pouvoir dans la dynamique des sociétés contemporaines. Dans le contexte de cette étude, il me suffit de vérifier quelques hypothèses en prenant en compte les défis que soulève l'accès des scientifiques africains à l'espace-science en formation à l'ère de la mondialisation. En effet, on doit se demander comment les chercheurs d'Afrique peuvent sortir de l'invisibilité dans cet espace hautement stratégique contrôlé par les pays d'Occident. En définitive, si l'on admet l'hypothèse de la production sociale des savoirs, il convient d'ouvrir le débat sur l'économie politique de la connaissance afin de tenter de repenser les nouveaux enjeux de la rationalité scientifique.

Savoirs en jeu et enjeux des savoirs

Dans cette optique, il importe de montrer qu'en fin de compte, il s'agit de savoir ce que le Sud en général et l'Afrique en particulier, peuvent apporter à l'humanité de notre temps pour voir le monde et faire la science autrement. Je voudrais insister sur cet enjeu du regard qui me paraît fondamental dans les mutations de l'intelligence au cours de l'histoire. J'ai évoqué ce sujet à propos du rôle de l'internet dans la recherche. C'est aussi le sens réel et concret des débats scientifiques qui sont un conflit des paradigmes. Toute la question des grilles d'analyse et d'interprétation, des théories et des processus de théorisation dans la démarche scientifique renvoie à ce conflit fondateur. L'irruption des savoirs scientifiques affecte notre regard sur le monde. Elle impose une vision de la réalité. Elle porte avec elle une visée d'universalité et un projet de construction de cette universalité. On revient ici à la question du lieu du savoir qui est, en même temps, celle du lieu du regard. Cette question est devenue incontournable dans la réflexion sur l'élaboration des cadres conceptuels et théoriques de la recherche scientifique. De plus, il faut le remarquer, à travers le regard qui oriente une étude, c'est aussi la culture d'une société qui est concernée. Bien plus, comme le montre Foucault, analyser la formation d'un certain type de savoir, c'est mettre en lumière des stratégies de savoir, de concepts et de vérités qui s'inscrivent dans les structures de pouvoir[869]. En définitive, il s'agit de comprendre en profondeur le discours de l'homme sur son semblable et la société. Bref, toute connaissance marque l'affirmation d'un sujet et d'une mémoire historique à partir de l'imaginaire d'une société. C'est cet imaginaire que les savoirs mettent en jeu dans l'horizon de la rencontre des cultures.

Le problème qui se pose dans « un monde désoccidentalisé » et « une société pluriculturelle »[870], c'est celui de la capacité des Africains à peser sur les regards portés sur les défis du temps présent. Car, la question des savoirs à produire à partir de l'Afrique nous ouvre au vaste monde d'aujourd'hui. Cette question nous interdit toute crispation sur nos spécificités. Comme le remarque Balandier, « L'Afrique, aujourd'hui, c'est aussi la face noire de la commune inquiétude »[871]. Il faut donc renoncer pour toujours à la tentation de l'exotisme. Ce défi oblige à changer le regard sur le continent noir. Car, les sociétés africaines ne sont pas des musées. Elles sont en actes et en devenir. Nous n'avons pas à nous enfermer dans ce qui serait notre essence et qui nous renverrait au temps de la négritude comme si nous n'étions pas touchés par la crise de sens qui s'installe dans le monde à partir des dérives et de l'expansion de l'Occident dans le processus de la mondialisation. Au-delà des débats d'école sur l'autochtonie, il semble important d'insister sur la nécessité de *repenser la complexité africaine et notre rapport au savoir en rupture avec les schémas qui ont tendance à enfermer les indigènes dans leurs ghettos ethniques*. Un Africain qui parle de l'Afrique comme homme de science ne parle pas seulement pour les Africains. Ce que les Africanistes ont longtemps oublié, c'est qu'en étudiant les indigènes, ils avaient quelque chose à apprendre à leurs sociétés d'origine afin qu'elles se redécouvrent elles-mêmes à travers le miroir de l'autre. Si nous acceptons de reconnaître notre banalité, il faut alors vaincre la difficulté qui

---

[869] Voir M. Foucault, *Surveiller et punir*, Paris, Gallimard, 1975 ; *La volonté de savoir*, Paris, Gallimard, 1976.
[870] Sur ce sujet, cf. A. Finkielkraut, *La défaite de la pensée,* Paris, Gallimard, 1987, pp. 73-82, 119-140.
[871] G. Balandier, *Afrique ambiguë*, op. cit. p. 292.

consiste à admettre que ce que nous disons sur l'Afrique et au sujet des Africains concerne aussi les gens du Nord. Notre historicité n'a de sens que si la prise en compte de ce que nous sommes comme acteurs nous oblige à nous dépasser nous- mêmes pour comprendre que les autres sont aussi des « nous » et qu'à ce titre, comme je l'ai suggéré plus haut, les savoirs d'Afrique sont des savoirs pour le monde. C'est pourquoi, il est important de veiller à la pertinence des discours scientifiques venant d'Afrique. En particulier, s'il faut bien s'enraciner dans une histoire, celle de l'Afrique, c'est toujours avec le souci d'inventer sans cesse. Nous n'apportons rien à l'humanité en reprenant les termes par lesquels l'Occident s'est efforcé de parler de nous avec des mythes et des autres textes qu'il s'est forgé pour nous enfermer dans les singularités et les différences afin de mieux délégitimer notre prétention à devenir acteurs et sujets de l'histoire. A partir du lieu d'aujourd'hui et de maintenant où nous retrouvons notre historicité, nous mesurons l'enjeu d'une relecture des savoirs d'hier. Ces savoirs se sont constitués sur l'Afrique non seulement dans une logique de sujétion et d'aliénation des indigènes mais dans une dynamique de paupérisation de l'Occident lui -même. En définitive, nous devons prendre conscience de la non-pertinence des savoirs qui sont devenus incapables de faire surgir d'autres lieux de parole et de construire des espaces de sens dont les hommes ont besoin pour penser de nouvelles modalités d'exister et les modernités en gestation dans le choc de l'altérité et l'affrontement des rationalités multiples[872]. Tel est l'enjeu des savoirs qu'il faut construire sur les terrains africains. Cet effort demande de faire preuve d'autonomie et de créativité afin d'en finir avec la déraison des mimétismes nauséabonds et de nourrir le vieux monde lui-même embourbé dans la crise de sens qui met en évidence son inaptitude à tenir un langage neuf et créateur pour d'autres êtres humains.

Dans le Programme de recherche du CODESRIA 1997-2001, on peut lire : *« Plus que jamais, il nous faut une nouvelle stratégie de description et d'interprétation, de nouvelles façons de percevoir nos réalités, de nouvelles catégories d'expression de nos potentialités, et surtout un nouveau discours pour nous décrire et pour dépeindre les expériences, les souvenirs, la vie et le travail de ceux qui sont au centre de toutes ces transformations (...). Ce projet est ambitieux. Il vise à faire du CODESRIA un « centre d'excellence » dans le monde. Car notre organisation doit jouer un rôle d'attraction scientifique, de production et de diffusion intellectuelle non seulement dans le contexte africain, mais également dans le contexte international. Nous préconisons le renforcement des capacités de recherches africaines non seulement pour ce que l'intelligence et le génie africains peuvent apporter au savoir universel, mais*

---

[872] Sur ces questions, lire P. Ricoeur, *Soi-même comme un autre*, Paris, Seuil, 1990 ; M. Augé, *Le sens des autres. Actualité de l'anthropologie*, Paris, Fayard, 1994 ; J. Baudrillard, M. Guillaume, *Figures de l'altérité*, Paris, Descartes & Cie, 1994.

aussi pour leur potentiel de contribuer positivement aux transformations sociales en cours et à la réalisation de la promesse de bien-être et de liberté inscrite dans notre histoire »[873]. Ce qui retient l'attention dans ce projet, c'est d'abord l'importance des enjeux conceptuels, théoriques et méthodologiques que la recherche africaine doit relever pour produire des savoirs pertinents et efficaces. Ces enjeux heurtent les habitudes, les croyances et les pratiques de recherche établies au sein du continent depuis les anciennes générations de la FEANF (FÉDÉRATION DES ÉTUDIANTS D'AFRIQUE NOIRE EN France). À l'évidence, les engagements politiques contre l'impérialisme colonial et l'apartheid n'ont pas toujours favorisé la création d'une tradition d'analyse et de recherche qui accorde la priorité à des études de terrain en vue de porter un regard froid sur les situations et les questions de la vie quotidienne.

Tous les concepts et les catégories conçus dans ce contexte de luttes sont soumis à l'épreuve des nouvelles contraintes internes du savoir qui imposent de réinventer la capacité africaine d'aller au-delà des discours militants afin de produire des connaissances à partir des approches novatrices qui font autorité dans les champs spécifiques de la recherche scientifique. L'Afrique ne peut tirer aucune fierté d'une science au rabais. Si elle n'est pas condamnée à mimer les savoirs produits ailleurs, *il y a des vieilles statues à désacraliser et des monuments à faire sauter dans l'univers scientifique et mental en vue de sortir des ghettos qui empêchent la recherche africaine de s'ouvrir aux impératifs de la science en train de se faire.* Les chercheurs africains doivent accepter de faire leur auto-critique au moment où la production des savoirs est devenue la préoccupation majeure des générations qui considèrent l'Afrique comme un lieu et un enjeu de connaissances dans le monde contemporain[874]. Ils ne peuvent se dérober à cette tâche prométhéenne en sachant que leur reconnaissance n'est pas acquise dans la communauté scientifique comme je montrerai plus loin. Des résistances sont à vaincre dans les systèmes et les projets d'étude où, en ces temps cruciaux de la vie de l'intelligence en Afrique, d'immenses réserves d'imagination et d'invention doivent être libérées au milieu des contraintes internes et externes sur lesquelles il n'est plus besoin d'insister. Ce qui importe, c'est de voir comment l'Afrique est au travail dans la vie scientifique. À cet égard, ce qu'il faut affirmer, c'est, au préalable, la capacité d'initiative qu'il convient de retrouver dans ce domaine de la vie en société. Ce souci primordial traverse le Programme de Recherche du CODESRIA élaboré par Achille Mbembe : « *Il s'agit de produire un savoir autonome, critique,*

---

[873] *Programme de Recherche du CODESRIA 1997-2001*, pp. 2-3.
[874] Sur cette préoccupation, voir le Symposium international de Johannesburg sur le thème : « Sciences sociales et enjeux de la globalisation en Afrique », 14-18 septembre 1998 ; 9e Assemblée générale « Globalisation et sciences sociales en Afrique », CODESRIA, Dakar, décembre 1998.

pluriel, alternatif et pluridisciplinaire sur les réalités africaines, d'assurer la formation de nouvelles générations de chercheurs et de rendre visibles les produits de cet effort dans des publications destinées à renforcer une communauté de débat africain, insérée dans le monde »[875]. *Plus clairement encore, « tout en produisant un savoir critique sur les conséquences de la mondialisation sur l'Afrique, la globalisation inscrit d'emblée les sciences sociales dans le Continent dans une perspective large. Il ne s'agit plus désormais de produire un savoir spécifique sur l'Afrique, mais de participer à la production d'un discours de portée universelle, à partir de l'historicité, de l'expérience et des pratiques africaines »*[876].

Dans les universités africaines, on doit s'interroger sur la capacité des chercheurs à construire leur propre interprétation de l'histoire de leurs sociétés, de leur présent et de leur devenir dans le monde. Ce défi exige la redéfinition du rôle de l'État et des priorités de son intervention dans le service public en Afrique. Car, l'État ne peut se réduire au rôle de gendarme que les contraintes de l'ajustement lui imposent face à la colère de la rue et aux frustrations engendrées par le désarroi des jeunes désoeuvrés qui basculent dans les cultures de la marge en milieu urbain.

En 1989, la Banque mondiale écrivait : « *l'efficacité à long terme de l'infrastructure de science et de technique en Afrique sera fonction de l'engagement pris à la fois par le public et par les gouvernements d'apporter un soutien constant à des instituts nationaux et régionaux de science et de technique animés d'un souci d'excellence et d'utilité publique. L'excellence doit s'obtenir selon un processus ascendant par l'amélioration de la qualité et de l'utilité pratique des systèmes d'éducation et en reconnaissant le rôle que jouent les universités dans la formation des futurs enseignants, chercheurs et leaders intellectuels. La recherche doit être un élément intrinsèque et fondamental de ce processus si l'on veut que les universités puissent attirer et retenir un personnel de haut calibre qui ne devrait pas être relégué à des tâches d'enseignement uniquement, comme c'est le cas de nombreux pays. Il n'y a pas de raccourci pour créer un environnement propice à la recherche et à l'innovation. Cela demande un appui continu de la part des bailleurs de fonds et des gouvernements. Pour améliorer la qualité de la recherche, il faut une plus grande interaction entre ceux qui utilisent et ceux qui produisent la technique, et un engagement plus résolu de l'État en faveur de la science et de la technique »*[877].

---

[875] *9e Assemblée générale du CODESRIA. Priorités stratégiques (1999-2002)*, décembre 1988, pp. 1-2.
[876] Id. p. 9
[877] Banque mondiale, *L'Afrique subsaharienne. De la crise à la croissance durable*, op. cit.

En d'autres termes, la mise en place d'une infrastructure de science est un défi à la politique nationale. Plus radicalement, compte tenu du rôle stratégique que joue la science dans le destin d'un pays, il *importe d'inscrire l'engagement des pouvoirs publics en faveur de la science dans les constitutions des États d'Afrique. C'est à partir de cette référence qu'au sein des parlements des commissions spéciales devraient suivre et évaluer les choix des gouvernements en matière scientifique.* En définitive, il faut aujourd'hui affirmer l'importance de la science dans la vie publique. Cette activité fondamentale de l'intelligence est devenue une dimension capitale de l'identité nationale. En effet, aucun pays au monde ne peut se contenter de lire les résultats des travaux publiés ailleurs dans les revues scientifiques. Ici ou là, on voit les dirigeants politiques s'entourer de conseillers scientifiques. Ce fait doit nous faire réfléchir sur la contribution des ressources publiques à la production des connaissances.

Dans les universités africaines où la création d'une culture de la recherche s'impose, le rapatriement des milliards de dollars déposés dans les banques occidentales par les dirigeants corrompus ne servirait-il pas à financer les travaux de recherche dans les situations de misère intellectuelle au sud du Sahara ? En effet, les Africains ne sauraient tendre éternellement la main à l'étranger qui se fatigue d'eux tandis que les ressources locales sont confisquées et contrôlées par les détenteurs du pouvoir qui bénéficient de la culture de l'impunité pendant qu'ils bloquent systématiquement le développement de la science dans les États où une nouvelle génération d'hommes et de femmes ne demande qu'à investir leurs capacités de recherche afin que la science devienne culture au sein des sociétés confrontées à un immense besoin de nouveaux outils de connaissance et d'action. Une autre question non moins fondamentale est celle des conditions de sécurité dont les chercheurs ont besoin.

Au-delà du « problème des sciences de la nature comme génératrices d'idéologie et l'idéologie qui dévalue tout savoir non scientifique »[878], l'économie politique de la connaissance doit assumer le rapport à l'État dans le système d'inégalités entre le Nord et le Sud où se pose la question des conditions spécifiques de production des sciences. Dans cette perspective, « l'émergence d'une réflexion sur l'Afrique par les Africains -réflexion indépendante de l'État et autonome par rapport aux modèles dominants »[879], est au cœur des enjeux de savoir dans les pays où les élites au pouvoir n'ont pas rompu avec la culture de la violence des régimes de parti unique. A ce niveau, par sa capacité de travail et d'honnêteté intellectuelle, son indépendance d'esprit et son impertinence, le scientifique africain est en lui-même, un véritable contre-pouvoir dans les sociétés qui acceptent de moins en moins l'arbitraire.

---

[878] H. Rose et al. (dir), op. cit. p. 17.
[879] *9ᵉ Assemblée générale du CODESRIA*, op. cit. p. 1.

Ici, refuser de vouer les ressources de son intelligence et les dynamismes de son imaginaire au service du prince est un choix porteur de risques et de menaces dans la mesure où le paradigme du pouvoir est celui de l'obéissance et de la soumission. Comme à l'époque coloniale, ce pouvoir tolère mal l'indiscipline assimilée au désordre et à la délinquance ; il réprime les logiques d'indocilité et interdit d'oser faire un usage critique et public de la raison. Il est difficile d'être intellectuel et rebelle dans ce système dont la force de destruction et de nuisance n'hésite pas à faire la chasse aux sorcières dans les milieux de chercheurs soupçonnés d'appartenir à ce qu'on nomme aujourd'hui l'opposition en Afrique.

Le fait que les gouvernements africains ferment leurs universités pendant plusieurs mois et que les années blanches n'empêchent aucun dirigeant de dormir en paix dans son palais prouve qu'on est prêt à se passer de la vie intellectuelle et scientifique si les institutions et les ressources humaines qui en sont les acteurs menacent la survie et la sécurité des potentats corrompus. Des mesures répressives qui sont de nature à maintenir les peuples dans l'irrationnel et à retarder la libération intellectuelle sont annoncées comme des mesures de sécurité. Face à toute manifestation d'indépendance de l'esprit, la force devrait intervenir pour assurer l'ordre et maintenir le peuple dans l'ignorance. Ces mesures relèvent du processus de criminalisation qui porte atteinte à la vie de l'intelligence d'où les nations tirent désormais la principale source de leurs richesses. Insistons sur les effets de ce processus au moment où le monde contemporain bascule dans ce qu'il est convenu d'appeler l'économie du savoir. En effet, il n'y a pas de violence plus meurtrière dans une société que celle qui vise à briser le dynamisme de l'esprit. En s'exerçant sur les producteurs de la science, cette violence correspond à une déclaration de guerre à ce qui permet à des millions d'êtres humains d'exister dans la dignité. À la limite, *laisser mourir l'université dans un pays, c'est ouvrir la voie à la domination et à l'esclavage pour de nombreuses générations.*

Précisément, par sa tendance à marginaliser les intellectuels qui dérangent et les scientifiques dissidents, on dirait que l'État veut freiner l'essor de la science et l'émancipation de la société en faisant obstacle à l'émergence des dynamismes porteurs d'avenir. En gouvernant les pauvres par la magie et les croyances à l'invisible dont la résurgence coïncide avec la misère intellectuelle qui sévit à l'Université en Afrique noire, les régimes au pouvoir ne peuvent qu'accorder peu d'attention à cette institution dans les budgets publics. Si la science n'est pas sa préoccupation même s'il la glorifie en paroles, l'État africain semble bien regarder les scientifiques d'un œil soupçonneux. À l'évidence, il tient à les retenir sous sa tutelle et à les laisser vivre s'ils s'alignent à l'idéologie dominante. Pour les dirigeants africains qui s'approprient le paradigme colonial du « commandant » pour gouverner, on revient à la pratique d'une « science aux ordres ». Il ne faut surtout pas avoir étudié à l'étranger et témoigner d'une liberté de pensée et de parole si l'on veut échapper à la suspicion et à la répression ouverte ou larvée. Face aux enjeux qui les provoquent, les scientifiques placés sous contrôle sont tentés de s'ankyloser dans les structures bureaucratiques qui s'avèrent incapables de susciter et de promouvoir une pensée neuve et créatrice. Précisément, le personnel politique préfère s'entourer de quelques scientifiques servant de décor ou de caution que l'on recherche auprès des universitaires dont la production intellectuelle est souvent nulle ou insignifiante. Larbi Bouguerra écrit justement : « *le personnel scientifique ainsi momifié ne saurait porter ombrage aux politiciens. La science est ainsi considérée comme un ornement, comme une nécessité. De même, beaucoup d'institutions ou d'académies dans le Sud, n'ont d'autres manifestations qu'une plaque de marbre sur un immeuble où sommeillent quelques fonctionnaires « planqués » (...). J. J. Salomon soutient que l'État contemporain se trouve dans une situation de dépendance à l'égard des scientifiques.* « *Aucun État, écrit-il, ne peut se passer aujourd'hui de se dispenser ni de l'avis ni du concours ni des contributions des scientifiques* »[880]. Cette constatation ne s'applique pas à la grande majorité des États des pays du Sud qui sont sous la dépendance technologique du Nord. En Afrique, l'État compte beaucoup plus sur sa clientèle et sur une hypertrophie des services de sécurité. Souvent, les experts et les assistants techniques peuvent être plus écoutés que les universitaires indigènes. Si les dirigeants politiques ont besoin des intellectuels, c'est pour rédiger des motions de soutien ou des discours de circonstance. Telle est la vraie mission qu'on attend des « scientifiques officiels ». Ceux-ci doivent être distingués des chercheurs qui revendiquent l'autonomie de l'académie par rapport aux appareils d'État. Dans les universités où le personnel enseignant ne travaille plus que pour sa « reproduction », le règne d'une « raison » des Lumières tarde à se manifester dans les lieux de la réflexion et de la recherche.

On rencontre ce problème en observant le contrôle de certaines disciplines comme l'histoire, les sciences politiques et la sociologie qui sont au centre du dispositif des sciences sociales en Afrique comme je l'ai évoqué plus haut. En fait, les lieux d'innovation scientifique ne peuvent se créer sans le respect scrupuleux des libertés intellectuelles et académiques. À ce sujet, les territoires de la science exigent un état de liberté et de démocratie sans lequel une réflexion autonome ne peut se développer dans le continent africain. Remarquons le rôle public de nombreux scientifiques appelés à prendre position sur les enjeux de société dans leurs domaines de spécialisation et de compétence. Par ailleurs, la vie scientifique elle-même a une exigence de sociabilité. En effet, au-delà des réseaux de recherche, se pose la question des

---

[880] Mohamed Larbi Bouguerra, *La Recherche contre le Tiers Monde. Multinationales et illusions du développement*, Paris, PUF, 1993, p. 19.

rencontres et des conférences, des colloques, des débats et des controverses qui situent le rapport au savoir dans une véritable Agora dont la constitution repose sur la reconnaissance d'un espace public de discussion et de confrontation. Enfin, on ne peut ignorer les problèmes de circulation et de déplacement des chercheurs. Les exigences et le dynamisme de leur activité les intègrent dans la République des Scientifiques qui dépasse les frontières des États-nations. En outre, la diffusion et la publication des travaux de recherche nécessitent l'exercice de la liberté de pensée et d'expression qui doit être garantie dans toute constitution d'un État moderne. La rétention des cerveaux en Afrique est liée au respect de ces prérogatives élémentaires qui sont une dimension fondamentale de la démocratie et des droits humains. Insistons sur la nécessité d'encourager la recherche scientifique. Cet encouragement vise à promouvoir :

- la liberté de la recherche en tenant compte de l'imbrication de l'enseignement et de la recherche au sein des universités ;

- la collaboration interdisciplinaire ;

- la recherche en vue de contribuer à la production des connaissances et à la création de richesses ;

- la formation d'une relève scientifique de haut niveau afin de pourvoir aux besoins futurs dans l'enseignement et la recherche ;

- l'infrastructure de recherche dont disposent les instituts, les centres, les groupes et les programmes de recherche au sein du système d'enseignement et en dehors des universités ;

- l'accès à l'information, à la documentation scientifique et au raccordement avec les réseaux internationaux de recherche ;

- l'évaluation des projets de recherche et la mise en valeur des résultats de la recherche ;

- la diffusion des résultats de la recherche en vue du partage des savoirs ;

- l'engagement efficace des moyens financiers pour soutenir les travaux de chercheurs qualifiés.

Toute politique de la science doit être fondée sur cet objectif d'encouragement de la recherche. On ne peut se limiter ici à « l'art de se débrouiller ». Il y a des choix stratégiques à faire, des programmes et une planification de la recherche à établir, des modèles et des procédures d'évaluation à définir, des décisions à prendre, des compétences qu'il faut apprendre à bien gérer au sein des universités. En tenant compte du rôle déterminant de la science comme instrument d'innovation et facteur de changement, mettre en place des mécanismes d'incitation à l'invention scientifique et consolider l'infrastructure de recherche en vue de maintenir le potentiel de recherche et les activités scientifiques du pays à leur haut niveau de qualité est une tâche primordiale de l'État en Afrique. Dans cette perspective, les objets d'étude qui s'imposent à la recherche africaine sont trop importants pour qu'il soit nécessaire d'insister sur le danger que constitue l'aggravation de la pauvreté intellectuelle et scientifique dans les pays africains. À la limite, c'est la manière dont les sociétés africaines participent à la politique dans la science qui suscite les questions autour desquelles il faut aujourd'hui instituer le débat public. Je reviendrai sur ces questions. En vue de préparer le terrain sur ce débat, *je dois souligner l'importance de procéder à l'inventaire des compétences dont un pays dispose dans les différentes disciplines de la recherche afin de couvrir ses besoins en matière de connaissances dans les champs du savoir.* Il s'agit de personnalités scientifiques marquantes sur lesquelles un établissement d'enseignement et de recherche peut compter comme ressource susceptible de jouer un rôle de leadership intellectuel et d'assumer, sans aucune prétention gérontocratique au mandarinat, les tâches d'impulsion et d'inspiration, d'animation ou de fédération des groupes et des équipes de travail dans la mise en œuvre des programmes communs de recherche dans un champ disciplinaire ou pluridisciplinaire. Ces tâches sont indispensables si les universités retrouvent leur vocation de « temples du savoir » et rêvent de devenir des pôles d'excellence dans le contexte africain et mondial. En ce sens, ce qui explique le rayonnement et la crédibilité de ces institutions, voire de tout un pays, c'est l'existence de figures emblématiques qui exercent une puissance d'attraction compte de tenu de leur impact sur la carte du monde académique et scientifique à l'échelle internationale. Plus directement, l'importance de ce potentiel intellectuel apparaît lorsqu'en rupture avec la tradition de recherche isolée qui a longtemps prévalu dans les universités en Afrique, des réseaux de recherche se créent autour des thèmes porteurs qui mobilisent le capital symbolique et scientifique que constituent les chercheurs d'un pays ou d'une région. L'inventaire de ce capital et les modalités de sa gestion dans les conditions de vie et d'activités stimulantes permettent d'approfondir la réflexion sur les conditions de la production des connaissances en considérant les ressources de l'intelligence comme un atout stratégique. Recenser ces ressources, c'est disposer d'outils de gestion en vue de permettre à tout enseignant-chercheur de mettre à l'épreuve le meilleur de lui-même dans un cadre de vie et de travail où la création des connaissances appropriées est un enjeu pour des acteurs du système de savoirs à mettre en place dans les sociétés africaines. Dans cette perspective, chaque discipline au sein d'un établissement d'enseignement supérieur en Afrique est confrontée au défi de la production dans les situations concrètes où des savoirs sont en jeu sur la carte scientifique à l'échelle continentale et intercontinentale. La question qui interpelle tout chercheur est de savoir quelle position il occupe dans cette carte. En même temps, cette question renvoie à celle des prétentions de chaque discipline à la scientificité qui lui est propre.

Au-delà de la qualité de l'enseignement que les étudiants exigent, c'est aussi la pertinence de sa production et de sa représentativité dans la communauté scientifique qui invite à une évaluation critique dans les milieux intellectuels en Afrique. Le statut scientifique des discours des disciplines inscrites dans le cursus académique pose un problème fondamental qui oblige à vérifier le niveau et la valeur des capacités de production des acteurs qui portent les tâches scientifiques d'une discipline dans le travail universitaire. Si l'avancement des sciences constitue l'horizon de la recherche, ses conditions d'efficience résident, en vérité, dans les lieux quotidiens de la vie intellectuelle où, dans leur diversité, les sciences sont ancrées dans les trajectoires et les processus de négociation, les débats et les controverses, les initiatives et les réseaux des acteurs qui portent leur destinée. Bref, l'avenir scientifique de l'Afrique est entre les mains des nouvelles générations de chercheurs. Ici, se pose, précisément, la question inéluctable de l'équilibre entre les sciences de la nature et les sciences humaines et sociales comme je l'ai montré plus haut. Ce qu'il faut ajouter, *c'est le risque de voir se renforcer les hiérarchies et les discriminations entre ces sciences avec la montée des forces du marché dans les systèmes et les stratégies de reconfiguration des disciplines et de gestion de l'enseignement supérieur programmés par la Banque mondiale en Afrique.* Il faut mesurer les contraintes que le triomphe de l'utilitarisme impose à l'invention des sciences. A travers l'allocation des ressources, les crédits, les appareils, les revues et les activités scientifiques, les inégalités de développement entre les sciences dures et les sciences molles ne risquent-elles pas de s'aggraver dans le contexte des pénuries et des raretés que les universités africaines subissent depuis la fin des années 80? A la limite, le modèle de développement qui accorde le primat à l'immédiat et à la rentabilité à court terme ne porte-t-il pas en germe la crise et le déséquilibre du développement de l'ensemble du système des connaissances en Afrique ? Ces questions doivent faire l'objet d'un débat critique. Elles posent le problème des critères d'évaluation des résultats de la recherche à partir de l'Afrique elle-même. Au-delà de l'évaluation qui prend en compte les résultats de la recherche du point de vue de leur fiabilité et de leur pertinence en fonction des règles et des normes méthodologique du travail scientifique, on voit surgir les critères de l'efficacité et de l'efficience en fonction de l'esprit mercantile et de la raison utilitaire qui tendent à réduire les sciences de l'homme et de la société à des sciences normatives et à lier leur importance à celle de pur instrument au service des affaires. L'on se heurte ici aux défis de l'économie du savoir dans les transformations actuelles des conditions de la production des connaissances.

Comme on l'a remarqué à l'occasion du Symposium de Johannesburg qui a servi de préparation de la 9ᵉ Assemblée Générale du CODESRIA à Dakar, en décembre 1998, « les tendances visant à soumettre les sciences sociales à l'exigence d'utilitarisme social et politique n'ont jamais été aussi pesantes qu'aujourd'hui. Tout se passe comme si la légitimité des sciences sociales ne se trouvait plus dans l'obligation de produire, en toute objectivité, des connaissances sur le monde réel (ce qui est, effectivement), mais l'impératif d'ingénierie sociale (ce qui devrait être). Le lien entre le développement des connaissances et la transformation possible des sociétés est, de plus en plus imposé par les gouvernements et les agences de financement comme une finalité explicite des sciences sociales. Il en découle deux conséquences majeures. D'une part, l'affirmation des finalités (ajustement structurel, économie de marché, bonne gouvernance) ne pouvant se faire qu'en référence à des valeurs et mettant en jeu des normes et des options morales et éthiques qui, elles-mêmes, renvoient à des convictions anthropologiques de base, l'on peut s'interroger sur les nouvelles formes de domination qui s'exercent à travers cet assujettissement. Ceci est d'autant plus vrai que l'application transcendantale de principes supposés universels ne va plus de soi. D'autre part, et du point de vue de la production des connaissances, il en résulte que l'on sait davantage ce que les sociétés africaines devraient être et de moins en moins ce qu'elles sont effectivement »[881]. En examinant les enjeux du savoir que posent ces nouvelles tendances, un certain nombre de points d'observation s'impose à la réflexion. Relevons l'archaïsme des approches technocratiques qui se veulent modernistes en évacuant le potentiel critique que les sciences sociales doivent mettre en valeur en Afrique. Il faut se demander si, en sous-évaluant l'apport des sciences humaines et sociales, les experts ne reproduisent pas la vieille tentation du positivisme. Ces experts cherchent à aggraver la crise des sciences dans un contexte où l'articulation des savoirs est défi à l'intelligence contemporaine. Pour ne prendre qu'un exemple, l'évolution des recherches sur le Sida met en évidence les limites des approches que l'on veut imposer à l'Afrique.

En effet, on ne peut occulter l'apport indispensable des études du genre appliquées à l'analyse des problèmes du sida. Si des enquêtes montrent que les femmes enceintes et les prostituées sont particulièrement touchées, de nombreux parents prennent conscience qu'ils n'ont plus d'emprise sur les mutations qui affectent leurs enfants. Cette crise de l'autorité intervient dans les déséquilibres socio-économiques auxquels la famille et les ménages sont confrontés à travers la croissance du chômage et l'aggravation de la précarité depuis les années 80. La baisse du niveau d'instruction, la perte de l'emploi et la

---

[881] *Symposium International sur Sciences sociales et enjeux de la globalisation en Afrique*, op. cit. p. 4.

chute des revenus et du pouvoir d'achat des parents, bref, le faible statut social des parents détermine la perception et l'attitude à l'égard de l'autorité. Dans le processus des transformations familiales et de la modification des rôles des sexes où les hommes ne portent plus le poids des charges financières du groupe de parenté tandis que les femmes tendent à devenir chefs de famille, principalement dans les villes de la misère, les jeunes s'affranchissent de tous les tabous. Il importe d'insister sur les bouleversements des statuts sociaux, la crise de l'autorité et des systèmes traditionnels de référence pour comprendre dans quelle mesure le sida est socialement déterminé, notamment, dans la vie urbaine en pleine explosion. En effet, à partir de la crise de la famille et des valeurs ancestrales dont l'avenir est en cause dans les nouveaux processus de socialisation, on voit naître une génération sans pères ni repères. De plus, au moment où les campagnes de sensibilisation et de prévention tendent à cibler les femmes, on ne peut oublier qu'en Afrique, les hommes sont traditionnellement les seuls à décider de l'acte sexuel. En considérant l'importance de cet facteur qui, outre les aspects d'ordre biologique, discrimine les femmes face à l'exposition du risque d'attraper le sida, on voit l'urgence d'accorder une attention particulière aux statuts sociaux et à la répartition de l'autorité entre hommes et femmes en matière de décision relative à la sexualité. En d'autres termes, le mal qui prend d'énormes proportions dans le continent africain pose la question fondamentale du pouvoir et des changements sociaux. Il faut donc *resituer la question du Sida plus radicalement au niveau du rapport au corps vécu dans les profondeurs et les structures de l'imaginaire culturel dans les sociétés africaines où il est particulièrement difficile d'articuler l'Amour et la Mort à partir de l'imaginaire du Mal et du malheur marqué par les croyances ancestrales.*

On voit l'importance de multiplier les recherches fondamentales en sciences sociales afin de produire des savoirs applicables dans la recherche des solutions efficaces et appropriées. Au-delà du laboratoire où des travaux sur les spécificités du VIH sont effectuées, des sociologues et des anthropologues ont vite compris la nécessité de considérer les représentations culturelles à partir d'une série de faits qui illustrent le poids des croyances et des perceptions dans les sociétés africaines. Dans ces sociétés, pour la majorité des hommes et des femmes influencés dans leurs attitudes par un autre imaginaire du mal et du malheur, le risque de s'exposer à un virus ne s'inscrit pas aisément dans le système ancestral des rapports entre le sexe, l'amour et la mort. Après l'insistance sur les aspects culturels, on s'efforce aujourd'hui d'approfondir les problèmes spécifiques posés par le sida en examinant les liens entre la population et les épidémies dans le passé du continent. Dans cette perspective, au moment où le sida tend à devenir un thème courant du discours sur l'Afrique, en resituant cette maladie dans l'histoire de la santé et des politiques sanitaires qui, depuis la colonisation, confient l'éradication des maladies stigmatisées comme des « fléaux sociaux » à la responsabilité des médecins, il n'est pas évident que les types d'interventions biomédicales mises en œuvre pour contrôler les épidémies d'hier doivent être reprises pour traiter les nouveaux défis sanitaires qui s'inscrivent dans les dynamiques sociales de l'Afrique actuelle. En tirant les leçons de l'histoire de la médecine coloniale, des chercheurs s'interrogent sur la présence d'acteurs et de logiques sociales insuffisamment pris en compte dans les programmes de lutte contre une épidémie dont l'impact démographique oblige à approfondir les enjeux sociaux, économiques et politique de la santé dans le contexte des migrations et des mutations urbaines. En fait, des enquêtes de terrain remettent en cause le rôle majeur des comportements sexuels et donnent à penser la pandémie de sida comme une maladie de la pauvreté[882].

À cet égard, on ne peut occulter le rôle des acteurs de la mondialisation. Il s'agit surtout des institutions de Bretton Woods qu'un humoriste africain appelle « fabricant de pauvreté »[883]. Ainsi, « dans le sous-continent noir, le FMI fait le lit du sida »[884]. En Zambie, comme dans beaucoup d'autres pays d'Afrique, le plan d'ajustement structurel a jeté des milliers de gens dans la rue, condamnant les jeunes et les femmes à se prostituer. Il faut, en définitive, revenir sur l'impact de l'ordre néo-libéral pour comprendre dans quel sens le sida est, en Afrique, une maladie socialement construite dans le contexte du partage inégal des richesses entre le Nord et le Sud[885]. Ainsi, le tout-médical ne peut rendre compte des facteurs réels d'expansion du sida dans les pays où l'État est incapable de fournir les biens sociaux à la population. On voit aussi l'intérêt des approches qui s'éloignent du parti pris « ethnicisant » et raciste sur « l'homo sexualis africanus »[886]. Cet a priori ramène l'Africain à son irréductible différence avec le Nord-Américain ou l'Européen pour repenser la pandémie qui, avec des disparités non négligeables dans les estimations courantes, invite à comprendre et à relever les défis de la santé sans occulter l'ensemble des problèmes socio-économiques et politiques avec lesquels l'expansion du sida s'articule. Dans ce sens, aucune recherche ou intervention médicale ne peut faire l'économie des études pluridisciplinaires qui montrent qu'avec l'irruption du sida, la santé elle-même n'est pas un domaine réservé aux spécialistes de la

---

[882] A. Ayissi, « Le Sud ravagé par le Sida. En Afrique, une affaire de pauvreté », *Le Monde diplomatique*, décembre 2000.
[883] Lire Yodé, « Fabricant de pauvreté », *L'Autre Afrique* du 11 au 17 juin 1997.
[884] Voir *Courier international, no 375*, du 8 au 14 janvier, 1998, p. 27.
[885] D. Fassin, « Le sida comme cause politique », *Les Temps modernes*, no 620-621, août – novembre, 2002.
[886] Sur la critique de ce mythe, lire G. Bibeau, « L'Afrique, terre imaginaire du sida. La subversion du discours scientifique par le jeu des fantasmes », *Anthropologie et Sociétés*, 15 (1-2), pp. 125-147.

biomédecine. En réalité, elle est au centre des enjeux de pouvoir et de société[887] dont l'analyse impose le recours à ces disciplines qui ne figurent pas sur la carte privilégiée par les experts de la Banque mondiale dans leur prétention à définir les « nouveaux défis pour l'enseignement supérieur » en fonction des seuls impératifs de la compétitivité

Dans un autre domaine, les enjeux actuels de la science permettent de saisir l'utilité d'une vision élargie des cadres d'analyse et d'action. En Occident, c'est en biologie que se posent à l'ensemble de l'humanité les questions graves qui résultent de l'efficacité et de l'application des retombées des recherches en laboratoire pour la prospérité des grands trusts qui y concentrent leurs ressources de financement. Dans ce contexte, plus que jamais, la science fait problème. Il n'est pas évident que les avancées de la science soient perçues comme un progrès. Elle a, sans doute, inventé des moyens de conquête de la nature. Mais on prend aussi conscience des facteurs de destruction de la nature à travers les déchets toxiques et la crise des écosystèmes vivants et non-vivants. Face au progrès des sciences, nous sommes aux antipodes de l'optimisme des Lumières[888]. Il suffit de suivre les débats en cours sur les enjeux éthiques et sociaux des découvertes sur les embryons humains pour prendre en compte les limites des choix préférentiels de promotion des savoirs sur la nature dont la production n'intègre pas l'égal développement des sciences sociales dans le même mouvement de la recherche. L'émergence de la bioéthique qui recourt à plusieurs champs de réflexion et d'analyse met en évidence la nécessité d'un développement intégré des savoirs dans l'économie des connaissances[889]. Il n'est pas nécessaire de revenir sur le débat concernant la concentration des budgets sur les sciences qui tuent comme le rappelle l'embrigadement des chimistes et des physiciens aux États-Unis et en Europe où il existe un partenariat efficace entre l'armée et les universités ou les centres de recherche. À Washington, on mesure le poids du Pentagone dans les budgets de guerre et le rôle de la recherche dans le gigantisme militaire américain. Comme le rapporte Michel Gevers, « aux États-Unis en 1990, 63% du budget de la recherche financée par les pouvoirs publics était consacrée à la recherche militaire, contre 24% pour l'Union Européenne et 6% pour le Japon »[890]. À travers la militarisation de la recherche dont le contrôle est assurée par l'armée qui oriente les objectifs et les priorités de la politique scientifique, on assiste en Occident à l'émergence des

---

[887] D. Fassin, *L'espace politique de la santé. Essai de généalogie*, Paris, PUF, 1996.
[888] E. Klein, « La science en question », *Le Débat*, no 129, mars-avril 2004, pp. 145-152
[889] Pour une vue d'ensemble des questions éthiques sur le vivant, cf. G. Durand, *La Bioéthique*, Paris, Cerf, 1989 ; *Éthique et biologie*, Cahiers Sciences-Technologies-Société, no 11, Paris, CNRS, 1986.
[890] Michel Gevers, « De l'emprise de l'économie sur la recherche scientifique », in M. Meulders et al., *Pourquoi la sciences ? Impacts et limites de la recherche*, op. cit. p. 167.

disciplines dominantes dans le processus de la production des savoirs pour les industries de l'armement qui, en réalité, sont les industries de la mort. Bref, avec les ressources publiques, les militaires impriment les directions du développement de la science en renforçant les inégalités entre les disciplines de recherche[891]. Ce qu'on a observé avec la physique ou la chimie à l'époque de la guerre froide[892], se retrouve aujourd'hui avec la génétique dans un contexte où les entreprises pharmaceutiques et agro-industrielles s'organisent pour utiliser les sciences de la vie à des fins de redéploiement du marché. Dans cette perspective, les habitudes de travail et les objectifs des chercheurs changent compte tenu des liens étroits entre équipes universitaires et intérêts privés. Comme le révèle la recherche biomédicale aux États-Unis, l'objectif n'est plus de publier dans des revues prestigieuses et de répandre la connaissance, mais de déposer des brevets. La logique du « privé » l'emporte sur les intérêts du « public »[893]. Les laboratoires sont ici des institutions qui se donnent pour détentrices de la rationalité instrumentale. Cette rationalité impose le système de production de connaissances visant à renforcer la discrimination entre les disciplines. Ces inégalités s'accentuent au moment où, plus que jamais, la science est du côté des maîtres du monde. La Big science le montre bien. Comme le note Isabelle Stengers, « *il y a très peu de biologistes moléculaires et très peu d'institutions de recherche sans affiliation commerciale. Le bon vieux temps est mort. La génétique avance à une vitesse plus folle que jamais. Mais elle est faite en secret, de manière hâtive, et pour le profit (...). En Europe, nous suivons vaillamment, sous l'impératif sacré de la compétition économique, l'exemple américain* »[894]. Or, ce modèle met en cause toutes les marques d'objectivité et d'esprit scientifique. En fait, la véritable contrainte du chercheur, c'est de s'exposer à des collègues exigeants et compétents en vue de vérifier les arguments de son travail. Il faut donc qu'il soit lu et discuté dans la mesure même où les savoirs scientifiques sont socialement construits. Dans ce sens, chacun ne peut avancer qu'en passant par l'autre. Cette exigence est aujourd'hui remise en cause. En effet, « lorsque le premier intérêt des collègues ne passe plus par la mise à l'épreuve des propositions, c'est tout le montage qui est susceptible de s'écrouler : chacun sera indulgent parce chacun aura besoin de l'indulgence des autres. Et l'ensemble gardera pourtant une allure très objective, parfaitement scientifique »[895]. On mesure la crise de l'intégrité de la

---

[891] Sur ce sujet, lire G. Ménahem, *La Science et le Militaire*, Paris, Seuil, 1975 ; voir le chapitre sur « la guerre au Vietnam et les physiciens » dans l'ouvrage d'A. Jaubert et J. M. Lévy-Leblond, *(Auto) Critique de la science*, op. cit.
[892] Sur ces questions, cf. H. Rose et al, *L'idéologie de/dans la science*, op. cit.
[893] S. Krimsky, *Vu d'Amérique. La recherche face aux intérêts privés*, Paris, Les Empêcheurs de penser en rond, Le Seuil, 2004.
[894] I. Stengers, « Préface La mouche et le tigre », in S. Krimsky, op. cit. p. p. 7-8.
[895] I. Stengers, op. cit. p. 15.

recherche lorsque le chercheur est réduit à vendre son travail cérébral en investissant ses capacités de recherche au profit d'un système pour lequel on ne voit pas pourquoi la science, qui est un secteur important de la société, devrait échapper à l'impératif sacré de l'asservissement de toutes choses à la plus grande gloire des intérêts privés. Si le type de développement proposé par ce modèle de production des savoirs ne répond pas aux attentes des populations locales en Afrique, on comprend la nécessité de repenser les modalités de redistribution des tâches dans les champs de la recherche scientifique sans pénaliser aucune discipline sous l'alibi magique de l'efficacité. Dans ce but, il convient de rappeler que l'objectif primordial de la science répond au besoin de chercher pour « comprendre » et pas seulement pour « faire » et « agir ». Face au pragmatisme borné qui n'a rien de scientifique -les faits, rien que les faits-, il importe de développer les capacités de construction théorique, de conceptualisation et de questionnements critique dont ne peut se passer la rationalité économique elle-même. Les sciences en apparence inutiles s'avèrent d'une utilité plus grande et féconde en créant un environnement favorable à l'efficacité économique à moyen et long terme. En considérant la complexité des conditions de cette efficacité dans les systèmes sociaux où plusieurs phénomènes sont en interaction réciproque, il faut renoncer à croire que tout ce qui a trait à l'économie ne relève pas, en dernière analyse, du social et de l'humain. J'ai souligné l'importance grandissante des sciences sociales dans la gestion des entreprises.

Tout chercheur en agronomie tropicale ne peut ignorer ces sciences. Ce cas permet aussi de justifier la rupture avec les modèles scientifiques qu'on veut imposer à l'Afrique. En effet, en milieu rural, l'analyse des agrosystèmes met en évidence les contraintes que suscitent les nouveaux systèmes et la façon dont les exploitants s'y adaptent. On ne peut ici créer un système d'agriculture modernisée sans tenir compte des habitudes des paysans. D'où la nécessité d'abandonner l'esprit de chapelle. Parler de modernisation agricole et de rendements qui pourraient être multipliés ou de mécanisation des pratiques culturales sans chercher à comprendre comment s'articulent les produits et les êtres humains dans leur relation à la terre et au travail où les rapports sociaux de sexe ont un impact déterminant dans le contexte africain, trouve vite des limites. Les experts ne peuvent faire des miracles sans redécouvrir la complexité de la recherche agricole qui en Afrique noire, est restée longtemps une sorte de « ghetto tropical » dans la mesure où les chercheurs n'étaient pas seulement coupés des instances scientifiques métropolitaines mais se trouvaient également isolés des sociétés rurales qu'ils ont longtemps écartées de leur champ d'observation et d'étude.

Chercher à introduire des plants à haut rendement en oubliant de tenir compte du rythme et de la qualité de la vie des paysans dans les régions tropicales condamne de nombreux programmes de modernisation rurale à l'échec. *Confrontés au défi de l'innovation, les chercheurs ne sauraient donc s'enfermer dans leur laboratoire sans se préoccuper de connaître les systèmes culturaux traditionnels qu'on veut transformer.* Leur méconnaissance a conduit à l'introduction de systèmes supposés plus performants, mais souvent inadaptés aux réalités des milieux où ils devaient s'implanter[896]. Le réveil a été rude. Il oblige les agronomes à s'ouvrir à des études pluridisciplinaires permettant de faire une analyse des données naturelles, humaines et économiques en vue de mieux comprendre les problèmes complexes qui doivent être résolus dans le cadre d'une recherche destinée au bien-être des paysans noirs. Dans cette perspective, la recherche agronomique doit se nourrir de recherches plus générales. Il est faux de croire que l'Afrique n'a besoin que de recherches appliquées. Face aux pressions que la mentalité d'entrepreneur exerce jusqu'au cœur de l'activité scientifique, l'OCDE a dû réagir dans un rapport où l'on peut lire : « C'est de la recherche fondamentale que dépend la vitalité à long terme de l'économie du savoir »[897]. Dans ce sens, le développement d'une agriculture tropicale et l'amélioration des procédés de conservation, reposent, comme le développement des biotechnologies dans les pays du Nord, sur des recherches très fondamentales de génétique, de biochimie ou de microbiologie. Autour des enjeux paysans assumés par un thème de recherche agronomique pertinente pour le développement des pays tropicaux d'Afrique noire, on voit s'associer des agronomes et d'autres chercheurs des disciplines des sciences sociales (géographie, sociologie, anthropologie, économie). Compte tenu des agrosystèmes insérés dans l'ensemble des systèmes culturels et sociaux, tout n'est pas joué avec l'injection des engrais et des pesticides dont il faut d'ailleurs examiner les effets dangereux en considérant leur impact sur la santé et l'environnement. On ne doit pas oublier que les compagnies multinationales qui ont le monopole des semences investissent les pays du Sud, jouent, à leur tour, à « l'humanitaire » et s'engagent dans la croisade contre la faim en exportant les produits toxiques dont personne veut plus en Occident.

Ainsi, rien n'est bien simple. Les exemples que je viens de citer illustrent la complexité des processus de recherche dans la transformation des sociétés. Ces processus invitent à restructurer la recherche appliquée elle-même de manière à prendre en compte la recherche fondamentale à partir des projets de modernisation adaptés au contexte des populations locales. Les actions de recherche autour de ces projets imposent une approche pluridisciplinaire où les sciences de la nature et les sciences sociales élaborent un corps de connaissances permettant de souligner la complexité des changements de

---

[896] Voir mes réflexions sur les nouvelles pistes de la recherche agricole, *Innovations sociales en Afrique noire*, op. cit. pp. 229-235.
[897] L'OCDE, *La recherche universitaire en transition*, 1997.

l'agriculture ou de l'industrie et les conditions de l'efficacité économique. On y découvre en permanence les logiques et les rationalités des acteurs[898], avec leurs dynamiques propres et leurs stratégies impliquées autour des intérêts divergents. Il faut replacer les conditions d'efficacité dans ce faisceau de rapports complexes et d'action sociale afin de retrouver les liens entre l'économie, la société et la culture dans les transformations de l'Afrique d'aujourd'hui.

Les sciences sociales font partie intégrante des savoirs en jeu dans les changements économiques. Dès lors, les décideurs et les bailleurs de fonds ne sauraient ignorer les enjeux de ces savoirs dans le tournant actuel. Car, le regard que l'homme porte sur lui-même et la nature qui l'environne et le poids de l'imaginaire ont un impact sur la production des richesses[899]. De plus, la gestion des ressources humaines et la capacité d'écoute des gens dans un lieu de production sont au cœur des stratégies d'affaires qui constituent un champ de recherche en sciences sociales comme le rappellent l'analyse des relations industrielles, la sociologie économique et l'anthropologie du travail et de l'entreprise. Ces disciplines montrent que le marché lui-même, comme type spécifique du rapport social, est « une affaire de société ». En fait, *les secteurs stratégiques de l'économie fondée sur le savoir mettent en évidence l'importance des signes dans les nouvelles technologies de la communication. Nous sommes ici renvoyés* aux champs spécifiques du langage dans la mesure même où, plus que jamais, l'être humain se distingue de l'animal par sa fonction symbolique. En ce sens, investir dans la formation et la recherche en sciences sociales représente un enjeu de taille pour la réussite économique elle-même. *Une économie axée sur le savoir ne peut se concevoir sans l'apport de ces sciences.*

Dès lors, le vrai problème n'est pas d'avoir moins de sciences sociales pour mieux faire les sociétés africaines avec plus de sciences de la nature. Plus précisément, il n'y a pas de choix à faire entre la recherche fondamentale et la recherche appliquée. L'une n'existe pas sans l'autre. L'Afrique doit relever un défi majeur : il lui faut faire reculer l'inculture scientifique qui, à l'ère du savoir, est une nouvelle forme d'analphabétisme. En même temps, il faut refuser le mythe de la science seule qui, pour les besoins de la compétitivité, met hors-jeu l'humanité de l'homme et conduit à la barbarie[900]. C'est ce modèle que vient renforcer l'utilitarisme libéral dans les processus actuels de la mondialisation du marché. En réalité, la révolution des savoirs doit se faire dans le souci d'articuler

---

[898] Concernant ce type de rationalité, J. M. Éla, *Quand l'État pénètre en brousse*, Paris, Karthala, 1990, 164-180. D. Desjeux, *Stratégies paysannes en Afrique noire*, Paris ; P. Geschiere, « La paysannerie africaine est-elle capturée ? » *Politique africaine,* 14, juin, 1984, pp. 13-33

[899] Sur ce sujet, lire le chapitre « Economie et culture » dans mon livre *Afrique. L'irruption des pauvres : société contre ingérence, pouvoir et argent*, Paris, L'Harmattan, 1994, pp. 116-156.

[900] M. Henry, op. cit.

les divers systèmes de connaissances. Elle s'accompagne d'une aptitude à comprendre et d'une exigence de qualifications à la hauteur des défis de l'Afrique en ce début du siècle. Les bailleurs de fonds se trompent quand ils veulent instaurer une sorte de manichéisme ou de malthusianisme dans le dispositif de l'enseignement et de la recherche en imposant une discrimination entre les sciences dites utiles et les sciences jugées inutiles à partir des critères et des concepts d'ajustement structurel, d'économie de marché et de bonne gouvernance, qui, on le sait, ne tombent du ciel et véhiculent, en fait, des choix idéologiques et politiques. L'efficacité du modèle dominant n'est pas évidente. Ce modèle risque de ne servir ni les sciences dures qu'on veut privilégier sans investir dans les universités qu'on laisse mourir ni les sociétés africaines qu'on promet de transformer sans chercher à les penser et les étudier en profondeur telles qu'elles sont effectivement en sachant que cet objectif nécessite des investissements intellectuels et financiers massifs. Tout se passe comme si, en fait, les agences de financement de la lutte contre la pauvreté n'avaient besoin ni des sciences ni d'une université digne de ce nom en Afrique. Pour des opérations d'intervention établies par la Banque mondiale, le PNUD ou le FNUAP, L'USAID, l'ACDI et d'autres agences de la coopération internationale, il suffirait d'avoir de bons enquêteurs formés sur le tas en vue des recherches appliquées dont les objectifs et les méthodologies sont élaborés par les experts des organismes internationaux et mis en œuvre sous la supervision d'un consultant africain suffisamment doué et efficace pour coordonner les enquêtes de terrain dont les résultats sont évalués et mis en valeur dans les opérations programmées par les donateurs étrangers. Ces principes directeurs orientent les tendances qui émergent avec la montée de l'utilitarisme. Le triomphe du modèle de système des savoirs discriminatoires que cette montée veut imposer occulte deux enjeux importants.

Comme on l'a vu, non seulement ce modèle renforce les inégalités entre les sciences exactes et les sciences sociales, mais il ignore les exigences d'interdisciplinarité et de transdisciplinarité qui s'imposent de plus en plus à recherche scientifique. Face à la tradition du savoir fragmenté en éléments disjoints et compartimentés dans les disciplines, on reconnaît l'urgence d'un travail scientifique capable de traverser les frontières entre les disciplines et de communiquer avec les autres sciences[901]. Le défi de la globalité exige une nouvelle approche. La complexité des réalités que les discours dominants ont tendance à simplifier oblige les chercheurs à susciter et à promouvoir les regards multiples sur l'Afrique et ses problèmes. Pour penser l'avenir de nos sociétés, il faut tenter cette expérience en prenant le risque de sortir des ghettos disciplinaires. Cette expérience permet aux chercheurs « de relativiser les

---

[901] Cf. l'ouvrage collectif, *Relier les connaissances, le défi du XXIe siècle*, Paris, Seuil, 1999.

connaissances issues de leurs propres champs et d'écouter d'autres voix, voire de les intégrer dans leurs propres approches »[902]. En un mot, une tradition pluridisciplinaire doit naître et se développer au sein des structures de recherche en Afrique. Elle conditionne la production des savoirs alternatifs dans un contexte où les logiques de marché reproduisent les modalités d'expansion de la « pensée unique ». Le second enjeu que dissimule, précisément, ce modèle, c'est le risque d'accentuer le fossé entre les pays producteurs des sciences et les pays spécialisés dans la consommation des savoirs importés. Examinons cet enjeu.

Produire les connaissances à l'ère des réseaux : de la rhétorique à la pratique

Pour comprendre la situation actuelle des sociétés africaines dans le système des connaissances qui se met en place, il faut considérer les inégalités en matière de production scientifique. Ce sujet met en cause la part de l'Afrique dans la production mondiale des savoirs. Il s'impose à la réflexion au moment où l'on assiste au retour en force de la recherche appliquée au détriment de la recherche fondamentale. Afin de saisir l'enjeu de cette situation, une précision doit éclairer la discussion qui me paraît nécessaire. On commence à s'interroger sur le potentiel de conflits lié au fait que « seul un très petit club de pays a accès à la recherche. La marginalisation de nombreux pays de la planète par rapport au processus de production des connaissances n'est pas sans risques, tant pour leur propre développement que pour les tensions politiques Nord-Sud que cela peut engendrer »[903]. L'inégalité en matière de science pose un autre problème : que signifie coopérer à l'ère du savoir ? Comme le remarque François Gros, « écartés de la recherche de haut niveau, les pays du Sud perdraient aussi leur capacité d'expertise »[904]. Dès lors, on voit mal comment l'Afrique peut devenir un partenaire économique avec, tout juste, des écoles sous l'arbre. En fait, à lire le rapport de l'ACDI pour la période 2001-2003, comme beaucoup de pays du Nord, le Canada, qui a mis en place une véritable stratégie à travers la Fondation canadienne pour l'innovation (FCI) et qui finance un programme de chaires de recherche dans l'ensemble des universités, préfère miser uniquement sur l'enseignement de base dans ses interventions en Afrique. C'est ce que les économistes en charge à la Banque mondiale recommandent depuis des années. Comme je l'ai noté plus haut, l'appui à la recherche scientifique pour trouver des solutions aux problèmes qui affectent le continent ne figure pas sur les 8

---

[902] CODESRIA, *Priorités stratégiques*, op. cit. p. 1.
[903] P. Papon, in S. Cordellier, *Les idées-forces pour comprendre les nouveaux enjeux internationaux*, Paris, La Découverte, 2002, p. 47.
[904] Cf. « Un entretien avec François Gros », *Sciences au Sud*, no 2, novembre/décembre 1999

points du programme du millénaire en matière de lutte contre la pauvreté. En d'autres termes, la misère intellectuelle qui sévit dans les universités africaines où des problèmes structuraux bloquent toute capacité de production scientifique échappe au modèle de développement basé sur la théorie des « besoins essentiels » des années 70. À l'évidence, la priorité de l'école de village, comme à l'époque coloniale[905], s'accorde mal avec l'ouverture à l'économie mondialisée dans un contexte où, face aux défis de l'Afrique en ce début du XXIᵉ siècle, il convient de redécouvrir le rôle des scientifiques. Pour les jeunes africains appelés à vivre sans discrimination dans la société du savoir, on voit la nécessité d'apprivoiser la modernité par la réappropriation des connaissances. Au même titre que les entrepreneurs, les chercheurs sont les acteurs dont l'émergence est au cœur des dynamiques de la mondialisation. Au sein de ces dynamiques, comme toute cette étude le montre, il y a des risques à prendre afin d'innover et de rester sur la scène de la science. Or, l'écart se creuse entre les détenteurs du savoir et ceux qui n'y ont pas accès. Dans ce contexte, la reconnaissance scientifique de l'Afrique doit être replacée dans sa dimension planétaire. Dès lors, les rapports de la science avec les sociétés du Sud interrogent les pays du Nord.

À cet égard, notons les défis qui se posent sur ce que veut dire coopérer scientifiquement. En effet, il faut bien s'entendre sur le sens de « l'aide » à la science dans les relations internationales. La question s'impose à la réflexion dans un contexte où, au-delà des discours altruistes, on assiste à la baisse de l'aide publique au développement dans la majorité des pays du Nord. De plus, sans oublier les interrogations qui surgissent autour de la doctrine et des modalités de la coopération scientifique au sein de l'OCDE, il semble utile de recentrer l'attention sur les styles de la science et les formes d'intervention où, face à la santé, à l'environnement, à l'alimentation et à la nutrition, tout se passe comme si, en réactualisant les démarches des sciences coloniales, les défis qui se posent à la recherche étaient d'abord une affaire de spécialistes. On le constate chez les « tropicalistes » qui se concentrent sur les maladies infectieuses et parasitaires. Dans cette optique, on peut se demander quel rôle joue la population concernée directement par les problèmes qui intéressent la coopération scientifique. En effet, c'est une question de savoir qui choisit les thèmes de recherche et comment ces thèmes sont traités dans une démarche de coopération. Cette question me paraît inévitable : elle engage l'idée de science et la manière de produire les savoirs scientifiques. Si, hier, les capacités endogènes n'étaient guère la préoccupation des administrations coloniales, il faut aujourd'hui s'interroger sur l'aide à la science en assumant le défi des

---

[905] Sur ce sujet, cf. J. M, Éla, « Quelle école pour quelles société en Afrique » ? *Revue d'Éducation Comparée et des Relations Internationales en Afrique*, Volume I, Décembre 1998, pp. 21.

acteurs de la science dans une situation nouvelle où les 72 universités de l'Association des Universités africaines (AUA) appartiennent à 40 États. Autrement dit, si 10 à 20 % du personnel scientifique de haut niveau est employé hors du continent africain, il existe localement un potentiel scientifique dont il faut bien tenir compte. Bref, en nous situant dans la perspective d'une géopolitique de la science, il faut se demander comment changer les manières de faire la science dans une nouvelle étape des relations entre les chercheurs du Nord et les chercheurs du Sud. À cet égard, soulignons les convergences autour de l'idée d'une science au service du développement dans un contexte où, dans les pays riches, les processus de mondialisation obligent à inclure les enjeux de la recherche en coopération dans les structures des politiques étrangères. Il suffit ici de renvoyer au Centre de Recherche pour le développement international (CRDI), au Canada, au Département de recherche en coopération (SAREC) qui est désormais un des départements de l'Agence suédoise de coopération scientifique et à la création de l'IRD (ex-ORSTOM) en France pour illustrer ces mutations profondes.

Comme le notent Jacques Gaillard et Roland Waast, « la science, tout comme l'économie, est en voie de mondialisation et de privatisation et l'Afrique n'échappe pas à cette nouvelle donne (…). À l'heure où l'avenir semble appartenir aux « sociétés du savoir » (en particulier à celles maîtrisant de nouveaux savoirs techno-scientifiques), la (re-) construction des capacités scientifiques et techniques autonomes dépend avant tout de la volonté politique des États africains et donc des moyens qu'ils consacreront dans la durée au fonctionnement de leurs systèmes nationaux de recherche. En tout état de cause, elle ne peut être assurée dans les années à venir sans une solidarité internationale renforcée de la part du Nord et de leurs communautés scientifiques. Une telle participation du Nord requiert sans doute à la fois des programmes de coopération Nord-Sud, mais aussi, comme on commence à le comprendre, des programmes spécifiques d'aide à la recherche s'adressant aux États, aux chercheurs, et aux équipes de recherches »[906]. La nécessité de cette coopération est sans cesse réaffirmée. On l'a vu au Forum pour la science qui s'est tenu durant le Sommet de la Terre à Johannesburg. Il s'agit aujourd'hui « non seulement d'orienter l'effort de recherche en faveur du développement durable, mais aussi de contribuer, par la coopération scientifique, à l'émergence et à la consolidation des communautés scientifiques dans les pays qui en sont dépourvus. Cette mobilisation et ce renforcement sont affichés comme

---

[906] J. Gaillard et R. Waast, « Quelles politiques de coopération scientifique et technique avec l'Afrique ? », *Afrique contemporaine*, Numéro spécial, 4ᵉ trimestre 1998, pp. 86-87.

indissociables »[907]. En considérant l'écart entre le Nord et le Sud, Philippe Hugon tente de réexaminer les objectifs de la science elle-même. « *L'économie mondiale, écrit-il, repose de plus en plus sur le savoir et exclure des sociétés de ce savoir, c'est également les exclure de leur intégration à l'économie mondiale. Il faut prendre en compte dans un monde globalisé les interdépendances Nord/Sud (...). La fuite en avant conduit à des équilibres mondiaux et locaux dont la société civile prend de plus en plus conscience. Les recherches sur le développement au Sud sont une manière de comprendre le mal-développement au Nord. On peut difficilement admettre que la science universelle laisse de côté les questions qui concernent la grande majorité de la population mondiale* »[908]. Cet argumentaire oblige à intégrer la recherche dans les objectifs de la coopération. Selon Philippe Hugon, la recherche en développement doit permettre de :

- répondre aux grandes questions, celles des priorités de l'alphabétisation, de la santé, de la malnutrition ;

- faire travailler entre eux les chercheurs du Nord et du Sud et de permettre à ces derniers d'entrer dans la communauté scientifique internationale ;

- aider au renforcement et au maintien des capacités, dans les pays en développement ;

- contribuer à maintenir une compétence en Europe dans les secteurs scientifiques d'intérêt mutuel et dans ceux qui ont un rapport aux problèmes des pays en développement ;

- créer ou de renforcer les capacités autonomes. La transférabilité ou la « transportabilité »de la technologie ont des limites. La science a une inscription sociale ».

- Ces objectifs se retrouvent dans les discours officiels sur la relation Nord/Sud en matière de recherche scientifique. Dans une approche pragmatique et stratégique, le CRDI, qui est une société d'État canadienne créée en 1970, définit les objectifs suivants :

- Aider les scientifiques du Sud à trouver des solutions pratiques et durables à de pressants problèmes de développement.

---

[907] J. F. Girard et G. Leroy, « La recherche pour le développement après Johannesburg », *Afrique contemporaine*, Été 2003, no 206, p. 167. Lire aussi J. Gaillard, *La coopération scientifique et technique avec les pays du Sud. Peut-on partager le savoir ?* Paris, Karthala, 1999.
[908] Ph. Hugon, « La Recherche européenne en développement : un bien public international ? » in *L'Europe et le Sud à l'aube du XXIe siècle. Enjeux et renouvellement de la coopération*, Actes de la 9e Conférence générale de l'EADI/GEMDEV, Paris, Karthala, 2002.

• Mobiliser et consolider les capacités de recherche des pays en développement, particulièrement en ce qui a trait aux politiques et aux technologies susceptibles de favoriser des sociétés plus saines et prospères, la sécurité alimentaire, la biodiversité et l'accès à l'information.

• Favoriser l'établissement de liens étroits entre les scientifiques des pays en développement et leur faciliter l'accès aux résultats des travaux effectués un peu partout dans le monde, notamment en développant et consolidant le maillage électronique des institutions dans les pays en développement parrainées par le CRDI :

• S'assurer que les fruits de la recherche subventionnée par le CRDI sont bel et bien utilisés par les collectivités de pays en développement et que les capacités de recherche existantes sont mises à profit pour résoudre les problèmes de développement ».

• L'essentiel du soutien du CRDI « est conçu pour bâtir une cohorte de chercheurs dans chaque pays et pour aider à développer les réseaux de personnes et d'institutions pouvant entreprendre des recherches pertinentes et de mettre à profit les résultats de la recherche comme outil de changement ».

En un sens, si certains objectifs définis au Canada rejoignent les préoccupations de la coopération scientifique en Europe, le CRDI met d'abord l'accent sur le rôle des acteurs du Sud dans le domaine de la recherche en développement. À ce sujet, retenons la pertinence de l'objectif concernant les liens étroits entre les scientifiques des pays en développement. Mais cette priorité comporte un risque : le recentrage sur les scientifiques du Sud tend à refermer les chercheurs du Sud sur leurs réseaux locaux ou régionaux. Or, l'un des défis à relever à l'ère de la globalisation est de sortir les connaissances sur l'Afrique du ghetto dans lequel les Africanistes les ont trop longtemps enfermées. Rappelons l'émergence des diasporas africaines en Europe et en Amérique du Nord. Ce phénomène invite à créer les nouvelles conditions intellectuelles susceptibles d'imprimer une dimension réellement mondiale aux savoirs sur l'Afrique. C'est donc à partir des réseaux trans-nationaux et trans-territoriaux qu'il faut réinventer les lieux du discours pour rendre compte de notre condition dans le monde[909]. Achille Mbembe écrit justement : « *Il est capital que des structures visant à dé-territorialiser la production des connaissances sur l'Afrique soient inventées. Dans cet effort, les réseaux doivent être privilégiés par rapport aux structures. Il faut nouer des conversions aussi bien avec les différentes diasporas africaines qu'avec les autres mondes. Il va de soi que c'est en mobilisant, de façon créative, cette*

---

[909] A. Mbembe, « La fin des monologues », *Bulletin du CODESRIA* 1, 2000, p. 3.

multiplicité de ressources et de registres de l'action que l'Afrique se donnera les moyens d'intervenir, de façon positive, sur les affaires du monde »[910]. Cette nouvelle dynamique de la recherche incite à créer une culture scientifique à partir des nouvelles conditions de travail en équipe. Dans la mesure où la production des savoirs veut s'inscrire dans un processus de mondialisation, il faut s'interroger sur la manière dont les réseaux africains de recherche se situent par rapport à la communauté scientifique internationale. Autrement dit, comment déghettoïser le discours scientifique africain ? Cette question ne peut être évacuée du débat central sur l'Afrique à l'ère du savoir. En outre, si l'on doit bien répondre aux urgences imposées par l'ampleur des précarités, le pragmatisme anglo-saxon qui s'exprime à travers la conception de la coopération scientifique oblige à se demander si toute la recherche doit se réduire à la recherche des solutions à des pressants problèmes de développement ». La misère intellectuelle n'est-t-elle une marque de la pauvreté absolue que doit éradiquer la science qui vise d'abord au besoin de comprendre et pas seulement de faire ? Dans cette perspective, on doit revoir l'insistance sur « la mise à profit des résultats ».

À ce sujet, tout projet de recherche implique une conception du développement. Relevons ici la tendance à focaliser la recherche sur les domaines tels que l'alphabétisation, les soins de santé primaire, l'agriculture et la sécurité alimentaire[911]. Que penser des travaux scientifiques dont les résultats ne peuvent se traduire dans l'immédiat ? Comme le fait remarquer le rapport de l'étude spéciale effectuée par le Bureau du vérificateur général et présenté au Conseil des gouverneurs du CRDI, « *la recherche de par sa nature, comporte des difficultés uniques pour les gestionnaires qui tentent de déterminer les résultats et les incidences de leurs activités. Les résultats, dans le domaine de la recherche, sont plus incertains que dans de nombreux autres types d'activité. Les résultats peuvent prendre de nombreuses formes et se produire à tout moment. En outre, ils peuvent être imperceptible pendant longtemps avant qu'on s'en serve concrètement et qu'on puisse évaluer leur pleine incidence* »[912]. En fait, l'Afrique est confrontée aujourd'hui à l'ordre mondial qui l'oblige à se définir en prenant en compte les transformations multidimensionnelles qui affectent tous les aspects de l'expérience humaine et l'impact des processus de restructurations qui suscitent un nombre croissant de questions et de réponses. En outre, si l'on ne peut négliger les dimensions

---

[910] A. Mbembe, « Sortir du ghetto : le défi de l'internationalisation », *Bulletin du CODESRIA* 3 & 4, 1999, p. 3.
[911] *21ᵉ Conférence de l'Association canadienne des études africaines. Thème : Quelle recherche? Quelle coopération ? Le rôle des études africaines dans les années 90*, Montréal du 13 au 16 mai 1992.
[912] CRDI, *Rapport annuel 2002-2003*, p. 17.

culturelles du développement, dans la mesure où l'être humain ne peut se borner à vivre comme un porc, la demande en matière de savoir ne concerne-t-elle pas les besoins spécifiques de l'animal rationnel ? Ces besoins visent d'abord la libido sciendi. À partir des champs d'étude qui s'offrent pour une réflexion profonde et exigent de nouveaux cadres d'analyse multidisciplinaire, il semble urgent d'ouvrir la discussion sur l'idée de science à l'œuvre dans les politiques et les programmes de coopération. En revenant sur le plaidoyer de Philippe Hugon, on voit que la problématique européenne s'articule autour de ce que le chercheur du Nord est appelé à faire dans un monde scientifiquement inégal. Cette problématique admet l'idée d'une « science universelle » et conçoit d'abord la recherche en développement du point de vue du Nord. Hugon cite ce texte publié dans Le Monde : « La meilleure façon de se protéger de l'effet de serre aujourd'hui, tout en évitant la déforestation, c'est d'aider les Africains à intensifier leur agriculture »[913]. Si « la science a une inscription sociale », l'essentiel de la recherche en développement demeure l'affaire des Scientifiques des pays du Nord. En dépit de la rhétorique sur le « renforcement des capacités », on vise à maintenir en Europe le statut des chercheurs qui s'occupent des problèmes des pays du Sud. Bien plus, « les coopérations sont les moyens de maintenir durablement des intérêts, ex. de la défense de la francophonie ou de la lusophonie »[914]. Il faut se demander, en fin de compte, si l'on ne réajuste pas les objectifs d'hier aux défis actuels dans un contexte où il s'agit toujours de produire des connaissances sur l'Afrique à partir de l'Occident.

Cette pratique est liée au modèle colonial. Ce modèle s'est traduit par la création d'instituts, de centres et d'organismes de recherche dont la mission se réalise à travers une somme de connaissances accumulées sur les pays africains et expatriées vers les Centres sous serres dans le Nord où, en fait, fleurissent des recherches en zones tropicales. Ce système a fonctionné avec des séjours sur le terrain dans un contexte où l'effort de formation d'hommes et de femmes sur place n'est nullement un objectif essentiel puisque les spécialistes en nombre et en qualité devaient toujours venir des métropoles coloniales. Depuis les indépendances africaines, en dépit de la création des universités, ce modèle ne s'est guère préoccupé de renforcer le potentiel endogène de recherche. La coopération vraie s'inscrit dans un nouveau modèle qui vise à rompre avec l'extraversion pour enraciner l'initiative scientifique par la promotion des chercheurs locaux. La conférence de Lagos a mis l'accent sur la prise en main par les Africains de leur recherche scientifique. Or, face aux réelles préoccupations des populations d'Afrique, il existe aujourd'hui une importante

---

[913] *Le Monde*, 23 mars 1999.
[914] Ph. Hugon, op. cit.

capacité scientifique dans les universités africaines. Celles-ci pourraient devenir de véritables viviers de la recherche scientifique dans tous les domaines. Seul le manque d'environnement favorable et de soutien financier empêche de conduire des actions de recherches pertinentes. On n'insistera jamais assez sur la nécessité de l'insertion sociale des chercheurs et de l'émergence des communautés scientifiques dans les pays d'Afrique. Tout ce qui permet de reconnaître le statut des chercheurs et de faire un bon usage de leur potentiel scientifique contribue à relancer la recherche dans l'ensemble du continent.

En reconnaissant le rôle de la science dans la culture et la société, on est ici confronté au défi de l'internationalisation dans les institutions de formation et de recherche. À cet égard, au Nord et au Sud, il faut s'interroger sur la place de l'Afrique dans les politiques et les expériences de collaboration qui, au-delà de l'octroi des ouvrages et des bourses, de l'accueil des chercheurs dans un laboratoire ou des séjours de courte durée dans le cadre des échanges entre les enseignants, débouchent sur des stratégies d'insertion systématiques dans les centres et réseaux internationaux. Plus radicalement, il convient d'évaluer l'importance des problématiques africaines dans les alliances interuniversitaires, les jumelages et les consortiums où l'internationalisation de la recherche se joue autour des centres de rayonnement scientifique. Ce défi pose la question du désenclavement de l'Afrique dans la mondialisation des sciences. En ce sens, compte tenu des rapports entre l'université et la recherche, la coopération scientifique doit être repensée dans le but de s'engager systématiquement dans les alliances entre chercheurs du Nord et chercheurs du Sud. La collaboration entre équipes et groupes structurés exige de reconsidérer les conditions d'écriture d'un nouveau récit scientifique à plusieurs voix. Il faut ici reconnaître la nécessité de l'émergence d'une génération d'hommes et de femmes qui, en matière de savoirs, ont quelque chose de neuf et d'original à apporter à la « science-monde ».

Dans cette perspective, la remise en question de la légitimité et de l'obligation de produire des connaissances appropriées sur le monde réel dans lequel nous vivons met en cause toute forme de tutelle intellectuelle de l'Afrique à l'égard des grands centres de recherche qui, dans les pays du Nord, sont décidés de garder le monopole de la production des savoirs. Si l'on ne peut ignorer délibérément les problèmes cruciaux auxquels nos sociétés sont confrontées au quotidien, il faut s'interroger non seulement sur la capacité des savoirs produits ailleurs à la résolution de ces problèmes, il s'agit aussi de poser la question de l'apparition des espaces de discours scientifiques enracinés dans les sociétés africaines elles-mêmes. En observant l'état actuel des sciences, on découvre l'emprise du regard de l'Occident dans les différents domaines de la réalité africaine. Toutes les conditions semblent remplies pour écarter l'Afrique de l'accès au savoir dans les champs stratégiques. Par rapport aux problèmes urgents du continent, retenons la question de la visibilité de la recherche africaine dans la mondialisation de l'expérience scientifique[915]. Au-delà des discours de politique scientifique qui n'ont rien changé à la situation catastrophique des acteurs de la recherche[916], quelques données significatives montrent comment l'écart s'accentue entre le continent africain et le reste du monde.

Selon Jacques Gaillard et Roland Waast, « *d'un peu moins de 0, 5% en 1985, la science africaine subsaharienne ne représentait plus que 0, 3% de la production mondiale au milieu des années 1990, alors que les parts relatives de l'Afrique du Sud et de l'Afrique du Nord restaient inchangées. Là encore, les situations sont contrastées*[917]. *Le Nigeria, tout en conservant sa suprématie en tant que premier producteur de science en Afrique au sud du Sahara (à l'exclusion de l'Afrique du Sud), a vu sa production scientifique divisée par deux entre 1987 et 1991 : il semble particulièrement touché, ainsi que le Kenya. D'une manière générale, il semble que les sciences que l'on pourrait qualifier de cosmopolites- celles qui, comme les mathématiques, la physique et la chimie sont liées à une localisation particulière, soient moins affectées que les sciences recourant à des études ou expérimentations de terrain. Les sciences médicales, notamment la médecine clinique, semblent pour leur part faire preuve d'une bonne capacité de survie* »[918]. Cette situation suscite quelques réflexions.

D'abord, mesurée à l'aune de sa production publiée, la science africaine est globalement modeste. Ensuite, comme des études le montrent, les résultats sont très contrastés entre les régions du continent. L'Afrique du Nord, avec l'Égypte en tête, est bien représentée ; au Sud du Sahara, le Nigeria domine nettement, suivi par le Kenya et, à distance, la Côte d'Ivoire, le Sénégal et le Zimbabwe. En outre, un répertoire des institutions de recherche en Afrique permettrait de déterminer le niveau de productivité de la recherche fondamentale, par exemple, sur les milieux naturels, les sols, les forêts, les végétaux, les mines et la géologie et les recherches appliquées qui se consacrent aux activités d'un

---

[915] Sur cette question, cf. R. Waast (éd), *Les sciences hors l'Occident*, notamment Chatelen, « *L'Afrique scientifique de la fin des années 1980* » ; Schubert-Braun, *Les cartes mondiales de production et de coopération scientifique*.

[916] Concernant les politiques scientifiques en Afrique, voir surtout le chap. VIII du Plan d'Action de Lagos ; lire aussi E. Kodjo, « L'Afrique face aux défis de la science et de la technique », in UREF-AUPELF, *Francophonie scientifique. Le Tournant*, Paris, 1989, pp. 45-57.

[917] Sur l'état des lieux au sein des régions du continent noir, lire R. Waast et J. Gaillard (dir), *La Science en Afrique à l'aube du 21ᵉ siècle*, Paris, IRD, 2002 ; I. Santos, « L'Afrique inégale devant la science », MFI hebdo, 18 avril 2002.

[918] J. Gaillard et R. Waast, « Quelles politiques de coopération scientifique avec l'Afrique ? » *Afrique contemporaine, 1998*, p. 86.

domaine spécialisé. De même, compte tenu du potentiel scientifique disponible, il convient d'évaluer les capacités d'activité scientifique selon les disciplines. L'état de la recherche entre les domaines du savoir témoigne du dynamisme des chercheurs. On doit tenir compte aussi des configurations linguistiques et régionales. À travers l'Afrique, entre anglophones et francophones, on observe un net écart dans le même domaine disciplinaire. En sciences sociales, le monde anglophone est nettement plus actif comme le montre le bilan établi par le CODESRIA sur les ouvrages et les revues publiés au cours de la période 1995-1997. Certes, comparée à l'Occident, la part qui revient à l'Afrique dans la production mondiale révèle les inégalités croissantes en matière de production scientifique. À l'évidence, elle pose un grave problème de visibilité des pays du continent noir dans un secteur déterminant pour l'avenir du monde.

Notons le déséquilibre qui se renforce dans l'espace mondial du savoir lorsque toutes les connaissances se concentrent dans le Nord comme je l'ai indiqué plus haut. Au niveau de l'imaginaire qui est au coeur des enjeux des débats sur la diversité culturelle, cela signifie que la grande majorité de l'humanité est contrainte de voir le monde et la vie avec les yeux de l'Occident. En d'autres termes, le regard sur l'espace du savoir invite à poser la question fondamentale de la tyrannie des paradigmes dans les structures de l'imaginaire. Comme je l'ai déjà souligné, à travers l'Internet, c'est, en fait, le point de vue des États-Unis qui tend à s'imposer. Il est clair que ce point de vue est le reflet d'un empire. Or, rappelons-nous la question pertinente posée plus haut par le plagiat : « La pensée originale existe-t-elle toujours en Amérique du Nord » ? Renvoyons aussi au débat sur l'épuisement de l'Africanisme. J'ai insisté sur la nécessité, pour le chercheur africain, de s'affranchir des idées vieillies pour faire œuvre de science. Ce défi s'impose dans un contexte où, trop souvent, le regard sur le monde porte la marque des pays riches qui contrôlent le capital scientifique et les technologies de la communication. Il s'agit ici d'un facteur déterminant de l'occidentalisation du monde. Amorcé depuis la fin de la Renaissance et accentué au milieu du XIXe siècle où les sciences d'Europe s'imposent au monde, ce processus s'amplifie avec les nouvelles technologies de l'information comme le montre le Net. Si l'on prend conscience de la profondeur de la crise dans laquelle les sciences sont tombées dans les pays du Nord comme on le découvre en relisant Husserl, on voit ici la gravité de la situation d'une humanité qui doit vivre à partir de la raison occidentale.

Car, la science qui investit le regard de l'africain véhicule avec elle sa crise interne et la propage à l'échelle de la planète sans qu'on s'en rende bien compte. Sous le couvert de la diffusion de la science, clandestinement, c'est, en définitive, la crise de la culture occidentale qui se propage. *Qui veut être une humanité issue de cette crise ?* Dans les pays du Nord, des esprits lucides s'inquiètent de l'émergence des nouvelles formes de barbarie[919]. Il faut ici renvoyer à la crise du concept de développement. Cette crise met en jeu la prétention de l'Occident à proposer le modèle à suivre dans les pays du Sud. Selon Jeremy Rifklin, le rêve américain est mort[920]. Si l'on considère l'ampleur des formes de pauvreté et de précarité aux Etats-Unis[921], rappelons le paradoxe d'une grande puissance qui, en raison d'une culture de marché, s'avère incapable de gérer le leadership de manière à trouver une place à chaque être humain dans la société[922]. Comme le résume le titre de l'ouvrage de Paul Krugman, « L'Amérique dérape »[923]. Dès lors, il faut démystifier l'universalité des valeurs qui cherchent à s'imposer à l'échelle de la planète. Pour surmonter sa crise interne, au lieu de la transférer ailleurs, l'Occident n'a-t-il pas besoin du regard de l'autre ? À la limite, en rupture avec un système d'échange inégal et unilatéral qui conduit à l'occidentalisation du monde, ne convient-il pas de renverser la tendance actuelle en suscitant l'émergence effective des « savoirs hors d'Occident » dans l'espace d'une autre science-monde à construire ? Bref, si le modèle qui veut s'imposer n'est pas à suivre compte tenu des limites dont les esprits lucides prennent conscience comme je l'ai esquissé plus haut, un double défi s'impose au débat mondial. D'abord, il importe de mesurer les conséquences des inégalités en matière de production scientifique. Au-delà des dérives sécuritaires qui divertissent l'opinion dans les pays du Nord où, en l'absence de tout projet de société, les gouvernements mettent la sécurité au premier plan de leurs priorités pour masquer leur façon de « capituler devant les l'irruption des pulsions de mort »[924], ces inégalités mettent en cause les conditions d'émergence de nouvelles connaissances dont le Nord lui-même a besoin pour apprendre à voir le monde autrement. L'autre défi, précisément, c'est celui de la visibilité des scientifiques du Sud dans le débat mondial[925]. *Il faut se demander si la science des pays pauvres est une pauvre science et doit, de ce fait, rester à la marge de la science digne de ce nom.* Quelques remarques sont nécessaires pour examiner cette question.

---

[919] M. Henry, op. cit.

[920] J. Rifklin, *How Europe's vision of the Futur is quietly eclipsing the American Dream*, Ed. Tarcher ! Penguin, 2004. Lire aussi « La fin du rêve américain », *Alternatives économiques*, no 209, octobre 2004, pp. 7-13.

[921] Sur l'Amérique et ses pauvres, lire R. Castel, « La « guerre à la pauvreté » aux Etats-Unis : le statut de l'indigence dans une société d'abondance », *Actes de la recherche en sciences sociales*, 19, janvier, 1978, pp. 47-60.

[922] J. M. Chevalier et J. Mistral (dir), *La raison du plus fort. Le paradoxe de l'économie américaine*, Paris, Laffont, 2004.

[923] P. Krugman, *L'Amérique dérape*, Paris, Flammarion, 2004.

[924] H. P. Jeudy, « Une sociologie de l'insécurité », in M. Guillaume (dir), *L'État des sciences sociales*, Paris, La Découverte, 1986, p. 440.

[925] J. Gaillard, « La science du tiers-monde est-elle visible ? », *La Recherche*, no 210, mai 1989.

Dans ce but, un constat s'impose : au moment où l'on s'oriente vers l'économie du savoir, on assiste à la marginalisation des sociétés africaines dans le processus de la production des connaissances. Des facteurs plus complexes invitent à repenser la question des critères de visibilité dans le domaine scientifique. A cet égard, notons la tendance à mettre la science sous la coupe anglo-saxonne[926]. La perversion de ce système est telle qu'elle exclut de la communauté scientifique internationale la plupart des non-anglophones dont les publications ne sont guère retenues dans les bibliographies qui servent de référence et les banques de données sur support papier ou électroniques. On se retrouve donc avec une masse d'informations en provenance des Etats-Unis qui, à l'évidence, occupent une position stratégique sans comparaison dans l'édition scientifique. Or, le volume des publications ne peut être retenu comme un élément pertinent de participation à la vie scientifique internationale. Comme je l'ai indiqué, ce critère s'explique par les contraintes locales. En Amérique du Nord, notamment, on n'existe comme chercheur qu'en fonction de ses publications : publier ou mourir scientifiquement. Bref, l'ascension d'un chercheur repose sur le nombre de ses publications. Comme je l'ai rappelé aussi, cette obsession du nombre peut conduire au plagiat systématique et à la fraude scientifique. En outre, une approche purement quantitative de la production scientifique masque les carences intellectuelles dans les milieux universitaires. En effet, l'obsession de la production tend à devenir un obstacle à la réflexion approfondie. Si l'on admet que la recherche académique est, par sa nature, longue et laborieuse, la nécessité de produire entraîne un certain conservatisme intellectuel. De fait, elle pousse les chercheurs à la prudence et leur interdit de prendre des risques autour des hypothèses dont l'examen exige du temps et de la patience. Dans cette perspective, les domaines de recherche qui nécessitent qu'on s'y consacre exclusivement ne sont pas vraiment étudiés. Ils restent en jachère. Car, ils n'intéressent pas les milieux d'affaires. N'oublions pas les liens entre la politique des grands centres de recherche et les intérêts de l'industrie. Les sujets de recherche sont fixés en fonction des objectifs à vocation économique. Par ailleurs, *à travers la publication d'études encouragées, il n'y a pas toujours de place pour l'innovation scientifique et intellectuelle véritable.* Dans un contexte de ressources rares où la voie qui mène à l'argent est celle de la concurrence entre les enseignants-chercheurs, les bailleurs de fonds imposent les thèmes d'étude. À la limite, ils poussent l'arrogance jusqu'à régenter les milieux de recherche universitaire. Selon Guy Rocher, les organismes subventionnaires « *conditionnent par exemple les orientations de nos recherches, qui sont maintenant de plus en plus déterminées. Ils conditionnent le type de publications qu'on va faire : il faut que*

---

[926] Sur ce sujet, lire B. Lecherbonier, *Pourquoi veulent-ils tuer le français ?* Paris, Albin Michel, 2005.

ce soit dans les revues internationales, avec comité de lecture. Ils conditionnent la vie de nos revues universitaires. Ils ont même maintenant des règles et des normes sur le rythme de diplômation de nos étudiants. Si un de mes étudiants prend plus de 40 mois pour faire sa maîtrise, je viens de perdre des points pour ma prochaine subvention. Ils dirigent également le type de rayonnement de mes recherche »[927]. Dans cette situation de subordination totale où l'université est de moins en moins un lieu de réflexion et de culture, « la recherche empêche le travail de la pensée », écrit Gilles Marcotte[928]. Dans ce domaine, l'état de dénuement est une réalité dramatique qu'il faut bien regarder en face. Comme le constate Gérard Bouchard, « il y a rareté d'œuvres maîtresses, d'ouvrages de synthèses qui reprennent le champ de la discipline ou d'une question pour l'explorer en profondeur »[929]. On voit le risque de stérilisation de toute la recherche qui se produit lorsque, sous les contraintes du marché, tout se concentre sur la recherche de pointe. Dans ce contexte, les débats intellectuels sont rares en dépit du poids démographique des universités concentrées dans une grande métropole comme on le voit à Montréal. À ce sujet, on parle justement du silence des intellectuels au moment même où les enjeux de société sont un défi majeur pour les tâches critiques de la pensée. Ce défi met en cause les carences du système d'éducation qui ne permet pas de nourrir la réflexion de fond sur les problèmes de société. Or, si l'enseignement supérieur s'appauvrit, c'est aussi les fondements des sciences et de la culture qui tendent à s'appauvrir. Il faut donc renoncer à évaluer l'avancée des sciences sur la base de la quantité d'articles publiés dans les 228 revues spécialisées à l'échelle mondiale.

Dans la mesure où une civilisation se reconnaît à l'idée que l'être humain se fait de lui-même et de son rapport à son environnement, le volume des publications à l'américaine peut cacher « les mirages de la science » dont parle Pierre Feschotte[930]. En fait, si l'on tient compte des arbitrages que l'on connaît au niveau des publications dans les grandes revues et les maisons d'édition, la reconnaissance ne peut dépendre du seul fait de figurer sur la liste des publications recensées selon les systèmes conventionnels d'évaluation de la recherche scientifique. Des travaux de médiocre qualité sont publiés alors que des auteurs dont l'apport intellectuel et scientifique est remarquable dans leur domaine ne trouvent pas d'accès aux réseaux de diffusion. En un sens, se faire connaître pour entrer dans ces réseaux relève du lobbying. En Afrique, en considérant les générations de chercheurs, il est certain que ceux qui ont été formés sur place dans les universités dont la majorité furent créées au lendemain

---

[927] *Université* vol. 4, no 2, février 1995, p. 12.
[928] *Université*, vol. 4, no 2, février 1995, p. 19.
[929] *Université*, vol. 5, no 2, mars 1996, p. 18.
[930] P. Feschotte, *Les mirages de la science*, Chattou, Les Trois Arches, 1990.

des indépendances ont plus de difficultés pour publier et rentrer dans les réseaux internationaux que les gens formés en Europe ou en Amérique du Nord. Or les travaux de terrain effectués par la seconde génération de chercheurs africains sont souvent d'une grande richesse. Je pense ici à une série d'études qualitatives réalisées par les étudiants de maîtrise de sociologie sur les problèmes de population à l'Université de Yaoundé. À Dakar, Lilyan Kesteloot a fait aussi une liste des travaux de recherche en littérature orale qui donnent une idée de l'envergure de cette recherche dans une université africaine[931]. L'inventaire de ces études met en évidence la pertinence des thématiques et des démarches de recherche qui aboutissent à des résultats dont la connaissance me paraît très utile pour tous les organismes d'intervention ou de recherche préoccupés par les questions de population, de santé et d'environnement, d'agriculture et d'éducation, de jeunes et de femmes dans la sous-région. Dans différents champs d'étude, ce constat peut être fait quand on examine l'ensemble des thèses de mémoires et de doctorat des jeunes chercheurs dont le CODESRIA a financé les travaux après une évaluation critique des projets de recherche[932]. Ici encore, nous disposons d'une banque de données riches et remarquables pour les études africaines. Il s'agit souvent de sujets qui portent sur les réalités de la vie quotidienne dans un contexte international où la recherche africaniste recycle les vieux concepts de l'anthropologie coloniale. Ce qu'il faut ajouter, c'est que les travaux de mémoires et de thèses effectués dans les départements des universités africaines dans différents secteurs des arts, des lettres et des sciences constituent une mine d'or. Il y a là un effort de recherche dont les résultats devraient être mis à la portée du grand public et valorisés. En effet, centralisés et publiés, ces travaux faciliteraient la connaissance et apporteraient des données de terrain dont ont besoin les revues africanistes publiées à Paris, Londres, Bruxelles, Leiden, Hamburg, Madrid ou Lisbonne. Les grandes bibliothèques occidentales ignorent ces études qui ne sont guère prises en compte dans les mesures de la science établies à partir des bases installées en Amérique du Nord ou en Europe. Je pense aussi aux revues africaines dont beaucoup sont introuvables dans ces bibliothèques. En définitive, les travaux publiés en Afrique sont mal connus en Occident. Il suffit de parcourir les bibliographies sur l'Afrique dans les programmes d'enseignement supérieur, les ouvrages et les articles publiés en Europe et en Amérique sur les questions africaines. Sur ces questions, manifestement, ce que pensent les Africains ne compte pas. Il faut ici résister à l'emprise des mythes racistes de l'afro-pessimisme. Depuis plus de vingt ans, la réalité africaine est inscrite dans le

---

[931] L. Kesteloot, « La recherche en littérature orale à l'université de Dakar », in *La littérature sénégalaise*, Notre Librairie, no 81, octobre-décembre 1985, pp. 38-41.
[932] Voir le *Catalogue de Thèses et Mémoires Subventionnés par le CODESRIA*, Dakar, CODESRIA, décembre 1998

champ du savoir sous un mode négatif qui représente une véritable régression intellectuelle. Achille Mbembe a raison d'écrire au sujet de l' Afro-pessimisme : « un avatar de la pensée raciste. Gouverné par la haine des Noirs, puis par l'ignorance et le mépris du continent et de tout ce qu'il représente, le discours afro-pessimiste est un discours mal vieilli et irrationnel »[933]. Face à l'Afrique qui s'invente au quotidien et exige de nouvelles grilles de lecture, on ne cesse de ressasser des clichés, des mythes et des stéréotypes qui réactualisent les thèmes et les préjugés qui ont servi pour justifier la colonisation. On croit toujours relire le portrait de l'homme africain fixé par Hegel dans les puissances du négatif. Ce qui est nouveau, c'est la capacité d'adaptation des auteurs qui offrent à l'opinion les images conformes à la presse à sensation, aux scènes d'apocalypse et aux films d'horreur de Hollywood. En constatant le succès ders ces images, une question vient à l'esprit : en Occident, qui peut prendre au sérieux les chercheurs qui, venant d'Afrique et sans procéder à une véritable enquête de terrain selon les méthodes en vigueur en vue de cerner la complexité des sociétés, se bornerait à ne montrer les visages de l'Amérique et de l'Europe qu'à travers la culture de cowboy, les interventions militaires et les tortures, les divorces, les familles décomposées, recomposées ou reconstituées, les meurtres et le suicide des jeunes et des personnes âgées, les viols de femmes et les clochards, les réseaux de drogue et les gangs de rue, les mafias et les pédophiles ? Or, quand il s'agit de l'Afrique, n'importe qui peut se permettre de dire n'importe quoi et passer pour une référence scientifique au moment même où il ne cesse de reproduire des discours usés à partir des anecdotes et des bribes d'informations incontrôlées tandis que l'on a renoncé depuis longtemps au travail de terrain qui fait la force de toute recherche en sciences sociales.

En réalité, la science africaniste qui sert de norme du savoir sur les réalités du continent noir est représentée par des chercheurs peu connus, inégalement présents et influents au sein de leur propre communauté scientifique. Par ailleurs, *s'ils jouent souvent le rôle de consultants dans les projets gouvernementaux, les ONG et les organismes de coopération internationale, ils s'avèrent incapables de modifier l'image réelle que l'opinion publique se fait de l'Afrique en Occident.* On sait que les laboratoires d'idées des pays du Nord puisent souvent dans les bassins de l'Africanisme. Certains chercheurs travaillent en étroite collaboration avec les organismes de la Défense et de la diplomatie. En dehors des recherches non publiées et réalisées par les jeunes universitaires africains qui sont bien plus nombreux qu'un seul pays riche ne compte d'anthropologues et de sociologues, de linguistes et d'économistes, de géographes ou d'historiens africanistes, il existe aujourd'hui, en dépit de leur

---

[933] « La réponse aux critiques d'Achille Mbembe », *Politique africaine*, no 91, octobre 2003, p. 189.

faible volume, des travaux de chercheurs africains dont la qualité n'a rien à envier aux nombreux articles de revues de grande renommée et à la quantité de manuscrits acceptés par les collections exclusivement dirigées par ceux qui passent pour être les experts des questions africaines. À ce sujet, considérons les défis et les enjeux d'édition et de diffusion des connaissances.

Pour un grand nombre de chercheurs africains des pays francophones, anglophones, hispanophones et lusophones, pour publier aujourd'hui, il faut frapper à la porte de l'Europe. On se heurte ici au marché étroit et concurrentiel du livre dans un contexte commercial où l'Afrique se vend très mal en Occident. Dans ce contexte, il faut souligner le rôle de « l'esprit du temps » dont Goëthe disait qu'il est « l'esprit du maître ». En effet, *on ne peut écarter l'hypothèse de la répression des productions scientifiques et intellectuelles hétérodoxes*. Ce phénomène n'est pas nouveau. Behely-Quénum écrit en 1962 : « à vrai dire, les éditeurs français voient de l'anticolonialisme dans tout ouvrage que les auteurs africains leur présentent et, après avoir gardé nos manuscrits pendant quatre ou cinq, voire six mois, ils nous les renvoient avec comme le savez, un refus poli, parfois brutal et démoralisant »[934]. En 1986, Mongo Beti qui, selon ses propres termes, était « un exilé sans moyen, sans troupe, sans mandat, n'ayant pour arme que ma plume », témoigne de l'ostracisme dont a souffert *Peuples noirs - Peuples africains*-la seule publication de langue française en France à subir un tel traitement »[935]. Cette revue était un lieu d'écriture pour les intellectuels et les chercheurs africains. Le célèbre écrivain raconte aussi les mésaventures d'un manuscrit qui devait s'intituler *Main basse sur le Cameroun, autopsie d'une décolonisation.* « Le directeur qui venait de publier plusieurs ouvrages peu conformistes sur le Tiers-Monde - à l'exception, c'est vrai, de l'Afrique francophone ne se borna pas, comme d'autres éditeurs, à refuser mon manuscrit ; il n'hésita pas à m'adresser une lettre dont les termes recelaient l'intention de me détourner de mon projet par le découragement et même l'intimidation »[936]. Dans la mesure où, en fait, le nombre d'Africains qui s'efforcent de garder la liberté d'écrire en situation dominée reste limité, Mongo Beti écrit : « Le mot d'ordre des soi-disant experts est : surtout pas d'Africain autonome économiquement, socialement, politiquement. Un Africain autonome, un nègre potentiellement lucide, donc rebelle, vrai danger mortel. Tout Africain susceptible d'exercer quelque influence, à moins qu'il ne soit déjà acquis à la cause, doit être assisté, puis retourné et enfin contrôlé »[937]. En tenant compte de l'importance du marché du livre dans les enjeux scientifiques et politiques du

---

[934] O. Ohely-Quenum, *La Vie africaine*, no 30, novembre 1962, p. 4.
[935] Mongo Beti, *Lettre ouverte aux Camerounais ou la deuxième mort de Ruben Un Nyobé*, Paris, Éd. des Peuples Noirs, 1986, p. 94.
[936] Mongo Beti, op. cit. p. 92.
[937] Mongo Beti, op. cit. p. 86.

continent, il convient sans doute de reconsidérer les stratégies de contrôle qui tendent à exclure les « Afriques indociles » des réseaux de diffusion des connaissances. En effet, les études qui soumettent le regard sur l'Afrique à une série de révisions critiques sont plutôt rares. Ces études représentent une vraie menace face aux discours réducteurs érigés en dogmes. À cet égard, on constate une sorte d'indulgence des chercheurs africanistes les uns envers les autres. Dans les domaines communs de recherche, il n'est pas évident qu'il existe une tradition de débat critique à partir de la mise à l'épreuve des propositions. Un fait est certain : dans le cadre du révisionnisme ambiant, les idées neuves ne trouvent pas une clientèle qui pousse les éditeurs à publier un chercheur africain peu connu et étranger aux petits cercles d'amis qui contrôlent un marché déjà réduit et convoité par les africanistes. Si l'on franchit cette barrière dont on ne peut négliger l'importance pour les maisons d'édition qui considèrent d'abord le livre comme une marchandise, il reste celle de la reconnaissance qui se traduit souvent par les citations dans les travaux scientifiques. C'est par ce phénomène que s'opère aussi la circulation des connaissances. Il rappelle au chercheur que la science est une affaire du « nous » et, que, de ce fait, elle transcende les barrières géographiques, commerciales et linguistiques. Dès lors, la question de la visibilité trouve son sens et sa pertinence : « qui se nourrit de la science africaine » ? Dans la mesure où les citations sont une mesure de visibilité, les conclusions des résultats actuels du décompte concernant le continent sont significatives : « L'Afrique témoigne d'une tendance exceptionnelle à la citation intra-africaine et intra-nationale. Le trait est particulièrement développé au Nigeria, où il dénote la posture auto-centrée de la communauté (et également son excès : l'isolat scientifique), mais il se retrouve partout ailleurs, avec des nuances : l'Afrique francophone ignore ainsi quasi totalement la science produite ailleurs (sauf par les centres internationaux agricoles) ; les disciplines modèlent, davantage que les institutions, les stratégies de publication et l'acquisition de visibilité. Dans les universités (Nigeria, Kenya, Zimbabwe), les sciences exactes (mathématiques et physique) s'affirment plus cosmopolites et sont plus visibles internationalement. Les sciences plus liées à l'observation locale (botanique et zoologie) sont aussi plus particularistes, et jouissent d'une sur-visibilité africaine (intra-nationale mais aussi intra-africaine). Paradoxalement, les anciennes métropoles n'ont pas d'attention spéciale aux travaux de leurs ex-colonies, sauf précisément dans le cas des sciences liées à l'observation »[938].

Nous touchons ici un point central de cette étude. En Afrique, l'isolat scientifique s'explique surtout par les contraintes matérielles dans lesquelles la

---

[938] J. Gaillard et R. Waast, art. cit. ;voir aussi Rabkin, Y. M et al, « Citation visibility of Africa's Science », *Social Studies of Science*, vol. 9, 1979, p. 499-506.

majorité des chercheurs est installée depuis des années. Par ailleurs, la faible circulation des savoirs entre les pays africains résulte de la balkanisation du continent héritée de la colonisation en dépit de nombreux échanges qui se développe à travers l'économie informelle autour des régions frontalières. En Europe, on ne peut expliquer le paradoxe relevé par Gaillard et Waast par l'absence d'informations sur ce qui se publie sur l'Afrique en français et en anglais. A Paris, Berlin, Londres, Bruxelles, Rome, Madrid ou Lisbonne, un chercheur n'attend pas dix ans, comme en Afrique, pour avoir accès aux derniers ouvrages et articles de revue traitant de sujets africains. C'est dans les métropoles occidentales que sont concentrées les éditions qui s'intéressent aux études africaines. Dès lors, la persistance des stéréotypes et, en définitive, l'ignorance de nombreux Européens et Nord-Américains sur les dynamiques de l'Afrique contemporaine peut surprendre. En effet, les Africains du continent rêvent d'aller travailler dans de nombreux centres de documentation ou les bibliothèques qui ont accumulé les connaissances utiles qui, en fait, servent peu au public des pays riches. En revanche, ces centres sont inaccessibles pour les chercheurs africains que le marasme économique condamne à se replier sur eux-mêmes comme l'indique, précisément, la tendance à la « citation intr-africaine et surtout intra-nationale ». Si l'on restitue la question de la visibilité dans le contexte social de la construction de la science, on comprend le peu d'attention que les pays du Nord accordent aux travaux de recherche des anciennes colonies. Cette attitude exprime des enjeux dont il convient de saisir le sens. En effet, *citer un chercheur, c'est affirmer qu'il a droit d'exister dans ce qu'il est convenu d'appeler la communauté scientifique.* La citation est un marqueur et un signe de reconnaissance par ses pairs. Ainsi, la notoriété se mesure au nombre de fois que les travaux d'un auteur ou d'une équipe de chercheurs sont cités dans les articles des autres scientifiques. Sans doute, être cité ne signifie pas qu'on détient la vérité mais que la communauté scientifique considère un travail comme digne de mention. Selon le mot de Bruno Latour, la pire chose pour un auteur n'est pas « d'être critiqué, voire d'être cité à tort et à travers par des lecteurs peu attentifs : c'est d'être ignoré »[939]. À ce sujet, dans un système de recherche soumis à la compétition[940], le critère d'autorité scientifique valable est celui de la science brevetable. Notons aussi les critères de compétence selon lesquels, en dépit de l'égalité des chances entre les sexes, les performances des femmes scientifiques ne sont pas toujours reconnues comme une étude le révèle en Suède[941]. Remarquons surtout les jeux de pouvoir dans le système académique et social où la pathologie de la citation peut nourrir des illusions

---

[939] B. Latour, *La Science en action*, op. cit. p. 102.
[940] V. Kourganoff, *La Recherche scientifique*, op. cit. pp. 69-75.
[941] Cf. « La recherche scientifique, haut-lieu du sexisme caché », *Sciences Humaines*, no 77, novembre 1997, p. 8.

malsaines : « Je suis cité, donc je suis »[942]. Dès lors, selon les normes standard relatives au lieu, et, de plus en plus, à la langue de publication où l'hégémonie anglo-américaine est incontestable, si le nombre de publications et la réputation des revues dans lesquelles ces articles sont publiés demeurent les déterminants de la productivité et de la compétence scientifique, le nombre de citations par des collègues tend à devenir un critère autour duquel s'organise une sorte de tontine en milieu scientifique : « Je te cite pour que tu me cites ». On se trouve dans un domaine où la fantaisie, l'arbitraire et le marchandage font oublier que la valeur d'un savoir n'est pas mesurable de façon aisée. En fait, *une recherche de qualité s'impose d'elle-même*. Si la quête de visibilité fait partie des ambitions des scientifiques, l'émergence d'une nouvelle génération de chercheurs africains peut être perçue comme une menace de mort pour les africanistes qui redoutent de perdre le monopole des discours sur l'Afrique dans un contexte où, depuis les indépendances, conseiller l'Afrique est une véritable industrie. *À l'ère de l'ajustement, le marché de la consultation est devenu très compétitif*. En fait, comme on le voit notamment en Amérique du Nord, le savoir et l'argent sont liés. La crainte de voir disparaître les situations de rente et les privilèges d'hier habite les milieux de recherche pour lesquels la question d'une relève africaine ou d'une expérience de collaboration scientifique et de travail en équipe n'est pas enracinée dans les pratiques et les institutions scientifiques. Comme Théophile Obenga l'a bien remarqué, « il est clair que les africanistes, avec la montée des chercheurs africains, ne joueront plus un rôle prépondérant »[943]. Dans cette perspective, on ne peut écarter les luttes de pouvoir à travers les discours sur l'Afrique au sein de la communauté scientifique.

Pour tenter de comprendre le phénomène de la circulation des savoirs sur l'Afrique, il faut le situer, en profondeur, dans le cadre des relations complexes et des tensions entre Africanistes et chercheurs africains. Car, ce phénomène s'inscrit dans une tradition de recherche qui, depuis la fin de la deuxième guerre mondiale, tend à enfermer les savoirs produits sur les réalités et les problèmes du continent noir dans une sorte d'isolat scientifique. À ce sujet, il ne suffit pas d'inventorier les instituts de recherche scientifique implantés au sud du Sahara par l'État colonial[944]. On doit constater que, souvent, ces centres fonctionnent en

---

[942] Sur la pathologie de la citation, lire S. Fuller, *The governance of Science : ideology and the futrure in the open society*, Buckingam, Open University Press, 2000, pp. 85-89.
[943] T. Obenga, « Science et langage en Afrique », *Présence africaine*, no 92, 1974, p. 149.
[944] Pour un aperçu sur l'histoire de l'IFAN, cf. A. S. Adandé, « Témoignage sur la genèse de l'IFAN », Bulletin de l'IFAN, op. cit. pp. 27-33. Sur les centres scientifiques africanistes coloniaux, voir T. Obenga, *Cheikh Anta Diop, Volney et le Sphinx*, Paris, 1996, pp. 147-186 ; sur les similitudes et les disparités des expériences coloniales de recherche scientifique en Afrique, lire J. Gaillard et R. Waast, art. cit.

vase clos. Comme le montre l'IFAN depuis sa création, ils ne sont en contact ni avec les milieux universitaires et scientifiques des pays d'origine, ni avec les institutions de formation et d'enseignement des sociétés où ils ont été édifiés. En métropole, les chercheurs présents sur le terrain dans le cadre des études d'archéologie, de botanique, de zoologie, d'entomologie ou d'anthropologie sont restés longtemps des chercheurs solitaires, peu intégrés dans les départements et les structures nationales de recherche scientifique. Il n'existe pas de lieux de rencontre et de communication entre les chercheurs de l'ORSTOM et ceux du CNRS. De plus, si l'on a vu se créer des espaces d'études africanistes dans quelques universités, les étudiants africains se retrouvent presque entre eux, en dehors que de rares candidats qui s'intéressent à la coopération ou au « développement international » comme on peut le vérifier en Amérique du Nord. Bref, les instituts de recherche africaniste sont des « ghettos de la recherche outre-mer ». Alors qu'ils relèvent d'un système de relations Nord-Sud, ils sont, en fait, coupés des pays d'accueil et du monde scientifique des nations occidentales dont ils sont un élément de la politique étrangère ; malgré les thèmes jugés utiles pour le développement et l'avenir des pays où travaillent les chercheurs étrangers souvent co- payés par les nouveaux États, le produit de la recherche africaniste et les brevets vont au Nord en retirant toute signification à l'idée de « co-développement » scientifique. La prétention occidentale de conserver le monopole de la propriété de la recherche outre-mer apparaît dans les pays africains qui sont aujourd'hui dépourvus d'un fond documentaire sur les connaissances produites sur le continent par les africanistes. Cette tentation du contrôle du savoir rend compte du peu d'intérêt accordé aux travaux des chercheurs du Sud et, surtout d'Afrique noire.

À cet égard, tout se passe comme si la science du tiers-monde était une pauvre science[945]. Pour disqualifier cette science, il est facile d'agiter l'opinion sur les conditions matérielles ou sociales de sa production. Il est évident que l'environnement de la recherche scientifique s'est dégradé dans les universités africaines et les instituts de recherche. Toutes les évaluations de l'enseignement supérieur ne cessent de le répéter[946]. Cette situation n'explique pas tout. Elle risque d'être utilisée comme un alibi facile pour justifier la paresse intellectuelle et l'improductivité scientifique de nombreux enseignants en transit à l'université, dans l'attente d'un poste administratif plus en vue ou d'une entrée miraculeuse dans le gouvernement lors d'un futur remaniement ministériel. Le poids de certaines pratiques sociales empêche de créer un environnement favorable à la culture scientifique. Notons-le : tandis que les grands débats d'idées deviennent

---

[945] G. Rossi, « La science des pauvres », *La Recherche*, no 30, janvier 1973, pp. 7-14.
[946] Cf. « La recherche scientifique victime de la banqueroute africaine », in *Manière de voir 15, Le Monde diplomatique*.

rares, les querelles de personnes sont un fait quotidien dans les milieux universitaires. Je pense aussi aux bavardages creux sur le dernier match de football dans les bureaux du campus. Il arrive que des enseignants-chercheurs soient enrôlés dans les tournées régionales pour le Chef d'État en campagne pour les élections truquées d'avance. Il faut insister ici sur le temps que l'on tue en faisant les salamalèques dans les allées du pouvoir pour être « appelé à d'autres fonctions ». Le règne de la médiocrité condamne les esprits d'exception à disparaître dans la masse. De plus, au lieu de s'asseoir pour construire un projet de recherche, on préfère investir ses capacités intellectuelles pour imaginer les coups bas en vue de détruire des collègues actifs et inquiétants. On ne peut, enfin, ignorer les longs moments d'intrigues ou les nuits obscures de beuveries au fond des quartiers populaires en compagnie de jeunes filles superbes. Ces moments pourraient être mieux gérés dans la réflexion et la recherche si l'on veut investir les ressources de l'intelligence en dépit des conditions difficiles de travail. Faut-il rappeler l'état de pauvreté dans lequel Pasteur a fait ses découvertes ? On se souvient aussi des conditions de vie précaire dans lesquels Cheikh Anta Diop a mené ses travaux scientifiques.

En fait, si l'on reconnaît la qualité des données empiriques collectées par les chercheurs africains dans les enquêtes de terrain, il est courant de souligner les problèmes de méthodologie de la recherche pour traiter les résultats de ces travaux comme les « sous-produits scientifiques ». L'un des enjeux actuels de la recherche en Afrique est de revoir tout le dispositif de cette recherche afin de relever le défi de la scientificité. Or, on déplore l'absence d'un cadre théorique pertinent pour rendre compte de la complexité des sujets à l'étude. Les ateliers de méthodologie de recherche organisés par le CODESRIA visent à relever ce défi majeur. Jean Copans a raison de bousculer les chercheurs africains en les invitant à faire preuve de plus de rigueur théorique et méthodologique. « *En quantité, écrit-il, l'Afrique contemporaine n'est pas mal lotie, car la plupart des disciplines économiques, juridico-politiques et sociologiques se penchent sur le présent (et même l'avenir). Mais dans la pratique, les choses ne sont pas si brillantes, à cause de l'absence de perspective historique interne, de la superficialité des données (faiblesse des données primaires ; impossibilité de se les procurer etc.), et des contraintes propres à la promotion des recherches en sociales dans les États d'Afrique noire d'aujourd'hui* »[947]. Peut-être ce défi concerne-t-il plus les francophones que les anglophones. Pour s'en rendre compte, il suffit de comparer un projet de recherche rédigé au Kenya, au Ghana ou au Nigeria et une proposition de recherche élaborée dans les pays d'Afrique francophone sur le même champ thématique ou disciplinaire : on retrouve les

---

[947] J. Copans, « La crise de l'Afrique noire au miroir des études africanistes africaines », art. cit. p. 51.

contrastes qui se reflètent dans les mesures de visibilité. Si l'on ne peut négliger les contraintes liées à l'environnement institutionnel (suivi pédagogique des jeunes chercheurs, matériel de travail, allocation de recherche, bibliothèques, accès à la documentation, etc.) qui ne sont guère plus favorable à Kano ou à Nairobi qu'à Dakar, à Niamey, à Abidjan ou à Kinshasa, à Yaoundé ou à Bangui, les écarts observés s'expliquent plus profondément par les différences de traditions de recherche héritées des anciennes métropoles coloniales. J'ai été confronté à cette situation à l'institut du CODESRIA sur *l'Économie Politique des conflits en Afrique*. En ce qui me concerne, comme je l'ai montré ailleurs, l'un des problèmes actuels dans les pays africains francophones est celui de la capacité de conceptualisation et de théorisation de la recherche scientifique[948].

Les études africanistes n'échappent à cette méthode élémentaire en dépit des exceptions notoires. On le voit dans le domaine des études politiques sur des sujets autour desquels les savoirs produits sont d'une inutilité et d'une inefficacité déconcertantes pour l'Afrique. Si l'on dispose ici « d'une foule de matériaux empiriques et d'observations factuelles (…), la méthodologie des études africaines reste pour une part un champ de friche ». En d'autres termes, tout est à reprendre de fond en comble. Cette tâche s'impose notamment quand qu'il s'agit de « pénétrer le monde de l'autre qui n'est jamais nulle part, une mince affaire ». Devant ce défi, on commence à « regretter que l'indispensable regard de l'observateur extérieur ne soit pas suffisamment confronté avec, enrichi par la vision de l'observateur issu de l'intérieur »[949]. Le besoin de cette confrontation des regards pose la question fondamentale de l'approche métisse que nous retrouverons bientôt. Il révèle les limites des recherches africanistes dans les domaines des sciences sociales. Or, « le rejet de l'Afrique dans le ghetto de la spécificité »[950] se produit dans un système de recherche où l'impératif d'imagination scientifique se trouve bloqué par l'assurance dogmatique des cadres conceptuels qui reproduisent les stéréotypes dont la résurgence s'opère à travers les choix d'analyse fondés sur la théorie de la modernisation. Comme le note Bogumil Jewsiewicki, « quelques notions obscures empruntées à l'anthropologie à titre d'explication globale nous empêchent de voir la banalité des sociétés d'Afrique derrière leur apparent exotisme. Tradition, parenté et ethnicité sont de ces concepts creux qui, échappant eux-mêmes à l'histoire, peuvent l'expliquer alors qu'ils sont seulement des passe-partout rouillés ouvrant des portes qui bâillent au vent de nos querelles »[951]. En fait, confrontées à l'Afrique qui s'invente, les études

---

[948] Sur cette question, cf. J. M. Éla, *Guide pédagogique de formation à la recherche pour le développement en Afrique*, op. cit. pp. 49-56.
[949] C. Coulon et D. Constant Martin, op. cit. pp. 16-17
[950] Id.
[951] B. Jewsiewicki, « La mémoire », in C. Coulon et D. Constant Martin, op. cit. p. 61.

africanistes manquent d'outils pertinents d'analyse et d'interprétation. Christian Coulon écrit : « les sciences sociales sont plutôt désarmées face à des phénomènes un peu trop vite assimilés à une modernité mal digérée, alors qu'ils expriment des constructions plus complexes. La crise de l'Afrique renvoie donc inévitablement à celle de l'Africanisme »[952]. Cette crise est liée à la tradition de recherche qui survit dans un contexte où *les études sur l'Afrique se caractérisent par une sorte d'indifférence paresseuse et d'insouciance en matière de conceptualisation*. La recherche africaniste tend à se réduire à la collection d'objets. Le chercheur ne se préoccupe pas de se doter d'autres raisons pour poursuivre la science. Il importe de retrouver ici le poids de l'héritage des études africanistes. L'élaboration du savoir colonial s'opère à partir d'un vide théorique. Comme le remarque Kusum Aggarwal, « à la différence de Malinowski, il manquait à Griaule une perspective théorique, ce qui rendait plus précaire sa position au sein de l'africanisme »[953] Cet héritage demeure dans un système de recherche qui résiste mal à l'illusion de la spécificité des sociétés africaines. Dans ce contexte, des exigences critiques, théoriques et méthodologiques obligent le chercheur à brûler les fétiches qu'il s'obstine à vénérer en s'enfermant dans les ghettos disciplinaires incapables de saisir la diversité des configurations, la richesse des trajectoires et la complexité des mutations du monde africain. E*n l'absence d'un débat véritable visant à rediscuter les fondements conceptuels et théoriques qui sous-tendent tout le dispositif de recherche sur les réalités africaines, l'africanisme tend à s'inscrire confortablement dans un courant où l'Afrique est l'objet privilégié de cadre d'analyse clés en main*. Cette tendance s'explique par cet « incroyable narcissisme » qu'Édouard Le Roy déplore dans l'africanisme universitaire en France[954]. Il faut ici situer le débat sur la visibilité des chercheurs africains.

Au moment où l'urgence s'impose de repenser les nouveaux enjeux de la culture scientifique sur l'Afrique, ce narcissisme se traduit par le dogmatisme qui établit la hiérarchie des savoirs fondée sur un système d'a priori étrangers à la science elle-même. Ainsi, affirmer que la science du tiers-monde ne représente pas plus de 5% de la science ne repose sur aucune base de données objectives. En permanence, on recourt aux étalons de mesure ethnocentristes très étroits et sélectifs. Ces étalons restent d'abord obnubilés par les textes publiés dans les revues et les grandes maisons d'édition. En effet, les bases des données dites internationales sont pour la plupart basées aux Etats-Unis. Elles ne retiennent pour leur travail de recension que 4% des journaux scientifiques

---

[952] C. Coulon, « Dix ans après : L'Afrique et Politique africaine », *Politique africaine*, 39, 1990, pp. 4-5.
[953] Kusum Aggarwal, op. cit. p. 93.
[954] E. Le Roy, art. cit.

considérées comme les plus utilisés dans le monde. Ces données ignorent que de nombreux chercheurs du tiers-monde publient leurs résultats dans les revues nationales et en langue locale. En Asie, 60% des publications sont faites dans les langues asiatiques et échappent aux comptages. Par ailleurs, les évaluations de la production scientifique des pays du Sud ignorent délibérément les travaux de recherche qui, dans le cadre des mémoires et des thèses, moisissent dans les bibliothèques des universités africaines et occidentales. Pourtant, la valeur des ces travaux est incontestable. En effet, on y trouve une source de référence incontournable pour la connaissance et les études sur l'Afrique. Soulignons l'apport des jeunes chercheurs africains dont les travaux retenus pour une qualification académique sont évalués, notamment en Occident, selon les exigences valables pour toute recherche qui se veut scientifique. À *l'échelle internationale, les critères établis ne se réfèrent qu'à la sélection des journaux et des revues scientifiques recensés presque exclusivement selon la seule production scientifique des Américains.* Autrement dit, ces bases enregistrent la science « centrale », à partir de l'essentiel des travaux parus dans les revues publiées par les pays du Nord. Cette sélection ne peut donner qu'une image incomplète de la participation des chercheurs du Sud à la science mondiale. Elle ignore systématiquement les stratégies de publication des chercheurs qui, pour des raisons stratégiques, optent pour les revues locales afin de faciliter la diffusion de leurs idées au sein de la communauté nationale[955]. En d'autres termes, le fait de ne pas trouver des articles africains de niveau scientifique dans une revue américaine ou européenne ne signifie pas que rien de valable ne se fait en Afrique dans le domaine de la production intellectuelle. À ce sujet, il faut résister au piège du nombre qui pousse à confondre la quantité et la qualité. J'ai noté les limites des publications qui sont le résultat du recyclage ou du pillage et du plagiat dans la crise actuelle de la recherche universitaire en Occident. À l'évidence, les chercheurs publient peu en Afrique[956]. Pourtant, on ne saurait négliger la valeur des recherches acceptées dans les revues et les maisons d'éditions installées pour la plupart dans les pays du Nord. Dans de nombreuses disciplines et sur les sujets porteurs, certains travaux demeurent des « Classiques africains ». Il faut bien l'admettre : il existe de plus en plus de voix d'Afrique dans le concert scientifique des nations même si leur écho n'arrive pas toujours dans les campus des universités occidentales. Il n'y a pratiquement plus aucun domaine de recherche où l'on ne rencontre des scientifiques et des penseurs africains de haut niveau. L'Afrique est un gisement de matières grises depuis plus d'un demi-siècle. Dans ce contexte, on ne peut ignorer l'existence d'une Afrique scientifique productrice d'idées novatrices dans les différents

---

[955] J. Gaillard, « La science du tiers-monde est-elle visible » ? art. cit. p. 638 ; J. Gaillard et R. Waast, *La recherche scientifique en Afrique*, art. cit.
[956] R. Waast et J. Gaillard, *La science en Afrique à l'aube du XXIe siècle*, op. cit.

secteurs de la science. Il importe de reconnaître les signes de renouvellement de la pensée à travers les travaux de réflexion et d'analyse qui ont besoin de réseaux, de médias, d'équipes et d'institutions pour faire circuler et imposer les savoirs produits en Afrique. Il s'agit ici d'un problème d'organisation qui met en évidence les enjeux de la communication des savoirs africains.

C'est un préjugé évolutionniste de croire à l'état d'une « science sous-développée dans les pays sous-développés ». Comme le souligne justement Jacques Gaillard, « science locale n'est pas forcément synonyme de médiocrité »[957]. Pour s'en rendre compte, il suffit de s'ouvrir à ce qui se fait ailleurs dans de nombreux champs des connaissances. En effet, malgré de graves difficultés en matière de financement et d'équipement de la recherche, « l'Afrique maîtrise certaines techniques fort avancées comme la fabrication de spécialités pharmaceutiques à partir de plantes médicinales ». Signalons aussi la production par génie génétique de plantules d'eucalyptus obtenues en laboratoire par le clonage de spécimens hybrides soigneusement sélectionnés et cultivés ensuite dans des plantations. Les découvertes faites en Afrique dans le domaine de la biologie influencent déjà considérablement la médecine et la production alimentaire dans de nombreux pays du continent. Des opérations à cœur ouvert ont lieu à Treichville à Abidjan. Par ailleurs, « les généticiens s'efforcent, de leur côté, d'améliorer les ressources naturelles, animales et végétales et se préoccupent des écosystèmes et des problèmes de pollution »[958]. En dehors des travaux d'analyse et de recherche en sciences humaines et sociales qui sont des références incontournables dans de nombreux domaines, ces découvertes et inventions donnent une autre image de l'Afrique. En effet, il importe de résister à l'assaut de l'afro-pessimisme qui n'épargne aucun domaine de la vie africaine. À l'évidence, la recherche scientifique est confrontée à des contraintes majeures dans les pays du continent. Un potentiel scientifique est à mettre en valeur pour les besoins des populations. En même temps, il faut le reconnaître : il est devenu difficile de travailler dans un domaine d'investigation de telle manière que nul ne puisse aborder ses sujets de recherche sans se référer aux travaux des chercheurs africains. Bien plus, le continent africain compte quelques centres de recherche qui mènent une activité de niveau international. Dans les pays anglophones, le Kenya vient en tête avec le laboratoire international de recherches animales de Nairobi, spécialisé surtout dans le programme de contrôle de la trypanosomiase. Le Bureau interafricain pour les ressources animales de Nairobi publie quant à lui un bulletin trimestriel de santé et de production animales en Afrique (…). Enfin, le Conseil international pour la recherche agroforestière s'intéresse, pour sa part, à l'entretien, à la production

---

[957] J. Gaillard, « La science du tiers-monde est-elle visible », art. cit. p. 638.
[958] Cf. « Pour une renaissance scientifique de l'Afrique », art. cit. p. 19.

et à la bonne gestion des arbres. Créé en Nairobi en 1977, il publie les revues Agroforestry Systems et Agroforestry Today (...). Autre pays anglophone qui se distingue par un important centre de recherche agricole : le Nigeria, avec l'Institut International d'agriculture tropicale d'Ibadan (...). Créé en 1967, ce centre de recherches est le plus important d'Afrique et s'intéresse à la gestion des récoltes et à l'amélioration du rendement de certaines variétés de légumes, de céréales et de tubercules. Outre son annexe de contrôle biologique implanté à Cotonou, cet institut dispose de laboratoires performants, de champs d'expérimentation impressionnants et d'une bibliothèque de 70 000 volumes et 70000 cassettes et disquettes. Il publie un annuaire et un bulletin trimestriel de recherche »[959]. Au Cameroun, l'Université de Yaoundé a été choisie par l'OMS pour accueillir un projet de recherche et de formation dans le domaine de la biotechnologie en sciences médicales. Par ailleurs, l'École nationale supérieure polytechnique, la plus appréciée dans les pays d'Afrique francophone, est l'une des rares du continent à former des docteurs-ingénieurs. Dans les sciences agronomiques, la réputation de l'INADER a longtemps franchi les frontières du continent au point d'attirer des étudiants d'Europe et d'Amérique en plus de ceux des pays du Sud comme l'Iran, le Sénégal, le Mali, le Gabon, le Togo, le Tchad, le Liberia, le Gabon et la Mauritanie. En ce qui concerne la recherche, l'INADER coopérait avec des institutions belges, françaises et hollandaises mais aussi avec l'Université de Maryland (USA) dans le domaine de l'économie rurale, du génie rural, de l'agriculture et des sciences de base. Parmi les autres disciplines, il y a lieu de mentionner les Départements de mathématiques des Facultés des sciences d'Ibadan et de Dakar. Les pays africains disposent aussi de bonnes écoles informatiques : c'est le cas de l'Institut africain d'Informatique (IAI) de Libreville, au Gabon. Dans tous ces centres de formation que je viens d'indiquer et ceux dont il n'a pas été fait mention, des recherches pertinentes sont menées par les scientifiques africains. À ce sujet, Lévy Makany parle de « performances inédites » :

- en ingénierie, création de prototype de machines ;

- en génétique, création de nouvelles variétés végétales ;

- en médecine, mise au point de certains produits pharmaceutiques aptes à juguler quelques maladies incurables ;

- en biochimie ;

- élevage expérimental qui, à l'Institut des techniques agronomiques de l'Université du Burundi, a permis de sélectionner une race bovine plus robuste et plus productive de lait ;

---

[959] J. P. Tedga, « Où faire de bonnes études en Afrique » ? *JAE*, no 157, juillet 1992

- sélection, à l'Université du Zaïre, d'une variété de maïs à très haut rendement ».

Face à ces performances, ajoute Makany, « le problème qui se pose est celui de leur systématisation et vulgarisation. Donc celui des moyens à mettre en œuvre pour tirer profit des fruits de réflexion et de recherche des savants africains. Ces moyens sont tout d'abord politiques pour protéger nos découvertes, ensuite financiers pour permettre la production à grande échelle et la commercialisation de nos travaux. Il est regrettable que les médias n'accordent pas à ces découvertes l'intérêt qu'elles méritent, préférant décrire avec force détails celles accomplies par les universités des pays développés comme pour cultiver et entretenir en Afrique un atavique complexe d'infériorité Les nouvelles qui semblent particulièrement intéresser les médias sont les conflits sociaux et politiques au sein des universités[960] ». On découvre le jeu des médias qui visent à occulter l'effort scientifique en Afrique en vue de perpétuer les vieux mythes coloniaux et racistes. À ce sujet, *le sort des travaux de Cheikh Anta Diop illustre cette volonté systématique de réduire l'apport scientifique des chercheurs africains à l'insignifiance voire à la nullité totale*. Voici une figure de la modernité africaine que les médias s'acharnent à marginaliser dans le monde du savoir[961]. À la limite, comme le remarque Bouguera, « il est permis de se demander si certains n'ont pas un préjugé défavorable pour tout ce qui, sur le plan scientifique ou médical, vient du Sud. Ce qui n'est pas de nature à encourager les activités scientifiques dans le Tiers-Monde, ni à assurer l'émergence de compétences pour ses problèmes spécifiques. Ce serait là le but poursuivi par certains pour garder le Sud dépendant ».[962] Face à la production des savoirs dans les pays du Sud, des stratégies d'occultation sont à l'œuvre. Or, en Afrique, une révolution épistémologique s'est opérée depuis l'Égypte ancienne. Aujourd'hui, en dépit des apparences, comme le note encore Larbi Bouguera, « La Recherche africaine mérite un peu plus de considération »[963]. Dès lors, la « visibilité » de la science des pays du Sud relève de problèmes bien plus profonds que ceux posés par le décomptage des travaux et des publications des chercheurs.

En ce sens, ce que révèle la citation intra-africaine et nationale n'est pas a priori un signe de l'isolat scientifique. Il traduit, en réalité, la reconnaissance des chercheurs dans leurs pays. En revanche, l'absence de références à leur production scientifique publiée à l'étranger et dans les langues occidentales met

---

[960] Cité par Kotto Essome, art. cit. pp. 17-18.
[961] Sur ce sujet, lire J. M. Egouy, « Les racines de l'Égypte ancienne, la supercherie médiatique et Cheikh Anta Diop », *Africa Maat*, 27, décembre 2004.
[962] L. Bouguera, op. cit.
[963] L. Bouguera, op. cit. 283.

en évidence une mentalité de ghetto qui remonte à l'époque coloniale comme je l'ai rappelé. Quand il s'agit, notamment, des sciences sociales en Afrique où une nouvelle génération de chercheurs s'efforce de produire des savoirs dans les conditions difficiles, l'ignorance de ces travaux publiés en Occident permet de saisir les enjeux de pouvoir qu'il faut bien apprendre à mettre au jour. Car, tout se passe comme si l'Afrique devait rester un objet de curiosité scientifique pour le Nord. À la limite, il faudrait laisser les Américains et les Européens parler de l'Afrique sans les Africains. Un tel discours qui exclut les savoirs produits par les indigènes sur leur propre continent ne peut être qu'un monologue. C'est ce qui se passe dans les chapelles africanistes où, en décidant de condamner à l'oubli les chercheurs africains, les géographes et les historiens, les anthropologues et les sociologues, les économistes et les politologues d'Europe et d'Amérique du Nord parlent au sujet de l'Afrique et de ses problèmes entre eux, sans que personne n'ose poser les questions troublantes qui ouvrent le débat et suscitent la controverse sans lesquels il n'y pas véritablement de discours scientifique. *Ces cénacles font penser à des ghettos ethniques*. Gérard Buakasa a bien relevé ce phénomène quand il écrit : « Les chercheurs africanistes ne se gênent pas de recourir à la découverte d'un collègue, bien que ce dernier travaille sur une autre communauté. L'existence d'une communauté culturelle occidentale ne fait pas problème (…). Il suffit d'ouvrir un livre, dans n'importe quelle discipline, pour constater combien ces élites communiquent les unes avec les autres en se citant mutuellement, alors qu'il ne s'agit pas toujours dans leurs travaux ni de même pays ni de mêmes cultures particulières ni de mêmes peuples. On verra ainsi un sociologue québécois soutenir son argumentation théorique par la recherche qui fait autorité d'un sociologue français ou américain et inversement »[964]. En revanche, dans les mêmes champs de recherche, le recours aux travaux d'Africains est un phénomène plutôt rare. On décide de les ignorer en les condamnant à l'oubli, à une sorte d'exclusion et de mort sociale. L'une des conséquences de ce rejet de l'autre, c'est la reproduction des schémas de pensée vieillis et l'inaptitude à l'innovation théorique et scientifique dans un contexte où, selon le mot de Claude Allègre, « en recherche, se contenter des acquis, c'est se condamner au déclin »[965].

Au-delà des approches socio-métriques, la question des citations est un révélateur des conflits de compétence entre les chercheurs africains et les africanistes dont le monopole des connaissances sur l'Afrique est ébranlé. Le nombre d'articles, de thèses ou d'ouvrages publiés par les chercheurs africains n'est pas négligeable. Leur part dans les colloques internationaux organisés en Europe et en Amérique du Nord ne manque pas de pertinence. Seulement, le

---

[964] G. Buakasa, *Réinventer l'Afrique*, op. cit. p. 171.
[965] C. Allègre, « Ma réforme de la recherche », *Le Monde,* 26 février 1998.

rapport au savoir s'inscrit dans un système de redistribution des cartes de la science qui fait de l'Occident le centre de recherche et d'invention[966]. Selon ce système qui, au sein des institutions d'enseignement, de recherche et de publication, fonctionne à travers les critères d'évaluation et de sanction des connaissances, le reste du monde, notamment l'Afrique noire, est condamné à dépendre des ses produits et à les diffuser à travers « les procédures de contrôle et de délimitation du discours »[967] qui enferment la périphérie dans un univers immuable. Ces procédures « s'exercent en quelque sorte de l'extérieur ; elles fonctionnent comme des systèmes d'exclusion ; elles concernent sans doute la part du discours qui met en jeu le pouvoir et le désir »[968]. Tel est le sens des pratiques qui visent à bloquer l'émergence des « procédures internes, qui exercent leur propre contrôle ; procédures qui jouent plutôt à titre de principes de classification, d'ordonnancement, de distribution, comme s'il s'agissait cette fois de maîtriser une autre dimension du discours : celle de l'événement et du hasard »[969]. *Penser en rupture avec les champs définis ailleurs met en cause la puissance et l'hégémonie qui se cachent derrière la science.En effet,*cette science est associée au vieux rêve d'empire qui habite l'imaginaire de l'Occident depuis de longs siècles. Ne nous leurrons pas : dans le champ de forces où le savoir se produit, des stratégies de transfert des concepts et des théories sont mises en place à travers les procédures de contrôle et d'assimilation pour renforcer l'insertion des chercheurs africains dans l'espace discursif de l'Occident. Au cœur du débat sur les paradigmes et les instruments de connaissance en Afrique, on retrouve une variante des enjeux de pouvoir dans le système-monde. Comme le précise Pierre Bourdieu, « le champ scientifique est un espace de concurrence où s'affrontent « des capacités actives, inventives, créatrices de l'habitus et de l'agent »[970]. Dans ce champ où le chercheur isolé n'existe pas mais se trouve ancré dans le groupe des pairs ou les « collèges invisibles » qui, dans le débat sur la notoriété/visibilité, exercent un véritable pouvoir dans les institutions scientifiques, notamment à travers les comités d'évaluation, il s'agit d'un lieu d'une lutte « qui a pour enjeu le monopole de l'autorité scientifique, inséparablement définie comme capacité technique et comme pouvoir social, ou si l'on préfère, la compétence scientifique, entendue au sens de capacité de parler et d'agir légitimement (c'est-à-dire de manière autorisée et avec autorité), qui est socialement reconnue

---

[966] J. M. Blant, The Colonizer's Model of the World, 1993.
[967] M. Foucault, *L'ordre du discours*, op. cit. p. 23.
[968] M. Foucault, op. cit.
[969] M. Foucault, op. cit.
[970] P. Bourdieu, *Les règles de l'art*, Paris, Seuil, 1992, pp. 252-254.

à un agent déterminé »⁹⁷¹. À l'évidence, les savoirs ne se développent jamais totalement à l'écart du monde social, et ne répondent pas qu'à de purs enjeux de connaissance. Comme le montre l'œuvre de Michel Foucault⁹⁷², les savoirs scientifiques sont aussi les savoirs disciplinaires au sens où ils tendent à la discipline des populations que leur étude doit permettre de gouverner plus efficacement. Pour Foucault, les formes modernes du savoir sont constitutives du « bio-pouvoir », c'est-à-dire d'un pouvoir visant à l'entretien de la santé de la population par la connaissance et le contrôle des corps humains. Ce qui est ici l'essentiel qu'il faut souligner, c'est le rapport qui unit savoir et pouvoir, et qui rend compte de l'ambivalence fondamentale de toute connaissance scientifique : d'instrument d'assujettissement, celle-ci peut se transformer, lorsqu'elle est appropriée et mobilisée par les assujettis eux-mêmes, en instrument de résistance et de contre-pouvoir. Or, les enjeux du savoir et du pouvoir s'inscrivent dans les procédures de la recherche scientifique elle-même. Comme le souligne justement Bruno Latour : « la connaissance est le résultat d'une lutte implacable pour le monopole et pour l'hégémonie »⁹⁷³. En d'autres termes, la science n'échappe pas aux effets de domination du système social dans lequel elle se construit. Latour parle de « la notion d'inégalité des scientifiques en fonction de leur taille, de leur passé, et de l'hégémonie des programmes de recherche. C'est très important, car il faut protéger les chercheurs et les sciences elles-mêmes contre l'hégémonie de quelques scientifiques. Le monde scientifique est un monde inégalitaire dans lequel la programmation peut être gravement perturbée par les phénomènes de mode et/ou de domination. Exactement comme dans l'industrie, lorsque vous arrivez sur le marché, il faut être préparé à résister à l'hégémonie des branches et des positions. On perçoit clairement l'aptitude du chercheur à abandonner un domaine dès qu'il commence à ne plus être rentable, en résistant à l'hégémonie du programme de recherche, qui pousse à continuer à travailler avec un rendement croissant »⁹⁷⁴. Ainsi, au-delà des chiffres, les méthodes de scientométrie⁹⁷⁵ permettent de « suivre la construction des hégémonies »⁹⁷⁶. Dans ce sens, faire la science avec la prétention d'être reconnu par la communauté scientifique, c'est se heurter au

---

⁹⁷¹ P. Bourdieu, « Le champ scientifique », *Actes de la recherche en sciences sociales*, Paris, juin 1976, no 213, p. 89 ; *Les Usages sociaux de la science. Pour une sociologie clinique du champ scientifique*, Inra, 1995 ; *Homo academicus*, Minuit, réed. 1992.
⁹⁷² Voir principalement *Surveiller et punir*, Paris, Gallimard, 1975 et *La volonté de savoir*, Paris, Gallimard, 1976.
⁹⁷³ B. Latour, « Le centre et la périphérie. À propos du transfert des technologies », *Prospective et Santé*, no 42, 1982, p. 42.
⁹⁷⁴ B. Latour, *Le métier de chercheur*, op. cit. p. 81.
⁹⁷⁵ Sur ces méthodes, cf. M. Callon, J. P. Courtial, H. Penan, *La scientométrie*, Paris, PUF, Que sais-je ? 1992.
⁹⁷⁶ B. Latour, op. cit. p. 82.

débat fondateur entre la science et la non-science comme je l'ai indiqué au début de cette étude. On reconnaît l'enjeu que constitue l'idée de science. C'est bien dans ce domaine qu'agit en profondeur le mythe du Nord compte tenu du poids de l'héritage intellectuel qui structure l'inconscient collectif dans les milieux universitaires en Occident. Comme le rappelle Hubert Gérard, « *Nos sciences et leurs résultats ne nous paraissaient pas négociables et devaient logiquement s'imposer à tous au mépris des connaissances et pratiques locales. Tout au plus pouvait-on les traduire dans d'autres langages, pour autant qu'ils s'y prêtent, et les vulgariser auprès des populations en tenant compte, à la marge, de quelques spécificités culturelles. Il n'y avait aucune raison, rationnellement acceptable, de faire de la science autrement ni de penser autrement la formation à la recherche ou, de façon plus générale, l'université elle-même et les centres de recherche. Tout devait se faire à l'image, ou à la traîne du Nord sous peine d'être considéré comme du rabais. Beaucoup de chercheurs du Sud, surtout lorsqu'ils avaient été formés chez nous, pensaient de même et ceux qui osaient mettre en doute cette opinion étaient largement discrédités. Cette opinion était d'ailleurs partagée par les institutions scientifiques nationales et internationales de même que par les organisations internationales qui financent nombre de recherche* »[977]. On voit l'ampleur de l'enjeu de l'émergence des « sciences hors d'Occident ». Il s'agit de ces efforts de recherche par lesquels l'on tente de faire la science autrement à partir des contextes culturels différents. En ce sens, la réinvention de la science s'inscrit en profondeur dans les dynamiques de l'indocilité où le chercheur africain témoigne de sa capacité de produire des savoirs scientifiques sans reproduire la voix de son maître. La reconnaissance de ces savoirs ébranle les croyances établies. Car elle ouvre le débat fondamental qui oblige à mettre en lumière la dimension politique constitutive des sciences dans la mesure même où le projet d'invention des sciences est inséparable de l'invention du pouvoir[978]. Comment procéder à une juste redistribution du savoir et du pouvoir entre les sociétés différentes à l'échelle planétaire ?

Tel est l'enjeu du débat sur l'Afrique dans la mondialisation des connaissances. Cet enjeu porte sur la décentralisation des lieux de production scientifique. Comme le remarque Paulin Hountondji, « *les chercheurs du Sud sont simplement cooptés, les uns après les autres, dans un débat dont leurs sociétés d'origine sont exclues, même lorsque ce débat a pour objet ces sociétés elles-mêmes. En d'autres termes, l'élargissement de la base sociale des*

---

[977] H. Gérard, « Pour une appropriation africaine de la recherche scientifique et de la formation des chercheurs », in *Recherches sociologiques*, XXXV, 2004, 1.
[978] I. Stengers, *Sciences et pouvoirs. La démocratie face à la technoscience*, Paris, La Découverte, 1997 ; surtout J. Schlanger (dir), *Les concepts scientifiques : invention et pouvoir*, Paris, Gallimard, 1991.

sciences reste limité. S'il bat en brèche quelques-uns des préjugés les plus têtus en obligeant à reconnaître, entre autres, l'intelligence des plus pauvres et leur capacité à s'insérer, dans certaines conditions déterminées, jusque dans les secteurs pointus de la modernité, il ne va pas jusqu'à créer les conditions d'un partage égal et d'une égale appropriation du savoir par toutes les sociétés d'où sont issus les producteurs actuels de ce savoir. Un changement d'attitude est donc nécessaire à une nouvelle manière de faire la science. Le chercheur du Tiers-Monde, et singulièrement d'Afrique, ne doit plus se contenter d'être reconnu, coopté par la communauté scientifique internationale. Il doit progressivement mettre fin à l'extraversion et faire en sorte que sa propre société soit en mesure de juger ses travaux et les juge effectivement de façon critique et libre. Il doit contribuer à l'émergence d'une communauté scientifique locale délibérément tournée vers la résolution des problèmes locaux-ce qui n'exclut pas, mais bien au contraire, suppose l'effort pour domestiquer, apprivoiser l'universel »[979]. Ainsi, enraciner la science au cœur des sociétés africaines, c'est porter atteinte aux stratégies de mise en dépendance dans un système global où la mondialisation n'affecte pas seulement l'économie mais touche aussi au domaine des connaissances.

Pour illustrer cet enjeu, il faut revenir à l'histoire du savoir sur l'Afrique. Comme le précise Catherine Coquery-Vidrovitch, « chercheurs ou non, les Français ont à gérer un lourd héritage, et ne le gèrent pas si bien. Le savoir sur l'Afrique a été solidement construit en France depuis le début de la colonisation et à cause d'elle, une colonisation qui s'est prolongée plus tard qu'en Grande-Bretagne où, quelles qu'aient été les réticences ultérieures, les choses furent jouées dès l'indépendance de l'Inde en 1947. Ce savoir africaniste avait été élaboré la main dans la main avec l'impérialisme colonial. Ce n'est pas une critique : c'est un fait. Les sciences sociales sont le reflet de leur temps »[980]. Si la crise africaine est inséparable de celle de l'africanisme, il n'est pas évident que l'éthos impérial du savoir d'hier soit mort. Je ne reviendrai pas ici sur la résurgence des concepts qui n'ont pas été « déconstruits » dans les pratiques de recherche où beaucoup peinent à relever le défi théorique et méthodologique qui s'impose aux études africaines. À l'heure où « il est plus que jamais nécessaire de comprendre l'Afrique et les Africains autrement »[981], on doit se demander si les mythes du savoir africaniste ne contribuent pas à ériger le savoir occidental sur l'Afrique en véritable pouvoir. À cet égard, ne faut-il pas parler d'un empire de la science, apanage d'un petit club de pays de la planète ? Que signifie et

---

[979] P. Hountondji, « Au-delà de l'ethnoscience », op. cit. pp. 59, 65.
[980] C. Coquery-Vidrovitch, « Réflexions comparées sur l'historiographie africaniste de langue française et anglaise », *Politique africaine*, 1997, no 66, juin p. 94.
[981] C. Coulon, art. cit.

politiquement et socialement cette hégémonie ? On le constate : *penser l'Afrique autrement, c'est mettre en œuvre une science sans fétiche. Cette science exige l'effondrement des croyances totalitaires de la rationalité occidentale. L'enjeu est de taille : quitter le lieu de parole situé dans la modernité occidentale et réinventer un autre lieu du discours pour repenser l'Afrique.* Gérard Buakasa précise bien le sens de cette démarche : « *revenir avec courage sur le chemin laissé derrière, réinterroger le point de départ, cesser de voir avec les yeux de l'Occident (...), rouvrir le débat qu'on croyait clos (...), reprendre la réflexion en profondeur, abandonnée sur les conditions de vie qui prévalent et sur les possibilités de réussite d'un monde meilleur, de liberté, de progrès, demain* »[982]. *Bref,* il s'agit de retrouver une « nouvelle naïveté » face à la banalité africaine. Cette attitude oblige à questionner l'ethnocentrisme inconscient qui absolutise les paradigmes d'Occident. Dans la mesure où ces paradigmes sont les facteurs de l'hégémonie des pays du Nord, ce qui est en cause, dès lors, c'est « le Grand Partage » dont parle Bruno Latour. En référence au débat sur les travaux de Robert Horton dont j'ai parlé plus haut, il s'agit ici, en fin de compte, de savoir si, en Afrique, il n'y a que des « croyances » : la rationalité scientifique serait le monopole de l'Occident au moment même où, comme je l'ai aussi rappelé, l'irrationnel est toujours là, prêt à surgir jusque dans les milieux scientifiques. En effet, se demande Latour, « comment redistribuer le grand partage inégalement partagé. Il est l'objet d'une lutte violente pour produire, l'approprier, l'arracher aux autres. Pourquoi cette violence reste-t-elle dissimulée par ceux là même qui se croient non croyants et rationalistes »[983] ? Réactualiser le débat sur la raison en assumant le choc de l'autre dans le champ scientifique met en cause les mythes fondateurs de l'hégémonie de l'Occident qui a longtemps assuré son autorité sur le monde de la connaissance. On peut comprendre qu'il renonce difficilement à lever des tabous sur lui-même et adopte des stratégies lui permettant d'être reconnu comme celui qui parle avec autorité au sein de la communauté scientifique mondiale sur les questions africaines elles-mêmes.

Il faut ici découvrir le rôle de la science qui constitue le principe et le fondement des inégalités entre le Nord et le Sud. Si l'on s'interroge sur les raisons de la permanence de cette situation, on découvre ce fait : la position de quasi monopole détenue par les pays riches sur la recherche et la science accroît les déséquilibres mondiaux. L'importance jouée par la science explique les efforts de l'Occident pour le contrôle de son développement et l'appropriation de ses résultats. Ce contrôle est accru dans le système actuel de compétition où

---

[982] G. Buakasa, *Réinventer l'Afrique,* op. cit. p. 149.
[983] B. Latour, art. cit ; lire aussi « Comment redistribuer le Grand Partage » ? *Revue de Synthèse,* avril-juin 1983, pp. 203-236.

le destin de chaque nation dépend de sa capacité d'expertise et d'innovation. On voit pourquoi il est impératif pour les pays d'Afrique de se doter d'une démarche scientifique pour aborder leurs problèmes en posant à chaque fois la question de l'appropriation de la science comme la priorité des tâches qui permettent réellement de mettre les énormes possibilités de la connaissance au service de l'être humain. Or, selon le mot de Valery dans *Variétés*, la science tend à devenir « chose du commerce ». À ce titre, elle représente une opportunité d'affaires, un enjeu économique et un facteur de puissance. Or, la Coopération elle-même pose souvent une question d'influence linguistique. En Afrique noire, elle demeure souvent une action culturelle axée sur les Belles-Lettres, oubliant que le public des pays pauvres a besoin d'ouvrages scientifiques pour se cultiver en vue de s'approprier une part du pouvoir contrôlé par les pays riches qui totalisent 95% des dépenses mondiales pour garder le monopole de la science. Car, comme le constate justement Édem Kodjo, « les autres continents ne sont pas prêts à nous transférer ces instruments de la puissance que sont la science et la technique moderne »[984]. Il faut donc renoncer à toute illusion. En vérité, *la bataille de l'intelligence est un enjeu de pouvoir au plan mondial.*

L'historien béninois, François de Meideros, a bien montré cet enjeu quand il écrit : « L'africanisme se révèle bien souvent comme le lieu d'un rapport de forces : en Afrique, les attitudes des africanistes sont perçues comme une prétention à détenir les données d'un savoir dont ils ne possèdent pas les clés. Cette volonté de monopoliser le savoir s'accompagne parfois d'un discours qui est aux antipodes d'une éthique de modestie intellectuelle, plus conforme à l'idée qu'on se fait d'un véritable chercheur scientifique. Une histoire plus ou moins longue a donné à des types de relations qui sont aussi des rapports de force, le statut d'évidence. Elle a mis le *Blanc* dans un rapport de *supériorité et de domination*. À travers le retour de l'autre, ce qui revient, c'est le refoulé de la science occidentale. C'est ce que l'on observe dans les rapports encore plus ambigus entre les maîtres africanistes et leurs élèves devenus des chercheurs, les tendances des premiers à fédérer et à coordonner la recherche chez les Africains, les luttes d'influence, de prestige, que se livrent différentes écoles en Occident, avec leurs conséquences en Afrique (…). Il appartient à l'éthique de la recherche scientifique de prendre en compte les rapports de force qui se dissimulent derrière les manifestation de l'africanisme »[985]. Ainsi, à partir des pratiques de citations dans les travaux africanistes qui, en dehors de rares cas où des chercheurs universitaires ne peuvent feindre d'ignorer les résultats de

---

[984] E. Kodjo, *Et demain l'Afrique*, Paris, Stock, 1986, p. 17.
[985] F. de Meideros, art. cit, pp. 91, 93.

recherche africaine devenus incontournable[986], jouent à marginaliser l'Afrique dans la production scientifique mondiale, la question de la visibilité renvoie à celle d'un savoir qui a la prétention d'être un savoir positif au moment même où il se transforme en savoir normatif et, en définitive, à en une croyance. Alors qu'il se veut porteur d'une modernité scientifique face à la « science des pauvres », le savoir africaniste tend à se confondre avec le pouvoir de science. C'est peut-être pour cette raison qu'il est souvent en quête de reconnaissance dans les lieux du pouvoir qui risque de le vider toute spécificité scientifique. *En transformant les sciences sociales en sciences normatives, l'africanisme démissionne de ses tâches critiques afin de servir l'idéologie dominante.* Intégré au rêve d'empire qu'entretient le nouvel ordre libéral, il se renie comme science dans la mesure où celle-ci, depuis Galilée, veut s'affranchir de tout pouvoir. A l'ère où l'on décrète la fin des idéologies pour mieux dissimuler le triomphe de l'idolâtrie du marché, *la question de l'insubordination de la science, surtout dans le champ social, doit revenir au cœur des débats épistémologiques.* En effet, au moment où les experts des questions africaines tendent à devenir les griots ou les oracles que l'on consulte pour « moderniser » l'État, l'économie et la société en Afrique en évacuant toute capacité d'une science critique, comment créer des liens entre les chercheurs du Sud, notamment en Afrique et les chercheurs du Nord sans redonner sa légitimité à une science qui refuse de devenir un instrument d'asservissement des sociétés africaines dont on admet enfin l'historicité?[987]

Tel est le défi de la recherche à l'ère des réseaux[988]. Ce défi s'impose à la science en acte dans le temps du monde où nous entrons. Manuel Castells définit un réseau comme « un ensemble de nœuds interconnectés. Un nœud est un point d'intersection d'une courbe par elle-même. Les réseaux sont des structures ouvertes susceptibles de s'étendre à l'infini, intégrant des nœuds nouveaux en tant qu'ils sont capables de communiquer au sein du réseau, autrement dit qui partagent les mêmes codes de communication ». Les réseaux, ajoute-t-il, « constituent la nouvelle morphologie sociale de nos sociétés, et la diffusion de la logique de la mise en réseau détermine largement le processus de production, d'expérience, de pouvoir et de culture »[989]. Je n'insisterai pas sur

---

[986] A titre d'exemples qui méritent d'être signalés, voir les citations de travaux de chercheurs africains par J. F. Bayart dans *L'État en Afrique* ; cf. aussi les références de C. Coquery-Vidrovich à des chercheurs d'Afrique dont certains furent ses étudiants. Cette pratique n'est pas très courante en anthropologie ou en sociologie africaniste pour ne citer que ces disciplines qui sont l'un des bastions de l'Africanisme occidental depuis ses origines.

[987] J. F. Bayart, *L'État en Afrique*, op. cit.

[988] Sur cette mutation, lire M. Castels, *La Société en réseaux. L'Ère de l'information*, Paris, Fayard, 1998. Lire aussi M. Forsé (dir), « Les réseaux sociaux », *L'Année sociologique*, 47, 1, 1997 ; V. Lemieux, *Les réseaux d'acteurs sociaux*, Paris, PUF, 1999.

[989] M. Castells, op. cit.

l'importance et le rôle de ces réseaux dont on prend conscience. Comme le précise Jaumotte, « en recherche, un réseau peut être défini comme un système non hiérarchique et non bureaucratique décentralisé qui permet à des institutions et/ou à des individus de travailler ensemble, d'échanger des informations, des idées et des résultats en vue d'atteindre des objectifs communs, en se renforçant mutuellement. Chaque participant doit travailler avec les autres d'une manière volontaire et ne pas être seulement lié aux autres par un intermédiaire de coordination »[990].

Ce qui se cherche ici, c'est un véritable partenariat scientifique avec les pays en développement. Ce partenariat nécessite des échanges dont l'intensité autorise à parler des réseaux de la « science-monde », comme Fernand Braudel parlait de l'économie-monde[991] Jusqu'ici, comme on l'observe dans les régions où se constitue un espace européen de la recherche, avec les politiques de recherche qui visent la connexion des laboratoires et la mobilité des chercheurs ou des futures élites (cf. Erasmus, Socrate), les réseaux de collaboration se forment surtout entre les pays riches. En parlant des réseaux de recherche, je m'intéresse à une nouvelle relation à établir entre le Nord et le Sud ou les différents espaces scientifiques au sein des pays et des régions[992]. Dans la mesure où l'université implique l'ouverture à l'universel, c'est à partir de cette institution que peut se construire un espace mondial de la recherche. À l'ère de « l'internationalisation de la science »[993], on mesure l'importance des réseaux de chercheurs. Mais comme je l'ai montré pour Internet, on ne saurait faire de la recherche en réseau une panacée et une recette magique[994]. De plus, si le réseau est un paradigme incontournable dans la société de l'information, il faut affronter les défis qui se posent au « penser réseau » dans le domaine scientifique. Au-delà des échanges d'informations et l'allocation des ressources financières, si l'on considère les réseaux thématiques où les chercheurs partagent un problème commun, en plus de la langue qui joue un rôle capital dans la communication scientifique, il convient de prendre en compte les contextes culturels où les membres du réseau sont situés. Comme le souligne Jaumotte, « lorsqu'il implique des universités du Nord et du Sud, un réseau doit travailler dans le respect des cultures et des valeurs locales, à tous points de

---

[990] A. L. Jaumotte, « Rôle des réseaux universitaires dans le développement », *in Francophonie scientifique*, op. cit. p. 98 ; voir aussi K. F. Seddoh, « Francophonie et réseaux d'échanges », op. cit. pp. 101-107.
[991] Lire les contributions sur ce sujet dans Z. Polanco (dir.), *Naissance et développement de la science-monde*, Paris, La Découverte, 1990.
[992] Dans ce sens, lire « L'Afrique de la Recherche », *La lettre du CADE*, no 11, mai 1997.
[993] Y. Okubo, « L'internationalisation de la science », *Futuribles*, no 210.
[994] Sur ce sujet, cf. les pertinentes mais brèves réflexions de P. Lannoy, « Nouvelle pratique scientifique. Toute raison aux réseaux » ? *La Revue nouvelle*, no 7-8, juillet-août 2002, pp.98-100.

vue »[995]. De plus, en considérant le réseau comme un tissu de relations entre des acteurs, il faut insister sur le processus d'auto-production selon lequel chaque membre du réseau doit participer à la transformation des autres. La recherche en réseaux stimule la créativité individuelle dans le processus de communication qui exclut la domination et conduit à un profond respect et beaucoup d'ouverture au dialogue et la coopération. *Pour « penser réseau », nous devrons devenir maîtres dans l'art de créer des relations, de développer notre capacité d'écoute et de favoriser le travail en équipe.* Dans cet esprit, une question ne peut être esquivée : si l'on se décide *d'échanger pour changer*, comment construire des rationalités scientifiques à partir des cultures différentes ? Cette question est au centre des débats que suscite une nouvelle manière de concevoir et de faire la science en considérant la dynamique de production des connaissances qui mêlent savoirs et sociétés à partir des démarches de recherche par lesquelles les scientifiques sont d'infatigables constructeurs de réseaux[996]. Dans le cadre des rapports entre le Nord et le Sud, on ne saurait masquer les difficultés de cet effort. En ce qui concerne l'Afrique et l'Occident, sans négliger le poids de l'héritage colonial qui risque de réveiller les vieux complexes de supériorité et d'infériorité, je pense surtout aux divergences provenant des mentalités et des cultures. En particulier, dans une relation d'échanges scientifiques avec le monde euro-américain, le chercheur africain ne peut ignorer les questions de vie ou de mort que les gens se posent au quotidien. Ces gens veulent comprendre où ils vont et ce qu'ils deviennent dans une Afrique confrontée aux mutations contemporaines. En tenant compte de ces questions, à moins d'avoir rompu avec les fondements de sa culture et perdu les liens avec les acteurs de terrain, le chercheur africain se heurte à l'univers occidental de la science où, dans le regard du Nord, on constate la prédominance de l'approche « comment ». On évacue le « pourquoi »et la question du sens. À la limite, comme s'il existait une forme de censure intellectuelle dans les champs d'analyse, la tradition critique qui est une exigence de la recherche, tend à se perdre. De plus, le chercheur africain est confronté au système de production des savoirs dont les méthodes conduisent à une parcellisation des connaissances et à l'oubli du point de vue de la globalité. Par ailleurs, comme je l'ai rappelé plus haut, dans les pays industrialisés, les producteurs du savoir doivent répondre aux attentes des commanditaires, essentiellement guidés par la rentabilité. Faut-il se résigner à ce modèle de développement des sciences qui aboutit à un développement économique aveugle ? Cette question renvoie à la quête d'une autre science dont j'ai parlé. L'impact de la science et des techniques sur la culture et le rapport à l'économie

---

[995] A. L. Jaumotte, op. cit. p. 98.
[996] Sur la capacité des scientifiques à créer des réseaux, lire M. Callon, *La science et ses réseaux Genèse et circulation des faits scientifiques*, Paris, La Découverte, 1989,

et à l'environnement créent les conditions d'émergence de cette nouvelle science. En Afrique, les débats de fond doivent porter sur le pourquoi des choses. À titre d'exemple, les mesures et l'évaluation qualitative de la pauvreté apportent assurément des informations utiles sur les conditions de vie des ruraux et des citadins dans les pays africains. Dans la mesure où ce phénomène s'inscrit dans les processus sociaux au niveau local et global, ces approches n'apprennent rien sur les mécanismes structurels qui contribuent à la paupérisation. Il reste à savoir comment et pourquoi la pauvreté se construit dans la vie des ménages et des familles en Afrique. Ce cas met en lumière les enjeux profonds que dissimulent les cadres d'analyse qu'on veut imposer à l'ère du marché. Ces enjeux obligent à élargir l'espace du regard sur les réalités qui font problème dans le contexte africain. En outre, venant des cultures caractérisées par une vision holiste du monde, il est nécessaire de s'affranchir du poids de l'héritage du rationalisme cartésien qui sépare l'esprit et la matière. À la limite, c'est sur les ruines de la science classique que doit s'opérer un mouvement de reconstruction qui donne lieu à l'émergence d'un nouveau paradigme scientifique capable de saisir la complexité des phénomènes naturels et sociaux. Selon ce nouveau paradigme, « ce ne sont plus les situations stables et les permanences qui nous intéressent, précisent Prigogine et Stengers, mais les évolutions, les crises et les instabilités. Nous ne voulons plus étudier seulement ce qui demeure, mais aussi ce qui se transforme, les bouleversements géologiques et les mutations des normes qui jouent dans les comportements sociaux »[997]. Rappelons ici les tâches de « l'épistémologie complexe » dont parle Edgar Morin. Pour les producteurs de la science qui sont de véritables acteurs du changement social et prennent conscience de leur responsabilité face à un autre monde qui doit se réaliser dans le contexte de l'Afrique[998], il s'agit d'abandonner les approches linéaires. La crise de l'idéal de la rationalité classique exige la construction d'une nouvelle raison qui doit privilégier l'indétermination et l'imprévu. Cette perspective permet de découvrir la complexité du temps historique et les possibilités ouvertes devant les sociétés africaines. Une nouvelle poétique du savoir laisse envisager des ruptures et des bifurcations dans l'histoire. Car, nous ne pouvons nous borner à reproduire les concepts et les schémas d'analyse qui légitiment le monde unique que l'on veut imposer à l'humanité en suivant le modèle de « l'homme unidimensionnel » qui est une invention de l'Occident à partir du *cogito* pour lequel « je vends ou je consomme, donc je suis ». Devant ce modèle qui structure les processus de globalisation en cours, faire la science en restant à l'écoute des « Damnés de la terre » exige de s'ouvrir à la tradition de la pensée critique. Dans ces conditions,

---

[997] I. Prigogine et I. Stengers, *La nouvelle alliance*, op. cit. p. 36.
[998] Sur ce sujet, cf. J. M. Éla, *Guide pédagogique de formation à la recherche pour le développement en Afrique*, op. cit. p. 71-76.

les réseaux scientifiques entre le Nord et l'Afrique doivent s'interroger sur le sens et les finalités de la recherche en considérant les points de divergence qui nécessitent un travail de clarification préalable. En situation coloniale, les travaux de recherche sur l'Afrique et les Africains avaient un objectif précis à atteindre. Face à la montée des nationalismes, Balandier fut envoyé sur le terrain pour enquêter sur ce qui se passait en Afrique centrale où les indigènes commençaient à bouger et n'allaient pas manquer d'inquiéter l'administration. Les dynamiques sociales à l'œuvre dans les mouvements d'insurrection en émergence ont donné naissance à *La Sociologie actuelle de l'Afrique noire* dans un contexte où, pour les autorités françaises, il ne pouvait y avoir de tolérance envers l'aspiration à l'émancipation des peuples voués par les colonisateurs à la tutelle et à la soumission. Aujourd'hui, la faillite de l'Afrique, en un sens, est aussi celle de l'Africanisme. En effet, si la science implique un processus de transformation du monde, dans quelle perspective l'Afrique a-t-elle été étudiée depuis la fin de la deuxième guerre mondiale ? Le projet des recherches sur les sociétés africaines vise-il réellement à répondre aux problèmes concrets qui préoccupent les Africains dans leur vécu quotidien ? S'il est vrai, comme le souligne Honnorat Aguessy qu'« arracher quelque chose au monde et transformer quelque chose du monde » relève de la science[999], où en sommes-nous en ce début du siècle ? Pour répondre à cette question, il faut repenser le rapport à la science en se demandant s'il suffit de chercher pour produire des connaissances dont le secteur privé a besoin. Autrement dit, la question est de savoir si l'idée de la science qui domine à l'ère du marché ne renvoie pas à la crise de la science. Dans ce cas, nous devons poser les conditions d'émergence de la nouvelle rationalité.

Dans cette perspective, la reconnaissance des noeuds de désaccords et des tensions créatrices constituent une condition d'échanges et de débats scientifiques fructueux entre les chercheurs du Sud et ceux du Nord. Aussi, il importe de souligner la fécondité du choix de recherche en réseaux en rupture avec le modèle de la recherche coloniale. Comme le cas ivoirien le montre bien, cette recherche s'est concentrée dans les zones privilégiées de mise en valeur des territoires d'Outre-Mer au service d'une économie extravertie qui ne se préoccupe guère de susciter une capacité endogène de production des savoirs. De plus, elle se développe dans le cadre d'une « coopération » dont l'ouverture peut conduire les Africains à l'Académie française, leur accorder le Prix Nobel de Littérature mais les tient soigneusement à l'écart du domaine scientifique. Si l'Afrique ne peut plus se maintenir dans une sorte d'adolescence perpétuelle au point de vue de la connaissance, on peut s'interroger sur la pratique de la recherche en réseaux au milieu des contraintes où la science exige des

---

[999] H. Aguessy, « Conflit des rationalités », *Diogène*, p. 123.

laboratoires complexes, des appareils coûteux, des hommes de très haute qualification ayant un statut défini, le temps et l'argent, le climat de liberté et de sécurité, bref, un environnement susceptible de créer un tissu scientifique vivant. En fin de compte, la question fondamentale est de savoir comment l'Afrique doit être présente dans la dynamique des réseaux et développer sa capacité de recherche avec le souci d'acquérir une autonomie scientifique qui oblige à remettre en question les paradigmes dominants. Comme le soulignent Emile Le Bris et Alain Marliac, c'est à ce niveau que l'on saisit mieux « les enjeux contemporains du partenariat scientifique »[1000].

Notons la mutation de sens qui s'opère avec le passage de l'idée « d'aide », « d'assistance » et du « transfert » à celle de « partenariat » en matière de production scientifique. Les Suisses publient un *Guide du partenariat scientifique avec les pays en développement*. Ces préoccupations sont un signe des temps. S'il convient de reconnaître la pertinence du plaidoyer pour la recherche en développement notamment au moment où « le biais africain tend à s'estomper » dans les organismes de recherche qui se mondialisent, il faut bien repenser les « raisons de coopérer scientifiquement ». Ce défi s'impose dans un contexte historique où, face aux questions de recherche pour le développement, le scientifique du Nord n'est plus confronté aux seuls indigènes de la brousse qui ne savent ni lire ni écrire. Dans cette situation nouvelle, il semble nécessaire de rompre avec les mythes afro-pessimistes qui donnent à penser que tout est négatif dans la vie du continent noir. Cette image vaut notamment pour l'enseignement et la recherche. Jean Copans écrit : « La dégradation dont nous parlions se marque évidemment par une marginalisation des universités, par une détérioration des conditions d'études, de transmission et de production du savoir (…). Les cours du supérieur ressemblent de plus en plus à ces classes primaires en plein air que l'on voit dans les brochures du Secours populaire ou de l'UNICEF »[1001]. Ce tableau sombre qui, en partie, relève de la caricature, résume bien les idées reçues que reprennent en chœur de nombreux experts. À l'évidence, la dégradation des conditions de travail et de recherche n'est pas propre à l'Afrique. Il suffit de suivre les débats sur les handicaps qui s'accumulent et les enjeux de la recherche en France[1002]. Dans le contexte

---

[1000] E. Le Bris, A. Marliac, « Les Enjeux Contemporains du Partenariat Scientifique », communication à la Conférence générale de l'EADI, Paris 22-25 septembre 1999.
[1001] J. Copans, « La crise de l'Afrique noire au miroir des études africanistes africaines », *Bulletin de l'IFAN*, op. cit. p. 52.
[1002] Selon une information étendue et crédible, en raison des coupes budgétaires, de la suppression des postes et de la faiblesse de l'enseignement supérieur, le système français de recherche est voué au déclin si une réforme de fond n'est entreprise. Cf. « La recherche française en panne », *Alternatives économiques*, no 223, mars 2003 ; F. Ailleret, « Un diagnostic sur la recherche en France », *Futuribles*, octobre, no 301, 2004, pp. 5-22 ; J. J. Salomon, « Misère de la recherche. Pour une politique de la science et de la technologie : voies et moyens à la mesure des nouveaux

africain, il faut renoncer à confondre les infrastructures matérielles et le potentiel humain en matière de savoirs dans les institutions d'enseignement et de recherche. Bien sûr, ces institutions ont leur lot de problèmes. Mais un fait s'impose à l'analyse : à partir du capital de connaissances accumulées au long des années de formation et d'expérience, on peut dispenser un cours de haut niveau dans les conditions de travail précaire. En revanche, l'enseignement peut être médiocre dans les universités occidentales relativement mieux équipées que celles ces pays d'Afrique. J'ai montré qu'en Amérique du Nord, l'enseignant n'a pas le temps de préparer ses cours ; et quand l'enseignement existe, il n'a pas de rapport avec la recherche commanditée à laquelle on accorde plus d'importance. C'est pour cette recherche que se battent les professeurs d'université. On l'oublie toujours à travers l'image que beaucoup se font de l'état de l'enseignement supérieur sous les tropiques. Alors que depuis les années 1960, la première génération d'intellectuels africains entièrement formés à l'étranger et généralement reconnus par la communauté scientifique internationale n'a pas entièrement quitté les campus, les experts ne cessent d'agiter le spectre de la faible qualité de l'enseignement dans les universités africaines. La Banque mondiale insiste sur la « dégradation de la qualité » qui « constitue un défi particulièrement ardu »[1003]. Plus loin, elle revient sur le même diagnostic :

« La qualité et la pertinence de la recherche, de l'enseignement et de l'acquisition des connaissances ont eu tendance à décliner dans les établissements d'enseignement supérieur publics des pays en développement, à part quelques exceptions (...). La plupart des universités des pays en développement fonctionnent en marge de la communauté scientifique internationale et sont ainsi incapables de participer à la production et à l'adaptation du savoir nécessaire pour faire face aux problèmes économiques et sociaux les plus importants de leurs pays (...). Dans les établissements tant publics que privés, le manque d'enseignants qualifiés à plein temps est un facteur qui contribue énormément à la médiocrité de la qualité »[1004].

Cette évaluation ne dit pas tout et ne résiste pas à l'examen si l'on tente de s'ouvrir à ce qui se passe ailleurs. Au Québec, pour encadrer la masse estudiantine, on fait appel à des chargés de cours. Ainsi, 52% de l'ensemble des

---

enjeux », *Futuribles*, no 298, juin 2004, pp. 5-29 ; P. Papon, « La recherche française face à de nouveaux enjeux », *Futuribles*, octobre 2004, no 301, pp. 23-40. O. Postel-Vinay, *Le Grand Gâchis. Splendeur et misère de la science française*, Paris, Eyrolles, 2002. P. Joliot, « Gel de crédits, ambitions en berne. Les atouts méprisés de la recherche française », *Le Monde diplomatique*, mai 2003.
[1003] Banque mondiale, op. cit. p. 85.
[1004] Banque mondiale, op. cit. p. 103.

cours universitaires sont dispensés par des chargés de cours et autres auxiliaires d'enseignement. À l'École des Hautes Études Commerciales de Montréal (HEC Montréal), « les dirigeants mettent en lumière l'encadrement déficient des élèves » et craignent « de ne plus répondre aux normes d'encadrement de qualité exigées par les organismes. L'établissement estime aussi que le fait que 60% des crédits enseignés à l'école soient dispensés par des chargés de cours menace les agréments internationaux »[1005]. Dans d'autres établissements, comme on le voit à l'Université de Sherbrooke, ils assurent 70% des cours de premier cycle[1006]. Notons la précarité de la situation des chargés de cours à l'Université du Québec à Montréal : « *bien que leur nombre varie entre 1600 et 18000 selon les sessions, et qu'ils soient responsables de 60% de l'enseignement des cours de l'UQAM, leur situation est particulièrement instable. Même si tu enseignes depuis 25 ans, tu ne sais pas si tu vas enseigner à la prochaine session. Tu peux te faire appeler une semaine avant la session pour te faire offrir un cours* »[1007]. Or, la majorité des enseignements est assurée par un syndicat de chargés de cours dont beaucoup peinent à terminer leurs thèses de doctorat depuis plus de dix ans.

En Afrique, ces anomalies sont inadmissibles. Pour être recruté à l'université comme chargé de cours, il faut avoir un Doctorat ou un Ph.D. Si l'isolement des enseignants et des chercheurs africains est un défi dont on prend conscience, je refuse d'admettre que bon nombre de chercheurs qui ont fait des études au sein des institutions nationales et obtenu souvent leur doctorat à l'étranger[1008] soient de médiocre qualité. Il ne faut pas confondre les déficiences de l'environnement institutionnel des universités africaines avec l'absence de culture scientifique. J'ai montré que les organismes internationaux recourent à l'expertise des enseignants et des chercheurs africains dans les conditions de survie qui les condamnent à la consultance. En outre, il convient de rappeler que cette génération qui s'expose à la répression politique est souvent forcée à l'exil dans les pays du Nord où sa capacité d'enseignement s'impose avec évidence comme le prouvent les évaluations faites par les étudiants dans les pays anglo-saxons. En fait, sur le terrain, s'ils ont peu d'expérience internationale et travaillent dans les conditions matérielles déplorables, rien ne justifie chez les chercheurs de cette génération une sorte d'auto-flagellation et d'autodépréciation qui empêche de reconnaître la valeur des travaux qui, malgré

[1005] Marie-Andrée Chouinard, « *Les HEC risquent de couler l'examen international* », Le Devoir, 17 mars 2004
[1006] Josée Boileau, « Aussi un prof » ! *Le Devoir*, 1er mars 2004.
[1007] « Chargé (e) s de cours à l'UQAM. Une goutte d'eau », *Montréal Campus*, 10 novembre 2004, p. 9.
[1008] Sur cette génération, lire Thandika Mkandawire, « The Three Generation of African Academics : a note », *Transformations*, no 28, 1995, pp. 75-83.

les bibliographies dépassées, fournissent des informations qu'on ne trouve pas toujours dans les études africanistes. Selon Achille Mbembe, « de nombreux africanistes occidentaux dépendent de plus en plus des journalistes pour accéder au matériau »[1009]. En effet, compte tenu des réductions budgétaires dans un contexte de crise de l'aide publique aux pays déshérités, les missions de recherche sur le terrain deviennent rares. Or, quand on se souvient de l'image négative de l'Afrique dans les médias en Occident[1010], on comprend l'état de pauvreté scientifique des études africaines à l'extérieur. Ces observations invitent à redécouvrir l'Afrique de la recherche sans complaisance mais avec discernement. En effet, des centres de recherche existent dans de nombreuses universités du continent. Ces centres travaillent autour des thèmes porteurs. Un effort de réflexion et d'analyse est en cours avec un potentiel scientifique qu'il faut prendre en considération. Dans les conditions difficiles, une nouvelle génération de chercheurs africains est née. Elle ne demande qu'à prendre sa place dans les projets de recherche en développement. C'est bien avec cette génération de chercheurs que toute politique de partenariat scientifique doit être envisagée. Cette option remet en cause les positions de pouvoir dans le système des savoirs dans la relation Nord/Sud.

À l'évidence, les chercheurs du Sud ne peuvent être soumis à la tutelle des sciences d'Occident comme si les sciences du Sud étaient des « sciences inférieures ». Dès lors, il faut s'interroger sur l'image de l'Afrique que porte dans sa tête le chercheur qui, au Nord, s'engage dans une expérience de coopération scientifique. En redécouvrant les acteurs qui fabriquent la science, il convient de préciser le sens de la science en restituant le partenariat scientifique dans le processus de décentrement des lieux de production des savoirs. Bref, la recherche en coopération doit s'interroger sur les modalités de son exercice dans un contexte épistémologique où l'on doit se demander si le savoir des hommes du Sud sur eux-mêmes doit dépendre de la production scientifique des chercheurs du Nord. Cette question se pose quand on se demande si le savoir construit ailleurs ne tend pas à reléguer dans l'oubli ou l'ignorance « les savoirs endogènes ». En effet, sans s'en rendre compte, on peut reproduire le modèle de recherche de type colonial selon lequel les indigènes ne savent rien. Dans ce cas, coopérer scientifiquement, c'est apporter à l'Afrique les Lumières de l'Occident. On ne sort pas d'une logique de « transfert » de technologies et de compétences qui exige l'ouverture à la modernité par la reconnaissance préalable de l'inaptitude des savoirs locaux à

[1009] A. Mbembe, *Programme de recherche du CODESRIA* 1997-2001.
[1010] Sur cette image, cf. C. Braeckman, « L'Afrique, mal aimée des médias », *Hommes et Migrations,* no 1207, mai-juin 1997, pp. 42-52.

l'innovation[1011]. Seule l'injection d'apports scientifiques et techniques en provenance du Nord doit permettre de réduire les écarts des niveaux de développement sans prendre en compte les capacités endogènes de changement et de progrès. Dans ces conditions, ce que l'on appelle « coopération scientifique » traduit ce phénomène étrange : *les terrains de recherche sont en Afrique, les savoirs en Occident*. Dans ces conditions, il n'y a pas de véritable coopération scientifique. Cette coopération signifie qu'on tisse avec le Sud des liens d'ouverture et d'échange au niveau de la production des connaissances à travers la participation des acteurs qui ont leurs lieux d'ancrage. Dès lors, le savoir qui se produit dans un espace de recherche en réseaux diffère du savoir-expert. Ce savoir s'élabore dans un système de relations de travail où l'on reconnaît à chacun l'autonomie dans sa démarche de recherche. C'est ce type de rapports qui existe entre les pays européens ou nord-américains. Dans le contexte qui me préoccupe, si elle se montre innovante avec le Sud, et notamment l'Afrique, il reste à la coopération scientifique de comprendre les différences en terme de richesse et non de hiérarchie. Ce défi pose la question de la pertinence du système du savoir dominant. À l'arrière-plan du modèle de recherche en développement par le transfert des connaissances, on retrouve le processus supposé de convergence ou d'uniformisation des sociétés par l'économie de marché. Dans ce sens, l'attitude à l'égard des savoirs locaux n'est pas neutre. *Renoncer à réhabiliter les savoirs endogènes dans les projets de recherche à l'œuvre dans la « coopération scientifique », c'est chercher à construire une mondialisation des connaissances fondée sur les principes de rejet et de destruction.* Ces principes relèvent des logiques de relations centre-périphérie qui obligent à s'interroger sur le caractère hégémonique du savoir dans la coopération scientifique entre le Nord et le Sud. Ce caractère qui se vérifie dans la perception des rapports entre savoirs traditionnels et modernes ne tend-il pas aussi à créer les conditions d'exclusion scientifique des chercheurs du Sud ? Le risque d'exclusion me semble lié au système des savoirs en expansion à partir de l'idée d'une science universelle qui, en dépit des objectifs de partenariat visant à renforcer les capacités locales, se considère comme le critère à partir duquel la coopération doit redéfinir ses objectifs. Le modèle de science auquel cette coopération se réfère attribue le « caractère de Vérité indiscutable au savoir scientifique dont l'irréductibilité aux autres savoirs tend à l'annihilation de ces derniers »[1012]. Bref, dans le domaine du savoir, le Nord n'attend rien de l'Afrique noire. Or, un véritable partenariat scientifique met en

---

[1011] Pour une étude de cas à partir d'une expérience de terrain, cf. J. M. Éla, « Le rôle du savoir dans le développement. Agriculteurs et éleveurs au Nord-Cameroun », in Lisbet Holtedahl, Siri Gerrard, Martin Z. Njeuma, Jean Boutrais (eds), *Le pouvoir du savoir de l'Arctique aux Tropiques*, Paris, Karthala, 1999, pp. 543-558.
[1012] E. Le Bris, art. cit.

cause les prétentions aristocratiques des « élites formées à la science porteuse de Vérité »[1013]. Pour entrer dans une logique de réseaux, il faut donc remettre en cause la hiérarchie des savoirs qui reproduit la hiérarchie des pouvoirs et des cultures. En définitive, ce qui est en jeu, c'est le fondement de l'autorité de la science d'Occident. Comme l'écrivait Fernand Dumont, « *le savoir ne se ramène pas à d'étroits critères de logique ou de méthodologie ; il est en continuité avec le sujet qui se transmue la culture en connaissances (...). On a souvent souligné que l'impérialisme ne se borne pas à diffuser des produits culturels dans les pays moins défavorisés. Par des films ou des émissions de télévision, l'impérialisme culturel insinue dans les mœurs, dans la vie quotidienne des sociétés réceptrices, des modèles et des idéaux de comportements ; il dévalorise et désintègre l'identité de ces sociétés. D'une certaine manière, il en va ainsi pour les sciences humaines : on y exporte, non pas des données brutes, mais des problématiques Il y a un marché des problématiques, une économie politique de la science (...). Comme tous les autres, ce marché est susceptible de devenir plus ou moins monopolistique* »[1014].

On saisit l'enjeu de la recherche en Afrique. Aucun pays du Sud ne peut éliminer la pauvreté et la misère sans le concours de la science. Mais si, en matière de connaissance, on renonce de faire du continent noir une « enclave de la culture occidentale », il est nécessaire de mettre en valeur d'immenses ressources de savoirs endogènes. Cette mise en valeur permet à l'Afrique d'enrichir le fonds mondial de connaissances. La responsabilité des scientifiques africains se joue à ce niveau. Elle est mise à l'épreuve dans le contexte international où les firmes multinationales contrôlent la production des sciences selon un modèle qui universalise les schémas de la raison close et pragmatique à courte vue dans les secteurs de la recherche. Comme je l'ai déjà souligné, le choix d'un cadre d'analyse impose un examen critique des processus cognitifs qui situent la production des savoirs dans l'axe des rapports entre la science et le pouvoir. Rappelons-nous la dynamique de la recherche qui vise à « réinventer l'Afrique ».

Cette dynamique se fonde sur ce que j'ai appelé « l'épistémologie de la transgression ». Car, comme le disait aussi Fernand Dumont, « il n'y a pas de modèle ou de paradigme a priori, chaque culture devant inaugurer la possibilité de créer un espace où sa créativité puisse se développer comme centre d'intelligibilité »[1015]. Pour l'Afrique, la science à refaire suppose le courage d'opérer la rupture épistémologique en vue de fonder une autre manière de voir

---

[1013] E. Le Bris, op. cit.
[1014] F. Dumont, « Sciences et cultures : l'enjeu francophone », *in Francophonie scientifique*, op. cit. p. 33.
[1015] F. Dumont, op. cit.

le monde. Cette rupture est nécessaire à toute démarche de recherche. On l'a vu : l'espace du savoir est toujours « travaillé » par la vie intellectuelle et scientifique. Bien plus, écrit Foucault, « le discours, en apparence, a beau être peu de chose, les interdits qui le frappent révèlent très tôt, très vite, son lien avec le désir et avec le pouvoir. L'histoire ne cesse de nous l'enseigner-le discours n'est pas simplement ce qui traduit les luttes ou les systèmes de domination, mais ce pour quoi, ce par quoi on lutte, le pouvoir dont on cherche à s'emparer »[1016]. En d'autres termes, le lieu où se traduit la volonté de savoir met en jeu l'espace du désir et du pouvoir. Dans tout projet de recherche, on se heurte donc à un vaste marché intellectuel et théorique où s'exportent des schémas et des concepts qui veulent contrôler « l'ordre du discours ». Sans une refonte de ces systèmes épistémiques, il ne peut y avoir ni savoir « endogène », ni ce que l'on appelle « le développement endogène ». Pour reprendre l'image de Joseph Ki Zerbo, nous ne pouvons penser et construire l'Afrique assis sur « la natte des autres ». Dans ce sens, « l'empire des paradigmes »[1017] est le plus grand des empires. Le pouvoir de cet empire s'exerce au quotidien à travers la volonté de savoir et l'acte de connaître dans la mesure même où il condamne les Africains à regarder le monde avec les yeux de l'Occident. Aussi, l'innovation théorique qui est inséparable de la remise en question des fondements épistémologiques de la recherche est un défi permanent. Face à la pensée unique dont les masques couvrent différents champs du savoir dans la globalisation en cours, on ne peut oublier ce fait : les richesses qu'un peuple produit, ce sont d'abord des idées. En effet, la richesse ne se limite pas à des machines et à des marchandises à vendre. On voit la gravité de la violence qui met en cause l'émergence des producteurs de la science sans lesquels le partenariat scientifique n'a pas de sens. En matière de « coopération scientifique », il n'y a de « partenariat » que sur la base de l'égalité et de la confiance. Sans cette reconnaissance préalable, on revient aux relations entre maître et élève. Ainsi, sous le masque de la coopération, les dynamiques d'imposition du savoir occidental s'inscrivent dans un processus de cannibalisation de l'autre. La coopération scientifique suppose un système du savoir où doivent s'exprimer des voix multiples à travers le croisement des acteurs de la recherche. ***Donner la parole à d'autres manières de voir les questions et d'y répondre en se rappelant toujours que l'humanité est multiculturelle : tel est le défi du partenariat entre les chercheurs du Sud et ceux du Nord qui travaillent en réseaux.*** Il s'agit ici d'ouvrir des espaces de débats et de controverses autour des « faits scientifiques » qui obligent à relativiser les savoirs auxquels leurs

---

[1016] M. Foucault, *L'ordre du discours*, Paris, Gallimard, 1971, p. 12.
[1017] Voir Mamoussé Diagne, « Contribution à une critique du principe des paradigmes dominants », in J. Ki Zerbo, *La natte des autres. Pour un développement endogène*, Dakar, CODESRIA, 1992.

détenteurs attribuent la vertu de l'infaillibilité comme s'ils étaient des définitions dogmatiques. On le voit, il importe d'assumer le déclin des absolus pour recommencer la science dans un processus qui inscrit « une demande de contrôle » des résultats de la recherche dans la relation entre les chercheurs du Nord et les chercheurs qui, avec les acteurs locaux, sont les premiers intéressés par ces résultats[1018]. Cette « demande de contrôle » doit devenir une dimension de la construction du savoir au moment où l'on se propose de faire travailler entre eux les chercheurs du Nord et du Sud et de permettre à ces derniers d'entrer dans la communauté scientifique. En prenant en compte le projet de la nouvelle rationalité qui s'impose dans la situation actuelle de crise de la science comme je l'ai montré, la réflexion sur les nouvelles modalités du partenariat scientifique doit reconsidérer l'importance des relations interculturelles dans le champ du savoir[1019]. Dans ce but, il convient d'ouvrir les perspectives d'une épistémologie de la recherche à l'ère des réseaux.

Ce défi doit faire partie intégrante des nouvelles conditions de production de la science. Les guides de formation à la recherche ignorent ce défi au moment même où les politiques de partenariat scientifique incitent à créer les liens novateurs entre les chercheurs du Nord et les chercheurs du Sud. À l'ère de l'information, il ne suffit plus d'apprendre à rechercher en restant à l'affût des nouvelles technologies dans un contexte où le flot d'informations sur l'Internet invite à savoir trouver les bonnes sources et à trier, à traiter et à hiérarchiser des données d'analyse pour mieux les utiliser. En devenant un secteur de plus en plus en spécialisé faisant appel à des candidats audacieux et inventifs[1020], la recherche, qui est aujourd'hui la clé de l'innovation[1021], est un métier dont l'exercice s'opère dans un système d'interactions où les scientifiques d'horizons disciplinaires et culturels différents apprennent à « échanger les savoirs »[1022].

Dans cet apprentissage en vue de la production de la nouvelle science, la recherche en réseaux s'inscrit dans la dynamique d'interculturalité qui, en fin de compte, constitue le nouvel horizon du partenariat scientifique dans un monde aux visages multiples. Comme le souligne Robert Vachon, « la notion d'interculturalité exprime que nous avons un besoin essentiel de l'autre pour

---

[1018] Sur cette vérification des résultats de la recherche, cf. J. M. Éla, *Guide pédagogique de formation à la recherche pour le développement en Afrique*, op. cit. pp. 69-70.
[1019] Sur ce sujet, cf. *Le savoir et le faire. Relations interculturelles et développement »*, Cahiers de l'IUED, no 2, Paris, PUF, 1975. Lire aussi Roy Preiswerk, « Épistémologie critique et non-violence », in R. Preiswerk, *Contre-courants. L'enjeu des relations interculturelles*, textes réunis et publiés par G. Rist, Lausanne, Éditions d'en-Bas, 1984.
[1020] Cf. G. Béchet, « Des chercheurs, chercheurs d'emploi », *Le Soir*, 10 et 11 mai 2003.
[1021] J. Kucziewicz et Ph. Servaty, « La Recherche, clé de l'essor », *Le Soir*, 29 avril 2003.
[1022] Voir H. Atlan et al. *Savoir échanger les savoirs*, Paris, Textuel, 1997.

approfondir la réalité (…). On est alors loin de la notion de culture comme étant fermeture, clôture, prison (…), esprit de clocher »[1023]. Dans cette perspective, *faire la recherche en réseaux, c'est rencontrer l'autre dans sa culture*. Les chemins de cette rencontre sont pleins d'embûches. Considérons l'enjeu de la langue et du langage dans la communication scientifique. Cet enjeu pose la question des manières de penser. À ce niveau, il suffit d'examiner le non-dit des mots utilisés pour parler des réalités africaines. L'Africanisme a légué un héritage de concepts tels que la magie, la sorcellerie, la tribu ou l'ethnie qui présupposent une vision des sociétés indigènes sur lesquelles on tend à construire des mythes et des préjugés qui résistent à l'examen critique[1024]. Ces prénotions plongent dans l'imaginaire qui oriente le regard sur le monde autour de nous. Je retrouve ici l'historicité des concepts dont j'ai parlé plus haut. Si l'on se souvient du rôle des concepts et des paradigmes dans l'élaboration des sciences, faire le métier de chercheur dans la relation interculturelle ne peut admettre la distraction à l'égard du sens du connaître qui s'enracine toujours dans le monde de la vie et de la pensée propre à une société. *Il convient de renoncer à l'idée totalitaire de la science universelle et maîtresse de vérité absolue, figée dans le temps et l'histoire*. Reconnaître les limites de toute science ne va pas sans bouleversement sur les règles qui résistent à toute mutation afin de préserver les formes insidieuses de normalisation qui font perdre au chercheur cette liberté de penser qui doit renaître en sa jeunesse en prenant les risques exigés par tout acte d'innovation. « La science, disait Georges Canguilhem, ne tient son sens que d'être une entreprise aventureuse de la vie », laquelle doit ouvrir les problèmes plutôt que de les clore en se fermant à toute remise en question. C'est pourquoi, la rencontre avec l'autre suscite des interrogations qui éveillent l'attention sur la nécessité de l'archéologie des grandes catégories de pensée qui exercent une influence décisive sur la vie scientifique. L'affrontement de la différence vient rappeler au scientifique le devoir de se montrer partout indiscret à l'égard de lui-même et de son système de références. Il appelle à la vigilance et à l'effort inlassable en obligeant le chercheur à reconnaître les limites qui situent son savoir dans un espace qu'il convient de franchir pour s'ouvrir de nouveaux horizons. Tel est le risque à prendre quand on se décide à chercher en sachant qu'il existe d'autres lieux de vérité hors de ses frontières. Un fait me paraît capital : on commence toujours à faire des sciences à partir d'une vision liée à la vie quotidienne, à une manière de vivre, à une culture, à des intérêts et des projets concrets. Le scientifique travaille avec des outils de recherche enracinés dans une culture. Les sciences dites exactes le montrent bien. En effet, selon Robert Lenoble, l'idée de nature

---

[1023] R. Vachon, « Guswenta ou l'impératif interculturel. Un rapport d'étape (1990-1995) », Institut Interculturel de Montréal, 27 mars 1996, p. 6.
[1024] Sur le langage des africanistes, cf. T. Obenga, art. cit.

relève d'une culture. À la limite, comme l'observe Isabelle Stengers, « depuis la nature écrite en termes mathématiques » de Galilée jusqu'à le « hasard seul est à la source de toute nouveauté, de toute création dans la biosphère de Jacques Monod, certains énoncés conceptuels produits par des scientifiques ont des résonances métaphysiques[1025]. En dépit de la « peur de la métaphysique » qui hante Bertrand Russell[1026], toute recherche scientifique s'inscrit dans une vision du monde. Tout en ayant la prétention de parler « au nom de la science » à partir de son laboratoire, à travers les paradigmes, ce qui est affirmé, ce n'est pas seulement une manière de faire mais une manière de voir et de penser qui est le langage d'une société et d'une civilisation.

On voit la nécessité pour le chercheur africain de définir son site. Si, dans le domaine de la recherche, les instruments de mesure et d'analyse ou les méthodes d'expérimentation sont les mêmes, il est important d'identifier les cheminements spécifiques de ce fonds commun de rationalité qui se déploie différemment dans la diversité des sociétés au cours de l'histoire. En dépit des affirmations triomphantes sur la voie de la rationalisation qui est le propre de l'Occident »[1027], Max Weber reconnaît la pluralité des visages et des processus de la rationalité[1028]. Au-delà des oppositions que l'ethnologue établit entre le pré-, le péri ou l'ethno-scientifique et le scientifique, le savoir traditionnel ou le savoir sauvage et le savoir domestiqué, qui, en fait, sont des accusations dans le débat sur la science et la non-science, il s'agit aujourd'hui de reconnaître les savoirs discrédités par les savoirs crédités. Bien plus, tout en admettant que rien n'est donné, il convient de redécouvrir les sciences d'Occident en tant que des ethno-sciences compte tenu de leur enracinement et de leur signification culturels. Face à cette situation, s'il faut replonger la science telle qu'elle se fait dans les processus de négociation et les interactions sociales qui donnent sens à la production scientifique comme l'anthropologie des sciences le montre aujourd'hui, il semble important de souligner que toute cohérence scientifique renvoie à des racines propres à une société. Je l'ai déjà noté : les concepts de base de la science moderne s'inscrivent dans un cadre culturel et impliquent une représentation sociale qui a cours au moment de leur élaboration. Bref, la science est toujours enracinée dans une culture donnée. Or, dans le contexte africain, selon le mot de Tchicaya U Tam'si, « il y a la science et le profond mystère de la vie. La science s'épuisera, la vie demeurera »[1029]. Dans le débat socio-épistémologique sur la science et l'Afrique, il importe d'inventer une manière de faire la science qui s'ouvre à ce « mystère de la vie » dont parle le

---

[1025] I. Stengers, *L'Invention des sciences*, op. cit. p. 122.
[1026] Sur « B. Russell et la pensée philosophique », lire Einstein, op. cit. pp. 38-44.
[1027] M. Weber, *L'éthique protestante*, op. cit. pp. 17-20
[1028] Voir C. Colliot-Thélène, *Max Weber et l'histoire*, Paris, PUF, 1990, p. 56-57.
[1029] Tchicaya Utam'Si, *Ces fruits si doux de l'arbre à pain,* Paris, Seghers, 1987, p. 57.

célèbre écrivain. En effet, il faut ici s'affranchir de la rhétorique de la modernité et de l'imaginaire rationaliste. Comme l'écrit Michel Serres, « il n'y a jamais eu la science d'une part et le mythe de l'autre. La part de savoir pertinent, dans un mythe donné, une tradition millénaire, une pensée sauvage, est probablement aussi grande que la part de mythologie qu'enveloppe avec elle une science donnée[1030]. Dans ce sens, au moment où se cherche une « pensée d'ensemble » ou une « pensée des multiplicités »[1031], pourquoi le chercheur africain ne devrait-il pas reprendre en compte la vision du monde selon laquelle tout est « re-lié » et « ré-uni » ? À ce sujet, Lévi-Strauss écrit justement : « la pensée des peuples dits primitifs récusent ce morcellement. Une explication ne vaut qu'à condition d'être totale. Quand nous cherchons la solution d'un problème particulier, nous nous adressons à telle ou telle discipline scientifique ou bien au droit, à la morale, à la religion, à l'art. Pour les peuples qu'étudient les ethnologues, tous ces domaines sont liés[1032]. Ce sens de la totalité est une exigence de l'épistémologie contemporaine. Dans cette perspective, *en se mettant à la remorque e de l'Occident qui sépare le sujet et l'objet, l'humain et la nature, la matière et l'esprit, l'Afrique risque de reproduire les impasses d'une société qui, en privilégiant l'immédiat, perd la dimension de la profondeur et le sens de la longue durée.* Comme l'écrit René Devisch, « face à la réalité, le scientifique postmoderne n'a pas d'autre option que celle d'une attitude opérationnelle cherchant une emprise sur le futur par le biais de ses prévisions, de ses programmations, de ses évaluations, de son calcul de risques dans « un monde livré à ses mains. Notre société postmoderne est en passe de perdre tout ancrage à valeur transcendantale, tel que cela fut le cas dans l'ère moderne instrumentaliste par l'éthique du travail et personnifiée par une élite agissant au nom de la rationalité conquérante et efficiente »[1033]. Confronté à la science qui s'élabore à partir des systèmes africains de référence où la vie est une valeur primordiale, le scientifique postmoderne doit soumettre à un regard critique tout le champ de la science avec ses concepts et ses modèles, ses méthodes et leurs effets dans les divers domaines d'application. En définitive, il faut remettre la science en contexte interculturel pour lui permettre de retrouver les paradigmes perdus.

[1030] Cité par R. Horton et al. (dir), *La pensée métisse*, op. cit. p. 202.
[1031] M. Serres, *Genèse*, Paris, Grasset, 1982, p. 173.
[1032] C. Lévi-Strauss, *De près et de loin*, Paris, Odile Jacob, 1988, pp. 157-158. ;lire aussi L. Dumont, *Homo aequalis. Genèse et épanouissement de l'idéologie économique*, Paris, Gallimard, 1977, p. 33 ; sur le réseau de participation de l'homme avec la nature dans le contexte africain, voir notamment Mamadou Dia, *Islam. Sociétés africaines et culture industrielle*, Dakar, NÉA, 1975, pp. 72-73 ; D. Zahan, *Religion, pensée et spiritualité Africaines*, Paris, Payot, 1970.
[1033] R. Devisch, « Les universités en Afrique noire et les savoirs endogènes », *Bull. Séanc. Acad. r. Sci. Outre-Mer*, 45 (1999), p. 280

Dès lors, ce qui se cherche à l'ère des réseaux, c'est l'expérience d'une science métisse. Cette science se produit à travers les regards croisés où s'affrontent les sociétés et les cultures[1034]. Il s'agit ici d'apprendre de l'autre en apprenant à s'interroger sur soi-même. Cela suppose d'abord une capacité d'écoute de l'autre. Cette attitude exige le refus de se prendre pour le centre du savoir. Dans ce sens, la présence d'un chercheur du Sud dans une équipe de recherche avec les gens du Nord implique non seulement un esprit favorable à l'interdisciplinarité mais aussi un questionnement épistémologique inévitable dans la mesure où, justement, on reconnaît que cette présence est un capital important auquel on peut faire confiance. A la limite, la recherche en réseaux impose une ouverture réelle à l'interculturel. À cet égard, *au lieu que la science interroge les cultures du haut de son universalité, ce sont les contextes socio-culturels qui interpellent la science à partir des questions que ces contextes posent aux chercheurs*. En d'autres termes, en prenant en compte les interrogations qui mettent en évidence les relations entre la science et la société, l'articulation de l'épistémologie et de l'intercontextualité situe le partenariat scientifique dans une dynamique de rencontre où se nouent les tensions entre les savoirs et les cultures.

Une telle rencontre ne peut laisser aucun chercheur indifférent. Elle oblige à se laisser interroger par le regard de l'autre et à réexaminer les présupposés et les évidences qui traversent les disciplines, les concepts et les démarches de recherche. En définitive, ces exigences mettent en cause le prestige des sciences d'Occident. On est contraint d'apprendre à découvrir ce qu'on ne sait pas. Les échanges avec les scientifiques du Sud sont un défi à cette « science ouverte » qui se cherche dans l'affrontement des rationalités. En gardant l'esprit éveillé et ouvert, les réseaux de recherche se situent dans ce lieu de rencontre et de croisement des regards où la science recommence. Pour tenter cette expérience, il s'agit d'apprendre à vivre à l'écoute des autres. Cela exige de devenir modeste et de s'ouvrir à l'émergence des problématiques différentes susceptibles de nourrir l'esprit de l'Occident. En dépit des apparences, celui-ci ne maîtrise pas tout. En réalité, il a besoin du regard de l'autre. J'ai rappelé les efforts qui obligent l'Occident à repenser sa propre rationalité en vue de recommencer la science dans un esprit d'ouverture et de développement de nouvelles formes de savoirs. Cette critique de la science occidentale s'impose notamment aux chercheurs africains. Comme le résume bien Endashaw Bekele, biologiste éthiopien,

---

[1034] Sur la démarche métis, lire *Réseaux métis et Universités*, Louvain-La-Neuve, Approches, AGL, 1995 ; voir mes brèves réflexions sur ce sujet, « Une démarche métis dans les universités d'Afrique ? », op. cit. p. 217-218. Lire aussi G. Thill, « La pertinence des réseaux associatifs dans le transfert des compétences scientifiques et techniques et leur appropriation », Bulletin *PRELUDES*, no 25-27, mars 1994, pp. 87-93.

« Il est grand temps que nous réalisions que les concepts, modèles, paradigmes occidentaux et les questions soulevées à la fois par les programmes de recherche et les documents classés ne sont pas adaptés pour comprendre les conditions tout à fait différentes de nos sociétés. Ces concepts et modèles déterminent des politiques non appropriés et, soit détournent l'attention des vrais problèmes, soit deviennent des excuses pour motiver les structures du pouvoir existantes (...). Les paradigmes de la science « occidentale » font office d'œillères ou d'échappatoires (...). La base de la science que nous connaissons aujourd'hui est étroite depuis qu'elle découle de la technologie qui ne vise qu'à maximaliser les avantages en nature des « êtres humains » d'une façon très généralisée et simplistes »[1035].

Toute la réflexion que l'on propose ici sur la nécessité d'une « science en contexte » cherche à fonder un nouveau départ pour la recherche qui tente de dépasser cette vision étroite. Après la science coloniale qui a légué une tradition de recherche solitaire, triomphante et isolée, l'ère des réseaux oblige à passer à une recherche en équipe et en dialogue. Cette exigence s'applique à l'Afrique où, comme le montre le cas de Cheikh Anta Diop, l'homme de science tend à travailler seul. Le modèle du scientifique isolé dans son laboratoire est devenu archaïque. La recherche ne peut plus se faire à la manière de Galilée, de Newton ou de Pasteur qui incarnent l'image du scientifique solitaire. À l'ère des communications, la science doit devenir une activité collective[1036]. Ce défi s'inscrit dans la relation Nord/Sud où l'idée de partenariat scientifique est au centre des nouveaux enjeux de la coopération internationale.

Il importe d'insister sur la pertinence de cette approche en prenant en compte les menaces d'une science sans conscience. En effet, il faut entrevoir le retour à la barbarie et la tragédie de l'histoire qui s'annonce si, à partir des lieux de production des sciences, rien n'est fait pour élargir le champ du regard en assumant les questions qui, au sein des réseaux de recherche, empêchent toute ambition hégémonique. Car, *la recherche en réseaux n'a de sens à l'ère de la mondialisation que si elle restaure la pluralité des regards et la capacité de rompre avec les stratégies et les ruses d'une rationalité close, dominante et destructrice.* Devant ce défi, le Sud invite le Nord à ouvrir une brèche dans la Citadelle scientifique où l'équilibre entre la science et la sagesse permet de jeter des semences sur « une terre de renaissance »[1037]. En restant à l'écoute de cette Afrique dont on a peu attendu les voix dans les espaces du savoir et qui,

---

[1035] Cité par P. Crossman et R. Devisch, *Endogénisation et universités Africaines. Initiatives et problèmes dans la quête d'une pluralité au sein des sciences humaines*, KULeuven, juin, 1999, pp. 103-104.
[1036] Sur ce sujet, cf. V. Kourganoff, *La Recherche scientifique* op. cit. pp. 66-68.
[1037] *Savoir 2/ Le Monde diplomatique*, 1993.

pourtant, constitue une réserve de sens à l'ère de la crise de l'empire des Lumières, il faut désormais sortir des ghettos conceptuels et théoriques pour réinventer les paradigmes de la science en assumant les risques et les coûts intellectuels du processus de décentrement qui libère des formes dissimulées de l'impérialisme de la rationalité occidentale. Produire les savoirs à partir des cultures et des sociétés différentes est une épreuve difficile mais féconde. Comment des chercheurs appartenant à des univers contrastés peuvent-ils parvenir à dialoguer ? Cette question oblige à faire preuve d'ouverture et de flexibilité, à se débarrasser des idées préconçues, à faire place à l'imagination et à la créativité, bref, à accepter, comme des ethnologues, de se laisser surprendre par les faits. La recherche en réseau exige de s'inscrire dans une dynamique sociale d'interactions à travers lesquelles il s'agit de revoir le sens des concepts et le contenu de la recherche en fonction des modes d'expression et des catégories des sujets engagées dans la construction des connaissances. Bien plus, il convient aujourd'hui de redécouvrir la dimension sociale et culturelle de la science. Elle nous oblige à questionner notre rapport au savoir en nous rappelant qu'aucune société n'incarne l'universel. *La rationalité est un processus partagé. Elle s'exprime à travers des langages différents.* Aussi, l'internationalisation de la recherche annonce la naissance d'un nouveau monde du savoir à partir des formes de partenariats établis entre les universités et les groupes de travail. La tendance à la co-publication entre chercheurs du Nord et du Sud suit des voies qui vont dans la bonne direction comme les démographes tentent de le faire dans l'espace francophone[1038]. Ce processus est irréversible. L'ère des réseaux ouvre un espace de débat et un carrefour d'échanges pluridisciplinaires où s'écrit un récit scientifique à plusieurs voix[1039].

Ainsi, nous entrons dans le nouvel âge de l'histoire des sciences. Cet âge exige la reconnaissance des autres lieux de production des savoirs et la confrontation des différences d'approches. Dans cet esprit, des mythes et des préjugés doivent s'effondrer. En particulier, il faut renoncer à croire à une « science d'en-haut » qui s'imposerait à « une science d'en-bas ». Nul n'a le monopole de l'intelligence. « Renforcer les capacités de recherche » dans les pays du Sud, notamment en Afrique[1040], ne signifie pas reproduire l'image de l'Occident maître et détenteur du savoir. Car, dans ces conditions, pour être

---

[1038] Sur cette tendance dans l'analyse des faits de population, signalons deux initiatives pertinentes : H. Gérard et V. Piché (dir), *La Sociologie des populations,* Montréal, Les Presses de l'Université de Montréal., 1995 et F. Gendreau (dir), *Crises, pauvreté et changements démographiques dans les pays du Sud,* Paris, Éd. Estem, 1998.
[1039] J. M. Éla, *Guide pédagogique de formation à la recherche,* op. cit. pp. 52-53
[1040] Au sujet du discours technocratique sur le renforcement des capacités en matière de recherche scientifique, lire Banque mondiale, *Développement des capacités pour la recherche et perfectionnement de la formation scientifique, 1995*

reconnu par la communauté scientifique internationale, tout se passe si comme le chercheur du Sud devait d'abord être coopté par les gens qui savent. Dès lors, il lui faut publier dans les revues fameuses : ce qui l'oblige à se conformer aux normes dites universelles qui sont occidentales. Si l'appartenance à un réseau doit se traduire par la reproduction de la manière occidentale de faire la science, elle devient un obstacle à la création d'autres lieux d'intelligibilité à partir des contextes culturels différents. C'est le savoir produit dans ces contextes qu'il importe de soumettre à l'échange et à l'examen critique dans un réseau auquel chaque membre participe avec son profil épistémologique et paradigmatique propre. L'idée de métissage des savoirs n'a de sens qu'en fonction de l'acceptation de ce profil dans un contexte scientifique ouvert et dynamique. Dès lors, ménager des espaces concrets de rencontre, de confrontation et de remise en question des savoirs permet de créer les conditions de cette écoute de l'autre qui suscite l'attention à d'autres visions du monde.

Hubert Gérard écrit avec courage : « *Nous pourrions nous débarrasser de notre instinct de supériorité dans ces domaines. Si le projet des pays du Sud est d'exploiter leurs spécificités culturelles, socio-historiques, pour créer une science qui leur soit propre avec d'autres postulats, d'autres partitions des domaines, d'autres critères de qualité, etc., que les nôtres (...), il s'agirait pour nous de les écouter, de les critiquer et de les forcer à réaliser avec plus de rigueur et de qualité leur projet. En contrepartie il s'agirait d'écouter leurs critiques sur notre propre science et d'être aussi amenés à la réaliser avec plus de rigueur et de qualité (...). Il faudrait absolument que les scientifiques du Sud aient leurs lieux de pensée, leurs lieux de production et leurs lieux de diffusion et ainsi se démarquer des lieux occidentaux qui s'auto-proclament lieux universels* »[1041].

Notons aussi le témoignage lucide de Peter Grossman et de René Devisch : « *La culture intellectuelle occidentale a très certainement l'obligation de critiquer et de repenser ses propres notions de rationalité, de science technologiques et de modernité, forcément déterminées culturellement ; ceci permettrait également de clarifier l'espace requis pour la recherche et le développement de formes alternatives du savoir* »[1042]. En France, l'historienne Catherine Coquery-Vidrovitch reconnaît honnêtement les reconversions épistémologiques qui s'imposent à une tradition de la recherche dominée par le conservatisme colonial. Cette exigence se fonde sur un constat très clair :

[1041] H. Gérard, « Restituer l'histoire aux sociétés du Sud », in *Réseaux Métis et Universités*, Louvain-La-Neuve, Approches AGL, 1995, p. 87.
[1042] P. Crossman et R. Devisch, op. cit. 149.

« *Nous autres Français, comme d'ailleurs tous les peuples au passé colonial, gardons souvent un réflexe conservateur, celui de penser que l'érudition occidentale est la meilleure du monde. Or ce n'est plus vrai, ni des bibliothèques françaises (...) qui deviennent, sur le plan du savoir africaniste, des lieux sous-développés, ni des connaissances, parce que celles-ci sont trop souvent imbues de façon inconsciente d'un complexe tenace de supériorité qui résiste de moins en moins à la confrontation des réalités du terrain. Le temps n'est plus au paternalisme scientifique, même si le savoir en Afrique demeure encore trop souvent balbutiant. La mondialisation du savoir a eu cela de bon : les historiens africains responsables sont désormais nombreux. Ce n'est que normal, dira-t-on. Ce n'est pas une spécificité de l'histoire, c'est un fait patent quelle que soit la discipline. L'expert international a vécu, ou du moins devrait avoir vécu car les pratiques mettent du temps à s'adapter aux faits. La coopération de substitution a bien du mal à faire place, dans les mœurs occidentales, à une réelle collaboration scientifique entre regards croisés* »[1043].

Pour justifier ce « regard croisé de partenariat », l'enseignante qui a formé une génération de brillants historiens africains se doit de rappeler ce fait : « *le nombre de personnalités de grande classe partout en Afrique est impressionnante. Je voudrais donc revenir sur la notion de regard croisé, appel à la complexité des regards ; car les Africains sont agacés par la réticence des africanistes français à se départir d'un regard tantinet condescendant sur la production africaine issue du continent ; ils n'est que de lire les phrases au vitriol lancées par Jean-Copans sur certains écrits du CODESRIA* »[1044]. Dans sa réaction à Emmanuel Dongala, l'historienne écrit aussi : « Nous sommes à la recherche de nouveaux paradigmes permettant d'avoir des regards autonomes sur quelque société que ce soit. La question ne concerne pas seulement les chercheurs d'Afrique (...). Elle concerne tout autant les autres chercheurs du monde, et au premier chef naturellement les Occidentaux, peut-être encore davantage englués dans la « bibliothèque coloniale » que les ex-colonisés qui, au moins, ont en ont entrepris largement le procès »[1045]. Ainsi, face à un même objet d'étude : l'Afrique, ce défi invite les Africains eux-mêmes et les autres à une écoute mutuelle, à cet entrecroisement de la pluralité des regards. Ce défi met en question l'arrogance du savoir impérial qui s'impose comme un savoir mondial. Pour briser les prétentions de ce savoir et élargir les bases sociales de

---
[1043] C. Coquery-Vidrovitch, « Échanger les savoirs, accepter la diversité et respecter l'autre. Réaction d'une historienne au texte d'Emmanuel Dongala », *Mots Pluriel*, juin 2004, no 24
[1044] C. Coquery-Vidrovitch, « De « l'Africanisme » vu de France ». Le point de vue d'une historienne », *Le Débat*, janvier-février 2002, no 18, p. 43 Lire aussi l'éditorial de *La Lettre du CADE* : « Regards croisés », art. cit.
[1045] C. C. Vidrovitch, « Échanger les savoirs, accepter la diversité et respecter l'autre : réaction d'une historienne au texte d'Emmanuel Dongala », *Mots Pluriels*, op. cit.

production des connaissances, on voit pourquoi il est nécessaire de créer un environnement favorable à l'initiative scientifique en Afrique. Cela revient à reconnaître que si la science moderne n'a pas commencé avec l'Occident, elle ne s'achève pas non plus avec lui.

Fort de ce constat, il s'agit de se mettre en route, dans la recherche incessante de la connaissance scientifique. Cette recherche met à l'épreuve les capacités des acteurs de la science à contextualiser les cadres d'analyse suivant les cultures et les conjonctures. Ils sont invités à réinventer ces cadres en permanence dans une démarche d'écoute de l'autre en sachant que cette démarche ne s'enrichit que par une mise en question renouvelée dans un processus d'échanges et de confrontation qui se concrétise en réseaux de recherche et de production des savoirs métis. J'ai essayé de mettre en lumière les enjeux épistémologiques et politiques qui sont mêlés à l'invention des sciences dans les relations interculturelles. À travers les programmes pluridisciplinaires, l'effort de recherche en réseau devient une nouvelle « vie en laboratoire » où les acteurs de la recherche négocient d'autres relations à la connaissance en créant les conditions d'émergence d'un véritable mondialisation de la science. Au-delà des logiques de transferts, les réseaux de recherche entre le Nord et le Sud montrent que l'universalisation de la science ne peut se faire sans la mise en place des noyaux de chercheurs avec lesquels les échanges scientifiques mettent en branle un processus d'internationalisation. Les sciences d'Occident qui ont la prétention d'être la science mondiale restent, en fait, des sciences géocentriques dans la mesure où elles résistent au démembrement de l'empire qu'elles ont construit dans l'espace du savoir. Tout au long de l'histoire, au nom de son système de connaissances, l'Occident a littéralement prescrit sa vérité aux autres cultures. L'héritage des Lumières a contribué à dénigrer les savoirs indigènes. Au XIXe siècle, l'obsession de « civiliser » l'autre exige le mépris de ses savoirs. La volonté de dominer investit le monde de l'esprit. Car,le présupposé de base du colonialisme est celui-ci : « mon savoir et ma technique sont supérieurs à ceux des indigènes »[1046]. Aujourd'hui, on se rend compte que les savoirs jugés irrationnels recèlent une sagesse occultée par la raison impériale Bien plus,au moment où l'Occident a la puissance, il découvre qu'il n'a plus le sens[1047]. Dans ce contexte, écouter les traditions jugées primitives peut aider à voir comment enrichir la science elle-même. Les pays du Nord se trouvent donc devant un défi majeur : céder une part de leur pouvoir et permettre à d'autres sociétés

---

[1046] M. Larbi Bouguerra, op. cit. p. 125.
[1047] Sur l'érosion du sens, c f. J. M. Éla, « L'Europe dans le regard d'un Africain », art. cit.; J. B. de Foucauld, D. Piveteau, *Une société en quête de sens*, Paris, Odile Jacob, 1995. Lire aussi Edem Kodjo, *L'Occident : du déclin au défi*, Paris, Stock, 1988, p. 276.

d'exprimer leur savoir ou s'accrocher au pouvoir en sachant que les failles du système de leur savoir les conduisent à la dérive. Dans cette dynamique où la science et le pouvoir sont indissociables[1048], l'ouverture aux autres savoirs est donc la seule issue aux impasses de l'Occident. Un fait est certain : une science mondialisée ne peut se réaliser qu'avec la contribution des différents continents à la production du savoir. Les réseaux qui se tissent autour des projets de recherche sont la condition de la mondialisation de la science dans une nouvelle étape de l'histoire du savoir. Ce processus est l'œuvre d'une diversité d'acteurs appartenant à des communautés scientifiques enracinées dans leurs cultures. Comme chercheurs, ces acteurs tentent de s'ouvrir à des échanges internationaux en apprenant à s'écouter et à se remettre en question afin de mettre au jour des concepts scientifiques appelés à voyager mieux que les outils qui les transportent. C'est ce que montre la collaboration internationale à des publications qui tendent à paraître dans les revues prestigieuses ou les bonnes maisons d'édition Cette collaboration permet d'accroître la visibilité et la mobilité des idées, des problématiques ou des théories scientifiques qui ont été mises à l'épreuve d'un travail en équipe et sont un indicateur de la construction d'un tissu mondial des sciences. Il reste à savoir en quoi et sous quelles conditions les sciences qui naissent dans les réseaux n'ont pas peur d'interroger les acteurs de la recherche et la pertinence de leurs savoirs. Bien plus, au-delà des collectifs des chercheurs, si l'on approfondit la perspective sociale sur la science, ne faut-il pas élargir ces réseaux en radicalisant la question sur le pouvoir scientifique afin de vérifier la capacité d'écoute des acteurs de la science ? En d'autres termes, dans la mesure où la science respire dans le débat, peut-elle se développer sans prendre en compte les gens auxquels les porteurs des savoirs tendent à imposer leur pouvoir sans leur permettre d'y participer autrement qu'en faisant face aux mutations que la science suscite ? Ces questions nécessitent d'approfondir le débat de la science en sachant que ceux qui profitent de cette activité, c'est d'abord et avant tout la société et les citoyens. À ce titre, ils ne sauraient vivre en marge de la science qui se fait. Car, ils sont porteurs d'intérêts dignes d'être pris en compte dans tout projet de création scientifique.

Rendre la science aux citoyens

Donner corps à cette exigence qui, pour de nombreux chercheurs en quête d'un statut et des conditions de travail, reste un rêve, oblige à revenir à l'État pour examiner quelle place doit être faite à la science dans la vision que

---

[1048] Sur ces liens, cf. M. Foucault, *Dits et Écrits,* vol. III (1976-1979), Paris, Gallimard, 2000, p.402

l'Afrique a d'elle-même et de son avenir au cours de ce millénaire. Dans ce but, il faut montrer que le rapport au savoir s'inscrit dans les lieux d'exercice de la citoyenneté. Au-delà du discours qui, depuis Bacon, fait de la connaissance un instrument du pouvoir et se développe dans le cadre de l'économie politique de la science dans une nouvelle phase d'expansion de l'Occident dans le monde, il convient de rappeler que les enjeux de la science ne sont pas seulement d'ordre épistémologique et sociologique comme j'ai tenté de le montrer mais ils sont aussi institutionnels, politiques et éthiques. Plus précisément, il faut insister sur l'interpénétration des exigences éthiques et scientifiques. Dans ce sens, la science doit nous apparaître comme une affaire trop importante pour être abandonnée entre les mains des seuls hommes et femmes de science enfermés dans les laboratoires. En particulier, il devient urgent d'ouvrir à la science en Afrique un horizon de recherche où le monde de la vie doit demeurer le centre de gravité des priorités et des finalités des projets d'étude et des programmes d'investigation ou d'exploration. C'est à partir de ce monde que toute évaluation de la science doit se faire en se rappelant, comme le souligne justement Emmanuel Levinas que c'est l'éthique qui « accomplit l'essence critique du savoir »[1049]. Cette approche est devenue nécessaire dans la recherche d'une nouvelle science en dialogue avec la philosophie, la poésie et l'art. Elle s'impose encore davantage lorsqu'on voit que la science moderne n'apporte pas que des bienfaits mais aussi des malheurs qui peuvent conduire à la destruction de la vie et de l'environnement. Si l'on veut ouvrir la voie à une nouvelle rationalité, il faut retrouver « le paradigme perdu » dont parle Edgar Morin. L'histoire de la science en Occident nous apprend que « la science mathématique de la nature se vide de son sens dans la technicisation », écrivait Husserl dans *La crise des sciences européennes et la phénoménologie transcendantale*[1050]. Dans ce contexte, l'esprit scientifique a besoin d'une rééducation lui permettant d'affirmer, selon le mot de Levinas, « non pas qu'autrui échappe à tout jamais au savoir, mais qu'il n'y a aucun sens à parler ici de connaissance objective ou d'ignorance, car la justice, la transcendance par excellence et condition du savoir, n'est nullement, comme on le voudrait, une noèse corrélative d'un noème »[1051]. Bref, « un monde sensé est un monde où il y a autrui »[1052].

Soulignons l'enjeu de cette relation à autrui. Face à l'hégémonie technoscientifique, le souci d'autrui implique une nouvelle critique de la connaissance en remettant en question la prédominance à tout subordonner aux nécessités de la raison utilitaire. Dans cette situation, le rapport à Autrui ouvre

---

[1049] E. Lévinas, *Totalité et Infini*, La Haye, 1980, p. 13.
[1050] Op. cit. p. 53.
[1051] E. Levinas, *Totalité et Infini*, p. 13.
[1052] E. Levinas, op. cit. pp. 182-184.

les portes à une pensée où la mise en œuvre d'une « nouvelle raison » crée les conditions d'une autre intelligibilité[1053]. Nous sommes à la fin de l'empire de la raison qui a dominé la vie intellectuelle en Occident depuis Galilée. La nécessité de « répondre d'autrui » inaugure l'ère d'une « nouvelle raison »[1054]. IL faut donc situer le rapport à la science à l'aube de cette autre intelligibilité[1055]. Dans cette perspective, les scientifiques ont des responsabilités uniques compte tenu des choix et des objectifs de recherche dont il convient de se demander à quelles finalités ils répondent en ce début de siècle où l'Afrique est confrontée, comme d'autres régions du monde, à des problèmes sociaux cruciaux. Il importe d'insister sur ces problèmes pour mesurer les limites d'une pratique de la recherche qui n'est pas orientée vers la vie et la satisfaction des besoins des millions d'hommes et de femmes laissés en bordure du monde dans la jungle globale. Sans doute, de nombreux scientifiques africains ne demandent qu'à travailler pour le bien-être des populations de leurs pays. Les thèmes d'étude et les questions en débat dans les problématiques de recherche soulignent ce souci de coller à la réalité de la vie quotidienne afin de produire des connaissances qui soient en même temps des savoirs d'action. À ce sujet, il suffit de faire l'inventaire des thèses soutenues par les étudiants africains dans les universités européennes et nord-américaines et à travers le continent.

Cette préoccupation d'une science au service de l'Afrique est liée à la prise de conscience des responsabilités des scientifiques dans les enjeux de notre temps. Qu'on pense au Manifeste-Appel de cinquante et un Prix Nobel en 1981. Ces hommes de science signaient ce manifeste d'une vigueur exceptionnelle : « Face aux dizaines de millions de vies humaines fauchées chaque année par la faim, la malnutrition et les maladies curables qui trouvent un terrain favorable, face aux famines répétées, dont les effets meurtriers dans des contextes dégradés n'ont plus rien d'accidentel », ils osaient parler « d'holocauste et de génocides », interpellant les citoyens et l'État à faire tout leur possible pour y mettre fin. Ces termes « d'holocauste et de génocides » pourraient être contestés. Pourtant, au-delà des conflits meurtriers qui réactualisent un imaginaire de violence brute ou des massacres cycliques dans certaines régions du continent, il faut bien constater les tragédies vécues au quotidien dans une économie - monde où les plus forts écrasent les plus faibles. Dans ce darwinisme social qui résulte de la violence du marché, des générations entières sont sacrifiées sur l'autel sacré édifié par le consensus de Washington. Ce consensus exige de réduire l'accès à la santé et à l'éducation à travers la promotion des choix de société en faveur de la libéralisation des marchés, la

---
[1053] E. Levinas, *Humanisme de l'autre homme*, Paris, Le Livre de Poche, 1972.
[1054] *Répondre d'autrui, Emmanuel Lévinas*, Textes réunis par J. C. Aechlimann, Neuchâtel, La Baconnière, 1989, p. 15.
[1055] E. Levinas, *Noms propres*, Montpellier, Fata Morgana, 1976, p. 11.

privatisation des services publics et le contrôle des ressources de l'Afrique par les investisseurs étrangers. Dans ce contexte réel, il importe de redéfinir les objectifs de la science en vue de sauver des vies menacées tous les jours. Il faut ici renoncer à toute illusion. Des enjeux de société sont impliqués dans les activités de recherche. À cet égard, la science n'est plus nécessairement synonyme de bonheur, de progrès et considérée comme un instrument au service de l'humanité. Elle est devenue un facteur de risques et de menaces pour la vie de l'être humain. Elle commence à faire peur dans les sociétés où elle connaît un essor prodigieux. Car, plus les sciences et les techniques apportent des solutions aux problèmes humains, et plus semble grandir l'angoisse de l'incontrôlable, qu'elle concerne les atteintes à l'environnement ou les risques de manipulations génétiques. Tout se passe comme si chaque avancée du savoir devait exiger un approfondissement de l'inquiétude ou de peur. Face à l'impasse de la modernité occidentale, certains en viennent à refuser l'idée de développement et en finir avec l'idéologie du progrès[1056]. En fait, depuis Hiroshima et Nagazaki ou la guerre du Vietnam et d'Irak, ces risques imposent une vigilance accrue qui exige l'implication des acteurs sociaux. L'évaluation des choix scientifiques ne peut se réduire à une affaire des ingénieurs et des experts. Elle engage toute la société qui doit mettre à jour les enjeux humains et sociaux, les conflits d'intérêts, les stratégies et les contradictions qui existent autour des innovations scientifiques et technologiques[1057]. Dans ce sens, on ne peut oublier les marées noires, Bhopal ou Tchernobyl. On se souvient aussi de l'affaire du sang contaminé. Les débats en cours sur les OGM nous rappellent ces dangers. Pensons également à l'inquiétude et aux controverses autour des thérapies hormonales en Amérique du Nord et en Europe[1058]. Pour la science, le temps de l'innocence est fini. La science n'est plus une référence incontestée au firmament de la culture. Des interrogations de type divers, regroupées sous le nom d'antiscience, se propagent à l'intérieur comme à l'extérieur du monde scientifique. Des appels à une science responsable ne cessent de se faire entendre dans le concert des nations. Dans son ouvrage intitulé Raisonnable et humain ? Axel Khan affirme que le « géniticien citoyen » doit veiller à ce que

---

[1056] Sur ce courant d'idée, cf. les actes du Colloque *Défaire le développement. Refaire le monde*, Paris, La ligne d'Horizon, 2003.
[1057] Pour une évaluation sociale des risques technologiques, lire D. Duclos, *L'homme face au risque technique*, Paris, L'Harmattan, 1991 ; « La construction sociale du risque : le cas des ouvriers de la chimie face aux dangers industriels », *Revue française de la sociologie*, XXVIII, 1987 ; J. J. Salomon, « Une évaluation de l'évolution sociale des technologies », *Actes du Colloque : Les pratiques de l'évaluation sociale des technologies, Conseil de la Science et de la Technologie*, Québec, mai 1991.
[1058] Sur ce sujet, lire K. O'grady et B. Bourrier-Lacroix, « À qui la faute ? Les avertissements concernant les effets graves des traitements hormonaux sur la santé des femmes d'âge mûr ont été plus que nombreux », *La Presse*, 3 août 2002. Voir aussi « Ménopause. Controverses sur les thérapies hormonales », *Le Monde*, dimanche 9- Lundi 10 février 2003, p. 16.

jamais la science ne porte atteinte à la dignité de la personne humaine. En d'autres termes, des responsabilités inédites s'imposent aux chercheurs dans les conditions où il faut renouveler les questions qui hantaient Einstein en découvrant le « destin tragique » de l'homme de science. En effet, celui-ci « veut et désire la vérité et l'indépendance profonde. Mais, comme soldat, il se voit contraint de sacrifier la vie d'autrui (...). L'homme scientifique est-il contraint de supporter réellement un tel cauchemar ? Le Temps est-il définitivement révolu où sa liberté intime, sa pensée indépendante et ses recherches pouvaient éclairer et enrichir la vie des humains ? Aurait-il oublié sa responsabilité et sa dignité, parce que son effort ne s'est exercé que dans l'activité intellectuelle »[1059] ? Ces questions n'ont rien perdu de leur actualité et de leur pertinence. Les hommes de science sont porteurs d'un savoir d'une importance cruciale. « L'application de la science, écrit le groupe *Scientists Against the War*, pourrait aider à transformer le sort de chaque être humain, assurant par exemple que plus personne ne souffre de la faim. Nous souhaitons que la science soit utilisée à des fins pacifiques pour la libération des humains plutôt qu'au service de nouvelles armes de destruction massive ». Dans cette perspective, construire une autre science s'impose dans un contexte mondial où l'on prend conscience qu'on ne peut plus isoler le débat sur la liberté de recherche de celui qui porte sur l'avenir même de l'espèce humaine. En tenant compte des peurs et des inquiétudes qui expriment la méfiance et la suspicion croissantes de l'opinion publique à l'égard de la science, c'est un véritable nouveau contrat qu'il s'agit d'établir entre la science et la société. Cela exige de sortir du laboratoire pour rendre publics les résultats de la recherche compte tenu des incidences de leurs applications comme le montrent les problèmes de la santé et de l'environnement[1060]. Dans ce sens, l'enjeu n'est plus seulement « de faire progresser les sciences, mais d'être à la hauteur de ce qu'exige un problème posé à la société »[1061]. Dès lors, il s'agit de rendre la science aux citoyens afin de dire non à une science sans conscience. À cet égard, la communauté scientifique n'est pas seule à décider des affaires de la science, mais elle doit intervenir collectivement dans ce débat qui doit devenir un débat démocratique. Il faut donc rapprocher les scientifiques, les politiciens et les autres acteurs sociaux.

À l'ère des biotechnologies où les pays du Sud risquent d'être les victimes d'une guerre commerciale scientifique où les pays industrialisés se battent à travers les compagnies multinationales en expansion, la responsabilité du

---

[1059] Einstein, op. cit. p. 188-189.
[1060] M. Barrère, « Jean qui pleure et Jean qui rit. Quel après-Rio pour les scientifiques ? », *Vivre Autrement*, septembre 1992.
[1061] I. Stengers, *Sciences et Pouvoirs*, op. cit. p. 98.

chercheur face à l'être humain et à la société s'impose à la pratique scientifique[1062]. À cet égard, rappelons le défi que lance Bourdieu :

« *Il faut faire sauter un certain nombre d'oppositions qui sont dans nos têtes et qui sont des manières d'autoriser des démissions : à commencer par celle du savant qui se replie dans sa tour d'ivoire. La dichotomie entre scholarship et commitment rassure le chercheur dans sa bonne conscience, car il reçoit l'approbation de la communauté scientifique. C'est comme si les savants se croyaient doublement savants parce qu'ils ne font rien ne leur science. Mais quand il s'agit de biologistes, ça peut être criminel. C'est aussi sérieux quand il s'agit de criminologues. Cette réserve, cette fuite dans la pureté, a des conséquences sociales très graves. Le chercheur n'est ni un prophète ni un maître à penser. Il doit inventer un rôle nouveau, qui est très difficile : il doit écouter, il doit chercher et inventer (...). L'Assemblée constituante de 1789 et l'Assemblée de Philadelphie étaient composées de gens (...) qui avaient un bagage de juriste, qui avaient lu Montesquieu et qui ont inventé des structures démocratiques. De la même façon, aujourd'hui, il faut inventer autre chose* »[1063].

Pour participer à ce travail d'invention, le scientifique ne peut ignorer les préoccupations des citoyens. Cette attitude s'impose à toutes les sciences. À cet égard, on se souvient du rôle funeste de l'anthropologie. Considérée d'abord comme une « science des sociétés primitives », cette discipline a longtemps servi à dire la gloire de l'Occident afin de justifier la domination coloniale[1064]. Il s'agit ici de montrer que les inégalités sociales sont fondées sur la nature[1065]. Depuis le XVIIIe siècle, l'émergence de la science naissante a commencé par classer les êtres vivants comme l'ont fait Linné et Buffon. L'anthropologie du XIXe siècle fut le laboratoire d'idées d'où sont sortis le colonialisme et le nazisme. Rappelons les théories de la « purification de la race »[1066]. On en a fait de même pour les êtres humains. À partir de 1850, on inscrira la différence des races dans une théorie de l'histoire. En France, Gobineau, secrétaire de Tocqueville, théorise l'inégalité des races humaines. Sous l'emprise de l'évolutionnisme de Spencer et du darwinisme, les scientifiques ont joué un rôle déterminant dans l'élaboration des préjugés racistes sur l'homme africain. Les

---

[1062] Sur ce sujet, voir E. Morin, *Science sans conscience*, Paris, Fayard, 1961.
[1063] P. Bourdieu, « Pour un savoir engagé », *Le Monde diplomatique*, février 2002.
[1064] G. Leclerc, *Anthropologie et colonialisme*, Paris, Fayard, 1972 ; J. Copans, *Anthropologie et impérialisme*, Paris, Maspero, 1974 ; Alf Schwartz, *Colonialistes, africanistes et africains. Essai socio-épistémologique sur le développement des études africaines*, Montréal, Nouvelle optique, 1979.
[1065] C. Darwin, *De l'Origine des espèces* ; *La Descendance de l'homme et la sélection naturelle*, Paris, 1881.
[1066] L. Poliakov, *Le Mythe aryen*, Paris, Calmann-Lévy, 1971.

philosophes et les chercheurs du Siècle des Lumières leur ont ouvert la voie[1067]. Aujourd'hui, pensons au retour en force de Darwin à travers la sociobiologie qui, depuis les États-Unis où un professeur de l'Université de Harvard l'a rendue populaire dans les années 70, tend à devenir un outil d'oppression et nourrit l'hostilité ou les pratiques d'exclusion à l'égard des immigrants[1068]. L'enjeu, c'est la différence d'intelligence entre les races humaines. L'objectif à atteindre : isoler la différence. Le discours néo-darwinien pour lequel le déterminisme biologique est implacable rend compte de l'explosion du racisme et de la xénophobie en Europe et en Amérique du Nord. Au-delà du darwinisme, ce discours propose une redéfinition de la culture en faveur des doctrines de la droite et des mouvements conservateurs. À travers de nombreux cas, des études de terrain montrent les efforts de « la Recherche contre le Tiersmonde »[1069]. On peut se demander si ce processus ne risque pas de s'accentuer à l'ère où la guerre biologique pose de graves problèmes de sécurité dans les pays du Sud. En Afrique, renvoyons aux polémiques sur les essais thérapeutiques sur les femmes enceintes séropositives chez lesquelles on a voulu prévenir la transmission du virus du sida à partir des travaux contraires aux directives de l'OMS[1070]. Dans un domaine de recherche où les enjeux économiques, sociaux et politiques sont importants, compte tenu, notamment, de la guerre ouverte entre les mafias du médicament, il faut s'interroger sur le respect des principes d'éthique médicale applicables sur les sujets humains dans le contexte africain. Dans les situations d'urgence sanitaire où le sida est une menace grave à la survie d'un continent, le risque n'est-il pas de voir apparaître une sorte de « colonialisme médical » ? Ce risque est élevé dans les pays africains. En dépit de la déclaration d'Helsinki, ne s'accorde-t-on pas à faire preuve de laxisme, de flexibilité et de pragmatisme pour se permettre des formes de violence intolérables dans les pays du Nord ? La question doit être posée. Elle est inséparable des discussions internationales sur la dignité humaine à l'épreuve du droit à l'ère des biotechnologies[1071]. Car, l'universalisme éthique est en cause.

[1067] C. Coquery-Vidrovitch, « Le postulat de la supériorité blanche et de l'infériorité de l'homme noir », in M. Ferré, *Le Livre noir du colonialisme*, op. cit.

[1068] A. Jacquard, *Au péril de la science*, op. cit. pp. 136-150. Comme exemple de rhétorique sociobiologique, cf. l'ouvrage du rédacteur en chef de la revue *The New Republic*, Robert Wright, *L'Animal moral* ; voir aussi R. Hernstein et C. Murray, *The Bell Curve*, The Free Press, 1994. Consulter également J. Costagliola, *Faut-il brûler Darwin ? L'imposture darwinienne*, Paris, L'Harmattan ; sur les nouvelles versions de la sociobiologie, voir C. Frankel, « Les enjeux de la sociobiologie », in *La Science face aux racismes*, Paris, Éd. Complexes, Le Genre Humain, 1986.

[1069] L. Bouguerra, op. cit. Chap. IV : « Le Sud cobaye du Nord »? pp. 83-146.

[1070] O. Felgine, « Des placebos administrés à des femmes enceintes séropositives », *L'Autre Afrique*, du 8 au 14 octobre 1997, p. 88.

[1071] Sur ces débats, lire F. Roussel, *Bioéthique ou Biopouvoir, politiques du vivant*, Paris, Aubier-Flammarion, 1998 ; N. Rouland, *Aux confins du droit*, Paris, Odile Jacob, 1991 ; Bartha-Maria Knoppers, *Dignité humaine et patrimoine génétique*, 1989 ; *du même auteur :* « La génétique

Le débat sur ce défi est devenu urgent. Les Africains sont exposés à devenir les cobayes de la recherche des pays industrialisés. De fait, ces pays n'hésitent pas à transformer les populations vulnérables en terrain d'expérimentation au profit des firmes pharmaceutiques en quête de nouveaux marchés de la santé dans les mutations actuelles de l'économie mondiale.

Je pense ici au roman de John Le Carré intitulé *La Constance du Jardinier* où se trament les sombres machinations de multinationales pharmaceutiques qui, avec d'étranges alliances politiques et scientifiques, mettent la vie des millions d'êtres humains en danger[1072]. L'auteur met en évidence les manœuvres utilisées pour tester un nouveau médicament « en Afrique pendant deux ou trois ans, date à laquelle le géant pharmaceutique helvético-canadien estime que la tuberculose sera un problème majeur en Occident »[1073]. Dans ce but, soulignons la capture des revues scientifiques par le pouvoir de la finance dans un contexte où « il existe une tendance chez les étudiants, mais aussi chez de nombreux cliniciens, à accorder un respect excessif à la littérature médicale, à présumer que les revues réputées comme le *Lancet* ou le New *England Journal of Medicine* présentent des découvertes indiscutables. Cette foi naïve dans les « évangiles cliniques » est peut-être motivée par le style dogmatique qu'adoptent de nombreux auteurs au point de minorer les incertitudes inhérentes à tout projet de recherche »[1074].

Le Carré écrit : « ces faiseurs d'opinion si impartiaux sont tous liés à KVH par de très lucratifs « contrats de veille biotechnologique » destinés à repérer dans le monde entier des projets de recherche prometteurs ». En fait, « Les labo font constamment paraître des articles en sous-main, même dans des revues dites de qualité ». Par ailleurs, « *les communications dans les congrès scientifiques et la publicité sont encore plus sujettes à caution. Les risques de parti pris sont immenses. Il faut insister sur l'influence croissante des laboratoires sur les scientifiques et les pressions qu'ils exercent pour étouffer les tests défavorables. Selon Arnold, les gros labos paient des scientifiques et des toubibs à prix d'or pour faire la pub à leurs produits. Influencer le recrutement des profs de fac est encore plus facile, à coups de chaires, de laboratoires biotech, de fondations pour la recherche* »[1075]. John Le Carré dénonce la complicité des scientifiques et de nombreux universitaires qui se

---

humaine : patrimoine et protection », in Vers un anti-destin, Paris, Odile Jacob, 1992 ; voir aussi les travaux du Comité International de bioéthique de l'UNESCO sur La Notion du patrimoine génétique et droit de l'humanité.
[1072] J. Le Carré, *La constance du Jardinier*, Paris, Seuil, 2001.
[1073] J. Le Caré, op. cit.
[1074] J. Le Carré, op. cit. 254.
[1075] J. Le Carré, op. cit. p. 254-255

laissent corrompre par des pots-de-vin pour cautionner des produits qui ne présentent aucune caution scientifique. « *Il y a toujours le risque que les auteurs se laissent persuader d'insister plus sur les résultats positifs (...). Contrairement au reste de la presse internationale, les revues pharmaceutiques n'aiment pas imprimer les mauvaises nouvelles. Et même s'ils publient un compte rendu d'expérimentation incluant les résultats négatifs, ce sera dans un obscur périodique spécialisé plutôt que dans les grands journaux généralistes. Ainsi, la réfutation du rapport positif antérieur n'atteindra jamais un aussi large public. De nombreux tests cliniques présentent de graves carences de procédure qui interdisent toute évaluation thérapeutique objective. Ils sont conçus pour prouver quelque chose, pas pour remettre en doute, donc pires qu'inutiles. Il arrive même que les auteurs filtrent délibérément les données pour obtenir un résultat positif* »[1076]. Autour de la tuberculose, on se heurte donc à l'enjeu éthique de la recherche dans un système économique où les compagnies pharmaceutiques font la loi. Comme le remarque l'écrivain britannique, « le problème est triple. Primo : les effets secondaires sont délibérément occultés par intérêt financier. Deuzio : les communautés les plus pauvres du monde sont utilisées comme cobayes par les plus riches. Tertio : les compagnies usent d'intimidation pour étouffer un débat scientifique légitime sur ces problèmes »[1077].

Au-delà de la fiction, il convient de souligner l'emprise de la mafia médicale dans les stratégies de recherche qui obéissent au règne du profit en mettant en danger les vies humaines. Rappelons la controverse sur les cobayes humains testés naguère au Cameroun par un laboratoire américain qui, en exploitant la misère des femmes, encourage des prostituées à avoir des rapports non protégés[1078]. Ce test pirate met en lumière un plan d'envergure : depuis l'expansion du sida, on ne peut aujourd'hui écarter l'idée d'une sorte de conspiration qui cible l'Afrique noire. Comme le montre l'essai organisé à Douala par le laboratoire Gilead sponsorisé par la fondation Bill et Melinda Gates à hauteur de 6, 5 millions de dollars, les grandes multinationales qui investissent dans la recherche sur le sida, se mobilisent pour tester les vaccins anti-sida dans les pays pauvres où la probabilité d'infection est la plus forte. En l'absence de tout programme de prévention et d'éducation à la santé, l'industrie des médicaments incite à entrer dans l'essai des vaccins miracles en mettant en œuvre des stratégies répondant avant tout à des considérations économiques.

[1076] J. Le Carré, op. cit. p. 255.
[1077] J. Le Carré, op. cit. p. 389.
[1078] Sur cette affaire, lire J. -L. Carrénard, « Sida : des cobayes humains testés au Cameroun », http : //www. grioo. com/info3898. html# ; L'association française Act Up, « L'État camerounais doit réagir contre les essais inéthiques contre les malades », http : //www. actupparis. or/artcle 1865. html

Ces stratégies se fondent sur un dispositif cynique basé sur le chantage et à l'encontre des règles éthiques. Selon les jeunes camerounais en colère qui discutent à travers l'internet sur le test pirate, « une bande de criminels américains s'est constituée avec la complicité des Camerounais pour assassiner leurs propres frères et sœurs pour de l'argent ». Dans l'histoire conflictuelle de l'Afrique avec le sida, les 400 prostituées de Douala qui font partie des populations parmi les plus fragiles, sont, en fait, pour un laboratoire américain, des cobayes à bon marché. Au moment où l'on s'alarme de la rentabilité de l'industrie du médicament qui se prépare à vivre du sida[1079], notamment dans un continent qui compte 80% de personnes souffrant de ce fléau, l'utilisation des Africains comme cobayes s'inscrit dans la montée du « terrorisme médico-pharmaceutique » dont parle John Le Carré dans une enquête pertinente[1080].

En effet, au nom des « spécificités » de la situation sanitaire de l'Afrique, il faut redouter un véritable retour en force à la science nazie au moment, où, sans souci d'autrui, les organismes de recherche, « de plus en plus souvent, choisissent les sites et les patients à l'étranger, et particulièrement dans les pays en développement au bénéfices des laboratoires nord-américains et européens en renonçant délibérément à se focaliser sur les problèmes éthiques contraignants. Dans les pays du Nord, tester les médicaments qui ne sont pas encore commercialisés coûte cher. Au Canada, « 1300 études emploient des « cobayes humains en bonne santé. Ces personnes louent leur corps moyennant une « compensation » pouvant atteindre plusieurs milliers de dollars »[1081]. Pour les gens qui vivent dans la précarité et n'ont que leur corps à louer, cette location tend à devenir une stratégie de survie financière[1082]. Précisément, afin d'éviter les coûts de location et des publicités qui pullulent dans les grandes métropoles et invitent à tester des médicaments dans les pays industrialisés dont les laboratoires privés effectuent des études à longueur d'année sur les êtres humains, les contrôles éthiques et juridiques ou les groupes de pression qui, dans les sociétés démocratiques, sont un véritable contre-pouvoir, les entreprises de recherche en quête de « cobayes humains » décident de se tourner vers les pays pauvres. Dans un article percutant sur « les nouveaux cobayes de la recherche médicale », David J. Rothman écrit : « *Jusqu'aux années 1990, les Américains conduisaient l'essentiel de leurs expérimentation médicales sur d'autres Américains - souvent choisis parmi des gens pauvres et vulnérables. Désormais, ils travaillent de plus en plus souvent dans les pays du tiers-monde.*

[1079] Sur ce sujet, lire l'enquête de Philippe Demenet, « Le scandale Stavudine. Ces profiteurs du sida », *Le Monde diplomatique*, février 2002
[1080] J. Le Carré, *Le Terrorisme médico-pharmaceutique,* Paris, Seuil, 2004.
[1081] M. Bouliane, « Testé sur les humains », *La Presse*, 20 septembre 2003.
[1082] V. Latouche, « Tests de médicaments sur des humains. Profession : cobaye », *Montréal campus*, 13 octobre 2004.

Cette évolution est due en partie au sida, la première maladie infectieuse moderne à frapper simultanément le monde développé et le monde en développement : pour l'un comme pour l'autre, la découverte d'un moyen de guérir la maladie constitue un véritable enjeu. Mais (...) qu'ils soient universitaires ou membres de laboratoires pharmaceutiques, les instigateurs sont conduits à s'orienter vers les pays pauvres pour tester les nouveaux traitements. Quelle que soit la raison de ce mouvement, les considérations pratiques ont pris le pas sur l'éthique »[1083]. « En France, patrie de la déclaration universelle des droits de l'homme, les chercheurs qui mènent des essais en Afrique ou en Asie plaident en majorité pour une attitude pragmatique ». En d'autres termes, « l'éthique c'est bien, mais... »[1084]. Insistons sur cet aspect éthique de la recherche.

Dans un livre très documenté, le Britannique Edward Hooper défend la thèse selon laquelle le virus du sida aurait été inoculé aux Africains du Congo par l'intermédiaire d'un vaccin contre la polio mal préparé[1085]. Le documentaire d'Arnie Gelbart et de Christine LeGoff sur *Les origines du Sida*, présenté le 16 novembre 2003 à Radio-Canada ébranle les mythes et les préjugés racistes sur la terrible pandémie qui transforme l'Afrique en tombeau de l'humanité. On saisit ici la responsabilité des scientifiques. À travers les recherches d'Hilary Koprowski, des chercheurs auraient eu recours à des chimpanzés pour fabriquer un vaccin expérimental injecté à près d'un million d'Africains à la fin des années 50, vaccin qui serait à l'origine de la pandémie du sida qui a sévi quelques années vingt années plus tard. L'équipe du laboratoire de Stanleyville utilisait des organes de chimpanzés du camp Lindi, sans doute infectés au VIS, virus parent du VIH. On découvre les stratégies macabres des milieux d'affaires. Ces milieux sont prêts à investir pour la production des savoirs qui tuent.

À ce sujet, « La guerre des virus » que met en lumière Léonard G. Horowitz renouvelle le débat sur l'actualité des enjeux humains et éthiques engagés dans la recherche en Afrique[1086]. Le journaliste américain dévoile la dimension des jeux d'intérêts et des stratégies à l'œuvre autour des vaccins à travers les rapports de force et les mécanismes de collaboration entre la CIA, les

---

[1083] David J. Rothman, « Les nouveaux cobayes de la recherche médicale », *La Recherche*, mai 2001, p. 29-30. Voir en Thaïlande, H. Prolongeau, « Les cobayes du vaccin antisida », *Le Nouvel Observateur*, 18-24 mai 2000, pp. 44-46.
[1084] N. Chavassus au-Louis, « France : l'éthique c'est bien, mais... », op. cit. p. 34.
[1085] Cf. « L'origine du sida en question », *Courrier International*, no 475, du 9 au 15 décembre 1999, p. 66
[1086] L. G. Horowitz, *La guerre des virus : Sida et Ebola. Émergence naturelle ou manipulation humaine ? Accident ou intention ?* Éd. Félix, 1998. Sur cette thèse, cf. Kanyana M, « Sida, Ebola crées en labo ? Voici les preuves », *Regards africains*, no 40, printemps - été 1997, pp. 6-7

centres de recherche et l'OMS à partir des projets d'étude où le travail en laboratoire est lié à des objectifs militaires et économiques. En suivant Horowitz, on découvre que le Sida et Ébola sont au cœur d'un vaste processus de « manipulation humaine » dont l'Afrique sert de terrain d'expérimentation. Le faible écho de ce processus dans les médias et les débats contemporains peut surprendre. Or, l'on retrouve ici les manœuvres d'une science de mort qui se développe sous l'emprise de l'économie-monde où, trop souvent, le Sud joue le rôle de « cobaye du Nord »[1087]. Au moment où la biotechnologie est contrôlée par les multinationales qui se mobilisent pour le contrôle du système alimentaire mondial en mettant en jeu l'idée même de l'humain et de devenir un alibi des pays riches qui manipulent la faim au service des affaires. C'est ce que démontre l'offensive des États-Unis qui encouragent les paysans d'Afrique noire à utiliser les semences transgéniques en s'alliant les affamés du Sud pour imposer les OGM à l'Europe[1088]. Cette tentative de prise en otage d'un continent où la famine et la dégradation des sols posent de graves problèmes structurels, économiques et politiques met évidence les enjeux des biotechnologies qui nécessitent un débat public sur les choix de recherche compte tenu du potentiel de risque des applications des travaux scientifiques. La campagne africaine de Monsanto pour le maïs et le soja transgéniques doit ouvrir les yeux sur les conséquences de ces travaux. Car, la recherche agricole ne travaille pas sur un terrain neutre. Elle s'inscrit dans le système mondial des marchés en guerre où le rapport aux semences met en jeu des bénéfices pouvant s'élever à des milliards de dollars. Dans cette perspective, au moment où le débat sur l'avenir des biotechnologies est ouvert en Afrique subsaharienne, il faut se rendre compte des liens entre la science et le commerce. On sait que beaucoup de sociétés impliquées dans les OGM se retrouvent dans l'agrochimie. Leurs efforts visent d'abord à promouvoir la vente d'herbicides. En d'autres termes, les sciences de la vie sont aujourd'hui placées sous la tutelle des entreprises de produits chimiques qui, comme le montrent les pesticides, font partie d'une stratégie commerciale qui s'étend aux pays du Sud[1089]. Bref, en faisant main basse sur le vivant lui-même, la science n'est plus qu'un instrument au service unique du profit. Pour les entreprises qui orientent les biotechnologies, il s'agit de promouvoir les bénéfices les plus importants et les plus rapides. Les stratégies d'affaires qu'implique la vente de pesticides se préoccupent peu du développement humain, social et durable[1090].

[1087] Sur ce sujet, lire L. Bouguerra, *La Recherche contre le Tiers-Monde*, op. cit. pp. 83 ss.
[1088] Sur ce sujet, lire N. King Jr, « L'Afrique prise en otage dans la guerre des OGM », *Courrier International,* no 592, 7 mars 2002, p. 42
[1089] Larbi Bouguerra, « Le Sud rongé par les pesticides », *Le Monde diplomatique*, avril 1999.
[1090] Voir R. Ali Brac de la Perrière et al, *Plantes transgéniques : une menace pour les paysans du Sud*, Paris, Éditions Charles Léopold Meyer, 1999.

On voit les enjeux dissimulés par le nouvel humanisme des grands lobbies qui, comme Monsanto, rejoignent désormais les business de la charité et se lancent dans la lutte contre la faim. Après le marché des médicaments où dominent de puissants groupes d'intérêts[1091] et contribuent à la médicalisation du sous-développement là où l'hygiène et l'éducation, les infrastructures de base, l'amélioration de l'habitat et l'alimentation équilibrée suffiraient pour créer un environnement favorable à la santé et aux conditions de bien-être, des millions d'Africains sont confrontés à une sorte de colonialisme pharmaceutique. En définitive, l'Afrique est soumise à l'empire commercial qui tend à faire de l'ensemble du vivant un bien privé à travers les opérations de brevetage où se lancent les entreprises de biotechnologies. Plus concrètement, à partir de la marmite et de l'assiette, le rapport entre le local et le global s'insère dans un immense jeu d'intérêts, de stratégies et de compétitions dont la science est partie prenante dans le processus de privatisation du patrimoine génétique en cours. Dans ces conditions, les pressions qu'exercent les grandes sociétés multinationales qui n'ont aucun souci pour la santé des populations et le développement durable invitent à créer véritable un état de vigilance civique et épistémologique au sein de la société et des milieux de recherche.

En Afrique, depuis des générations, des chercheurs mènent des enquêtes de terrain en dissimulant aux populations locales les objectifs de leur recherche. Ainsi, des sociétés linguistiques d'origine américaine s'installent à travers leurs membres en pleine brousse pour étudier une langue indigène au service d'un institut américain sans que le pays concerné sache dans quel but ces recherches sont faites. Bien plus, on peut se demander s'il ne s'agit que d'étudier la langue d'un petit groupe de population ou si l'accès au terrain répond à des objectifs insoupçonnés. Ailleurs, comme à l'époque coloniale, les résultats des recherches minières et pétrolières échappent à l'opinion de toute la société. Car, ces résultats ne font l'objet d'aucune publication accessible au grand public. C'est aussi le cas de nombreux travaux d'ethnobotanique menés par des chercheurs étrangers dans un contexte où de puissantes entreprises multinationales visent à contrôler l'accès aux ressources biologiques et à piller les connaissances traditionnelles des populations locales en Afrique subsaharienne. En ce qui concerne les chercheurs en sciences humaines et sociales, ils usent souvent du mensonge pour obtenir des informations. En exhibant les traits de la vie des indigènes et en livrant les secrets de leur société et de leur culture, ils ne leur laissent aucune chance d'exprimer leur désaccord sur l'interprétation des données d'enquête. Dans ce contexte, on ne peut plus taire la responsabilité du chercheur scientifique si l'on considère les usages de la

---

[1091] Cf. « Apartheid médical », *Manière de voir* 73, Le Monde diplomatique, février-mars 2004 ; J. C. Salomon, *Le complexe médico-industriel,* Paris, Mille et Une Nuits/ Attac, 2003.

science dans tous les domaines. Comme le constate Edgar Morin, « *la science, aujourd'hui, commence à dévoiler ses vrais visages. Elle n'est pas cette déesse que glorifiait l'ancien scientisme, ni cette idole aveugle que dénonçaient les adorateurs des anciennes idoles. La science n'est ni déesse ni idole, elle tend de plus en plus à se confondre avec l'aventure humaine dont elle est issue* »[1092].

On commence à s'en rendre compte : dès qu'un nouveau problème qui implique une « valeur » apparaît quelque part, le rapport à l'éthique s'inscrit dans la recherche scientifique[1093]. Il rappelle la nécessité d'une science avec conscience. Cette exigence justifie la rationalité ouverte dont j'ai parlé plus haut. Car, dès que la science quitte le laboratoire pour toucher, soit directement, soit par son imbrication avec la technique, l'existence de chacun d'entre nous, elle relève de l'éthique. En fait, les comités d'éthique naissent à partir des nouveaux risques et les menaces de la science. Dans cette perspective, les études pluridisciplinaires qui portent sur la biodiversité doivent s'articuler avec les débats de société. Ces débats s'imposent dans le contexte mondial où les puissants groupes de l'agro-industrie ont tendance à contrôler les orientations de la recherche en affirmant nettement leur volonté de puissance sur le vivant à l'échelle de la planète. Au-delà de l'ethno-science qui investit l'univers des savoirs transmis par les sociétés ancestrales sur la zoologie, la botanique et la pharmacopée, les questions nouvelles révèlent que le monde vivant est un champ d'âpres convoitises entre les entreprises multinationales. Ces questions sont un défi à la recherche d'une autre science dont la mise en œuvre suppose la prise de parole des hommes et des femmes qui ne peuvent se résigner à demeurer des étrangers dans les débats sur les variétés animales et végétales dans les mutations actuelles des communautés rurales. Il faut bien que les gens disent leur mot sur les sciences qui apportent les solutions à leurs problèmes réels et quotidiens.

Dans ce sens, il s'agit de savoir si l'utilisation des fertilisants chimiques est nécessaire à l'obtention des grands rendements dans un système cultural où, non seulement les biotechnologies ignorent ce que les paysans savent mais où elles introduisent des facteurs qui affectent à la fois la nutrition des sols et la santé des populations. À partir des choix de modèles d'agriculture et des orientations de recherche agricole, un conflit est ouvert entre les agriculteurs,

---

[1092] E. Morin, *Introduction à une politique de l'homme*, Paris, 1965, pp. 40-41.
[1093] Voir J. J. Salomon, « Pour une éthique de la science. De la prudence à la précaution », *Futuribles*, no 245, septembre 1999, pp. 5-27 ; G. Gosselin, *Une éthique des sciences sociales*, Paris, L'Harmattan, 1992 ; sur l'émergence du point de vue éthique et l'articulation des problèmes éthiques et épistémologiques, lire surtout J. Felman et al., *Éthique, épistémologie et science de l'homme*, Paris, L'Harmattan, 1996 ; concernant la responsabilité des scientifiques, cf. F. Mayor, A. Forti, *Science et pouvoir*, op. cit. pp. 141 ss.

les industriels, les responsables de la politique agricole et les membres de la communauté scientifique. On voit donc la nécessité de retravailler la question de la science en fonction des situations où les études de cas sur la gestion concrète des problèmes d'une agriculture durable permettent de dégager des enseignements théoriques et pratiques sur les enjeux socio-politiques de la connaissance. En vue des options à prendre en matière de politique de la recherche scientifique dans un contexte de luttes commerciales où les stratégies de marché visent à ranger les pratiques traditionnelles dans les rangs de pseudo- ou de non -sciences, un nouveau rapport au savoir fait émerger une série d'acteurs parmi lesquels se retrouvent non seulement les institutions publiques et les agents économiques mais aussi les représentants des associations paysannes et des mouvements sociaux engagés dans les problèmes de santé et d'environnement. Face à la mafia des semences transgéniques et des pesticides, la société civile doit dire quelle recherche agricole exerce une meilleure influence sur la stabilité des écosystèmes, l'alimentation et la santé humaines.

Ainsi, la production des connaissances se fait dans un système de réseaux qui dépassent les seuls membres de la communauté scientifique. Le processus de légitimation pour promouvoir les politiques de la recherche et la pratique expérimentale en sciences des sols engagent la responsabilité des acteurs sociaux. En prenant en compte les ravages de l'agriculture chimique qui contraint les populations à consommer des produits alimentaires cultivés grâce aux pesticides avec les risques d'intoxication dont les cas sont nombreux, il importe de mesurer l'impact du modèle de production agricole que l'on tend à promouvoir en se soumettant à l'expertise des savoirs exogènes. Si l'on ne peut ignorer les problèmes environnementaux liés aux pratiques agricoles modernes, il faut alors trouver d'autres bases scientifiques pour une autre agriculture dans les sociétés africaines où les paysans sont tentés par le marché des produits physico-chimiques ou biologiques qui ont tendance à écarter les méthodes culturales antérieures à la civilisation technicienne. A partir des défis alimentaires des pays africains, les conditions d'émergence de nouveaux domaines de recherche et le type de science à promouvoir et à développer sont un véritable enjeu de citoyenneté. Cet enjeu impose des choix de valeurs et de société qui sont profondément politiques. Dans ce sens, les programmes de recherche en biotechnologies illustrent les rapports de force qui lient les scientifiques et les acteurs sociaux. En Afrique noire, redéfinir une autre manière de faire la science, c'est s'inscrire dans une dynamique de changement centré sur la vie à travers les enjeux de société et de développement qui appartiennent à la « longue durée » et, de ce fait, sont le fruit d'une dynamique profonde de la société civile. Bref, faire de la science, c'est se situer par rapport à cette « longue durée » qui justifie l'articulation étroite de la recherche fondamentale et de la recherche appliquée. Cette articulation s'impose dans un contexte où le développement des sciences doit devenir l'affaire de toute une nation. De ce point de vue, on voit la nécessité de la participation démocratique aux choix et aux décisions dont l'objectif est de promouvoir la fabrication de la science en Afrique. Nous devons trouver intolérable la situation marginale de ce continent par rapport à la révolution scientifique. Cette situation exige que la recherche soit inscrite dans le processus de la croissance et devienne un problème de gouvernement Car, plus que jamais, le rayonnement d'un État ne se mesure plus à l'inventaire des matières premières mais par des performances scientifiques et techniques. Dans cet ordre d'idées, il y a lieu de créer les conditions qui, comme l'écrivait le philosophe camerounais Kotto Essome, permettent de « débloquer l'invention, la découverte, l'initiative scientifique »[1094]. Pour relever ce défi, on sent le besoin de définir une politique de la science. Comme je l'ai suggéré plus haut, cela implique le choix des priorités de l'encouragement de la recherche. En même temps, l'on doit se poser des questions fondamentales sur le statut des acteurs de la recherche. Les communautés scientifiques existent désormais au nord et au sud du Sahara. Elles posent des défis de taille à l'État et à la société civile. On peut retenir les défis suivants :

1. Procéder à l'analyse stratégique et prospective du potentiel scientifique, des compétences, des expériences, des réseaux et des stratégies des chercheurs mobilisables autour des enjeux économiques et sociétaux identifiés dans les zones-clés.

2. Faire un bon usage des chercheurs africains en soutenant les équipes de recherche et en leur donnant les moyens de fonctionner et de publier.

3. Développer un tissu scientifique au sein des pays africains en vue de créer un environnement favorable à l'établissement des réseaux de recherche au niveau du continent et avec les autres institutions de recherche au niveau international.

4. Accorder une attention privilégiée à une juste répartition des ressources publiques afin de concentrer le potentiel scientifique autour des axes prioritaires des recherches fondamentales et appliquées à partir des enjeux de société et de développement humain, social et durable.

5. Veiller au respect des droits à la liberté de parole et de pensée, de publication, de diffusion et de circulation permettant aux hommes et aux femmes de réflexion et de science d'apporter leur expertise dans le débat public sur les questions qui engagent l'avenir de la société et du monde africain dans la recherche des alternatives imposées par l'impasse libérale à l'échelle planétaire.

[1094] Kotto Essome, « Débloquer l'invention, la découverte, l'initiative scientifique : D'une recherche prénewtonienne aux pesanteurs de la coopération », art. cit.

6. Réhabiliter les métiers de la recherche ;

7. Susciter et entretenir la conscience des responsabilités des milieux scientifiques face aux enjeux éthiques, sociaux et politiques de l'environnement, des technologies de la reproduction et des biotechnologies qui se lancent à la conquête du marché africain ;

8. Exercer la fonction critique de la science en refusant de masquer et de cautionner les opérations dérivées de l'idéologie dominante ;

9. Promouvoir les conditions de visibilité afin que les chercheurs africains puissent se faire entendre comme voix du Sud dans la science mondiale.

10. Créer des liens novateurs entre les chercheurs du Nord et les chercheurs du Sud.

Face à ces défis, il n'y a pas de modèle universel pour l'organisation de la recherche scientifique. Il appartient à chaque pays de trouver sa voie. Mais tout système de recherche doit être capable de s'adapter pour tenir compte de l'évolution de la science et de ses relations avec la société. Il doit être prêt à réagir pour permettre aux chercheurs d'être présents sur le front de la science. Il doit donc viser au moins trois objectifs majeurs :

• Renforcer la capacité endogène de recherche à faire face rapidement aux avancées de la science ;

• mieux gérer les coopérations entre les acteurs pour favoriser les transferts de connaissances ;

• organiser la subsidiarité dans la politique de recherche au niveau des régions, de l'État et de l'université.

En Afrique, compte tenu du mépris avec lequel la recherche scientifique est traitée à l'heure où l'on se targue d'entrer dans la société du savoir, il convient de se demander si, pour reprendre la question de Pierre Papon, la République a de savants[1095]. Pour relever ce défi, il faut alors mobiliser les ressources et les moyens. En considérant l'apathie du grand public, cela exige de bâtir un véritable lobby politique pour la science. Un fait est certain : trop de contraintes pèsent sur les champs du savoir dans le contexte africain. Ces contraintes risquent de faire perdre aux scientifiques cette indépendance qu'ils recherchent en refusant de se compromettre avec tout système qui prive des millions d'hommes et de femmes de leur droit à une vie digne. Si la science a sa place dans le débat public concernant les choix de société, il faut non seulement reconnaître la légitimité à l'analyse sociale, mais il convient d'accorder à la

---

[1095] P. Papon, *La République a-t-elle besoin de savants ?* Paris, PUF, 1999.

science les moyens publics pour créer les connaissances et communiquer les résultats. En retour, les chercheurs doivent rendre compte à la société des résultats de leurs activités. L'obligation de publication et l'évaluation continue de recherche ne sauraient ici servir au seul besoin de promotion académique et de reconnaissance des chercheurs par la communauté scientifique : il s'agit de restituer à la société qui la finance les connaissances qui constituent une condition de son bien-être. À cet égard, les scientifiques africains doivent se rappeler que d'Einstein à Langelin et de Pierre Curie à Oppenheimer, la science n'est pas restée de marbre face à la question des valeurs. Ils ne peuvent se taire quand l'Afrique est pillée, étranglée et polluée. Ils ne sauraient se gêner pour prendre partie dans les affaires qui engagent des vies humaines. La responsabilité des scientifiques est immense. Comme le souligne Frederico Mayor, « les chercheurs doivent s'élever au-dessus des murs de leurs laboratoires, leurs départements, leurs facultés et leurs industries. Dire que leur vie se résume à « publier ou périr » est aussi dépréciateur qu'erroné. Un scientifique qui choisit de demeurer silencieux, notamment face à des faits aux conséquences irréversibles, agit de façon non professionnelle et immorale »[1096]. Bien plus, en brisant le monopole, il importe d'associer les populations à l'élaboration des recherches et à la production des savoirs qui les concernent.

Considérons l'enjeu de cette démarche dont la sociologie actuelle des sciences ne souligne pas le caractère subversif et révolutionnaire. En effet, elle introduit la rupture dans la pratique scientifique qui s'est imposée avec l'expansion d'une culture élitiste investie et reproduite par les experts dotés d'un pouvoir quasi divin en matière de connaissance. Pour le modèle dominant depuis Galilée, la science en action est le privilège exclusif des chercheurs en laboratoire. L'autorité que leur confèrent leurs spécialisations et leurs compétences appellent à se soumettre à la décision souveraine qu'ils prennent sur la vérité du réel. Ils sont seuls à exercer ce magistère dans un monde clos. Et ils ne sortent de leur temple que pour les besoins de publicité et de marketing qui les obligent à entrer en contact avec le profane à travers les mises en scène par les médias. Dans ces circonstances où l'on célèbre les victoires des découvreurs et des inventeurs, il faut que le peuple écoute les experts. Pour l'essentiel, l'exercice de la rationalité scientifique est une activité dont le contrôle et la gestion échappent au reste de la société. Les arguments d'autorité qui justifient la reconnaissance d'un fait comme fait scientifique appartiennent à une élite qui maîtrise seule les règles du jeu scientifique. En dépit du credo démocratique proclamé par les institutions politiques, la science renvoie à un système social de type oligarchique et totalitaire où la production des connaissances est une forteresse bien protégée par des barrières

---

[1096] F. Mayor, op. cit, p. 174.

infranchissables. S'il revient à la société de décider de ce qui doit être fait de la science dans les domaines d'application pratique, on ne conçoit pas que les acteurs de terrain soient des producteurs de connaissance à l'état pratique[1097].

En Occident, je suis frappé par la coexistence des deux solitudes que constituent la science et la société au moment même où l'on tente de repenser la science en s'interrogeant sur la construction sociale des faits scientifiques. Le laboratoire demeure un lieu isolé du peuple qui l'entoure. Ce lieu ne peut être que l'objet de visites guidées pour la curiosité intellectuelle des jeunes ou des adultes de passage dans l'environnement de la recherche. Mais on ne doit pas oublier l'existence des centres de recherche dont l'accès est strictement interdit au public. En dehors des questions de sécurité, cet isolement total traduit un système de recherche en ghetto qui exclut le profane des activités réservées aux professionnels de la recherche scientifique. Ce système repose sur la croyance à un savoir censé faire la différence entre l'ignorant et celui qui sait. C'est sur la base de ce principe d'exclusion et de discrimination que la recherche scientifique s'organise et se développe dans le monde universitaire européen et nord- américain. Dans ces conditions, comment s'étonner du bas niveau de culture scientifique dans les pays d'Occident ? Prenons le cas des États-Unis. Dans le pays le plus riche et le plus puissant de la planète, on peut s'attendre à ce que l'essentiel de la science pénètre la vie quotidienne par les journaux, la radio et la télévision ou les musées, qu'il ouvre l'esprit du public américain et élève son niveau de culture. C'est le contraire que révèlent les enquêtes de terrain. En ce qui concerne la connaissance du monde et du pays lui-même, c'est l'indigence presque totale. On ne soupçonne pas l'ampleur de l'analphabétisme scientifique qui règne aux États-Unis. A l'heure où Bush s'en-va-en guerre, « seuls 13% des jeunes Américains en âge de servir dans l'armée réussissent à situer l'Irak sur une carte du Moyen-Orient malgré l'avalanche médiatique d'informations sur une possible intervention militaire contre Saddam Hussein. Et Israël ou l'Iran ne leur posent pas moins de difficultés, selon une étude publiée par le *National Geographic Society* qui constate que les connaissances en géographie des étudiants américains ne se sont guère améliorées depuis 1988 (…). Seuls 51% des sondés savent où se trouve l'État de New York, le troisième du pays quant à la densité de population. Sur une liste de 10 États, seuls la Californie et le Texas ont été situés sans erreur par une majorité. Enfin, plus étonnant, 89% seulement des jeunes Américains réussissent à situer …les États-Unis sur une carte du monde »[1098]. Au Canada, une enquête a montré en 1990 que *« le niveau de culture scientifique est dangereusement bas dans tous les*

[1097] Pour une réflexion stimulante sur les sciences et la démocratie, lire I. Stengers, *Sciences et Pouvoirs. Faut-il en avoir peur ?* Édition Labor, 1997.
[1098] « Insolite. Où est l'Irak ? Les jeunes Américains ne le savent pas », *La Presse*, 21 novembre 2002

secteurs de la société canadienne, chez les écoliers, les jeunes, les adultes et même les étudiants universitaires (...). Alors que les Canadiens suivent avec grand intérêt la vie des joueurs de hockey et autres héros populaires, les deux tiers d'entre eux ne peuvent pas nommer un seul scientifique canadien, et moins de la moitié peuvent nommer une réalisation scientifique canadienne »[1099].

Dans les pays du Nord, en dépit des apparences, la majorité des individus vit en marge du progrès des sciences. Comme on le voit en France, où l'on assiste au déclin des études scientifiques, « à l'aube du XXIe siècle, la culture scientifique des Français reste sous-développée »[1100]. Dans l'ensemble, cette culture demeure le privilège d'une élite. Quatre siècles après Giordano Bruno brûlé vif par l'Inquisition en 1600 pour avoir prétendu que l'Univers était infini et que la Terre n'en était pas le centre, près d'un quart des Français persiste à penser que c'est le Soleil qui tourne autour de la Terre. Ainsi, dans de nombreux pays d'Occident, l'accès au monde de la science est réservé au personnel scientifique enfermé dans les laboratoires et les universités. Bref, selon les mesures du niveau et le type de contact avec le monde de la recherche, entre la science le grand public, un constat s'impose : c'est le divorce presque total. Il faut ici vérifier l'idée des « deux cultures » popularisée par C. P. Snow[1101]. En Occident, beaucoup croient à l'autorité de la science tout en se détournant d'elle comme le montrent les attitudes et les comportements ou les croyances qui nous ramènent à « l'état théologique » d'Auguste Comte. C'est ce que rappelle manifestement la revanche de l'irrationnel au moment même où nous assistons aux triomphes scientifiques les plus inattendus de l'esprit humain. Comme le remarque Jean-Marc Lévy-Leblond, « La culture de notre temps est complètement marquée par la science, mais d'une façon passive. Elle ne la reconnaît pas. Elle ne la (et s'y) réfléchit pas, elle n'a aucune prise sur elle (…). On dirait que la science plane au-dessus de la société, dans un espace autonome d'où elle retombe sur chacun de nous »[1102].

Selon Einstein, les chercheurs ont leur part de responsabilité dans l'ignorance scientifique. Cette ignorance est l'un des problèmes cruciaux des sociétés qui dépendent de plus de la science et de ses applications.

« *Nous qui travaillons dans les laboratoires et les salles de classe, déclare le célèbre savant, nous sommes également à blâmer pour n'avoir pas suffisamment diffusé les résultats de nos recherches et de nos préoccupations au*

[1099] E.F. Einsiedlel et al., « La culture scientifique au Canada », in B, Shiele(dir), *Quand la science se fait culture.La culture scientifique dans le monde. Actes I*, Sainte-Foy,Éd.MultiMondes,1994, p. 129.
[1100] *Le Monde*, 11 octobre 1997.
[1101] C. P. Snow, *Les deux cultures*, Paris, J. J. Pauvert, 1968.
[1102] J. M. Lévy-Leblond, *La science, de la politique à la culture et retour*, Paris, 1983 ; sur l'ignorance scientifique dans les pays du Nord, lire F. Mayor, op., cit. pp. 154-159.

sein de la communauté dans laquelle nous vivons. D'un autre côté, cependant, les dirigeants politiques, à l'échelon local, national et international, sont aussi responsables de laisser la science dans un ghetto de spécialisations étroitement cloisonnées, malgré la place centrale qu'elle occupe dans le monde qui nous entoure. Nous partageons donc la responsabilité de ce manque d'éducation scientifique, et c'est en dialoguant ensemble que la communauté scientifique et les dirigeants politiques trouveront une solution à cet état d'ignorance chronique ou à ce goût déplacé du sensationnel »[1103].

Cet état d'ignorance risque de s'aggraver à l'ère du marché. Comme je l'ai rappelé plus haut, plus que jamais, la science est le pouvoir que se réservent les compagnies dans un contexte de guerre économique où, pour se battre sur les marchés concurrentiels, il est nécessaire d'innover. Cet éthos creuse un fossé plus grand entre les scientifiques et le public.

Depuis la colonisation, ce modèle a été transféré par les institutions de recherche implantées en Afrique. Il met dans l'esprit des scientifiques et le système des discours qu'ils développent un ordre de pouvoir que les procédures, les processus de l'activité de recherche échappent à toute remise en question. Ce pouvoir est d'autant plus indiscutable qu'on doit recourir à la science fondamentale et appliquée dans toute décision nécessaire pour réaliser les projets de modernisation technologique et économique. Comment contrôler l'usage de cet outil puissant dans un contexte où l'emprise du marché dans les différents domaines de vie en société ne propose pas d'alternatives pour garantir que la science ne soit utilisée que pour le bien du plus grand nombre ?

Comme le montrent l'affaire Oppenheimer et les tourments d'Einstein qui ont posé la question de la responsabilité des scientifiques face au pouvoir après le bombardement d'Hiroshima à l'arme atomique[1104], tout divorce entre la communauté scientifique et la société peut conduire à des travaux de recherche dont les conséquences ne sont pas toujours favorables à la promotion du bien-être humain. Insistons sur la nécessité de combler le fossé entre la science et la société à l'heure où les biotechnologies s'affirment comme l'eldorado du siècle avec le risque de mettre en cause le sens même de la vie humaine. Il faut s'interroger sur le type de société que nous préparent les compagnies puissantes qui, en plus de l'exploitation des mines d'or, de nickel, de diamants, des

---

[1103] Cité par F. Mayor, op. cit. p. 159.
[1104] Sur cette affaire et les relations du scientifique avec les problèmes du pouvoir, voir J. J. Salomon, *Science et Politique*, Paris, Seuil, 1970, pp. 231-313. Lire aussi Einstein, op. cit. pp. 52, 78, 87-89. Au sujet des mythes entretenus auprès du peuple américain sur cet acte de barbarie, voir Kai Bird et Lawrence Lifschultz, *Hiroshima's Shadow*, Connecticut, The Pamphleteer's Press, The Stony Crrek, 1998.

réserves pétrolières ou des ressources forestières, veulent mettre la main sur les gènes[1105].

Rappelons ici l'importance que la Banque mondiale accorde à l'utilisation des biotechnologies pour l'Afrique. En 1989, cette institution écrit : « *l'utilisation directe des biotechnologies pour la multiplication et l'amélioration génétique des plantes pourrait augmenter considérablement la productivité des cultures et la production alimentaire dans les pays en développement. L'amélioration des techniques de fermentation en milieu solide, telle la farine de manioc enrichie en protéines, augmentera la valeur nutritionnelle des aliments. La manipulation génétique des plantes permettra peut-être aussi de produire des grains de café contenant moins de caféine et répondant ainsi aux nouvelles préférences des consommateurs, ou des espèces d'arbres à croissance accélérée, facilitant le reboisement. Grâce à des transferts d'embryons, on pourra accroître la capacité de reproduction du cheptel. Des systèmes bioénergétiques intégrés permettront peut-être de produire simultanément des aliments pour l'homme et pour les animaux, ainsi que du combustible par conversion microbienne de la biomasse. Une réponse flexible de l'Afrique à cette dynamique doit être fondée sur une surveillance étroite de l'évolution des biotechnologiques, sur une collaboration plus active en matière de recherche et de développement avec les entreprises occidentales. En même temps, l'Afrique devra réaliser des progrès énormes dans les domaines de l'enseignement des sciences et de la formation agricole* »[1106].

Quand la Banque mondiale invite à mettre le « savoir au service du développement »[1107] et engage les pays en développement à repenser l'enseignement supérieur en fonction des impératifs de l'économie du savoir, on peut se demander si elle ne cherche pas à confier l'avenir de l'Afrique à la biotechnologie. De fait, les applications de la biotechnologie se retrouvent dans les domaines aussi variés que l'agriculture, l'alimentation, l'élevage, la santé, la recherche et la formation : « Les progrès de la biotechnologie offrent d'énormes possibilités à l'Afrique et pourraient lui permettre d'accroître sa production agricole et de protéger des maladies sa population, ses récoltes et son cheptel »[1108]. Ces perspectives mettent l'accent sur les promesses de la

---

[1105] Voir « La bataille du génome », *Libération*, 12 février 2001 ; « Le génome, enjeu industriel », *Pour la Science*, septembre 2000 ; Y. Miseray, « Le chercheur d'or et la mine ADN de Tonga », *Le Figaro*, 29 novembre 2000.
[1106] Banque mondiale, *L'Afrique subsaharienne. De la crise à la croissance durable*, 1989, Encadré 1. 3. « La signification des bio-technologies pour l'Afrique ».
[1107] Banque mondiale, *Le Savoir au service du développement*, Rapport sur le développement dans le monde, 1998.
[1108] Id.

biotechnologie. *Elles restent muettes sur les risques de ces choix de recherche dans un système mondial où les entreprises multinationales visent à contrôler les ressources biologiques en privilégiant les intérêts commerciaux des nouveaux produits bio-industriels.* Or, comme je l'ai indiqué plus haut, il faut s'interroger sur « le pillage génétique » auquel l'Afrique est confrontée[1109]. En tenant compte des retombées désastreuses des grandes possibilités offertes au continent[1110], la nécessité s'impose de faire participer l'ensemble des acteurs à la « gouvernance scientifique » en assumant les inquiétudes et les choix sociaux que créent les nouveaux progrès de la recherche sur le vivant. Ces progrès ont conduit à la rupture du pacte établi entre la science et la société à partir du rôle messianique dont la science a été investie `par la croyance au progrès[1111]. Au moment où la science tend à devenir l'objet d'une contestation compte tenu des enjeux sur lesquels les chercheurs ne peuvent se taire sans échapper à l'accusation de servir les intérêts des lobbies qui n'ont aucun souci pour les préoccupations des populations dans la mesure où seul compte l'appât du gain, il importe de clarifier le débat sur la science afin de rétablir un climat de confiance entre les scientifiques et la société. Ce climat ne peut se fonder que sur la confrontation autour de la signification sociale des recherches et des découvertes scientifiques[1112].

On comprend la nécessité d'une autre information scientifique. Cette information s'impose au moment où, trop souvent, les médias sont soumis à des contraintes très fortes qui résultent de l'hégémonie exercée par un petit nombre de canaux de diffusion de la recherche[1113]. En précisant leur lieu du discours, « les médias contribueraient à éviter de précipiter la science vers une place normative qui n'est pas la sienne et que, par elle-même, elle ne convoite pas »[1114]. Dans cette perspective, il faut que les citoyens soient en mesure de comprendre ce qui se fait dans les laboratoires en matière de science et qui a un impact direct sur la société. Les évolutions scientifiques posent des problèmes graves qui engagent la démocratie. La responsabilité du savoir est devenue incontestable. *Pour éviter le pire et bénéficier du meilleur de ce que peut produire la science*, si un retour à l'éthique de la connaissance est urgent, il faut aussi, comme le suggère la Déclaration universelle adoptée par l'UNESCO en

---

[1109] Sur ce pillage, lire L. Bougerra, op. cit. pp. 33 ss

[1110] L. Bouguerra, op. cit. Chap. III : « Menaces et promesses de la biotechnologie », pp. 63-81

[1111] Sur cette croyance, cf. Condorcet, *Esquisse d'un tableau historique des progrès de l'esprit humain*, Paris, Flammarion, 1988.

[1112] A. Bellon, « Relations houleuses entre science et société. Des savants parfois schizophrènes », *Le Monde diplomatique*, juin 2002. ;lire aussi J. Testart, « Les experts, la science et la loi », *Le Monde diplomatique*, septembre 2000.

[1113] S. Erkman, « Journalistes scientifiques sous influence », *Le Monde diplomatique*, octobre 1996, p. 32.

[1114] S. Erkman, art. cit.

1997 sur le génome et les droits de l'homme, préparer la société à résister à tous les risques de manipulation liés à la marchandisation du patrimoine génétique. Précisément, le débat sur le génome humain montre que la science est devenue un objet et un enjeu politique[1115]. À l'ère où, plus que jamais, la connaissance est action et pouvoir, si les hommes de science ne peuvent plus se dire étrangers à l'usage que les pouvoirs font de leur savoir, il importe de resituer la science dans un espace de décisions où non seulement la société intervient dans les débats sur la politique scientifique mais où elle contribue elle-même à la production des connaissances qui répondent aux fins avec lesquelles elle s'identifie, qu'elle définit et veut atteindre par les instruments que donne la science. Ainsi, il n'y a pas de sociologie de la science qui ne soit en même temps une sociologie politique de la connaissance.

En Afrique noire où le rapport à la vérité s'inscrit dans une culture de la palabre, de l'arbitrage des conflits et de l'élaboration collective de la décision[1116], je propose une démarche de production des savoirs dont l'enjeu vise à prendre en considération les « gens d'en-bas ». À leur manière, ces gens sont appelés à devenir des co-chercheurs. A partir d'un projet d'étude, il s'agit de construire un espace commun de la science en acte où les chercheurs universitaires ne peuvent prétendre revendiquer seuls le droit d'avoir voix au chapitre en raison de leur formation académique. *La science est une activité centrale dont il convient de revoir la pratique dans un nouveau rapport à la société compte tenu de l'importance de ce que les gens savent en dehors des universités et des laboratoires*[1117]. Les exigences de la démocratie invitent au partage du pouvoir dans ce domaine fondamental qui doit devenir un lieu d'appropriation collective des connaissances. Il faut aujourd'hui contextualiser la pratique de la recherche dans les situations africaines. Dans ce but, la reconnaissance du potentiel de connaissance des acteurs locaux oblige le chercheur universitaire à se préoccuper de questionner et d'enrichir les savoirs

---

[1115] F. Mayor, A. Forti (dir), *Science et pouvoir, op cit* ; sur les enjeux du clonage humain, lire aussi l'essai de J. Bergeron, *Les Héritiers de Frankenstein. Clones., OGM et autres superstitions*, Montréal, Trait d'Union, 2002.

[1116] Sur cette culture, lire B. Atangana, « Actualité de la palabre », *Études*, no 324, 1966, pp. 461 ss.

[1117] J. M. Éla, *Guide pédagogique de formation à la recherche pour le développement en Afrique*, op. cit. pp. 57-60. Sur les expériences concrètes de recherche qui s'orientent dans cette perspective, cf. le compte rendu d'Hubert Gérard à cet ouvrage, art. cit. ; voir aussi le projet pluridisciplinaire et interuniversitaire dont le titre évocateur *est : Consolider la relation entre recherche universitaire et opérations de développement en renforçant les synergies entre savoirs scientifiques et savoirs paysans, en partenariat avec l'Université de Niamey, l'UCL, les Facultés universitaires de Gembloux et la Fondation universitaire du Luxembourg.* Pour une réflexion de fond sur ces nouveaux défis de la recherche, lire F. Debuyst, P. Defourny et H. Gérard (éd), *Savoirs et jeux d'acteurs pour des développements durables*, Louvain-La-Neuve, Academia – Bruylant, 2001.

traditionnels que retrouve l'ethno-science. Cette démarche s'impose plus que jamais dans le conflit actuel des savoirs au sein des sociétés africaines[1118].

Pour s'en rendre compte, un exemple suffit. L'affrontement des savoirs est vécu au quotidien là où, en dépit des discours sur la santé et l'environnement, les entreprises agro-alimentaires non seulement ne prennent pas au sérieux les contraintes écologiques, les attentes des consommateurs ou les pressions du public mais s'emploient à soutenir les scientifiques travaillant dans les universités et les instituts de recherche agronomique qui ignorent les savoirs paysans et populaires. Admettre que l'Afrique n'est pas un désert scientifique exige de repenser les activités et les méthodes de recherche. En un sens, aucun champ d'étude n'est situé dans un espace de connaissances où le chercheur universitaire ne soit confronté aux savoirs et savoir-faire hérités de la tradition. On ne peut ici s'obstiner à répéter le discours colonial selon lequel ce que les gens font est dénué de fondement scientifique. En réalité, toute recherche en Afrique se situe dans la relation interculturelle. *Ce paradigme justifie la dynamique de la production des connaissances qui met en valeur la capacité du chercheur à apprendre avec les populations locales et à susciter leur participation à la recherche des solutions aux défis auxquels elles sont confrontées tous les jours.* Dans cette perspective, le chercheur doit sortir de sa tour d'ivoire pour créer le lien entre le laboratoire et le terrain à partir des problèmes qui obligent à incorporer les acteurs locaux aux objectifs et à la pratique de la recherche dont ils doivent s'approprier les résultats en les adaptant aux situations particulières de leurs contextes propres[1119]. Tel est, en fin de compte, le défi qui oblige à repenser la science en s'ouvrant aux formes spécifiques de la démocratie au quotidien.

Ainsi, en Afrique, comme ailleurs, la science est à l'épreuve. Elle n'est pas une entité à part du reste du monde. Son existence n'est pas seulement liée au niveau du développement des techniques. Mais elle s'inscrit dans le champ du politique et des conflits d'intérêts à travers les stratégies concurrentielles où les acteurs omnipuissants s'approprient les connaissances au détriment des choix de vie favorables à la majorité des populations. D'où l'importance d'une réflexion qui vise à repenser la science qui est indissociée de la société, des idées et de la culture dans un système total où la définition des priorités et du financement de la recherche est un choix politique. Ce choix met en jeu la responsabilité de l'État, des acteurs et des mouvements sociaux. Compte tenu des enjeux qu'il représente, il ne peut laisser les nouvelles générations africaines dans l'indifférence et la passivité.

[1118] Sur ce conflit des savoirs, cf. J. M. Éla, *Innovations sociales*, op. cit. pp. 213 ss.
[1119] J. M. Éla, *Guide pédagogique de Formation à la Recherche, op. cit. pp. 38-42.*

Or l'Afrique est le continent des diasporas. Depuis la fin des années 50, une grande partie de la littérature africaine est née en exil. Aujourd'hui, les intellectuels et les chercheurs africains contraints de s'expatrier portent une responsabilité immense dans la production des discours savants sur les problèmes et les enjeux du monde africain. *L'Afrique ne peut être réinventée sans les scientifiques de la Diaspora. Remarquons leurs contributions dans les colloques internationaux où, en Amérique du Nord et en Europe, ces scientifiques font entendre les voix du continent.* En plus de contribuer au renouvellement du regard dans les pays du Nord où l'Africanisme n'a pas aidé à projeter une image pertinente des réalités africaines, la tâche fondamentale des intellectuels et des chercheurs africains de la Diaspora est d'assurer la visibilité de l'Afrique dans le monde des sciences. En fait, leur « productivité scientifique peut être « bien supérieure sur leur lieu actuel de résidence qu'elle ne le serait dans leurs pays d'origine, où les conditions sont moins favorables. L'essentiel de la production scientifique des gens originaires du Sud se situe en fait actuellement dans le Nord »[1120]. Dans ces conditions, à défaut du « retour des cerveaux », il s'agit de mettre l'accent sur « l'échange des cerveaux »[1121]. À l'heure où de nombreux diplômés africains émigrent en Europe et en Amérique du Nord, les diasporas de scientifiques ne peuvent être bénéfiques pour leurs pays d'origine. Il convient alors de se re-connecter en se constituant une source potentielle du développement scientifique en Afrique. À ce sujet, mentionnons l'exemple de la solidarité Nord-Sud des scientifiques tunisiens. En animant les cours et en co-encadrant les jeunes chercheurs, plusieurs s'engagent dans la mise en place d'un programme de coopération entre leurs universités et leurs centres de recherche à l'étranger et leurs homologues tunisiens. Bref, « les chercheurs tunisiens expatriés en Europe et en Amérique du Nord font bénéficier le pays de leur expérience. Une manière d'accélérer les transferts de technologie »[1122]. Pourquoi les champs du savoir ne devraient-ils rien recevoir des scientifiques africains vivant à l'étranger ? Dans l'histoire, « la science et la technologie se sont nourries des déplacements de ceux qui y ont contribué. On s'accorde à reconnaître que cette circulation internationale des personnes et compétences a des effets bénéfiques. Il s'avère qu'elle suscite un brassage

---

[1120] J. B. Meyer, D. Kaplan, J. Charum, « Nomadisme des scientifiques et nouvelle géopolitique du savoir », *Revue internationale des sciences sociales,* no 168, juin 2001, p. 350.
[1121] L. Laplante, « Exode ou migration des cerveaux », *Revue Notre-Dame,* vol. 99, no 3, pp. 1-11 ; lire aussi J. Gaillard et A. M. Gaillard, « Fuite des cerveaux, retours et diasporas », *Futuribles,* no 228, février 1998, pp. 25-49 ; voir également S. Huet, « Le filon des diasporas des chercheurs », *Libération,* 26 novembre 2003.
[1122] Abdelaziz Barrouffi, « Solidarité Nord-Sud », *Jeune Afrique. L'Intelligent,* 27 juin 2004.

d'idées et, en fin de compte, une optimisation cognitive globale »[1123]. Comme l'écrit Portnoff, « les diasporas scientifiques modèlent l'avenir »[1124].

Tel est le défi actuel des intellectuels et des chercheurs africains de la diaspora. Pour relever ce défi, il est essentiel que « les exilés du savoir »[1125] soient habités par les enjeux du continent noir dans les forums d'échange et de discussion, les lieux porteurs de réflexion et d'analyse, d'écriture, de diffusion et de communication. En outre, par leur insertion dans les réseaux internationaux de recherche, ils sont appelés à ouvrir les scientifiques du Nord aux problématiques du Sud qu'ils partagent avec les chercheurs enracinés sur le terrain mais soucieux d'élargir leur horizon et de créer des liens novateurs avec d'autres chercheurs. À l'ère des nouvelles mobilités qui situent les migrations dans le cadre de la promotion des droits de l'homme, les chercheurs africains sont invités à témoigner de leur capacité à contribuer, à distance, au développement de leur continent Ici, l'avènement des nouvelles technologies de l'information et de la communication peut servir les diasporas des chercheurs et leur permettre de se réinsérer virtuellement dans les pays d'origine et de mettre en valeur leur capital humain qui a été formé grâce aux ressources de ces pays. Valoriser les investissements effectués dans l'éducation au profit des générations sacrifiées peut être une forme de « réparation » ou de partage des savoirs entre les expatriés et les gens restés dans le continent. Tout le problème réside dans la constitution des réseaux interactifs qui situent le domaine des sciences au centre des échanges inédits entre « les dynamiques du dehors » et « les dynamiques du dedans ». Les trois cents scientifiques venus d'Afrique, d'Amérique, d'Asie et d'Europe et réunis à Libreville en novembre 1999 pour parler du continent ont pris conscience de ce défi. L'un d'eux, Oumar Dioume en témoigne : « Les scientifiques africains expatriés ont parfois l'impression de contribuer à l'enrichissement des sociétés déjà fortes économiquement. Nous sentons une obligation de morale et culturelle d'apporter une parcelle de nos compétences en Afrique »[1126]. Nous n'avons pas le droit de démissionner face aux urgences intellectuelles et scientifiques de l'Afrique dans un système mondial où la connaissance s'inscrit dans les rapports de pouvoir. Il faut donc que les Africains s'interrogent sur leur place dans les sciences. Ce défi nécessite de réévaluer le métier de chercheur et de trouver les moyens de reconsolider les équipes de recherche dont les réseaux constituent un espoir pour une recomposition intellectuelle et la base d'une communauté scientifique forte.

[1123] Art., cit. p. 345.
[1124] *Futuribles,* no 210, juin 1996, pp. 57-59.
[1125] Ch. Halary, *Les exilés du savoir. Les migrations scientifiques internationales et leurs mobiles,* Paris, L'Harmattan, 1994.
[1126] S. Robinet, « Quand les scientifiques se mobilisent pour l'Afrique », *L'Autre Afrique,* no 103 du 24 novembre 1999.

L'Afrique ne cessera de traîner à la remorque des autres que quand elle aura pris la recherche au sérieux en réalisant que la science est devenue la clé de l'avenir. Dans un tournant de l'histoire où toutes les conditions semblent remplies pour marginaliser des millions d'hommes et de femmes dans l'économie du savoir, les nouvelles générations africaines devraient s'examiner en profondeur pour découvrir et mettre en œuvre toutes leurs capacités d'imagination et de recherche. Dès lors, comment ne pas reprendre le projet de Cheikh Anta Diop ?

« L'Africain qui nous a compris est celui -là qui, après la lecture de nos ouvrages, aura senti naître en lui un autre homme, animé d'une conscience historique, un vrai créateur, un Prométhée pour une nouvelle civilisation et parfaitement conscient de ce que la terre entière doit à son génie ancestral dans tous les domaines de la science, de la culture et de la religion »[1127].

[1127] C. A. Diop, *Civilisation ou barbarie*, p. 16.

CONCLUSION

Pour une culture des sciences dans les sociétés africaines

Réinventer la science pour construire en Afrique les sociétés où l'être humain peut s'épanouir dans la totalité et la profondeur des dimensions de son existence : tel est le but des réflexions que je soumets à l'examen dans l'ouvrage qui s'achève. Face au système actuel du savoir qui obéit à la rationalité pragmatique et utilitaire au profit d'une élite, il m'a semblé important de reprendre le débat sur l'idée de science. Dans les pays du Sud, il nous faut mettre en lumière les mythes et les pièges dont la science est le ressort, les interrogations qu'elle impose et les ruptures dont elle est l'enjeu si nous voulons qu'elle soit utilisée pour le bien du plus grand nombre. Les grands défis de l'Afrique au 21e siècle obligent à préparer l'avenir en formant une nouvelle génération de chercheurs en mesure d'apporter des solutions pertinentes et efficaces aux problèmes des gens de la brousse et des quartiers urbains. Sans nullement négliger la recherche fondamentale, il convient de remettre la science en contexte en vue de redéfinir ses finalités à partir des préoccupations de la majorité des millions d'hommes et de femmes confrontés aux impasses de la misère et de l'exclusion. Dans la mesure où le savoir est une des clés pour sortir de ces impasses, les scientifiques africains doivent se poser des questions essentielles qui interpellent les populations dans leur milieu et leur condition de vie. Cette situation invite à promouvoir une science modeste dont l'enjeu demeure la priorité à une recherche visant à répondre aux besoins spécifiques et à relever les défis du quotidien. En rupture avec les ambitions de la science dominante, pour le chercheur africain, il s'agit d'apprendre aux gens « toutes les façons de lier le bois au bois »[1128]. Dans cette perspective, il faut ici surmonter le hiatus entre les populations et les chercheurs dont les articles et les travaux circulent à travers les revues et les colloques. Au-delà des cercles académiques et des campus universitaires, toute recherche se situe dans une stratégie d'action sociale. Aussi, un défi attend l'homme de science : en vue de créer un véritable

---

[1128] Cheikh Hamidou Kane, *L'aventure ambiguë*, Paris, 1961, 10/18, p. 44

espace de la recherche au service de l'Afrique, il importe de repenser le travail intellectuel et scientifique en regard des problèmes du vécu quotidien afin de mettre en lumière les rapports entre la connaissance et l'action. À l'ère où, trop souvent, comme on le voit en Occident, les scientifiques et ceux qui gouvernent sont au service des milieux d'affaires, l'on éprouve le besoin de procéder à l'appropriation africaine de la recherche scientifique dans une perspective de lutte contre la pauvreté et de réduction des inégalités[1129]. Car, si l'on considère le rôle social de la science et la responsabilité des scientifiques qui se sauraient travailler dans les projets nuisibles à la société, ce qu'il est convenu d'appeler le « développement » d'un pays ne peut être assimilé à l'expansion du totalitarisme du marché pour lequel les pauvres sont une humanité de trop. Cette situation invite à la vigilance et à l'audace en prenant la distance critique et salutaire qui s'impose. En effet, face à l'offensive de la raison libérale dans les études africaines à travers le projet global qui, à l'heure du marché, vise à prendre l'Afrique en otage afin de la soumettre aux contraintes de la pensée unique, il est urgent de démasquer les ruses de cette pensée et de rompre avec l'opinion dominante qui tend à faire croire que la manière de concevoir et de faire la science en vue de produire et de vendre représente la science universelle, celle qui doit être mondialisée dans les différents lieux de production des connaissances. Certes, il faut rester ouvert aux questions et aux interpellations fécondes que pose l'expérience occidentale au chercheur africain. En même temps, afin de répondre, en priorité, aux préoccupations des populations africaines, un nouveau regard sur la science est nécessaire pour relever les enjeux que dissimulent les dérives de la modernité et les impasses de la raison triomphante auxquelles l'Afrique est confrontée dans les mutations économiques qui affectent profondément ce que Foucault appelle « l'ordre du discours ». En d'autres termes, il ne suffit pas, comme je l'ai proposé naguère de définir de nouvelles démarches de recherche pour réaliser un nouveau projet scientifique pour l'Afrique[1130]. Au-delà des objectifs qui visent à examiner et à résoudre les problèmes de méthode auxquels les jeunes chercheurs sont confrontés dans le contexte africain, il s'agit d'ouvrir les voies d'une réflexion radicale sur les conditions de refondation de la science. Dans ce but, les enjeux intellectuels et sociaux que comporte l'entrée de l'Afrique au 21e siècle nous poussent à préparer l'avenir en cernant mieux le sens précis de la science. Bref, il est indispensable de repenser le rapport au savoir et de réexaminer les principes de base qui orientent le fonctionnement de la science elle-même. Ce retour sur l'activité scientifique engage une réflexion d'ensemble sur l'idée de

---

[1129] J. M. Éla, *Guide pédagogique de formation à la recherche pour le développement en Afrique*, op. cit. p. 21.
[1130] J. M. Éla, op. cit.

science et les choix de recherche visant à produire les savoirs dont l'Afrique a besoin pour se nourrir et retrouver la confiance en elle-même.

Pour organiser les analyses sur ces enjeux, je suis revenu sur les questions majeures que je porte depuis de longues années. Formé à la démarche de la pensée critique, j'ai été marqué par les discours et les débats sur la crise des sciences en Occident. Face à cette crise qui s'est aggravée à l'ère de la mondialisation où la science dominante a pour seule finalité le marché, on est toujours renvoyé à Husserl qui invite les hommes de science à s'ouvrir aux interrogations fondamentales qui sont au cœur du monde de la vie. Dès lors, en prenant en compte le rôle de la science dans les dimensions de la quotidienneté humaine en Afrique, il s'agit de remettre en cause le type d'intelligibilité qui, depuis Galilée, a fait croire que le monde objectif, construit selon le modèle mathématique, était le monde réel et le savoir qui édifie ce monde, la seule autorité en matière de connaissance. En observant la situation actuelle de la science, j'ai pris conscience des limites de l'activité scientifique incapable de s'interroger sur elle-même et sur sa pertinence. Plus précisément, en faisant le bilan du XXe siècle qui a connu l'avancée prodigieuse des connaissances scientifiques, on éprouve le besoin de retrouver « une nouvelle naïveté »[1131] afin de donner sens à tout ce que la science a fait abandonner à l'Occident. Je pense, en particulier, à la question du sens, à l'idée de personne et de l'humain, au souci d'autrui, à la relation au monde de la vie et de la nature, à l'imaginaire et au rapport à la transcendance. La prétention totalisante de la science occidentale ne permet pas d'assumer ces réalités. Dans les pays du Nord, des esprits lucides se demandent si la reprise sans examen de l'héritage scientifique du siècle dernier ne prépare pas le retour à la barbarie. En effet, il semble difficile de s'en tenir au modèle de connaissance pour lequel tout ce qui existe hors des processus de mathématisation du monde relève de la mentalité primitive. En réalité, la revanche de l'irrationnel oblige la science à inventer une nouvelle rationalité afin de répondre à la quête du sens qui s'exprime avec force à travers les « métamorphoses de Dieu » dont parle Fréderic Lenoir. Car, en Occident, en dépit du déclin des Églises, des hommes et des femmes cherchent des voies pour articuler le sacré et la modernité. Dans ce contexte, une autocritique de la science dominante est un préalable à l'invention d'une science ouverte qui assume les nouvelles requêtes de la société et de la culture. François Lurçat écrit : « L'autocritique nous est plus nécessaire que jamais »[1132]. Pour être radical et aller à la racine de ce débat de la science avec elle-même, il faut mettre en cause l'ensemble des paradigmes qui, depuis Galilée, ont été élaborés en Occident et ont investi les champs d'investigation scientifique. Ces

---

[1131] M. Henry, *La Barbarie*, op. cit.
[1132] F. Lurçat, *La Science suicidaire,* op. cit. p. 145

paradigmes ont justifié l'abandon des dimensions du monde de la vie. En fin de compte, l'impérialisme de ces paradigmes a transformé le monde de l'Occident en un « monde privé de sens ». Edgar Morin, Ilya Prigogine et Isabelle Stengers, Michel Henry et Emmanuel Lévinas ou François Lurçat mettent en lumière l'enjeu du débat sur l'acte de fonder la science dans la perspective « d'une nouvelle alliance » qui permet de réconcilier le rationnel et l'irrationnel, le mythe et le symbolique, la science et la conscience. À la limite, *il faut aujourd'hui redéfinir les tâches de la raison*. Pour atteindre ce but, je mesure l'ampleur des tâches prométhéennes de la recherche scientifique dans les pays du Sud, notamment en Afrique Noire. Depuis la rencontre avec l'Occident, ces pays vivent sous l'emprise des paradigmes qui sont désormais en crise dans leur espace d'apparition. En dépit des progrès accumulés et des services rendus, la science est en question.

Les sociétés africaines ne peuvent ignorer cette mise en procès qui invite à l'autocritique des sciences. En fait, alors qu'elles sont, à leur manière, les sciences d'une autre culture c'est-à-dire, en somme, les « ethnosciences », les sciences nées en Occident se sont appropriées l'idée d'une science infaillible. Selon ces sciences, l'universel, c'est celui de l'Occident qui définit les critères du vrai, du beau et du bien. Les sciences dominantes cherchent à s'imposer à l'indigène comme des sciences porteuses de Vérité en détournant l'attention sur leurs propres limites ou leur misère par « l'épais brouillard d'une suffisance gavée ». Or, on s'interroge désormais sur l'autorité et l'universalité du modèle de ces sciences. Isabelle Stengers radicalise le soupçon sur leur pertinence : « Et si un jour les sciences devenaient civilisées… »[1133]. Je suis tenté de poser cette question insidieuse : les sciences n'auraient-elles donc été que « barbares » depuis leur développement en Occident ? Dans ces conditions, il faut parler de ces sciences avec précaution et modestie. Dans la mesure où la démarche de la science consiste à se remettre en question sans cesse, la question de la philosophe belge attire l'attention sur l'appel à la science au moment où « la construction de la société du savoir » masque des enjeux profonds. Pour s'inscrire dans les dynamiques de la nouvelle science qui se cherche et vise à réconcilier l'homme avec lui-même, il me semble que les sociétés africaines doivent assumer les risques intellectuels qui les font entrer dans une culture de la recherche scientifique dominée par ce que j'ai appelé « la dissonance cognitive » et « l'épistémologie de la transgression ». Autour de ces concepts fondateurs s'exprime ce qui m'apparaît comme « l'esprit africain » de la science.

[1133] I. Stengers, « Et si un jour les sciences devenaient civilisées… », *La Recherche*, no 367, septembre 2003, pp. 67 ss.

En essayant de recentrer l'attention sur les enjeux de l'Afrique à l'ère du savoir, j'ai insisté sur les conditions spécifiques qui permettent de refonder la science en tenant compte de la crise du savoir colonial, de la violence ou des ruses de la rationalité dominante et fermée. Cette démarche m'a poussé à interroger le regard que l'on pose sur l'Afrique et les Africains. Dans ce sens, il faut revoir les concepts et les grilles d'analyse utilisés, car ils sont marqués par l'ethno-centrisme occidental et le culturalisme qui enferment l'Afrique dans le ghetto du tropical et des spécimens exotiques. À cet égard, l'africanisme est le produit d'une histoire et d'un regard chargé de condescendance sur l'autre. Dans la mesure où, selon l'expression de Catherine Coquery-Vidrovitch, le « temps du paternalisme scientifique » est terminé, il faut apprendre à penser l'Afrique indépendamment du regard occidental. C'est à partir de ce regard que les chercheurs africains sont acceptés dans le monde du savoir. Ce monde tend à se construire sur le refus instinctif de la reconnaissance de l'autre comme autre. En ce qui me concerne, c'est par cette reconnaissance des différences que s'ouvrent les chemins de la nouvelle rationalité. L'émergence de cette rationalité est un défi pour les Africains marqués par l'Europe et l'Amérique du Nord En se situant dans l'horizon de l'invention de la nouvelle science, il s'agit de négocier avec l'héritage reçu qui fait partie de l'identité du chercheur africain. Dans cette perspective, face à la tentation du repli sur soi inhérent aux délires de l'afro-centrisme, la question est de savoir comment sortir des ghettos sans étouffer ce désir d'émancipation qui oblige à faire preuve de liberté d'esprit et à accepter d'avoir une autre opinion scientifique que celle déjà admise en Occident. Précisons le sens de cette question.

À l'évidence, personne ne peut nier le rôle des pays du Nord dans l'histoire des sciences. D'où la nécessité de s'ouvrir à cette histoire pour la production des connaissances en Afrique. À ce sujet, il faut bien tirer les leçons des relations scientifiques entre la l'Égypte ancienne et la Grèce. Comme le montre l'œuvre de Cheikh Anta Diop, les apports de l'Afrique sont à l'origine de la science grecque. En suivant cette dynamique de l'invention des sciences, au lieu de prendre le risque de rompre avec ce que Mudimbe appelle « l'odeur du Père », l'Afrique ne ferait-elle pas mieux de se réapproprier ce qui, en fait, résulte du profit que l'Occident a tiré de l'héritage noir en sciences ? Les grandes civilisations se sont développées en s'instruisant de toutes les sciences des autres. Dans les temps modernes, pensons à l'ascension japonaise, à la montée de la Chine et aux productions technologiques de l'Inde qui tendent à devenir les foyers des sciences hors d'Occident. Les Africains doivent s'inscrire dans ce processus de décentralisation des lieux du savoir. Pour sortir de la marge, il faut alors prendre appui sur les efforts de création scientifique qui se font ailleurs. L'apport scientifique de l'Égypte à l'humanité justifie ce choix. En effet, « dans la mesure où l'Égypte est la mère de la science et de la culture occidentales

(...), la plupart des idées que nous baptisons étrangères ne sont souvent que les images brouillées, renversées, modifiées, perfectionnées, des créations de nos ancêtres (...). Aucune pensée, aucune idéologie n'est, par essence étrangère à l'Afrique, qui fut la terre de leur enfantement. C'est donc en toute liberté que les Africains doivent puiser dans l'héritage intellectuel commun de l'humanité, en ne se laissant guider que par les notions d'utilité, d'efficience »[1134]. En fait, une tendance se fait jour et s'impose timidement dans le monde de la recherche : « échanger les savoirs ». À l'ère des réseaux, cette tendance invite à l'écoute de l'autre et à la reconnaissance des différences. Si l'esprit de conquête ne mène à rien, les chercheurs Africains doivent s'interroger sur leur apport sur les nouveaux chemins de la création scientifique. En effet, il ne suffit pas de percer le secret de l'Occident. Il faut oser contribuer à l'invention de la nouvelle science dont l'urgence et la nécessité se font sentir dans la crise actuelle de Occident. S'il convient de faire place au désir d'indépendance scientifique chez les Africains dans l'espace du savoir, c'est parce qu'ils doivent enrichir le reste de l'humanité à partir d'une diversité de questions et de démarches qui ne peuvent manquer d'avoir des conséquences sur la science elle-même. Il faut insister sur les responsabilités de l'Afrique face aux questionnements scientifiques qui ont une dimension planétaire et dont la résolution relève d'un intérêt partagé entre le Nord et le Sud. Dans ce sens, les chercheurs du Sud doivent être en mesure d'apporter une contribution significative au progrès des connaissances dans les domaines d'intérêt mondial. Il leur faut donc développer une expertise scientifique non seulement pour répondre aux préoccupations de leur milieu mais aussi pour acquérir une légitimité et faire entendre leur voix dans les débats sur les affaires du monde. À ce sujet, il importe de rester attentif à l'attente de ceux qui croient que les Africains peuvent apporter à l'humanité autre chose que la musique, la danse ou les masques. Je situe les tâches de la recherche africaine dans l'horizon de cette ambition qui, selon Alioune Diop, doit animer l'Afrique, « celle qui consiste à penser qu'elle a quelque chose à dire au monde ; quelque chose qui plus que jamais importe au salut du monde »[1135]. Tel est le lieu réel de la rencontre ou de l'affrontement des rationalités. À l'heure où l'afro-pessimisme envahit l'espace du savoir sur les réalités du continent noir, tout chercheur africain doit éprouver le besoin de nouveaux paradigmes pour donner à l'Afrique une autre image d'elle-même et aider l'Occident à détruire les préjugés et les mythes de la « bibliothèque coloniale ». Nous entrons dans un nouvel âge de l'intelligence où il s'agit d'avancer en s'acceptant, en dialoguant tout en remettant en cause les prétentions d'une science qui tend à se confondre avec la religion du Livre.

[1134] C. A. Diop, *Civilisation ou barbarie*, op. cit. p. 11.
[1135] « Le Monde a besoin de l'Afrique », *Présence africaine*, no 39, 1961, p. 4.

Afin de poser les fondements d'une science qui exige de regarder le monde et l'Afrique autrement, j'ai insisté sur le défi de la reconceptualisation de la recherche en tenant compte de la diversité des modes de production des savoirs en fonction des contextes différents. Plus précisément, à partir du malaise que l'on éprouve dans l'espace du savoir où règne la tyrannie des paradigmes d'Occident, il m'a semblé que la réinvention de la science passe par un processus de rupture et de dissidence. Sur tout objet d'investigation, il importe de poser un regard critique et autonome sur les fondements épistémologiques du discours pour savoir si, à partir d'une question de recherche, le scientifique africain innove ou s'il ne fait que reproduire une manière de voir le monde qui s'impose au travers d'une discipline scientifique. Bref, la question de l'apport de l'Afrique à la science trouve sa réponse dans la démarche de recherche qui vise à construire la rupture et à donner naissance à de nouveaux types d'intelligibilité de l'homme, de la société et de l'univers. Il s'agit alors de refuser la routine et de répondre à l'appel à l'inventivité. Comme dit Popper, « c'est le scientifique non normal, audacieux, critique, qui fraie une voie à travers les barrières de la normalité et laisse entrer l'air frais »[1136]. Car, les actes scientifiques tels qu'ils s'opèrent dans l'histoire s'inscrivent dans un processus d'écoute et de questionnement, de conflits et de rencontre, de risque et de création. Cette dynamique doit produire un savoir qui permet aux Africains de se réapproprier la maîtrise de leur destin, qui ne les enferme pas dans des stéréotypes et des invariants qui les excluent des lieux où se fait l'histoire. À l'ère de l'information où le développement passe par la recherche scientifique, j'ai souligné la nécessité de repenser la science dans l'axe des relations entre le Nord et le Sud en apprenant à croiser les regards en vue de construire une « science métis ». Dans cette perspective, face aux défis d'un monde complexe, les chercheurs doivent provoquer les rencontres, tisser des liens novateurs, participer à des réseaux de recherche et, en définitive, créer des communautés de savoir. En même temps, j'ai rappelé les dimensions sociales et culturelles, éthiques et politiques de la science qui, plus que jamais, constitue un enjeu de pouvoir. À ce sujet, le passage au pluralisme impose une nouvelle négociation des relations entre la science et la société en vue de définir les conditions de production des connaissances pertinentes et opératoires. En fin de compte, un enjeu fondateur engage l'avenir : *mettre les sciences en culture dans les sociétés africaines*. C'est sur cet enjeu pédagogique que je voudrais dégager les perspectives concrètes et pratiques que suggère la réflexion sur les questions centrales qui traversent les différentes étapes de cet ouvrage.

En effet, face à la science, il nous faut apprendre à voir loin et en profondeur. Notre devoir aujourd'hui, c'est de créer les conditions favorables à

[1136] Cité par J. Baudouin, *Karl Popper*, Paris, PUF, Que sais-je ? 1989, p. 48.

l'émergence des vocations scientifiques au service de l'Afrique. Cette tâche répond à la nécessité d'assurer la présence de ce continent dans un axe d'innovation et un moteur essentiel de la culture contemporaine. La science est au cœur des enjeux inhérents aux processus de globalisation. Plus précisément, elle est à l'origine des mutations globales qui travaillent en profondeur la vie des sociétés et des cultures à l'échelle planétaire. Pour entrer dans le nouveau siècle, nous ne pouvons pas nous permettre de vivre à la marge de l'histoire des sciences en train de se faire dans le système mondial. Mais comme je l'ai montré, devenir un acteur de cette histoire met en cause le rôle de la recherche et la responsabilité d'une nouvelle génération de chercheurs africains dans les processus de production et de diffusion des savoirs. Dans la mesure où, selon le mot de René Maheu, « le développement, c'est la science devenue culture », nous ne pouvons éviter d'être éjectés du système-monde sans nous imposer la tâche de trouver une autre manière de faire la science à partir des défis que les populations locales doivent relever dans leur vie quotidienne. Dès lors, *la formation du capital scientifique est à la base de tout changement social en Afrique*. Comme le rappelait Alioune Diop, « les peuples qui ont décollé ont aimé et adopté la discipline scientifique. Tous ces peuples ont accordé un crédit à ceux qui ont créé et accroissent leur capital scientifique »[1137]. En ce sens, compte tenu des impacts socio-culturels, économiques et stratégiques de la science, la volonté politique d'un État se mesure aujourd'hui par la capacité d'attention et le statut accordés aux hommes et aux femmes qui s'efforcent d'enraciner une nouvelle expérience scientifique dans les sociétés africaines. Chaque pays doit se poser des questions critiques sur la manière de former et de protéger les chercheurs et de leur assurer les meilleures conditions d'insertion sociale. Il s'agit, en définitive, de préparer la relève dans une société apprenante où l'on prend conscience des ressources infinies qui sont au cœur de l'esprit humain.

Dans cette perspective, en Afrique, bien avant l'université, l'avenir de la science se joue dès l'école maternelle et primaire. Ce défi nécessite une réflexion approfondie sur la transmission des savoirs à tous les niveaux de l'enseignement. Si tout système éducatif véhicule des valeurs, à travers les manuels, les textes et les méthodes, il opère aussi des choix épistémologiques. Pour cela, il faut insister sur les innovations pédagogiques qui s'imposent quand on veut mettre les jeunes en rapport avec la science telle qu'elle se fait. En tenant compte de ce processus, il importe de créer chez les jeunes le goût des sciences en s'adaptant aux rythmes de la croissance de leur intelligence. À cet égard, il est nécessaire de rompre avec le système éducatif actuel qui conçoit l'enseignement des sciences comme un moyen de sélection des futurs usagers

---

[1137] *Présence africaine*, no 66, art. cit.

de la science en opérant une sorte de discrimination tacite et systémique entre ceux qui ont le privilège d'accéder à la connaissance scientifique et ceux dont on pense qu'ils n'en auront pas l'usage dans leur métier. Dans la mesure où il y a un lien concret entre la vie de tous les jours et les sciences, il faut proposer des situations d'apprentissage directement liées à la vie réelle et quotidienne. Dans cette perspective, il convient de développer chez les étudiants des habiletés et des compétences pour résoudre des problèmes, trouver des solutions, comprendre des objets techniques et de développer un vocabulaire scientifique. L'enseignement des sciences a pour objectif d'acquérir une culture au lieu de devenir un moyen de sélectionner ceux qui sont dignes de la recevoir. La diffusion du savoir scientifique doit répondre aux attentes de tout être humain qui a besoin d'intégrer dans sa vie un esprit et des éléments d'intelligibilité du monde dans lequel il vit.

Peut-être doit-on rappeler que l'Afrique a toujours été préoccupée d'ouvrir à tous les jeunes son patrimoine scientifique, technique et philosophique comme l'attestent, au cours des soirées au village, les jeux éducatifs où, à travers les contes, les devinettes, les proverbes et les énigmes, les « savoirs endogènes » sont transmis par les voies de l'oralité[1138]. Cette expérience constitue une base pour mettre « les sciences en scène » en montrant comment les savoirs se sont construits et comment ils sont le produit d'une aventure humaine. De fait, pour enseigner les sciences, il convient de redécouvrir la science en train de se faire. Dans ce but, comme le rappelle Isabelle Stengers, « il faut enterrer l'idée d'une méthode rationnelle qui explique les savoirs scientifiques (…). La vraie histoire des sciences, ce sont des aventures, une collection d'aventures inédites et passionnantes. Je souhaiterais que les enseignants racontent ces aventures à leurs élèves, plutôt que de leur faire parcourir à bride abattue quatre siècles de résultats en physique ou en chimie. La culture scientifique désirable, ce n'est pas celle des résultats, des équations ou des principes, c'est celle qui permet de comprendre les passions singulières de ceux qui les ont produites »[1139]. S'il l'on renonce à donner des sciences une image étrange d'un corpus déconnecté de notre histoire, ce qu'il faut communiquer, c'est une démarche de recherche et de découverte. L'enseignement des sciences ne saurait donc devenir une école de soumission où la parole du maître joue le rôle essentiel. Dans la mesure où les découvertes sont nées des questions, l'objectif à atteindre consiste à permettre à chacun de trouver dans les savoirs des réponses à des questions singulières. Isabelle Stengers écrit justement : « quand les sciences sont réellement

---

[1138] Voir R. Mballa Owono, « L'éducation beti », in R. Santerre (dir), *La Quête du savoir. Essais pour une anthropologie de l'éducation camerounaise*, Montréal, Les Presses de l'Université de Montréal, 1982.
[1139] I. Stengers, art. cit. p. 70.

innovantes et intéressantes, elles ne répondent pas à des questions qu'on se posait auparavant. Elles créent à la fois les questions et les réponses »[1140].

Dans cette perspective, pour rendre les sciences plus « sociables », la formule de Kant est plus que jamais d'actualité : « Ose penser par toi-même ». Précisons que l'aptitude à mobiliser les connaissances demeure un souci prioritaire dans les sociétés où l'on doit développer les compétences pour agir dans et sur le monde dans lequel on vit. A l'ère des mutations africaines, on voit l'obligation de réinventer la tradition afin de promouvoir une culture des sciences dans un contexte historique et social où vivre, c'est combattre l'exclusion, la misère et la pauvreté. Dès lors, il est urgent de repenser les nouvelles conditions d'éducation à la science dans l'enseignement en Afrique. Ce travail nécessite de renouveler la formation et le recyclage des enseignants dans la perspective d'une ré-éducation scientifique. Il est clair que des changements s'imposent dans les programmes et les méthodes pédagogiques dont les objectifs doivent viser l'éveil et la formation de l'esprit scientifique en sortant de l'école, du lycée et de l'université pour aller dans la nature ou sur le terrain, afin de préparer les jeunes à la réflexion rationnelle en redonnant toute sa place à la « leçon de chose ». Plus précisément, il importe d'apprendre à enseigner les sciences en laboratoire et à se préparer à l'utilisation du matériel scientifique. Le laboratoire est le lieu privilégié pour surmonter le caractère souvent aride et désincarné de l'enseignement des sciences. On doit s'interroger sur la pertinence et l'efficacité de cet enseignement dont on peut se demander si, en Afrique, il se préoccupe réellement de développer la curiosité des élèves et des étudiants en les incitant à comprendre et à découvrir. On voit aussi l'importance de l'histoire des sciences à laquelle l'enseignement scientifique n'accorde qu'une médiocre estime alors que les génies comme Einstein s'y réfèrent sans cesse. Jean-Marc Lévy-Leblond écrit opportunément :

« Un retour aux origines n'est pas une simple visite commémorative (...). L'histoire des sciences abonde en situations où l'innovation a surgi d'oeuvres anciennes dont certaines potentialités sont restées incomprises ou négligées (...). Il est tout à fait plausible que nombre de textes fondateurs (...) recèlent, dans la confusion inéluctable des commencements, d'utiles indications pour aujourd'hui et demain. Il faut donc lire ces textes, non seulement comme des témoignages du passé, mais comme des appels du futur. C'est dire que, de fait, nous devons considérer Einstein et Heisenberg comme Proust et Faulkner, Husserl et Sartre, Stravinsky et Messian, Picasso et Malevitch. Physiciens,

---

[1140] I. Stengers, art. cit.

encore un effort pour être cultivés »[1141]. Cette invitation vaut pour l'ensemble de l'histoire des sciences.

En Afrique, il convient de retrouver l'importance de cette discipline. Car, il faut apprendre à raconter cette histoire aux élèves et étudiants si l'on veut instituer une mémoire scientifique au sein des nouvelles générations. En particulier, pour stimuler les jeunes à la recherche, on doit insister sur l'apport des Négro-africains à la science[1142]. Les grandes figures de scientifiques du monde noir, ceux du continent comme ceux de la diaspora, constituent des références et des modèles pour les nouvelles générations. Je pense à Cheikh Anta Diop qui s'est consacré à la science dans le seul but de détruire les mensonges et de réhabiliter la vérité. *À travers sa pratique de l'histoire et de l'égyptologie, ce chercheur s'est donné à la science non pour inventer un arsenal de guerre ni pour conquérir une hégémonie militaire, économique et politique. Dans un contexte international où se fait sentir le besoin d'éduquer à l'éthique de la science et de la recherche, par sa science et son génie, Cheikh Anta Diop donne aux jeunes africains des leçons de rigueur, d'honnêteté, de simplicité et d'humanité. Au-delà de l'Afrique, ces leçons s'imposent à notre temps où, trop souvent, la pratique scientifique est liée au seul appât du gain. Cheikh Anta Diop rappelle que la production des connaissances doit servir à la qualité de la vie des individus et des peuples.* C'est à ce titre que l'on doit reconnaître l'importance du savant dans la société. Il nous faut promouvoir l'avènement des hommes comme Cheikh Anta Diop qui a mobilisé toutes ses capacités de recherche pour inventer de nouveaux paradigmes et mettre fin à l'empire du mensonge. Sans doute, j'ai indiqué que le scientifique n'est pas à l'abri de l'incertitude. Il en résulte une exigence pour l'éducation. Si la science n'est pas une somme de connaissances, de règles, d'énoncés ou de formules à mémoriser mais un processus, développer l'intérêt des jeunes pour la science, c'est mettre à l'épreuve leur créativité, leur imagination, leur capacité d'innover et de réaliser.

Dans ce sens, le débat ouvert par les écrivains de la Négritude a perdu toute importance. « Devons-nous, comme Noirs, se demandait Senghor, privilégier le développement de la raison discursive ou celui de la raison intuitive (...) ? Si nous voulons rester nous-mêmes et nous enrichir en même temps, il faut entraîner les élèves et étudiants noirs à l'abstraction, mais à

[1141] J. M. Lévy-Leblond, *Impasciences*, op. cit. p. 89.
[1142] Sur l'apport des Noirs à la science et à la technique modernes, bien qu'il ait été trop longtemps occulté, n'est pas moins appréciable, lire l'ouvrage essentiel de Yves Antoine, *Inventeurs et savants Noirs*, Paris, L'Harmattan, 1998 ; *Black Match International* (BMI), magazine francophone de la culture noire édité à Paris, publie aussi une liste des inventeurs africains américains.

l'expression en même temps, en cultivant, chez eux, la puissance de l'émotion avec la faculté de la réflexion »[1143]. L'enseignement des sciences auquel incombe la mission de former les esprits doit prendre en compte les sciences telles qu'elles se font. Pour l'élève qui apprend ce qui compte comme savoir et doit acquérir les *habitus* intellectuels l'aidant à prendre conscience de sa capacité de créer une différence et d'agir autrement, il importe de dissocier « sciences et certitudes ». C'est ce qui permet de comprendre les enjeux à travers les débats autour desquels les protagonistes mobilisent tous leurs alliés, y compris les éléments non-rationnels, pour assurer la valeur de leurs propositions. Apprendre les sciences exige de renoncer à l'image d'un cogito isolé dans son laboratoire. Dans la mesure où la science en acte s'inscrit dans un processus de négociation, il convient de mettre l'emphase sur la dimension sociale de la science en suscitent l'intérêt pour le travail de groupe où le jeune met à l'œuvre sa capacité d'initiative sur un terrain d'imagination et dans une dynamique d'invention, d'expérimentation et, oserais-je dire, de jeu. Un cours de science doit montrer la science comme domaine d'épanouissement et de satisfaction, voire de jouissance ; il doit aussi faire découvrir la science comme une terre d'aventure et des domaines vierges à explorer où l'on apprend que si le progrès des connaissances est inéluctable, il peut être un processus long, conflictuel et douloureux compte tenu des risques qu'il présente, des échecs qu'il traverse, des réussites qu'il connaît et des perspectives qu'il ouvre par ses retombées considérables. Bref, tout est à reprendre pour montrer aux jeunes que *la science est une passion à laquelle une vie peut se livrer et en même temps un lieu d'écoute de l'autre où se développent le doute et l'esprit critique*[1144]. À travers la science, les jeunes apprennent à affronter et à gérer les incertitudes[1145]. Ils apprennent aussi à acquérir le sens de la modestie devant les faits. En définitive, il ne suffit pas de mettre à la portée des jeunes des connaissances toutes faites. Rappelons le mot de Gaston Bachelard : « c'est le sens du problème qui est la marque de l'esprit scientifique. Pour un esprit scientifique, toute connaissance est une réponse à une question. S'il n'y a pas eu de question, il ne peut y avoir connaissance scientifique »[1146]. Comme le souligne aussi Karl

---

[1143] Cité par S. Niang, « Négritude et mathématiques », *Colloque sur la Négritude, Présence africaine*, no 92, 1972, p. 28.

[1144] Sur ce sujet, lire C. A. Diop, « Comment enraciner la science en Afrique : exemples wolof (Sénégal) », *Bulletin de l'IFAN*, Série B, t. XXXVII, no 1, 1976. Lire aussi les contributions sur les problèmes de l'enseignement des sciences en Afrique dans *Educafrica*, no 10, juin 1984. Voir également P. Nalletamby, « Vers une science de l'éducation scientifique : critère pour une formation scientifique et technologique efficace en Afrique », *Euducafrica*, vol. 2, no 2, décembre 1977, pp. 5-13.

[1145] « Affronter l'incertitude », Entretien avec Edgar Morin, *Sciences Humaines*-Hors-Série, no 24, mars/avril 1999, pp. 66-67.

[1146] G. Bachelard, *La Formation de l'esprit scientifique*, Paris, 1967 ; D. Gil, *Bachelard et la culture scientifique*, Paris, PUF, 1993.

Popper, « cette connaissance refuse de rendre un culte à l'idole de la certitude. Car l'hommage rendu à cette idole non seulement réprime l'audace de nos questions, mais en outre compromet la rigueur et l'honnêteté de nos tests (...). Ce qui fait l'homme de science, ce n'est pas la *possession* de connaissances, d'irréfutables vérités, mais la quête obstinée et audacieusement critique de la vérité ».[1147]

Cette exigence doit être prise en compte dans les sociétés africaines où les citoyens doivent comprendre les enjeux actuels de la science. En effet, j'ai montré que la science est une affaire trop importante pour être laissée aux seuls scientifiques. En même temps que l'éducation à la science doit permettre de former la relève scientifique, elle doit aussi former des citoyens afin de leur permettre de participer aux débats sociétaux dans l'évolution actuelle du monde où des interactions « sciences-technologies et sociétés » engagent la vie des millions d'êtres humains. *Il faut ouvrir la science à la société afin de mettre la recherche au service du citoyen.* Toute la question est de savoir comment permettre à des millions d'êtres humains de sortir de l'analphabétisme scientifique. Au-delà des écoles et des universités, ce défi nécessite des recherches approfondies pour trouver des méthodes d'alphabétisation dans les champs spécifiques de la science. Il s'agit ici d'un nouveau domaine de l'enseignement qu'il importe d'examiner attentivement. À cet égard, on se souvient de l'impact de l'œuvre de Hergé qui a ouvert de nombreuses générations à la recherche spatiale. La science est omniprésente dans les aventures de Tintin[1148]. En suivant cet exemple, il semble utile de promouvoir une littérature adaptée qui se propose d'initier les jeunes africains à la science. Rappelons aussi l'importance des jeux à travers lesquels la tradition africaine a développé l'esprit mathématique. En fait, c'est toute la société qu'il convient de former scientifiquement. Dans les pays d'Afrique où les écoles sous l'arbre n'ont pas abouti à de grands résultats, peut-être faut-il inventer de nouvelles méthodes permettant de parler de la science à ceux qui ne savent ni lire ni écrire. Dans ce but, en retrouvant les ressources de l'oralité, il s'agit de préparer une nouvelle génération d'animateurs de communautés de villages ou de quartiers qui tentent de créer un art de raconter, à la manière des griots, la vie des sciences dans le contexte africain. À l'ère de l'audio-visuel, la tradition des anciens maîtres de la parole peut servir à l'éducation à la science si les pays africains ne veulent pas laisser cette activité humaine s'enfermer dans les laboratoires et les universités. Il convient d'examiner comment puiser aux sources de l'oralité pour mettre le sens de l'humour africain au service de la transmission des savoirs. Ici aussi, il y a lieu d'investir les puissances de

---

[1147] K. Popper, *La logique de la découverte scientifique*, op. cit. p. 286-287.
[1148] S. Ortoli (dir.), Tintin chez les savants, Éds Moulinsart, paris, 2003

l'imaginaire pour parler de la science en la rendant accessible à tous. On ne saurait l'oublier : en Afrique, les gens sont avides d'apprendre, de savoir ce qui se passe, d'être au courant de l'évolution du monde. Ils sont près à payer pour consulter Internet. Le besoin d'information en matière de connaissances est réel. Pour répondre à ce besoin, il faut parler de ce qu'on fait dans son domaine de recherche afin d'ouvrir la population à la science qui se fait.

En même temps, si les paysans ne sont pas si ignorants, puisqu'ils détiennent des savoirs dont on doit prendre conscience, pourquoi ne trouveraient-ils pas à la radio ou à la télévision, un nouvel espace où se recrée la cour du village afin d'initier les jeunes d'aujourd'hui aux savoirs endogènes qui leur échappent ? Je pense aux femmes de la brousse : elles sont les véritables mères sociales compte de l'étendue des connaissances qu'elles peuvent transmettre aux nouvelles générations qui n'apprennent que pour réussir à l'examen en grandissant dans l'ignorance des savoirs qui ne figurent pas dans les programmes officiels. Car, en un sens, *depuis que les enfants vont à l'école, ils ne savent plus rien.* Dans ce contexte, autant les détenteurs des savoirs endogènes ont besoin d'apprendre que d'autres connaissances existent et constituent de nouveaux outils pour aller plus loin dans un monde où la science et la technologie prédominent de plus en plus, autant les jeunes doivent revenir auprès des vieux sages pour retrouver leur mémoire scientifique afin de construire d'autres systèmes de savoirs. Dans cette perspective, l'éducation à la science met en cause les moyens d'information et de communication. Il faut réévaluer le rôle primordial des médias qui risquent de n'accorder à la science qu'une place marginale comme on l'observe notamment dans la presse privée sur laquelle se rue une grande partie de l'opinion publique dans la crise de légitimité de l'État en Afrique. De nombreux journaux fonctionnent comme si la science n'existait pas. En effet, rares sont ceux qui offrent une page où le lecteur peut s'informer sur les ouvrages de référence, les thématiques en question et les débats d'idées ou les travaux de recherche qui ont une importance pour la vie de l'intelligence et le développement d'un pays. Au moment où l'on s'interroge sur l'engagement des intellectuels dans les sociétés africaines[1149], il importe de rompre avec l'amateurisme ambiant qui reproduit souvent les conversations de quartiers et recycle les schémas de pensée usés. Pour innover, il faut aujourd'hui créer des espaces de réflexion et d'analyse afin de permettre aux penseurs et aux scientifiques de nourrir le débat fondamental sur les vrais enjeux des pays

---

[1149] Sur ce sujet, voir le thème du séminaire de l'Institut de Gorée sur « L'engagement social de l'intellectuel africain », in *L'Info*--numéro 56, 15 décembre 1998 ; lire surtout les réflexions de Mamadou Sy : « La pensée en panne réduit les ambitions », art. cit ; lire aussi « Ils se sont enlisés », art. cit. Voir également les débats du 1er Congrès des écrivains qui s'est tenu en août 1998 au Maroc sur le rôle des intellectuels en Afrique : « Écrivains d'Afrique. Du griot à l'intellectuel », *Jeune Afrique Économique*, no 272, du 5 au 18 octobre 1998, pp. 146-156.

d'Afrique dans le monde contemporain. *Le grand public a droit à l'information scientifique pour élever son niveau de culture.* En renonçant à la tentation de l'ésotérisme et sans rien abdiquer de leur rigueur ni tomber dans les facilités du marketing d'opinion, les scientifiques africains doivent devenir accessibles aux hommes et aux femmes motivés par les questions de leur société et de leur temps. Il s'agit de valoriser les résultats travaux de réflexion et de recherche afin de permettre aux gens ordinaires de s'approprier véritablement le savoir scientifique. Pour tenter cette expérience, on ouvrirait dans les sociétés africaines des réseaux d'information, de communication et de circulations des savoirs. Peut-être cet apprentissage qui porte atteinte à l'autorité des scientifiques dont la compétence n'est octroyée qu'à ceux qui bénéficient d'une formation académique, n'est au fond qu'un rêve. Mais que serait la vie sans rêve ?

Comme Martin Luther King, il nous faut faire un rêve. Dans cet ouvrage, le rêve qu'il convient de garder en mémoire, c'est celui du partage des savoirs entre le chercheur africain et son peuple. Il s'agit alors de créer des lieux d'animation scientifique. Dans ce but, tout est à faire en Afrique pour valoriser les sciences auprès du grand public. Au-delà des journalistes et des artistes, cette tâche interpelle d'abord les chercheurs et les universitaires. Les sciences sociales, surtout, ont ici un rôle à jouer. Elles peuvent apporter leur témoignage, avec clarté et pertinence, combattre les clichés et les préjugés, dénoncer les facilités et détruire les mythes. Le chercheur africain doit contribuer à la construction d'une cité réellement participative. Il lui faut donc mettre le résultat de ses travaux à la disposition de la communauté intellectuelle et nationale. Notons aussi l'importance des musées, des cafés-débats, des veillées et des camps de jeunes, des clubs et des conférences qui contribuent à l'éducation scientifique. Pour cela, instituer *une Semaine africaine de la Science dans chaque pays du continent permettrait d'accélérer le processus de formation des créateurs et des utilisateurs de la science.* Il s'agirait d'un temps fort de sensibilisation où la société africaine vient « faire la fête à la Science » à l'exemple des Festivals qui marquent la célébration annuelle des arts, de la littérature et du cinéma africains. Face à la montée de l'irrationnel, de telles manifestations aident à créer des liens entre la science et la société. Au-delà du spectacle, ce qui est en jeu, c'est la dimension scientifique de la culture populaire. À cet égard, les pratiques d'information et de communication relatives à la science doivent relever un défi majeur : ouvrir au débat et à la confrontation là où, trop souvent, l'on renonce à s'étonner et à s'interroger pour se soumettre à l'emprise des croyances mystiques et ésotériques.

En effet, rendre la science au plus grand nombre, c'est développer le sens de la question afin d'apprendre à chacun à chercher à savoir mais aussi à savoir faire. Ainsi, *désenclaver la science, c'est lui permettre de se mettre en culture dans les lieux de la vie quotidienne pour que tout acteur social participe à la production des connaissances.* C'est dans ces lieux que des certitudes doivent être mises en crise pour que la compréhension du monde change et que chacun puisse enrichir son savoir. Ici se pose la question essentielle du lien que tout chercheur entretient avec la société. En effet, il n'y peut-être pas de meilleurs éducateurs à la science que les scientifiques eux-mêmes. Mais cela exige de trouver une autre manière de faire la science. En ce qui me concerne, j'ai proposé naguère qu'en Afrique, quand il s'agit, notamment, des questions relatives au développement, au lieu de « la recherche pour », il faut faire « la recherche avec » les gens en se rappelant qu'à leur manière, ces gens sont aussi des chercheurs[1150]. Face à ce défi, le chercheur universitaire ne saurait s'enfermer dans sa tour d'ivoire : il lui faut tenter l'expérience de partage du savoir. Car, si l'on veut éviter l'ésotérisme qui menace plusieurs disciplines scientifiques, il est nécessaire d'établir des ponts entre le laboratoire et le terrain à travers les dialogues nécessaires et les confrontations fécondes où le chercheur se fait à la fois enseignant et apprenant, vulgarisateur et diffuseur. En Afrique, *je vois l'homme de science s'installer là où sont les gens et discuter avec eux de ses travaux dans le cadre d'un débat public qui permet de renouveler les approches, de nourrir les champs de recherche et de susciter l'imagination à partir des questionnements des gens ordinaires.* À la limite, une nouvelle figure de scientifique s'impose, en rupture avec l'image de la science où l'absence de tout tissu social domine dans la représentation transmise par les manuels scolaires hérités d'Occident. Dans le contexte africain, la science doit procéder à sa réévaluation afin de créer une nouvelle culture de la recherche et de la communication qui s'élabore à partir de la quotidienneté et se mobilise pour faire avancer l'ensemble des groupes sociaux vers leur épanouissement.

Il ne s'agit donc pas de vulgariser le savoir[1151], ni de mettre au service de la société un savoir tout fait. *Tout savoir est à construire ; il doit être redécouvert dans l'expérience qu'un peuple fait de sa vie dans l'histoire, dans la transformation des conditions de son existence collective.* Au lieu de supposer un peuple ignorant auquel on apporte tout, la science doit s'intégrer à la vie du peuple, partager ses questions et son expérience, pour en faire l'objet

---

[1150] J. M. Éla, *Guide pédagogique de formation à la recherche pour le développement en Afrique*, op. cit.
[1151] Sur ce sujet, lire L. Boltanski, *La vulgarisation scientifique et ses agents*, Paris, Centre de Sociologie Européenne, 1969 ; pour une étude approfondie, voir Ph. Roqueplo, *Le partage du savoir, science, culture, technique*, Paris, 1974 ; sur les études de cas, B. Schieloe (dir), *Quand la science se fait culture. La culture scientifique dans le monde*, Sainte-Foy, 1994. On lira aussi avec profit l'essentiel des journées du Congrès de Pau : R. Coutin, H. Hudrisier et M. V. Locquin (dir), *La Transmission des savoirs scientifiques*, Paris, Éditions du CTHS, 1996.

de son activité. Ce choix de recherche dans lequel la science et l'histoire vécue d'un peuple ne peuvent être dissociées permet de dépasser les clivages socio-culturels engendrés par un modèle de connaissance calqué sur la société de l'individu qui fait de l'accès à la science le privilège d'une élite. Or, l'homme de science, c'est un acteur d'historicité et un « ingénieur d'âmes » qui se retrouve lui-même au plus profond de la vie de son peuple, pour participer, selon sa spécificité intellectuelle et culturelle, au processus des transformations dans lesquelles le groupe considéré devient un sujet conscient et créateur de son propre devenir historique. Le scientifique n'est pas un chercheur isolé et solitaire mais un compagnon de vie ou de route qui, dans une situation de misère ou de menace, manifeste sa présence en luttant contre ce qui avilit l'être humain. Par son apport spécifique, il contribue à la promotion de l'intelligence et à la prise de conscience dans l'élimination de la souffrance et de la servitude. La science ne peut s'ouvrir à la vie quotidienne qu'en suscitant sa propre révolution. Pour être crédible, elle doit rompre avec la science impériale. Car, la science dont l'Afrique a besoin est une science qui libère et qui fait vivre.

Un fait est clair : *les grands enjeux socio-économiques de ce siècle portent sur la bataille de l'intelligence. L'imagination apparaît aujourd'hui comme la richesse principale, la créativité, la clé de réussite de toute entreprise.* Comme le rappelle Ignacio Ramonet, « la nouvelle richesse des nations repose sur la matière grise, le savoir, la recherche, la capacité à innover et non plus sur la production des matières premières[1152]. On le voit, dans le nouveau monde de l'économie et du savoir où nous entrons, tout se tire par le haut. L'éducation à la science est l'investissement de demain. Pour se développer, il s'agit d'innover. Dans ce but, il faut d'abord inventer des connaissances pertinentes qui sont des instruments d'action efficace. A partir de la formation et de la recherche, tout se décide autour des savoirs produits par les chercheurs qui se forment à l'université. Redisons-le : l'avenir se joue à l'école, à l'université, dans les laboratoires et les réseaux de recherche. C'est là que se crée le savoir. Les pays qui l'ont compris investissent désormais dans la recherche fondamentale. L'innovation est la clé de l'avenir. A la limite, dans la nouvelle société qui n'est plus placée sous le signe du travail, des loisirs et du spectacle mais de l'innovation, l'acteur stratégique n'est plus le financier et le manager mais l'innovateur qui associe le savoir imaginatif et l'aptitude à l'action[1153]. C'est là que se situe aujourd'hui le moteur de l'histoire dont l'enjeu se définit autour de la créativité. Comme le souligne Jeremy Rifklin, « le capital intellectuel est le

---

[1152] I. Ramonet, « Nouveau siècle », *Le Monde diplomatique*, janvier 1999.
[1153] Sur ces transformations de la société contemporaine où le savoir théorique est la nouvelle richesse et conduit le changement, lire D. Bell, *The Coming of industrial Society*, Basic Books, 1999.

véritable moteur de cette nouvelle ère, et il est d'autant plus convoité. Ce sont les concepts, les idées, les images, et non plus les choses, qui ont une vraie valeur dans la nouvelle économie. Ce sont l'imagination et la créativité humaines, et non plus le patrimoine matériel, qui incarnent désormais la richesse »[1154]. On retrouve l'enjeu de ce que Moles appelait les « sciences de l'immatériel ». Ces sciences englobent « les sciences de l'imprécis » dont il a esquissé l'épistémologie[1155]. Nous devons apprendre à voir où va le monde pour instituer un environnement d'où peuvent surgir des idées nouvelles en nous rappelant que c'est dans l'affrontement des idées que jaillit l'innovation[1156].

Telle est la tâche historique et passionnante qui met la science à l'épreuve dans le contexte africain. Elle exige de resocialiser l'enfant noir par une nouvelle éducation à la science. Elle oblige aussi à revoir le statut des chercheurs afin de créer les conditions de vie et de travail qui motivent et stimulent la production scientifique. À cet égard, je pense à l'effet d'entraînement que provoquerait l'attribution d'un prix à un homme ou une femme de science qui se ferait remarquer par la pertinence de ses recherches. Cet appui constitue l'apport efficace de la société à la formation du capital scientifique qui est à la base de tout développement. Car, pour reprendre le mot d'Alioune Diop, « *la création et l'acquisition du savoir doivent être une aventure collective. La recherche scientifique est une activité de recherche collectivement prise en charge à des degrés divers par une communauté entière. La science n'est précieuse qu'à l'homme. Nous avons compris que pour sauver notre existence et notre dignité, il nous faut être modernes. Et la meilleure façon d'être moderne par la science est d'enraciner culturellement notre nouvelle expérience scientifique* »[1157].

Dans cette perspective, ce qui doit naître, en fin de compte, c'est une nouvelle génération de scientifiques africains qui prennent conscience du fait que le rapport au savoir fait appel aux puissances de l'imaginaire, implique une éthique de la recherche et impose des contraintes de travail en équipe et un style de vie auxquels ils ne peuvent se dérober. Une vie consacrée à la science n'est pas une sinécure. Ici encore, il nous faut revenir à Alioune Diop qui, dès 1966, lance aux États et aux jeunes africains ce défi toujours actuel : « *Nous avons souvent eu l'occasion d'attirer l'attention de nos gouvernements sur l'opportunité d'aider et de protéger les jeunes chercheurs africains. Que le*

[1154] J. Rifklin, *La société de succès, 2002.*

[1155] A. Moles, *Les sciences de l'imprécis,* op. cit.

[1156] Cité par H. Fischer, « Les laboratoires du futur », *Le Devoir,* 22 janvier 2002.

[1157] Alioune Diop, Discours prononcé à la Séance inaugurale du Congrès International des Africanistes, Dakar, 11-20 décembre 1967, *Présence africaine,* no 66, 1968, p. 231.

brain-drain affecte gravement l'équilibre des vieilles nations européennes est significatif, et devrait nous inciter à mesurer la gravité de notre situation. Nous ne sollicitons pas seulement la bienveillante attention des Gouvernements sur les jeunes, nous voudrions également recommander aux jeunes de considérer sérieusement la haute qualité de la mission du savant, et le poids de son apport au développement africain. En vérité, pour le Tiers-Monde, le fait d'entrer dans la recherche scientifique devrait être comparable en un sens au fait d'entrer en religion. La Recherche implique une discipline, une éthique, une ascèse. Il ne me paraît pas exagéré de penser que le savant du Tiers-Monde sera plus discipliné, plus sobre - et sans être soldat dans une caserne, ou moine dans un couvent, plus sobre - plus soumis à une éthique précise »[1158]. En ce sens, face à l'arrogance des apprentis sorciers et à tous les gourous qui jouent aux maîtres de vérité, il convient de rappeler que le véritable savant est celui dont la seule certitude est celle de son ignorance. Aussi le scientifique est-il modeste. Comme le souligne Hubert Gérard, « la science apparaît bien différente de l'image d'Épinal dont on l'affuble trop souvent. Elle est beaucoup plus riche, humaine, au sein plein du mot, jusque dans son tréfonds, lestée de nos espoirs et de nos désillusions, néanmoins production maîtrisée de savoirs à travers hypothèses, certitudes et croyances qui sont ou seront infirmées, confirmées et contestées. Non révélée, ne prenant pas d'avantage appui sur un réel indépendant d'elle-même, elle avance à tâtons, combinant, comme elle peut, audace et modestie, et si elle oublie parfois ce tréfonds bien humain, la confrontation avec d'autres, le contradictionnaire, a tôt fait de le lui rappeler pour autant qu'elle se fasse écoutante »[1159] et, dois-je ajouter, apprenante. Car, selon le mot de Bachelard, « rester un écolier doit être le vœu du maître. Du fait même de la différenciation de la pensée scientifique, du fait de la spécialisation nécessaire, la culture scientifique met sans cesse un véritable savant en situation d'écolier (…). Les savants vont à l'école des uns des autres »[1160]. Bref, « l'homme adonné à la culture scientifique est un éternel écolier »[1161]. Pour cela, il lui faut travailler sans relâche. Insistons sur cette exigence à « l'ère de la suspicion »[1162] où le recours à l'Internet risque de créer une tradition du plagiat : « La culture scientifique nous demande de vivre un effort de la pensée »[1163]. C'est le secret de sa joie qui est le fruit de l'effort accompli. Comme l'écrit encore Gaston Bachelard, « tout travailleur de la vie de l'esprit sait bien que le travail personnel repose. Or dans la culture scientifique, tout travail prend un aspect personnel. On devient nécessairement le sujet conscient de l'acte de

---

[1158] Alioune Diop, art. cit. p. 229.
[1159] H. Gérard, « Préface », in *Les défis de la globalisation*, op. cit. p. 7.
[1160] G. Bachelard, *Le Rationalisme appliqué*, op. cit. p. 23.
[1161] G. Bachelard, op. cit. p. 23.
[1162] Cf. J. C. Leclerc, « Étudiants et professeurs. L'ère de la suspicion », art. cit.
[1163] G. Bachelard, op. cit., p. 214

comprendre. Et si l'acte de comprendre franchit une difficulté, la joie de comprendre paie de toutes les peines. Il n'y a pas là une simple moralité qu'un auteur aime à mettre à la fin de son livre. Il s'agit d'un fait, d'un fait qui a un sens philosophique : comprendre ne résume pas seulement un passé du savoir. Comprendre est l'acte même du devenir de l'esprit »[1164].

En prenant en compte les enjeux de l'invention des savoirs que j'ai essayé d'identifier dans cet ouvrage, je me pose une dernière question : les scientifiques africains, qu'ils se trouvent en Afrique ou dans les diasporas, sont-ils préparés et décidés à contribuer à la construction de l'avenir de leur continent qui se joue aujourd'hui autour de l'économie de la connaissance où des puissants rapports de force sont à l'œuvre à l'heure de la mondialisation ? Cette interrogation ouvre des perspectives de réflexion et de recherche qui nécessitent de remettre la promotion de la science au cœur des préoccupations prioritaires qui travaillent en profondeur les sociétés africaines. L'enjeu ultime, comme le disait Alioune Diop, c'est « la possession scientifique de notre continent »[1165]. Dans ce sens, *la production des savoirs est une dimension importante de la Renaissance africaine*. Car, il ne suffit plus de magnifier l'apport de l'Égypte pharaonique à l'humanité. « Il n'y a nulle outrance à récuser la résignation, voire la complaisance, avec laquelle l'Afrique des ingénieurs du Zimbabwe, l'Afrique d'Ahmed Baba, l'Afrique des mathématiciens et mécaniciens égyptiens, se renie aujourd'hui au point de traîner en aval de la recherche », écrivait le philosophe camerounais Kotto Essome[1166]. Les Africains ont le devoir de contribuer aujourd'hui à faire de leur continent un centre de référence et un pôle d'excellence en matière de savoir scientifique. C'est une question de vie ou de mort pour des millions d'hommes et de femmes d'Afrique. Ici, comme ailleurs, la science doit se redéfinir en assumant le souci d'autrui[1167]. Ce défi s'impose plus que jamais dans un système mondial qui repose sur une rationalité trompeuse et mutilée qui débouche sur une jungle de globalisation où les plus forts détruisent les plus faibles. Dès lors, face à la barbarie rampante, il importe d'assumer les tâches critiques qui s'imposent à l'intelligence pour inventer la science au service de la vie et de la dignité de l'être humain. Au moment où de nombreux acteurs

---

[1164] G. Bachelard, op. cit. p. 215.
[1165] Alioune Diop. art. cit. p. 229.
[1166] Kotto Essome, art. cit. p. 11.
[1167] Sur l'éthique du souci des conséquences dans le monde scientifique, lire E. Morin, *Science sans conscience*, op. cit. ;E. Levinas, *Éthique et infini*, Paris, Fayard, 1982 ; *Entre nous. Essai sur le penser-à-l'autre*, Paris, Grasset, 1991. Voir aussi M. Foucault, « L'éthique du soi comme pratique de la liberté », dans *Dits et écrits* », Paris, Gallimard, t. 4, 1994, pp. 708-729 ; « Vérité, pouvoir et soi », op. cit.

prennent conscience qu'il n'existe pas qu'une seule recette de la réussite, les chercheurs africains doivent méditer plus jamais le testament de Franz Fanon :

« *Chaque génération doit dans une relative opacité découvrir sa mission, la remplir ou la trahir* »[1168].

[1168] F. Fanon, op. cit. p. 251.

Table des matières

Du même auteur 9

Préface 13

Avant-propos
Les conditions de production des connaissances :
histoire de vie et questionnements... 19

Chapitre I
Mythes de la science et crises de la rationalité............................ 29
    Situation de la science 29
    Les nouveaux oracles des temps modernes 48
    L'articulation du rationnel et de l'imaginaire 53

Chapitre II
Les tribus scientifiques mises à nu... 65
    Décrypter la banalité... 66
    L'espace du savoir.. 71
    Fraudes scientifiques, logiques d'institution et conformisme... 74
    Le viol des frontières 81
    Pour une autre science 92

Chapitre III
Les sociétés africaines à l'épreuve de l'esprit scientifique............. 119
    Le monde de la science et le monde de la vie...................... 123
    Le jeu de l'irrationalité dans le grand rire nègre 130
    De Levy-Bruhl à Lévi-Strauss : des mythes à revisiter 146

Les savoirs des gens de la brousse 158
Accepter de vivre dans un état de « dissonance cognitive » 171
S'affranchir de la tyrannie de l'irrationnel 176

Chapitre IV

Les nouveaux défis de la recherche dans les universités africaines 185

La perception de la science 189
La crise d'identité des chercheurs africains 196
De l'imprimé à l'écran : atouts ou mise en conditions ? 207
La recherche fondamentale en question 224
Jalons pour une épistémologie de la transgression 240

Chapitre V

Vers une économie politique de la connaissance 273

Fabriquer la science dans une économie de comptoir ? 277
Savoirs en jeu et enjeux des savoirs 282
Produire les connaissances à l'ère des réseaux : de la rhétorique
à la pratique 302
Rendre la science aux citoyens 358

Conclusion

Pour une culture des sciences dans les sociétés africaines 387

581155 - Octobre 2014
Achevé d'imprimer par